经济类联考

396 数学母题 800练

主编 ◎ 张天德

副主编 ◎ 范洪军、周秀娟、安徽燕、孙建波
王　岳、樊树芳、田汝祥

北京理工大学出版社
BEIJING INSTITUTE OF TECHNOLOGY PRESS

图书在版编目（CIP）数据

经济类联考·396 数学母题 800 练/张天德主编．--北京：北京理工大学出版社，2022.1

ISBN 978-7-5763-0861-7

Ⅰ.①经… Ⅱ.①张… Ⅲ.①高等数学-研究生-入学考试-习题集 Ⅳ.①O13-44

中国版本图书馆 CIP 数据核字（2022）第 014872 号

出版发行 / 北京理工大学出版社有限责任公司
社　　址 / 北京市海淀区中关村南大街 5 号
邮　　编 / 100081
电　　话 /（010）68914775（总编室）
（010）82562903（教材售后服务热线）
（010）68944723（其他图书服务热线）
网　　址 / http：//www. bitpress. com. cn
经　　销 / 全国各地新华书店
印　　刷 / 保定市中画美凯印刷有限公司
开　　本 / 787 毫米×1092 毫米　1/16
印　　张 / 23.5
字　　数 / 551 千字
版　　次 / 2022 年 1 月第 1 版　2022 年 1 月第 1 次印刷
定　　价 / 69.80 元

责任编辑 / 多海鹏
文案编辑 / 多海鹏
责任校对 / 周瑞红
责任印制 / 李志强

母题铸就高分

总是有考生疑惑，明明自己认真学过了数学的基础知识，也做了大量的习题训练，可面对模考题、真题的时候，总是有种心有余而力不足的感觉，甚至做题不自信，面对一个选项一个问题反复纠结、验证，常常是耗费了大量时间，事倍功半．究其原因，还是考生们在基础知识和习题训练之间缺少了一个环节，那就是对题型的总结归纳．研究“母题”，用“母题”搞透题型，任题目千变万化，也逃不出题型的有限性．因此本书提倡“母题学习法”．

1．“母题”是什么？

“母题者，题妈妈也；一生二，二生四，以至无穷”，既为数学所包含的若干知识点的基本题、典型题，也是联考命题所参照的原型题．母题是千变万化考题的原型，掌握母题，就掌握了命题的根源，可以举一反三．由此提炼总结出的“母题技巧”，帮助考生掌握题型的变化，高效解题．

以经济类联考经久不衰的“利用定义求函数的导数或微分”为例．

例 1　(2021 年真题)设函数 $f(x)$可导且 $f(0)=0$，若$\lim\limits_{x\to\infty}xf\left(\dfrac{1}{2x+3}\right)=1$，则 $f'(0)=($　　$)$．

A. 4　　B. 2　　C. 3　　D. 1　　E. 6

【解析】本题 $f(x)$为抽象函数，求抽象函数在某点的导数值，一般要用到导数的定义，故考虑将题干的极限式变形为导数定义的基本形式．

因为函数 $f(x)$可导且 $f(0)=0$，故有

$$\lim_{x\to\infty}xf\left(\frac{1}{2x+3}\right)=\lim_{x\to\infty}\frac{f\left(\frac{1}{2x+3}\right)}{\frac{1}{x}}=\lim_{x\to\infty}\frac{f\left(0+\frac{1}{2x+3}\right)-f(0)}{\frac{1}{2x+3}}\cdot\frac{\frac{1}{2x+3}}{\frac{1}{x}}=\frac{1}{2}f'(0)=1,$$

解得 $f'(0)=2$.

【答案】B

例 2　(2017 年真题)设函数 $f(x)$在 $x=x_0$ 处可导，则 $f'(x_0)=($　　$)$．

A. $\lim\limits_{\Delta x\to 0}\dfrac{f(x_0)-f(x_0+\Delta x)}{\Delta x}$　　B. $\lim\limits_{\Delta x\to 0}\dfrac{f(x_0+\Delta x)-f(x_0)}{-\Delta x}$

C. $\lim\limits_{\Delta x\to 0}\dfrac{f(x_0+2\Delta x)-f(x_0)}{\Delta x}$　　　　D. $\lim\limits_{\Delta x\to 0}\dfrac{f(x_0+2\Delta x)-f(x_0+\Delta x)}{\Delta x}$

【解析】A 项：$\lim\limits_{\Delta x\to 0}\dfrac{f(x_0)-f(x_0+\Delta x)}{\Delta x}=-\lim\limits_{\Delta x\to 0}\dfrac{f(x_0+\Delta x)-f(x_0)}{\Delta x}=-f'(x_0)$；

B 项：$\lim\limits_{\Delta x\to 0}\dfrac{f(x_0+\Delta x)-f(x_0)}{-\Delta x}=-\lim\limits_{\Delta x\to 0}\dfrac{f(x_0+\Delta x)-f(x_0)}{\Delta x}=-f'(x_0)$；

C 项：$\lim\limits_{\Delta x\to 0}\dfrac{f(x_0+2\Delta x)-f(x_0)}{\Delta x}=2\lim\limits_{\Delta x\to 0}\dfrac{f(x_0+2\Delta x)-f(x_0)}{2\Delta x}=2f'(x_0)$；

D 项：

$$\begin{aligned}\lim_{\Delta x\to 0}\frac{f(x_0+2\Delta x)-f(x_0+\Delta x)}{\Delta x}&=\lim_{\Delta x\to 0}\frac{f(x_0+2\Delta x)-f(x_0)-[f(x_0+\Delta x)-f(x_0)]}{\Delta x}\\&=2\lim_{\Delta x\to 0}\frac{f(x_0+2\Delta x)-f(x_0)}{2\Delta x}-\lim_{\Delta x\to 0}\frac{f(x_0+\Delta x)-f(x_0)}{\Delta x}\\&=2f'(x_0)-f'(x_0)=f'(x_0).\end{aligned}$$

故选 D 项．

【答案】D

例 3　(2015 年真题)函数 $f(x)$ 可导，$f'(2)=3$，则 $\lim\limits_{x\to 0}\dfrac{f(2-x)-f(2)}{3x}=(\quad)$.

A. -1　　B. 0　　C. 1　　D. 2

【解析】由 $\lim\limits_{h\to 0}\dfrac{f(x_0+ah)-f(x_0+bh)}{h}=a\lim\limits_{h\to 0}\dfrac{f(x_0+ah)-f(x_0)}{ah}-b\lim\limits_{h\to 0}\dfrac{f(x_0+bh)-f(x_0)}{bh}=(a-b)f'(x_0)$，可得

$$\lim_{x\to 0}\frac{f(2-x)-f(2)}{3x}=\frac{-1-0}{3}f'(2)=-\frac{1}{3}f'(2)=-1.$$

【答案】A

观察以上 3 道真题，不难看出，此类问题的核心都是利用导数的定义 $f'(x_0)=\lim\limits_{\Delta x\to 0}\dfrac{\Delta y}{\Delta x}=\lim\limits_{\Delta x\to 0}\dfrac{f(x_0+\Delta x)-f(x_0)}{\Delta x}$ 解题．也就是说，掌握了定义法求导，就可以解决这一类问题，我们将这种求导数的模型叫作定义法求导问题的“母题模型”，把直接应用这种模型的例题叫作“母题”，它比较简单，是命题的基础，例如：

母题　设 $f(x)$ 在 $x=x_0$ 处可导，则(　　)$=f'(x_0)$.

A. $\lim\limits_{\Delta x\to 0}\dfrac{f(x_0-\Delta x)-f(x_0)}{\Delta x}$　　　　B. $\lim\limits_{\Delta x\to 0}\dfrac{f(x_0+2\Delta x)-f(x_0-\Delta x)}{\Delta x}$

C. $\lim\limits_{\Delta x\to 0}\dfrac{f(x_0+2\Delta x)-f(x_0+\Delta x)}{\Delta x}$　　　　D. $\lim\limits_{\Delta x\to 0}\dfrac{f(x_0-2\Delta x)-f(x_0-\Delta x)}{\Delta x}$

E. $\lim\limits_{\Delta x\to 0}\dfrac{f(x_0+\Delta x)-f(x_0-\Delta x)}{\Delta x}$

在这个“母题”的基础上，会衍生和变化出什么样的考题呢？研究真题，发现命题人会从两个角度进行命题：

一是对自变量增量的形式进行变化，将 Δx 用字母 h 代替，或者令 $x=x_0+\Delta x$，则 $f'(x_0)=\lim\limits_{x\to x_0}\dfrac{f(x)-f(x_0)}{x-x_0}$(例 1 列举的 2021 年真题就是这类考题)；

二是对考查形式进行变化，此类问题一般有两种考查形式：

①已知函数可导(或已知函数在某点的导数值)，求极限(或极限的等价关系)(以上例 2，例 3 列举的 2017 年、2015 年真题，就是这类考题)；

②已知极限值，求函数在某点处的导数(例 1 列举的 2021 年真题就是这类考题).

再以“积分变限函数求导”为例.

例 4 (2021 年真题) $\lim\limits_{x\to 0}\dfrac{\int_0^{x^2}(e^{t^2}-1)dt}{x^6}=($　　$)$.

A. 0　　B. ∞　　C. $\dfrac{1}{6}$　　D. $\dfrac{1}{3}$　　E. $\dfrac{1}{2}$

例 5 (2019 年真题)已知 $f(x)$在$(-\infty,+\infty)$内连续，且 $f(0)=4$，求极限 $\lim\limits_{x\to 0}\dfrac{\int_0^x f(t)(x-t)dt}{x^2}$.

例 6 (2018 年真题) 设函数 $f(x)=\int_{x^2}^{0}x\cos t^2 dt$，则 $f'(x)=($　　$)$.

A. $-2x^2\cos x^4$

B. $\int_{x^2}^{0}\cos t^2 dt-2x^2\cos x^4$

C. $\int_0^{x^2}\cos t^2 dt-2x^2\cos x^4$

D. $\int_{x^2}^{0}\cos t^2 dt$

上述列出的 3 道真题全都考查了积分变限函数的求导，由此得出了积分变限函数求导这类问题的“母题模型”，即 $\left[\int_a^x f(t)dt\right]'=f(x)$.

受篇幅所限，不再一一列举真题来说明真题是以“母题”为命题根源的事实．本书共 66 个“母题”都是通过对历年真题进行深入研究，对其分类、归纳总结，最终提炼而成，可以肯定地告诉大家，“母题”其实是对命题思路的透析，是对题型及题型变化的大总结，“母题”是数学考试之母，掌握了“母题”，拿下数学不在话下．

2. 本书的“母题”学习法

本书倡导“母题学习法”，所谓“母题学习法”，就是以“母题”为核心，通过认识、了解、训练母题，达到掌握解决一类题型的目的，结合本书内容，我们将整个备考过程总结为图 1.

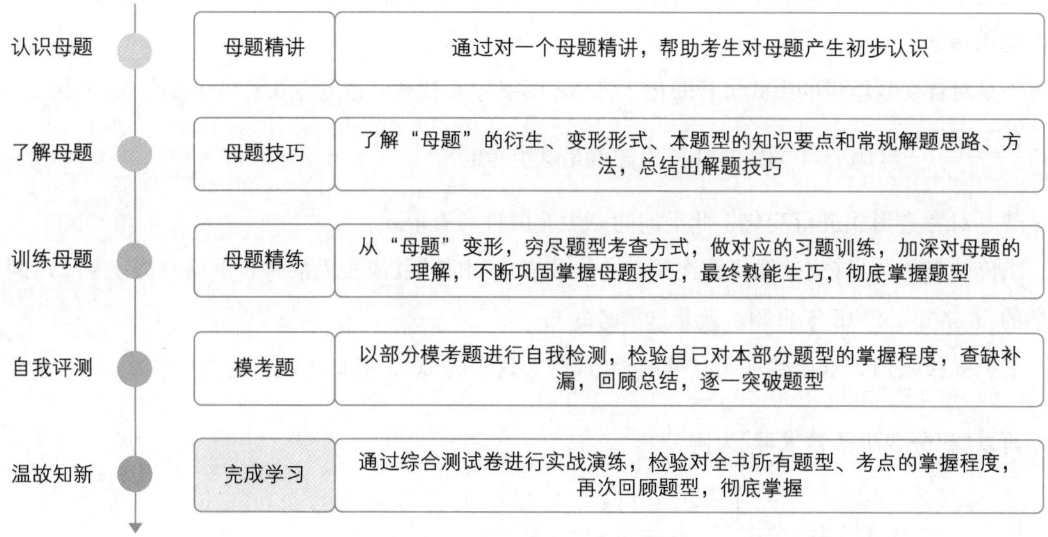

图 1

为了使学生更高效地学习，我们对本书题型的选取及以上各个版块都做了严格要求，并具有以下特色：

题型分类　对近十几年真题的考点进行分类汇总、分析总结，高度提炼出常考题型 66 个，涵盖经济类联考考查的所有考点，契合全新命题方向；

母题精讲　紧抓真题的命题根源选取“母题”，具有基础性、典型性、仿真性和引导性；

母题技巧　通过深入研究各题型的特征、命题方向、考查方式等提炼汇总而成，66 个题型对应 66 大技巧，解题技巧、方法全覆盖，帮助考生套用技巧，快速解题，提高做题效率和准确率，逐一突破考题，具有科学性、技巧性；

母题精练　精编、精选习题，在“母题”的基础上全方位、多角度的衍生、变化，难度贴近真题，提高实战效果；习题所配备的答案详解重视方法技巧的应用，分步骤解题，分选项精讲，重点题提供一题多解，解题方法巧妙，在保证正确率的前提下提高做题速度；

模考试题　题型、题量与真题保持一致，题目难度与真题相近，个别题目难于真题．模拟考场，消除考生紧张情绪．对部分内容进行整合训练，以及对全书所有内容进行综合测试，可使考生分层进行训练，逐步消化，渗透知识点，方便查缺补漏，达到熟悉题型、掌握所有考点的目的.

3. 396 数学系列图书学习法

本书是经济类综合能力考试中数学基础部分的系列丛书之一．在备考的基础阶段使用《经济类联考・396 数学教材考点清单》之后，考生们已经对联考数学所涉及的知识的基本概念、基本方法、常考题型等有了较为全面系统的了解，而本书就是承接《考点清单》，帮助考生在强化阶段对常考的基本题型进行归类，系统学习“母题”，掌握“技巧”，强化训练.

本系列图书始于基础知识，终于考前押题，以“母题”为核心贯穿全系列，形成了一套完善的 396 数学备考逻辑，如图 2 所示：

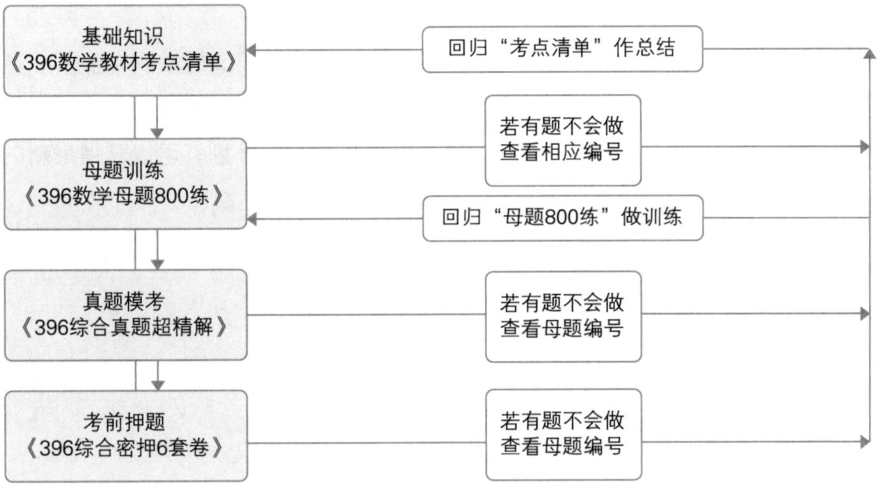

图 2

注意：考生在备考过程中，若有题型不会，可回归《经济类联考·396 数学母题 800 练》做训练；若发现知识点有欠缺，可回归《经济类联考·396 数学教材考点清单》（原书名为《经济类联考·396 数学要点精编》）作总结.

本书由山东大学数学学院张天德教授任主编，由范洪军、周秀娟、安徽燕、孙建波、王岳、樊树芳、田汝祥任副主编.衷心希望我们精心打造的这本《经济类联考·396 数学母题 800 练》对您有所裨益.限于时间关系，书中疏漏之处在所难免，欢迎同仁和读者批评指正，以便不断完善.

张天德

图书配套服务使用说明

一、图书配套工具库：喵屋

扫码下载“乐学喵 App”
(安卓/iOS 系统均可扫描)

下载乐学喵App后，底部菜单栏找到“喵屋”，在你备考过程中碰到的所有问题在这里都能解决。可以找到答疑老师，可以找到最新备考计划，可以获得最新的考研资讯，可以获得最全的择校信息。

二、各专业配套官方公众号

可扫描下方二维码获得各专业最新资讯和备考指导。

老吕考研
(所有考生均可关注)

396经济类联考
(金融、应用统计、税务、国际商务、保险及资产评估考生可关注)

三、视频课程

扫码观看
396经综基础课程

四、图书勘误

扫描获取图书勘误

五、备考交流群

396经济类联考
备考QQ群

目录

附录　综合测试卷　/ 331

1

第一部分 微积分

第 1 章　函数、极限与连续

题型 1　函数的定义域问题

母题精讲

母题 1　函数 $y=\frac{1}{\sqrt{4-x^2}}+\arccos\frac{x+1}{2}$ 的定义域是(　　).

A. $[-1, 2)$　　B. $[-2, 1)$　　C. $(-2, 1]$　　D. $[-1, 1]$　　E. $(-2, 1)$

【解析】要使函数有意义，则要求根式的被开方数大于等于0，且分式的分母不等于0；又因为反余弦函数的定义域是$[-1, 1]$，则在 $\arccos\varphi(x)$ 中，$\varphi(x)\in[-1, 1]$. 故有

$$\begin{cases}4-x^2>0,\\ -1\leqslant\frac{x+1}{2}\leqslant 1,\end{cases}$$

解得$-2<x\leqslant 1$. 所以该函数的定义域为$(-2, 1]$.

【答案】C

母题技巧

1. 求函数的定义域是做微积分相关题的基础．在求函数定义域的题目中，常出现分式函数、根式函数、对数函数、三角函数、反三角函数等函数形式，找出它们各自的限制条件，即为它们的定义域．在此我们对常见函数的定义域作一个简单的小结：

(1)分式函数中分母不能为零．

(2)根式函数中，负数不能开偶次方，注意：开方后的值为算术平方根，即非负数．

(3)对数函数中的真数必须大于零．

(4)反函数 $y=\arcsin x$ 与 $y=\arccos x$ 中的 x 必须满足$|x|\leqslant 1$，如母题 1 中$|\varphi(x)|\leqslant 1$.

(5)以上情况同时在某个函数中出现时，应分别求出每部分函数的定义域，再取其交集．

(6)对于实际问题则需求其实际定义域．

2. 已知复合函数外函数 $f(x)$的定义域，求复合函数 $f[\varphi(x)]$的定义域，则令内函数 $\varphi(x)$的值域在外函数的定义域内，从而得到复合函数的定义域．

母题精练

1. 函数 $y=\ln[\ln(\ln x)]$的定义域为(　　).

A. $(0, +\infty)$　　B. $(1, +\infty)$　　C. $(e, +\infty)$

D. $(1, e)$　　E. $(0, e)$

2. 函数 $f(x)=\sqrt{5-x^2}-\dfrac{1}{\ln\cos x}$的定义域为(　　).

A. $\left(-\dfrac{\pi}{2}, \dfrac{\pi}{2}\right)$　　B. $(-\sqrt{5}, 0)\cup(0, \sqrt{5})$

C. $\left(-\sqrt{5}, -\dfrac{\pi}{2}\right)\cup\left(\dfrac{\pi}{2}, \sqrt{5}\right)$　　D. $\left(0, \dfrac{\pi}{2}\right)$

E. $\left(-\dfrac{\pi}{2}, 0\right)\cup\left(0, \dfrac{\pi}{2}\right)$

3. 如果函数 $f(x)$的定义域为$\left[-\dfrac{1}{3}, 3\right]$，则 $f\left(\dfrac{1}{x}\right)$的定义域为(　　).

A. $\left[-3, \dfrac{1}{3}\right]$　　B. $\left(-\infty, -\dfrac{1}{3}\right]\cup\left[\dfrac{1}{3}, +\infty\right)$

C. $(-\infty, -3]\cup\left[\dfrac{1}{3}, +\infty\right)$　　D. $(-\infty, -3]\cup\left(0, \dfrac{1}{3}\right]$

E. $[-3, 0)\cup\left(0, \dfrac{1}{3}\right]$

答案详解

1. C

【解析】对数函数的真数大于0，$y=\ln[\ln(\ln x)]$应满足$\begin{cases}x>0,\\ \ln x>0,\\ \ln(\ln x)>0,\end{cases}$解得$\begin{cases}x>0,\\ x>1,\\ x>e,\end{cases}$因此该函数的定义域为$(e, +\infty)$.

2. E

【解析】由已知得$\begin{cases}5-x^2\geqslant 0,\\ \cos x>0,\\ \cos x\neq 1,\end{cases}$解得$\begin{cases}-\sqrt{5}\leqslant x\leqslant\sqrt{5},\\ 2k\pi-\dfrac{\pi}{2}<x<2k\pi+\dfrac{\pi}{2},\\ x\neq 2k\pi\end{cases}(k\in\mathbf{Z})$，取各不等式的交集，得函数的定义域为$\left(-\dfrac{\pi}{2}, 0\right)\cup\left(0, \dfrac{\pi}{2}\right)$.

3. C

【解析】已知外函数 $f(x)$的定义域为$\left[-\dfrac{1}{3}, 3\right]$，则内函数的值域为$-\dfrac{1}{3}\leqslant\dfrac{1}{x}\leqslant 3$.

当 $x>0$ 时，由$0<\dfrac{1}{x}\leqslant 3$解得$x\in\left[\dfrac{1}{3}, +\infty\right)$；

当 $x<0$ 时，由 $-\frac{1}{3}\leqslant\frac{1}{x}<0$ 解得 $x\in(-\infty,-3]$.

综上，取两部分的并集，得出 $f\left(\frac{1}{x}\right)$ 的定义域为 $(-\infty,-3]\cup\left[\frac{1}{3},+\infty\right)$.

题型 2 函数表达式的求解

母题精讲

母题 2 设 $f\left(x+\frac{1}{x}\right)=\frac{x^2}{x^4+1}$，则 $f(x)=($ $)$.

A. $f(x)=\frac{1}{x}$，$x\neq0$

B. $f(x)=\frac{1}{x^2}$，$x\neq0$

C. $f(x)=\frac{x}{2-x^2}$，$x\neq\pm\sqrt{2}$

D. $f(x)=\frac{1}{x^2-2}$，$x\neq\pm\sqrt{2}$

E. $f(x)=\frac{x}{x^2-2}$，$x\neq\pm\sqrt{2}$

【解析】因为 $f\left(x+\frac{1}{x}\right)=\frac{x^2}{x^4+1}=\frac{1}{x^2+\frac{1}{x^2}}=\frac{1}{\left(x+\frac{1}{x}\right)^2-2}$，所以 $f(x)=\frac{1}{x^2-2}$，$x\neq\pm\sqrt{2}$.

【答案】D

母题技巧

求函数表达式的这类题目，一般分为三类：

1. 由 $f[\varphi(x)]$ 求 $f(x)$.

(1)这类题目多用整体代换的思想，如母题 2，关键是把 $x+\frac{1}{x}$ 看成一个整体，然后将等号右端的表达式通过恒等变形与 $x+\frac{1}{x}$ 建立联系，化成关于自变量 $x+\frac{1}{x}$ 的表达式，变形后，利用整体代换的思想求出 $f(x)$.

(2)也可以使用换元法，令 $\varphi(x)=t$，来求解 $f(t)$，进而得到 $f(x)$.

2. 由 $f(x)$ 求 $f[\varphi(x)]$.

这类问题，实际是求复合函数的表达式，“复合”运算是函数的一种基本运算，采取的方法一般应按照由自变量开始，先内层后外层的顺序逐次求解.

3. 求分段函数的复合函数.

求分段函数的复合函数时要注意对分段函数的定义域和值域准确判断，对复合函数的复合与分解要熟练掌握.

母题精练

1. 若函数 $f(x)=\dfrac{1+\sqrt{1+x^2}}{x}$，则 $f\left(\dfrac{1}{x}\right)=$(　　).

A. $x+\sqrt{x^2+1}$

B. $x-\sqrt{x^2+1}$

C. $\begin{cases}x+\sqrt{x^2+1}, & x>0, \\ x-\sqrt{x^2+1}, & x<0\end{cases}$

D. $\begin{cases}x-\sqrt{x^2+1}, & x>0, \\ x+\sqrt{x^2+1}, & x<0\end{cases}$

E. $\begin{cases}1-\sqrt{x^2+1}, & x>0, \\ 1+\sqrt{x^2+1}, & x<0\end{cases}$

2. 设 $f(x)=\sin x$，$g(x)=\begin{cases}x-\pi, & x\leqslant 0, \\ x+\pi, & x>0,\end{cases}$ 则 $f[g(x)]=$(　　).

A. $\sin x$

B. $\cos x$

C. $-\sin x$

D. $-\cos x$

E. $\pm\sin x$

3. 设函数 $f(x)=\cos x$，$f[\varphi(x)]=x-1$，则 $\varphi(x)=$(　　).

A. $\arccos(x-1)$

B. $\arccos(x-1)+2k\pi$

C. $\pi-\arccos(x-1)+2k\pi$

D. $-\arccos(x-1)+k\pi$

E. $\pm\arccos(x-1)+2k\pi$

答案详解

1. C

【解析】由 $f(x)=\dfrac{1+\sqrt{1+x^2}}{x}$ 得，$f\left(\dfrac{1}{x}\right)=\dfrac{1+\sqrt{1+\left(\dfrac{1}{x}\right)^2}}{\dfrac{1}{x}}=\begin{cases}x+\sqrt{x^2+1}, & x>0, \\ x-\sqrt{x^2+1}, & x<0.\end{cases}$

【注意】该题求解时要特别注意，对根式进行化简计算时，要讨论根号外面的符号．

2. C

【解析】$x\leqslant 0$ 时，$g(x)=x-\pi$，$f[g(x)]=\sin(x-\pi)=-\sin x$；

$x>0$ 时，$g(x)=x+\pi$，$f[g(x)]=\sin(\pi+x)=-\sin x$.

综上，$f[g(x)]=-\sin x$.

3. E

【解析】由题意得，$f[\varphi(x)]=\cos\varphi(x)=x-1$，则

$$\varphi(x)=\arccos(x-1)+2k\pi \text{ 或 } \varphi(x)=-\arccos(x-1)+2k\pi.$$

所以 $\varphi(x)=\pm\arccos(x-1)+2k\pi$.

题型 3 判断函数的特性

母题精讲

母题 3 函数 $y=x\tan x$ 是（ ）.

A. 有界函数 B. 单调函数 C. 奇函数 D. 偶函数 E. 周期函数

【解析】该函数的奇偶性判断起来相对简单，所以该题可以从判断奇偶性入手.

显然基本初等函数 $y=x$ 与 $y=\tan x$ 都是奇函数，根据奇偶函数的性质：奇函数×奇函数=偶函数，可知 $y=x\tan x$ 为偶函数.

【答案】D

母题技巧

函数的特性，主要包括单调性、奇偶性、周期性和有界性.

1. 单调性一般利用函数在所给区间内导数的符号判断：$f'(x)>0$，函数是增函数；$f'(x)<0$，函数是减函数.

2. 奇偶性的判断方法，如下：

(1)定义法：首先计算 $f(-x)$，然后观察 $f(x)$ 与 $f(-x)$ 的关系，若满足 $f(-x)=f(x)$，则为偶函数；若满足 $f(-x)=-f(x)$，则为奇函数.

(2)性质法：奇+奇=奇，偶+偶=偶，奇×奇=偶，奇×偶=奇，偶×偶=偶.

(3)图像法：奇函数关于原点对称，偶函数关于 y 轴对称.

注 奇偶性判断的前提是函数的定义域关于原点对称，若不关于原点对称，则没有讨论奇偶性的必要.

3. 周期性的判断常在三角函数中考查，需熟记正余弦函数的周期 2π 和正切函数的周期 π，关于函数的周期性，有以下几点结论：

(1)对 $y=\sin(\omega x+\varphi)$、$y=\cos(\omega x+\varphi)$ 这类函数的周期，可以利用公式 $T=\dfrac{2\pi}{|\omega|}$ 计算.

(2)可导的周期函数，求导后周期性不变，比如 $(\sin x)'=\cos x$.

(3)两个周期函数和(差)的最小正周期为这两个周期函数最小正周期的最小公倍数.

(4)一般我们说的函数周期是指函数的最小正周期.

4. 有界性一般可以结合函数图像，或者利用有界性的定义来判断.

注 如果题目中，需要对一个函数同时研究多个性质，一般先研究对该函数来说最简单的性质.

母题精练

1. 函数 $f(x)=\lg(x-1)$在区间$(1,+\infty)$上是(　　).

A. 单调减函数　B. 单调增函数　C. 非单调函数　D. 有界函数　E. 奇函数

2. 函数 $f(x)=x\dfrac{a^x-1}{a^x+1}$的图像关于(　　)对称.

A. 原点　B. x 轴　C. y 轴　D. $y=x$　E. $y=-x$

3. 设函数 $f(x)=\sin\dfrac{x}{2}+\cos\dfrac{x}{3}$，则 $f(x)$的周期为(　　).

A. 2π　B. 4π　C. 6π　D. 9π　E. 12π

4. 如果 $f(x)=\dfrac{x}{|x|(x-1)(x+2)^2}$，那么以下区间是 $f(x)$的有界区间的是(　　).

A. $(0,1)$　B. $(-1,0)$　C. $(-2,1)$

D. $(-2,0)$　E. $(-2,-1)$

答案详解

1. B

【解析】因为函数 $y=\lg(x-1)$是函数 $y=\lg x$ 向右平移一个单位得到的，由对数函数的图像可知该函数在$(1,+\infty)$上是单调递增且无界的非奇非偶函数.

2. C

【解析】因为 $x\in\mathbf{R}$，且 $f(-x)=-x\dfrac{a^{-x}-1}{a^{-x}+1}=-x\dfrac{1-a^x}{1+a^x}=x\dfrac{a^x-1}{a^x+1}=f(x)$，所以 $f(x)$是偶函数，因此函数图像关于 y 轴对称.

3. E

【解析】三角函数 $y=\sin(\omega x+\varphi)$和 $y=\cos(\omega x+\varphi)$的周期均为 $T=\dfrac{2\pi}{|\omega|}$，因此 $\sin\dfrac{x}{2}$的周期为 4π，$\cos\dfrac{x}{3}$的周期为 6π，函数 $f(x)$的周期是两个函数周期的最小公倍数，因此 $f(x)$的周期为 12π.

4. B

【解析】$f(x)=\dfrac{x}{|x|(x-1)(x+2)^2}$有三个间断点：$x=0$，$x=1$，$x=-2$.

$$\lim_{x\to0^+}\frac{x}{|x|(x-1)(x+2)^2}=\lim_{x\to0^+}\frac{x}{x(x-1)(x+2)^2}=\lim_{x\to0^+}\frac{1}{(x-1)(x+2)^2}=-\frac{1}{4};$$

$$\lim_{x\to0^-}\frac{x}{|x|(x-1)(x+2)^2}=\lim_{x\to0^-}\frac{x}{-x(x-1)(x+2)^2}=-\lim_{x\to0^-}\frac{1}{(x-1)(x+2)^2}=\frac{1}{4};$$

$$\lim_{x\to1}\frac{x}{|x|(x-1)(x+2)^2}=\lim_{x\to1}\frac{x}{x(x-1)(x+2)^2}=\lim_{x\to1}\frac{1}{(x-1)(x+2)^2}=\infty;$$

$$\lim_{x\to-2}\frac{x}{|x|(x-1)(x+2)^2}=\lim_{x\to-2}\frac{x}{-x(x-1)(x+2)^2}=-\lim_{x\to-2}\frac{1}{(x-1)(x+2)^2}=\infty.$$

由函数极限为无穷大则函数必无界，可知函数在 $x=1$，$x=-2$ 附近无界．因此，含有端点 1 和 -2 的区间都是无界的，由排除法可知应选 B 项．验证函数在 $x=0$ 处存在单侧极限，故函数在 $x=0$ 附近有界，B 项正确．

题型 4　数列极限的求解

母题精讲

母题 4　$\lim\limits_{n\to\infty}[\sqrt{1+2+\cdots+n}-\sqrt{1+2+\cdots+(n-1)}]=$（　　）．

A. 0　　B. 1　　C. $\frac{1}{2}$　　D. $\frac{\sqrt{2}}{2}$　　E. $\sqrt{2}$

【解析】应用等差数列求和公式及分子有理化，可得

$$\lim_{n\to\infty}[\sqrt{1+2+\cdots+n}-\sqrt{1+2+\cdots+(n-1)}]$$

$$=\lim_{n\to\infty}\left[\sqrt{\frac{(1+n)n}{2}}-\sqrt{\frac{n(n-1)}{2}}\right]=\frac{1}{\sqrt{2}}\lim_{n\to\infty}\frac{[\sqrt{n(1+n)}-\sqrt{n(n-1)}]\cdot[\sqrt{n(1+n)}+\sqrt{n(n-1)}]}{\sqrt{n(1+n)}+\sqrt{n(n-1)}}$$

$$=\frac{\sqrt{2}}{2}\lim_{n\to\infty}\frac{2n}{\sqrt{n^2+n}+\sqrt{n^2-n}}=\frac{\sqrt{2}}{2}\lim_{n\to\infty}\frac{2}{\sqrt{1+\frac{1}{n}}+\sqrt{1-\frac{1}{n}}}=\frac{\sqrt{2}}{2}.$$

【答案】D

母题技巧

对于数列和的极限，要注意先判断是无穷多项之和还是有限项之和．

1. 如果是有限项之和的极限，可以用极限的四则运算法则求解，注意 $\sqrt[n]{a}=1(a>0)$．

2. 如果是无穷多项之和，可以利用数列相应的求和公式，求出和后再求极限．对数列进行求和可采用以下方法：

(1)等差数列求和公式：$S_n=\frac{n(a_1+a_n)}{2}$；等比数列求和公式：$S_n=\frac{a_1(1-q^n)}{1-q}$．

(2)多个分数求和，使用裂项相消法：

①$\frac{1}{n(n+k)}=\frac{1}{k}\left(\frac{1}{n}-\frac{1}{n+k}\right)$；当 $k=1$ 时，$\frac{1}{n(n+1)}=\frac{1}{n}-\frac{1}{n+1}$．

②$\frac{1}{A\cdot B}=\frac{1}{B-A}\left(\frac{1}{A}-\frac{1}{B}\right)$．

③$\frac{n-1}{n!}=\frac{1}{(n-1)!}-\frac{1}{n!}$．

(3)数列中有多个括号的乘积，则使用分子分母相消法或者凑平方差公式法：

①$\left(1-\frac{1}{2}\right)\times\left(1-\frac{1}{3}\right)\times\left(1-\frac{1}{4}\right)\times\cdots\times\left(1-\frac{1}{n}\right)=\frac{1}{2}\times\frac{2}{3}\times\frac{3}{4}\times\cdots\times\frac{n-1}{n}=\frac{1}{n}$.

②$(a+b)(a^2+b^2)(a^4+b^4)\cdots=\frac{(a-b)(a+b)(a^2+b^2)(a^4+b^4)\cdots}{(a-b)}=\frac{(a^8-b^8)\cdots}{(a-b)}$.

(4)多个无理分数相加减，将每个无理分数分母有理化，再消项：

$\frac{1}{\sqrt{n+k}+\sqrt{n}}=\frac{1}{k}(\sqrt{n+k}-\sqrt{n})$；当 $k=1$ 时，$\frac{1}{\sqrt{n+1}+\sqrt{n}}=\sqrt{n+1}-\sqrt{n}$.

特别地，对于不好用公式直接求和的题目，可以考虑利用夹逼准则求数列极限．

夹逼准则：对数列$\{b_n\}$进行适当放缩，使 $a_n\leqslant b_n\leqslant c_n$，$\lim\limits_{n\to\infty}a_n=\lim\limits_{n\to\infty}c_n=a$，则$\lim\limits_{n\to\infty}b_n=a$.

母题精练

1. $\lim\limits_{n\to\infty}\frac{\frac{1}{2\ 020}+\frac{1}{2\ 020^2}+\cdots+\frac{1}{2\ 020^n}}{\frac{1}{2\ 021}+\frac{1}{2\ 021^2}+\cdots+\frac{1}{2\ 021^n}}=(\quad)$.

A. $\frac{2\ 020}{2\ 021}$　B. $\frac{2\ 021}{2\ 020}$　C. $\frac{2\ 019}{2\ 020}$　D. $\frac{2\ 020}{2\ 019}$　E. ∞

2. $\lim\limits_{n\to\infty}\left[\frac{1}{1\times3}+\frac{1}{3\times5}+\frac{1}{5\times7}+\cdots+\frac{1}{(2n-1)\cdot(2n+1)}\right]=(\quad)$.

A. 0　B. 1　C. $\frac{1}{2}$　D. $\frac{1}{3}$　E. $\frac{1}{4}$

3. $\lim\limits_{n\to\infty}(\sqrt[n]{1}+\sqrt[n]{2}+\cdots+\sqrt[n]{2\ 021})=(\quad)$.

A. 0　B. 1　C. 2 021　D. $\frac{1}{2\ 021}$　E. ∞

4. $\lim\limits_{n\to\infty}\left(\frac{1}{n^2+n-1}+\frac{2}{n^2+n-2}+\cdots+\frac{n}{n^2+n-n}\right)=(\quad)$.

A. ∞　B. 0　C. 1　D. $\frac{1}{2}$　E. $\frac{1}{3}$

5. $\lim\limits_{n\to+\infty}\left(\sqrt{n+\sqrt{n}}-\sqrt{n-\sqrt{n}}\right)=(\quad)$.

A. 1　B. 4　C. 2　D. 3　E. 5

答案详解

1. D

【解析】

$$\lim_{n\to\infty}\frac{\frac{1}{2\ 020}+\frac{1}{2\ 020^2}+\cdots+\frac{1}{2\ 020^n}}{\frac{1}{2\ 021}+\frac{1}{2\ 021^2}+\cdots+\frac{1}{2\ 021^n}}$$

$$=\frac{\lim\limits_{n\to\infty}\dfrac{\dfrac{1}{2\ 020}\left[1-\left(\dfrac{1}{2\ 020}\right)^n\right]}{1-\dfrac{1}{2\ 020}}}{\lim\limits_{n\to\infty}\dfrac{\dfrac{1}{2\ 021}\left[1-\left(\dfrac{1}{2\ 021}\right)^n\right]}{1-\dfrac{1}{2\ 021}}}$$

$$=\frac{\dfrac{1}{2\ 019}\lim\limits_{n\to\infty}\left[1-\left(\dfrac{1}{2\ 020}\right)^n\right]}{\dfrac{1}{2\ 020}\lim\limits_{n\to\infty}\left[1-\left(\dfrac{1}{2\ 021}\right)^n\right]}=\frac{\dfrac{1}{2\ 019}}{\dfrac{1}{2\ 020}}=\frac{2\ 020}{2\ 019}.$$

2. C

【解析】

$$\lim_{n\to\infty}\left[\frac{1}{1\times 3}+\frac{1}{3\times 5}+\frac{1}{5\times 7}+\cdots+\frac{1}{(2n-1)\cdot(2n+1)}\right]$$
$$=\frac{1}{2}\lim_{n\to\infty}\left(1-\frac{1}{3}+\frac{1}{3}-\frac{1}{5}+\cdots+\frac{1}{2n-1}-\frac{1}{2n+1}\right)$$
$$=\frac{1}{2}\lim_{n\to\infty}\left(1-\frac{1}{2n+1}\right)$$
$$=\frac{1}{2}.$$

3. C

【解析】根据数列极限的四则运算法则，可得

$$\lim_{n\to\infty}(\sqrt[n]{1}+\sqrt[n]{2}+\cdots+\sqrt[n]{2\ 021})=\lim_{n\to\infty}1^{\frac{1}{n}}+\lim_{n\to\infty}2^{\frac{1}{n}}+\cdots+\lim_{n\to\infty}2\ 021^{\frac{1}{n}}=1+1+\cdots+1=2\ 021.$$

4. D

【解析】$\dfrac{1+2+\cdots+n}{n^2+n-1}\leqslant\dfrac{1}{n^2+n-1}+\dfrac{2}{n^2+n-2}+\cdots+\dfrac{n}{n^2+n-n}\leqslant\dfrac{1+2+\cdots+n}{n^2+n-n}$，其中

$$\lim_{n\to\infty}\frac{1+2+\cdots+n}{n^2+n-n}=\lim_{n\to\infty}\frac{\dfrac{(1+n)n}{2}}{n^2}=\frac{1}{2},\ \lim_{n\to\infty}\frac{1+2+\cdots+n}{n^2+n-1}=\lim_{n\to\infty}\frac{\dfrac{(1+n)n}{2}}{n^2+n-1}=\frac{1}{2}.$$

所以由夹逼准则得$\lim\limits_{n\to\infty}\left(\dfrac{1}{n^2+n-1}+\dfrac{2}{n^2+n-2}+\cdots+\dfrac{n}{n^2+n-n}\right)=\dfrac{1}{2}$.

5. A

【解析】

$$\lim_{n\to+\infty}\left(\sqrt{n+\sqrt{n}}-\sqrt{n-\sqrt{n}}\right)$$
$$=\lim_{n\to+\infty}\frac{\left(\sqrt{n+\sqrt{n}}-\sqrt{n-\sqrt{n}}\right)\times\left(\sqrt{n+\sqrt{n}}+\sqrt{n-\sqrt{n}}\right)}{\sqrt{n+\sqrt{n}}+\sqrt{n-\sqrt{n}}}$$
$$=\lim_{n\to+\infty}\frac{2\sqrt{n}}{\sqrt{n+\sqrt{n}}+\sqrt{n-\sqrt{n}}}=\lim_{n\to+\infty}\frac{2}{\sqrt{1+\sqrt{\dfrac{1}{n}}}+\sqrt{1-\sqrt{\dfrac{1}{n}}}}$$
$$=\frac{2}{\sqrt{1+0}+\sqrt{1-0}}=1.$$

题型 5 函数极限的求解

母题精讲

母题 5 $\lim\limits_{x\to 0}\left[\frac{e^{7x}-e^{-x}}{8\sin 3x}-(e^{x}-1)\cos\frac{1}{x}\right]=($ $)$.

A. 0　　B. -1　　C. $\frac{1}{8}$　　D. $\frac{1}{3}$　　E. $\frac{1}{2}$

【解析】$\lim\limits_{x\to 0}\left[\frac{e^{7x}-e^{-x}}{8\sin 3x}-(e^{x}-1)\cos\frac{1}{x}\right]=\lim\limits_{x\to 0}\frac{e^{7x}-e^{-x}}{8\sin 3x}-\lim\limits_{x\to 0}(e^{x}-1)\cos\frac{1}{x}$

$$=\lim_{x\to 0}\frac{e^{-x}(e^{8x}-1)}{8\cdot 3x}-0=\lim_{x\to 0}e^{-x}\cdot\lim_{x\to 0}\frac{8x}{24x}=\frac{1}{3}.$$

【答案】D

母题技巧

函数极限的求解是每年考试的重点，尤其是各类未定式的极限，要重点掌握．常考的未定式极限有七类：“$\frac{0}{0}$”“$\frac{\infty}{\infty}$”“$\infty-\infty$”“$0\cdot\infty$”“1^{∞}”“∞^{0}”“0^{0}”．

下面总结一下常用的求函数极限的方法：

1. 利用极限的四则运算法则(最基本运算方法)求极限．

(1)对“$\frac{0}{0}$”型的有理分式，可以利用因式分解，约去零因子后，再求极限．

(2)对“$\frac{0}{0}$”型的无理分式，可以利用分子或分母有理化，约去零因子后，再求极限．

(3)对“$\frac{\infty}{\infty}$”型的有理分式，常用方法为“抓大头”，即在计算中分子分母同时除以 x 的最高次方，可总结为以下结论：

设 $a_0\neq 0$，$b_0\neq 0$，m，n 为自然数，对于分式函数有

$$\lim_{x\to\infty}\frac{a_0x^n+a_1x^{n-1}+\cdots+a_n}{b_0x^m+b_1x^{m-1}+\cdots+b_m}=\begin{cases}\frac{a_0}{b_0}, & m=n,\\ 0, & m>n,\\ \infty, & m<n.\end{cases}$$

2. 利用复合函数的连续性求极限．

$\lim\limits_{x\to x_0}f[g(x)]=f[\lim\limits_{x\to x_0}g(x)]$，即求复合函数 $f[g(x)]$的极限时，外层函数符号 f 与极限符号$\lim\limits_{x\to x_0}$可以交换次序，即先求内层函数的极限，再将极限值代入外层函数中去求函数值．

例如求“0^0”或“∞^0”型极限时，可以通过公式将幂指函数转换成复合函数，再求极限，即$\lim f(x)^{g(x)}=\lim e^{g(x)\ln f(x)}=e^{\lim g(x)\ln f(x)}$．

3. 利用两个重要极限求极限．

(1)第一重要极限：$\lim\limits_{x\to 0}\frac{\sin x}{x}=1$．其特点是①极限是“$\frac{0}{0}$”型；②含三角函数．

有两种推广情形：$\lim\limits_{\varphi(x)\to 0}\frac{\sin\varphi(x)}{\varphi(x)}=1$ 或 $\lim\limits_{\varphi(x)\to 0}\frac{\varphi(x)}{\sin\varphi(x)}=1$.

(2)第二重要极限：$\lim\limits_{x\to\infty}\left(1+\frac{1}{x}\right)^{x}=\mathrm{e}$ 或 $\lim\limits_{x\to 0}(1+x)^{\frac{1}{x}}=\mathrm{e}$．

其特点是①“1^{∞}”型的幂指函数；②底数是(1+无穷小)；③指数是无穷大，且与底数中的无穷小互为倒数．

$$\lim_{\varphi(x)\to\infty}\left[1+\frac{1}{\varphi(x)}\right]^{\varphi(x)}=\mathrm{e} \text{ 或 } \lim_{\varphi(x)\to 0}[1+\varphi(x)]^{\frac{1}{\varphi(x)}}=\mathrm{e}.$$

注意当 $\lim\limits_{\varphi(x)\to 0}u(x)=a$ 时，$\lim\limits_{\varphi(x)\to 0}\left\{[1+\varphi(x)]^{\frac{1}{\varphi(x)}}\right\}^{u(x)}=\left\{\lim\limits_{\varphi(x)\to 0}[1+\varphi(x)]^{\frac{1}{\varphi(x)}}\right\}^{\lim\limits_{\varphi(x)\to 0}u(x)}=\mathrm{e}^{a}$.

4. 利用无穷小的性质及等价无穷小替换求极限．

(1)无穷小与有界量的乘积仍是无穷小．

(2)在利用等价无穷小替换时，只能对整个分子、分母或者乘积因子进行等价无穷小替换，不能对加减因子进行等价替换．

熟记常用的等价关系：

当 $x\to 0$ 时，$x\sim\sin x\sim\arcsin x\sim\tan x\sim\arctan x\sim\mathrm{e}^{x}-1\sim\ln(1+x)$，$1-\cos x\sim\frac{1}{2}x^{2}$，$(1+x)^{a}-1\sim ax$.

注 若 $\varphi(x)\to 0$，等价符号左右两端都可以用 $\varphi(x)$ 替换 x. 例如，若 $x\to -1$，此时 $(1+x)\to 0$，则 $\sin(1+x)\sim(1+x)$；若 $x\to\infty$，此时 $\frac{1}{x}\to 0$，则 $\ln\left(1+\frac{1}{x}\right)\sim\frac{1}{x}$.

5. 利用洛必达法则求极限．

洛必达法则常用于求“$\frac{0}{0}$”型和“$\frac{\infty}{\infty}$”型未定式的极限，对分子分母同时求导，即 $\lim\limits_{x\to a}\frac{f(x)}{g(x)}=\lim\limits_{x\to a}\frac{f'(x)}{g'(x)}=A$. 必要时可连续使用洛必达法则，直至求出极限值．

注 将其他未定式极限转化为“$\frac{0}{0}$”型或“$\frac{\infty}{\infty}$”型的情况有

(1)$\infty-\infty$型：一般先通分成一个整体分式，再用洛必达法则求极限；

(2)$0\cdot\infty$型：可以将原乘积形式改写成商的形式，转化成“$\frac{0}{0}$”型或“$\frac{\infty}{\infty}$”型再用洛必达法则求极限．

6. 利用极限值是一个常数的性质求极限．

设 $\lim f(x)=c$，构造关于 c 的方程，解方程求出 c，从而确定极限值．

母题精练

1. $\lim\limits_{x\to 3}\dfrac{\sqrt{1+x}-2}{x-3}=(\quad)$.

A. $\dfrac{1}{4}$　　B. $\dfrac{1}{2}$　　C. 0　　D. ∞　　E. 1

2. $\lim\limits_{x\to\infty}\dfrac{x^3-4x^2+2}{2x^4+6x^2+1}=(\quad)$.

A. $\dfrac{1}{2}$　　B. 0　　C. ∞　　D. 2　　E. 不存在

3. $\lim\limits_{x\to 0}\dfrac{4x-\sin 2x}{x+\sin 2x}=(\quad)$.

A. $\dfrac{1}{4}$　　B. $\dfrac{1}{2}$　　C. $\dfrac{2}{3}$　　D. 2　　E. 4

4. $\lim\limits_{x\to 0}(1+3x)^{\frac{2}{\sin x}}=(\quad)$.

A. 1　　B. e^2　　C. e^3　　D. e^6　　E. e^{-2}

5. $\lim\limits_{x\to 0}\dfrac{\tan x-\sin x}{x\sin^2 x}=(\quad)$.

A. 0　　B. ∞　　C. 1　　D. $\dfrac{1}{2}$　　E. 2

6. $\lim\limits_{x\to 0}\dfrac{\tan x-x}{x-\sin x}=(\quad)$.

A. 0　　B. -1　　C. 1　　D. $\dfrac{1}{2}$　　E. 2

7. $\lim\limits_{x\to\infty}\dfrac{6x-\sin x}{x+\sin x}=(\quad)$.

A. 1　　B. 2　　C. 3　　D. 6　　E. ∞

8. $\lim\limits_{x\to 1}\left(\dfrac{1}{\ln x}-\dfrac{1}{x-1}\right)=(\quad)$.

A. $\dfrac{1}{2}$　　B. 1　　C. $\dfrac{1}{3}$　　D. 0　　E. ∞

9. $\lim\limits_{x\to 0}(x^2+x+e^x)^{\frac{1}{x}}=(\quad)$.

A. 1　　B. e^2　　C. e^3　　D. e^{-1}　　E. e^{-2}

10. 若$\lim\limits_{x\to 1}f(x)$存在，且 $f(x)=\dfrac{x^2}{3x-1}-\lim\limits_{x\to 1}f(x)$，则$\lim\limits_{x\to 1}f(x)=(\quad)$.

A. 1　　B. $\dfrac{1}{2}$　　C. $\dfrac{1}{3}$　　D. $\dfrac{1}{4}$　　E. $\dfrac{1}{6}$

11. $\lim\limits_{x\to 4}\dfrac{x^2-16}{\sqrt{x}-2}=(\quad)$.

A. 1　　B. 4　　C. 8　　D. 16　　E. 32

12. $\lim\limits_{x\to\infty}\dfrac{(x+1)(x-2)(x+3)}{(1-3x)^3}=(\quad)$.

A. 1　B. $-\dfrac{1}{3}$　C. $-\dfrac{1}{9}$　D. $-\dfrac{1}{27}$　E. ∞

13. $\lim\limits_{x\to\infty}x\sin\dfrac{2}{x}=(\quad)$.

A. 2　B. 1　C. 0　D. $\dfrac{1}{2}$　E. ∞

14. $\lim\limits_{x\to\infty}\left(\dfrac{2x+3}{2x+1}\right)^{x+1}=(\quad)$.

A. e　B. e^2　C. e^3　D. e^{-1}　E. e^{-2}

15. $\lim\limits_{x\to 0}\dfrac{\sin 4x}{\sqrt{x+2}-\sqrt{2}}=(\quad)$.

A. $\sqrt{2}$　B. $2\sqrt{2}$　C. 2　D. $4\sqrt{2}$　E. $8\sqrt{2}$

16. $\lim\limits_{x\to 0^+}\dfrac{\ln(\tan 7x)}{\ln(\tan 2x)}=(\quad)$.

A. 0　B. 1　C. $\dfrac{7}{2}$　D. $\dfrac{2}{7}$　E. ∞

17. $\lim\limits_{x\to+\infty}x(\sqrt{x^2+1}-x)=(\quad)$.

A. 0　B. ∞　C. $\dfrac{1}{2}$　D. 1　E. 2

18. $\lim\limits_{x\to\infty}(1+x^2)^{\frac{1}{x}}=(\quad)$.

A. 1　B. e　C. e^2　D. e^{-1}　E. e^{-2}

19. $\lim\limits_{x\to\infty}x[\ln(x-2)-\ln(x+1)]=(\quad)$.

A. 0　B. -1　C. -3　D. 1　E. ∞

20. $\lim\limits_{x\to 0}\left(1+\dfrac{1}{x}\right)^{x}=(\quad)$.

A. 1　B. e　C. ∞　D. e^{-1}　E. 2

21. $\lim\limits_{x\to 0}\dfrac{e^x-e^{-x}}{\sin x}=(\quad)$.

A. 0　B. 1　C. 2　D. -1　E. ∞

22. $\lim\limits_{x\to a}\dfrac{\sin x-\sin a}{x-a}=(\quad)$.

A. 0　B. 1　C. a　D. $\sin a$　E. $\cos a$

23. $\lim\limits_{x\to\frac{\pi}{2}}\dfrac{\tan x}{\tan 3x}=(\quad)$.

A. $\dfrac{1}{3}$　B. 3　C. 1　D. 0　E. ∞

24. $\lim\limits_{x\to+\infty}\dfrac{\ln\left(1+\dfrac{1}{x}\right)}{\operatorname{arccot} x}=(\quad)$.

A. 0　B. 1　C. 2　D. -1　E. ∞

25. $\lim\limits_{x\to 0}\dfrac{\ln(1+x^2)}{\sec x-\cos x}=(\quad)$.

A. -1　　B. 0　　C. 1　　D. 2　　E. ∞

26. $\lim\limits_{x\to 0}x\cot 2x=(\quad)$.

A. 1　　B. $\dfrac{1}{2}$　　C. -1　　D. 2　　E. 0

27. $\lim\limits_{x\to 0}x^2 e^{\frac{1}{x^2}}=(\quad)$.

A. -1　　B. 0　　C. 1　　D. $+\infty$　　E. $-\infty$

28. $\lim\limits_{x\to 1}\left(\dfrac{2}{x^2-1}-\dfrac{1}{x-1}\right)=(\quad)$.

A. $-\dfrac{1}{2}$　　B. $\dfrac{1}{2}$　　C. -1　　D. 1　　E. 2

29. $\lim\limits_{x\to 0^+}x^{\sin x}=(\quad)$.

A. -1　　B. 0　　C. 1　　D. 2　　E. ∞

30. $\lim\limits_{x\to 0^+}\left(\dfrac{1}{x}\right)^{\tan x}=(\quad)$.

A. -1　　B. 0　　C. e　　D. 1　　E. 2

31. $\lim\limits_{x\to 0}\dfrac{x^2\sin\dfrac{1}{x}}{\sin x}=(\quad)$.

A. -1　　B. 0　　C. 1　　D. 2　　E. ∞

32. $\lim\limits_{x\to 0}\dfrac{x-\sin x}{x^2\sin 2x}=(\quad)$.

A. 1　　B. $\dfrac{1}{2}$　　C. $\dfrac{1}{4}$　　D. $\dfrac{1}{8}$　　E. $\dfrac{1}{12}$

33. $\lim\limits_{x\to 0}\dfrac{x-x\cos x}{x-\sin x}=(\quad)$.

A. 0　　B. 1　　C. 2　　D. 3　　E. -1

34. $\lim\limits_{x\to 1}\dfrac{\arcsin(x^2-1)}{\ln x}=(\quad)$.

A. -1　　B. -2　　C. 1　　D. 2　　E. 0

35. $\lim\limits_{x\to\infty}x^2[\ln(x^2+1)-2\ln x]=(\quad)$.

A. e　　B. ∞　　C. 0　　D. 1　　E. 2

36. $\lim\limits_{x\to\infty}\dfrac{3x^2+5}{5x+3}\sin\dfrac{2}{x}=(\quad)$.

A. $\dfrac{1}{2}$　　B. $\dfrac{6}{5}$　　C. $\dfrac{3}{5}$　　D. $\dfrac{1}{6}$　　E. 1

37. $\lim\limits_{x\to 0}\left(\dfrac{1}{2x}-\dfrac{1}{e^{2x}-1}\right)=(\quad)$.

A. e^2　　B. $\dfrac{1}{2}$　　C. 1　　D. 0　　E. e

38. $\lim\limits_{x\to 0}\left(\frac{1}{\sin^2 x}-\frac{1}{x^2}\right)=(\quad)$.

A. $\frac{1}{3}$ B. $\frac{1}{2}$ C. 0 D. 1 E. 2

39. $\lim\limits_{x\to\infty}x^2(e^{\frac{1}{x^2}}-1)=(\quad)$.

A. -2 B. -1 C. 0 D. 1 E. 2

40. $\lim\limits_{x\to 0}\left(\frac{1+2^x}{2}\right)^{\frac{1}{x}}=(\quad)$.

A. $\sqrt{2}$ B. 1 C. $\frac{\sqrt{2}}{2}$ D. e^2 E. $\frac{1}{2}$

41. $\lim\limits_{x\to 0}\cot x\left(\frac{1}{\sin x}-\frac{1}{x}\right)=(\quad)$.

A. $\frac{1}{6}$ B. $\frac{1}{4}$ C. $\frac{1}{3}$ D. $\frac{1}{2}$ E. 1

答案详解

1. A

【解析】对分子进行有理化，再消去零因子，可得

$$\lim_{x\to 3}\frac{\sqrt{1+x}-2}{x-3}=\lim_{x\to 3}\frac{(\sqrt{1+x}-2)(\sqrt{1+x}+2)}{(x-3)(\sqrt{1+x}+2)}=\lim_{x\to 3}\frac{1}{\sqrt{1+x}+2}=\frac{1}{4}.$$

2. B

【解析】分子、分母同除以 x 的最高次幂 x^4，可得

$$\lim_{x\to\infty}\frac{x^3-4x^2+2}{2x^4+6x^2+1}=\lim_{x\to\infty}\frac{\frac{1}{x}-\frac{4}{x^2}+\frac{2}{x^4}}{2+\frac{6}{x^2}+\frac{1}{x^4}}=0.$$

【注意】直接套用母题技巧，当 $\lim\limits_{x\to\infty}\frac{a_0x^n+a_1x^{n-1}+\cdots+a_n}{b_0x^m+b_1x^{m-1}+\cdots+b_m}$ 中 $m>n$ 时，极限值为 0.

3. C

【解析】$\lim\limits_{x\to 0}\frac{4x-\sin 2x}{x+\sin 2x}=\lim\limits_{x\to 0}\frac{2-\frac{\sin 2x}{2x}}{\frac{1}{2}+\frac{\sin 2x}{2x}}=\frac{2-\lim\limits_{x\to 0}\frac{\sin 2x}{2x}}{\frac{1}{2}+\lim\limits_{x\to 0}\frac{\sin 2x}{2x}}=\frac{2-1}{\frac{1}{2}+1}=\frac{2}{3}.$

4. D

【解析】$\lim\limits_{x\to 0}(1+3x)^{\frac{2}{\sin x}}=\lim\limits_{x\to 0}(1+3x)^{\frac{1}{3x}\cdot\frac{6x}{\sin x}}=\lim\limits_{x\to 0}\left[(1+3x)^{\frac{1}{3x}}\right]^{\frac{6x}{\sin x}}=\left[\lim\limits_{x\to 0}(1+3x)^{\frac{1}{3x}}\right]^{\lim\limits_{x\to 0}\frac{6x}{\sin x}}=e^6.$

5. D

【解析】$\lim\limits_{x\to 0}\frac{\tan x-\sin x}{x\sin^2 x}=\lim\limits_{x\to 0}\frac{\tan x(1-\cos x)}{x^3}=\lim\limits_{x\to 0}\frac{x\cdot\frac{x^2}{2}}{x^3}=\frac{1}{2}.$

6. E

【解析】对"$\frac{0}{0}$"型未定式，使用洛必达法则，可得

$$\lim_{x\to0}\frac{\tan x-x}{x-\sin x}=\lim_{x\to0}\frac{\sec^2x-1}{1-\cos x}=\lim_{x\to0}\frac{\tan^2x}{1-\cos x}=\lim_{x\to0}\frac{x^2}{\frac{x^2}{2}}=2.$$

7. D

【解析】$\lim_{x\to\infty}\frac{6x-\sin x}{x+\sin x}=\lim_{x\to\infty}\frac{6-\frac{1}{x}\sin x}{1+\frac{1}{x}\sin x}=\frac{6-\lim_{x\to\infty}\frac{1}{x}\sin x}{1+\lim_{x\to\infty}\frac{1}{x}\sin x}=6.$

【注意】此题要特别注意自变量的变化，$x\to\infty$时，$\sin x$ 不是无穷小，而是有界量，因此分式的分子分母同除以 x 后，不能用第一个重要极限求解，而是利用"无穷小与有界量的乘积仍是无穷小"进行求解．

8. A

【解析】"$\infty-\infty$"型未定式一般先通分，再用洛必达法则求极限，故有

$$\lim_{x\to1}\left(\frac{1}{\ln x}-\frac{1}{x-1}\right)=\lim_{x\to1}\frac{x-1-\ln x}{(x-1)\ln x}=\lim_{x\to1}\frac{1-\frac{1}{x}}{\ln x+\frac{x-1}{x}}=\lim_{x\to1}\frac{\frac{1}{x^2}}{\frac{1}{x}+\frac{1}{x^2}}=\frac{1}{2}.$$

9. B

【解析】$\lim_{x\to0}(x^2+x+e^x)^{\frac{1}{x}}=\lim_{x\to0}e^{\frac{1}{x}\ln(x^2+x+e^x)}=e^{\lim_{x\to0}\frac{\ln(x^2+x+e^x)}{x}}=e^{\lim_{x\to0}\frac{x^2+x+e^x-1}{x}}=e^{\lim_{x\to0}\frac{2x+1+e^x}{1}}=e^2.$

10. D

【解析】由极限的概念可知，若极限存在，则极限值一定为常数．

不妨设$\lim_{x\to1}f(x)=c$，则对等式 $f(x)=\frac{x^2}{3x-1}-c$ 两边同取 $x\to1$ 时的极限，可得

$$\lim_{x\to1}f(x)=\lim_{x\to1}\left(\frac{x^2}{3x-1}-c\right),$$

则 $c=\frac{1}{2}-c$，所以 $c=\frac{1}{4}$，即$\lim_{x\to1}f(x)=\frac{1}{4}$.

11. E

【解析】$\lim_{x\to4}\frac{x^2-16}{\sqrt{x}-2}=\lim_{x\to4}\frac{(\sqrt{x}-2)(\sqrt{x}+2)(x+4)}{\sqrt{x}-2}=\lim_{x\to4}(\sqrt{x}+2)(x+4)=32.$

12. D

【解析】由"$\frac{\infty}{\infty}$"型有理分式的"抓大头"方法可知，分子分母的最高次幂相同时，极限值等于最高次幂的系数比，可得

$$\lim_{x\to\infty}\frac{(x+1)(x-2)(x+3)}{(1-3x)^3}=-\frac{1}{27}.$$

13. A

【解析】方法一：出现正弦函数与自变量的乘积，想到第一重要极限，则

$$\lim_{x\to\infty}x\sin\frac{2}{x}=2\lim_{x\to\infty}\frac{\sin\frac{2}{x}}{\frac{2}{x}}=2.$$

方法二：利用无穷小的等价替换，则$\lim\limits_{x\to\infty}x\sin\frac{2}{x}=\lim\limits_{x\to\infty}x\cdot\frac{2}{x}=2.$

14. A

【解析】$\lim\limits_{x\to\infty}\left(\frac{2x+3}{2x+1}\right)^{x+1}=\lim\limits_{x\to\infty}\left(1+\frac{2}{2x+1}\right)^{\frac{2x+1}{2}+\frac{1}{2}}=\lim\limits_{x\to\infty}\left(1+\frac{2}{2x+1}\right)^{\frac{2x+1}{2}}\cdot\left(1+\frac{2}{2x+1}\right)^{\frac{1}{2}}$

$$=\lim_{x\to\infty}\left(1+\frac{2}{2x+1}\right)^{\frac{2x+1}{2}}\cdot\lim_{x\to\infty}\left(1+\frac{2}{2x+1}\right)^{\frac{1}{2}}=\mathrm{e}\times1=\mathrm{e}.$$

15. E

【解析】$\lim\limits_{x\to0}\frac{\sin 4x}{\sqrt{x+2}-\sqrt{2}}=\lim\limits_{x\to0}\frac{4x(\sqrt{x+2}+\sqrt{2})}{(\sqrt{x+2})^2-(\sqrt{2})^2}=\lim\limits_{x\to0}\frac{4x}{x}(\sqrt{x+2}+\sqrt{2})=8\sqrt{2}.$

16. B

【解析】$\lim\limits_{x\to0^+}\frac{\ln(\tan 7x)}{\ln(\tan 2x)}=\lim\limits_{x\to0^+}\frac{\frac{1}{\tan 7x}\cdot7\cdot\sec^2 7x}{\frac{1}{\tan 2x}\cdot2\cdot\sec^2 2x}=\frac{7}{2}\lim\limits_{x\to0^+}\frac{\sec^2 7x}{\sec^2 2x}\cdot\lim\limits_{x\to0^+}\frac{\tan 2x}{\tan 7x}=\frac{7}{2}\times\frac{2}{7}=1.$

17. C

【解析】$\lim\limits_{x\to+\infty}x(\sqrt{x^2+1}-x)=\lim\limits_{x\to+\infty}\frac{x(\sqrt{x^2+1}-x)(\sqrt{x^2+1}+x)}{\sqrt{x^2+1}+x}$

$$=\lim_{x\to+\infty}\frac{x\cdot1}{\sqrt{x^2+1}+x}=\lim_{x\to+\infty}\frac{1}{\sqrt{1+\frac{1}{x^2}}+1}=\frac{1}{2}.$$

18. A

【解析】$\lim\limits_{x\to\infty}(1+x^2)^{\frac{1}{x}}=\lim\limits_{x\to\infty}\mathrm{e}^{\frac{1}{x}\ln(1+x^2)}=\mathrm{e}^{\lim\limits_{x\to\infty}\frac{\ln(1+x^2)}{x}}=\mathrm{e}^{\lim\limits_{x\to\infty}\frac{\frac{2x}{1+x^2}}{1}}=\mathrm{e}^0=1.$

19. C

【解析】方法一：$\lim\limits_{x\to+\infty}x[\ln(x-2)-\ln(x+1)]=\lim\limits_{x\to+\infty}\frac{\ln(x-2)-\ln(x+1)}{\frac{1}{x}}=\lim\limits_{x\to+\infty}\frac{\frac{1}{x-2}-\frac{1}{x+1}}{-\frac{1}{x^2}}$

$$=\lim_{x\to+\infty}\frac{-3x^2}{(x-2)(x+1)}=-3\lim_{x\to+\infty}\frac{x^2}{x^2-x-2}=-3.$$

方法二：$\lim\limits_{x\to+\infty}x[\ln(x-2)-\ln(x+1)]=\lim\limits_{x\to+\infty}\ln\left(\frac{x-2}{x+1}\right)^x=\ln\lim\limits_{x\to+\infty}\left(\frac{x-2}{x+1}\right)^x$

$$=\ln\frac{\lim\limits_{x\to+\infty}\left(1-\frac{2}{x}\right)^{\frac{-x}{2}\cdot(-2)}}{\lim\limits_{x\to+\infty}\left(1+\frac{1}{x}\right)^x}=\ln\frac{\mathrm{e}^{-2}}{\mathrm{e}}=-3.$$

20. A

【解析】先将幂指函数转化为复合函数，可得$\lim\limits_{x\to 0}\left(1+\frac{1}{x}\right)^{x}=\lim\limits_{x\to 0}e^{x\ln\left(1+\frac{1}{x}\right)}$，其中

$$\lim_{x\to 0}x\ln\left(1+\frac{1}{x}\right)=\lim_{x\to 0}\frac{\ln\left(1+\frac{1}{x}\right)}{\frac{1}{x}}=\lim_{x\to 0}\frac{\frac{1}{1+\frac{1}{x}}\cdot\left(\frac{1}{x}\right)'}{\left(\frac{1}{x}\right)'}=\lim_{x\to 0}\frac{1}{1+\frac{1}{x}}=0,$$

则$\lim\limits_{x\to 0}\left(1+\frac{1}{x}\right)^{x}=e^{0}=1$.

21. C

【解析】"$\frac{0}{0}$"型未定式极限，使用洛必达法则，可得$\lim\limits_{x\to 0}\frac{e^{x}-e^{-x}}{\sin x}=\lim\limits_{x\to 0}\frac{e^{x}+e^{-x}}{\cos x}=2$.

22. E

【解析】"$\frac{0}{0}$"型未定式极限，使用洛必达法则，可得$\lim\limits_{x\to a}\frac{\sin x-\sin a}{x-a}=\lim\limits_{x\to a}\frac{\cos x}{1}=\cos a$.

23. B

【解析】使用洛必达法则，可得

$$\lim_{x\to\frac{\pi}{2}}\frac{\tan x}{\tan 3x}=\lim_{x\to\frac{\pi}{2}}\frac{\sec^{2}x}{3\sec^{2}3x}=\frac{1}{3}\lim_{x\to\frac{\pi}{2}}\frac{\cos^{2}3x}{\cos^{2}x}=\frac{1}{3}\lim_{x\to\frac{\pi}{2}}\frac{2\cos 3x(-\sin 3x)\cdot 3}{2\cos x(-\sin x)}$$

$$=-\lim_{x\to\frac{\pi}{2}}\frac{\cos 3x}{\cos x}=-\lim_{x\to\frac{\pi}{2}}\frac{-3\sin 3x}{-\sin x}=3.$$

24. B

【解析】极限式为"$\frac{\infty}{\infty}$"型未定式极限，故使用洛必达法则，再结合"抓大头"的方法，可得

$$\lim_{x\to+\infty}\frac{\ln\left(1+\frac{1}{x}\right)}{\operatorname{arccot}x}=\lim_{x\to+\infty}\frac{\frac{1}{1+\frac{1}{x}}\cdot\left(-\frac{1}{x^{2}}\right)}{-\frac{1}{1+x^{2}}}=\lim_{x\to+\infty}\frac{1+x^{2}}{x+x^{2}}=1.$$

25. C

【解析】$\lim\limits_{x\to 0}\frac{\ln(1+x^{2})}{\sec x-\cos x}=\lim\limits_{x\to 0}\frac{\cos x\ln(1+x^{2})}{1-\cos^{2}x}=\lim\limits_{x\to 0}\frac{x^{2}}{1-\cos^{2}x}$

$$=\lim_{x\to 0}\frac{x^{2}}{(1-\cos x)(1+\cos x)}=\lim_{x\to 0}\frac{x^{2}}{\frac{1}{2}x^{2}\cdot 2}=1.$$

26. B

【解析】$\lim\limits_{x\to 0}x\cot 2x=\lim\limits_{x\to 0}\frac{x}{\tan 2x}=\lim\limits_{x\to 0}\frac{x}{2x}=\frac{1}{2}$.

27. D

【解析】$\lim\limits_{x\to 0}x^{2}e^{\frac{1}{x^{2}}}=\lim\limits_{x\to 0}\frac{e^{\frac{1}{x^{2}}}}{\frac{1}{x^{2}}}=\lim\limits_{t\to+\infty}\frac{e^{t}}{t}=\lim\limits_{t\to+\infty}\frac{e^{t}}{1}=+\infty$.

28. A

【解析】$\lim\limits_{x\to1}\left(\dfrac{2}{x^2-1}-\dfrac{1}{x-1}\right)=\lim\limits_{x\to1}\dfrac{1-x}{x^2-1}=\lim\limits_{x\to1}\dfrac{-1}{2x}=-\dfrac{1}{2}$.

29. C

【解析】因为$\lim\limits_{x\to0^+}x^{\sin x}=\lim\limits_{x\to0^+}e^{\sin x\ln x}$，其中

$$\lim_{x\to0^+}\sin x\ln x=\lim_{x\to0^+}\frac{\ln x}{\csc x}=\lim_{x\to0^+}\frac{\frac{1}{x}}{-\csc x\cdot\cot x}=-\lim_{x\to0^+}\frac{\sin^2 x}{x\cos x}=0,$$

所以$\lim\limits_{x\to0^+}x^{\sin x}=\lim\limits_{x\to0^+}e^{\sin x\ln x}=e^0=1$.

30. D

【解析】因为$\left(\dfrac{1}{x}\right)^{\tan x}=e^{-\tan x\ln x}$，其中

$$\lim_{x\to0^+}\tan x\ln x=\lim_{x\to0^+}\frac{\ln x}{\cot x}=\lim_{x\to0^+}\frac{\frac{1}{x}}{-\csc^2 x}=-\lim_{x\to0^+}\frac{\sin^2 x}{x}=0,$$

所以$\lim\limits_{x\to0^+}\left(\dfrac{1}{x}\right)^{\tan x}=\lim\limits_{x\to0^+}e^{-\tan x\ln x}=e^0=1$.

31. B

【解析】根据第一重要极限及无穷小的性质，可得

$$\lim_{x\to0}\frac{x^2\sin\frac{1}{x}}{\sin x}=\lim_{x\to0}\frac{x}{\sin x}\cdot x\sin\frac{1}{x}=1\times0=0.$$

32. E

【解析】由等价无穷小替换定理及洛必达法则，可得

$$\lim_{x\to0}\frac{x-\sin x}{x^2\sin 2x}=\lim_{x\to0}\frac{x-\sin x}{x^2\cdot2x}=\lim_{x\to0}\frac{1-\cos x}{6x^2}=\lim_{x\to0}\frac{\frac{1}{2}x^2}{6x^2}=\frac{1}{12}.$$

33. D

【解析】由等价无穷小替换定理及洛必达法则，可得

$$\lim_{x\to0}\frac{x-x\cos x}{x-\sin x}=\lim_{x\to0}\frac{x(1-\cos x)}{x-\sin x}=\lim_{x\to0}\frac{x\cdot\frac{1}{2}x^2}{x-\sin x}=\frac{1}{2}\lim_{x\to0}\frac{3x^2}{1-\cos x}=\frac{1}{2}\lim_{x\to0}\frac{3x^2}{\frac{1}{2}x^2}=3.$$

34. D

【解析】由等价无穷小替换定理及洛必达法则，可得

$$\lim_{x\to1}\frac{\arcsin(x^2-1)}{\ln x}=\lim_{x\to1}\frac{x^2-1}{\ln x}=\lim_{x\to1}\frac{2x}{\frac{1}{x}}=2.$$

35. D

【解析】$\lim\limits_{x\to\infty}x^2[\ln(x^2+1)-2\ln x]=\lim\limits_{x\to\infty}x^2\ln\left(1+\dfrac{1}{x^2}\right)=\lim\limits_{x\to\infty}x^2\cdot\dfrac{1}{x^2}=1$.

36. B

【解析】应用等价无穷小替换定理及“抓大头”法，可得

$$\lim_{x\to\infty}\frac{3x^2+5}{5x+3}\sin\frac{2}{x}=\lim_{x\to\infty}\frac{3x^2+5}{5x+3}\cdot\frac{2}{x}=\lim_{x\to\infty}\frac{6x^2+10}{5x^2+3x}=\frac{6}{5}.$$

37. B

【解析】$\lim\limits_{x\to0}\left(\frac{1}{2x}-\frac{1}{e^{2x}-1}\right)=\lim\limits_{x\to0}\frac{e^{2x}-1-2x}{2x(e^{2x}-1)}=\lim\limits_{x\to0}\frac{e^{2x}-1-2x}{4x^2}$

$$=\lim_{x\to0}\frac{2e^{2x}-2}{8x}=\lim_{x\to0}\frac{e^{2x}-1}{4x}=\lim_{x\to0}\frac{2x}{4x}=\frac{1}{2}.$$

38. A

【解析】$\lim\limits_{x\to0}\left(\frac{1}{\sin^2x}-\frac{1}{x^2}\right)=\lim\limits_{x\to0}\frac{x^2-\sin^2x}{x^2\sin^2x}=\lim\limits_{x\to0}\frac{x^2-\sin^2x}{x^4}$

$$=\lim_{x\to0}\frac{2x-2\sin x\cos x}{4x^3}=\lim_{x\to0}\frac{x-\frac{1}{2}\sin 2x}{2x^3}$$

$$=\lim_{x\to0}\frac{1-\cos 2x}{6x^2}=\lim_{x\to0}\frac{\frac{1}{2}\cdot 4x^2}{6x^2}=\frac{1}{3}.$$

39. D

【解析】方法一：利用洛必达法则，可得

$$\lim_{x\to\infty}x^2\left(e^{\frac{1}{x^2}}-1\right)=\lim_{x\to\infty}\frac{e^{\frac{1}{x^2}}-1}{\frac{1}{x^2}}=\lim_{t\to0}\frac{e^t-1}{t}=\lim_{t\to0}e^t=1.$$

方法二：利用等价无穷小替换，可得$\lim\limits_{x\to\infty}x^2\left(e^{\frac{1}{x^2}}-1\right)=\lim\limits_{x\to\infty}x^2\cdot\frac{1}{x^2}=1.$

40. A

【解析】利用第二重要极限，可得

$$\lim_{x\to0}\left(\frac{1+2^x}{2}\right)^{\frac{1}{x}}=\lim_{x\to0}\left[1+\left(\frac{1+2^x}{2}-1\right)\right]^{\frac{1}{x}}=\lim_{x\to0}\left(1+\frac{2^x-1}{2}\right)^{\frac{1}{x}}$$

$$=\lim_{x\to0}\left[\left(1+\frac{2^x-1}{2}\right)^{\frac{2}{2^x-1}}\right]^{\frac{2^x-1}{2x}}=\left[\lim_{x\to0}\left(1+\frac{2^x-1}{2}\right)^{\frac{2}{2^x-1}}\right]^{\lim\limits_{x\to0}\frac{2^x-1}{2x}}$$

$$=e^{\lim\limits_{x\to0}\frac{2^x-1}{2x}}=e^{\lim\limits_{x\to0}\frac{2^x\cdot\ln 2}{2}}=e^{\frac{1}{2}\ln 2}=e^{\ln\sqrt{2}}=\sqrt{2}.$$

41. A

【解析】$\lim\limits_{x\to0}\cot x\left(\frac{1}{\sin x}-\frac{1}{x}\right)=\lim\limits_{x\to0}\frac{\cos x}{\sin x}\cdot\frac{x-\sin x}{x\sin x}=\lim\limits_{x\to0}\frac{x-\sin x}{x^3}=\lim\limits_{x\to0}\frac{1-\cos x}{3x^2}=\lim\limits_{x\to0}\frac{\frac{1}{2}x^2}{3x^2}=\frac{1}{6}.$

题型 6 已知极限求参数

母题精讲

母题 6 已知$\lim\limits_{x\to1}\dfrac{x^2+ax+b}{\sin(1-x)}=5$，则 a，b 的值分别为（ ）.

A. $a=-6$，$b=7$
B. $a=-7$，$b=6$
C. $a=3$，$b=-4$
D. $a=-3$，$b=4$
E. $a=-1$，$b=0$

【解析】方法一：由于分母极限为 0，而分式函数的极限存在，则该分式为“$\dfrac{0}{0}$”型，因此$\lim\limits_{x\to1}(x^2+ax+b)=0$，即 $1+a+b=0$. 本题求极限值可先用等价无穷小替换，再用洛必达法则，可得

$$\lim_{x\to1}\frac{x^2+ax+b}{\sin(1-x)}=\lim_{x\to1}\frac{x^2+ax+b}{1-x}=\lim_{x\to1}\frac{2x+a}{-1}=-2-a=5,$$

解得 $a=-7$，代入 $1+a+b=0$，可得 $b=6$.

方法二：因为分式为“$\dfrac{0}{0}$”型，所以当 $x=1$ 时，$x^2+ax+b=(1-x)(k-x)=0$，故

$$\lim_{x\to1}\frac{x^2+ax+b}{\sin(1-x)}=\lim_{x\to1}\frac{x^2+ax+b}{1-x}=\lim_{x\to1}\frac{(1-x)(k-x)}{1-x}=\lim_{x\to1}(k-x)=k-1=5,$$

所以$k=6$，即 $x^2+ax+b=(1-x)(6-x)=x^2-7x+6$，所以 $a=-7$，$b=6$.

【答案】B

母题技巧

1. 已知极限求参数的题目实为求极限的变形题目，可按照下列步骤来求解：

(1)根据已知极限值先判断极限类型，例如“$\dfrac{0}{0}$”型或“$\dfrac{\infty}{\infty}$”型；

(2)采用相应的求极限的方法带着参数(先将参数视为常数)求极限；

(3)根据所求极限结果与已知极限值相等，得到含参数的方程，通过方程求解参数值.

2. 已知分段函数在分段点处连续，求分段函数中的参数，其实就是已知极限求参数的题目，因为分段函数在分段点处连续，所以在该点处的极限必定存在，即分段点的左右极限相等，最后还是要通过求极限列出含参数的方程，从而求得参数值.

注 已知极限求参数这类题目的解题关键是正确判断所给函数的类型，选择最佳的求极限的方法.

母题精练

1. 若$\lim\limits_{x\to0}\left(1+\dfrac{x}{k}\right)^{\frac{-3}{x}}=e^{-1}$，则 $k=$（ ）.

A. 1
B. $\dfrac{1}{3}$
C. $\dfrac{1}{2}$
D. 3
E. 2

2. 若$\lim\limits_{x\to\infty}\left(\dfrac{x^2+1}{x+1}-x+b\right)=1$，则$b=$(　　).

A. 0　　B. 1　　C. 2　　D. −1　　E. 3

3. 设$f(x)=\begin{cases}\dfrac{\tan ax}{3x}, & x<0,\\ 2+x\sin\dfrac{1}{x}, & x\geqslant 0,\end{cases}$若$\lim\limits_{x\to 0}f(x)$存在，则$a=$(　　).

A. 0　　B. 2　　C. 3　　D. 6　　E. 9

4. 若$\lim\limits_{x\to 0}\dfrac{\sin x}{e^x-a}(\cos x-b)=5$，则$a$，$b$的值分别为(　　).

A. $a=-1$，$b=4$　　B. $a=-4$，$b=1$　　C. $a=1$，$b=-4$

D. $a=4$，$b=-1$　　E. $a=1$，$b=-5$

5. 若$\lim\limits_{x\to\infty}\left(\dfrac{2x-a}{2x+a}\right)^x=e$，则$a=$(　　).

A. $\dfrac{1}{2}$　　B. $-\dfrac{1}{2}$　　C. $\dfrac{1}{4}$　　D. −1　　E. 2

6. 若$\lim\limits_{x\to 0}\left[\dfrac{1}{x}-\left(\dfrac{1}{x}-a\right)e^x\right]=1$，则$a=$(　　).

A. 0　　B. 1　　C. 2　　D. 3　　E. 4

答案详解

1. D

【解析】观察函数为“1^∞”型，故利用第二重要极限，有

$$\lim_{x\to 0}\left(1+\frac{x}{k}\right)^{\frac{-3}{x}}=\lim_{x\to 0}\left(1+\frac{x}{k}\right)^{\frac{k}{x}\cdot\left(-\frac{3}{k}\right)}=e^{-\frac{3}{k}}=e^{-1},$$

可知$-\dfrac{3}{k}=-1$，即$k=3$.

2. C

【解析】观察函数为“$\infty-\infty$”型，故先通分成一个整体分式，再用“抓大头”法，有

$$\lim_{x\to\infty}\left(\frac{x^2+1}{x+1}-x+b\right)=\lim_{x\to\infty}\frac{x^2+1-x(x+1)+b(x+1)}{x+1}=\lim_{x\to\infty}\frac{x(b-1)+b+1}{x+1}=b-1=1,$$

解得$b=2$.

3. D

【解析】$\lim\limits_{x\to 0^+}f(x)=\lim\limits_{x\to 0^+}\left(2+x\sin\dfrac{1}{x}\right)=2$，$\lim\limits_{x\to 0^-}f(x)=\lim\limits_{x\to 0^-}\dfrac{\tan ax}{3x}=\lim\limits_{x\to 0^-}\dfrac{ax}{3x}=\dfrac{a}{3}$.

因为$\lim\limits_{x\to 0}f(x)$存在，所以$\lim\limits_{x\to 0^+}f(x)=\lim\limits_{x\to 0^-}f(x)$，即$\dfrac{a}{3}=2$，解得$a=6$.

4. C

【解析】由$\lim\limits_{x\to 0}\sin x(\cos x-b)=0$且函数极限值不为0，可知$\lim\limits_{x\to 0}(e^x-a)=0$，从而$a=1$. 故有

$$\lim_{x\to0}\frac{\sin x}{e^x-a}(\cos x-b)=\lim_{x\to0}\frac{\sin x}{e^x-1}(\cos x-b)=\lim_{x\to0}\frac{\sin x}{x}\cdot\lim_{x\to0}(\cos x-b)=1-b,$$

由题干可知 $1-b=5$，解得 $b=-4$.

5. D

【解析】观察函数为“1^∞”型，故利用第二重要极限，可得

$$\lim_{x\to\infty}\left(\frac{2x-a}{2x+a}\right)^x=\lim_{x\to\infty}\left(1+\frac{-2a}{2x+a}\right)^{\frac{2x+a}{-2a}\cdot\frac{-2ax}{2x+a}}=\left[\lim_{x\to\infty}\left(1+\frac{-2a}{2x+a}\right)^{\frac{2x+a}{-2a}}\right]^{\lim\limits_{x\to\infty}\frac{-2ax}{2x+a}}=e^{-a}=e,$$

解得 $-a=1$，$a=-1$.

6. C

【解析】观察函数为“$\infty-\infty$”型，故先通分成一个整体分式，再利用等价无穷小替换，可得

$$\lim_{x\to0}\left[\frac{1}{x}-\left(\frac{1}{x}-a\right)e^x\right]=\lim_{x\to0}\frac{axe^x+1-e^x}{x}=\lim_{x\to0}\left(ae^x+\frac{1-e^x}{x}\right)=a+\lim_{x\to0}\frac{-x}{x}=a-1,$$

由题干知 $a-1=1$，所以 $a=2$.

题型 7 无穷小的判断和无穷小的比较

母题精讲

母题 7 当 $x\to0$ 时，$e^{x\sqrt{1+x}}-e^x$ 是关于 x 的 n 阶无穷小，则 $n=$( ).

A. $\frac{1}{2}$ B. $\frac{1}{4}$ C. 1 D. 2 E. 4

【解析】$e^{x\sqrt{1+x}}-e^x=e^x(e^{x\sqrt{1+x}-x}-1)=e^x[e^{x(\sqrt{1+x}-1)}-1]$，当 $x\to0$ 时，由等价无穷小替换，可得 $e^{x(\sqrt{1+x}-1)}-1\sim x(\sqrt{1+x}-1)\sim x\cdot\frac{x}{2}$，即 $e^{x(\sqrt{1+x}-1)}-1\sim\frac{x^2}{2}$，因此

$$\lim_{x\to0}\frac{e^{x\sqrt{1+x}}-e^x}{x^2}=\lim_{x\to0}\frac{e^x\cdot\frac{1}{2}x^2}{x^2}=\frac{1}{2},$$

$e^{x\sqrt{1+x}}-e^x$ 是 x 的二阶无穷小，故 $n=2$.

【答案】D

母题技巧

对两个无穷小进行比较，一般根据定义，求二者之比的极限，根据极限值来判断二者阶的关系．熟记无穷小量阶比较的相关结论:

(1) $\lim\frac{\beta}{\alpha}=0$，$\beta$ 是比 α 高阶的无穷小，记作 $\beta=o(\alpha)$；

(2) $\lim\frac{\beta}{\alpha}=\infty$，$\beta$ 是比 α 低阶的无穷小；

(3) $\lim\frac{\beta}{\alpha}=c(c\neq0)$，$\beta$ 与 α 是同阶无穷小；

(4) $\lim \frac{\beta}{\alpha}=1$，$\beta$ 与 α 是等价无穷小，记作 $\alpha \sim \beta$，例如常见的等价无穷小：当 $x \to 0$ 时，$x \sim \sin x \sim \arcsin x \sim \tan x \sim \arctan x \sim e^x-1 \sim \ln(1+x)$，$1-\cos x \sim \frac{1}{2}x^2$，$(1+x)^a-1 \sim ax$；

(5) $\lim \frac{\beta}{\alpha^k}=c\,(c \neq 0,\ k>0)$，$\beta$ 是关于 α 的 k 阶无穷小．

此类题型的关键是采用合适的求极限的方法正确求出两个无穷小比值的极限，根据极限值判断它们之间的关系．

母题精练

1. 当 $x \to 0$ 时，$x-\sin x$ 与 x^3 比较是(　　).

A. 同阶非等价无穷小　　B. 等价无穷小　　C. 高阶无穷小

D. 低阶无穷小　　E. $x-\sin x$ 是 x^3 的三阶无穷小

2. 当 $x \to 0$ 时，$\arctan 3x$ 与 $\frac{ax}{\cos x}$ 是等价无穷小，则 $a=$(　　).

A. 1　　B. 2　　C. 3　　D. 6　　E. 9

3. 当 $x \to 1$ 时，$f(x)=\frac{1-x}{1+x}$ 与 $g(x)=1-\sqrt[3]{x}$ 比较是(　　).

A. 等价无穷小　　B. 同阶非等价无穷小　　C. 高阶无穷小

D. 低阶无穷小　　E. 无法确定

4. 当 $x \to 0$ 时，(　　)是关于 x 的三阶无穷小．

A. $\sqrt[3]{x^2}-\sqrt{x}$　　B. $\sqrt{1+\sin^3 x}-1$　　C. $x^3+0.0001x^2$

D. $\sqrt[3]{\tan x^3}$　　E. $e^{x^2}-1$

5. 当 $x \to 0$ 时，下列五个无穷小量中，比其他四个更高阶的无穷小是(　　).

A. $\ln(1+2x)$　　B. $e^{x^2}-1$　　C. $\tan x-\sin x$　　D. $1-\cos x$　　E. $x\arctan x$

6. 当 $x \to 0$ 时，$\ln(1+3x)(e^{x^3}-1)$ 是比 $x\tan^n x$ 高阶的无穷小，而 $x\tan^n x$ 是比 $\sqrt{1-x^2}-1$ 高阶的无穷小，则正整数 $n=$(　　).

A. 1　　B. 2　　C. 3　　D. 4　　E. 5

答案详解

1. A

【解析】将两个无穷小作比求极限，显然所求极限为"$\frac{0}{0}$"型，故可用洛必达法则，得

$$\lim_{x \to 0}\frac{x-\sin x}{x^3}=\lim_{x \to 0}\frac{1-\cos x}{3x^2}=\lim_{x \to 0}\frac{\sin x}{6x}=\frac{1}{6}.$$

由无穷小比较的定义，可知 $x-\sin x$ 与 x^3 为同阶非等价无穷小．

2. C

【解析】根据等价无穷小的定义，可知

$$\lim_{x\to0}\frac{\arctan 3x}{\frac{ax}{\cos x}}=\lim_{x\to0}\frac{\arctan 3x}{ax}\cdot\cos x=\lim_{x\to0}\frac{\arctan 3x}{ax}\cdot\lim_{x\to0}\cos x=\lim_{x\to0}\frac{3x}{ax}=\frac{3}{a}=1,$$

解得 $a=3$.

3. B

【解析】因为 $\lim\limits_{x\to1}\dfrac{f(x)}{g(x)}=\lim\limits_{x\to1}\dfrac{\frac{1-x}{1+x}}{1-\sqrt[3]{x}}=\lim\limits_{x\to1}\dfrac{(1-\sqrt[3]{x})(1+\sqrt[3]{x}+\sqrt[3]{x^2})}{(1-\sqrt[3]{x})(1+x)}=\dfrac{3}{2}$，所以 $f(x)$ 与 $g(x)$ 是同阶但非等价无穷小.

4. B

【解析】根据 k 阶无穷小的定义，以及等价无穷小替换，可得

$$\lim_{x\to0}\frac{\sqrt{1+\sin^3x}-1}{x^3}=\lim_{x\to0}\frac{\frac{1}{2}\sin^3x}{x^3}=\lim_{x\to0}\frac{\frac{1}{2}x^3}{x^3}=\frac{1}{2}.$$

故 $\sqrt{1+\sin^3x}-1$ 是关于 x 的三阶无穷小. 验证其他选项，均不是 x 的三阶无穷小.

【注意】部分考生会下意识使用"抓大头"的方法，最终错误地选择了C项，要牢记，"抓大头"的方法只适用于"$\dfrac{\infty}{\infty}$"型的有理分式.

5. C

【解析】由等价无穷小替换可知，当 $x\to0$ 时，$\ln(1+2x)\sim2x$，$e^{x^2}-1\sim x^2$，$1-\cos x\sim\dfrac{1}{2}x^2$，$\tan x-\sin x=\tan x(1-\cos x)\sim\dfrac{1}{2}x^3$，$x\arctan x\sim x^2$，所以 $\tan x-\sin x$ 是这五个选项中最高阶的无穷小.

6. B

【解析】由题意，可得 $\lim\limits_{x\to0}\dfrac{\ln(1+3x)(e^{x^3}-1)}{x\tan^n x}=\lim\limits_{x\to0}\dfrac{3x\cdot x^3}{x^{n+1}}=3\lim\limits_{x\to0}\dfrac{x^4}{x^{n+1}}=3\lim\limits_{x\to0}x^{3-n}=0$，故 $n<3$；

$\lim\limits_{x\to0}\dfrac{x\tan^n x}{\sqrt{1-x^2}-1}=\lim\limits_{x\to0}\dfrac{x^{n+1}}{-\frac{1}{2}x^2}=-2\lim\limits_{x\to0}x^{n-1}=0$，故 $n>1$.

综上所述，$n=2$.

题型 8　判断分段函数的连续性

母题精讲

母题 8　设函数 $f(x)=\begin{cases}\dfrac{x^2\sin\frac{1}{x}}{e^x-1}, & x<0,\\ b, & x=0,\\ \dfrac{\ln(1+2x)}{x}+a, & x>0,\end{cases}$ 当 a，b=(　　)时，$f(x)$ 在 $(-\infty,+\infty)$ 内连续.

A. -2，0　　B. 0，2　　C. 0，1

D. -1，0　　E. -1，1

【解析】由于 $f(x)$ 在 $(-\infty,+\infty)$ 内连续，故 $f(x)$ 在点 $x=0$ 处连续，即 $f(x)$ 在点 $x=0$ 处左右极限存在且均等于 $f(0)$.

$$\lim_{x\to0^-}f(x)=\lim_{x\to0^-}\frac{x^2\sin\frac{1}{x}}{e^x-1}=\lim_{x\to0^-}\frac{x^2\sin\frac{1}{x}}{x}=\lim_{x\to0^-}x\sin\frac{1}{x}=0;$$

$$\lim_{x\to0^+}f(x)=\lim_{x\to0^+}\left[\frac{\ln(1+2x)}{x}+a\right]=\lim_{x\to0^+}\left(\frac{2x}{x}+a\right)=2+a;$$

又因为 $f(0)=b$，故 $2+a=0=b$，解得 $a=-2$，$b=0$. 此时 $f(x)$ 在 $(-\infty,+\infty)$ 内连续.

【答案】A

母题技巧

1. 在函数连续性的考查中，判断分段函数在分段点处的连续性是考试中常考的题型. 分段函数一般在分段点处连续，在整个定义域上就是连续的. 因此研究分段函数的连续性，只需要讨论分段点的情况. 注意函数在一点连续需满足以下三个条件:

(1) $f(x_0)$ 存在;

(2) $\lim\limits_{x\to x_0}f(x)$ 存在，即 $\lim\limits_{x\to x_0^-}f(x)=\lim\limits_{x\to x_0^+}f(x)$;

(3) $\lim\limits_{x\to x_0}f(x)=f(x_0)$.

三个条件同时成立，则函数 $f(x)$ 在点 $x=x_0$ 处连续.

2. 求极限时还要注意分段函数的分段方式，分段点两侧表达式不同的，需要分别求左、右极限，验证左、右连续性，从而确定该点的连续性；分段点两侧表达式相同的可以直接求分段点的极限.

3. 对于分段函数，还经常考查已知分段点的连续性求参数的问题，关键在于利用左、右极限相等或者极限值等于函数值建立含参数的等量关系，求出参数值.

母题精练

1. 函数 $f(x)=\begin{cases}\dfrac{x}{1+e^{\frac{1}{x}}}, & x\neq0,\\ 0, & x=0\end{cases}$ 在 $x=0$ 处(　　).

A. 左右极限存在但不相等

B. 左极限存在，右极限不存在

C. 连续

D. 极限存在但不连续

E. 右极限存在，左极限不存在

2. 设函数 $f(x)=\begin{cases}(1-x)^{\frac{1}{x}}, & x<0, \\ 2^x+k, & x\geqslant 0\end{cases}$ 在 $x=0$ 处连续，则 $k=($　　$)$.

A. $e-1$　　B. $\dfrac{1}{e}-1$　　C. $-e-1$　　D. $e-2$　　E. 0

3. 设函数 $f(x)=\begin{cases}e^{ax}+a, & x<0, \\ x-a\sec 2x, & x\geqslant 0\end{cases}$ 为$(-\infty, +\infty)$上的连续函数，则 $a=($　　$)$.

A. $-\dfrac{1}{2}$　　B. $\dfrac{1}{3}$　　C. 1

D. 0　　E. 2

4. 若 $f(x)=\begin{cases}e^{\frac{1}{x-1}}-a, & x<1, \\ x+a\cos 2(x-1), & x\geqslant 1\end{cases}$ 为$(-\infty, +\infty)$上的连续函数，则 $a=($　　$)$.

A. 0　　B. 1　　C. 2

D. $\dfrac{1}{2}$　　E. $-\dfrac{1}{2}$

答案详解

1. C

【解析】当 $x\neq 0$ 时，$f(x)=\dfrac{x}{1+e^{\frac{1}{x}}}$ 是初等函数，显然连续，故只需要考查 $x=0$ 处的连续性即可. 因为 $\lim\limits_{x\to 0}f(x)=\lim\limits_{x\to 0}\dfrac{x}{1+e^{\frac{1}{x}}}=0$，而 $f(0)=0$，所以 $\lim\limits_{x\to 0}f(x)=f(0)$，即 $f(x)$ 在 $x=0$ 点连续.

2. B

【解析】因为函数在 $x=0$ 处连续，故在 $x=0$ 处左右极限存在且相等.

$\lim\limits_{x\to 0^-}f(x)=\lim\limits_{x\to 0^-}(1-x)^{\frac{1}{x}}=\lim\limits_{x\to 0^-}[1+(-x)]^{\frac{1}{-x}\cdot(-1)}=\dfrac{1}{e}$；$\lim\limits_{x\to 0^+}f(x)=\lim\limits_{x\to 0^+}(2^x+k)=1+k$.

因此 $\dfrac{1}{e}=1+k$，解得 $k=\dfrac{1}{e}-1$.

3. A

【解析】因为函数在$(-\infty, +\infty)$上连续，故在 $x=0$ 处连续，则

$$\lim_{x\to 0^-}f(x)=\lim_{x\to 0^-}(e^{ax}+a)=1+a，\lim_{x\to 0^+}f(x)=\lim_{x\to 0^+}(x-a\sec 2x)=-a，$$

所以 $1+a=-a$，即 $a=-\dfrac{1}{2}$.

4. E

【解析】$\lim\limits_{x\to 1^-}f(x)=\lim\limits_{x\to 1^-}\left(e^{\frac{1}{x-1}}-a\right)=-a$，$\lim\limits_{x\to 1^+}f(x)=\lim\limits_{x\to 1^+}[x+a\cos 2(x-1)]=1+a$，因为 $f(x)$ 在$(-\infty, +\infty)$上连续，所以 $\lim\limits_{x\to 1^+}f(x)=\lim\limits_{x\to 1^-}f(x)$，即 $-a=1+a$，解得 $a=-\dfrac{1}{2}$.

题型 9 判断间断点及间断点的类型

母题精讲

母题 9 $f(x)=\dfrac{\frac{1}{x}-\frac{1}{x+1}}{\frac{1}{x-1}-\frac{1}{x}}$的第二类间断点为（　　）.

A. $x=-1$　　B. $x=0$　　C. $x=1$

D. $x=2$　　E. 无第二类间断点

【解析】$f(x)=\dfrac{\frac{1}{x}-\frac{1}{x+1}}{\frac{1}{x-1}-\frac{1}{x}}$的间断点为 $x=0$，$x=1$，$x=-1$，求函数在这三个点处的极限，有

$$\lim_{x\to 0}f(x)=\lim_{x\to 0}\frac{\frac{1}{x}-\frac{1}{x+1}}{\frac{1}{x-1}-\frac{1}{x}}=\lim_{x\to 0}\frac{x-1}{x+1}=-1;\quad \lim_{x\to 1}f(x)=\lim_{x\to 1}\frac{\frac{1}{x}-\frac{1}{x+1}}{\frac{1}{x-1}-\frac{1}{x}}=\lim_{x\to 1}\frac{x-1}{x+1}=0;$$

$$\lim_{x\to -1}f(x)=\lim_{x\to -1}\frac{\frac{1}{x}-\frac{1}{x+1}}{\frac{1}{x-1}-\frac{1}{x}}=\lim_{x\to -1}\frac{x-1}{x+1}=\infty.$$

因此，根据间断点的定义可知 $x=0$ 和 $x=1$ 为第一类间断点，$x=-1$ 为第二类间断点.

【答案】A

母题技巧

1. 间断点的判断.

初等函数的间断点一般是函数没有定义的点，而分段函数则主要是验证分段点是否为其间断点.

2. 间断点类型的判断.

间断点类型的判断需要求间断点处的函数极限.

(1)对于初等函数，一般可以直接求间断点处的极限，其中极限存在是第一类间断点，极限不存在是第二类间断点.

(2)对于分段函数，需要求分段点处的左、右极限.

左、右极限都存在的是第一类间断点，其中左、右极限相等的，即 $\lim\limits_{x\to x_0^-}f(x)=\lim\limits_{x\to x_0^+}f(x)$，是可去间断点；不相等的，即 $\lim\limits_{x\to x_0^-}f(x)\neq\lim\limits_{x\to x_0^+}f(x)$，是跳跃间断点.

左、右极限中至少一个不存在的，则是第二类间断点.

母题精练

1. $x=-1$ 是函数 $f(x)=e^{\frac{1}{x+1}}$ 的(　　).

A. 连续点　　B. 第一类可去间断点

C. 第一类跳跃间断点　　D. 第二类间断点

E. 可导点

2. $x=\frac{\pi}{2}$ 是函数 $y=\frac{x}{\tan x}$ 的(　　).

A. 连续点　　B. 第一类可去间断点

C. 第一类跳跃间断点　　D. 第二类间断点

E. 可导点

3. $f(x)=\begin{cases}x^2+1, & x\leqslant -1,\\ \ln(1+x), & -1<x\leqslant 0,\\ e^{\frac{1}{x-1}}, & x>0\end{cases}$ 的间断点的个数为(　　).

A. 0　　B. 1　　C. 2　　D. 3　　E. 4

答案详解

1. D

【解析】因为 $\lim\limits_{x\to -1^+} e^{\frac{1}{x+1}}=\infty$，所以 $x=-1$ 是函数 $f(x)=e^{\frac{1}{x+1}}$ 的第二类间断点.

2. B

【解析】当 $x=\frac{\pi}{2}$ 时，函数没有定义，故一定为间断点. 因为 $\lim\limits_{x\to\frac{\pi}{2}}\frac{x}{\tan x}=0$，则函数在 $x=\frac{\pi}{2}$ 处极限存在，且左、右极限相等，所以 $x=\frac{\pi}{2}$ 是函数的第一类可去间断点.

3. D

【解析】函数的可能间断点为分段函数的分段点和使初等函数没有意义的点，故该题的可能间断点为 $x=-1$，$x=0$，$x=1$.

$$\lim_{x\to -1^-} f(x)=\lim_{x\to -1^-}(x^2+1)=2,\ \lim_{x\to -1^+} f(x)=\lim_{x\to -1^+}\ln(1+x)=\infty,$$

因为在 $x=-1$ 处右极限不存在，所以 $x=-1$ 是 $f(x)$ 的间断点；

$$\lim_{x\to 0^-} f(x)=\lim_{x\to 0^-}\ln(1+x)=0,\ \lim_{x\to 0^+} f(x)=\lim_{x\to 0^+} e^{\frac{1}{x-1}}=e^{-1},$$

因为在 $x=0$ 处左、右极限存在但不相等，所以 $x=0$ 是 $f(x)$ 的间断点；

$$\lim_{x\to 1^-} f(x)=\lim_{x\to 1^-} e^{\frac{1}{x-1}}=0,\ \lim_{x\to 1^+} f(x)=\lim_{x\to 1^+} e^{\frac{1}{x-1}}=\infty,$$

因为 $x=1$ 处右极限不存在，所以 $x=1$ 是 $f(x)$ 的间断点.

综上，$f(x)$ 的间断点的个数为 3.

第 2 章　一元函数微分学

题型 10　利用定义求函数的导数或微分

母题精讲

母题 10　设 $f(x)$ 在 $x=x_0$ 处可导，则(　　)$=f'(x_0)$.

A. $\lim\limits_{\Delta x\to 0}\dfrac{f(x_0-\Delta x)-f(x_0)}{\Delta x}$

B. $\lim\limits_{\Delta x\to 0}\dfrac{f(x_0+2\Delta x)-f(x_0-\Delta x)}{\Delta x}$

C. $\lim\limits_{\Delta x\to 0}\dfrac{f(x_0+2\Delta x)-f(x_0+\Delta x)}{\Delta x}$

D. $\lim\limits_{\Delta x\to 0}\dfrac{f(x_0-2\Delta x)-f(x_0-\Delta x)}{\Delta x}$

E. $\lim\limits_{\Delta x\to 0}\dfrac{f(x_0+\Delta x)-f(x_0-\Delta x)}{\Delta x}$

【解析】由函数在某点的导数定义，知 $f'(x_0)=\lim\limits_{\Delta x\to 0}\dfrac{f(x_0+\Delta x)-f(x_0)}{\Delta x}$.

A 项：$\lim\limits_{\Delta x\to 0}\dfrac{f(x_0-\Delta x)-f(x_0)}{\Delta x}=-1\cdot\lim\limits_{\Delta x\to 0}\dfrac{f(x_0-\Delta x)-f(x_0)}{-\Delta x}=-f'(x_0)$；

B 项：$\lim\limits_{\Delta x\to 0}\dfrac{f(x_0+2\Delta x)-f(x_0-\Delta x)}{\Delta x}=\lim\limits_{\Delta x\to 0}\left[2\dfrac{f(x_0+2\Delta x)-f(x_0)}{2\Delta x}+\dfrac{f(x_0-\Delta x)-f(x_0)}{-\Delta x}\right]=3f'(x_0)$；

C 项：$\lim\limits_{\Delta x\to 0}\dfrac{f(x_0+2\Delta x)-f(x_0+\Delta x)}{\Delta x}=\lim\limits_{\Delta x\to 0}\left[2\dfrac{f(x_0+2\Delta x)-f(x_0)}{2\Delta x}-\dfrac{f(x_0+\Delta x)-f(x_0)}{\Delta x}\right]=f'(x_0)$；

D 项：$\lim\limits_{\Delta x\to 0}\dfrac{f(x_0-2\Delta x)-f(x_0-\Delta x)}{\Delta x}=\lim\limits_{\Delta x\to 0}\left[-2\dfrac{f(x_0-2\Delta x)-f(x_0)}{-2\Delta x}+\dfrac{f(x_0-\Delta x)-f(x_0)}{-\Delta x}\right]=-f'(x_0)$；

E 项：
$$\begin{aligned}\lim_{\Delta x\to 0}\frac{f(x_0+\Delta x)-f(x_0-\Delta x)}{\Delta x}&=\lim_{\Delta x\to 0}\frac{f(x_0+\Delta x)-f(x_0)+f(x_0)-f(x_0-\Delta x)}{\Delta x}\\&=\lim_{\Delta x\to 0}\frac{[f(x_0+\Delta x)-f(x_0)]-[f(x_0-\Delta x)-f(x_0)]}{\Delta x}\\&=\lim_{\Delta x\to 0}\frac{f(x_0+\Delta x)-f(x_0)}{\Delta x}+\lim_{\Delta x\to 0}\frac{f(x_0-\Delta x)-f(x_0)}{-\Delta x}=2f'(x_0).\end{aligned}$$

【答案】C

母题技巧

1. 求抽象函数在某点处的导数，多数情况下需要用导数的定义来求导，具体形式有两种：

(1)已知函数在某点处的导数值，求极限.

①函数 $f(x)$ 在 $x=x_0$ 处可导，并且 $f'(x_0)=A$，求 $\lim\limits_{h\to 0}\frac{f(x_0+ah)-f(x_0+bh)}{h}$，可直接记忆

$$\lim_{h\to 0}\frac{f(x_0+ah)-f(x_0+bh)}{h}=\lim_{h\to 0}\frac{ah-bh}{h}f'(x_0)=\frac{ah-bh}{h}A=(a-b)A.$$

可根据导数的定义进行证明，如下：

$$\begin{aligned}&\lim_{h\to 0}\frac{f(x_0+ah)-f(x_0+bh)}{h}\\&=\lim_{h\to 0}\left[a\frac{f(x_0+ah)-f(x_0)}{ah}-b\frac{f(x_0+bh)-f(x_0)}{bh}\right]\\&=(a-b)f'(x_0)\\&=(a-b)A.\end{aligned}$$

【小技巧】分子上两点之差除以分母，得到的值就是 $f'(x_0)$ 的倍数，但使用前提是分母的极限趋近于0.

②若抽象函数 $f(x)$ 满足 $f(x_0)=0$，则常用 $f'(x_0)=\lim\limits_{x\to x_0}\frac{f(x)-f(x_0)}{x-x_0}=\lim\limits_{x\to x_0}\frac{f(x)}{x-x_0}$ 求解相关极限.

(2)已知极限值，求函数在某点处的导数.

已知 $\lim\limits_{h\to 0}\frac{f(x_0+ah)-f(x_0+bh)}{h}=B$，其中 B，a，b 为常数，可得 $f'(x_0)=\frac{B}{a-b}$（学生可自行根据第①点完成推导证明）.

2. 使用导数的定义求具体函数在某点处的导数，直接运用公式 $f'(x_0)=\lim\limits_{x\to x_0}\frac{f(x)-f(x_0)}{x-x_0}$ 计算即可．但一般情况应用求导法则计算具体函数的导数更简便，详见题型12.

母题精练

1. 设 $f(0)=0$，且极限 $\lim\limits_{x\to 0}\frac{f(x)}{x}$ 存在，则 $\lim\limits_{x\to 0}\frac{f(x)}{x}=$（　　）.

A. $f'(x)$　　B. $f'(0)$　　C. $f(0)$　　D. $\frac{1}{2}f'(0)$　　E. $\frac{1}{2}f(0)$

2. 已知 $f'(0)=3$，则 $\lim\limits_{\Delta x\to 0}\frac{f(-\Delta x)-f(0)}{4\Delta x}=$（　　）.

A. $\frac{1}{4}$　　B. $-\frac{1}{4}$　　C. $\frac{3}{4}$　　D. $-\frac{3}{4}$　　E. $\frac{1}{2}$

3. 已知 $f(0)=1$，$\lim\limits_{x\to 0}\frac{f(2x)-1}{3x}=4$，则 $f'(0)=($　　$)$.

A. 12　　B. -4　　C. 4　　D. -6　　E. 6

4. 设函数 $f(x)$ 在 $x=0$ 处连续，且 $\lim\limits_{h\to 0}\frac{f(h^2)}{h^2}=1$，则(　　).

A. $f(0)=0$ 且 $f'_-(0)$ 存在

B. $f(0)=1$ 且 $f'_-(0)$ 存在

C. $f(0)=0$ 且 $f'_+(0)$ 存在

D. $f(0)=1$ 且 $f'_+(0)$ 存在

E. $f(0)=0$ 且 $f'_-(0)$，$f'_+(0)$ 存在

5. 设函数 $f(x)$ 在 $x=a$ 点可导，且 $\lim\limits_{h\to 0}\frac{h}{f(a-2h)-f(a)}=\frac{1}{4}$，则 $f'(a)=($　　$)$.

A. 2　　B. -2　　C. 1　　D. -1　　E. 4

6. 设 $f(x)$ 在 $x=a$ 的某个邻域内有定义，则 $f(x)$ 在 $x=a$ 处可导的一个充分条件是(　　).

A. $\lim\limits_{h\to +\infty}h\left[f\left(a+\frac{1}{h}\right)-f(a)\right]$ 存在

B. $\lim\limits_{h\to 0}\frac{f(a+2h)-f(a+h)}{h}$ 存在

C. $\lim\limits_{h\to 0}\frac{f(a+h)-f(a-h)}{2h}$ 存在

D. $\lim\limits_{h\to 0}\frac{f(a)-f(a-h)}{h}$ 存在

E. $\lim\limits_{h\to -\infty}h\left[f\left(a+\frac{1}{h}\right)-f(a)\right]$ 存在

7. 设函数 $f(x)$ 在 $x=2$ 处可导，且 $f'(2)=1$，则 $\lim\limits_{h\to 0}\frac{f(2+mh)-f(2-nh)}{h}=($　　$)$，其中 $mn\neq 0$.

A. $m+n$　　B. $m-n$　　C. $n-m$　　D. $2m+n$　　E. $m+2n$

8. 设 $f(x+1)=af(x)$，且 $f'(0)=b$，a，b 为非零实数，则 $f(x)$ 在 $x=1$ 处(　　).

A. 可导且 $f'(1)=b$

B. 可导且 $f'(1)=a$

C. 不可导

D. 可导且 $f'(1)=ab$

E. 可导且 $f'(1)=1$

9. 设函数 $f(x)$ 在 $x=1$ 处可导，且 $f'(1)=2$，则 $\lim\limits_{x\to 1}\frac{f(4-3x)-f(2-x)}{x-1}=($　　$)$.

A. 2　　B. -4　　C. -6　　D. 6　　E. 4

10. 当 $h\to 0$ 时，$f(x_0-3h)-f(x_0)+2h$ 是 h 的高阶无穷小，则 $f'(x_0)=($　　$)$.

A. $\frac{2}{3}$　　B. $-\frac{2}{3}$　　C. $\frac{1}{3}$　　D. $-\frac{1}{2}$　　E. $\frac{1}{2}$

11. 设 $f(x)$ 在 $x=a$ 处二阶可导，则 $\lim\limits_{h\to 0}\frac{f(a+h)+f(a-h)-2f(a)}{h^2}=($　　$)$.

A. $f''(a)$　　B. $-f''(a)$　　C. $2f''(a)$　　D. $-2f''(a)$　　E. $\frac{f''(a)}{2}$

12. 设 $f(x)=\begin{cases}\dfrac{1-e^{x^2}}{x}, & x\neq 0,\\ 0, & x=0,\end{cases}$ 则 $f'(0)=($　　$)$.

A. 0　　B. -1　　C. 1　　D. 2　　E. -2

13. 下列结论中不正确的是(　　).

A. 若函数 $f(x)$ 在 x_0 处可导，则 $f(x)$ 在 x_0 处可微

B. 若函数 $f(x)$ 在 x_0 处可微，则 $f(x)$ 在 x_0 处可导

C. 若函数 $f(x)$ 在 x_0 处连续，则 $f(x)$ 在 x_0 处可微

D. 若函数 $f(x)$ 在 x_0 处可微，则 $f(x)$ 在 x_0 处连续

E. 若函数 $f(x)$ 在 x_0 处不连续，则 $f(x)$ 在 x_0 处不可微

答案详解

1. B

【解析】$f(0)=0$，根据导数的定义，可得 $\lim\limits_{x\to 0}\dfrac{f(x)}{x}=\lim\limits_{x\to 0}\dfrac{f(x)-f(0)}{x-0}=f'(0)$.

2. D

【解析】根据导数的定义，可知

$$\lim_{\Delta x\to 0}\frac{f(-\Delta x)-f(0)}{4\Delta x}=\lim_{\Delta x\to 0}\frac{-\Delta x-0}{4\Delta x}f'(0)=-\frac{1}{4}f'(0)=-\frac{3}{4}.$$

3. E

【解析】因为

$$\lim_{x\to 0}\frac{f(2x)-1}{3x}=\lim_{x\to 0}\frac{f(2x)-f(0)}{3x}=\lim_{x\to 0}\frac{2x-0}{3x}f'(0)=\frac{2}{3}f'(0)=4,$$

所以 $f'(0)=6$.

4. C

【解析】由 $f(x)$ 在 $x=0$ 点连续且 $\lim\limits_{h\to 0}\dfrac{f(h^2)}{h^2}=1$，知 $\lim\limits_{h\to 0}f(h^2)=0=f(0)$，令 $h^2=\Delta x$，则当 $h\to 0$ 时，$\Delta x\to 0^+$，故有

$$\lim_{h\to 0}\frac{f(h^2)}{h^2}=\lim_{h\to 0}\frac{f(h^2)-f(0)}{h^2}=\lim_{\Delta x\to 0^+}\frac{f(\Delta x)-f(0)}{\Delta x}=f'_+(0)=1.$$

综上所述，$f(0)=0$，$f'_+(0)$ 存在且 $f'_+(0)=1$.

5. B

【解析】由于 $f(x)$ 在 $x=a$ 点可导，故有

$$\lim_{h\to 0}\frac{f(a-2h)-f(a)}{h}=\lim_{h\to 0}\frac{-2h}{h}f'(a)=-2f'(a).$$

根据题干 $\lim\limits_{h\to 0}\dfrac{h}{f(a-2h)-f(a)}=\dfrac{1}{4}$，可得 $\lim\limits_{h\to 0}\dfrac{f(a-2h)-f(a)}{h}=4$，所以有 $-2f'(a)=4$，即 $f'(a)=-2$.

6. D

【解析】将各选项中的极限整理，验证其充分性.

A项：$\lim\limits_{h\to+\infty} h\left[f\left(a+\frac{1}{h}\right)-f(a)\right]=\lim\limits_{h\to+\infty}\dfrac{f\left(a+\frac{1}{h}\right)-f(a)}{\frac{1}{h}}\xlongequal{令\frac{1}{h}=\Delta x}\lim\limits_{\Delta x\to 0^+}\dfrac{f(a+\Delta x)-f(a)}{\Delta x}$，根据导数的定义，此极限存在表示 $f'_+(a)$存在，但无法说明 $f'_-(a)$存在，故不能说明 $f'(a)$存在；

同理可得E项也不充分；

B项：

$$\lim_{h\to 0}\frac{f(a+2h)-f(a+h)}{h}=\lim_{h\to 0}\frac{[f(a+2h)-f(a)]+[f(a)-f(a+h)]}{h}$$
$$=\lim_{h\to 0}\left[2\,\frac{f(a+2h)-f(a)}{2h}-\frac{f(a+h)-f(a)}{h}\right],$$

此极限存在时，$\lim\limits_{h\to 0}\dfrac{f(a+2h)-f(a)}{2h}$和$\lim\limits_{h\to 0}\dfrac{f(a+h)-f(a)}{h}$可能都为无穷，不满足导数的定义，故不能说明 $f'(a)$存在；

同理可得C项也不充分；

D项：$\lim\limits_{h\to 0}\dfrac{f(a)-f(a-h)}{h}=\lim\limits_{h\to 0}\dfrac{f(a-h)-f(a)}{-h}$，令$-h=\Delta x$，根据导数的定义，$f'(a)$存在.

综上所述，D项正确.

7. A

【解析】已知 $f(x)$在 $x=2$ 处可导，故有

$$\lim_{h\to 0}\frac{f(2+mh)-f(2-nh)}{h}=\lim_{h\to 0}\frac{(2+mh)-(2-nh)}{h}f'(2)=(m+n)f'(2)=m+n.$$

8. D

【解析】根据导数的定义，可得

$$f'(1)=\lim_{x\to 0}\frac{f(1+x)-f(1)}{x}=\lim_{x\to 0}\frac{af(x)-af(0)}{x}=a\lim_{x\to 0}\frac{f(x)-f(0)}{x}=af'(0)=ab.$$

9. B

【解析】由母题技巧中的小技巧，可得

$$\lim_{x\to 1}\frac{f(4-3x)-f(2-x)}{x-1}=\lim_{x\to 1}\frac{(4-3x)-(2-x)}{x-1}f'(1)=-2f'(1)=-4.$$

10. A

【解析】根据高阶无穷小的定义，可将已知条件写成

$$\lim_{h\to 0}\frac{f(x_0-3h)-f(x_0)+2h}{h}=0,$$

即$\lim\limits_{h\to 0}\dfrac{f(x_0-3h)-f(x_0)}{h}=-2$.

根据导数的定义得$-3f'(x_0)=-2$，即 $f'(x_0)=\dfrac{2}{3}$.

11. A

【解析】根据题干，已知 $f(x)$在 $x=a$ 处二阶可导，观察选项均为二阶导数值，故需要对一阶导数应用导数的定义．

题干极限函数为“$\frac{0}{0}$”型未定式，故可用洛必达法则，出现一阶导数后，再应用导数的定义，故

$$\lim_{h\to0}\frac{f(a+h)+f(a-h)-2f(a)}{h^2}=\lim_{h\to0}\frac{f'(a+h)-f'(a-h)}{2h}$$
$$=\lim_{h\to0}\frac{h-(-h)}{2h}f''(a)$$
$$=f''(a).$$

12. B

【解析】由导数的定义可知 $f'(0)=\lim\limits_{x\to0}\frac{f(x)-f(0)}{x}=\lim\limits_{x\to0}\frac{1-e^{x^2}}{x^2}=-1.$

13. C

【解析】由一元函数 $f(x)$在 x_0 处可导、可微的定义可知，$f(x)$在 x_0 处可导与可微是等价的．

函数 $f(x)$在 x_0 处可导要求$\lim\limits_{\Delta x\to0}\frac{\Delta y}{\Delta x}$存在，而函数 $f(x)$在 x_0 处连续则要求$\lim\limits_{\Delta x\to0}\Delta y=0$.

设 $A=\lim\limits_{\Delta x\to0}\frac{\Delta y}{\Delta x}$，则$\lim\limits_{\Delta x\to0}\Delta y=\lim\limits_{\Delta x\to0}\Delta x\cdot\frac{\Delta y}{\Delta x}=0\cdot A=0$，所以 $f(x)$在 x_0 处可导则 $f(x)$在 x_0 处连续；反之，若$\lim\limits_{\Delta x\to0}\Delta y=0$，却不能确定$\lim\limits_{\Delta x\to0}\frac{\Delta y}{\Delta x}$存在，即 $f(x)$在 x_0 处连续，但不一定可导．故连续不一定可导，而可导一定连续．其逆否命题：不连续，则一定不可导，也成立．

故本题选 C 项．

题型 11 可导性的判断

母题精讲

母题 11 设函数 $f(x)=\begin{cases}\frac{x}{1-e^{\frac{1}{x}}}, & x\neq0,\\ 0, & x=0,\end{cases}$ 则 $f(x)$在 $x=0$ 处(　　).

A. 极限不存在　　B. 极限存在但不连续　　C. 连续但不可导

D. 可导　　E. 以上选项均不正确

【解析】证明连续性：因为$\lim\limits_{x\to0^+}f(x)=\lim\limits_{x\to0^+}\frac{x}{1-e^{\frac{1}{x}}}=0$，$\lim\limits_{x\to0^-}f(x)=\lim\limits_{x\to0^-}\frac{x}{1-e^{\frac{1}{x}}}=0$，且 $f(0)=0$，所以 $f(x)$在 $x=0$ 处连续．

证明可导性：根据导数的定义，可得

$$f'_-(0)=\lim_{x\to0^-}\frac{f(x)-f(0)}{x-0}=\lim_{x\to0^-}\frac{1}{1-e^{\frac{1}{x}}}=1,$$

$$f'_+(0)=\lim_{x\to0^+}\frac{f(x)-f(0)}{x-0}=\lim_{x\to0^+}\frac{1}{1-e^{\frac{1}{x}}}=0,$$

由 $f'_-(0)\neq f'_+(0)$ 可知，$f(x)$ 在 $x=0$ 处不可导．

综上所述，$f(x)$ 在 $x=0$ 处连续但不可导．

【答案】C

母题技巧

函数在点 x_0 处可导性的判断．

1. 函数 $f(x)$ 在点 x_0 处可导的充要条件为左、右导数都存在且相等．

2. 考试中经常考查分段函数在其分段点处的连续性及可导性，常见的分段函数可以分为两类：

(1)分段点两侧表达式不相同．设 $f(x)=\begin{cases}h(x), & x<x_0,\\ g(x), & x\geqslant x_0,\end{cases}$ 讨论函数在 $x=x_0$ 处的可导性．

由于分段点 $x=x_0$ 处左右两侧所对应的函数表达式不同，根据导数的定义，需分别求：

左导数：$f'_-(x_0)=\lim\limits_{\Delta x\to0^-}\dfrac{f(x_0+\Delta x)-f(x_0)}{\Delta x}=\lim\limits_{x\to x_0^-}\dfrac{h(x)-f(x_0)}{x-x_0}$；

右导数：$f'_+(x_0)=\lim\limits_{\Delta x\to0^+}\dfrac{f(x_0+\Delta x)-f(x_0)}{\Delta x}=\lim\limits_{x\to x_0^+}\dfrac{g(x)-f(x_0)}{x-x_0}$.

当 $f'_-(x_0)=f'_+(x_0)$ 时，$f(x)$ 在 $x=x_0$ 处可导，且 $f'(x_0)=f'_-(x_0)=f'_+(x_0)$；当 $f'_-(x_0)\neq f'_+(x_0)$ 时，$f(x)$ 在 $x=x_0$ 处不可导．

(2)分段点两侧表达式相同．设 $f(x)=\begin{cases}h(x), & x\neq x_0,\\ A, & x=x_0,\end{cases}$ 讨论函数在 $x=x_0$ 处的可导性．

由于分段点 $x=x_0$ 处左右两侧所对应的函数表达式相同，根据导数的定义，有

$$f'(x_0)=\lim_{\Delta x\to0}\frac{f(x_0+\Delta x)-f(x_0)}{\Delta x}=\lim_{x\to x_0}\frac{h(x)-A}{x-x_0}.$$

一般不需要分别求出左右导数．

母题精练

1. 设 $f(x)$ 可导，$F(x)=f(x)(1+|\sin x|)$，则 $f(0)=0$ 是 $F(x)$ 在 $x=0$ 处可导的（　　）．

A. 充分必要条件　　B. 充分但非必要条件

C. 必要但非充分条件　　D. 既非充分又非必要条件

E. 以上选项均不正确

2. 设 $f(x)=\begin{cases}\frac{1}{2}x^2, & x>1,\\ x, & x\leqslant1,\end{cases}$ 则 $f(x)$ 在 $x=1$ 处（　　）．

A. 左、右导数均存在且相等　　B. 左、右导数均存在但不相等

C. 左导数不存在，右导数存在　　D. 左导数存在，右导数不存在

E. 左、右导数均不存在

3. 若函数 $f(x)=\begin{cases} e^x, & x<0, \\ a-bx, & x\geqslant 0 \end{cases}$ 在 $x=0$ 处可导，则 a，b 的值必为(　　).

A. $a=b=-1$　　B. $a=-1$，$b=1$　　C. $a=1$，$b=-1$

D. $a=b=1$　　E. $a=1$，$b=0$

4. 设 $f(x)=\begin{cases} x^2+2x, & x\leqslant 0, \\ x, & 0<x<1, \\ 1, & x\geqslant 1, \end{cases}$ 则 $f(x)$的不可导点为(　　).

A. $x=-1$　　B. $x=0$　　C. $x=0$，$x=-1$

D. $x=1$　　E. $x=0$，$x=1$

5. 设函数 $f(x)$有连续的导数，$f(0)=0$ 且 $f'(0)=b$，若函数 $F(x)=\begin{cases} \dfrac{f(x)+a\ln(x+1)}{x}, & x\neq 0, \\ A, & x=0 \end{cases}$ 在 $x=0$ 处连续，则常数 $A=$(　　).

A. a　　B. b　　C. $b-a$　　D. $a-b$　　E. $a+b$

6. 设 $f(x)=\begin{cases} x^2+2x, & x\leqslant 0, \\ \ln(1+ax), & x>0 \end{cases}$ 在 $x=0$ 可导，则 $a=$(　　).

A. 0　　B. 1　　C. 2　　D. 3　　E. 4

7. 函数 $f(x)=|x-2|$ 在点 $x=2$ 处的导数为(　　).

A. 0　　B. 1　　C. 2　　D. 3　　E. 不存在

8. 函数 $f(x)=(x^2-x-2)|x^3-x|$ 不可导点的个数是(　　).

A. 4　　B. 3　　C. 2　　D. 1　　E. 0

9. 设函数 $f(x)=\begin{cases} x^2, & x<1, \\ 2x-1, & x\geqslant 1, \end{cases}$ 则 $f(x)$在 $x=1$ 处(　　).

A. 极限不存在　　B. 极限存在但不连续　　C. 连续但不可导

D. 可导　　E. 以上选项均不正确

10. 下列函数中，在 $x=0$ 处可导的是(　　).

A. $y=|x|$　　B. $y=x^3$　　C. $y=2\sqrt{x}$

D. $y=\begin{cases} x^2, & x<0, \\ x, & x>0 \end{cases}$　　E. $f(x)=\begin{cases} x\sin\dfrac{1}{x}, & x\neq 0, \\ 0, & x=0 \end{cases}$

答案详解

1. A

【解析】$F(x)=\begin{cases} f(x)(1-\sin x), & -\dfrac{\pi}{2}<x<0, \\ f(0), & x=0, \\ f(x)(1+\sin x), & 0<x<\dfrac{\pi}{2}, \end{cases}$ 由导数的定义，可得

$F'_-(0)=\lim\limits_{x\to0^-}\dfrac{f(x)(1-\sin x)-f(0)}{x}=\lim\limits_{x\to0^-}\dfrac{f(x)-f(0)}{x}-\lim\limits_{x\to0^-}f(x)\cdot\dfrac{\sin x}{x}=f'(0)-f(0)$;

$F'_+(0)=\lim\limits_{x\to0^+}\dfrac{f(x)(1+\sin x)-f(0)}{x}=\lim\limits_{x\to0^+}\dfrac{f(x)-f(0)}{x}+\lim\limits_{x\to0^+}f(x)\cdot\dfrac{\sin x}{x}=f'(0)+f(0)$.

若$F(x)$在$x=0$处可导，则$F'_-(0)=F'_+(0)$，即$f(0)=0$，所以$f(0)=0$是$F(x)$在$x=0$处可导的必要条件；

若$f(0)=0$，则$F'_-(0)=F'_+(0)$，即$F(x)$在$x=0$处可导，所以$f(0)=0$是$F(x)$在$x=0$处可导的充分条件.

综上，$f(0)=0$是$F(x)$在$x=0$处可导的充分必要条件.

2. D

【解析】根据导数的定义，可得

$$f'_-(1)=\lim_{x\to1^-}\frac{f(x)-f(1)}{x-1}=\lim_{x\to1^-}\frac{x-1}{x-1}=1,$$

$$f'_+(1)=\lim_{x\to1^+}\frac{f(x)-f(1)}{x-1}=\lim_{x\to1^+}\frac{\frac{1}{2}x^2-1}{x-1}=\infty,$$

所以$f(x)$在点$x=1$处左导数存在，右导数不存在.

3. C

【解析】根据可导必连续，可知函数在$x=0$处左、右极限存在且相等，则$e^0=a$，得$a=1$.

函数$f(x)=\begin{cases}e^x, & x<0,\\ 1-bx, & x\geqslant 0\end{cases}$在$x=0$处可导，则函数在$x=0$处左、右导数都存在且相等，即

$f'_-(0)=f'_+(0)$. 根据题意可知$f(0)=1$，由导数的定义，可得$\lim\limits_{x\to0^-}\dfrac{e^x-1}{x}=\lim\limits_{x\to0^+}\dfrac{1-bx-1}{x}$，解得

$1=-b$，即$b=-1$.

综上，可得$a=1$，$b=-1$.

4. E

【解析】在$x=0$处，由导数的定义，可知左导数$f'_-(0)=\lim\limits_{x\to0^-}\dfrac{x^2+2x-0}{x}=2$，右导数$f'_+(0)=$

$\lim\limits_{x\to0^+}\dfrac{x-0}{x}=1$，左、右导数存在但不相等，所以$f(x)$在$x=0$处不可导.

在$x=1$处，左导数$f'_-(1)=\lim\limits_{x\to1^-}\dfrac{x-1}{x-1}=1$，右导数$f'_+(1)=\lim\limits_{x\to1^+}\dfrac{1-1}{x-1}=0$，左、右导数存在但不相等，所以$f(x)$在$x=1$处也不可导.

5. E

【解析】由导数的定义及等价无穷小替换定理，可知

$$\lim_{x\to0}F(x)=\lim_{x\to0}\frac{f(x)+a\ln(x+1)}{x}=\lim_{x\to0}\left[\frac{f(x)-f(0)}{x}+\frac{a\ln(x+1)}{x}\right]=f'(0)+a=b+a,$$

又因为函数在$x=0$处连续，则$\lim\limits_{x\to0}F(x)=F(0)=A$，解得$A=a+b$.

【注意】上述解法只利用了$f(0)=0$，且$f'(0)=b$，未完全利用已知条件“函数$f(x)$有连续的导函数”，若利用该条件，本题还可利用洛必达法则求解，求解过程如下：

$$\lim_{x\to0}F(x)=\lim_{x\to0}\frac{f(x)+a\ln(x+1)}{x}=\lim_{x\to0}\left[f'(x)+a\frac{1}{1+x}\right]=f'(0)+a=b+a,$$

由 $\lim\limits_{x\to0}F(x)=F(0)=A$，可得 $A=a+b$.

6. C

【解析】由于 $f(x)$ 在 $x=0$ 可导，故 $f'_-(0)=f'_+(0)$，根据导数的定义，可得

$$f'_-(0)=\lim_{x\to0^-}\frac{f(x)-f(0)}{x}=\lim_{x\to0^-}\frac{x^2+2x}{x}=2,$$

$$f'_+(0)=\lim_{x\to0^+}\frac{f(x)-f(0)}{x}=\lim_{x\to0^+}\frac{\ln(1+ax)}{x}=\lim_{x\to0^+}\frac{ax}{x}=a,$$

故 $a=2$.

7. E

【解析】在 $x=2$ 处，由导数的定义，可得

$$f'_-(2)=\lim_{x\to2^-}\frac{f(x)-f(2)}{x-2}=\lim_{x\to2^-}\frac{2-x}{x-2}=-1,$$

$$f'_+(2)=\lim_{x\to2^+}\frac{f(x)-f(2)}{x-2}=\lim_{x\to2^+}\frac{x-2}{x-2}=1,$$

左、右导数存在但不相等，故函数在点 $x=2$ 处导数不存在.

8. C

【解析】把 $f(x)$ 写成分段函数

$$f(x)=\begin{cases}-x(x-2)(x-1)(x+1)^2, & x\leqslant-1,\\ x(x-2)(x-1)(x+1)^2, & -1<x\leqslant0,\\ -x(x-2)(x-1)(x+1)^2, & 0<x\leqslant1,\\ x(x-2)(x-1)(x+1)^2, & x>1,\end{cases}$$

$f(x)$ 的不可导点可能为 $x=-1$，$x=0$，$x=1$.

$$f'_-(-1)=\lim_{x\to-1^-}\frac{-x(x-2)(x-1)(x+1)^2}{x+1}=0，f'_+(-1)=\lim_{x\to-1^+}\frac{x(x-2)(x-1)(x+1)^2}{x+1}=0,$$

由 $f'_-(-1)=f'_+(-1)$ 得，$x=-1$ 为 $f(x)$ 的可导点.

$$f'_-(0)=\lim_{x\to0^-}\frac{x(x-2)(x-1)(x+1)^2}{x}=2，f'_+(0)=\lim_{x\to0^+}\frac{-x(x-2)(x-1)(x+1)^2}{x}=-2,$$

$$f'_-(1)=\lim_{x\to1^-}\frac{-x(x-2)(x-1)(x+1)^2}{x-1}=4，f'_+(1)=\lim_{x\to1^+}\frac{x(x-2)(x-1)(x+1)^2}{x-1}=-4,$$

可得 $f'_-(0)\neq f'_+(0)$，$f'_-(1)\neq f'_+(1)$. 因此 $f(x)$ 的不可导点有两个，分别为 $x=0$，$x=1$.

9. D

【解析】证明连续性：因为

$$\lim_{x\to1^-}f(x)=\lim_{x\to1^-}x^2=1=f(1)，\lim_{x\to1^+}f(x)=\lim_{x\to1^+}(2x-1)=1=f(1),$$

所以 $f(x)$ 在 $x=1$ 处左连续且右连续，故 $f(x)$ 在 $x=1$ 处连续.

证明可导性：因为

$$f'_-(1)=\lim_{x\to1^-}\frac{f(x)-f(1)}{x-1}=\lim_{x\to1^-}\frac{x^2-1}{x-1}=2，f'_+(1)=\lim_{x\to1^+}\frac{f(x)-f(1)}{x-1}=\lim_{x\to1^+}\frac{2x-1-1}{x-1}=2,$$

故左、右导数存在，且 $f'_-(1)=f'_+(1)$.

综上所述，$f(x)$ 在 $x=1$ 处可导.

10. B

【解析】A 项：$x=0$ 处连续但不可导；

B 项：满足左、右导数存在且相等，故可导；

C 项：由于 $x>0$，则左导数不存在，故不可导；

D 项：左导数 $f'_-(0)=\lim\limits_{x\to 0^-}\dfrac{x^2-0}{x-0}=0$，右导数 $f'_+(0)=\lim\limits_{x\to 0^+}\dfrac{x-0}{x-0}=1$，即 $f'_-(0)\neq f'_+(0)$，故不可导；

E 项：由于 $f'(0)=\lim\limits_{x\to 0}\dfrac{x\sin\dfrac{1}{x}-0}{x-0}=\lim\limits_{x\to 0}\sin\dfrac{1}{x}$ 不存在，故不可导.

题型 12 初等函数的求导问题

母题精讲

母题 12 设 $y=\sin^2 x\cdot\sin x^2$，则 $y'=($　　$)$.

A. $2\sin x\cdot\sin x^2+2x\sin^2 x\cos x^2$

B. $\sin 2x\cdot\sin x^2+\sin^2 x\cos x^2$

C. $\sin^2 x\cdot\sin x^2+2x\sin^2 x\cos x^2$

D. $\sin 2x\cdot\sin x^2+2x\sin^2 x\cos x^2$

E. $\sin x\cdot\sin x^2+x\sin^2 x\cos x^2$

【解析】利用乘积求导公式与复合函数求导法则得

$$\begin{aligned}y'&=(\sin^2 x\cdot\sin x^2)'=(\sin^2 x)'\sin x^2+\sin^2 x(\sin x^2)'\\&=2\sin x\cos x\sin x^2+\sin^2 x\cos x^2\cdot 2x\\&=\sin 2x\sin x^2+2x\sin^2 x\cos x^2.\end{aligned}$$

【答案】D

母题技巧

导数运算中要正确判断先用哪种求导法则，特别是在复合函数求导时更要分清函数的层次，逐层求导．任何函数的求导都需要熟记求导法则和导数的基本公式并灵活运用，为此，归纳如下:

1. 四则运算求导法则.

若函数 $u(x)$, $v(x)$ 在点 x 处可导，则有

(1) $[u(x)\pm v(x)]'=u'(x)\pm v'(x)$;

(2) $[u(x)\cdot v(x)]'=u'(x)\cdot v(x)+u(x)\cdot v'(x)$;

(3) $[Cu(x)]'=Cu'(x)$ (C 为常数);

(4) $\left[\dfrac{u(x)}{v(x)}\right]'=\dfrac{u'(x)\cdot v(x)-u(x)\cdot v'(x)}{v^2(x)}$.

2. 复合函数求导.

一元复合函数的求导问题一般包含具体函数、抽象函数两种类型求导. 这类问题的求解通常采用以下步骤:

(1)明确复合函数是由几层简单函数复合而成;

(2)逐层求导;

(3)利用链式法则将各层导数相乘.

3. 高阶导数求解.

(1)求二阶导数 y'', 必须先求一阶导数 y', 再求 y' 对 x 的导数.

(2)求 n 阶导数的一般方法是: 先求低阶导数, 再由不完全归纳法归纳出 n 阶导数的表达式. 求解时要注意以下几点:

①在求导数前或者求完一阶导数后, 函数能化简的先化简, 便于计算;

②导数可以多求几阶, 便于观察总结规律;

③求导时保留原始形式, 便于归纳.

4. 函数在指定点或任意点处的微分, 计算公式为:

(1)函数在指定点处的微分为 $\mathrm{d}y|_{x=x_0}=f'(x_0)\mathrm{d}x$;

(2)函数在任意点的微分为 $\mathrm{d}y=f'(x)\mathrm{d}x$, 先求出函数的导数, 再代入公式即可.

母题精练

1. 设 $f(x)=2x^2-3x+\sin\frac{\pi}{7}+\ln 2$, 则 $f'(x)=($　　$)$.

A. $x-3$　　B. $4x$　　C. $4x+3$　　D. $4x-3$　　E. $x+3$

2. 设 $g(x)=\frac{(x^2-1)^2}{x^2}$, 则 $g'(x)=($　　$)$.

A. $\frac{2}{x^3}(x^4-1)$　　B. $\frac{2}{x^3}(x^4+1)$　　C. $\frac{2}{x^3}(x^2-1)$

D. $\frac{2}{x^3}(x^2+1)$　　E. $-\frac{2}{x^3}(x^4-1)$

3. 设 $y=x^2\mathrm{e}^{\frac{1}{x}}$, 则 $y'=($　　$)$.

A. $(2x+1)\mathrm{e}^{\frac{1}{x}}$　　B. $(x-1)\mathrm{e}^{\frac{1}{x}}$　　C. $(2x-1)\mathrm{e}^{\frac{1}{x}}$

D. $(x+1)\mathrm{e}^{\frac{1}{x}}$　　E. $(1-x)\mathrm{e}^{\frac{1}{x}}$

4. 函数 $y=\arccos\frac{1}{x}(x>0)$的导数为(　　).

A. $-\frac{1}{x\sqrt{x^2-1}}$　　B. $\frac{1}{x\sqrt{x^2-1}}$　　C. $\frac{1}{x^2\sqrt{x^2-1}}$

D. $-\frac{1}{x^2\sqrt{x^2-1}}$　　E. $\frac{x}{\sqrt{x^2-1}}$

5. 函数 $y=2^{\tan\frac{1}{x}}$ 的导数$\frac{dy}{dx}$=(　　).

A. $-\frac{\ln 2}{x}\cdot 2^{\tan\frac{1}{x}}\cdot\sec^2\frac{1}{x}$

B. $-\ln 2\cdot 2^{\tan\frac{1}{x}}\cdot\sec^2\frac{1}{x}$

C. $\ln 2\cdot 2^{\tan\frac{1}{x}}\cdot\sec^2\frac{1}{x}$

D. $\frac{\ln 2}{x^2}\cdot 2^{\tan\frac{1}{x}}\cdot\sec^2\frac{1}{x}$

E. $-\frac{\ln 2}{x^2}\cdot 2^{\tan\frac{1}{x}}\cdot\sec^2\frac{1}{x}$

6. 设 $y=\sin^3\frac{x}{3}$，则 y'=(　　).

A. $3\sin^2\frac{x}{3}$

B. $\sin^2\frac{x}{3}$

C. $3\sin^2\frac{x}{3}\cdot\cos\frac{x}{3}$

D. $\sin^2\frac{x}{3}\cdot\cos\frac{x}{3}$

E. $-\sin^2\frac{x}{3}\cdot\cos\frac{x}{3}$

7. 设 $y=\left(\frac{a}{b}\right)^x\cdot\left(\frac{b}{x}\right)^a\cdot\left(\frac{x}{a}\right)^b$，则(　　).

A. $y'=b^a\cdot a^{-b}\cdot\left[\left(\frac{a}{b}\right)^x\cdot\ln\frac{a}{b}\cdot x^{b-a}+\left(\frac{a}{b}\right)^x\cdot(b-a)x^{b-a-1}\right]$

B. $y'=b^a\cdot a^{b}\cdot\left[\left(\frac{a}{b}\right)^x\cdot\ln\frac{a}{b}\cdot x^{b-a}+\left(\frac{a}{b}\right)^x\cdot(b-a)x^{b-a-1}\right]$

C. $y'=b^a\cdot a^{-b}\cdot\left[\left(\frac{a}{b}\right)^x\cdot\ln\frac{a}{b}\cdot x^{b+a}+\left(\frac{a}{b}\right)^x\cdot(b-a)x^{b-a-1}\right]$

D. $y'=b^a\cdot a^{b}\cdot\left[\left(\frac{a}{b}\right)^x\cdot\ln\frac{a}{b}\cdot x^{b+a}+\left(\frac{a}{b}\right)^x\cdot(b-a)x^{b-a-1}\right]$

E. $y'=b^a\cdot a^{-b}\cdot\left[\left(\frac{a}{b}\right)^x\cdot\ln\frac{a}{b}\cdot x^{b+a}+\left(\frac{a}{b}\right)^x\cdot(b-a)x^{b+a-1}\right]$

8. 设 $y=(x^2-2x+5)^{100}$，则 $y'\big|_{x=1}$=(　　).

A. -2　　B. -1　　C. 1　　D. 0　　E. 2

9. 设 $y=(x+e^{-\frac{x}{2}})^{\frac{2}{3}}$，则 $y'\big|_{x=0}$=(　　).

A. $-\frac{1}{3}$　　B. $\frac{1}{3}$　　C. $\frac{2}{3}$　　D. $-\frac{1}{3}$　　E. 0

10. 设 $y=\ln\frac{(\sqrt{x+1}-1)}{(\sqrt{x+1}+1)}$，则 $y'\big|_{x=1}$=(　　).

A. $\frac{1}{2}$　　B. $-\frac{1}{2}$　　C. $\frac{\sqrt{2}}{2}$　　D. $-\frac{\sqrt{2}}{2}$　　E. $\sqrt{2}$

11. 设 $y=\arccos\frac{x-3}{3}-2\sqrt{\frac{6-x}{x}}$，则 $y'\big|_{x=3}$=(　　).

A. $\frac{1}{2}$　　B. $-\frac{1}{2}$　　C. 0　　D. $-\frac{1}{3}$　　E. $\frac{1}{3}$

12. 设 $y=f(\cos x)$，则 $\frac{dy}{dx}=$(　　).

A. $-f'(\cos x)\sin x$　　B. $f'(\cos x)\cos x$　　C. $-f'(\cos x)\cos x$

D. $f'(\cos x)\sin x$　　E. $f'(\cos x)$

13. 设 $y=3^{f(\sqrt{x})}$，则 $\frac{dy}{dx}=$(　　).

A. $\frac{\ln 3}{\sqrt{x}}\cdot 3^{f(\sqrt{x})}f'(\sqrt{x})$　　B. $\frac{\ln 3}{2\sqrt{x}}\cdot 3^{f(\sqrt{x})}f'(\sqrt{x})$　　C. $\ln 3\cdot 3^{f(\sqrt{x})}f'(\sqrt{x})$

D. $-\ln 3\cdot 3^{f(\sqrt{x})}f'(\sqrt{x})$　　E. $-\frac{\ln 3}{2\sqrt{x}}\cdot 3^{f(\sqrt{x})}f'(\sqrt{x})$

14. 设函数 $y=f[\varphi(-2x)]$，则 $y'(x)=$(　　).

A. $-2\varphi'(-2x)f'[\varphi(-2x)]$　　B. $\varphi'(-2x)f'[\varphi(-2x)]$

C. $2\varphi'(-2x)f'[\varphi(-2x)]$　　D. $-\varphi'(-2x)f'[\varphi(-2x)]$

E. $f'[\varphi(-2x)]$

15. 设函数 $g(x)$ 可微，$f(x)=e^{1+g(x)}$，$g(1)=1$，$g'(1)=2$，则 $df\big|_{x=1}=$(　　).

A. e^3dx　　B. e^2dx　　C. $2e^2dx$　　D. $3dx$　　E. $3e^2dx$

16. 设 $f(x)=2^x$，$g(x)=x^2$，则 $\frac{d}{dx}f[g(x)]=$(　　).

A. $x\cdot 2^{x^2}\cdot\ln 2$　　B. $2x\cdot 2^{x^2}$　　C. $2^{x^2}\cdot\ln 2$

D. $2x\cdot 2^{x^2}\cdot\ln 2$　　E. $2\cdot 2^{2x^2}\cdot\ln 2$

17. 设 $y=f(\sin^2 x)+f(\cos^2 x)$，其中 $f(x)$ 可导，则 $\frac{dy}{dx}\Big|_{x=\frac{\pi}{4}}=$(　　).

A. -1　　B. $-\frac{1}{2}$　　C. 0　　D. $\frac{1}{2}$　　E. 1

18. 设 $y=\ln\sin x$，则 $y''=$(　　).

A. $\frac{1}{\sin^2 x}$　　B. $-\frac{1}{\sin^2 x}$　　C. $\frac{1}{\cos^2 x}$　　D. $-\frac{1}{\cos^2 x}$　　E. $\frac{\cos x}{\sin x}$

19. 设 $y=\ln\frac{2-x}{2+x}$，则 $y''(1)=$(　　).

A. $\frac{4}{3}$　　B. $-\frac{1}{2}$　　C. $-\frac{4}{3}$　　D. $\frac{8}{9}$　　E. $-\frac{8}{9}$

20. 设 $y=\ln(x+1)$，则 $y^{(n)}=$(　　).

A. $(-1)^n n!\,(x+1)^{-n}$　　B. $(-1)^n(n-1)!\,(x+1)^{-2n}$

C. $(-1)^{n-1}(n-1)!\,(x+1)^{-n}$　　D. $(-1)^{n-1}n!\,(x+1)^{-n+1}$

E. $(-1)^{n-1}n!\,(x+1)^{-n}$

21. 设 $y=f(e^x)$(f 为二阶可导)，则 $y''=$(　　).

A. $f''(e^x)(e^x)^2-f'(e^x)e^x$　　B. $f''(e^x)(e^x)^2+f'(e^x)e^x$

C. $2f''(e^x)(e^x)^2+f'(e^x)e^x$　　D. $f''(e^x)(e^x)^2+2f'(e^x)e^x$

E. $2f''(e^x)(e^x)^2-f'(e^x)e^x$

22. 设函数 $f(x)$ 在 $x=2$ 的某邻域内可导，且 $f'(x)=e^{f(x)}$，$f(2)=1$，则 $f'''(2)=($　　$)$.

A. e^3　　B. $2e^3$　　C. $2e^{-3}$　　D. e^{-3}　　E. $-2e^3$

23. 设 $y=e^{1-3x}\cos x$，则 $dy=($　　$)$.

A. $-e^{1-3x}(\cos x+3\sin x)dx$　　B. $e^{1-3x}(3\cos x-\sin x)dx$

C. $-e^{1-3x}(3\cos x-\sin x)dx$　　D. $e^{1-3x}(3\cos x+\sin x)dx$

E. $-e^{1-3x}(3\cos x+\sin x)dx$

答案详解

1. D

【解析】由求导法则，可得 $f'(x)=(2x^2)'-(3x)'+\left(\sin\frac{\pi}{7}\right)'+(\ln 2)'=4x-3$.

2. A

【解析】先整理表达式，$g(x)=x^2-2+\frac{1}{x^2}$，所以 $g'(x)=2x-\frac{2}{x^3}=\frac{2}{x^3}(x^4-1)$.

3. C

【解析】利用四则运算和复合函数的求导法则，得

$$y'=2x\cdot e^{\frac{1}{x}}+x^2\cdot e^{\frac{1}{x}}\cdot\left(-\frac{1}{x^2}\right)=(2x-1)e^{\frac{1}{x}}.$$

4. B

【解析】利用复合函数求导法则，可得

$$y'=\left(\arccos\frac{1}{x}\right)'=-\frac{1}{\sqrt{1-\frac{1}{x^2}}}\cdot\left(-\frac{1}{x^2}\right)=\frac{1}{x\sqrt{x^2-1}}.$$

5. E

【解析】利用复合函数求导法则，设 $y=2^u$，$u=\tan v$，$v=\frac{1}{x}$，则

$$y'=(2^u)'_u\cdot(\tan v)_v'\cdot\left(\frac{1}{x}\right)'_x=(2^u\ln 2)\cdot(\sec^2 v)\cdot\left(-\frac{1}{x^2}\right)=-\frac{\ln 2}{x^2}\cdot 2^{\tan\frac{1}{x}}\cdot\sec^2\frac{1}{x}.$$

6. D

【解析】由复合函数的求导法则，可得

$$y'=3\sin^2\frac{x}{3}\cdot\left(\sin\frac{x}{3}\right)'=3\sin^2\frac{x}{3}\cdot\cos\frac{x}{3}\cdot\left(\frac{x}{3}\right)'$$

$$=3\sin^2\frac{x}{3}\cdot\cos\frac{x}{3}\cdot\frac{1}{3}=\sin^2\frac{x}{3}\cdot\cos\frac{x}{3}.$$

7. A

【解析】整理函数表达式得 $y=b^a\cdot a^{-b}\cdot\left(\frac{a}{b}\right)^x\cdot x^{b-a}$，再对其求导，有

$$y'=b^a\cdot a^{-b}\cdot\left[\left(\frac{a}{b}\right)^x\cdot\ln\frac{a}{b}\cdot x^{b-a}+\left(\frac{a}{b}\right)^x\cdot(b-a)x^{b-a-1}\right].$$

8. D

【解析】利用复合函数求导法则，得

$$y'=100(x^2-2x+5)^{99}\cdot(x^2-2x+5)'=(200x-200)(x^2-2x+5)^{99},$$

将 $x=1$ 代入上式，可得 $y'\big|_{x=1}=0$.

9. B

【解析】利用复合函数求导法则，可得

$$y'=\frac{2}{3}(x+e^{-\frac{x}{2}})^{-\frac{1}{3}}\cdot\left(1-\frac{1}{2}e^{-\frac{x}{2}}\right),$$

将 $x=0$ 代入，可得 $y'\big|_{x=0}=\frac{2}{3}\times1\times\frac{1}{2}=\frac{1}{3}$.

10. C

【解析】整理函数表达式，得

$$y=\ln\frac{(\sqrt{x+1}-1)(\sqrt{x+1}+1)}{(\sqrt{x+1}+1)^2}=\ln\frac{x}{(\sqrt{x+1}+1)^2}=\ln x-2\ln(\sqrt{x+1}+1),$$

利用复合函数求导法则，可得

$$y'=\frac{1}{x}-2\left(\frac{1}{\sqrt{x+1}+1}\right)(\sqrt{x+1}+1)'=\frac{1}{x}-2\left(\frac{1}{\sqrt{x+1}+1}\right)\cdot\frac{1}{2}(x+1)^{-\frac{1}{2}},$$

将 $x=1$ 代入，可得 $y'\big|_{x=1}=\frac{\sqrt{2}}{2}$.

11. E

【解析】利用复合函数求导法则，可得

$$y'=\left(\arccos\frac{x-3}{3}\right)'-\left(2\sqrt{\frac{6-x}{x}}\right)'=-\frac{1}{\sqrt{1-\left(\frac{x-3}{3}\right)^2}}\cdot\left(\frac{x-3}{3}\right)'-2\left[\left(\frac{6-x}{x}\right)^{\frac{1}{2}}\right]'$$

$$=-\frac{1}{\sqrt{1-\left(\frac{x-3}{3}\right)^2}}\cdot\frac{1}{3}-2\left[\frac{1}{2}\left(\frac{6-x}{x}\right)^{-\frac{1}{2}}\right]\cdot\left(\frac{6-x}{x}\right)'$$

$$=-\frac{1}{\sqrt{1-\left(\frac{x-3}{3}\right)^2}}\cdot\frac{1}{3}-\left(\frac{6-x}{x}\right)^{-\frac{1}{2}}\cdot\left(\frac{-x-6+x}{x^2}\right),$$

将 $x=3$ 代入，得 $y'\big|_{x=3}=\frac{1}{3}$.

12. A

【解析】利用复合函数的求导公式得 $\frac{dy}{dx}=f'(\cos x)\cdot(\cos x)'=-\sin xf'(\cos x)$.

13. B

【解析】利用复合函数的求导公式得

$$y'=3^{f(\sqrt{x})}\cdot\ln3\cdot[f(\sqrt{x})]'=3^{f(\sqrt{x})}\cdot\ln3\cdot f'(\sqrt{x})(\sqrt{x})'=\frac{\ln3}{2\sqrt{x}}\cdot3^{f(\sqrt{x})}f'(\sqrt{x}).$$

14. A

【解析】根据复合函数求导法则，可得

$$y'=f'[\varphi(-2x)]\varphi'(-2x)(-2x)'=-2\varphi'(-2x)f'[\varphi(-2x)].$$

15. C

【解析】在 $f(x)=e^{1+g(x)}$ 两端关于 x 求导，可得 $f'(x)=e^{1+g(x)}\cdot g'(x)$. 将 $x=1$ 代入可得

$$f'(1)=e^{1+g(1)}\cdot g'(1)=2\times e^{1+1}=2e^2,$$

则 $\mathrm{d}f\Big|_{x=1}=2e^2\mathrm{d}x$.

16. D

【解析】$\dfrac{\mathrm{d}}{\mathrm{d}x}f[g(x)]=\dfrac{\mathrm{d}}{\mathrm{d}x}f(x^2)=\dfrac{\mathrm{d}}{\mathrm{d}x}(2^{x^2})=2x\cdot 2^{x^2}\cdot\ln 2$.

17. C

【解析】利用复合函数的求导公式，可得

$$\begin{aligned}y'&=f'(\sin^2 x)\cdot 2\sin x\cos x+f'(\cos^2 x)\cdot 2\cos x(-\sin x)\\&=\sin 2x\cdot[f'(\sin^2 x)-f'(\cos^2 x)],\end{aligned}$$

所以 $\dfrac{\mathrm{d}y}{\mathrm{d}x}\Big|_{x=\frac{\pi}{4}}=0$.

18. B

【解析】$y'=(\ln\sin x)'=\dfrac{1}{\sin x}\cdot\cos x=\cot x$，$y''=(\cot x)'=-\csc^2 x=-\dfrac{1}{\sin^2 x}$.

19. E

【解析】$y'=\left(\ln\dfrac{2-x}{2+x}\right)'=\dfrac{2+x}{2-x}\cdot\left(\dfrac{2-x}{2+x}\right)'=\dfrac{4}{x^2-4}$，$y''=\dfrac{-8x}{(x^2-4)^2}$，则 $y''(1)=-\dfrac{8}{9}$.

20. C

【解析】因为 $y'=\dfrac{1}{x+1}$，$y''=-\dfrac{1}{(x+1)^2}$，$y'''=\dfrac{2}{(x+1)^3}$，…，$y^{(n)}=\dfrac{(-1)^{n-1}(n-1)!}{(x+1)^n}$.

于是 $y^{(n)}=(-1)^{n-1}(n-1)!\ (x+1)^{-n}$.

21. B

【解析】$y'=f'(e^x)e^x$，$y''=f''(e^x)(e^x)^2+f'(e^x)e^x$.

22. B

【解析】由 $f'(x)=e^{f(x)}$，得 $f''(x)=e^{f(x)}f'(x)=[e^{f(x)}]^2$，因此

$$f'''(x)=e^{f(x)}[f'(x)]^2+e^{f(x)}f''(x)=e^{f(x)}[e^{f(x)}]^2+e^{f(x)}[e^{f(x)}]^2=2[e^{f(x)}]^3,$$

所以 $f'''(2)=2[e^{f(2)}]^3=2e^3$.

23. E

【解析】由函数在任意点处的微分公式，得

$$\mathrm{d}y=(e^{1-3x}\cos x)'\mathrm{d}x=-e^{1-3x}(3\cos x+\sin x)\mathrm{d}x.$$

题型 13 隐函数求导问题

母题精讲

母题 13 由方程 $x^2+y^2-6xy=0$ 确定的隐函数的导数 $\frac{\mathrm{d}y}{\mathrm{d}x}=(\quad)$.

A. $\frac{x+3y}{y+3x}$ B. $\frac{3y-x}{y-3x}$ C. $\frac{3x-y}{y+3x}$ D. $\frac{3x+y}{y+3x}$ E. $\frac{x-3y}{y-3x}$

【解析】在方程两边同时对 x 求导，得 $2x+2y\frac{\mathrm{d}y}{\mathrm{d}x}-6y-6x\frac{\mathrm{d}y}{\mathrm{d}x}=0$，化简整理，得 $\frac{\mathrm{d}y}{\mathrm{d}x}=\frac{3y-x}{y-3x}$.

【答案】B

母题技巧

隐函数求导的具体步骤如下:

(1)利用基本求导法则，在方程 $F(x,y)=0$ 两边同时对 x 求导，其中关于 y 的函数 $\varphi(y)$ 对 x 求导时，必须把 y 看成中间变量，利用复合函数的链式法则来求导，即 $[\varphi(y)]'_x=[\varphi(y)]'_y\cdot y'_x$;

(2)得到一个关于 y'_x 的方程，解这个方程即可得到 y 关于 x 的导数 y'_x.

母题精练

1. 已知 $y=xy+1$，则 $y'=(\quad)$.

A. $\frac{y}{1-x}$ B. $\frac{y}{x-1}$ C. $\frac{x}{y-1}$ D. $\frac{x}{1-y}$ E. $\frac{xy}{1-y}$

2. 由方程 $y=xy+\ln y$ 所确定的隐函数的导数 $y'=(\quad)$.

A. $\frac{y}{y-xy-1}$ B. $\frac{y^2}{y+xy-1}$ C. $\frac{y^2}{y-xy+1}$

D. $\frac{y^2}{y-xy-1}$ E. $\frac{y^2}{y+xy+1}$

3. 已知函数 $y=y(x)$ 由方程 $\mathrm{e}^y+6xy+x^2-1=0$ 所确定，则 $y'(0)=(\quad)$.

A. 1 B. -1 C. 0 D. 2 E. -2

4. 设函数 $y=y(x)$ 由方程 $\mathrm{e}^{xy}+y^2=\cos x$ 所确定，则 $\frac{\mathrm{d}y}{\mathrm{d}x}=(\quad)$.

A. $\frac{y\mathrm{e}^{xy}+\sin x}{x\mathrm{e}^{xy}+2y}$ B. $-\frac{y\mathrm{e}^{xy}+\sin x}{x\mathrm{e}^{xy}+2y}$ C. $\frac{\mathrm{e}^{xy}+\sin x}{x\mathrm{e}^{xy}+2y}$

D. $-\frac{\mathrm{e}^{xy}+\sin x}{x\mathrm{e}^{xy}+2y}$ E. $-\frac{y\mathrm{e}^{xy}-\sin x}{x\mathrm{e}^{xy}+2y}$

5. 设函数 $y=y(x)$ 由方程 $3^{xy}=x+y$ 所确定，则 $\mathrm{d}y\big|_{x=0}=$(　　).

A. $\ln 3-1$　　B. $\ln 3\mathrm{d}x$　　C. $(\ln 3+1)\mathrm{d}x$

D. $(\ln 3-1)\mathrm{d}x$　　E. $(1-\ln 3)\mathrm{d}x$

答案详解

1. A

【解析】方程两边同时对 x 求导，得 $y'=y+xy'$，解得 $y'=\frac{y}{1-x}$.

2. D

【解析】方程两边同时对 x 求导，得 $y'=y+xy'+\frac{y'}{y}$，整理得 $y'=\frac{y^2}{y-xy-1}$.

3. C

【解析】方程两边同时对 x 求导，得 $e^y\cdot y'+6y+6xy'+2x=0$，即 $y'=-\frac{6y+2x}{e^y+6x}$. 当 $x=0$ 时，代入题干，解得 $y=0$，故 $y'(0)=0$.

4. B

【解析】方程两端同时对 x 求导，得 $e^{xy}\left(y+x\frac{\mathrm{d}y}{\mathrm{d}x}\right)+2y\frac{\mathrm{d}y}{\mathrm{d}x}=-\sin x$，整理得

$$\frac{\mathrm{d}y}{\mathrm{d}x}=-\frac{ye^{xy}+\sin x}{xe^{xy}+2y}.$$

5. D

【解析】把 $x=0$ 代入 $3^{xy}=x+y$，得 $y=1$. 方程两边同时对 x 求导，可得

$$3^{xy}\cdot\ln 3\cdot(y+xy')=1+y'.$$

代入 $x=0$，$y=1$，得 $y'(0)=\ln 3-1$，所以 $\mathrm{d}y\big|_{x=0}=y'(0)\mathrm{d}x=(\ln 3-1)\mathrm{d}x$.

题型 14　使用对数求导法求导问题

母题精讲

母题 14　设 $y=x^x(x>0)$，则 $\frac{\mathrm{d}y}{\mathrm{d}x}=$(　　).

A. $x^x(1-\ln x)$　　B. $x^x\ln x$　　C. $-x^x\ln x$

D. $x^x(\ln x-1)$　　E. $x^x(\ln x+1)$

【解析】方程两边同时取对数，得 $\ln y=x\ln x$，然后方程两边同时对 x 求导，得 $\frac{y'}{y}=\ln x+x\cdot\frac{1}{x}$，化简整理，得 $y'=(\ln x+1)y$，把 $y=x^x$ 代入，得 $y'=x^x(\ln x+1)$.

【注意】幂指函数的求导计算还可以使用公式变形法，如：由 $y=x^x=e^{x\ln x}$ 得

$$\frac{dy}{dx}=(e^{x\ln x})'=e^{x\ln x}(x\ln x)'=e^{x\ln x}(\ln x+1)=x^x(\ln x+1).$$

【答案】E

母题技巧

1. 对数求导法主要解决下面两种函数求导数的情况：

(1)幂指函数：$y=u(x)^{v(x)}(u(x)>0)$.

(2)由多个函数的积、商、幂等构成的函数.

2. 计算步骤：

(1)对方程两边同时取自然对数，化显函数为隐函数；

(2)利用对数的性质进行整理化简，然后使用隐函数求导法进行求解，并注意结果回代.

注　幂指函数 $y=u(x)^{v(x)}(u(x)>0)$ 的求导计算也可使用公式变形法，变成复合指数函数 $y=e^{v(x)\ln u(x)}$，然后使用函数求导法则进行求解.

母题精练

1. 设 $y=(1+x)^x(x>0)$，则 $\frac{dy}{dx}=($　　$)$.

A. $(1+x)^x\left[\frac{x}{1+x}-\ln(1+x)\right]$

B. $(1+x)^x\ln(1+x)$

C. $-(1+x)^x\ln(1+x)$

D. $(1+x)^x\left[\ln(1+x)-\frac{x}{1+x}\right]$

E. $(1+x)^x\left[\frac{x}{1+x}+\ln(1+x)\right]$

2. 设 $y=x^{\cos 2x}(x>0)$，则 $y'=($　　$)$.

A. $x^{\cos x}\left(\frac{\cos 2x}{x}-2\sin 2x\ln x\right)$

B. $x^{\cos 2x}\left(\frac{\cos 2x}{x}+2\sin 2x\ln x\right)$

C. $x^{\cos 2x}\left(\frac{\cos 2x}{x}-2\sin 2x\ln x\right)$

D. $x^{\cos 2x}\left(\frac{\cos 2x}{x}-\sin 2x\ln x\right)$

E. $x^{\cos 2x}\left(\frac{\cos 2x}{x}+\sin 2x\ln x\right)$

3. 函数 $y=\left(1-\frac{1}{1+x}\right)^x(x>0)$，则 $\frac{dy}{dx}=($　　$)$.

A. $\left(\frac{x}{1+x}\right)^x\left[\ln\left(\frac{x}{1+x}\right)+\frac{1}{1+x}\right]$

B. $\left(\frac{x}{1+x}\right)^x\left[\ln\left(\frac{x}{1+x}\right)-\frac{1}{1+x}\right]$

C. $\left(\frac{x}{1+x}\right)^x\left[\ln\left(\frac{x}{1+x}\right)+\frac{1}{(1+x)^2}\right]$

D. $\left(\frac{x}{1+x}\right)^x\left[\ln\left(\frac{x}{1+x}\right)-\frac{1}{(1+x)^2}\right]$

E. $\left(\frac{x}{1+x}\right)^{x}\left[\ln\left(\frac{x}{1+x}\right)+\frac{1}{x}\right]$

4. 设 $y=x^{x^x}$，则 $y'\big|_{x=1}=($　　$)$.

A. -1　　B. 1　　C. 0　　D. 2　　E. -2

5. 设函数 $y=\sqrt{\frac{(x+1)(x+2)}{(x+3)(x+4)}}$，则 $y'\big|_{x=0}=($　　$)$.

A. $\frac{11\sqrt{6}}{36}$　　B. $\frac{11\sqrt{6}}{72}$　　C. $\frac{11\sqrt{6}}{144}$　　D. $\frac{11\sqrt{6}}{24}$　　E. $\frac{11\sqrt{6}}{12}$

答案详解

1. E

【解析】方程两边同时取对数，可得 $\ln y=x\ln(1+x)$，然后方程两边同时对 x 求导，由此可得 $\frac{y'}{y}=\ln(1+x)+x\cdot\frac{1}{1+x}$，化简整理得 $y'=\left[\ln(1+x)+x\cdot\frac{1}{1+x}\right]y$，把 $y=(1+x)^x$ 代入，得

$$y'=(1+x)^x\left[\frac{x}{1+x}+\ln(1+x)\right].$$

2. C

【解析】对幂指函数使用公式变形后，再求导，可得

$$\begin{aligned}y'&=(e^{\cos 2x\ln x})'=x^{\cos 2x}(\cos 2x\cdot\ln x)'\\&=x^{\cos 2x}[(\cos 2x)'\cdot\ln x+\cos 2x\cdot(\ln x)']\\&=x^{\cos 2x}\left(-2\cdot\sin 2x\cdot\ln x+\frac{1}{x}\cdot\cos 2x\right)\\&=x^{\cos 2x}\left(\frac{\cos 2x}{x}-2\sin 2x\ln x\right).\end{aligned}$$

3. A

【解析】两边取对数，得 $\ln y=x[\ln x-\ln(1+x)]$，两边对 x 求导，可得

$$\frac{1}{y}y'=\ln\left(\frac{x}{1+x}\right)+x\left(\frac{1}{x}-\frac{1}{1+x}\right)=\ln\left(\frac{x}{1+x}\right)+\frac{1}{1+x},$$

解得 $\frac{dy}{dx}=\left(\frac{x}{1+x}\right)^{x}\left[\ln\left(\frac{x}{1+x}\right)+\frac{1}{1+x}\right]$.

4. B

【解析】两边取两次对数，得 $\ln\ln y=x\ln x+\ln\ln x$，两边求导得 $\frac{y'}{y\ln y}=\ln x+1+\frac{1}{x\ln x}$，

解得 $y'=y\ln y\cdot\left(1+\ln x+\frac{1}{x\ln x}\right)=x^{x^x+x-1}\cdot(x\ln^2 x+x\ln x+1)$，将 $x=1$ 代入可得 $y'\big|_{x=1}=1$.

【注意】一般情况下，在求出 $\frac{y'}{y\ln y}=\ln x+1+\frac{1}{x\ln x}$ 后，可直接将 x，y 的取值代入求解 $y'\big|_{x=1}$，但本题中代入数值时式子无意义，因此需要进行化简整理，直至式子有意义才可代入数值求解.

5. C

【解析】对数求导法．将函数 $y=\sqrt{\frac{(x+1)(x+2)}{(x+3)(x+4)}}$ 的两端同时取对数，有 $\ln y=\ln\sqrt{\frac{(x+1)(x+2)}{(x+3)(x+4)}}$，

即 $\ln y=\frac{1}{2}[\ln(x+1)+\ln(x+2)-\ln(x+3)-\ln(x+4)]$.

上述方程两端同时对 x 求导，得 $\frac{1}{y}\cdot y'=\frac{1}{2}\left(\frac{1}{x+1}+\frac{1}{x+2}-\frac{1}{x+3}-\frac{1}{x+4}\right)$.

当 $x=0$ 时，$y=\sqrt{\frac{(0+1)\times(0+2)}{(0+3)\times(0+4)}}=\sqrt{\frac{1}{6}}$，代入上式可得

$$\sqrt{6}\,y'(0)=\frac{1}{2}\times\left(1+\frac{1}{2}-\frac{1}{3}-\frac{1}{4}\right),$$

解得 $y'\big|_{x=0}=\frac{11\sqrt{6}}{144}$.

题型 15 由参数方程确定的函数的求导问题

母题精讲

母题 15 设 $\begin{cases}x=e^t\cos t,\\ y=e^t\sin t,\end{cases}$ 求 $\frac{dy}{dx}=$（ ）.

A. 1

B. $\frac{\sin t+\cos t}{\sin t-\cos t}$

C. $\frac{\sin t-\cos t}{\cos t+\sin t}$

D. $\frac{\sin t+\cos t}{\cos t-\sin t}$

E. $\frac{\cos t-\sin t}{\sin t+\cos t}$

【解析】$\frac{dy}{dx}=\frac{y'_t}{x'_t}=\frac{(e^t\sin t)'}{(e^t\cos t)'}=\frac{e^t\sin t+e^t\cos t}{e^t\cos t-e^t\sin t}=\frac{\sin t+\cos t}{\cos t-\sin t}$.

【答案】D

母题技巧

1. 对于由参数方程 $\begin{cases}x=\varphi(t),\\ y=\psi(t)\end{cases}$ $(\alpha\leqslant t\leqslant\beta)$ 所确定的函数 $y=f(x)$ 求导，通常不需要通过消参数化 y 是 x 的显函数再求导，而是直接使用求导公式 $\frac{dy}{dx}=\frac{\frac{dy}{dt}}{\frac{dx}{dt}}=\frac{\psi'(t)}{\varphi'(t)}$ 进行求解．

注 ①使用求导公式的前提是 $x=\varphi(t)$，$y=\psi(t)$ 都是可导函数，且 $\varphi'(t)\neq0$.
②分子、分母的顺序不要颠倒，且结果是关于参数的表达式．

2. 参数方程所确定的函数求二阶导数的解法与步骤如下:

(1)先求出一阶导数, 然后构造一阶导数$\frac{dy}{dx}$与x的新参数方程;

(2)对新参数方程继续使用参数方程求导公式.

母题精练

1. 设$\begin{cases} x=f(t)-\pi, \\ y=f(e^{3t}-1), \end{cases}$其中$f$可导，且$f'(0)\neq 0$，则$\left.\frac{dy}{dx}\right|_{t=0}=$(　　).

A. 1　　B. 2　　C. 3　　D. 4　　E. 5

2. 由参数方程$\begin{cases} x=a\cos^3\theta, \\ y=a\sin^3\theta \end{cases}$所确定的函数的导数$\frac{dy}{dx}=$(　　).

A. $\tan\theta$　　B. $-\tan\theta$　　C. $-\cot\theta$　　D. $\cot\theta$　　E. $\sec\theta$

3. 设函数$y=y(x)$由参数方程$\begin{cases} x=t-\ln(1+t), \\ y=t^3+t^2 \end{cases}$所确定，则$\frac{d^2y}{dx^2}=$(　　).

A. $\frac{(6t+5)(t+1)}{t}$　　B. $\frac{(6t+1)(t+1)}{t}$　　C. $\frac{(t+5)(t+1)}{t}$

D. $\frac{(t+5)(6t+1)}{t}$　　E. $\frac{(6t+5)(6t+1)}{t}$

答案详解

1. C

【解析】利用参数方程求导公式，可得

$$\frac{dy}{dx}=\frac{\frac{dy}{dt}}{\frac{dx}{dt}}=\frac{f'(e^{3t}-1)\cdot 3e^{3t}}{f'(t)}$$

将$t=0$代入，可得$\left.\frac{dy}{dx}\right|_{t=0}=\frac{f'(0)\cdot 3}{f'(0)}=3$.

2. B

【解析】利用参数方程求导公式，可得$\frac{dy}{dx}=\frac{\frac{dy}{d\theta}}{\frac{dx}{d\theta}}=\frac{3a\sin^2\theta\cos\theta}{3a\cos^2\theta(-\sin\theta)}=-\tan\theta$.

3. A

【解析】利用参数方程求导公式，可得$\frac{dy}{dx}=\frac{\frac{dy}{dt}}{\frac{dx}{dt}}=\frac{3t^2+2t}{1-\frac{1}{1+t}}=(t+1)(3t+2)$，再次利用参数方程

求导公式，可得

$$\frac{\mathrm{d}^2y}{\mathrm{d}x^2}=\frac{\frac{\mathrm{d}}{\mathrm{d}t}\left(\frac{\mathrm{d}y}{\mathrm{d}x}\right)}{\frac{\mathrm{d}x}{\mathrm{d}t}}=\frac{6t+5}{1-\frac{1}{1+t}}=\frac{(6t+5)(t+1)}{t}.$$

【注意】由参数方程所确定的函数的二阶导数求解可看成对新参数方程$\begin{cases}x=t-\ln(1+t),\\ \frac{\mathrm{d}y}{\mathrm{d}x}=(t+1)(3t+2)\end{cases}$求一阶导数，再应用参数方程求导公式即可．

题型 16 导数几何意义的应用

母题精讲

母题 16　曲线 $y=\frac{1}{x}$ 在点 $\left(2,\ \frac{1}{2}\right)$ 处的切线方程为(　　)．

A. $x+4y-4=0$　　B. $x-4y-4=0$　　C. $4x+y-4=0$

D. $4x-y-4=0$　　E. $x-4y+4=0$

【解析】$y'=-\frac{1}{x^2}$，$y'\big|_{x=2}=-\frac{1}{4}$，因此所求切线方程的斜率为 $-\frac{1}{4}$，故切线方程为

$$y-\frac{1}{2}=-\frac{1}{4}(x-2)\Rightarrow x+4y-4=0.$$

【答案】A

母题技巧

导数几何意义的应用问题有以下四种考查方式：

1. 求切线斜率．

$f'(x_0)$在几何上表示曲线 $y=f(x)$ 在点$(x_0,\ f(x_0))$处的切线斜率．

2. 求切点坐标．

已知曲线 $y=f(x)$ 的切线斜率 k，求切点．可以通过解方程 $f'(x_0)=k$ 先求得 x_0，然后代入 $y=f(x)$ 即可求得 y_0，则切点坐标为$(x_0,\ y_0)$．

3. 求切线方程．

求解步骤：

(1)求切点坐标$(x_0,\ y_0)$；

(2)求出导函数 $f'(x)$，进一步求得在切点处的导数 $f'(x_0)$，或者根据导数的定义，得出 $f'(x_0)=\lim\limits_{x\to x_0}\frac{f(x)-f(x_0)}{x-x_0}$；

(3)代入切线方程公式 $y-y_0=f'(x_0)(x-x_0)$，化简求得结果．

注　两条直线平行并且斜率存在，则两条直线的斜率相等．

4. 求法线方程.

曲线 $y=f(x)$ 在点 (x_0, y_0) 处的法线方程为

$$y-y_0=-\frac{1}{f'(x_0)}(x-x_0)(f'(x_0)\neq 0).$$

注 在同一点的法线方程的斜率与切线方程的斜率乘积为−1，因此法线方程的斜率可通过求切线方程的斜率获得.

母题精练

1. 曲线 $y=x^2+x$ 在点(1，2)处的切线斜率为(　　).

A. −3　　B. 2　　C. −2　　D. 5　　E. 3

2. 函数 $y=f(x)$ 在点 x_0 可导，且曲线 $y=f(x)$ 在点 $(x_0, f(x_0))$ 处的切线平行于 x 轴，则 $f'(x_0)$(　　).

A. 等于零　　B. 大于零　　C. 小于零　　D. 不存在　　E. 不能确定

3. 曲线 $y=x+e^x$ 在 $x=0$ 处的切线方程是(　　).

A. $2x-y+2=0$　　B. $2x-y+1=0$　　C. $x-y+1=0$

D. $x-y+2=0$　　E. $x-2y+1=0$

4. 曲线 $y=\ln x$ 上点(1，0)处的法线方程是(　　).

A. $x-y-1=0$　　B. $x+y-1=0$　　C. $x-y+1=0$

D. $x+y+1=0$　　E. $x-y=0$

5. 曲线 $y=e^{-x}\cdot\sqrt[3]{x+1}$ 在点(0，1)处的切线方程为(　　).

A. $y=\frac{3}{2}x+1$　　B. $y=-\frac{3}{2}x+1$　　C. $y=-\frac{2}{3}x-1$

D. $y=-\frac{2}{3}x+1$　　E. $y=\frac{2}{3}x+1$

6. 曲线 $y=x^2+2x-3$ 上切线斜率为6的点是(　　).

A. (1，0)　　B. (−3，0)　　C. (2，5)　　D. (−2，3)　　E. (2，3)

7. 设曲线 $y=x^2+ax$ 与 $y=2x$ 相切，则 $a=$(　　).

A. −2　　B. −1　　C. 0　　D. 1　　E. 2

8. 设 (x_0, y_0) 是抛物线 $y=ax^2+bx+c$ 上的一点，若在该点的切线过原点，则系数应满足的关系是(　　).

A. $ax_0^2=c$　　B. a，b，c 为任意值

C. $ax_0=c$，b 为任意值　　D. $ax_0^2=c$，b 为任意值

E. $ax_0=c$

9. 曲线 $y=2x^2+3x-2$ 上某点处的切线平行于直线 $y=-x+1$，则该切点的横坐标为(　　).

A. −2　　B. −1　　C. 0　　D. 1　　E. 2

10. 曲线 $y=\ln x$ 在点(　　)处的切线平行于直线 $y=2x-3$.

A. $\left(\frac{1}{2},\ -\ln 2\right)$　　B. $\left(\frac{1}{2},\ \ln 2\right)$　　C. $\left(-\frac{1}{2},\ -\ln 2\right)$

D. $\left(-\frac{1}{2},\ \ln 2\right)$　　E. $(2,\ \ln 2)$

11. 直线 l 与 x 轴平行，且与曲线 $y=x-e^x$ 相切，则切点的坐标为(　　).

A. $(1,\ 1)$　　B. $(-1,\ 0)$　　C. $(0,\ -1)$　　D. $(0,\ 1)$　　E. $(1,\ 0)$

12. 设曲线 $f(x)$ 与 $y=\sin x$ 在原点相切，则 $\lim\limits_{n\to\infty}\sqrt{nf\left(\frac{2}{n}\right)}=$(　　).

A. -2　　B. $-\frac{1}{\sqrt{2}}$　　C. $\frac{1}{\sqrt{2}}$　　D. $-\sqrt{2}$　　E. $\sqrt{2}$

13. 设函数 $f(x)$ 是可导函数，且有 $\lim\limits_{x\to 0}\frac{f(1)-f(1-x)}{2x}=3$，则曲线 $y=f(x)$ 在点 $(1,\ f(1))$ 处的切线斜率为(　　).

A. 6　　B. -1　　C. -2　　D. 1　　E. 2

14. 设 $f(x)$ 是可导的偶函数，且 $\lim\limits_{h\to 0}\frac{f(1-2h)-f(1)}{h}=2$，则曲线 $y=f(x)$ 在点 $x=-1$ 处的法线斜率为(　　).

A. 0　　B. -1　　C. -2　　D. 1　　E. 2

15. 由方程 $x^2+xy+y^2=4$ 确定 y 是 x 的函数，其曲线上点 $(2,\ -2)$ 处的切线方程为(　　).

A. $y=-x$　　B. $y=x$　　C. $y=-x-4$

D. $y=x-4$　　E. $y=x+4$

16. 曲线 $y^5+y-2x-x^6=0$ 在点 $x=0$ 处的切线方程为(　　).

A. $y=-x$　　B. $y=x$　　C. $y=2x$　　D. $y=-2x$　　E. $y=x-1$

17. 曲线 $\begin{cases}x=1+t^2,\\ y=t^3\end{cases}$ 在 $t=2$ 处的切线方程为(　　).

A. $3x-y-7=0$　　B. $3x+y-23=0$　　C. $3x-y-23=0$

D. $x+3y-29=0$　　E. $x-3y+19=0$

18. 设函数 $y=y(x)$ 由参数方程 $\begin{cases}x=t^2+2t,\\ y=\ln(1+t)\end{cases}$ 确定，则曲线 $y=y(x)$ 在 $x=3$ 处的法线与 x 轴交点的横坐标是(　　).

A. $\frac{1}{8}\ln 2+3$　　B. $-\frac{1}{8}\ln 2+3$　　C. $-8\ln 2+3$

D. $8\ln 2+3$　　E. $8\ln 2-3$

答案详解

1. E

【解析】$y'=2x+1$，$y'(1)=3$，所以函数在点 $(1,\ 2)$ 处的切线斜率为 3.

2. A

【解析】平行于 x 轴的直线斜率为 0，由函数在切点处的导数值等于在该点处的切线斜率，可知 $f'(x_0)$ 等于 0.

3. B

【解析】当 $x=0$ 时，$y=1$. 点 $x=0$ 处的切线斜率为 $y'\big|_{x=0}=(1+e^x)\big|_{x=0}=2$，由点斜式得切线方程为 $y-1=2(x-0)$，即 $2x-y+1=0$.

4. B

【解析】$y'=\dfrac{1}{x}$，$y'\big|_{x=1}=1$，则该点处的切线斜率为 1，故法线斜率为 -1，所以过点 $(1, 0)$ 处的法线方程为 $y=-(x-1)$，即 $x+y-1=0$.

5. D

【解析】因为 $y'=-e^{-x}\cdot\sqrt[3]{x+1}+e^{-x}\cdot\dfrac{1}{3}\dfrac{1}{\sqrt[3]{(x+1)^2}}$，则有 $y'(0)=-\dfrac{2}{3}$，故切线斜率为 $-\dfrac{2}{3}$，又因为过点 $(0, 1)$，所以切线方程为 $y-1=-\dfrac{2}{3}x$，即 $y=-\dfrac{2}{3}x+1$.

6. C

【解析】$y'(x_0)=2x_0+2=6$，解得 $x_0=2$，将 $x_0=2$ 代入函数表达式，得 $y_0=5$，故切点为 $(2, 5)$.

7. E

【解析】因为曲线 $y=x^2+ax$ 与 $y=2x$ 相切，可知 $y=2x$ 为 $y=x^2+ax$ 的切线，故有

$$\begin{cases}x^2+ax=2x,\\(x^2+ax)'=2\end{cases}\Rightarrow\begin{cases}x+a=2,\\2x+a=2\end{cases}\Rightarrow\begin{cases}x=0,\\a=2.\end{cases}$$

8. D

【解析】$y'=2ax+b$，在点 (x_0, y_0) 处的切线斜率为 $y'\big|_{x=x_0}=2ax_0+b$，则曲线在点 (x_0, y_0) 处的切线方程为 $y-(ax_0{}^2+bx_0+c)=(2ax_0+b)(x-x_0)$，又因为切线过原点，把 $(0, 0)$ 代入方程得 $ax_0{}^2-c=0$，b 可为任意值，故选 D.

9. B

【解析】因为在曲线 $y=2x^2+3x-2$ 上某点处的切线与 $y=-x+1$ 平行，所以该切线的斜率 $k=-1$. 又因为 $y'=4x+3$，所以 $4x+3=-1$，故 $x=-1$，即横坐标为 -1.

10. A

【解析】$y'=\dfrac{1}{x}$，$y'(x_0)=\dfrac{1}{x_0}=2$，所以 $x_0=\dfrac{1}{2}$，代入曲线方程可得 $y_0=-\ln 2$. 故曲线在点 $\left(\dfrac{1}{2}, -\ln 2\right)$ 处的切线平行于 $y=2x-3$.

11. C

【解析】直线 l 与 x 轴平行，则斜率 $k=0$，即曲线在切点处的导数为 0. 因为导函数 $y'=1-e^x$，且切点在曲线 $y=x-e^x$ 上，故切点坐标满足的条件为 $\begin{cases}1-e^x=0,\\x-e^x=y,\end{cases}$ 解得 $\begin{cases}x=0,\\y=-1.\end{cases}$

12. E

【解析】$y'=(\sin x)'=\cos x$，因(0，0)为切点，故在切点处直线的斜率为 $y'\big|_{x=0}=\cos x\big|_{x=0}=1$，故 $f'(0)=1$；因为 $f(x)$过原点，所以 $f(0)=0$. 则

$$\lim_{n\to\infty}\sqrt{nf\left(\frac{2}{n}\right)}=\lim_{n\to\infty}\sqrt{2\cdot\frac{f\left(\frac{2}{n}\right)-f(0)}{\frac{2}{n}-0}}=\sqrt{2f'(0)}=\sqrt{2}.$$

13. A

【解析】$\lim\limits_{x\to 0}\dfrac{f(1)-f(1-x)}{2x}=\dfrac{1-(1-x)}{2x}f'(1)=\dfrac{1}{2}f'(1)=3$，所以 $f'(1)=6$.

14. B

【解析】方法一：由于 $f(x)$是可导的偶函数，故 $f(-x)=f(x)$.

于是有$\lim\limits_{h\to 0}\dfrac{f(1-2h)-f(1)}{h}=\lim\limits_{h\to 0}\dfrac{f(-1+2h)-f(-1)}{h}=2f'(-1)=2$，所以 $f'(-1)=1$，即在点 $x=-1$ 处的切线斜率为 1，故 $y=f(x)$在点 $x=-1$ 处的法线斜率为 -1.

方法二：由题可知，$\lim\limits_{h\to 0}\dfrac{f(1-2h)-f(1)}{h}=\dfrac{1-2h-1}{h}f'(1)=-2f'(1)=2$，故 $f'(1)=-1$. 因为 $f(x)$是可导的偶函数，其导数为奇函数，所以 $f'(-x)=-f'(x)$，故 $f'(-1)=-f'(1)=1$，即在点 $x=-1$ 处的切线斜率为 1，故 $y=f(x)$在点 $x=-1$ 处法线方程的斜率为 -1.

15. D

【解析】在方程两边同时对 x 求导，得 $2x+y+xy'+2yy'=0$，化简整理，得 $y'=-\dfrac{2x+y}{2y+x}$.

由 $y'\big|_{\substack{x=2\\y=-2}}=1$，得点(2，$-2$)处的切线方程为 $y-(-2)=1\cdot(x-2)$，即 $y=x-4$.

16. C

【解析】将 $x=0$ 代入方程 $y^5+y-2x-x^6=0$，即 $y^5+y=y(y^4+1)=0$，解得 $y=0$，故切点为(0，0). 在方程两边同时对 x 求导，可得 $5y^4y'+y'-2-6x^5=0$，将 $x=0$ 和 $y=0$ 代入得 $y'(0)=2$，所以曲线在(0，0)点处的切线方程为 $y=2x$.

17. A

【解析】利用参数方程求导公式得$\dfrac{\mathrm{d}y}{\mathrm{d}x}=\dfrac{\frac{\mathrm{d}y}{\mathrm{d}t}}{\frac{\mathrm{d}x}{\mathrm{d}t}}=\dfrac{3t^2}{2t}=\dfrac{3}{2}t$，$\dfrac{\mathrm{d}y}{\mathrm{d}x}\Big|_{t=2}=3$. 当 $t=2$ 时，$x=5$，$y=8$，

则曲线在 $t=2$ 处的切线方程为 $y-8=3(x-5)$，即 $3x-y-7=0$.

18. A

【解析】当 $x=3$ 时，有 $t^2+2t=3$，得 $t=1$，$t=-3$(舍去，此时 y 无意义)，则 $y=\ln 2$，且

$$\frac{\mathrm{d}y}{\mathrm{d}x}\Big|_{t=1}=\frac{\frac{\mathrm{d}y}{\mathrm{d}t}}{\frac{\mathrm{d}x}{\mathrm{d}t}}\Bigg|_{t=1}=\frac{\frac{1}{1+t}}{2t+2}\Bigg|_{t=1}=\frac{1}{8},$$

故点(3，$\ln 2$)处的法线方程为 $y-\ln 2=-8(x-3)$，令 $y=0$，则与 x 轴交点的横坐标 $x=\dfrac{1}{8}\ln 2+3$.

题型 17 函数单调性的判断及应用问题

母题精讲

母题 17 函数 $y=x^3-3x^2-1$ 的单调增区间为( ).

A. $(-\infty, 0)$, $(2, +\infty)$　　B. $\left(0, \dfrac{1}{2}\right)$　　C. $(0, +\infty)$

D. $(-\infty, 0)$　　E. $(-\infty, 0)\cup(2, +\infty)$

【解析】方法一：函数 $y=x^3-3x^2-1$ 的定义域为 $(-\infty, +\infty)$，函数在定义域内可导，$y'=3x^2-6x$，由 $y'=0$，解得 $x=0$，$x=2$. 在区间 $(-\infty, 0)$ 上，$y'\geqslant 0$，函数单调递增；在区间 $(2, +\infty)$ 上，$y'\geqslant 0$，函数单调递增；在区间 $(0, 2)$ 上，$y'<0$，函数单调递减．所以函数 $y=x^3-3x^2-1$ 的单调递增区间为 $(-\infty, 0)$，$(2, +\infty)$.

方法二：$y'=3x^2-6x$，因为要求函数的单调增区间，故令 $3x^2-6x\geqslant 0$，解得 $(-\infty, 0)$，$(2, +\infty)$.

【注意】一个函数出现两个或两个以上的单调区间(凹凸区间)时，不能用"$\cup$"连接，而应该用"和"或","来连接.

【答案】A

母题技巧

函数单调性的考查在近几年的考试中都有涉及，需要熟练掌握函数单调性的判别方法.

1. 讨论一个函数的单调性，最简单的方法是求出该函数的导数，再根据导数的符号判别即可．因此，讨论函数单调性的步骤如下:

(1)确定 $f(x)$ 的定义域；

(2)求 $f'(x)$，并求出 $f(x)$ 定义域内所有可能的分界点(包括令 $f'(x)=0$ 的点、$f'(x)$ 不存在的点)，并根据分界点把定义域分成若干区间；

(3)判断一阶导数 $f'(x)$ 在各个区间内的符号，根据符号判断函数在各区间中的单调性.

2. 快速求函数的单调增区间或单调减区间，可直接令 $f'(x)\geqslant 0$ 或 $f'(x)\leqslant 0$，然后所得范围即是所求的单调区间.

3. 利用函数的单调性证明不等式的一般步骤为:

(1)移项(有时需要再作其他简单变形)，使不等式一端为 0，另一端为 $f(x)$；

(2)求 $f'(x)$ 并验证 $f(x)$ 在指定区间的增减性；

(3)求出区间端点的函数值(或极限值)，做出比较即得所证.

母题精练

1. 设 $f(x)$ 在 $[0, a]$ 上二次可导，且 $xf''(x)-f'(x)>0$，则 $\dfrac{f'(x)}{x}$ 在区间 $(0, a)$ 内( ).

A. 单调增加　　B. 单调减少　　C. 不增
D. 不减　　E. 无法判断

2. 函数 $y=x+\cos x$ 的单调递增区间为(　　).
A. $(-\infty, 1)$　　B. $(-\infty, 0)$　　C. $(0, +\infty)$
D. $(-\infty, +\infty)$　　E. $(1, +\infty)$

3. 函数 $y=x-\ln(1+x^2)$的单调增区间为(　　).
A. $(-\infty, 1)$　　B. $(-\infty, 0)$　　C. $(0, +\infty)$
D. $(-\infty, +\infty)$　　E. $(1, +\infty)$

4. 设 $f(x)$在$[a, b]$上连续，在(a, b)内可导，且 $f'(x)>0$，若 $f(b)<0$，则在(a, b)内(　　).
A. $f(x)=0$　　B. $f(x)>0$　　C. $f(x)<0$
D. $f(x)\leqslant 0$　　E. $f(x)$的符号不能确定

5. 函数 $y=ax^2+c$ 在区间$(0, +\infty)$内单调减少，则 a，c 应满足(　　).
A. $a<0$ 且 $c=0$　　B. $a<0$，c 为任意实数　　C. $a<0$ 且 $c\neq 0$
D. $a>0$，c 为任意实数　　E. $a>0$ 且 $c=0$

6. 函数 $y=\dfrac{x^2}{1+x}$的单调递减区间为(　　).
A. $(-\infty, -2]$　　B. $(-1, +\infty)$　　C. $(0, +\infty)$
D. $(-\infty, +\infty)$　　E. $(-2, -1)$，$(-1, 0)$

7. 函数 $f(x)=\left(1+\dfrac{1}{x}\right)^x$ 在$(0, +\infty)$内(　　).
A. 单调增加　　B. 单调减少　　C. 不增　　D. 不减　　E. 无法判断

8. 已知函数 $f(x)$在区间$(1-\delta, 1+\delta)$内具有二阶导数，$f'(x)$严格单调减少，且 $f(1)=f'(1)=1$，则(　　).
A. 在$(1-\delta, 1)$和$(1, 1+\delta)$内均有 $f(x)>x$
B. 在$(1-\delta, 1)$和$(1, 1+\delta)$内均有 $f(x)<x$
C. 在$(1-\delta, 1)$内，$f(x)<x$，在$(1, 1+\delta)$内，$f(x)>x$
D. 在$(1-\delta, 1)$内，$f(x)>x$，在$(1, 1+\delta)$内，$f(x)<x$
E. 在$(1-\delta, 1)$内，$f(x)\geqslant x$，在$(1, 1+\delta)$内，$f(x)\leqslant x$

9. 下列不等式成立的是(　　).
A. $x<\ln(1+x)$，$x>0$　　B. $x>\ln(1+x)$，$x<0$
C. 当 $x>0$ 时 $e^x<1+x$　　D. 当 $x<0$ 时，$e^x>1+x$
E. 当 $x\neq 0$ 时 $e^x<1+x$

10. 当 $0<x_1<x_2<\dfrac{\pi}{2}$时，下列说法正确的是(　　).
A. $\dfrac{\tan x_2}{\tan x_1}>\dfrac{x_2}{x_1}$　　B. $\dfrac{\tan x_2}{x_1}>\dfrac{\tan x_1}{x_2}$　　C. $\dfrac{\tan x_2}{\tan x_1}<\dfrac{x_2}{x_1}$
D. $\dfrac{\tan x_2}{x_1}<\dfrac{\tan x_1}{x_2}$　　E. $\dfrac{\tan x_2}{\tan x_1}=\dfrac{x_2}{x_1}$

答案详解

1. A

【解析】由$\left[\dfrac{f'(x)}{x}\right]'=\dfrac{xf''(x)-f'(x)}{x^2}>0$，知$\dfrac{f'(x)}{x}$在区间$(0,a)$内是增函数．

2. D

【解析】函数$y=x+\cos x$的定义域为$(-\infty,+\infty)$，且函数在定义域内可导，$y'=1-\sin x$，因为$\sin x\leqslant 1$，所以$y'\geqslant 0$，故在区间$(-\infty,+\infty)$内，函数$y=x+\cos x$是单调递增的．

3. D

【解析】函数$y=x-\ln(1+x^2)$的定义域为$(-\infty,+\infty)$，且函数在定义域内可导，$y'=\dfrac{(x-1)^2}{1+x^2}\geqslant 0$，故在定义域$(-\infty,+\infty)$内，函数是单调递增的．

4. C

【解析】因为$f'(x)>0$，所以函数$f(x)$在(a,b)内单调递增，又因为$f(x)$在$[a,b]$上连续，则$f(x)$在$[a,b]$上存在最大值$f(b)$和最小值$f(a)$，所以$f(a)\leqslant f(x)\leqslant f(b)$，若$f(b)<0$，则$f(x)<0$.

5. B

【解析】函数$y=ax^2+c$的定义域为$(-\infty,+\infty)$，$y'=2ax$，要使函数$y=ax^2+c$在区间$(0,+\infty)$内单调减少，则$y'<0$，所以$a<0$，c为任意实数．

6. E

【解析】$y'=\dfrac{2x(1+x)-x^2}{(1+x)^2}=\dfrac{x(2+x)}{(1+x)^2}$，求函数的单调递减区间，则令$y'<0$，即

$$\frac{x(2+x)}{(1+x)^2}<0,$$

解得$-2<x<0$，且$x\neq -1$. 故函数的单调递减区间为$(-2,-1)$，$(-1,0)$.

7. A

【解析】$f'(x)=\left(1+\dfrac{1}{x}\right)^x\left[\ln\left(1+\dfrac{1}{x}\right)-\dfrac{1}{1+x}\right]$，令$g(x)=\ln\left(1+\dfrac{1}{x}\right)-\dfrac{1}{1+x}$，则

$$g'(x)=\frac{1}{1+x}-\frac{1}{x}+\frac{1}{(1+x)^2}=-\frac{1}{x(1+x)^2}<0,$$

即函数$g(x)$在$(0,+\infty)$内单调递减，由$\lim\limits_{x\to+\infty}\left[\ln\left(1+\dfrac{1}{x}\right)-\dfrac{1}{1+x}\right]=0$，可知任意$x\in(0,+\infty)$，$g(x)>0$，从而$f'(x)>0(x>0)$，即函数$f(x)$在$(0,+\infty)$内单调递增．

8. B

【解析】设$F(x)=f(x)-x$，则$F(1)=f(1)-1=0$.

对$F(x)$求一阶导数，可得$F'(x)=f'(x)-1$，$F'(1)=f'(1)-1=0$；

因为$f(x)$在区间$(1-\delta,1+\delta)$上有二阶导数，故$F(x)$也存在二阶导数，且$F''(x)=f''(x)$，由$f'(x)$在区间$(1-\delta,1+\delta)$内严格单调减少知$f''(x)<0$，即$F''(x)<0$，从而$F'(x)$在区间$(1-\delta,1+\delta)$内严格单调减少，即

①当 $x\in(1-\delta, 1)$ 时，$F'(x)>F'(1)=0$，故 $F(x)$ 单调递增，即 $F(x)<F(1)=0$，此时 $f(x)<x$；

②当 $x\in(1, 1+\delta)$ 时，$F'(x)<F'(1)=0$，故 $F(x)$ 单调递减，即 $F(x)<F(1)=0$，此时 $f(x)<x$.

9. D

【解析】观察选项，①令 $g(x)=x-\ln(1+x)$，则 $g'(x)=1-\frac{1}{1+x}=\frac{x}{1+x}$. 当 $x>0$ 时，$g'(x)>0$，所以 $g(x)$ 在 $(0, +\infty)$ 内单调递增，$g(x)>g(0)=0$，即 $x-\ln(1+x)>0$，所以 $\ln(1+x)<x$，故排除A项；当 $x<0$ 时，令 $x=-2$，则不等式 $x>\ln(1+x)$ 无意义，排除B项.

②令 $f(x)=e^x-(1+x)$，$f'(x)=e^x-1$，令 $f'(x)=0$，得唯一驻点 $x=0$，当 $x>0$ 时，$f'(x)>0$，当 $x<0$ 时，$f'(x)<0$，故 $x=0$ 是函数 $f(x)$ 唯一极小值点，即当 $x\neq0$ 时，$f(x)>f(0)=0$，所以，$e^x-(1+x)>0$，即 $e^x>(1+x)$. 观察选项可知，D项正确.

10. A

【解析】设 $f(x)=\frac{\tan x}{x}$，$x\in\left(0, \frac{\pi}{2}\right)$，则

$$f'(x)=\frac{x\sec^2 x-\tan x}{x^2}=\frac{1}{x^2}\left(\frac{x}{\cos^2 x}-\frac{\sin x}{\cos x}\right)=\frac{1}{x^2}\left(\frac{x-\cos x\sin x}{\cos^2 x}\right).$$

令 $g(x)=x-\cos x\sin x$，则 $g'(x)=\left(x-\frac{1}{2}\sin 2x\right)'=1-\cos 2x\geqslant0$，故 $g(x)$ 在 $\left(0, \frac{\pi}{2}\right)$ 上单调递增，因此 $g(x)>g(0)=0$，所以 $f'(x)>0$，故 $f(x)$ 在 $\left(0, \frac{\pi}{2}\right)$ 内单调增加，因此，当 $0<x_1<x_2<\frac{\pi}{2}$ 时，$f(x_2)>f(x_1)$，即 $\frac{\tan x_2}{x_2}>\frac{\tan x_1}{x_1}$，从而 $\frac{\tan x_2}{\tan x_1}>\frac{x_2}{x_1}$.

题型 18 函数的驻点、极值与最值问题

母题精讲

母题 18 设函数 $y=x^{\frac{2}{3}}-\frac{2}{3}x$，以下说法正确的是(　　).

A. 单调递增区间为 $(-\infty, 0)$ 和 $(1, +\infty)$

B. 函数的单调递减区间为 $(0, 1)$

C. 极大值为 $f(1)=\frac{1}{3}$

D. 极大值为 $f(0)=0$

E. 函数不存在极值

【解析】$y=x^{\frac{2}{3}}-\frac{2}{3}x$ 的定义域为 $(-\infty, +\infty)$，对其求一阶导数，可得

$$y'=\frac{2}{3}x^{-\frac{1}{3}}-\frac{2}{3}=\frac{2}{3}\left(\frac{1}{\sqrt[3]{x}}-1\right),$$

当 $x=1$ 时，$y'=0$；当 $x=0$ 时，y'不存在，整理得表 2-1：

表 2-1

x	$(-\infty, 0)$	0	$(0, 1)$	1	$(1, +\infty)$
y'	$-$	不存在	$+$	0	$-$
y	单调递减	极小值	单调递增	极大值	单调递减

由表 2-1 可知，函数的单调递增区间为$(0, 1)$，单调递减区间为$(-\infty, 0)$，$(1, +\infty)$，极大值为 $f(1)=\frac{1}{3}$，极小值为 $f(0)=0$. 故选 C 项.

【答案】C

母题技巧

函数驻点、极值、最值的考查在近几年的考试中都有涉及，需要熟练掌握函数极值的判别方法.

1. 函数的驻点问题.

(1)已知函数，求驻点：使得 $f'(x_0)=0$ 的点 x_0 称为 $f(x)$的驻点.

注　间断点、驻点和极值点表示为 $x=x_0$，而拐点表示为(x_0, y_0).

(2)已知驻点 x_0，求函数 $f(x)$中的未知数.

需要先求出 $f(x)$的导数 $f'(x)$，将驻点代入导函数，使其为零，即 $f'(x_0)=0$，建立关于未知数的等式，即可求出未知数.

2. 求函数极值的步骤如下：

(1)确定函数的定义域；

(2)求导数 $f'(x)$，找出函数的驻点和导数不存在的点；

注　驻点和导数不存在的点统称为可能极值点. 因为

①驻点未必是极值点，如 $f(x)=x^3$ 在 $x=0$ 处 $f'(0)=0$，但不是极值点；

②导数不存在的点也有可能是极值点，如$f(x)=|x|$在$x=0$处 $f'(0)$不存在，但为极小值点.

(3)若函数既有驻点又有导数不存在的点，则利用极值存在的第一充分条件依次判断这些点是否是函数的极值点；

若函数只有驻点且驻点处的二阶导数值不等于零，则利用极值存在的第二充分条件，判断这些点是否是函数的极值点；

注　极值存在的第一充分条件：在 x_0 的某去心邻域 $\mathring{U}(x_0, \delta)$内，如果满足：当 $x_0-\delta<x<x_0$ 时，$f'(x)\geqslant 0(f'(x)\leqslant 0)$；当 $x_0<x<x_0+\delta$ 时，$f'(x)\leqslant 0(f'(x)\geqslant 0)$，则 $f(x)$在 x_0 处取得极大(小)值.

极值存在的第二充分条件：若 $f'(x_0)=0$，则当 $f''(x_0)<0$ 时，$f(x_0)$是 $f(x)$的极大值；当 $f''(x_0)>0$ 时，$f(x_0)$是 $f(x)$的极小值；当 $f''(x_0)=0$ 时，则不确定 $f(x_0)$是否为极值.

(4)求出各极值点处的函数值，即得 $f(x)$的全部极值.

3. 最值问题给出以下两种情况：

(1)闭区间 $[a, b]$ 内连续函数 $f(x)$ 的最值的求解步骤如下：

①找出函数 $f(x)$ 在 (a, b) 内的所有可能极值点(驻点和导数不存在的点)；

②求函数 $f(x)$ 在可能极值点及区间端点处的函数值；

③比较这些函数值的大小，其中最大者与最小者就是函数在区间 $[a, b]$ 内的最大值和最小值.

(2)在实际问题中，若函数 $f(x)$ 的定义域是开区间，且在此开区间内只有一个驻点 x_0，而最值又存在，则可以直接确定该驻点 x_0 就是最值点，$f(x_0)$ 为最值.

母题精练

1. 设 x_1，$x_2(x_1<x_2)$ 分别是函数 $y=x^3+ax^2+bx+c$ 的两个驻点，则 x_1，x_2 分别是函数的(　　).

A. 极大值点和极小值点　　B. 极小值点和极大值点

C. 极大值点和极大值点　　D. 极小值点和极小值点

E. 非极值点和极小值点

2. 已知函数 $y=a\cos x+\frac{1}{6}\cos 6x$(其中 a 为常数)在点 $x=\frac{\pi}{6}$ 处取得极值，则 $a=$(　　).

A. 1　　B. 2　　C. 0　　D. 3　　E. -1

3. 设 $x=1$ 是曲线 $y=ax^2+x+1$ 的驻点，则 $a=$(　　).

A. 1　　B. $\frac{1}{2}$　　C. 0　　D. $-\frac{1}{2}$　　E. -1

4. 函数 $y=(x^2-1)^3+3$ 的驻点个数为(　　).

A. 4　　B. 3　　C. 1　　D. 2　　E. 0

5. 函数 $y=(x-2)^3$ 的驻点是(　　).

A. $x=4$　　B. $x=3$　　C. $x=1$　　D. $x=2$　　E. $x=0$

6. 函数 $y=f(x)$ 在 x_0 点二阶可导，且 $f(x_0)$ 是函数 $f(x)$ 的极大值，则(　　).

A. $f'(x_0)<0$　　B. $f'(x_0)>0$

C. $f'(x_0)=0$ 且 $f''(x_0)<0$　　D. $f'(x_0)=0$ 且 $f''(x_0)>0$

E. $f'(x_0)=0$ 且 $f''(x_0)=0$

7. 设 $f(x)$ 在 $x=0$ 的某邻域二阶可导，且 $f'(0)=0$，$\lim\limits_{x\to 0}\frac{f'(x)}{x}=1$，则(　　).

A. 不能判断 $f(0)$ 是否为 $f(x)$ 的极值

B. $f(0)$ 一定是 $f(x)$ 的极小值

C. $f(0)$ 一定是 $f(x)$ 的极大值

D. $f(0)$一定不是$f(x)$的极值

E. $f(0)$一定是$f(x)$的极值，但不能确定是极大值还是极小值

8. 若函数$y=f(x)$在点$x=x_0$处取得极值，则(　　).

A. $f'(x_0)=0$　　B. $f''(x_0)<0$　　C. $f'(x_0)$不存在

D. $f'(x_0)=0$且$f''(x_0)<0$　　E. $f'(x_0)=0$或$f'(x_0)$不存在

9. 函数$y=|x-1|+2$的极小值点是(　　).

A. $x=4$　　B. $x=3$　　C. $x=2$　　D. $x=1$　　E. $x=0$

10. 设函数$f(x)$在$(-\infty,+\infty)$内连续，其导函数的图像如图2-1所示，则$f(x)$有(　　).

A. 一个极小值点和两个极大值点

B. 两个极小值点和一个极大值点

C. 两个极小值点和两个极大值点

D. 三个极小值点和一个极大值点

E. 一个极小值点和三个极大值点

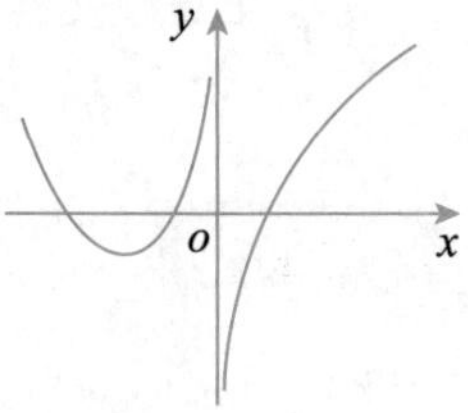

图 2-1

11. 函数$y=x^2-2\ln|x|$的极值为(　　).

A. 极小值$y(-1)=1$，$y(1)=1$

B. 极大值$y(-1)=1$，$y(1)=1$

C. 极小值$y(-1)=1$，极大值$y(1)=1$

D. 极大值$y(-1)=1$，极小值$y(1)=1$

E. 极小值$y(-1)=1$，极大值$y(\mathrm{e})=\mathrm{e}^2-2$

12. 函数$y=(x-1)x^{\frac{2}{3}}$的极大值点为(　　).

A. $x=1$　　B. $x=0$　　C. $x=\frac{1}{2}$　　D. $x=3$　　E. $x=\frac{2}{5}$

13. 函数$y=x^x(x>0)$的极小值点为(　　).

A. $x=4$　　B. $x=\frac{1}{\mathrm{e}}$　　C. $x=-1$　　D. $x=3$　　E. $x=\mathrm{e}$

14. 函数$y=(x^2-1)^3+3$的极小值为(　　).

A. 4　　B. 0　　C. 1　　D. 2　　E. 3

15. 当$x=0$时，函数$y=x-p\ln(1+x)+q$取到极值，则$p=$(　　).

A. 0　　B. 1　　C. 2　　D. -1　　E. -2

16. 设函数$y=2x^2+ax+3$在点$x=1$处取得极小值，则$a=$(　　).

A. -4　　B. -3　　C. -2　　D. -1　　E. 0

17. 设$y=f(x)$是满足方程$y''+y'-\mathrm{e}^{\sin x}=0$的解，且$f'(x_0)=0$，则$f(x)$在(　　).

A. 点x_0的某邻域内单调增加　　B. 点x_0的某邻域内单调减少

C. 点x_0处取得极小值　　D. 点x_0处取得极大值

E. 点x_0处无极值

18. 函数$y=1-\ln(1+x^2)$在定义域内(　　).

A. 无极值　　B. 有极小值$1-\ln 2$　　C. 有极大值1

D. 为非单调函数　　E. 为单调递增函数

19. 函数 $y=x^4-2x^2+5$ 在区间 $[-2, 2]$ 内的最大值为(　　).

A. 4　　B. 0　　C. 13　　D. 3　　E. 5

20. 函数 $y=x+\sqrt{x}$ 在区间 $[0, 4]$ 内的最小值为(　　).

A. 4　　B. 0　　C. 1　　D. 3　　E. 2

21. 将一长为 $2L$ 的线段折成一个长方形，则当长方形的面积取到最大值时，长、宽的取值为(　　).

A. $\frac{L}{2}$，$\frac{L}{2}$　　B. $\frac{L}{4}$，$\frac{3L}{4}$　　C. $\frac{L}{3}$，$\frac{2L}{3}$

D. $\frac{L}{5}$，$\frac{4L}{5}$　　E. $\frac{L}{6}$，$\frac{5L}{6}$

答案详解

1. A

【解析】由函数 $y=x^3+ax^2+bx+c$ 得 $y'=3x^2+2ax+b$. 由 x_1，$x_2(x_1<x_2)$ 分别是函数的两个驻点，得 $y'=0$ 有两个解 x_1，x_2. 由二次函数的图像和性质知，当 $x<x_1$ 时，$y'>0$；当 $x_1<x<x_2$ 时，$y'<0$；当 $x>x_2$ 时，$y'>0$. 故 x_1 是极大值点，x_2 是极小值点.

2. C

【解析】已知函数的定义域为 $\mathbf{R}$，$y'=-a\sin x+\frac{1}{6}\times 6(-\sin 6x)=-a\sin x-\sin 6x$，因为函数在 $x=\frac{\pi}{6}$ 处取得极值，所以 $y'\left(\frac{\pi}{6}\right)=0$，即 $-a\sin\frac{\pi}{6}-\sin\left(6\times\frac{\pi}{6}\right)=0$，故 $a=0$.

3. D

【解析】$y'=2ax+1$，由 $x=1$ 是曲线的驻点，得 $y'(1)=0$，即 $2a+1=0$，所以 $a=-\frac{1}{2}$.

4. B

【解析】函数的定义域为 $\mathbf{R}$，$y'=3(x^2-1)^2\cdot 2x=6x(x^2-1)^2$.

令 $y'=6x(x^2-1)^2=0$，即 $x=0$ 或 $x^2-1=0$，解得 $x_1=0$，$x_2=-1$，$x_3=1$.

故函数的驻点有 3 个.

5. D

【解析】驻点就是一阶导数为零的点，令 $y'=3(x-2)^2=0$，解得 $x=2$.

6. C

【解析】若函数 $y=f(x)$ 在点 $x=x_0$ 处取得极值，则 x_0 可能是驻点，也可能是不可导点.

由题干知函数 $y=f(x)$ 在 x_0 点可导，所以 $f'(x_0)=0$，又因为函数在点 $x=x_0$ 处取得极大值，由极值存在的第二充分条件，可知 $f''(x_0)<0$.

7. B

【解析】$f(x)$ 在 $x=0$ 的某邻域内可导，且 $f'(0)=0$，所以能判断出 $f(0)$ 可能为极值，又因为 $\lim\limits_{x\to 0}\frac{f'(x)}{x}=\lim\limits_{x\to 0}\frac{f'(x)-f'(0)}{x}=f''(0)=1>0$，由极值存在的第二充分条件，可知 $f(0)$ 是极小值.

8. E

【解析】若函数 $y=f(x)$ 在点 $x=x_0$ 处取得极值，则 x_0 可能是驻点，也可能是不可导点，所以 $f'(x_0)=0$ 或 $f'(x_0)$ 不存在.

9. D

【解析】方法一：函数去绝对值为 $y=\begin{cases}x-1+2, & x\geqslant 1,\\ 1-x+2, & x<1,\end{cases}$ 求导可得 $y'=\begin{cases}1, & x\geqslant 1,\\ -1, & x<1,\end{cases}$ 显然在 $(-\infty,1)$ 上，$y'<0$，单调递减；在 $[1,+\infty)$ 上，$y'>0$，单调递增，故 $x=1$ 是极小值点.

方法二：因为 $|x-1|+2\geqslant 2$，当 $x=1$ 时，$y=|x-1|+2$ 取得最小值，且显然 $x=1$ 不是函数定义域的端点，故取得最小值的点也是极小值点，即 $x=1$ 是极小值点.

10. C

【解析】根据导函数的图像可知，一阶导数为零的点有三个，而 $x=0$ 则是导数不存在的点. 三个一阶导数为零的点左右两侧导数符号不一致，必为极值点，且为两个极小值点、一个极大值点；在 $x=0$ 左侧一阶导数为正，右侧一阶导数为负，可见 $x=0$ 为极大值点.

所以 $f(x)$ 共有两个极小值点和两个极大值点.

11. A

【解析】函数去绝对值，可得 $y=\begin{cases}x^2-2\ln x, & x>0,\\ x^2-2\ln(-x), & x<0.\end{cases}$

当 $x>0$ 时，$y'=2x-\dfrac{2}{x}=\dfrac{2(x^2-1)}{x}=0$，解得 $x=1$，$y''=2+\dfrac{2}{x^2}>0$，由极值存在的第二充分条件，可知 $x=1$ 是极小值点；

当 $x<0$ 时，$y'=2x-\dfrac{2}{x}=\dfrac{2(x^2-1)}{x}=0$，解得 $x=-1$，$y''=2+\dfrac{2}{x^2}>0$，由极值存在的第二充分条件，可知 $x=-1$ 是极小值点.

故函数的极小值为 $y(-1)=1$，$y(1)=1$.

12. B

【解析】当 $x\neq 0$ 时，$y'=\dfrac{5}{3}x^{\frac{2}{3}}-\dfrac{2}{3}x^{-\frac{1}{3}}=\dfrac{1}{3}x^{-\frac{1}{3}}(5x-2)$，令 $y'=0$，解得 $x=\dfrac{2}{5}$.

列表 2-2 如下.

表 2-2

x	$(-\infty,0)$	0	$\left(0,\dfrac{2}{5}\right)$	$\dfrac{2}{5}$	$\left(\dfrac{2}{5},+\infty\right)$
y'	$+$	不存在	$-$	0	$+$
y	单调递增	极大值	单调递减	极小值	单调递增

由表 2-2 可知函数的极大值点为 $x=0$.

13. B

【解析】函数 $y=x^x(x>0)$，所以 $\ln y=x\ln x$，两边分别对 x 求导，得

$$\frac{y'}{y}=\ln x+1,\ y'=x^x(\ln x+1),$$

令 $y'=0$，解得 $x=\frac{1}{\mathrm{e}}$.

当 $x>\frac{1}{\mathrm{e}}$时，$y'>0$；当 $0<x<\frac{1}{\mathrm{e}}$时，$y'<0$. 所以 $x=\frac{1}{\mathrm{e}}$是函数 $y=x^x$ 的极小值点.

14. D

【解析】$y'=3(x^2-1)^2\cdot 2x=6x(x^2-1)^2$，令 $y'=0$，解得 $x_1=0$，$x_2=-1$，$x_3=1$.
又因为 $y''=30x^4-36x^2+6$，$y''(0)=6>0$，$y''(-1)=0$，$y''(1)=0$. 由极值存在的第二充分条件可知 $x=0$ 为极小值点，极小值为 $y(0)=2$.

15. B

【解析】$y'(x)=1-\frac{p}{1+x}=\frac{1-p+x}{1+x}$，令 $y'(0)=0$，解得 $p=1$.

16. A

【解析】$y'=4x+a$，因为函数 $y=2x^2+ax+3$ 在点 $x=1$ 处取得极小值，所以 $y'(1)=4+a=0$，解得 $a=-4$.

17. C

【解析】由 $f'(x_0)=0$ 知点 x_0 为驻点，又因为 $y''\big|_{x=x_0}=(-y'+\mathrm{e}^{\sin x})\big|_{x=x_0}=\mathrm{e}^{\sin x_0}>0$，故由极值存在的第二充分条件，可知 $f(x)$在点 x_0 处取得极小值.

18. C

【解析】由题意知函数的定义域为 $\mathbf{R}$，$y'=-\frac{2x}{1+x^2}$，令 $y'=0$，解得 $x=0$.

当 $x<0$ 时，$y'>0$；当 $x>0$ 时，$y'<0$. 所以函数在 $x=0$ 处有极大值，极大值为 $y(0)=1$.

19. C

【解析】$y'=4x^3-4x=4x(x-1)(x+1)$，令 $y'=0$，解得 $x_1=-1$，$x_2=0$，$x_3=1$，所以函数的驻点为 $x_1=-1$，$x_2=0$，$x_3=1$. 分别求出函数在区间端点的值和驻点处的值，有

$$y(-2)=13，y(-1)=4，y(0)=5，y(1)=4，y(2)=13，$$

比较可得，最大值为 13.

20. B

【解析】$y'=1+\frac{1}{2\sqrt{x}}$，当 $x\in[0,4]$时，$y'>0$，所以函数在区间$[0,4]$内是增函数.

所以当 $x=0$ 时，函数有最小值，最小值为 0.

21. A

【解析】设长方形的长为 x、宽为 y，则面积 $S=xy$.
由题干条件，可知 $2x+2y=2L$，所以 $y=L-x$，代入上式，得 $S(x)=x(L-x)(0<x<L)$.

求 $S(x)$的最大值点，令 $S'(x)=L-2x=0$，解得 $x=\frac{L}{2}$，这是 $S(x)$的唯一驻点，故为 $S(x)$的最大值点，此时 $y=L-x=L-\frac{L}{2}=\frac{L}{2}$.

题型 19 讨论方程根的存在性

母题精讲

母题 19 方程 $\ln x=\frac{x}{e}-1$ 在 $(0, +\infty)$ 内根的个数为(　　).

A. 4　　B. 3　　C. 2　　D. 1　　E. 0

【解析】令 $f(x)=\ln x-\frac{x}{e}+1$，则 $f'(x)=\frac{1}{x}-\frac{1}{e}$，$f''(x)=-\frac{1}{x^2}$. 令 $f'(x)=0$，得驻点 $x=e$，且 $f''(e)=-\frac{1}{e^2}<0$，由极值存在的第二充分条件可知 $f(e)=1$ 为极大值.

当 $x<e$ 时，$f'(x)>0$，$f(x)$ 单调递增；当 $x>e$ 时，$f'(x)<0$，$f(x)$ 单调递减，所以 $f(e)=1$ 也为最大值. 取 $x_1=e^{-3}$，$x_2=e^3$ 得 $f(e^{-3})<0$，$f(e^3)<0$. 又 $f(e)=1$，可知方程在 $[e^{-3}, e]$ 及 $[e, e^3]$ 内各有一个根，即在 $(0, e)$ 及 $(e, +\infty)$ 内各有一个根，故方程有且仅有两个根.

【答案】C

母题技巧

函数的零点问题和方程根的问题其实是一类问题，这类问题有以下两种考查方式：

1. 方程 $f(x)=0$ 的根的存在性讨论.

此类问题可利用零点定理：若函数 $f(x)$ 在闭区间 $[a, b]$ 上连续，且 $f(a)\cdot f(b)<0$，则在 (a, b) 内至少存在一点 ξ，使得 $f(\xi)=0$，转化为函数图形与 x 轴交点的问题，而函数与 x 轴的交点则可通过函数的单调性来解决. 例如判断连续函数 $f(x)$ 在区间 (a, b) 上的零点问题，有以下两种情况：

(1)若函数 $f(x)$ 在区间 (a, b) 上的单调性一致，则函数 $f(x)$ 在区间 (a, b) 上最多只有一个零点，结合区间端点值即可判断，即若 $f(a)$(或 $\lim\limits_{x\to a^+}f(x)$)与 $f(b)$(或 $\lim\limits_{x\to b^-}f(x)$)异号，则 $f(x)$ 在区间 (a, b) 上只有一个零点.

(2)若函数 $f(x)$ 在区间 (a, b) 上的单调性不一致，则需要根据函数 $f(x)$ 在每个小区间的单调性以及在区间 (a, b) 上极值的符号来判断具体的零点个数.

注　零点定理通过选择题的形式考查，一般是要求确定某个方程根的个数. 如果题目中给出方程根的区间，则可以直接判断是否符合零点定理的条件，如果没有给出方程根的区间，则需要自己根据题意找出适合的区间进行判断，或者通过求出函数的驻点和不可导点对定义域进行划分后，每个区间上逐一考查根的情况.

2. 若讨论 $f'(x)=0$ 的根的存在性，则可以利用罗尔定理：函数 $f(x)$ 在闭区间 $[a, b]$ 上连续，开区间 (a, b) 内可导，若 $f(a)=f(b)$，则至少存在一点 $\xi\in(a, b)$，使得 $f'(\xi)=0$，进行讨论. 利用罗尔定理的关键是求出定理中根的存在区间，我们主要解决的是多项式函数类型，即形如 $y=(x-x_1)(x-x_2)(x-x_3)\cdots(x-x_n)$ 的函数，步骤如下：

(1)根据函数 $f(x)$ 的特点，令 $f(x)=0$，求出方程的根，从而得出 $f'(x)=0$ 的根的存在区间；

(2)利用罗尔定理在这些区间内讨论根的存在性，并结合方程的次数确定根的个数(根的个数最多和方程的次数相等).

母题精练

1. 若 $3a^2-5b<0$，则方程 $x^5+2ax^3+3bx+4c=0$ 实根的个数为(　　).

A. 0　　B. 1　　C. 3　　D. 5　　E. 2

2. 若 $a_1<a_2<a_3$，则函数 $y=\dfrac{1}{x-a_1}+\dfrac{1}{x-a_2}+\dfrac{1}{x-a_3}$ 的零点个数为(　　).

A. 0　　B. 1　　C. 3　　D. 5　　E. 2

3. 方程 $3x-1-\int_0^x \dfrac{dt}{1+t^2}=0$ 在区间(0，1)内实数根的个数为(　　).

A. 0　　B. 1　　C. 2　　D. 3　　E. 4

4. 已知函数 $y=(x-2)(x-3)(x-4)(x-5)$，则方程 $y'=0$ 有(　　)个实根.

A. 0　　B. 1　　C. 2　　D. 3　　E. 4

5. 在区间$(-\infty，+\infty)$内，方程 $|x|^{\frac{1}{4}}+|x|^{\frac{1}{2}}-\cos x=0$(　　).

A. 无实根　　B. 有且仅有一个实根

C. 有且仅有两个实根　　D. 有且仅有三个实根

E. 有无穷多个实根

6. 方程 $x^5-5x+2=0$ 的实根个数为(　　).

A. 1　　B. 2　　C. 3　　D. 4　　E. 5

7. 方程 $x^3+x^2+x-1=0$ 在(0，1)内根的个数为(　　).

A. 0　　B. 1　　C. 2　　D. 3　　E. 不能确定

8. 方程 $x^5+x-1=0$ 的正根个数为(　　).

A. 0　　B. 1　　C. 2　　D. 3　　E. 4

答案详解

1. B

【解析】令 $f(x)=x^5+2ax^3+3bx+4c$，则

$$f'(x)=5x^4+6ax^2+3b=5\left(x^2+\frac{3}{5}a\right)^2+\frac{3}{5}(5b-3a^2)>0,$$

故 $f(x)$ 单调递增，由技巧总结可知，函数 $f(x)$ 最多只有一个根，又因为 $\lim\limits_{x\to-\infty}f(x)=-\infty$，

$\lim\limits_{x\to+\infty} f(x)=+\infty$，异号，所以方程有唯一实根．

2. E

【解析】当 $x<a_1$ 时，$y(x)<0$；当 $x>a_3$ 时，$y(x)>0$. 因此函数 $y(x)$在$(-\infty,\ a_1)$及$(a_3,\ +\infty)$内没有零点，其零点只可能在$(a_1,\ a_2)$和$(a_2,\ a_3)$中．

由 $y'=-\dfrac{1}{(x-a_1)^2}-\dfrac{1}{(x-a_2)^2}-\dfrac{1}{(x-a_3)^2}$可知，当 $x\in(a_1,\ a_2)$或 $x\in(a_2,\ a_3)$时，$y'(x)<0$.

故 $y(x)$在$(a_1,\ a_2)$内严格单调递减，在$(a_2,\ a_3)$内也严格单调递减，由母题技巧，可知$y(x)$在$(a_1,\ a_2)$和$(a_2,\ a_3)$上分别最多只有一个零点．

又由$\lim\limits_{x\to a_1^+}y(x)=+\infty$，$\lim\limits_{x\to a_2^-}y(x)=-\infty$，异号，可知 $y(x)$在$(a_1,\ a_2)$内只有一个零点．同理可知，$y(x)$在$(a_2,\ a_3)$内也只有一个零点．

综上，函数 $y(x)$共有两个零点，分别在$(a_1,\ a_2)$与$(a_2,\ a_3)$内．

3. B

【解析】令 $f(x)=3x-1-\int_0^x\dfrac{dt}{1+t^2}$，则 $f'(x)=3-\dfrac{1}{1+x^2}$在$[0,\ 1]$上有意义．$f(x)$在$[0,\ 1]$上连续，且 $f(0)=-1<0$，$f(1)=2-\arctan 1=2-\dfrac{\pi}{4}>0$，由零点定理知，至少存在一点$\xi\in(0,\ 1)$，使得 $f(\xi)=0$，即方程 $f(x)=0$ 在$(0,\ 1)$内至少有一个实数根．

另一方面，$f'(x)=3-\dfrac{1}{1+x^2}=\dfrac{2+3x^2}{1+x^2}>0$，则 $f(x)$在$(0,\ 1)$内是单调递增的，故方程 $f(x)=0$在$(0,\ 1)$内最多有一个实数根．

综上所述，方程 $f(x)=0$ 在$(0,\ 1)$内有唯一的实数根，即方程 $3x-1-\int_0^x\dfrac{dt}{1+t^2}=0$ 在区间$(0,\ 1)$内有唯一的实数根．

4. D

【解析】由于 y 为多项式函数，所以 y 在定义域内连续、可导，且 $f(2)=f(3)=f(4)=f(5)=0$，则在$[2,\ 3]$，$[3,\ 4]$，$[4,\ 5]$上分别应用罗尔定理，知在$(2,\ 3)$，$(3,\ 4)$，$(4,\ 5)$内至少各存在一点，使得$y'=0$. 又因为方程 $y'=0$ 是三次方程，所以最多有三个实根．

因此方程 $y'=0$ 恰好有三个实根，分别位于$(2,\ 3)$，$(3,\ 4)$，$(4,\ 5)$内．

5. C

【解析】当 $x\in(0,\ +\infty)$时，令 $f(x)=x^{\frac{1}{4}}+x^{\frac{1}{2}}-\cos x$，在$(1,\ +\infty)$上显然 $f(x)>0$，所以$(1,\ +\infty)$上方程没有根，只需讨论$(0,\ 1)$上方程是否存在根即可．

因为 $f(0)=-1<0$，$f(1)=2-\cos 1>0$，所以由零点定理知 $f(x)=0$ 在$(0,\ 1)$内至少有一个根．易知在$(0,\ 1)$上，$f'(x)=\dfrac{1}{4}x^{-\frac{3}{4}}+\dfrac{1}{2}x^{-\frac{1}{2}}+\sin x>0$，为单调增函数，故 $f(x)=0$ 在$(0,\ 1)$内仅有一个实根，即在$(0,\ +\infty)$内仅有一个实根．

$f(x)=|x|^{\frac{1}{4}}+|x|^{\frac{1}{2}}-\cos x$ 为偶函数，根据偶函数图像的对称性可知，$f(x)=0$ 在$(-\infty,\ 0)$内也仅有一个实根．

综上所述，在区间$(-\infty,\ +\infty)$内有且仅有两个实根．

6. C

【解析】令 $f(x)=x^5-5x+2$，则 $f'(x)=5x^4-5=5(x^2+1)(x^2-1)$，令 $f'(x)=0$ 得 $x=\pm1$，列表讨论如表 2-3 所示：

表 2-3

x	$(-\infty, -1)$	-1	$(-1, 1)$	1	$(1, +\infty)$
$f'(x)$	$+$	0	$-$	0	$+$
$f(x)$	增	6	减	-2	增

因为 $\lim\limits_{x\to-\infty}f(x)=-\infty$，$\lim\limits_{x\to+\infty}f(x)=+\infty$，且 $f(x)$ 在 $(-\infty, +\infty)$ 连续，根据零点定理知 $f(x)$ 在 $(-\infty, -1)$，$(-1, 1)$，$(1, +\infty)$ 均存在零点．由函数单调性可知每个单调区间内的零点唯一，故方程 $x^5-5x+2=0$ 的实根个数为 3.

7. B

【解析】令 $f(x)=x^3+x^2+x-1$，则 $f(x)$ 在 $[0, 1]$ 内连续．$f(0)=-1<0$，$f(1)=2>0$，由零点定理得 $f(x)=0$ 在 $(0, 1)$ 内至少有一个根；

又因为在 $(0, 1)$ 内 $f'(x)=3x^2+2x+1>0$，因此 $f(x)$ 在 $(0, 1)$ 内单调递增，所以 $f(x)=0$ 在 $(0, 1)$ 内至多有一个根．

综上所述，$x^3+x^2+x-1=0$ 在 $(0, 1)$ 内只有一个根．

8. B

【解析】令 $f(x)=x^5+x-1$，则 $f(x)$ 在 $[0, +\infty)$ 内连续．$f(0)=-1<0$，$f(1)=1>0$，故由零点定理得 $f(x)=0$ 在 $(0, 1)$ 内至少有一个正根，即在 $(0, +\infty)$ 内至少有一个正根；

又因为 $f'(x)=5x^4+1>0$，所以 $f(x)$ 在 $(0, +\infty)$ 内单调递增，因此 $f(x)=0$ 在 $(0, +\infty)$ 内至多有一个正根．

综上所述，$x^5+x-1=0$ 只有一个正根．

题型 20　讨论函数的图像

母题精讲

母题 20　已知函数 $y=\dfrac{4(x+1)}{x^2}-2$，则下列说法正确的是(　　).

A. 凹区间为 $(-3, +\infty)$

B. 凸区间为 $(0, +\infty)$

C. 凹区间为 $(-\infty, -3)$，$(3, +\infty)$

D. 凸区间为 $(-3, 0)$，$(0, +\infty)$

E. 拐点为 $\left(-3, -\dfrac{26}{9}\right)$

【解析】该函数定义域为$(-\infty,0)\cup(0,+\infty)$，$y'=\frac{-4x-8}{x^3}$，$y''=\frac{8x+24}{x^4}$，令$y''=0$，解得$x=-3$，又函数在$x=0$处无定义，整理得表2-4：

表 2-4

x	$(-\infty,-3)$	-3	$(-3,0)$	$(0,+\infty)$
y''	$-$	0	$+$	$+$
y	凸	拐点	凹	凹

综上，函数的凹区间为$(-3,0)$，$(0,+\infty)$，凸区间为$(-\infty,-3)$，当$x=-3$时，$y(-3)=-\frac{26}{9}$，故拐点为$\left(-3,-\frac{26}{9}\right)$.

【答案】E

母题技巧

1. 函数的凹凸性和拐点问题，虽然在近几年的考试中出现的频率比较低，但作为函数导数的应用之一，仍需掌握．现将函数的凹凸区间和拐点的求解步骤总结如下：

(1)确定函数的连续区间(初等函数即为定义域)；

(2)求y'，y''，并求出$y''=0$的点以及y''不存在的点，把定义域分割成若干子区间；

(3)依次判断每个子区间内y''的正负符号，并根据符号得出每个子区间内曲线的凹凸性；

(4)找到凹凸区间的分界点，就是曲线的拐点．

2. 函数图像的渐近线问题. 曲线的渐近线分为以下三种：

(1)若$\lim\limits_{x\to-\infty}f(x)=a$或$\lim\limits_{x\to+\infty}f(x)=b$，则直线$y=a(y=b)$为曲线$y=f(x)$的水平渐近线．

(2)若$\lim\limits_{x\to a^-}f(x)=\infty$或$\lim\limits_{x\to a^+}f(x)=\infty$，则直线$x=a$为曲线$y=f(x)$的垂直渐近线. 垂直渐近线可以有无数条，如果函数没有间断点，则没有垂直渐近线．

(3)若$\lim\limits_{x\to\infty}[f(x)-(kx+b)]=0$，则直线$y=kx+b$为曲线$y=f(x)$的斜渐近线，其中$\lim\limits_{x\to\infty}\frac{f(x)}{x}=k$，$\lim\limits_{x\to\infty}[f(x)-kx]=b$. 水平渐近线是斜渐近线的特例，相当于$\lim\limits_{x\to\infty}\frac{f(x)}{x}=k=0$的情况，水平渐近线和斜渐近线加在一起最多有两条．

母题精练

1. 函数$y=x^3-3x^2-1$的凸区间为(　　).

A. $(-\infty,1)$　　B. $\left(0,\frac{1}{2}\right)$　　C. $(0,+\infty)$

D. $(-\infty,+\infty)$　　E. $(1,+\infty)$

2. 点(0，1)是曲线 $y=ax^3+bx^2+c$ 的拐点，则(　　).

A. $a=1$，$b=-3$，$c=1$　　B. a 为任意值，$b=0$，$c=1$

C. $a=1$，$b=0$，c 为任意值　　D. a，b 为任意值，$c=1$

E. b 为任意值，$a=1$，$c=1$

3. 曲线 $y=(x-1)^2(x-3)^2$ 的拐点个数为(　　).

A. 0　　B. 1　　C. 2　　D. 3　　E. 4

4. 点(1，2)是曲线 $f(x)=(x-a)^3+b$ 上的拐点，则(　　).

A. $a=0$，$b=1$　　B. $a=2$，$b=3$　　C. $a=1$，$b=2$

D. $a=-1$，$b=-6$　　E. $a=-1$，$b=-2$

5. 设函数 $y(x)$ 由参数方程 $\begin{cases}x=t^3+3t+1,\\ y=t^3-3t+1\end{cases}$ 确定，则曲线 $y=y(x)$ 的凸区间是(　　).

A. $(0,1)$　　B. $(-\infty,1)$　　C. $(1,+\infty)$

D. $(-\infty,-1)$　　E. $(-1,+\infty)$

6. 已知函数 $y=xe^{-x}$，则下列说法错误的是(　　).

A. 单调递增区间为 $(-\infty,1)$　　B. 极小值为 $f(1)=e^{-1}$

C. 凹区间为 $(2,+\infty)$　　D. 凸区间为 $(-\infty,2)$

E. 拐点为 $(2,2e^{-2})$

7. 设 $f(x)$ 的导数在 $x=a$ 处连续，且 $\lim\limits_{x\to a}\dfrac{f'(x)}{x-a}=-1$，则(　　).

A. $(a,f(a))$ 是曲线 $y=f(x)$ 的拐点

B. $x=a$ 是 $f(x)$ 的极小值点

C. $x=a$ 是 $f(x)$ 的极大值点

D. $x=a$ 不是 $f(x)$ 的极值点，$(a,f(a))$ 也不是曲线 $y=f(x)$ 的拐点

E. $x=a$ 不是 $f(x)$ 的极大值点，$(a,f(a))$ 也不是曲线 $y=f(x)$ 的拐点

8. 已知 $f(x)=|x^{\frac{1}{3}}|$，则点 $x=0$ 是 $f(x)$ 的(　　).

A. 间断点　　B. 拐点　　C. 驻点　　D. 极大值点　　E. 极小值点

9. 函数 $f(x)=\dfrac{x|x|}{(x-1)(x-2)}$ 在 $(-\infty,+\infty)$ 上有(　　).

A. 1条水平渐近线、2条斜渐近线

B. 2条斜渐近线、1条垂直渐近线

C. 1条水平渐近线、2条垂直渐近线

D. 0条水平渐近线、2条垂直渐近线

E. 2条水平渐近线、2条垂直渐近线

10. 曲线 $y=x\ln\left(e+\dfrac{1}{x}\right)(x>0)$ 的渐近线方程为(　　).

A. $y=x+\dfrac{1}{e}$　　B. $y=x+e$　　C. $x=0$　　D. $y=x-\dfrac{1}{e}$　　E. $y=x+\dfrac{1}{e^2}$

答案详解

1. A

【解析】函数 $y=x^3-3x^2-1$ 的定义域为 $(-\infty, +\infty)$，$y'=3x^2-6x$，$y''=6x-6$，令 $y''=6x-6=0$，解得 $x=1$. 将函数的定义域分为两个区间，$(-\infty, 1)$ 和 $(1, +\infty)$，在区间 $(1, +\infty)$ 内 $y''>0$，曲线是凹的；在区间 $(-\infty, 1)$ 内 $y''<0$，曲线是凸的.

2. B

【解析】$y'=3ax^2+2bx$，$y''=6ax+2b$，$(0, 1)$ 是函数的拐点，则也是函数上的点，故有

$$\begin{cases} y\big|_{x=0}=1, \\ y''\big|_{x=0}=0, \end{cases} \text{即} \begin{cases} a\cdot 0+b\cdot 0+c=1, \\ 6a\cdot 0+2b=0, \end{cases}$$

解得 $c=1$，$b=0$，a 为任意值.

3. C

【解析】$y'=2(x-1)(x-3)^2+2(x-1)^2(x-3)$，令 $y''=4(3x^2-12x+11)=0$，由于 $\Delta>0$，故 $y''=0$ 有两个根，且根两侧二阶导数符号为异号，所以，拐点个数为 2.

4. C

【解析】由 $f(x)=(x-a)^3+b$，可知 $f'(x)=3(x-a)^2$，$f''(x)=6(x-a)$. 因为 $(1, 2)$ 是拐点，故 $f''(1)=0$，解得 $a=1$. 又因为 $(1, 2)$ 在曲线上，故 $f(1)=2$，即 $(1-1)^3+b=2$，解得 $b=2$.

5. B

【解析】$\dfrac{\mathrm{d}y}{\mathrm{d}x}=\dfrac{\frac{\mathrm{d}y}{\mathrm{d}t}}{\frac{\mathrm{d}x}{\mathrm{d}t}}=\dfrac{3t^2-3}{3t^2+3}=\dfrac{t^2-1}{t^2+1}$，再对其求导，可得

$$\frac{\mathrm{d}^2y}{\mathrm{d}x^2}=\frac{\mathrm{d}}{\mathrm{d}x}\left(\frac{\mathrm{d}y}{\mathrm{d}x}\right)=\frac{\frac{\mathrm{d}}{\mathrm{d}t}\left(\frac{t^2-1}{t^2+1}\right)}{\frac{\mathrm{d}x}{\mathrm{d}t}}=\frac{\frac{4t}{(t^2+1)^2}}{3(t^2+1)}=\frac{4t}{3(t^2+1)^3}.$$

令 $\dfrac{\mathrm{d}^2y}{\mathrm{d}x^2}=0$，得 $t=0$，此时 $x=1$. 当 $t<0$，即 $x<1$ 时，$y''<0$；当 $t>0$，即 $x>1$ 时，$y''>0$. 故 $y=y(x)$ 的凸区间为 $(-\infty, 1)$.

6. B

【解析】该函数的定义域为 $(-\infty, +\infty)$，$y'=\mathrm{e}^{-x}(1-x)$，驻点为 $x=1$；$y''=\mathrm{e}^{-x}(x-2)$，易知二阶导数为零的点为 $x=2$. 列表 2-5 讨论 y'，y'' 在各区间上的符号.

表 2-5

x	$(-\infty, 1)$	1	$(1, 2)$	2	$(2, +\infty)$
y'	+	0	−	−	−
y''	−	−	−	0	+
y	单增、凸	极大值	单减、凸	拐点	单减、凹

所以，单调递增区间为 $(-\infty, 1)$，单调递减区间为 $(1, +\infty)$，极大值为 $f(1)=\mathrm{e}^{-1}$，凹区间

为(2，$+\infty$)，凸区间为($-\infty$，2)，拐点为(2，$2e^{-2}$)．

7. C

【解析】因为 $f'(x)$在 $x=a$ 处连续，所以 $f'(a)=\lim\limits_{x\to a}f'(x)=0$，故 $x=a$ 为 $f(x)$的驻点．又由导数的定义，可知

$$f''(a)=\lim_{x\to a}\frac{f'(x)-f'(a)}{x-a}=\lim_{x\to a}\frac{f'(x)}{x-a}=-1<0.$$

由极值存在的第二充分条件知，$f(x)$在 $x=a$ 处取得极大值．

8. E

【解析】$f(x)=|x^{\frac{1}{3}}|=\begin{cases}x^{\frac{1}{3}}, & x>0,\\ 0, & x=0,\\ -x^{\frac{1}{3}}, & x<0.\end{cases}$ 由于

$$\lim_{x\to 0^+}f(x)=\lim_{x\to 0^+}x^{\frac{1}{3}}=0，\lim_{x\to 0^-}f(x)=\lim_{x\to 0^-}\left(-x^{\frac{1}{3}}\right)=0，f(0)=0,$$

于是 $f(x)$在 $x=0$ 处连续，排除 A 项．

当 $x>0$ 时，$f'(x)=\dfrac{1}{3}x^{-\frac{2}{3}}>0$；当 $x<0$ 时，$f'(x)=-\dfrac{1}{3}x^{-\frac{2}{3}}<0$. 故 $f(x)$在 $x=0$ 处取得极小值，则 E 项正确，排除 D 项．

又 $\lim\limits_{x\to 0^+}\dfrac{f(x)-f(0)}{x-0}=\lim\limits_{x\to 0^+}\dfrac{x^{\frac{1}{3}}}{x}=+\infty$，故函数在 $x=0$ 点处不可导，即 $f'(0)$不存在，因此 $x=0$ 不是驻点，排除 C 项．

由拐点的表示为(x_0，y_0)，可直接将 B 项排除．但若题干为(0，0)，则需求函数的二阶导数．当 $x>0$ 时，$f''(x)=-\dfrac{2}{9}x^{-\frac{5}{3}}<0$；当 $x<0$ 时，$f''(x)=\dfrac{2}{9}x^{-\frac{5}{3}}<0$. 在 $x=0$ 两侧 $f''(x)$同号，故(0，0)不是拐点．

9. E

【解析】$\lim\limits_{x\to+\infty}f(x)=1$，$\lim\limits_{x\to-\infty}f(x)=-1$，函数有 2 条水平渐近线，故不再讨论斜渐近线；
$\lim\limits_{x\to 1}f(x)=\infty$，$\lim\limits_{x\to 2}f(x)=\infty$，故函数有 2 条垂直渐近线.

10. A

【解析】$\lim\limits_{x\to+\infty}y=+\infty$，$\lim\limits_{x\to 0^+}y=0$，故曲线无水平渐近线和垂直渐近线．
设 $y=kx+b$ 为曲线的斜渐近线，则

$$k=\lim_{x\to+\infty}\frac{y}{x}=\lim_{x\to+\infty}\ln\left(e+\frac{1}{x}\right)=1;$$

$$b=\lim_{x\to+\infty}[y-kx]=\lim_{x\to+\infty}\left[x\ln\left(e+\frac{1}{x}\right)-x\right]\xlongequal{令 t=\frac{1}{x}}\lim_{t\to 0^+}\frac{\ln(e+t)-1}{t}=\frac{1}{e}.$$

故渐近线方程为 $y=x+\dfrac{1}{e}$.

第3章　一元函数积分学

题型21　不定积分概念、性质的应用

母题精讲

母题21　下列各对函数中，是同一函数的原函数的是(　　).

A. $\arctan x$ 与 $\operatorname{arccot} x$　　B. $\ln(x+5)$与 $\ln 5x$

C. $\frac{3^x}{\ln 2}$与 $3^x+\ln 2$　　D. $\ln 3x$ 与 $\ln x$

E. $\frac{\ln x}{x^2}$与$\frac{\ln x}{x}$

【解析】根据原函数的概念，若是同一函数的原函数，则它们的导函数相同．求解各选项的导数，可得

A项：$(\arctan x)'=\frac{1}{1+x^2}$，$(\operatorname{arccot} x)'=-\frac{1}{1+x^2}$；

B项：$[\ln(x+5)]'=\frac{1}{x+5}$，$(\ln 5x)'=\frac{1}{x}$；

C项：$\left(\frac{3^x}{\ln 2}\right)'=\frac{3^x\ln 3}{\ln 2}$，$(3^x+\ln 2)'=3^x\ln 3$；

D项：$(\ln 3x)'=\frac{1}{x}$，$(\ln x)'=\frac{1}{x}$；

E项：$\left(\frac{\ln x}{x^2}\right)'=\frac{x-2x\ln x}{x^4}=\frac{1-2\ln x}{x^3}$，$\left(\frac{\ln x}{x}\right)'=\frac{1-\ln x}{x^2}$.

显然D项中两个函数是同一函数的原函数．

【注意】原函数存在定理：在区间 I 上，$f(x)$ 的任意两个原函数之间，相差一个常数．观察A、B、C、E项，均表示两个不同的函数；D项：$\ln 3x=\ln x+\ln 3$，与 $\ln x$ 相差一个常数 $\ln 3$，符合要求．

【答案】D

母题技巧

原函数、不定积分的概念及性质是常考的知识点，其基本内容需熟练掌握．出题类型主要有：

1. 原函数概念的考查：如果 $F'(x)=f(x)$ 或 $dF(x)=f(x)dx$，那么我们就称 $F(x)$ 为 $f(x)$ 的原函数．

2. 不定积分概念的考查：如果 $F(x)$ 是 $f(x)$ 的一个原函数，则

$$\int f(x)dx=F(x)+C \quad (C\text{ 是任意常数}).$$

3. 对积分运算与微分运算互为逆运算性质的考查，熟记以下公式：

(1) $\left[\int f(x)dx\right]'=f(x)$ 或 $d\int f(x)dx=f(x)dx$；

(2) $\int F'(x)dx=F(x)+C$ 或 $\int dF(x)=F(x)+C$.

也就是说，不定积分的导数(或微分)等于被积函数(或被积表达式)；一个函数的导数(或微分)的不定积分与这个函数相差一个任意常数．

注 ①在这个题型的考查中，可考虑对等式两边同时求导进行解题．

②求不定积分的运算，结果中要有 C；求导数的运算，结果中不能含有 C.

母题精练

1. 设 $F(x)=e^{x^2}$ 为 $f(x)$ 的一个原函数，则 $\int e^{-x^2}f(x)dx=$(　　).

A. $e^{-x^2}+C$　　B. $-xe^{-x^2}+C$　　C. x^2+C

D. $xe^{-x^2}+C$　　E. $-x^2+C$

2. 函数 $f(x)=2(e^{2x}-e^{-2x})$ 的一个原函数 $F(x)=$(　　).

A. e^x+e^{-x}　　B. $4(e^{2x}-e^{-2x})$　　C. $\frac{1}{2}(e^{2x}-e^{-2x})$

D. $(e^x+e^{-x})^2$　　E. $\frac{1}{4}(e^{2x}-e^{-2x})$

3. 在区间 (a,b) 内，如果 $f'(x)=g'(x)$，则下列各式中一定成立的是(　　).

A. $\left[\int f(x)dx\right]'=\left[\int g(x)dx\right]'$　　B. $f(x)=g(x)+1$　　C. $f(x)=g(x)$

D. $\int f'(x)dx=\int g'(x)dx$　　E. $\left[\int f(x)dx\right]'=\left[\int g(x)dx\right]'+1$

4. 设 $f(x)$ 是连续函数，$F(x)$ 是 $f(x)$ 的原函数，则下列结论正确的有(　　)个.

①当 $f(x)$ 是奇函数时，$F(x)$ 是偶函数；

②当 $f(x)$ 是偶函数时，$F(x)$ 是奇函数；

③当 $f(x)$ 是周期函数时，$F(x)$ 是周期函数；

④当 $f(x)$ 是单调函数时，$F(x)$ 是单调函数．

A. 0　　B. 1　　C. 2　　D. 3　　E. 4

5. 下列函数中，是 $f(x)=\mathrm{e}^{|x|}$ 的原函数的为(　　).

A. $F(x)=\begin{cases}\mathrm{e}^x, & x\geqslant 0,\\ -\mathrm{e}^{-x}, & x<0\end{cases}$

B. $F(x)=\begin{cases}\mathrm{e}^x, & x\geqslant 0,\\ 1-\mathrm{e}^{-x}, & x<0\end{cases}$

C. $F(x)=\begin{cases}\mathrm{e}^x, & x\geqslant 0,\\ 2-\mathrm{e}^{-x}, & x<0\end{cases}$

D. $F(x)=\begin{cases}\mathrm{e}^x, & x\geqslant 0,\\ 3-\mathrm{e}^{-x}, & x<0\end{cases}$

E. $F(x)=\begin{cases}\mathrm{e}^x, & x\geqslant 0,\\ 4-\mathrm{e}^{-x}, & x<0\end{cases}$

6. 下列等式中，正确的是(　　).

A. $\mathrm{d}\int f(x)\mathrm{d}x=f(x)\mathrm{d}x$

B. $\frac{\mathrm{d}}{\mathrm{d}x}\int f(x)\mathrm{d}x=f(x)\mathrm{d}x$

C. $\frac{\mathrm{d}}{\mathrm{d}x}\int f(x)=f(x)+C$

D. $\mathrm{d}\int f(x)\mathrm{d}x=f(x)$

E. $\int f'(x)\mathrm{d}x=f(x)$

7. 若 $\int f(x)\mathrm{d}x=x\mathrm{e}^x+C$，则 $f(x)=$(　　).

A. $(1+x)\mathrm{e}^x$　　B. $1+x$　　C. $(1-x)\mathrm{e}^x$　　D. $1-x$　　E. $(x-1)\mathrm{e}^x$

8. 若 $\int f(x)\mathrm{e}^{-\frac{1}{x}}\mathrm{d}x=-\mathrm{e}^{-\frac{1}{x}}+C$，则函数 $f(x)$ 等于(　　).

A. $-\frac{1}{x}$　　B. $-\frac{1}{x^2}$　　C. $\frac{1}{x}$　　D. $\frac{1}{x^2}$　　E. $-\frac{2}{x^2}$

9. 设 $f'(x)$ 存在且连续，则 $\left[\int \mathrm{d}f(x)\right]'=$(　　).

A. $f(x)+C$　　B. $\mathrm{d}f(x)$　　C. $f(x)$

D. $f'(x)+C$　　E. $f'(x)$

10. 设 $f'(\cos^2 x)=\sin^2 x$，且 $f(0)=0$，则 $f(x)$ 等于(　　).

A. $\cos x+\frac{1}{2}\cos^2 x$　　B. $\cos^2 x-\frac{1}{2}\cos^4 x$　　C. $x+\frac{1}{2}x^2$

D. $x-\frac{1}{2}x^2$　　E. $\cos x-\frac{1}{2}\cos^2 x$

11. $\mathrm{d}\left(\int \ln(1+2x^2)\mathrm{d}x\right)=$(　　).

A. $\ln(1+2x^2)$　　B. $\frac{4x}{1+2x^2}\mathrm{d}x$　　C. $\ln(1+2x^2)\mathrm{d}x$

D. $\ln(1+2x^2)+C$　　E. $\frac{1}{1+2x^2}\mathrm{d}x$

答案详解

1. C

【解析】由题设，得 $f(x)=(\mathrm{e}^{x^2})'=2x\mathrm{e}^{x^2}$，于是

$$\int \mathrm{e}^{-x^2}f(x)\mathrm{d}x=\int \mathrm{e}^{-x^2}\cdot 2x\mathrm{e}^{x^2}\mathrm{d}x=\int 2x\mathrm{d}x=x^2+C.$$

2. D

【解析】由于$[(e^x+e^{-x})^2]'=(e^{2x}+e^{-2x}+2)'=2e^{2x}-2e^{-2x}=2(e^{2x}-e^{-2x})$，且经验证，其他选项的导数均不等于$f(x)$，故$F(x)=(e^x+e^{-x})^2$是$f(x)$的一个原函数．

3. D

【解析】由原函数存在定理，可知$f(x)=g(x)+C$（C为任意常数）．

A项是$C=0$时的特殊情况；B项是$C=1$时的特殊情况；由于对函数积分再求导就是函数本身，故C项和A项等价，E项和B项等价．由于D项中对函数求导再积分，结果和函数相差一个常数，故$f(x)=g(x)+C$，因此D项正确．

4. B

【解析】当函数可导时，求导会使得奇偶性相反，如$f(x)$是奇函数，则$F(x)$是偶函数．但积分时，由于受到积分常数的影响，只有奇函数的原函数为偶函数，偶函数的原函数不一定为奇函数，故①正确，②不正确；对于周期函数，当函数可导时，导函数仍是周期函数，但积分后不一定为周期函数，故③不正确；单调性没有必然关系，无法确定，故④不正确．综上，只有①正确．

5. C

【解析】$e^{|x|}$的原函数$F(x)$一定可导，可导必连续，经验证，仅C项中$F(x)$在$x=0$连续．

6. A

【解析】根据积分运算和微分运算互为逆运算的性质，知$\frac{d}{dx}\int f(x)dx=f(x)$，即$d\int f(x)dx=f(x)dx$，故A项正确，B、D项不正确；C项：求导或求微分运算，结果中不含常数C，故C项不正确；E项：求不定积分运算，结果中要含常数C，故E项不正确．

7. A

【解析】两边取导数，得$f(x)=e^x+xe^x=(1+x)e^x$．

8. B

【解析】因为$\int f(x)dx=F(x)+C$，则有$F'(x)=f(x)$．对题干中方程两边同时求导，可得$f(x)e^{-\frac{1}{x}}=(-e^{-\frac{1}{x}})'=-\frac{1}{x^2}e^{-\frac{1}{x}}$，整理可得$f(x)=-\frac{1}{x^2}$．

9. E

【解析】因为$\int df(x)=f(x)+C$，所以$\left[\int df(x)\right]'=[f(x)+C]'=f'(x)$．

10. D

【解析】$f'(\cos^2 x)=\sin^2 x$可表示为$\frac{df(\cos^2 x)}{d\cos^2 x}=\sin^2 x=1-\cos^2 x$．

用x替换式中的$\cos^2 x$，则有$\frac{df(x)}{dx}=1-x$，积分得$f(x)=x-\frac{x^2}{2}+C$．又由题干可知$f(0)=0$，代入上式得$C=0$，故$f(x)=x-\frac{x^2}{2}$．

11. C

【解析】由不定积分与微分互为逆运算的性质：$d\left(\int f(x)dx\right)=f(x)dx$，可以得出

$$d\left(\int \ln(1+2x^2)dx\right)=\ln(1+2x^2)dx.$$

题型 22 不定积分的直接积分法

母题精讲

母题 22 $\int\left(x+\frac{1}{x}\right)^2\mathrm{d}x=($ $)$.

A. $\frac{1}{3}\left(x+\frac{1}{x}\right)^3+C$　B. $\frac{1}{3}x^3-\frac{1}{x}+C$　C. $\frac{1}{3}x^3+2x-\frac{1}{x}+C$

D. $\left(\frac{x^2}{2}+\ln x\right)+C$　E. $\frac{1}{3}x^3+2x+C$

【解析】$\int\left(x+\frac{1}{x}\right)^2\mathrm{d}x=\int x^2\mathrm{d}x+\int 2\mathrm{d}x+\int\frac{1}{x^2}\mathrm{d}x=\frac{x^3}{3}+2x-\frac{1}{x}+C.$

【答案】C

母题技巧

直接积分法求不定积分是经常考到的题型．利用基本积分公式求不定积分时，需根据被积函数的特点作适当的初等变形，然后再使用不定积分的性质将函数分解成若干个可直接用基本积分公式的式子，分别求积分．故要熟记不定积分的四则运算性质和常用基本积分公式．

1. 不定积分的四则运算性质．

$\int kf(x)\mathrm{d}x=k\int f(x)\mathrm{d}x$（$k$ 为非零常数）；

$\int[f_1(x)\pm f_2(x)]\mathrm{d}x=\int f_1(x)\mathrm{d}x\pm\int f_2(x)\mathrm{d}x.$

2. 常用基本积分公式．

(1) $\int k\mathrm{d}x=kx+C$（k 为常数）；

(2) $\int x^{\mu}\mathrm{d}x=\frac{1}{\mu+1}x^{\mu+1}+C(\mu\neq-1)$；

(3) $\int\frac{1}{x}\mathrm{d}x=\ln|x|+C$；

(4) $\int a^x\mathrm{d}x=\frac{a^x}{\ln a}+C(a>0$ 且 $a\neq1)$，$\int\mathrm{e}^x\mathrm{d}x=\mathrm{e}^x+C$；

(5) $\int\sin x\mathrm{d}x=-\cos x+C$，$\int\cos x\mathrm{d}x=\sin x+C$，$\int\sec^2x\mathrm{d}x=\tan x+C$；

$\int\csc^2x\mathrm{d}x=-\cot x+C$，$\int\tan x\sec x\mathrm{d}x=\sec x+C$，$\int\cot x\csc x\mathrm{d}x=-\csc x+C$；

$\int\tan x\mathrm{d}x=-\ln|\cos x|+C$，$\int\cot x\mathrm{d}x=\ln|\sin x|+C$；

$\int \sec x\mathrm{d}x=\ln|\sec x+\tan x|+C$，$\int \csc x\mathrm{d}x=\ln|\csc x-\cot x|+C$；

(6) $\int \frac{1}{1+x^2}\mathrm{d}x=\arctan x+C$，$\int \frac{1}{a^2+x^2}\mathrm{d}x=\frac{1}{a}\arctan\frac{x}{a}+C$；

(7) $\int \frac{1}{\sqrt{1-x^2}}\mathrm{d}x=\arcsin x+C$，$\int \frac{1}{\sqrt{a^2-x^2}}\mathrm{d}x=\arcsin\frac{x}{a}+C$；

(8) $\int \frac{1}{x^2-a^2}\mathrm{d}x=\frac{1}{2a}\ln\left|\frac{x-a}{x+a}\right|+C$.

母题精练

1. $\int 2^{x+1}\mathrm{d}x=$(　　).

A. $2\cdot 2^x\ln 2+C$　　B. $\frac{2}{\ln 2}\cdot 2^x+C$　　C. $\frac{1}{2\ln 2}\cdot 2^x+C$

D. $\frac{\ln 2}{2}\cdot 2^x+C$　　E. $\frac{\ln 2}{2}\cdot 2^{x+1}+C$

2. 设 $f'(x^2)=\frac{1}{x}(x>0)$，则 $f(x)=$(　　).

A. $\frac{1}{2}\ln x+C$　　B. $\ln x+C$　　C. $2\sqrt{x}+C$

D. $\frac{1}{\sqrt{x}}+C$　　E. $\frac{2}{\sqrt{x}}+C$

3. $\int \cot x(\cot x-\csc x)\mathrm{d}x=$(　　).

A. $\cot x-x+\sec x+C$　　B. $-\cot x-x+\csc x+C$

C. $\cot x-x-\csc x+C$　　D. $-\cot x-x-\csc x+C$

E. $\cot x+x+\csc x+C$

4. $\int \frac{\sin x}{1+\sin x}\mathrm{d}x=$(　　).

A. $\sec x+\cot x-x+C$　　B. $\sec x+\tan x+x+C$

C. $\sec x-\tan x-x+C$　　D. $\sec x-\tan x+x+C$

E. $\sec x-\cot x+x+C$

5. $\int \frac{(\sqrt{a}-\sqrt{x})^2}{x}\mathrm{d}x=$(　　).

A. $a\ln|x|-4\sqrt{a}x^{\frac{1}{2}}+x+C$　　B. $a\ln|x|+4\sqrt{a}x^{\frac{1}{2}}+x+C$

C. $a\ln|x|-4\sqrt{a}x^{\frac{1}{2}}-x+C$　　D. $a\ln|x|+4\sqrt{a}x^{\frac{1}{2}}-x+C$

E. $a\ln|x|-2\sqrt{a}x^{\frac{1}{2}}+x+C$

6. $\int \frac{1}{x^2(1+x^2)}\mathrm{d}x=(\quad)$.

A. $-\frac{1}{x}+\arcsin x+C$　　B. $-\frac{1}{x}-\arcsin x+C$　　C. $\frac{1}{x}+\arctan x+C$

D. $-\frac{1}{x}+\arctan x+C$　　E. $-\frac{1}{x}-\arctan x+C$

7. $\int \frac{x^3}{1+x^2}\mathrm{d}x=(\quad)$.

A. $\frac{x^2}{2}-\frac{1}{2}\arctan(1+x^2)+C$　　B. $\frac{x^2}{2}+\frac{1}{2}\arctan(1+x^2)+C$

C. $\frac{x^2}{2}-\frac{1}{2}\ln(1+x^2)+C$　　D. $\frac{x^2}{2}+\frac{1}{2}\ln(1+x^2)+C$

E. $\frac{x^2}{2}-\arctan(1+x^2)+C$

答案详解

1. B

【解析】$\int 2^{x+1}\mathrm{d}x=\int 2\cdot 2^x\mathrm{d}x=2\int 2^x\mathrm{d}x=2\cdot\frac{2^x}{\ln 2}+C=\frac{2}{\ln 2}\cdot 2^x+C$.

2. C

【解析】已知$f'(x^2)=\frac{1}{x}=\frac{1}{\sqrt{x^2}}$，令$t=x^2$，则$f'(t)=\frac{1}{\sqrt{t}}$，即$f'(x)=\frac{1}{\sqrt{x}}$，所以$f(x)=\int\frac{1}{\sqrt{x}}\mathrm{d}x=2\sqrt{x}+C$.

3. B

【解析】

$$\begin{aligned}\int \cot x(\cot x-\csc x)\mathrm{d}x &= \int(\cot^2 x-\cot x\cdot\csc x)\mathrm{d}x\\ &=\int\cot^2 x\mathrm{d}x-\int\cot x\cdot\csc x\mathrm{d}x\\ &=\int(\csc^2 x-1)\mathrm{d}x-\int\cot x\cdot\csc x\mathrm{d}x\\ &=-\cot x-x+\csc x+C.\end{aligned}$$

4. D

【解析】

$$\begin{aligned}\int\frac{\sin x}{1+\sin x}\mathrm{d}x &= \int\frac{\sin x(1-\sin x)}{(1+\sin x)(1-\sin x)}\mathrm{d}x\\ &=\int\frac{\sin x-\sin^2 x}{\cos^2 x}\mathrm{d}x=\int(\tan x\sec x-\tan^2 x)\mathrm{d}x\\ &=\int(\tan x\sec x-\sec^2 x+1)\mathrm{d}x\\ &=\sec x-\tan x+x+C.\end{aligned}$$

5. A

【解析】

$$\begin{aligned}\int\frac{(\sqrt{a}-\sqrt{x})^2}{x}\mathrm{d}x&=\int\frac{a-2\sqrt{a}\cdot\sqrt{x}+x}{x}\mathrm{d}x\\&=a\int\frac{1}{x}\mathrm{d}x-2\sqrt{a}\int x^{-\frac{1}{2}}\mathrm{d}x+\int\mathrm{d}x\\&=a\ln|x|-4\sqrt{a}x^{\frac{1}{2}}+x+C.\end{aligned}$$

6. E

【解析】$\int\frac{1}{x^2(1+x^2)}\mathrm{d}x=\int\left(\frac{1}{x^2}-\frac{1}{1+x^2}\right)\mathrm{d}x=\int\frac{1}{x^2}\mathrm{d}x-\int\frac{1}{1+x^2}\mathrm{d}x=-\frac{1}{x}-\arctan x+C.$

7. C

【解析】$\int\frac{x^3}{1+x^2}\mathrm{d}x=\int\frac{x^3+x-x}{1+x^2}\mathrm{d}x=\int\left(x-\frac{x}{1+x^2}\right)\mathrm{d}x=\frac{x^2}{2}-\frac{1}{2}\ln(1+x^2)+C.$

题型 23 不定积分的换元积分法

母题精讲

母题 23 $\int(2xe^{x^2}+x\sqrt{1-x^2}+\tan x)\mathrm{d}x=($ $).$

A. $e^{x^2}-\frac{1}{3}(1-x^2)^{\frac{3}{2}}-\ln|\cos x|+C$

B. $e^{x^2}+\frac{1}{3}(1-x^2)^{\frac{3}{2}}-\ln|\cos x|+C$

C. $e^{x^2}-\frac{1}{3}(1-x^2)^{\frac{3}{2}}+\ln|\cos x|+C$

D. $e^{x^2}-\frac{1}{3}(1-x^2)^{\frac{3}{2}}-\ln|\sin x|+C$

E. $e^{x^2}-\frac{1}{3}(1-x^2)^{\frac{3}{2}}+\ln|\sin x|+C$

【解析】

$$\begin{aligned}\text{原式}&=\int 2xe^{x^2}\mathrm{d}x+\int x\sqrt{1-x^2}\mathrm{d}x+\int\frac{\sin x}{\cos x}\mathrm{d}x\\&=\int e^{x^2}\mathrm{d}x^2-\frac{1}{2}\int(1-x^2)^{\frac{1}{2}}\mathrm{d}(1-x^2)-\int\frac{1}{\cos x}\mathrm{d}\cos x\\&=e^{x^2}-\frac{1}{3}(1-x^2)^{\frac{3}{2}}-\ln|\cos x|+C.\end{aligned}$$

【答案】A

母题技巧

利用换元积分法计算不定积分是出现频率较高的题型，主要包括第一换元积分法(凑微分法)和第二换元积分法．

1. 第一换元积分法(凑微分法)的计算过程如下：

$$\int f[\varphi(x)]\mathrm{d}\varphi(x)\xlongequal{\varphi(x)=u}\int f(u)\mathrm{d}u=F(u)+C\xlongequal{u=\varphi(x)}F[\varphi(x)]+C.$$

常见的凑微分的积分形式

(1) $\int f(ax+b)\mathrm{d}x=\frac{1}{a}\int f(ax+b)\mathrm{d}(ax+b)$，$a\neq0$；

(2) $\int f(ax^n+b)x^{n-1}\mathrm{d}x=\frac{1}{na}\int f(ax^n+b)\mathrm{d}(ax^n+b)$，$a\neq0$，$n\neq0$；

(3) $\int f(a^x+b)a^x\mathrm{d}x=\frac{1}{\ln a}\int f(a^x+b)\mathrm{d}(a^x+b)$，$a>0$ 且 $a\neq1$；

(4) $\int f(\sqrt{x})\frac{1}{\sqrt{x}}\mathrm{d}x=2\int f(\sqrt{x})\mathrm{d}(\sqrt{x})$；

(5) $\int f\left(\frac{1}{x}\right)\frac{1}{x^2}\mathrm{d}x=-\int f\left(\frac{1}{x}\right)\mathrm{d}\left(\frac{1}{x}\right)$；

(6) $\int f(\ln x)\frac{1}{x}\mathrm{d}x=\int f(\ln x)\mathrm{d}(\ln x)$；

(7) $\int f(\sin x)\cos x\mathrm{d}x=\int f(\sin x)\mathrm{d}(\sin x)$；

(8) $\int f(\cos x)\sin x\mathrm{d}x=-\int f(\cos x)\mathrm{d}(\cos x)$；

(9) $\int f(\tan x)\sec^2x\mathrm{d}x=\int f(\tan x)\mathrm{d}(\tan x)$；

(10) $\int f(\arcsin x)\frac{1}{\sqrt{1-x^2}}\mathrm{d}x=\int f(\arcsin x)\mathrm{d}(\arcsin x)$；

(11) $\int f\left(\arctan\frac{x}{a}\right)\frac{1}{a^2+x^2}\mathrm{d}x=\frac{1}{a}\int f\left(\arctan\frac{x}{a}\right)\mathrm{d}\left(\arctan\frac{x}{a}\right)$，$a>0$；

(12) $\int\frac{f'(x)}{f(x)}\mathrm{d}x=\ln|f(x)|+C.$

2. 第二换元积分法的计算过程如下：

$$\int f(x)\mathrm{d}x\xlongequal{x=\psi(t)}\int f[\psi(t)]\psi'(t)\mathrm{d}t=\Phi(t)+C\xlongequal{t=\psi^{-1}(x)}\Phi[\psi^{-1}(x)]+C.$$

常用于被积函数中出现根式，且无法用直接积分法和第一换元积分法计算的题目．被积函数中含有根式的不定积分换元归纳如下：

(1)含有根式 $\sqrt[n]{ax+b}$ 时，令 $\sqrt[n]{ax+b}=t$；

(2)同时含有根式 $\sqrt[m_1]{x}$ 和根式 $\sqrt[m_2]{x}$ $(m_1, m_2\in\mathbf{Z}^+)$ 时，令 $x=t^m$，其中 m 是 m_1，m_2 的最小公倍数；

(3)含有根式 $\sqrt{a^2-x^2}$ $(a>0)$ 时，令 $x=a\sin t$；

(4)含有根式$\sqrt{a^2+x^2}(a>0)$时，令$x=a\tan t$;

(5)含有根式$\sqrt{x^2-a^2}(a>0)$时，令$x=a\sec t$.

其中，(3)、(4)、(5)称为三角换元．另外，当被积函数的分母次幂较高时，还经常用倒代换，利用它可以消去被积函数分母中的变量x(详见13题).

注　在求得积分的结果后，将变量回代，特别地，三角函数的变量回代方法见11和12题.

母题精练

1. $\int \frac{\ln x}{x}\mathrm{d}x=(\quad)$.

A. $-\frac{1}{2}\ln^2 x+C$　　B. $-\ln x+C$　　C. $\frac{1}{2}\ln^2 x+C$

D. $\ln x+C$　　E. $\frac{1}{2}\ln x+C$

2. $\int \frac{\mathrm{d}x}{x\sqrt{1-\ln^2 x}}=(\quad)$.

A. $-\arcsin \ln x+C$　　B. $\arcsin \ln x+C$　　C. $\arccos \ln x+C$

D. $\arctan \ln x+C$　　E. $-\arctan \ln x+C$

3. $\int \frac{\mathrm{d}x}{\mathrm{e}^x+\mathrm{e}^{-x}}=(\quad)$.

A. $\arctan \mathrm{e}^x+C$　　B. $-\arctan \mathrm{e}^x+C$　　C. $\operatorname{arccot} \mathrm{e}^x+C$

D. $\arcsin \mathrm{e}^x+C$　　E. $\arccos \mathrm{e}^x+C$

4. $\int \frac{1}{1+\mathrm{e}^x}\mathrm{d}x=(\quad)$.

A. $-x-\ln(1+\mathrm{e}^x)+C$　　B. $\ln(1+\mathrm{e}^x)+C$　　C. $\ln(1+\mathrm{e}^x)-x+C$

D. $x+\ln(1+\mathrm{e}^x)+C$　　E. $x-\ln(1+\mathrm{e}^x)+C$

5. $\int \sin^2 x\cos^3 x\mathrm{d}x=(\quad)$.

A. $\frac{1}{3}\cos^3 x+\frac{1}{5}\cos^5 x+C$　　B. $-\frac{1}{3}\sin^3 x+\frac{1}{5}\sin^5 x+C$

C. $\frac{1}{3}\cos^3 x-\frac{1}{5}\cos^5 x+C$　　D. $\frac{1}{3}\sin^3 x-\frac{1}{5}\sin^5 x+C$

E. $\frac{1}{3}\sin^3 x+\frac{1}{5}\sin^5 x+C$

6. $\int \left(\frac{1}{\sin^2 x}+1\right)\mathrm{d}\sin x=(\quad)$.

A. $-\frac{1}{\sin x}+\sin x+C$　　B. $\frac{1}{\sin x}+\sin x+C$　　C. $-\cot x+\sin x+C$

D. $\cot x+\sin x+C$　　E. $\tan x+\sin x+C$

7. 若$\int f(x)\mathrm{d}x=x+C$，则$\int x^2 f(1-x^3)\mathrm{d}x=$(　　).

A. $3(1-x^3)+C$　　B. $-3(1-x^3)+C$　　C. $\frac{1}{3}(1-x^3)+C$

D. $-\frac{1}{3}(1-x^3)+C$　　E. $(1-x^3)+C$

8. $\int \frac{1+x}{\sqrt{9-x^2}}\mathrm{d}x=$(　　).

A. $\arccos\frac{x}{3}-\sqrt{9-x^2}+C$　　B. $-\arcsin\frac{x}{3}-\sqrt{9-x^2}+C$

C. $\arcsin\frac{x}{3}-\sqrt{9-x^2}+C$　　D. $\arcsin\frac{x}{3}+\sqrt{9-x^2}+C$

E. $-\arccos\frac{x}{3}+\sqrt{9-x^2}+C$

9. $\int \left[\frac{1}{x(1+2\ln x)}+\frac{1}{\sqrt{x}}\mathrm{e}^{3\sqrt{x}}\right]\mathrm{d}x=$(　　).

A. $\ln|1+2\ln x|+\frac{2}{3}\mathrm{e}^{3\sqrt{x}}+C$　　B. $\frac{1}{2}\ln|1+2\ln x|+\frac{2}{3}\mathrm{e}^{3\sqrt{x}}+C$

C. $\frac{1}{2}\ln|1+2\ln x|+\frac{1}{3}\mathrm{e}^{3\sqrt{x}}+C$　　D. $\frac{1}{2}\ln|1+2\ln x|-\frac{2}{3}\mathrm{e}^{3\sqrt{x}}+C$

E. $\ln|1+2\ln x|+2\mathrm{e}^{3\sqrt{x}}+C$

10. 若$\int xf(x)\mathrm{d}x=\arcsin x+C$，则$\int \frac{1}{f(x)}\mathrm{d}x=$(　　).

A. $-\frac{1}{2}(1-x^2)^{\frac{3}{2}}+C$　　B. $\frac{2}{3}(1-x^2)^{\frac{3}{2}}+C$　　C. $-\frac{2}{3}(1-x^2)^{\frac{3}{2}}+C$

D. $\frac{1}{3}(1-x^2)^{\frac{3}{2}}+C$　　E. $-\frac{1}{3}(1-x^2)^{\frac{3}{2}}+C$

11. $\int \frac{1}{1+\sqrt{1-x^2}}\mathrm{d}x=$(　　).

A. $\arcsin x-\frac{1}{x}+C$　　B. $\arcsin x-\frac{x}{1+\sqrt{1-x^2}}+C$

C. $\arcsin x-\frac{\sqrt{1-x^2}-1}{x}+C$　　D. $\arcsin x-\frac{x}{1-\sqrt{1-x^2}}+C$

E. $\arcsin x-\frac{\sqrt{1-x^2}+1}{x}+C$

12. $\int \frac{\mathrm{d}x}{\sqrt{(1+x^2)^3}}=$(　　).

A. $\frac{1}{x}+C$　　B. $\frac{1}{\sqrt{1+x^2}}+C$　　C. $\frac{x}{\sqrt{1+x^2}}+C$

D. $1+\frac{x}{\sqrt{1+x^2}}+C$　　E. $1+\frac{1}{\sqrt{1+x^2}}+C$

13. $\int \frac{\sqrt{x^2-3}}{x^4}dx=(\quad)$.

A. $\frac{1}{9}\left(1-\frac{3}{x^2}\right)^{\frac{3}{2}}+C$ B. $\frac{1}{3}\left(1-\frac{3}{x^2}\right)^{\frac{3}{2}}+C$

C. $\frac{1}{9}\left(1-\frac{1}{3x^2}\right)^{\frac{3}{2}}+C$ D. $\frac{1}{9}\left(1-\frac{1}{9x^2}\right)^{\frac{3}{2}}+C$

E. $\frac{1}{3}\left(1-\frac{1}{3x^2}\right)^{\frac{3}{2}}+C$

14. $\int \frac{dx}{\sqrt[4]{x}+\sqrt{x}}=(\quad)$.

A. $2\sqrt{x}-4\sqrt[4]{x}-4\ln|1+\sqrt[4]{x}|+C$

B. $2\sqrt{x}+4\sqrt[4]{x}+4\ln|1+\sqrt[4]{x}|+C$

C. $2\sqrt{x}+4\sqrt[4]{x}-4\ln|1+\sqrt[4]{x}|+C$

D. $2\sqrt{x}-4\sqrt[4]{x}+4\ln|1+\sqrt[4]{x}|+C$

E. $2\sqrt{x}-2\sqrt[4]{x}+4\ln|1+\sqrt[4]{x}|+C$

答案详解

1. C

【解析】利用第一换元积分法，可得$\int \frac{\ln x}{x}dx=\int \ln x\,d(\ln x)$，令$\ln x=t$，则

$$\int \ln x\,d(\ln x)=\int t\,dt=\frac{1}{2}t^2+C,$$

将$t=\ln x$回代到计算结果后，则有$\int \frac{\ln x}{x}dx=\frac{1}{2}\ln^2 x+C$.

2. B

【解析】利用第一换元积分法，可得

$$\int \frac{dx}{x\sqrt{1-\ln^2 x}}=\int \frac{d\ln x}{\sqrt{1-\ln^2 x}}=\arcsin \ln x+C.$$

3. A

【解析】利用第一换元积分法，可得原式$=\int \frac{e^x}{e^{2x}+1}dx=\int \frac{1}{(e^x)^2+1}de^x=\arctan e^x+C$.

4. E

【解析】$\int \frac{1}{1+e^x}dx=\int \frac{1+e^x-e^x}{1+e^x}dx=\int 1dx-\int \frac{d(1+e^x)}{1+e^x}=x-\ln(1+e^x)+C$.

5. D

【解析】根据三角函数的性质和第一换元积分法，可得

$$\int \sin^2 x\cos^3 x\,\mathrm{d}x=\int \sin^2 x\cos^2 x\cdot\cos x\,\mathrm{d}x$$

$$=\int \sin^2 x(1-\sin^2 x)\,\mathrm{d}\sin x=\frac{1}{3}\sin^3 x-\frac{1}{5}\sin^5 x+C.$$

6. A

【解析】根据第一换元积分法，可得

$$\int\left(\frac{1}{\sin^2 x}+1\right)\mathrm{d}\sin x\xlongequal{令\sin x=u}\int\left(\frac{1}{u^2}+1\right)\mathrm{d}u$$

$$=-\frac{1}{u}+u+C$$

$$=-\frac{1}{\sin x}+\sin x+C.$$

7. D

【解析】根据第一换元积分法，可得

$$\int x^2 f(1-x^3)\,\mathrm{d}x=-\frac{1}{3}\int f(1-x^3)\,\mathrm{d}(1-x^3)=-\frac{1}{3}(1-x^3)+C.$$

8. C

【解析】

$$\int\frac{1+x}{\sqrt{9-x^2}}\mathrm{d}x=\int\frac{\mathrm{d}x}{\sqrt{9-x^2}}-\frac{1}{2}\int\frac{\mathrm{d}(9-x^2)}{\sqrt{9-x^2}}$$

$$=\int\frac{\mathrm{d}\left(\frac{x}{3}\right)}{\sqrt{1-\left(\frac{x}{3}\right)^2}}-\sqrt{9-x^2}=\arcsin\frac{x}{3}-\sqrt{9-x^2}+C.$$

9. B

【解析】$\int\left[\frac{1}{x(1+2\ln x)}+\frac{1}{\sqrt{x}}\mathrm{e}^{3\sqrt{x}}\right]\mathrm{d}x=\int\frac{1}{x(1+2\ln x)}\mathrm{d}x+\int\frac{1}{\sqrt{x}}\mathrm{e}^{3\sqrt{x}}\mathrm{d}x$

$$=\frac{1}{2}\int\frac{1}{1+2\ln x}\mathrm{d}(1+2\ln x)+\frac{2}{3}\int\mathrm{e}^{3\sqrt{x}}\,\mathrm{d}3\sqrt{x}$$

$$=\frac{1}{2}\ln|1+2\ln x|+\frac{2}{3}\mathrm{e}^{3\sqrt{x}}+C.$$

10. E

【解析】等式两边对 x 求导可得 $xf(x)=\frac{1}{\sqrt{1-x^2}}$，则 $f(x)=\frac{1}{x\sqrt{1-x^2}}$，故

$$\int\frac{1}{f(x)}\mathrm{d}x=\int x\sqrt{1-x^2}\,\mathrm{d}x=-\frac{1}{2}\int\sqrt{1-x^2}\,\mathrm{d}(1-x^2)$$

$$=\left(-\frac{1}{2}\right)\cdot\frac{2}{3}(1-x^2)^{\frac{3}{2}}+C=-\frac{1}{3}(1-x^2)^{\frac{3}{2}}+C.$$

11. B

【解析】利用第二换元积分法，令 $x=\sin t\left(-\frac{\pi}{2}<t<\frac{\pi}{2}\right)$，则 $\sqrt{1-x^2}=\cos t$，$\mathrm{d}x=\cos t\,\mathrm{d}t$，故有

$$原式=\int\frac{\cos t}{1+\cos t}\mathrm{d}t=\int\left(1-\frac{1}{1+\cos t}\right)\mathrm{d}t=\int\left(1-\frac{1}{2\cos^2\frac{t}{2}}\right)\mathrm{d}t=\int\left(1-\frac{1}{2}\sec^2\frac{t}{2}\right)\mathrm{d}t$$

$$=t-\tan\frac{t}{2}+C=t-\frac{\sin t}{1+\cos t}+C,$$

此时，需要将变量 x 回代，画一个直角三角形，使它的一个锐角为 t，由 $x=\sin t$，可令斜边为 1(如图 3-1 所示)，则 $\cos t=\sqrt{1-x^2}$，故

$$原式=t-\frac{\sin t}{1+\cos t}+C=\arcsin x-\frac{x}{1+\sqrt{1-x^2}}+C.$$

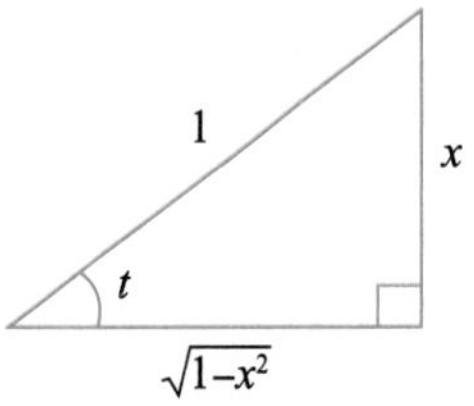

图 3-1

12. C

【解析】采用三角换元，令 $x=\tan t$，则 $\mathrm{d}x=\sec^2 t\,\mathrm{d}t$，结合图 3-2，可得

$$原式=\int\frac{\sec^2 t}{\sec^3 t}\mathrm{d}t=\int\cos t\mathrm{d}t=\sin t+C=\frac{x}{\sqrt{1+x^2}}+C.$$

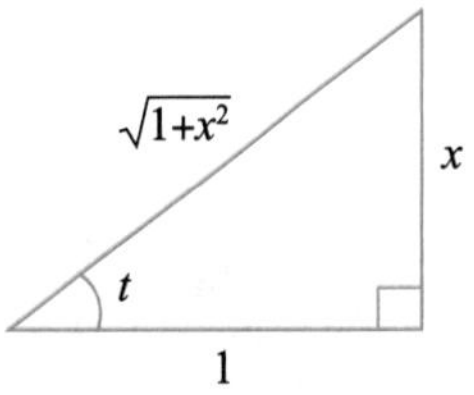

图 3-2

13. A

【解析】倒代换．令 $x=\frac{1}{t}$，则 $\mathrm{d}x=-\frac{1}{t^2}\mathrm{d}t$，故有

$$\int\frac{\sqrt{x^2-3}}{x^4}\mathrm{d}x=\int\frac{\sqrt{\left(\frac{1}{t}\right)^2-3}}{\left(\frac{1}{t}\right)^4}\left(-\frac{1}{t^2}\right)\mathrm{d}t=-\int t\sqrt{1-3t^2}\,\mathrm{d}t=-\frac{1}{2}\int\sqrt{1-3t^2}\,\mathrm{d}t^2$$

$$=-\frac{1}{2}\cdot\left(-\frac{1}{3}\right)\cdot\frac{2}{3}(1-3t^2)^{\frac{3}{2}}+C=\frac{1}{9}(1-3t^2)^{\frac{3}{2}}+C.$$

再将 $t=\frac{1}{x}$ 代入，整理得 $\int\frac{\sqrt{x^2-3}}{x^4}\mathrm{d}x=\frac{1}{9}\left(1-\frac{3}{x^2}\right)^{\frac{3}{2}}+C$．

14. D

【解析】令 $t=\sqrt[4]{x}$，则 $x=t^4$，故有

$$原式=\int\frac{\mathrm{d}t^4}{t+t^2}=\int\frac{4t^3\mathrm{d}t}{t+t^2}=4\int\frac{t^2}{1+t}\mathrm{d}t=4\int\frac{t^2-1+1}{1+t}\mathrm{d}t$$

$$=4\left(\frac{t^2}{2}-t+\ln|1+t|\right)+C=2\sqrt{x}-4\sqrt[4]{x}+4\ln|1+\sqrt[4]{x}|+C.$$

题型 24 不定积分的分部积分法

母题精讲

母题 24 计算 $\int x\cos x\mathrm{d}x=($　　$)$.

A. $x\sin x+\cos x+C$　　B. $x\sin x-\cos x+C$　　C. $\cos x-x\sin x+C$

D. $x\cos x+\sin x+C$　　E. $x\cos x-\sin x+C$

【解析】利用分部积分公式得

$$\int x\cos x\mathrm{d}x=x\sin x-\int \sin x\mathrm{d}x=x\sin x+\cos x+C.$$

【答案】A

母题技巧

1. 分部积分法的使用范围.

通常当被积函数是两种不同类型函数的乘积时，考虑使用分部积分法.

2. 分部积分法的使用方法.

分部积分公式为 $\int uv'\mathrm{d}x=uv-\int u'v\mathrm{d}x$ 或 $\int u\mathrm{d}v=uv-\int v\mathrm{d}u$.

使用分部积分法的关键在于正确地寻找公式中的 v，此时须先找到 v'. 将被积函数中相乘的几种基本初等函数按照"反、对、幂、三、指"的顺序进行排列，排序在后的看成是 v'.

3. 三种使用分部积分法的特殊类型.

(1)被积函数是单一函数的不定积分类型. 此时，在使用分部积分公式求解时，常取被积函数为 u，$\mathrm{d}x$ 为 $\mathrm{d}v$.

(2)不定积分经过两次分部积分后，使得等式两边含有不同系数的同一个积分，此时通过移项就可以解出所求积分，一定不要忘记，积分完右边要加上一个任意常数"C". 这种计算方法称为"循环法"或"回归法".

(3)在遇到抽象函数形式计算积分时，经常考虑用分部积分法.

4. 分部积分法可以连续多次使用，在计算过程中可结合其他积分方法，比如在分部积分法中可能用到换元积分法.

母题精练

1. $\int \frac{\ln\sin x}{\sin^2 x}\mathrm{d}x=($　　$)$.

A. $-\cot x\cdot\ln\sin x-\cot x-x+C$　B. $\cot x\cdot\ln\sin x-\cot x-x+C$

C. $-\cot x\cdot\ln\sin x+\cot x-x+C$　D. $\cot x\cdot\ln\sin x+\cot x-x+C$

E. $\cot x\cdot\ln\sin x+\cot x+x+C$

2. $\int \ln\sin x\mathrm{d}(\tan x)=($　　$)$.

A. $\tan x\ln\sin x-x+C$　B. $\tan x\ln\sin x+x+C$

C. $\tan x\ln\sin x-\int\frac{\mathrm{d}x}{\cos x}$　D. $\tan x\ln\sin x+\int\frac{\mathrm{d}x}{\cos x}$

E. $\tan x\ln\sin x+\int\frac{\mathrm{d}x}{\sin x}$

3. $\int \frac{\arctan e^x}{e^{2x}} dx =$ (　　).

A. $-\frac{1}{2}(e^{-2x}\arctan e^x - e^{-x} + \arctan e^x) + C$

B. $\frac{1}{2}(e^{-2x}\arctan e^x - e^{-x} + \arctan e^x) + C$

C. $-\frac{1}{2}(e^{-2x}\arctan e^x + e^{-x} + \arctan e^x) + C$

D. $\frac{1}{2}(e^{-2x}\arctan e^x + e^{-x} + \arctan e^x) + C$

E. $\frac{1}{2}(-e^{-2x}\arctan e^x + e^{-x} + \arctan e^x) + C$

4. $\int x^3 e^{x^2} dx =$ (　　).

A. $e^{x^2} + C$　　B. $e^{x^2}(x-1) + C$　　C. $\frac{1}{2}e^{x^2}(x^2-1) + C$

D. $e^{x^2} + 1 + C$　　E. $\frac{1}{2}e^{x^2}(x-1) + C$

5. 设 $\csc^2 x$ 是 $f(x)$的一个原函数，则 $\int xf(x)dx =$ (　　).

A. $x\csc^2 x - \cot x + C$　　B. $x\csc^2 x + \cot x + C$

C. $-x\cot x - \cot x + C$　　D. $-x\csc^2 x - \cot x + C$

E. $-x\cot x + \cot x + C$

6. $\int e^{2x}(\tan x + 1)^2 dx =$ (　　).

A. $2e^{2x}\tan x + C$　　B. $-2e^{2x}\tan x + C$　　C. $-e^{2x}\tan x + C$

D. $e^{2x}\tan x + C$　　E. $e^{2x}(\tan x + 1) + C$

7. $\int \ln(x^2+1)dx =$ (　　).

A. $x\ln(x^2+1) + 2x - 2\arctan x + C$

B. $x\ln(x^2+1) + 2x + 2\arctan x + C$

C. $x\ln(x^2+1) - 2x - 2\arctan x + C$

D. $-x\ln(x^2+1) - 2x + 2\arctan x + C$

E. $x\ln(x^2+1) - 2x + 2\arctan x + C$

8. $\int \arctan x dx =$ (　　).

A. $x\arctan x + \frac{1}{2}\ln(1+x^2) + C$

B. $x\arctan x - \frac{1}{2}\ln(1+x^2) + C$

C. $\frac{1}{2}x\arctan x - \ln(1+x^2) + C$

D. $\frac{1}{2}x\arctan x+\ln(1+x^2)+C$

E. $x\arctan x-\ln(1+x^2)+C$

9. $\int\frac{\arcsin\sqrt{x}}{\sqrt{x}}dx=$(　　).

A. $\sqrt{x}\arcsin\sqrt{x}+\sqrt{1-x}+C$

B. $2\sqrt{x}\arcsin\sqrt{x}-\sqrt{1-x}+C$

C. $2\sqrt{x}\arcsin\sqrt{x}+\sqrt{1-x}+C$

D. $2\sqrt{x}\arcsin\sqrt{x}-2\sqrt{1-x}+C$

E. $2\sqrt{x}\arcsin\sqrt{x}+2\sqrt{1-x}+C$

10. 设 $f(x)$ 的一个原函数为 $\frac{\sin x}{x}$，则 $\int xf'(2x)dx=$(　　).

A. $\frac{1}{4}\left(\cos 2x+\frac{\sin 2x}{x}\right)+C$

B. $\frac{1}{4}\left(\cos 2x-\frac{\sin 2x}{x}\right)+C$

C. $\frac{1}{2}\left(\cos 2x-\frac{\sin 2x}{x}\right)+C$

D. $\frac{1}{4}\left(\sin 2x-\frac{\cos 2x}{x}\right)+C$

E. $\frac{1}{2}\left(\cos 2x+\frac{\sin 2x}{x}\right)+C$

11. $\int\cos(\ln x)dx=$(　　).

A. $x[\cos(\ln x)+\sin(\ln x)]+C$

B. $\frac{x}{2}[\sin(\ln x)-\cos(\ln x)]+C$

C. $\frac{x}{2}[\cos(\ln x)+\sin(\ln x)]+C$

D. $\frac{x}{2}[\cos(\ln x)-\sin(\ln x)]+C$

E. $\frac{x}{4}[\cos(\ln x)+\sin(\ln x)]+C$

答案详解

1. A

【解析】原式 $=\int\csc^2x\ln\sin x\,dx=-\int\ln\sin x\,d(\cot x)$

$$=-\cot x\cdot\ln\sin x+\int\cot x\,d(\ln\sin x)=-\cot x\cdot\ln\sin x+\int\cot^2x\,dx$$

$$=-\cot x\cdot\ln\sin x+\int(\csc^2x-1)\,dx=-\cot x\cdot\ln\sin x-\cot x-x+C.$$

2. A

【解析】根据分部积分公式，得

$$\int \ln \sin x \mathrm{d}(\tan x)=\tan x \ln \sin x-\int \tan x \mathrm{d}(\ln \sin x)$$

$$=\tan x \ln \sin x-\int \tan x \frac{\cos x}{\sin x} \mathrm{d}x$$

$$=\tan x \ln \sin x-x+C.$$

3. C

【解析】$\int \frac{\arctan \mathrm{e}^x}{\mathrm{e}^{2x}} \mathrm{d}x=-\frac{1}{2} \int \arctan \mathrm{e}^x \mathrm{d}(\mathrm{e}^{-2x})=-\frac{1}{2}\left[\mathrm{e}^{-2x} \arctan \mathrm{e}^x-\int \frac{\mathrm{d}\mathrm{e}^x}{\mathrm{e}^{2x}(1+\mathrm{e}^{2x})}\right]$

$$=-\frac{1}{2}(\mathrm{e}^{-2x} \arctan \mathrm{e}^x+\mathrm{e}^{-x}+\arctan \mathrm{e}^x)+C.$$

4. C

【解析】根据“反、对、幂、三、指”的选取原则，本题的 v' 应该是 e^{x^2}，但 e^{x^2} 既不易积分也不易求导，故应先换元为 e^u，再进行分部积分，则有

$$\text{原式}=\frac{1}{2}\int x^2 \mathrm{e}^{x^2} \mathrm{d}x^2 \xlongequal{x^2=u} \frac{1}{2}\int u \mathrm{e}^u \mathrm{d}u=\frac{1}{2}\int u \mathrm{d}\mathrm{e}^u$$

$$=\frac{1}{2}\left(u \mathrm{e}^u-\int \mathrm{e}^u \mathrm{d}u\right)=\frac{1}{2}(u \mathrm{e}^u-\mathrm{e}^u)+C=\frac{1}{2}\mathrm{e}^{x^2}(x^2-1)+C.$$

5. B

【解析】因为 $\csc^2 x$ 是 $f(x)$的一个原函数，所以 $f(x)$是 $\csc^2 x$ 的导数，根据分部积分公式，得

$$\int x f(x) \mathrm{d}x=\int x \mathrm{d}(\csc^2 x)=x \csc^2 x-\int \csc^2 x \mathrm{d}x=x \csc^2 x+\cot x+C.$$

6. D

【解析】原式 $=\int \mathrm{e}^{2x} \sec^2 x \mathrm{d}x+2\int \mathrm{e}^{2x} \tan x \mathrm{d}x=\int \mathrm{e}^{2x} \mathrm{d}\tan x+2\int \mathrm{e}^{2x} \tan x \mathrm{d}x$

$$=\int \mathrm{e}^{2x} \mathrm{d}\tan x+\int \tan x \mathrm{d}\mathrm{e}^{2x}=\mathrm{e}^{2x} \tan x+C.$$

7. E

【解析】被积函数中只有对数函数，此时使用分部积分法可将 $\mathrm{d}x$ 看作 $\mathrm{d}v$，则有

$$\int \ln(x^2+1) \mathrm{d}x=x \ln(x^2+1)-\int x \mathrm{d}\ln(x^2+1)=x \ln(x^2+1)-\int x \cdot \frac{2x}{x^2+1} \mathrm{d}x$$

$$=x \ln(x^2+1)-2\int\left(1-\frac{1}{x^2+1}\right) \mathrm{d}x=x \ln(x^2+1)-2x+2\arctan x+C.$$

8. B

【解析】将 $\mathrm{d}x$ 看作 $\mathrm{d}v$，使用分部积分公式，可得

$$\int \arctan x \mathrm{d}x=x \arctan x-\int x \mathrm{d}(\arctan x)$$

$$=x \arctan x-\int \frac{x}{1+x^2} \mathrm{d}x$$

$$=x \arctan x-\frac{1}{2}\ln(1+x^2)+C.$$

9. E

【解析】令$\sqrt{x}=t$，则 $\mathrm{d}x=2t\mathrm{d}t$，有

$$原式=2\int \arcsin t\mathrm{d}t=2t\arcsin t-2\int t\cdot\frac{1}{\sqrt{1-t^2}}\mathrm{d}t$$
$$=2t\arcsin t+2\sqrt{1-t^2}+C$$
$$=2\sqrt{x}\arcsin\sqrt{x}+2\sqrt{1-x}+C.$$

10. B

【解析】$f(x)$的一个原函数为$\frac{\sin x}{x}$，则 $f(x)=\left(\frac{\sin x}{x}\right)'=\frac{x\cos x-\sin x}{x^2}$，令 $2x=u$，得

$$\int xf'(2x)\mathrm{d}x=\frac{1}{4}\int uf'(u)\mathrm{d}u=\frac{1}{4}\int u\mathrm{d}f(u)=\frac{1}{4}\left[uf(u)-\int f(u)\mathrm{d}u\right]$$
$$=\frac{1}{4}\left[2x\frac{2x\cos 2x-\sin 2x}{4x^2}-\frac{\sin 2x}{2x}\right]+C=\frac{1}{4}\left(\cos 2x-\frac{\sin 2x}{x}\right)+C.$$

11. C

【解析】

$$\int\cos(\ln x)\mathrm{d}x=x\cos(\ln x)-\int x[-\sin(\ln x)]\frac{1}{x}\mathrm{d}x=x\cos(\ln x)+\int\sin(\ln x)\mathrm{d}x$$
$$=x\cos(\ln x)+x\sin(\ln x)-\int x\cos(\ln x)\frac{1}{x}\mathrm{d}x$$
$$=x[\cos(\ln x)+\sin(\ln x)]-\int\cos(\ln x)\mathrm{d}x,$$

移项，可得$\int\cos(\ln x)\mathrm{d}x=\frac{x}{2}[\cos(\ln x)+\sin(\ln x)]+C.$

题型 25 定积分概念、性质的应用

母题精讲

母题 25 设 $I_1=\int_0^{\frac{\pi}{4}}\frac{\tan x}{x}\mathrm{d}x$，$I_2=\int_0^{\frac{\pi}{4}}\frac{x}{\tan x}\mathrm{d}x$，则（　　）.

A. $I_1>I_2>1$　　B. $1>I_1>I_2$　　C. $I_2>I_1>1$

D. $1>I_2>I_1$　　E. $I_2>1>I_1$

【解析】因为当 $0<x<\frac{\pi}{4}$时，有 $\tan x>x$，于是$\frac{\tan x}{x}>1$，$\frac{x}{\tan x}<1$，由定积分的保号性，可得

$$I_1=\int_0^{\frac{\pi}{4}}\frac{\tan x}{x}\mathrm{d}x>\frac{\pi}{4}，I_2=\int_0^{\frac{\pi}{4}}\frac{x}{\tan x}\mathrm{d}x<\frac{\pi}{4},$$

可见 $I_1>I_2$，且 $I_2<\frac{\pi}{4}<1$，故根据排除法可知正确选项为 B 项 .

【答案】B

母题技巧

定积分的概念、性质是考试中常考知识点之一，主要考查对定积分基础概念的理解和掌握．

1. 定积分概念的理解．

(1)定积分的值只与被积函数、积分区间有关，与积分变量的符号无关，即

$$\int_a^b f(x)\mathrm{d}x=\int_a^b f(t)\mathrm{d}t=\int_a^b f(u)\mathrm{d}u.$$

(2)定义中要求 $a<b$，若 $a>b$、$a=b$，则有如下规定：

①当 $a>b$ 时，$\int_a^b f(x)\mathrm{d}x=-\int_b^a f(x)\mathrm{d}x$，即互换定积分的上、下限，定积分要变号．

②当 $a=b$ 时，$\int_a^a f(x)\mathrm{d}x=0$.

(3)定积分是一个数，因此对某个定积分求导，导数必为0.

2. 定积分的几何意义．

在区间 $[a,\ b]$ 上，若 $f(x)\geqslant 0$，则定积分 $\int_a^b f(x)\mathrm{d}x$ 表示由曲线 $y=f(x)$，直线 $x=a$，$x=b$ 和 x 轴所围成的曲边梯形的面积；若 $f(x)\leqslant 0$，则定积分 $\int_a^b f(x)\mathrm{d}x$ 表示曲边梯形面积的负值．

3. 定积分性质的考查．

(1)区间可加性：设 a，b，c 是三个任意的实数，则 $\int_a^b f(x)\mathrm{d}x=\int_a^c f(x)\mathrm{d}x+\int_c^b f(x)\mathrm{d}x$.

(2)定积分的保号性：若在区间 $[a,\ b]$ 上有 $f(x)\leqslant g(x)$，则 $\int_a^b f(x)\mathrm{d}x\leqslant\int_a^b g(x)\mathrm{d}x$.

这个性质主要用来比较两个定积分的大小关系．

(3)估值定理：设 M 和 m 分别是函数 $f(x)$ 在区间 $[a,\ b]$ 上的最大值和最小值，则

$$m(b-a)\leqslant\int_a^b f(x)\mathrm{d}x\leqslant M(b-a).$$

该性质主要用来估计定积分的取值范围．

(4)定积分中值定理：设函数 $f(x)$ 在区间 $[a,\ b]$ 上连续，则在区间 $[a,\ b]$ 上至少存在一点 ξ，使得 $\int_a^b f(x)\mathrm{d}x=f(\xi)(b-a)$. 数值 $\frac{1}{b-a}\int_a^b f(x)\mathrm{d}x$ 称为连续函数 $f(x)$ 在区间 $[a,\ b]$ 上的平均值．

母题精练

1. 下列命题中正确的是(　　).

A. $\int_a^b f(x)\mathrm{d}x\neq\int_a^b f(t)\mathrm{d}t$　　　　B. $\int_a^a f(x)\mathrm{d}x=0$

C. $d\int_a^b f(x)dx=f(x)dx$

D. $\int_{-a}^{a} f(x)dx=0$

E. 在$[a, b]$上，若$f(x)\neq g(x)$，则$\int_a^b f(x)dx\neq\int_a^b g(x)dx$

2. 设在区间$[a, b]$上$f(x)>0$，$f'(x)<0$，$f''(x)>0$. 令$S_1=\int_a^b f(x)dx$，$S_2=f(b)(b-a)$，$S_3=\frac{1}{2}[f(a)+f(b)](b-a)$，则(　　).

A. $S_2<S_1<S_3$

B. $S_1<S_2<S_3$

C. $S_3<S_1<S_2$

D. $S_2<S_3<S_1$

E. $S_1<S_3<S_2$

3. 设$f(x)=x^2-\int_0^1 f(x)dx+1$，则$\int_0^1 f(x)dx=$(　　).

A. $\frac{1}{3}$　　B. $\frac{1}{2}$　　C. $\frac{4}{3}$　　D. $\frac{1}{4}$　　E. $\frac{2}{3}$

4. 设函数$f(x)$仅在区间$[0, 4]$上可积，则必有$\int_0^3 f(x)dx=$(　　).

A. $\int_0^2 f(x)dx+\int_2^3 f(x)dx$

B. $\int_0^{-1} f(x)dx+\int_{-1}^3 f(x)dx$

C. $\int_0^5 f(x)dx+\int_5^3 f(x)dx$

D. $\int_0^{10} f(x)dx+\int_{10}^3 f(x)dx$

E. $\int_0^{-3} f(x)dx+\int_{-3}^3 f(x)dx$

5. $\int_0^{\frac{\pi}{4}}\sin x dx-\int_0^{\frac{\pi}{4}}\sin x^2 dx$ 的值(　　).

A. 等于1　　B. 等于0　　C. 小于0　　D. 大于0　　E. 不等于0

6. 下列不等式成立的是(　　).

A. $\int_1^2 x^2dx\geqslant\int_1^2 x^3dx$

B. $\int_1^2\ln x dx\leqslant\int_1^2(\ln x)^2dx$

C. $\int_0^1 e^x dx\leqslant\int_0^1(1+x)dx$

D. $\int_0^1 x dx\geqslant\int_0^1\ln(1+x)dx$

E. $\int_0^1 x^2dx\leqslant\int_0^1 x^3dx$

7. 估计$\int_{\frac{\pi}{4}}^{\frac{\pi}{2}}\frac{\sin x}{x}dx$ 的积分值为(　　).

A. $0\leqslant\int_{\frac{\pi}{4}}^{\frac{\pi}{2}}\frac{\sin x}{x}dx\leqslant\frac{\sqrt{2}}{2}$

B. $\frac{1}{2}\leqslant\int_{\frac{\pi}{4}}^{\frac{\pi}{2}}\frac{\sin x}{x}dx\leqslant\frac{\sqrt{2}}{2}$

C. $0\leqslant\int_{\frac{\pi}{4}}^{\frac{\pi}{2}}\frac{\sin x}{x}dx\leqslant 1$

D. $\frac{1}{2}\leqslant\int_{\frac{\pi}{4}}^{\frac{\pi}{2}}\frac{\sin x}{x}dx\leqslant\frac{3}{2}$

E. $0\leqslant\int_{\frac{\pi}{4}}^{\frac{\pi}{2}}\frac{\sin x}{x}dx\leqslant\frac{1}{2}$

8. 函数$f(x)=x^2$ 在区间$[2, 4]$上连续，并在该区间上的平均值是10，则$\int_2^4 f(x)dx=$(　　).

A. 6　　B. 0　　C. 20　　D. 3　　E. 24

答案详解

1. B

【解析】定积分的值只与被积函数、积分区间有关，与积分变量的符号无关，即$\int_a^b f(x)\mathrm{d}x=\int_a^b f(t)\mathrm{d}t$，故A项不正确；

定积分是一个数，因此对某个定积分求导必为0，故C项不正确；

只有$f(x)$为奇函数时，$\int_{-a}^{a} f(x)\mathrm{d}x=0$才成立，故D项不正确；

举反例，在$[-1,\ 1]$上，$x\neq x^3$，但$\int_{-1}^{1} x\mathrm{d}x=\int_{-1}^{1} x^3\mathrm{d}x=0$，故E项不正确；

当$a=b$时，$\int_a^b f(x)\mathrm{d}x=\int_a^a f(x)\mathrm{d}x=0$，故B项正确．

2. A

【解析】由$f(x)>0$，$f'(x)<0$，$f''(x)>0$知曲线$y=f(x)$在$[a,\ b]$上单调减少且是凹的，如图3-3所示．根据定积分的几何意义，可知

$S_1=\int_a^b f(x)\mathrm{d}x$表示由$y=f(x)$，$x=a$，$x=b$与$x$轴所围成的曲边梯形的面积，即图中阴影部分的面积；

$S_2=f(b)(b-a)$表示的是长为$b-a$，宽为$f(b)$的矩形的面积，即图中矩形$ABCE$的面积；

$S_3=\frac{1}{2}[f(a)+f(b)](b-a)$表示的是底为$f(a)$和$f(b)$，高为$b-a$的梯形面积，即图中梯形$ABCD$的面积．

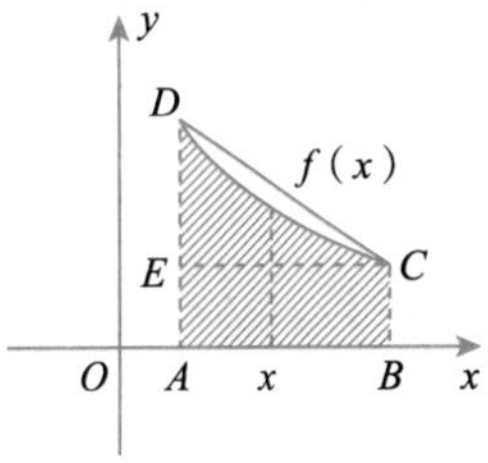

图 3-3

看图易知三个图形面积的大小关系为$S_2<S_1<S_3$.

3. E

【解析】设$\int_0^1 f(x)\mathrm{d}x=A$，则$f(x)=x^2-A+1$. 对等式两边同时积分，可得

$$\int_0^1 f(x)\mathrm{d}x=\int_0^1 (x^2-A+1)\mathrm{d}x=\left(\frac{1}{3}x^3-Ax+x\right)\bigg|_0^1=\frac{1}{3}-A+1=\frac{4}{3}-A,$$

所以$A=\frac{4}{3}-A$，即$A=\frac{2}{3}$.

4. A

【解析】函数$f(x)$仅在区间$[0,\ 4]$上可积，由积分区间的可加性，可得

$$\int_0^3 f(x)\mathrm{d}x=\int_0^a f(x)\mathrm{d}x+\int_a^3 f(x)\mathrm{d}x,$$

其中$a\in[0,\ 4]$，故只有A项正确．

5. D

【解析】当$0<x<\frac{\pi}{4}$时，$0<x^2<x<1$，从而$\sin x>\sin x^2$，根据定积分的保号性知

$$\int_0^{\frac{\pi}{4}} \sin x\mathrm{d}x > \int_0^{\frac{\pi}{4}} \sin x^2\mathrm{d}x \Rightarrow \int_0^{\frac{\pi}{4}} \sin x\mathrm{d}x - \int_0^{\frac{\pi}{4}} \sin x^2\mathrm{d}x > 0.$$

6. D

【解析】根据定积分的性质，要比较定积分的大小，在相同的积分区间内，比较被积函数的大小即可．

当 $1\leqslant x\leqslant 2$ 时，$x^2\leqslant x^3$，可得 $\int_1^2 x^2\mathrm{d}x\leqslant\int_1^2 x^3\mathrm{d}x$，故A项不正确；

当 $1\leqslant x\leqslant 2$ 时，$0\leqslant \ln x<1$，则 $\ln x\geqslant(\ln x)^2$，可得 $\int_1^2 \ln x\mathrm{d}x\geqslant\int_1^2(\ln x)^2\mathrm{d}x$，故B项不正确；

当 $0\leqslant x\leqslant 1$ 时，$\mathrm{e}^x\geqslant 1+x$，可得 $\int_0^1 \mathrm{e}^x\mathrm{d}x\geqslant\int_0^1(1+x)\mathrm{d}x$，故C项不正确；

当 $0\leqslant x\leqslant 1$ 时，$x>\ln(1+x)$，可得 $\int_0^1 x\mathrm{d}x>\int_0^1\ln(1+x)\mathrm{d}x$，故D项正确；

当 $0\leqslant x\leqslant 1$ 时，$x^2\geqslant x^3$，可得 $\int_0^1 x^2\mathrm{d}x\geqslant\int_0^1 x^3\mathrm{d}x$，故E项不正确.

7. B

【解析】设 $f(x)=\frac{\sin x}{x}$，$x\in\left[\frac{\pi}{4},\frac{\pi}{2}\right]$，由 $\cos x>0$，$x^2>0$，$\tan x>x$，可知

$$f'(x)=\frac{x\cos x-\sin x}{x^2}=\frac{\cos x(x-\tan x)}{x^2}<0,$$

故 $f(x)$ 在 $\left[\frac{\pi}{4},\frac{\pi}{2}\right]$ 上是单调递减函数，于是有 $f\left(\frac{\pi}{2}\right)\leqslant f(x)\leqslant f\left(\frac{\pi}{4}\right)$.

又因为 $m=f\left(\frac{\pi}{2}\right)=\frac{2}{\pi}$，$M=f\left(\frac{\pi}{4}\right)=\frac{2\sqrt{2}}{\pi}$，根据定积分的估值定理，有

$$m\left(\frac{\pi}{2}-\frac{\pi}{4}\right)\leqslant\int_{\frac{\pi}{4}}^{\frac{\pi}{2}}\frac{\sin x}{x}\mathrm{d}x\leqslant M\left(\frac{\pi}{2}-\frac{\pi}{4}\right),$$

即 $\frac{1}{2}\leqslant\int_{\frac{\pi}{4}}^{\frac{\pi}{2}}\frac{\sin x}{x}\mathrm{d}x\leqslant\frac{\sqrt{2}}{2}$.

8. C

【解析】由积分中值定理知 $\int_2^4 f(x)\mathrm{d}x=10\times(4-2)=20$.

题型 26 利用牛顿－莱布尼茨公式计算定积分

母题精讲

母题 26 计算定积分 $\int_0^a(\sqrt{a}-\sqrt{x})^2\mathrm{d}x=($　　$)$.

A. $\frac{a^2}{3}$　　B. $\frac{a^2}{2}$　　C. $\frac{a^2}{6}$　　D. $\frac{a^2}{4}$　　E. a^2

【解析】$\int_0^a(\sqrt{a}-\sqrt{x})^2\mathrm{d}x=\int_0^a(x-2\sqrt{ax}+a)\mathrm{d}x=\left(\frac{x^2}{2}-\frac{4}{3}\sqrt{a}x^{\frac{3}{2}}+ax\right)\Big|_0^a=\frac{a^2}{6}$.

【答案】C

母题技巧

1. 牛顿—莱布尼茨公式：设函数 $f(x)$ 在区间 $[a,b]$ 上连续，且 $F(x)$ 是 $f(x)$ 在该区间上的一个原函数，则 $\int_a^b f(x)\mathrm{d}x=F(x)\Big|_a^b=F(b)-F(a)$.

(1)它给出计算定积分的一个简便方法：连续函数 $f(x)$ 在 $[a,b]$ 上的定积分等于它的任意一个原函数 $F(x)$ 在区间 $[a,b]$ 上的增量，因此大家要熟记公式.

(2)注意牛顿—莱布尼茨公式的使用条件：$f(x)$ 在区间 $[a,b]$ 上连续且具有原函数.

2. 使用牛顿—莱布尼茨公式计算定积分的常见形式：

(1)当被积函数能直接求出原函数时，直接使用牛顿—莱布尼茨公式.

(2)当被积函数不能直接求出原函数时，可以使用换元积分公式或分部积分公式，求出原函数，然后利用牛顿—莱布尼茨公式求解即可.

(3)当被积函数为分段函数、绝对值函数、最大(小)值函数时，需根据积分区间的可加性和牛顿—莱布尼茨公式来计算.

母题精练

1. 下列积分中可直接使用牛顿—莱布尼茨公式计算的是(　　).

A. $\int_0^5\frac{x\mathrm{d}x}{x^2+1}$　　B. $\int_{-1}^1\frac{x\mathrm{d}x}{\sqrt{1-x^2}}$　　C. $\int_{\frac{1}{e}}^{e}\frac{\mathrm{d}x}{x\ln x}$

D. $\int_1^{+\infty}\frac{\mathrm{d}x}{x}$　　E. $\int_0^1\frac{\mathrm{d}x}{1-x}$

2. 定积分 $\int_1^2\left(x+\frac{1}{x}\right)^2\mathrm{d}x=($　　$)$.

A. $\frac{1}{6}$　　B. $\frac{29}{3}$　　C. 1　　D. $\frac{29}{6}$　　E. 29

3. 定积分 $\int_4^9\sqrt{x}(1+\sqrt{x})\mathrm{d}x=($　　$)$.

A. $\frac{1}{6}$　　B. $45\frac{1}{2}$　　C. 1　　D. 24　　E. $45\frac{1}{6}$

4. 定积分 $\int_0^{\frac{\pi}{3}}\frac{1+\sin^2x}{\cos^2x}\mathrm{d}x=($　　$)$.

A. $2\sqrt{3}+\frac{\pi}{3}$　　B. $2\sqrt{3}-\frac{\pi}{3}$　　C. $\frac{2}{3}\sqrt{3}-\frac{\pi}{3}$　　D. $\frac{2}{3}\sqrt{3}+\frac{\pi}{3}$　　E. $2-\frac{\pi}{3}$

5. 定积分 $\int_1^{\sqrt{3}}\frac{\mathrm{d}x}{x^2(1+x^2)}=($　　$)$.

A. $1-\frac{\sqrt{3}}{3}+\frac{\pi}{12}$ B. $1+\frac{\sqrt{3}}{3}-\frac{\pi}{12}$ C. $1-\frac{\sqrt{3}}{3}-\frac{\pi}{12}$

D. $1-\frac{\sqrt{3}}{3}-\frac{\pi}{3}$ E. $1-\frac{\sqrt{3}}{3}-\frac{\pi}{4}$

6. 定积分$\int_0^{\frac{\pi}{2}}\sqrt{1-\sin 2x}\,dx=($ $)$.

A. $2(\sqrt{2}-1)$ B. $2\sqrt{2}-1$ C. $2(\sqrt{2}+1)$

D. $2\sqrt{2}$ E. $\sqrt{2}-1$

7. 定积分$\int_0^{2\pi}|\sin x|\,dx=($ $)$.

A. 1 B. 2 C. 3 D. 4 E. 0

8. 定积分$\int_{-3}^{4}\max\{x,x^2\}dx=($ $)$.

A. $\frac{95}{3}$ B. $\frac{61}{2}$ C. $\frac{37}{3}$ D. $\frac{2}{3}$ E. $\frac{7}{6}$

9. 设$f(x)=\begin{cases}xe^{-x}, & x\leqslant 0,\\ 3x^2, & 0<x\leqslant 1,\end{cases}$则$\int_{-3}^{1}f(x)dx=($ $)$.

A. $-e^3$ B. $3e^3$ C. e^3 D. $2e^3$ E. $-2e^3$

10. 设$\int_0^x(2t+3)dt=4(x>0)$，则$x=($ $)$.

A. 1 B. 2 C. 3 D. 4 E. 5

答案详解

1. A

【解析】A 项：被积函数$\frac{x}{x^2+1}$在$[0,5]$上连续，且有原函数$\frac{1}{2}\ln(x^2+1)$，故可直接应用牛顿—莱布尼茨公式；

B 项：函数$\frac{x}{\sqrt{1-x^2}}$在积分区间的端点无定义，故在区间$[-1,1]$上不连续；

C 项：函数$\frac{1}{x\ln x}$在$[e^{-1},e]$中有无穷间断点$x=1$，故不连续；

D 项：积分区间是无限的，故不能使用牛顿—莱布尼茨公式；

E 项：函数$\frac{1}{1-x}$在积分区间的端点$x=1$处无定义，不连续，故不能使用牛顿—莱布尼茨公式.

2. D

【解析】$\int_1^2\left(x+\frac{1}{x}\right)^2dx=\int_1^2\left(x^2+2+\frac{1}{x^2}\right)dx=\left(\frac{1}{3}x^3+2x-\frac{1}{x}\right)\Big|_1^2=\frac{29}{6}$.

3. E

【解析】将被积函数进行适当的变形，结合定积分的性质和基本积分公式，可得

$$\int_4^9\sqrt{x}(1+\sqrt{x})dx=\int_4^9(\sqrt{x}+x)dx=\left(\frac{2}{3}x^{\frac{3}{2}}+\frac{1}{2}x^2\right)\Big|_4^9=45\frac{1}{6}.$$

4. B

【解析】$\int_0^{\frac{\pi}{3}} \frac{1+\sin^2 x}{\cos^2 x}\mathrm{d}x = \int_0^{\frac{\pi}{3}}(\sec^2 x+\tan^2 x)\mathrm{d}x = \int_0^{\frac{\pi}{3}}(2\sec^2 x-1)\mathrm{d}x$

$$=(2\tan x-x)\Big|_0^{\frac{\pi}{3}}=2\sqrt{3}-\frac{\pi}{3}.$$

5. C

【解析】$\int_1^{\sqrt{3}} \frac{\mathrm{d}x}{x^2(1+x^2)}=\int_1^{\sqrt{3}} \frac{(1+x^2)-x^2}{x^2(1+x^2)}\mathrm{d}x=\int_1^{\sqrt{3}}\left(\frac{1}{x^2}-\frac{1}{1+x^2}\right)\mathrm{d}x$

$$=\left(-\frac{1}{x}-\arctan x\right)\Big|_1^{\sqrt{3}}=1-\frac{\sqrt{3}}{3}-\frac{\pi}{12}.$$

6. A

【解析】利用积分区间可加性，可得

$$\begin{aligned}\int_0^{\frac{\pi}{2}}\sqrt{1-\sin 2x}\,\mathrm{d}x &= \int_0^{\frac{\pi}{2}}\sqrt{(\sin x-\cos x)^2}\,\mathrm{d}x=\int_0^{\frac{\pi}{2}}|\sin x-\cos x|\,\mathrm{d}x\\ &=\int_0^{\frac{\pi}{4}}(\cos x-\sin x)\mathrm{d}x+\int_{\frac{\pi}{4}}^{\frac{\pi}{2}}(\sin x-\cos x)\mathrm{d}x\\ &=(\sin x+\cos x)\Big|_0^{\frac{\pi}{4}}+(-\cos x-\sin x)\Big|_{\frac{\pi}{4}}^{\frac{\pi}{2}}\\ &=2(\sqrt{2}-1).\end{aligned}$$

7. D

【解析】根据被积函数在各积分区间的取值和定积分的区间可加性，去掉绝对值符号后，积分得

$$\int_0^{2\pi}|\sin x|\,\mathrm{d}x=\int_0^{\pi}\sin x\,\mathrm{d}x-\int_{\pi}^{2\pi}\sin x\,\mathrm{d}x=-\cos x\Big|_0^{\pi}+\cos x\Big|_{\pi}^{2\pi}=4.$$

8. B

【解析】令 $x^2-x>0$，解得 $x<0$ 或 $x>1$，即 $\max\{x,\ x^2\}=\begin{cases}x^2, & x<0,\\ x, & 0\leqslant x\leqslant 1,\\ x^2, & x>1,\end{cases}$ 故由积分区间可加性，可得

$$\int_{-3}^{4}\max\{x,\ x^2\}\mathrm{d}x=\int_{-3}^{0}x^2\mathrm{d}x+\int_0^1 x\mathrm{d}x+\int_1^4 x^2\mathrm{d}x=\frac{1}{3}x^3\Big|_{-3}^{0}+\frac{1}{2}x^2\Big|_0^1+\frac{1}{3}x^3\Big|_1^4=\frac{61}{2}.$$

9. E

【解析】根据定积分的积分区间可加性和分部积分公式可得

$$\begin{aligned}\int_{-3}^{1}f(x)\mathrm{d}x &= \int_{-3}^{0}x\mathrm{e}^{-x}\mathrm{d}x+\int_0^1 3x^2\mathrm{d}x\\ &=-\int_{-3}^{0}x\mathrm{d}(\mathrm{e}^{-x})+x^3\Big|_0^1\\ &=-x\mathrm{e}^{-x}\Big|_{-3}^{0}+\int_{-3}^{0}\mathrm{e}^{-x}\mathrm{d}x+1\\ &=-2\mathrm{e}^3.\end{aligned}$$

10. A

【解析】由 $\int_0^x(2t+3)\mathrm{d}t=(t^2+3t)\Big|_0^x=x^2+3x=4$，即 $x^2+3x-4=0$，解得 $x=1$ 或 $x=-4$（因为 $x>0$，所以舍去），因此 $x=1$.

题型27 积分变限函数求导

母题精讲

母题27 设$f(x)$是连续函数，则$\frac{\mathrm{d}}{\mathrm{d}x}\int_{x^2}^{-1} f(t)\mathrm{d}t=$(　　).

A. $f(x^2)$　　B. $2xf(x^2)$　　C. $-f(x^2)$　　D. $-2xf(x^2)$　E. $x^2f(x^2)$

【解析】由积分变下限函数求导公式得$\frac{\mathrm{d}}{\mathrm{d}x}\int_{x^2}^{-1} f(t)\mathrm{d}t=-f(x^2)\cdot 2x$.

【答案】D

母题技巧

积分变限函数求导问题在考试中出现的频率很高，必须掌握其求导公式.

1. 积分变限函数求导公式.

(1)积分变上限函数：$\Phi(x)=\int_a^x f(t)\mathrm{d}t$，其导数为

$$\Phi'(x)=\left(\int_a^x f(t)\mathrm{d}t\right)'=f(x).$$

(2)积分变下限函数：$\Phi(x)=\int_x^b f(t)\mathrm{d}t$，其导数为

$$\Phi'(x)=\left(\int_x^b f(t)\mathrm{d}t\right)'=\left(-\int_b^x f(t)\mathrm{d}t\right)'=-f(x).$$

(3)若$y=f(x)$连续，$a(x)$，$b(x)$可导，结合复合函数的求导法则，有以下积分变限函数求导公式：

①$\Phi'(x)=\left(\int_a^{b(x)} f(t)\mathrm{d}t\right)'=f[b(x)]\cdot b'(x)$；

②$\Phi'(x)=\left(\int_{a(x)}^{b} f(t)\mathrm{d}t\right)'=-f[a(x)]\cdot a'(x)$；

③$\Phi'(x)=\left(\int_{a(x)}^{b(x)} f(t)\mathrm{d}t\right)'=f[b(x)]\cdot b'(x)-f[a(x)]\cdot a'(x)$.

2. 积分变限函数求导的应用类型主要包括：

(1)求“$\frac{0}{0}$”型未定式的极限.

(2)判断积分变限函数单调性，求极值(或极值点)；求函数最值.

(3)证明方程根的存在性.

(4)判断函数奇偶性.

(5)积分变限函数的隐函数求导.

(6)讨论函数连续性.

母题精练

1. 已知 $y=\int_0^x \cos t^2\mathrm{d}t$，则 $\mathrm{d}y=($　　$)$.

A. $2x\cos x^2\mathrm{d}x$　　B. $\cos x^2\mathrm{d}x$　　C. $\cos^2 x\mathrm{d}x$

D. $\cos x\mathrm{d}x$　　E. $2\cos x^2\mathrm{d}x$

2. 设 $y=\int_0^x (t-1)(t-2)(t-3)(t-4)\mathrm{d}t$，则 $y'(0)=($　　$)$.

A. 24　　B. 0　　C. 120　　D. 6　　E. 12

3. $\frac{\mathrm{d}}{\mathrm{d}x}\int_0^{x^2}\sqrt{1+2t}\,\mathrm{d}t=($　　$)$.

A. $4x\sqrt{1+2x^2}$　　B. $2x\sqrt{1+2x^2}$　　C. $\frac{2x}{\sqrt{1+2x^2}}$　　D. $2x\sqrt{1+2x}$　　E. $x^2\sqrt{1+2x^2}$

4. 函数 $g(x)=x\int_0^x \cos t^3\mathrm{d}t$ 的导数为(　　).

A. $\int_0^x \cos t^3\mathrm{d}t$　　B. $\int_0^x \cos t^3\mathrm{d}t-x\cdot\cos x^3$

C. $\int_0^x \cos t^3\mathrm{d}t+3x^2\cdot\cos x^3$　　D. $x\cdot\cos x^3$

E. $\int_0^x \cos t^3\mathrm{d}t+x\cdot\cos x^3$

5. 设 $f(x)$连续，则$\frac{\mathrm{d}}{\mathrm{d}x}\left[\int_0^x tf(x^2-t^2)\mathrm{d}t\right]=($　　$)$.

A. $xf(x^2)$　　B. $-xf(x^2)$　　C. $2xf(x^2)$　　D. $-2xf(x^2)$　　E. $x^2f(x^2)$

6. 设 $f(x)$为连续函数，且 $F(x)=\int_{\frac{1}{x}}^{\ln x} f(t)\mathrm{d}t$，则 $F'(x)=($　　$)$.

A. $f(\ln x)-f\left(\frac{1}{x}\right)$　　B. $f(\ln x)+f\left(\frac{1}{x}\right)$

C. $\frac{1}{x}f(\ln x)-\frac{1}{x^2}f\left(\frac{1}{x}\right)$　　D. $\frac{1}{x}f(\ln x)+\frac{1}{x^2}f\left(\frac{1}{x}\right)$

E. $\frac{1}{x}f(\ln x)+f\left(\frac{1}{x}\right)$

7. 函数 $F(x)=\int_0^x (t-x)\sin t\mathrm{d}t$ 的导数为(　　).

A. 0　　B. $\sin x-1$　　C. $\cos x-1$　　D. $\cos x$　　E. $\sin x$

8. 设函数 $g(x)$连续，且 $f(x)=\frac{1}{2}\int_0^x (x-t)^2g(t)\mathrm{d}t$，则 $f'(x)=($　　$)$.

A. $\int_0^x (1-t)g(t)\mathrm{d}t$　　B. $x\int_0^x g(t)\mathrm{d}t-\int_0^x tg(t)\mathrm{d}t$

C. $x\int_0^x g(t)\mathrm{d}t+\int_0^x tg(t)\mathrm{d}t$　　D. $\int_0^x g(t)\mathrm{d}t+\int_0^x tg(t)\mathrm{d}t$

E. $x\int_0^x g(t)\mathrm{d}t$

9. 极限$\lim\limits_{x\to 0}\dfrac{\int_0^{x^2}\cos t^2\mathrm{d}t}{x\sin x}=$(　　).

A. 2　　B. -2　　C. 0　　D. -1　　E. 1

10. 若$f(x)=\begin{cases}\dfrac{\int_0^x\ln(1+t)\mathrm{d}t}{t}, & x\neq 0,\\ k, & x=0\end{cases}$在$x=0$处连续，则$k=$(　　).

A. 0　　B. $\dfrac{1}{2}$　　C. $-\dfrac{1}{2}$　　D. 1　　E. -1

11. 把$x\to 0^+$时的无穷小量$\alpha=\int_0^x\cos t^2\mathrm{d}t$，$\beta=\int_0^{x^2}\tan\sqrt{t}\,\mathrm{d}t$，$\gamma=\int_0^{\sqrt{x}}\sin t^3\mathrm{d}t$排列起来，使排在后面的是前一个的高阶无穷小，则正确的排列次序是(　　).

A. α，β，γ　　B. α，γ，β　　C. β，α，γ

D. β，γ，α　　E. γ，α，β

12. 设$f(x)$有连续的导数，且$f(0)=0$，$f'(0)\neq 0$，$F(x)=\int_0^x(x^2-t^2)f(t)\mathrm{d}t$，若当$x\to 0$时，$F'(x)$与$x^k$是同阶无穷小，则$k=$(　　).

A. 1　　B. 2　　C. 3　　D. 4　　E. 5

13. 设$f(x)$在$[0,+\infty)$可导，且$f(0)=0$，并有反函数$g(x)$，若$\int_0^{f(x)}g(t)\mathrm{d}t=x^2\mathrm{e}^x$，则$f(x)=$(　　).

A. $(2+x)\mathrm{e}^x-2$　　B. $(1+x)\mathrm{e}^x-1$　　C. $x\mathrm{e}^x$

D. $(3+x)\mathrm{e}^x-3$　　E. $(3+x)\mathrm{e}^x-1$

14. 设$f(x)$可导且满足$\int_0^x\mathrm{e}^tf(t)\mathrm{d}t=\mathrm{e}^xf(x)+x^2+x+1$，则$f(x)=$(　　).

A. $(2x+3)\mathrm{e}^{-x}$　　B. $(2x+3)\mathrm{e}^{-x}+4$　　C. $(2x+3)\mathrm{e}^{-x}-4$

D. $(2x+3)\mathrm{e}^{-x}-2$　　E. $(2x+3)\mathrm{e}^{-x}+2$

15. 设$F(x)=\int_0^x\left(2-\dfrac{1}{\sqrt{t}}\right)\mathrm{d}t\,(x>0)$，则函数$F(x)$的单调递减区间为(　　).

A. $(0,2)$　　B. $(0,1)$　　C. $\left(0,\dfrac{1}{3}\right)$　　D. $\left(0,\dfrac{1}{4}\right)$　　E. $\left(0,\dfrac{1}{2}\right)$

16. 函数$f(x)=\int_0^xt(2-t)\mathrm{e}^{-t}\mathrm{d}t$的极大值点为(　　).

A. $x=1$　　B. $x=2$　　C. $x=3$　　D. $x=4$　　E. $x=0$

17. 设$f(x)$为奇函数，则$\varphi(x)=\int_a^xf(t)\mathrm{d}t$为偶函数时，$a$的取值为(　　).

A. 任意实数　　B. $a=0$　　C. $a=-1$，0

D. $a=\pm 1$　　E. 以上选项均不正确

18. 函数$f(x)=\int_0^x\dfrac{t+2}{t^2+2t+2}\mathrm{d}t$在$[0,1]$上的最小值为(　　).

A. $\arctan 2-\frac{\pi}{4}+\frac{1}{2}\ln\frac{5}{2}$　　B. $\arctan 2-\frac{\pi}{4}$　　C. 1

D. 2　　E. 0

19. 设函数 $f(x)$ 在闭区间 $[a, b]$ 上连续，且 $f(x)>0$，则方程 $\int_a^x f(t)\mathrm{d}t+\int_b^x \frac{1}{f(t)}\mathrm{d}t=0$ 在区间 (a, b) 内的根有（　　）.

A. 0个　　B. 1个　　C. 2个　　D. 3个　　E. 无穷多个

20. 设 $F(x)=\int_x^{x+2\pi} \mathrm{e}^{\sin t}\sin t\mathrm{d}t$，则 $F(x)$（　　）.

A. 为正常数　　B. 为负常数　　C. 恒为零

D. 不恒为零　　E. 不为常数

21. 设 $F(x)=\int_0^x \frac{1}{1+t^2}\mathrm{d}t+\int_0^{\frac{1}{x}} \frac{1}{1+t^2}\mathrm{d}t(x>0)$，则 $F(x)=$（　　）.

A. 0　　B. $\frac{\pi}{4}$　　C. $\frac{\pi}{2}$　　D. $\arctan x$　　E. $2\arctan x$

22. 由 $\int_0^y \mathrm{e}^t\mathrm{d}t+\int_0^x \cos t\mathrm{d}t=0$ 所确定的隐函数对 x 的导数 $\frac{\mathrm{d}y}{\mathrm{d}x}=$（　　）.

A. $-\frac{\mathrm{e}^y}{\sin x}$　　B. $\frac{\sin x}{\mathrm{e}^y}$　　C. $-\frac{\sin x}{\mathrm{e}^y}$　　D. $-\frac{\cos x}{\mathrm{e}^y}$　　E. $\frac{\cos x}{\mathrm{e}^y}$

答案详解

1. B

【解析】根据积分变上限函数求导公式可得 $\mathrm{d}y=\left(\int_0^x \cos t^2\mathrm{d}t\right)'\mathrm{d}x=\cos x^2\mathrm{d}x$.

2. A

【解析】因为 $y'=(x-1)(x-2)(x-3)(x-4)$，所以 $y'(0)=(-1)\times(-2)\times(-3)\times(-4)=24$.

3. B

【解析】根据积分变上限函数的求导公式，可得

$$\frac{\mathrm{d}}{\mathrm{d}x}\int_0^{x^2} \sqrt{1+2t}\,\mathrm{d}t=\sqrt{1+2x^2}\cdot 2x.$$

4. E

【解析】根据导数的四则运算法则及积分变上限函数的求导公式，可得

$$g'(x)=\int_0^x \cos t^3\mathrm{d}t+x\cdot\cos x^3.$$

5. A

【解析】利用第一换元积分法，可得

$$\int_0^x tf(x^2-t^2)\mathrm{d}t=-\frac{1}{2}\int_0^x f(x^2-t^2)\mathrm{d}(x^2-t^2)$$

$$\xlongequal{令 x^2-t^2=u}-\frac{1}{2}\int_{x^2}^0 f(u)\mathrm{d}u=\frac{1}{2}\int_0^{x^2} f(u)\mathrm{d}u,$$

所以$\dfrac{d}{dx}\left[\int_0^x tf(x^2-t^2)dt\right]=\dfrac{d}{dx}\left[\dfrac{1}{2}\int_0^{x^2} f(u)du\right]=\dfrac{1}{2}f(x^2)\cdot 2x=xf(x^2)$.

6. D

【解析】$F'(x)=f(\ln x)\cdot\dfrac{1}{x}-f\left(\dfrac{1}{x}\right)\cdot\left(-\dfrac{1}{x^2}\right)=\dfrac{1}{x}f(\ln x)+\dfrac{1}{x^2}f\left(\dfrac{1}{x}\right)$.

7. C

【解析】在$\int_0^x(t-x)\sin t dt$中x看作常数，所以，若被积函数中含有变量x，则应先把变量x移到积分符号外面再求导，即

$$F(x)=\int_0^x(t-x)\sin t dt=\int_0^x t\sin t dt-x\int_0^x \sin t dt,$$

故有

$$F'(x)=\left(\int_0^x t\sin t dt-x\int_0^x \sin t dt\right)'=x\sin x-\left(\int_0^x \sin t dt+x\sin x\right)$$
$$=-\int_0^x \sin t dt=\cos t\Big|_0^x=\cos x-1.$$

8. B

【解析】积分变限函数求导时，若被积函数中含有积分上限x，应先通过化简将x提到积分符号外，再进行求导．

因为$f(x)=\dfrac{1}{2}\int_0^x(x-t)^2g(t)dt=\dfrac{x^2}{2}\int_0^x g(t)dt-x\int_0^x tg(t)dt+\dfrac{1}{2}\int_0^x t^2g(t)dt$，所以

$$f'(x)=x\int_0^x g(t)dt+\frac{x^2}{2}g(x)-\int_0^x tg(t)dt-x^2g(x)+\frac{x^2}{2}g(x)=x\int_0^x g(t)dt-\int_0^x tg(t)dt.$$

9. E

【解析】这是“$\dfrac{0}{0}$”型未定式，使用等价无穷小替换和洛必达法则，可得

$$\lim_{x\to0}\frac{\int_0^{x^2}\cos t^2 dt}{x\sin x}=\lim_{x\to0}\frac{\int_0^{x^2}\cos t^2 dt}{x^2}=\lim_{x\to0}\frac{\cos x^4\cdot 2x}{2x}=\lim_{x\to0}\cos x^4=1.$$

10. A

【解析】已知函数$f(x)$在$x=0$处连续，则$\lim\limits_{x\to0}f(x)=f(0)$，由于

$$\lim_{x\to0}f(x)=\lim_{x\to0}\frac{\int_0^x\ln(1+t)dt}{t}=\lim_{x\to0}\frac{\left(\int_0^x\ln(1+t)dt\right)'}{t'}$$
$$=\lim_{x\to0}\frac{\ln(1+x)}{1}=\ln 1=0,$$

且$f(0)=k$，故$k=0$.

11. B

【解析】$\lim\limits_{x\to0^+}\dfrac{\alpha}{\beta}=\lim\limits_{x\to0^+}\dfrac{\int_0^x\cos t^2 dt}{\int_0^{x^2}\tan\sqrt{t}\,dt}=\lim\limits_{x\to0^+}\dfrac{\cos x^2}{2x\tan x}=\infty$，这说明$\beta$是比$\alpha$高阶的无穷小；

$$\lim_{x\to0^+}\frac{\alpha}{\gamma}=\lim_{x\to0^+}\frac{\int_0^x\cos t^2\mathrm{d}t}{\int_0^{\sqrt{x}}\sin t^3\mathrm{d}t}=\lim_{x\to0^+}\frac{\cos x^2}{\frac{1}{2\sqrt{x}}\sin x^{\frac{3}{2}}}=\infty$$，这说明 γ 是比 α 高阶的无穷小；

$$\lim_{x\to0^+}\frac{\beta}{\gamma}=\lim_{x\to0^+}\frac{\int_0^{x^2}\tan\sqrt{t}\,\mathrm{d}t}{\int_0^{\sqrt{x}}\sin t^3\mathrm{d}t}=\lim_{x\to0^+}\frac{2x\tan x}{\frac{1}{2\sqrt{x}}\sin x^{\frac{3}{2}}}=4\lim_{x\to0^+}x=0$$，这说明 β 是比 γ 高阶的无穷小．

综上所述，要使排在后面的是前一个的高阶无穷小，正确的排序为 α，γ，β.

12. C

【解析】$F(x)=x^2\int_0^x f(t)\mathrm{d}t-\int_0^x t^2f(t)\mathrm{d}t$，则

$$F'(x)=2x\int_0^x f(t)\mathrm{d}t+x^2f(x)-x^2f(x)=2x\int_0^x f(t)\mathrm{d}t,$$

所以

$$\lim_{x\to0}\frac{F'(x)}{x^k}=\lim_{x\to0}\frac{2x\int_0^x f(t)\mathrm{d}t}{x^k}=2\lim_{x\to0}\frac{\int_0^x f(t)\mathrm{d}t}{x^{k-1}}$$

$$=2\lim_{x\to0}\frac{f(x)}{(k-1)x^{k-2}}=2\lim_{x\to0}\frac{f'(x)}{(k-1)(k-2)x^{k-3}}.$$

由 $f'(0)\neq0$ 且 $\lim\limits_{x\to0}\frac{F'(x)}{x^k}$ 为非零常数，知 $k-3=0$，即 $k=3$.

13. B

【解析】对题干中的等式两边求导，有 $f'(x)g[f(x)]=(2x+x^2)\mathrm{e}^x$. 因为 $f(x)$ 具有反函数 $g(x)$，故 $g[f(x)]=f^{-1}[f(x)]=x$，因此 $f'(x)=(2+x)\mathrm{e}^x$，则

$$f(x)=\int(2+x)\mathrm{e}^x\mathrm{d}x=(1+x)\mathrm{e}^x+C,$$

由 $f(0)=0$，代入可得 $C=-1$，于是 $f(x)=(1+x)\mathrm{e}^x-1$.

14. C

【解析】令 $x=0$，得 $0=f(0)+1$，即 $f(0)=-1$. 对等式两边求导，可得

$$\mathrm{e}^xf(x)=\mathrm{e}^xf(x)+\mathrm{e}^xf'(x)+2x+1,$$

整理得

$$f'(x)=-(2x+1)\mathrm{e}^{-x}.$$

对上式进行积分，可得 $f(x)=-\int(2x+1)\mathrm{e}^{-x}\mathrm{d}x=(2x+3)\mathrm{e}^{-x}+C$. 由 $f(0)=-1$，代入上式，可得 $C=-4$，于是 $f(x)=(2x+3)\mathrm{e}^{-x}-4$.

15. D

【解析】令 $F'(x)=2-\frac{1}{\sqrt{x}}<0$，则 $x<\frac{1}{4}$，故 $F(x)$ 的单调递减区间是 $\left(0,\ \frac{1}{4}\right)$.

16. B

【解析】$f'(x)=x(2-x)\mathrm{e}^{-x}$，令 $f'(x)=0$，解得 $x=0$ 或 $x=2$.

$$f''(x)=(2-x)\mathrm{e}^{-x}-x\mathrm{e}^{-x}-x(2-x)\mathrm{e}^{-x}=(x^2-4x+2)\mathrm{e}^{-x}.$$

因为 $f''(0)=2>0$，$f''(2)=-2e^{-2}<0$，由极值存在的第二充分条件，可知 $f(x)$ 的极大值点为 $x=2$.

17. A

【解析】因为 $\varphi(x)=\int_a^x f(t)\mathrm{d}t=\int_a^0 f(t)\mathrm{d}t+\int_0^x f(t)\mathrm{d}t=c+\int_0^x f(t)\mathrm{d}t$，$c$ 为常数，则有

$$\varphi(-x)=c+\int_0^{-x} f(t)\mathrm{d}t \xlongequal{t=-u} c+\int_0^x f(-u)\mathrm{d}(-u)=c+\int_0^x f(u)\mathrm{d}u=c+\int_0^x f(t)\mathrm{d}t,$$

所以不论 c 为何值，都有 $\varphi(x)=\varphi(-x)$，即当 $f(x)$ 为奇函数时，$\varphi(x)$ 恒为偶函数.

故 a 为任意实数.

18. E

【解析】$f'(x)=\dfrac{x+2}{x^2+2x+2}>0$，$x\in[0,1]$，所以 $f(x)$ 在 $[0,1]$ 上是单调递增函数，故 $f(x)$ 在 $x=0$ 处取得最小值，为 $f(0)=0$.

19. B

【解析】令 $F(x)=\int_a^x f(t)\mathrm{d}t+\int_b^x \dfrac{1}{f(t)}\mathrm{d}t$，易知 $F(x)$ 在 $[a,b]$ 上连续，且

$$F(a)=\int_a^a f(t)\mathrm{d}t+\int_b^a \frac{1}{f(t)}\mathrm{d}t=\int_b^a \frac{1}{f(t)}\mathrm{d}t=-\int_a^b \frac{1}{f(t)}\mathrm{d}t<0,$$

$$F(b)=\int_a^b f(t)\mathrm{d}t+\int_b^b \frac{1}{f(t)}\mathrm{d}t=\int_a^b f(t)\mathrm{d}t>0,$$

由零点定理知，方程 $F(x)$ 在 $[a,b]$ 上至少有一个根. 又因为 $F'(x)=f(x)+\dfrac{1}{f(x)}>0$，故函数单调递增，方程最多有一个根. 综上可知，方程有且仅有一个实根.

20. A

【解析】$F'(x)=e^{\sin(x+2\pi)}\sin(x+2\pi)-e^{\sin x}\sin x=0$，故 $F(x)=C$，C 为常数.

又因为 $F(0)=\int_0^{2\pi} e^{\sin t}\sin t\mathrm{d}t=\int_0^{\pi} e^{\sin t}\sin t\mathrm{d}t+\int_{\pi}^{2\pi} e^{\sin t}\sin t\mathrm{d}t$，且

$$\int_{\pi}^{2\pi} e^{\sin t}\sin t\mathrm{d}t \xlongequal{u=t-\pi} \int_0^{\pi} e^{\sin(u+\pi)}\sin(u+\pi)\mathrm{d}u=-\int_0^{\pi} e^{-\sin u}\sin u\mathrm{d}u,$$

因此 $F(0)=\int_0^{\pi} e^{\sin t}\sin t\mathrm{d}t+\int_{\pi}^{2\pi} e^{\sin t}\sin t\mathrm{d}t=\int_0^{\pi}(e^{\sin t}-e^{-\sin t})\sin t\mathrm{d}t>0.$

故 $F(x)$ 为正常数.

21. C

【解析】方法一：所给函数 $F(x)$ 是两个积分变上限函数之和，即

$$F(x)=\arctan t\Big|_0^x+\arctan\frac{1}{t}\Big|_0^x=\arctan x+\arctan\frac{1}{x}.$$

比较五个选项，D项和E项显然不正确. 用特值法，当 $x=1$ 时，$F(1)=\dfrac{\pi}{2}$，故A、B项也不正确，根据排除法，只有C项是正确的.

方法二：观察可知 $F(x)$ 为积分变限函数，故考虑对 $F(x)$ 求导，可得

$$F'(x)=\frac{1}{1+x^2}+\frac{1}{1+\left(\frac{1}{x}\right)^2}\left(-\frac{1}{x^2}\right)=0,$$

显然 $F(x)$ 为常数，则 $F(x)=F(1)=2\int_0^1\frac{1}{1+t^2}\mathrm{d}t=2\arctan t\Big|_0^1=\frac{\pi}{2}$.

22. D

【解析】方程两边同时对 x 求导，得 $\mathrm{e}^y\cdot y'+\cos x=0$，整理得 $y'=-\frac{\cos x}{\mathrm{e}^y}$.

题型 28 定积分的换元积分法

母题精讲

母题 28 定积分 $\int_1^5\frac{x-1}{1+\sqrt{2x-1}}\mathrm{d}x=($ $)$.

A. $\frac{1}{3}$ B. $\frac{2}{3}$ C. $-\frac{7}{3}$ D. $\frac{7}{3}$ E. $-\frac{2}{3}$

【解析】令 $\sqrt{2x-1}=t$，则 $x=\frac{1+t^2}{2}$，$\mathrm{d}x=t\mathrm{d}t$，故

$$\int_1^5\frac{x-1}{1+\sqrt{2x-1}}\mathrm{d}x=\int_1^3\frac{\frac{1+t^2}{2}-1}{1+t}t\mathrm{d}t=\frac{1}{2}\int_1^3(t^2-t)\mathrm{d}t=\frac{1}{2}\left(\frac{1}{3}t^3-\frac{1}{2}t^2\right)\Big|_1^3=\frac{7}{3}.$$

【答案】D

母题技巧

1. 定积分的换元公式为

$$\int_a^b f(x)\mathrm{d}x=\int_\alpha^\beta f[\varphi(t)]\varphi'(t)\mathrm{d}t,$$

其中 $\varphi(\alpha)=a$，$\varphi(\beta)=b$，$\varphi(t)$ 在 $[\alpha,\beta]$(或 $[\beta,\alpha]$)上单调，且其导数 $\varphi'(t)$ 连续.

2. 应用换元公式时要注意：

(1)作换元 $x=\varphi(t)$ 时，不仅被积表达式要变换，积分上、下限也要随之作变换，即把对 x 积分的积分限 a，b 相应地换成对 t 积分的积分限 α，β，也就是换元必换限，不换元则不必换限.

(2)在求出 $f[\varphi(t)]\varphi'(t)$ 的一个原函数 $G(t)$ 后，不必像计算不定积分那样要用 $x=\varphi(t)$ 的反函数 $t=\varphi^{-1}(x)$ 代入 $G(t)$，只要直接计算 $G(\beta)-G(\alpha)$ 即可，即定积分在换元后不需要还原变量，这是定积分与不定积分换元法的不同之处，也是定积分换元法的优越性所在.

(3)使用第一换元积分法(凑微分法)计算定积分，只要熟练掌握不定积分的第一换元积分法求得一个原函数，然后利用牛顿—莱布尼茨公式计算求得结果即可.

母题精练

1. 设 $f(x)$ 为连续函数，则 $\int_a^b f(x)\mathrm{d}x=($ $)$.

A. $\int_{\frac{a}{2}}^{\frac{b}{2}} f(2x)\mathrm{d}x$　　B. $2\int_a^b f(2x)\mathrm{d}x$　　C. $2\int_{\frac{a}{2}}^{\frac{b}{2}} f(2x)\mathrm{d}x$

D. $\int_b^a f(x)\mathrm{d}x$　　E. $\int_{\frac{b}{2}}^{\frac{a}{2}} f(2x)\mathrm{d}x$

2. 设 $f(x)=\begin{cases}\dfrac{1}{2-x}, & x\leqslant 0,\\ \sin x, & x>0,\end{cases}$ 则 $\int_0^2 f(x-1)\mathrm{d}x=($ $)$.

A. $1-\cos 1+\ln 2-\ln 3$　　B. $1-\cos 1-\ln 2$　　C. $1-\cos 1+\ln 3$

D. $1-\cos 1-\ln 2-\ln 3$　　E. $1-\cos 1-\ln 2+\ln 3$

3. 定积分 $\int_0^{\pi}\sqrt{\sin^3 x-\sin^5 x}\,\mathrm{d}x=($ $)$.

A. $\frac{1}{3}$　　B. $\frac{2}{3}$　　C. $\frac{1}{2}$　　D. $\frac{4}{5}$　　E. $\frac{2}{5}$

4. 定积分 $\int_0^1 \frac{\mathrm{d}x}{\mathrm{e}^x+\mathrm{e}^{-x}}=($ $)$.

A. $\arctan \mathrm{e}$　　B. $\arctan \mathrm{e}-\frac{\pi}{4}$　　C. $\frac{\pi}{4}$

D. $\frac{\pi}{4}-\arctan \mathrm{e}$　　E. $\arctan \mathrm{e}-\frac{\pi}{3}$

5. 定积分 $\int_0^2 \frac{\mathrm{d}x}{\sqrt{x+1}+\sqrt{(x+1)^3}}=($ $)$.

A. $\frac{\pi}{3}$　　B. $\frac{\pi}{4}$　　C. $\frac{\pi}{6}$　　D. $\frac{3\pi}{2}$　　E. $\frac{2\pi}{3}$

6. 定积分 $\int_0^4 \frac{\sqrt{x}}{1+\sqrt{x}}\mathrm{d}x=($ $)$.

A. $2\ln 3-1$　　B. $\ln 3-1$　　C. $2\ln 3-2$　　D. $\ln 3$　　E. $2\ln 3$

7. 定积分 $\int_{-1}^1 \frac{x}{\sqrt{5-4x}}\mathrm{d}x=($ $)$.

A. 0　　B. $\frac{1}{2}$　　C. $\frac{1}{3}$　　D. $\frac{1}{6}$　　E. $\frac{1}{4}$

8. 设 $f(x)$ 为连续函数，则 $\int_0^a \frac{f(x)}{f(x)+f(a-x)}\mathrm{d}x=($ $)$.

A. $-\frac{1}{2}$　　B. $\frac{1}{2}$　　C. $-\frac{a}{2}$　　D. $\frac{a}{2}$　　E. a

9. 设函数 $f(x)$ 连续，则下列函数中，必为偶函数的是( ).

A. $\int_0^x f(t^2)\mathrm{d}t$　　B. $\int_0^x f^2(t)\mathrm{d}t$

C. $\int_0^x t[f(t)+f(-t)]\mathrm{d}t$　　D. $\int_0^x t[f(t)-f(-t)]\mathrm{d}t$

E. $\int_0^x f(t)\mathrm{d}t$

10. 若 $I=\frac{1}{s}\int_0^{st} f\left(t+\frac{x}{s}\right)\mathrm{d}x(s>0，t>0)$，则 I 的值(　　).

A. 依赖于 s，t

B. 依赖于 s，不依赖于 t

C. 依赖于 t，不依赖于 s

D. 不依赖于 s，t

E. 以上选项均不正确

11. 设 $f(x)=\begin{cases}\frac{1}{1+x^2}, & x<0, \\ \mathrm{e}^{-x}, & x\geqslant 0,\end{cases}$ 则 $\int_1^3 f(x-2)\mathrm{d}x=$(　　).

A. $1-\frac{\pi}{4}-\frac{1}{\mathrm{e}}$　　B. $\frac{\pi}{4}-\frac{1}{\mathrm{e}}-1$　　C. $\frac{\pi}{4}-\frac{1}{\mathrm{e}}+1$

D. $\frac{\pi}{4}-1$　　E. $\frac{\pi}{4}+1$

答案详解

1. C

【解析】令 $x=2t$，则 $\mathrm{d}x=2\mathrm{d}t$. 当 $x=a$ 时，$t=\frac{a}{2}$；当 $x=b$ 时，$t=\frac{b}{2}$. 故

$$\int_a^b f(x)\mathrm{d}x=2\int_{\frac{a}{2}}^{\frac{b}{2}} f(2t)\mathrm{d}t=2\int_{\frac{a}{2}}^{\frac{b}{2}} f(2x)\mathrm{d}x.$$

2. E

【解析】令 $x-1=t$，则 $\mathrm{d}x=\mathrm{d}t$，故

$$\begin{aligned}\int_0^2 f(x-1)\mathrm{d}x &= \int_{-1}^1 f(t)\mathrm{d}t=\int_{-1}^1 f(x)\mathrm{d}x=\int_{-1}^0 \frac{1}{2-x}\mathrm{d}x+\int_0^1 \sin x\mathrm{d}x \\ &=-\ln(2-x)\Big|_{-1}^0-\cos x\Big|_0^1=-(\ln 2-\ln 3)-\cos 1+1 \\ &=1-\cos 1-\ln 2+\ln 3.\end{aligned}$$

3. D

【解析】
$$\begin{aligned}\int_0^\pi \sqrt{\sin^3 x-\sin^5 x}\,\mathrm{d}x &= \int_0^\pi \sin^{\frac{3}{2}} x\cdot|\cos x|\,\mathrm{d}x \\ &=\int_0^{\frac{\pi}{2}} \sin^{\frac{3}{2}} x\cos x\mathrm{d}x-\int_{\frac{\pi}{2}}^{\pi} \sin^{\frac{3}{2}} x\cos x\mathrm{d}x \\ &=\int_0^{\frac{\pi}{2}} \sin^{\frac{3}{2}} x\mathrm{d}\sin x-\int_{\frac{\pi}{2}}^{\pi} \sin^{\frac{3}{2}} x\mathrm{d}\sin x \\ &=\frac{2}{5}\sin^{\frac{5}{2}} x\Big|_0^{\frac{\pi}{2}}-\frac{2}{5}\sin^{\frac{5}{2}} x\Big|_{\frac{\pi}{2}}^{\pi}=\frac{4}{5}.\end{aligned}$$

4. B

【解析】根据第一换元积分法和牛顿—莱布尼茨公式，可得

$$\int_0^1 \frac{\mathrm{d}x}{\mathrm{e}^x+\mathrm{e}^{-x}}=\int_0^1 \frac{\mathrm{e}^x}{\mathrm{e}^{2x}+1}\mathrm{d}x=\int_0^1 \frac{1}{(\mathrm{e}^x)^2+1}\mathrm{d}\mathrm{e}^x=\arctan \mathrm{e}^x\Big|_0^1=\arctan \mathrm{e}-\frac{\pi}{4}.$$

5. C

【解析】令 $t=\sqrt{x+1}$，则 $x=t^2-1$，$\mathrm{d}x=2t\mathrm{d}t$，故

$$原式=\int_1^{\sqrt{3}} \frac{2t\mathrm{d}t}{t+t^3}=2\int_1^{\sqrt{3}} \frac{\mathrm{d}t}{1+t^2}=2\arctan t\Big|_1^{\sqrt{3}}=\frac{\pi}{6}.$$

6. E

【解析】设 $\sqrt{x}=t$，则 $x=t^2$，$\mathrm{d}x=2t\mathrm{d}t$. 当 $x=0$ 时，$t=0$；当 $x=4$ 时，$t=2$. 且 $x=t^2$ 在 $[0,2]$ 上单调，故有

$$\begin{aligned}\int_0^4 \frac{\sqrt{x}}{1+\sqrt{x}}\mathrm{d}x &= \int_0^2 \frac{t\cdot 2t}{1+t}\mathrm{d}t=2\int_0^2 \frac{t^2}{1+t}\mathrm{d}t=2\int_0^2\left(t-1+\frac{1}{1+t}\right)\mathrm{d}t\\ &=2\left[\frac{t^2}{2}-t+\ln(1+t)\right]\Big|_0^2=2\left[\frac{4}{2}-2+\ln(1+2)-\ln 1\right]\\ &=2\ln 3.\end{aligned}$$

7. D

【解析】令 $\sqrt{5-4x}=t$，则

$$\int_{-1}^1 \frac{x}{\sqrt{5-4x}}\mathrm{d}x=\int_3^1 \frac{5-t^2}{4t}\left(-\frac{t}{2}\right)\mathrm{d}t=-\frac{1}{8}\left(5t-\frac{t^3}{3}\right)\Big|_3^1=\frac{1}{6}.$$

8. D

【解析】令 $I=\int_0^a \frac{f(x)}{f(x)+f(a-x)}\mathrm{d}x$，$a-x=t$，则

$$I=\int_0^a \frac{f(x)}{f(x)+f(a-x)}\mathrm{d}x=-\int_a^0 \frac{f(a-t)}{f(a-t)+f(t)}\mathrm{d}t=\int_0^a \frac{f(a-x)}{f(x)+f(a-x)}\mathrm{d}x,$$

即 $2I=\int_0^a \frac{f(x)+f(a-x)}{f(x)+f(a-x)}\mathrm{d}x=\int_0^a \mathrm{d}x=a$，故 $I=\frac{a}{2}$.

9. C

【解析】设 $F(x)=\int_0^x t[f(t)+f(-t)]\mathrm{d}t$，令 $t=-u$，则

$$F(-x)=\int_0^{-x} t[f(t)+f(-t)]\mathrm{d}t=\int_0^x (-u)[f(-u)+f(u)]\mathrm{d}(-u)=F(x),$$

故 $F(x)$ 为偶函数，C 项正确.

同理可知，$G(x)=\int_0^x t[f(t)-f(-t)]\mathrm{d}t$ 为奇函数，故 D 项不正确.

由于 $f(x)$ 的奇偶性未知，故无法判断 A、B、E 项的奇偶性.

10. C

【解析】利用定积分的换元法，令 $u=t+\frac{x}{s}$，则 $I=\frac{1}{s}\int_t^{2t} f(u)s\mathrm{d}u=\int_t^{2t} f(u)\mathrm{d}u$.

故 I 的值只依赖于 t，不依赖于 s.

11. C

【解析】令 $x-2=t$，由积分区间可加性，可得

$$\int_1^3 f(x-2)\mathrm{d}x=\int_{-1}^1 f(t)\mathrm{d}t=\int_{-1}^0 \frac{1}{1+t^2}\mathrm{d}t+\int_0^1 \mathrm{e}^{-t}\mathrm{d}t$$

$$=\arctan t\Big|_{-1}^0-\mathrm{e}^{-t}\Big|_0^1=\frac{\pi}{4}-\frac{1}{\mathrm{e}}+1.$$

题型 29 定积分的分部积分法

母题精讲

母题 29 设 $f(x)=\begin{cases}x\mathrm{e}^{-x}, & x\leqslant 0,\\ 3x^2, & 0<x\leqslant 1,\end{cases}$ 则 $\int_{-3}^1 f(x)\mathrm{d}x=$(   ).

A. e^3　　B. $2\mathrm{e}^3$　　C. $-2\mathrm{e}^3$

D. $-\mathrm{e}^3$　　E. 1

【解析】利用积分区间可加性及分部积分公式，可得

$$\int_{-3}^1 f(x)\mathrm{d}x=\int_{-3}^0 x\mathrm{e}^{-x}\mathrm{d}x+3\int_0^1 x^2\mathrm{d}x=-x\mathrm{e}^{-x}\Big|_{-3}^0+\int_{-3}^0 \mathrm{e}^{-x}\mathrm{d}x+x^3\Big|_0^1=-2\mathrm{e}^3.$$

【答案】C

母题技巧

1. 定积分的分部积分公式：设 $u(x)$，$v(x)$ 在 $[a,b]$ 上具有连续的导数，则

$$\int_a^b u(x)v'(x)\mathrm{d}x=u(x)v(x)\Big|_a^b-\int_a^b u'(x)v(x)\mathrm{d}x,$$

简记为 $\int_a^b u\mathrm{d}v=uv\Big|_a^b-\int_a^b v\mathrm{d}u$. 可对比不定积分的分部积分公式进行记忆.

2. 使用分部积分法解题的关键是如何选取分部积分公式中的 u，v.

根据不定积分的分部积分原则：将基本初等函数按照"反、对、幂、三、指"的顺序进行排列，排序在后的看作 v'.

3. 使用分部积分法的情形：

(1)通常被积函数是两种不同类型函数的乘积时，考虑使用分部积分法.

(2)被积函数是单一函数但不容易直接求出积分时，用分部积分法求解，常取被积函数为 u，$\mathrm{d}x$ 为 $\mathrm{d}v$.

(3)当被积函数中有抽象函数时，经常考虑用分部积分法.

4. 分部积分法可以连续多次使用，在计算过程中可结合其他求积分的方法，如换元积分法.

母题精练

1. 定积分$\int_0^1 x e^{2x} dx=($ $)$.

A. e^2-1 B. $\frac{1}{4}(e^2-1)$ C. $\frac{1}{4}(e^2+1)$ D. $\frac{1}{4}e^2$ E. e^2+1

2. 定积分$\int_0^{\frac{\sqrt{3}}{2}} \arccos x dx=($ $)$.

A. $\frac{\sqrt{3}}{12}\pi+\frac{1}{2}$ B. $\frac{\sqrt{3}}{12}\pi-\frac{1}{2}$ C. $\frac{\sqrt{3}}{9}\pi+\frac{1}{2}$ D. $\frac{\sqrt{3}}{9}\pi-\frac{1}{2}$ E. $\frac{\sqrt{3}}{12}\pi$

3. 定积分$\int_0^{\frac{\pi}{2}} x^2 \sin x dx=($ $)$.

A. $\pi+2$ B. $\pi+1$ C. π D. $\pi-1$ E. $\pi-2$

4. 设$\int_1^b \ln x dx=1(b\neq 0)$，则$b=($ $)$.

A. 1 B. 2 C. π D. e E. $\pi+1$

5. 定积分$\int_1^2 x(\ln x)^2 dx=($ $)$.

A. $2\ln^2 2+2\ln 2+\frac{3}{4}$ B. $2\ln^2 2-2\ln 2-\frac{3}{4}$

C. $2\ln^2 2-2\ln 2+\frac{3}{4}$ D. $\ln^2 2-2\ln 2+\frac{3}{4}$

E. $\ln^2 2-\ln 2+\frac{3}{4}$

6. 设$f(x)$有一个原函数$\frac{\sin x}{x}$，则$\int_{\frac{\pi}{2}}^{\pi} xf'(x)dx=($ $)$.

A. -1 B. $\frac{4}{\pi}$ C. $\frac{4}{\pi}+1$ D. $\frac{4}{\pi}-1$ E. 1

7. 已知$f(x)$在$(-\infty,+\infty)$内具有连续的二阶导数，且$f(0)=2$，$f(2)=4$，$f'(2)=6$，则$\int_0^1 xf''(2x)dx=($ $)$.

A. $\frac{5}{2}$ B. 0 C. 1 D. $\frac{2}{5}$ E. 2

答案详解

1. C

【解析】$\int_0^1 x e^{2x} dx=\frac{1}{2}\int_0^1 x de^{2x}=\frac{1}{2}xe^{2x}\Big|_0^1-\frac{1}{2}\int_0^1 e^{2x}dx=\frac{e^2}{2}-\frac{1}{4}e^{2x}\Big|_0^1$

$$=\frac{e^2}{2}-\frac{1}{4}(e^2-1)=\frac{1}{4}(e^2+1).$$

2. A

【解析】$\int_0^{\frac{\sqrt{3}}{2}}\arccos x\mathrm{d}x=x\arccos x\Big|_0^{\frac{\sqrt{3}}{2}}+\int_0^{\frac{\sqrt{3}}{2}}\frac{x}{\sqrt{1-x^2}}\mathrm{d}x$

$$=\frac{\sqrt{3}}{12}\pi-\frac{1}{2}\int_0^{\frac{\sqrt{3}}{2}}\frac{\mathrm{d}(1-x^2)}{\sqrt{1-x^2}}$$

$$=\frac{\sqrt{3}}{12}\pi-\sqrt{1-x^2}\Big|_0^{\frac{\sqrt{3}}{2}}=\frac{\sqrt{3}}{12}\pi+\frac{1}{2}.$$

3. E

【解析】$\int_0^{\frac{\pi}{2}}x^2\sin x\mathrm{d}x=-\int_0^{\frac{\pi}{2}}x^2\mathrm{d}\cos x=-x^2\cos x\Big|_0^{\frac{\pi}{2}}+\int_0^{\frac{\pi}{2}}\cos x\mathrm{d}(x^2)$

$$=2\int_0^{\frac{\pi}{2}}x\cos x\mathrm{d}x=2\int_0^{\frac{\pi}{2}}x\mathrm{d}\sin x=2\left(x\sin x\Big|_0^{\frac{\pi}{2}}-\int_0^{\frac{\pi}{2}}\sin x\mathrm{d}x\right)$$

$$=2\left(\frac{\pi}{2}+\cos x\Big|_0^{\frac{\pi}{2}}\right)=2\left(\frac{\pi}{2}-1\right)=\pi-2.$$

4. D

【解析】$\int_1^b\ln x\mathrm{d}x=x\ln x\Big|_1^b-\int_1^b x\mathrm{d}\ln x=b\ln b-\int_1^b\mathrm{d}x=b\ln b-b+1=1$，故 $b\ln b-b=0$，即 $b\ln b=b$，由题干可知 $b\neq0$，所以 $\ln b=1$，即 $b=\mathrm{e}$.

5. C

【解析】由分部积分法可得

$$\int_1^2 x(\ln x)^2\mathrm{d}x=\int_1^2(\ln x)^2\mathrm{d}\left(\frac{x^2}{2}\right)=\frac{x^2}{2}(\ln x)^2\Big|_1^2-\frac{1}{2}\int_1^2 x^2\cdot2\ln x\cdot\frac{1}{x}\mathrm{d}x$$

$$=2(\ln 2)^2-\int_1^2 x\ln x\mathrm{d}x=2\ln^2 2-\int_1^2\ln x\mathrm{d}\left(\frac{x^2}{2}\right)$$

$$=2\ln^2 2-\frac{x^2}{2}\ln x\Big|_1^2+\frac{1}{2}\int_1^2 x\mathrm{d}x=2\ln^2 2-2\ln 2+\frac{x^2}{4}\Big|_1^2$$

$$=2\ln^2 2-2\ln 2+\frac{3}{4}.$$

6. D

【解析】因为 $f(x)$ 有一个原函数 $\frac{\sin x}{x}$，所以 $f(x)=\left(\frac{\sin x}{x}\right)'=\frac{x\cos x-\sin x}{x^2}$，因此有

$$\int_{\frac{\pi}{2}}^{\pi}xf'(x)\mathrm{d}x=\int_{\frac{\pi}{2}}^{\pi}x\mathrm{d}f(x)=xf(x)\Big|_{\frac{\pi}{2}}^{\pi}-\int_{\frac{\pi}{2}}^{\pi}f(x)\mathrm{d}x=\left(\cos x-\frac{\sin x}{x}\right)\Big|_{\frac{\pi}{2}}^{\pi}-\frac{\sin x}{x}\Big|_{\frac{\pi}{2}}^{\pi}=\frac{4}{\pi}-1.$$

7. A

【解析】令 $2x=u$，则

$$\int_0^1 xf''(2x)\mathrm{d}x=\int_0^2\frac{u}{2}f''(u)\frac{1}{2}\mathrm{d}u=\frac{1}{4}\int_0^2 uf''(u)\mathrm{d}u=\frac{1}{4}\int_0^2 u\mathrm{d}f'(u)$$

$$=\frac{1}{4}\left[uf'(u)\Big|_0^2-\int_0^2 f'(u)\mathrm{d}u\right]=\frac{1}{4}\left[2f'(2)-f(u)\Big|_0^2\right]$$

$$=\frac{1}{4}[2f'(2)-f(2)+f(0)]=\frac{5}{2}.$$

题型 30 对称区间上定积分的计算

母题精讲

母题 30 定积分$\int_{-1}^{1}(x\sqrt{|x|}+\sqrt{1-x^2})\mathrm{d}x=($ $)$.

A. 0 B. $\frac{\pi}{2}$ C. $\frac{\pi}{4}$ D. $\frac{1}{2}$ E. 1

【解析】$\int_{-1}^{1}(x\sqrt{|x|}+\sqrt{1-x^2})\mathrm{d}x=\int_{-1}^{1}x\sqrt{|x|}\mathrm{d}x+\int_{-1}^{1}\sqrt{1-x^2}\mathrm{d}x$.

其中$\int_{-1}^{1}x\sqrt{|x|}\mathrm{d}x$为奇函数，所以$\int_{-1}^{1}x\sqrt{|x|}\mathrm{d}x=0$. 则

$$\int_{-1}^{1}(x\sqrt{|x|}+\sqrt{1-x^2})\mathrm{d}x=\int_{-1}^{1}\sqrt{1-x^2}\mathrm{d}x=\frac{\pi}{2}.$$

【注意】根据定积分的几何意义可知$\int_{-1}^{1}\sqrt{1-x^2}\mathrm{d}x$为单位圆面积的一半，即$\int_{-1}^{1}\sqrt{1-x^2}\mathrm{d}x=\frac{\pi}{2}$.

【答案】B

母题技巧

1. 对称区间上函数的定积分有如下结论：设$f(x)$在闭区间$[-a,a]$上连续，则有

(1)若$f(x)$为偶函数，则$\int_{-a}^{a}f(x)\mathrm{d}x=2\int_{0}^{a}f(x)\mathrm{d}x$;

(2)若$f(x)$为奇函数，则$\int_{-a}^{a}f(x)\mathrm{d}x=0$.

2. 对于对称区间上函数定积分的计算分两步：首先判断被积函数的奇偶性，然后根据对称区间上定积分的公式进行求解.

其中判断函数奇偶性的方法主要有：

(1)利用定义来判断，大多数题目可通过此方法来判断.

(2)利用一些有关函数奇偶性的结论来判断：

①奇函数+奇函数=奇函数；

②偶函数+偶函数=偶函数；

③奇函数×奇函数=偶函数；

④偶函数×偶函数=偶函数；

⑤奇函数×偶函数=奇函数；

⑥若$f(x)$为奇函数，则$\int_{a}^{x}f(t)\mathrm{d}t$为偶函数；

⑦若$f(x)$为偶函数，则当$a=0$时，$\int_{a}^{x}f(t)\mathrm{d}t$一定为奇函数；当$a\neq0$时，奇偶性不能确定.

母题精练

1. $\int_{-\frac{\pi}{2}}^{\frac{\pi}{2}} |\sin x| \mathrm{d}x=(\quad)$.

A. 0 B. π C. $\frac{\pi}{2}$ D. 2 E. 1

2. 设 $f(x)=\begin{cases}1-x, & x<0,\\ 1, & x=0,\\ 1+x, & x>0,\end{cases}$ 则 $\int_{-1}^{1} f(x)\mathrm{d}x=(\quad)$.

A. $2\int_{0}^{1}(1+x)\mathrm{d}x$ B. 0 C. $2\int_{0}^{1}(1-x)\mathrm{d}x$

D. $2\int_{-1}^{0}(1+x)\mathrm{d}x$ E. $2\int_{-1}^{0}(1-x)\mathrm{d}x$

3. $\int_{-1}^{1}[(x^4+1)\sin x+x^2]\mathrm{d}x=(\quad)$.

A. 0 B. $\frac{1}{3}$ C. $\frac{2}{3}$ D. 2 E. $\frac{4}{3}$

4. 下列等式不成立的是( ).

A. $\int_{-1}^{1}\ln(\sqrt{1+x^2}-x)\mathrm{d}x=0$ B. $\int_{-1}^{1}\sin\left(x+\frac{\pi}{2}\right)\mathrm{d}x=0$

C. $\int_{-1}^{1}(\mathrm{e}^{x}-\mathrm{e}^{-x})\mathrm{d}x=0$ D. $\int_{-1}^{1}\arctan x\mathrm{d}x=0$

E. $\int_{-1}^{1}x(\sin x)^2\mathrm{d}x=0$

5. $\int_{-\frac{\pi}{2}}^{\frac{\pi}{2}}\frac{1}{1+\cos x}\mathrm{d}x=(\quad)$.

A. 0 B. 1 C. 3 D. 2 E. $\frac{4}{3}$

6. $\int_{-\frac{\pi}{2}}^{\frac{\pi}{2}}(x^3+\sin^2 x)\cos^2 x\mathrm{d}x=(\quad)$.

A. $\frac{\pi}{3}$ B. π C. $\frac{\pi}{2}$ D. $\frac{\pi}{4}$ E. $\frac{\pi}{8}$

7. $\int_{-\frac{\pi}{2}}^{\frac{\pi}{2}}\sqrt{1-\cos^2 x}\,\mathrm{d}x=(\quad)$.

A. 0 B. 1 C. 2 D. 3 E. 4

8. 设 $I_1=\int_{-\frac{\pi}{2}}^{\frac{\pi}{2}}\frac{\sin x}{1+x^2}\cos^4 x\mathrm{d}x$，$I_2=\int_{-\frac{\pi}{2}}^{\frac{\pi}{2}}(\sin^3 x+\cos^4 x)\mathrm{d}x$，$I_3=\int_{-\frac{\pi}{2}}^{\frac{\pi}{2}}(x^3\sin^2 x-\sqrt{\cos x})\mathrm{d}x$，则 I_1，I_2，I_3 的大小关系为( ).

A. $I_3<I_1<I_2$ B. $I_3<I_2<I_1$ C. $I_2<I_1<I_3$

D. $I_2<I_3<I_1$ E. $I_1<I_3<I_2$

9. $\int_{-1}^{1}(\sqrt{1-x^2}-x\cos^2 x)\mathrm{d}x=($　　$)$.

A. 0　　B. 1　　C. $\frac{\pi}{2}$　　D. π　　E. 2π

10. $\int_{-\frac{1}{2}}^{\frac{1}{2}}\frac{x\arcsin x}{\sqrt{1-x^2}}\mathrm{d}x=($　　$)$.

A. $1+\frac{\sqrt{3}}{6}\pi$　　B. $1-\frac{\sqrt{3}}{6}\pi$　　C. 0　　D. $1-\frac{\sqrt{3}}{3}\pi$　　E. $1+\frac{\sqrt{3}}{3}\pi$

答案详解

1. D

【解析】$|\sin x|$为偶函数，根据积分区间的对称性，可得

$$\int_{-\frac{\pi}{2}}^{\frac{\pi}{2}}|\sin x|\mathrm{d}x=2\int_0^{\frac{\pi}{2}}\sin x\mathrm{d}x=-2\cos x\Big|_0^{\frac{\pi}{2}}=2.$$

2. A

【解析】在区间$[-1,1]$上，有$f(-x)=\begin{cases}1-x, & x<0,\\ 1, & x=0,\\ 1+x, & x>0,\end{cases}$显然$f(x)$为偶函数，于是由偶函数在对称区间上的性质，可知

$$\int_{-1}^{1}f(x)\mathrm{d}x=2\int_0^1 f(x)\mathrm{d}x=2\int_0^1(1+x)\mathrm{d}x.$$

3. C

【解析】因为在$[-1,1]$上$(x^4+1)\sin x$为连续的奇函数，所以$\int_{-1}^{1}(x^4+1)\sin x\mathrm{d}x=0$.

x^2是偶函数，根据对称区间上偶函数定积分的公式，可得

$$原式=\int_{-1}^{1}x^2\mathrm{d}x=2\int_0^1 x^2\mathrm{d}x=2\cdot\frac{x^3}{3}\Big|_0^1=\frac{2}{3}.$$

4. B

【解析】由奇偶函数的定义可判断A、C、D、E项中被积函数均为奇函数，故在对称区间$[-1,1]$上的积分为0. 根据排除法，选B项.

经验证，因为$\sin\left(x+\frac{\pi}{2}\right)=\cos x$是偶函数，所以$\int_{-1}^{1}\sin\left(x+\frac{\pi}{2}\right)\mathrm{d}x=\int_{-1}^{1}\cos x\mathrm{d}x=2\sin1\neq0$.

故B项不正确.

5. D

【解析】因为$\frac{1}{1+\cos x}$是偶函数，所以根据对称区间上偶函数定积分的公式可得

$$\int_{-\frac{\pi}{2}}^{\frac{\pi}{2}}\frac{1}{1+\cos x}\mathrm{d}x=2\int_0^{\frac{\pi}{2}}\frac{1}{1+\cos x}\mathrm{d}x=2\int_0^{\frac{\pi}{2}}\frac{1}{2\cos^2\frac{x}{2}}\mathrm{d}x=2\int_0^{\frac{\pi}{2}}\sec^2\frac{x}{2}\mathrm{d}\left(\frac{x}{2}\right)=2\tan\frac{x}{2}\Big|_0^{\frac{\pi}{2}}=2.$$

6. E

【解析】方法一：$\int_{-\frac{\pi}{2}}^{\frac{\pi}{2}}(x^3+\sin^2 x)\cos^2 x\,\mathrm{d}x=\int_{-\frac{\pi}{2}}^{\frac{\pi}{2}}x^3\cos^2 x\,\mathrm{d}x+\int_{-\frac{\pi}{2}}^{\frac{\pi}{2}}\sin^2 x\cos^2 x\,\mathrm{d}x$，因为 $x^3\cos^2 x$ 为奇函数，所以 $\int_{-\frac{\pi}{2}}^{\frac{\pi}{2}}x^3\cos^2 x\,\mathrm{d}x=0$，而 $\sin^2 x\cos^2 x$ 为偶函数，故

$$原式=\int_{-\frac{\pi}{2}}^{\frac{\pi}{2}}\sin^2 x\cos^2 x\,\mathrm{d}x=2\int_0^{\frac{\pi}{2}}\frac{1}{4}\sin^2 2x\,\mathrm{d}x=\frac{1}{2}\int_0^{\frac{\pi}{2}}\frac{1-\cos 4x}{2}\mathrm{d}x=\frac{\pi}{8}.$$

方法二：$原式=\int_{-\frac{\pi}{2}}^{\frac{\pi}{2}}\sin^2 x\cos^2 x\,\mathrm{d}x=2\int_0^{\frac{\pi}{2}}\sin^2 x(1-\sin^2 x)\,\mathrm{d}x=2\left(\int_0^{\frac{\pi}{2}}\sin^2 x\,\mathrm{d}x-\int_0^{\frac{\pi}{2}}\sin^4 x\,\mathrm{d}x\right)$

$$=2\times\left(\frac{\pi}{2}\times\frac{1}{2}-\frac{\pi}{2}\times\frac{1}{2}\times\frac{3}{4}\right)=\frac{\pi}{8}.$$

【注意】$\int_0^{\frac{\pi}{2}}\sin^n x\,\mathrm{d}x=\int_0^{\frac{\pi}{2}}\cos^n x\,\mathrm{d}x=\begin{cases}1\times\frac{2}{3}\times\frac{4}{5}\times\cdots\times\frac{n-3}{n-2}\times\frac{n-1}{n}, & n\text{ 为奇数},\\ \frac{\pi}{2}\times\frac{1}{2}\times\frac{3}{4}\times\cdots\times\frac{n-3}{n-2}\times\frac{n-1}{n}, & n\text{ 为偶数}\end{cases}\quad(n\geqslant 2).$

7. C

【解析】$\sqrt{1-\cos^2 x}$ 为偶函数，故 $\int_{-\frac{\pi}{2}}^{\frac{\pi}{2}}\sqrt{1-\cos^2 x}\,\mathrm{d}x=2\int_0^{\frac{\pi}{2}}\sqrt{1-\cos^2 x}\,\mathrm{d}x=2\int_0^{\frac{\pi}{2}}\sin x\,\mathrm{d}x=2.$

8. A

【解析】注意到 $\frac{\sin x}{1+x^2}\cos^4 x$，$\sin^3 x$，$x^3\sin^2 x$ 是奇函数，$\cos^4 x$，$\sqrt{\cos x}$ 是偶函数，且在 $\left(0,\frac{\pi}{2}\right)$ 上 $\cos x>0$. 由奇、偶函数在对称区间上的积分公式，再结合保号性，可知

$$I_1=0,\ I_2=\int_{-\frac{\pi}{2}}^{\frac{\pi}{2}}\sin^3 x\,\mathrm{d}x+\int_{-\frac{\pi}{2}}^{\frac{\pi}{2}}\cos^4 x\,\mathrm{d}x=2\int_0^{\frac{\pi}{2}}\cos^4 x\,\mathrm{d}x>0,$$

$$I_3=\int_{-\frac{\pi}{2}}^{\frac{\pi}{2}}x^3\sin^2 x\,\mathrm{d}x-\int_{-\frac{\pi}{2}}^{\frac{\pi}{2}}\sqrt{\cos x}\,\mathrm{d}x=-2\int_0^{\frac{\pi}{2}}\sqrt{\cos x}\,\mathrm{d}x<0.$$

所以 $I_3<I_1<I_2$.

9. C

【解析】被积函数 $\sqrt{1-x^2}$ 是偶函数，$x\cos^2 x$ 是奇函数，所以根据对称区间上奇、偶函数定积分的公式可得

$$\int_{-1}^{1}(\sqrt{1-x^2}-x\cos^2 x)\mathrm{d}x=\int_{-1}^{1}\sqrt{1-x^2}\,\mathrm{d}x-\int_{-1}^{1}x\cos^2 x\,\mathrm{d}x=\int_{-1}^{1}\sqrt{1-x^2}\,\mathrm{d}x=\frac{\pi}{2}.$$

10. B

【解析】因为 $\frac{x\arcsin x}{\sqrt{1-x^2}}$ 是偶函数，所以有

$$\int_{-\frac{1}{2}}^{\frac{1}{2}}\frac{x\arcsin x}{\sqrt{1-x^2}}\mathrm{d}x=2\int_0^{\frac{1}{2}}\frac{x\arcsin x}{\sqrt{1-x^2}}\mathrm{d}x=-2\int_0^{\frac{1}{2}}\arcsin x\,\mathrm{d}\sqrt{1-x^2}$$

$$=-2\left(\sqrt{1-x^2}\arcsin x\Big|_0^{\frac{1}{2}}-\int_0^{\frac{1}{2}}\sqrt{1-x^2}\frac{1}{\sqrt{1-x^2}}\mathrm{d}x\right)$$

$$=-2\left(\frac{\sqrt{3}}{12}\pi-\frac{1}{2}\right)=1-\frac{\sqrt{3}}{6}\pi.$$

题型 31 定积分的应用

母题精讲

母题 31 曲线 $y=x^2$ 与 $y=2-x^2$ 所围成的图形面积为(　　).

A. $\frac{4}{3}$　　B. $\frac{5}{3}$　　C. $\frac{2}{3}$　　D. $\frac{7}{3}$　　E. $\frac{8}{3}$

【解析】曲线 $y=x^2$ 与 $y=2-x^2$ 所围成的图形如图 3-4 中阴影部分所示.

由 $\begin{cases} y=x^2, \\ y=2-x^2, \end{cases}$ 解得交点坐标为 $(-1,\ 1)$ 和 $(1,\ 1)$，故

$$S=\int_{-1}^{1}(2-x^2-x^2)\mathrm{d}x=4\int_{0}^{1}(1-x^2)\mathrm{d}x=4\left(x-\frac{x^3}{3}\right)\Big|_0^1=\frac{8}{3}.$$

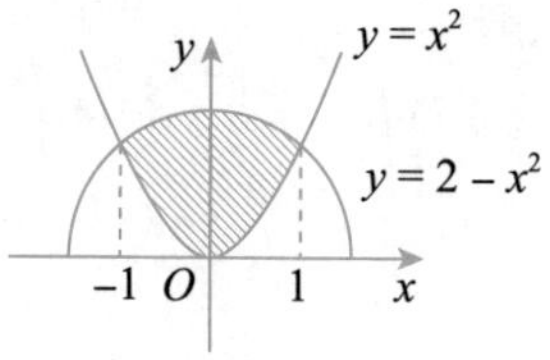

图 3-4

【答案】E

母题技巧

定积分的应用主要体现在几何上的应用和经济上的应用，在应用过程中关键是将题干信息转化为定积分的求解，进而求出结果.

1. 定积分在几何上的应用.

(1)在平面直角坐标系中，求平面图形的面积.

①由 $y=f(x)$，$y=g(x)$，$x=a$ 以及 $x=b(a<b)$ 围成图形的面积为

$$S=\int_a^b|f(x)-g(x)|\mathrm{d}x.$$

②由曲线 $x=\psi_1(y)$，$x=\psi_2(y)$ 和直线 $y=c$，$y=d(c<d)$ 围成图形的面积为

$$S=\int_c^d|\psi_1(y)-\psi_2(y)|\mathrm{d}y.$$

③若求曲线与坐标轴所围成图形的面积，应首先求出曲线与坐标轴的交点，根据交点确定积分区间，然后对曲线求积分，即为所求面积.

④若求两个曲线所围成的图形的面积，则应首先在坐标系中画出两个曲线的平面图形，特别是找出曲线之间的交点，根据交点确定积分区间，被积函数为图像中在上的曲线减去在下的曲线(或在右的曲线减去在左的曲线)，所得积分值即为曲线所围成的面积.

注　选择积分变量时，尽量选在区间内不分块或分块较少的.

(2)求平面曲线绕坐标轴旋转所得的旋转体的体积.

①由曲线 $y=f(x)$，直线 $x=a$，$x=b(a<b)$ 及 x 轴所围成的曲边梯形绕 x 轴旋转一周所形成的旋转体的体积为 $V=\pi\int_a^b[f(x)]^2\mathrm{d}x$.

②由曲线 $x=\varphi(y)$，直线 $y=c$，$y=d(c<d)$ 及 y 轴所围成的曲边梯形绕 y 轴旋转一周所形成的旋转体的体积为 $V=\pi\int_c^d[\varphi(y)]^2\mathrm{d}y$ 或 $V=2\pi\int_{\varphi(c)}^{\varphi(d)}x\left|\varphi^{-1}(x)\right|\mathrm{d}x$.

(3)求平面曲线的弧长.

①曲线弧由方程 $y=f(x)(a\leqslant x\leqslant b)$ 确定，其中 $f(x)$ 在 $[a,b]$ 上具有一阶连续导数，则弧长为 $l=\int_a^b\sqrt{1+y'^2}\,\mathrm{d}x$.

②曲线弧由参数方程 $\begin{cases}x=\varphi(t),\\y=\psi(t)\end{cases}$ $(\alpha\leqslant t\leqslant\beta)$ 确定，其中 $\varphi(t)$，$\psi(t)$ 在 $[\alpha,\beta]$ 上具有连续导数，且 $\varphi'(t)$，$\psi'(t)$ 不同时为零，则弧长为 $l=\int_\alpha^\beta\sqrt{\varphi'^2(t)+\psi'^2(t)}\,\mathrm{d}t$.

2. 定积分在经济方面的应用.

(1)设经济应用函数 $u(x)$ 的边际函数为 $u'(x)$，则有 $u(x)=u(0)+\int_0^x u'(t)\mathrm{d}t$.

这是由边际函数求总函数(即原函数)的公式，由此公式可求总成本函数、总收益函数、总利润函数.

(2)利用定积分求总量问题：如果求总函数在某个范围的改变量，则直接采用定积分来解决.

设总产量 $Q(t)$ 的变化率为 $Q'(t)$，则由 t_1 到 t_2 时间内生产的总产量为 $Q=\int_{t_1}^{t_2}Q'(t)\mathrm{d}t$.

母题精练

1. 曲线 $y=x^2+3$ 在区间 $[0,1]$ 上与 x 轴围成的曲边梯形的面积为(　　).

A. $\frac{4}{3}$　　B. $\frac{5}{3}$　　C. $\frac{10}{3}$　　D. $\frac{7}{3}$　　E. $\frac{8}{3}$

2. 由抛物线 $y^2=x+2$ 和直线 $x-y=0$ 所围成的区域 D 的面积为(　　).

A. $\frac{1}{3}$　　B. 2　　C. 1　　D. $\frac{9}{4}$　　E. $\frac{9}{2}$

3. 由直线 $x=0$，$x=5$，x 轴及曲线 $y=x^2-4x$ 所围成的图形的面积为(　　).

A. 4　　B. 2　　C. 10　　D. 13　　E. 11

4. 在区间 $\left[0,\frac{\pi}{2}\right]$ 上，曲线 $y=\sin x$ 与直线 $x=0$，$y=1$ 所围成的图形面积为(　　).

A. $\frac{\pi}{2}+1$　　B. $\frac{\pi}{2}-1$　　C. $\frac{\pi}{2}$　　D. $\frac{\pi}{4}-1$　　E. $\frac{\pi}{4}+1$

5. 由抛物线 $y=x^2$ 与直线 $y=x$ 和 $y=ax$ 所围成的平面图形的面积为 $S=\frac{7}{6}$，则 $a=$(　　)$(a>1)$.

A. 4　　B. 2　　C. 3　　D. 5　　E. 7

6. 由 $y=x^2+1$，$y=0$，$x=1$，$x=0$ 所围图形绕 x 轴旋转一周所得旋转体的体积为(　　).

A. $\frac{28}{15}\pi$　　B. $\frac{\pi}{2}$　　C. $\frac{7}{15}\pi$　　D. $\frac{3\pi}{5}$　　E. $\frac{2\pi}{5}$

7. 曲线 $y=x^2$ 与 $y^2=x$ 围成的平面图形绕 y 轴旋转一周所形成的旋转体的体积为(　　).

A. $\frac{4}{3}$　　B. $\frac{\pi}{2}$　　C. $\frac{1}{2}$　　D. $\frac{3\pi}{10}$　　E. $\frac{2\pi}{5}$

8. 曲线 $y=\ln x$ 相应于 $\sqrt{3}\leqslant x\leqslant\sqrt{8}$ 的一段弧的长度为(　　).

A. $1+\frac{1}{2}\ln\frac{3}{2}$　　B. $1+\ln\frac{3}{2}$　　C. $\frac{1}{2}\ln\frac{3}{2}$

D. $1+\frac{1}{2}\ln 3$　　E. $\frac{1}{2}+\frac{1}{2}\ln\frac{3}{2}$

9. 如图 3-5 所示，星形线 $\begin{cases}x=a\cos^3 t,\\ y=a\sin^3 t\end{cases}$ $(a>0,\ 0\leqslant t\leqslant 2\pi)$ 的全长为(　　).

A. $12a$　　B. $6a$

C. $4a$　　D. $3a$

E. $2a$

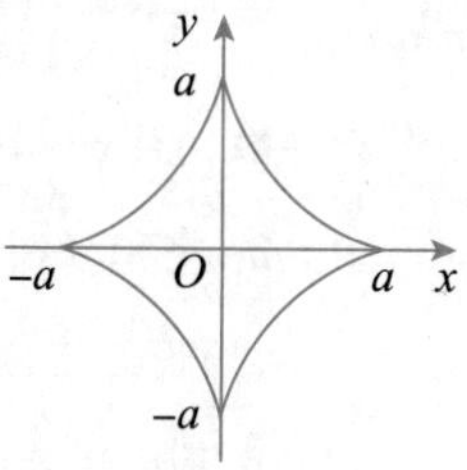

图 3-5

10. 已知某产品总产量的变化率为 $\frac{dQ}{dt}=40+12t-\frac{3}{2}t^2$(单位/天)，则从第 2 天到第 10 天产品的总产量为(　　)单位.

A. 400　　B. 200　　C. 300

D. 500　　E. 700

11. 一厂生产某产品 x 单位时，边际收益函数为 $R'(x)=200-\frac{x}{50}$(元/单位)，则生产这种产品 2 000单位时的平均单位收益(　　)元.

A. 400　　B. 200　　C. 180

D. 500　　E. 150

12. 若边际消费是收入 y 的函数 $C'(y)=\frac{3}{2}y-\frac{1}{2}$ 且收入为零时的总消费支出 $C_0=70$. 则消费函数 $C(y)=$(　　).

A. $\frac{3}{4}y^2-\frac{1}{2}y-70$　　B. $\frac{3}{4}y^2-\frac{1}{2}y$　　C. $\frac{3}{4}y^2-\frac{1}{2}y+C$

D. $\frac{3}{4}y^2-\frac{1}{2}y+70$　　E. $\frac{3}{4}y^2+\frac{1}{2}y+70$

答案详解

1. C

【解析】曲边梯形如图 3-6 中阴影部分所示.

则面积 $S=\int_0^1(x^2+3)dx=\left(\frac{1}{3}x^3+3x\right)\Big|_0^1=\frac{10}{3}$.

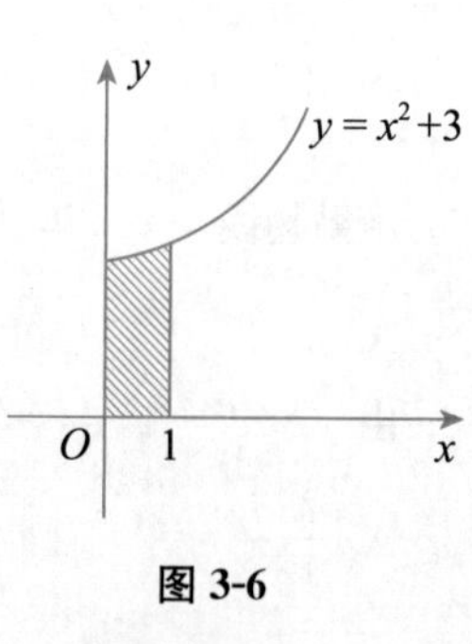

图 3-6

2. E

【解析】先作出 $y^2=x+2$ 和 $x-y=0$ 的图形，如图 3-7 所示．

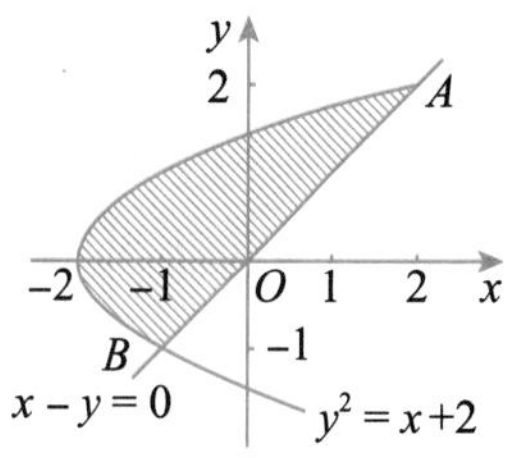

图 3-7

求抛物线与直线的交点，解方程组 $\begin{cases}y^2=x+2,\\x-y=0,\end{cases}$ 得交点为 $A(2,2)$，$B(-1,-1)$，观察图形可知，选 y 为积分变量比较简便，故所围成的图形的面积为

$$S=\int_{-1}^{2}[y-(y^2-2)]\mathrm{d}y=\left(\frac{y^2}{2}-\frac{y^3}{3}+2y\right)\Big|_{-1}^{2}=\frac{9}{2}.$$

3. D

【解析】如图 3-8 所示，确定积分变量为 x，积分区间为$[0,5]$，故所围成图形的面积为

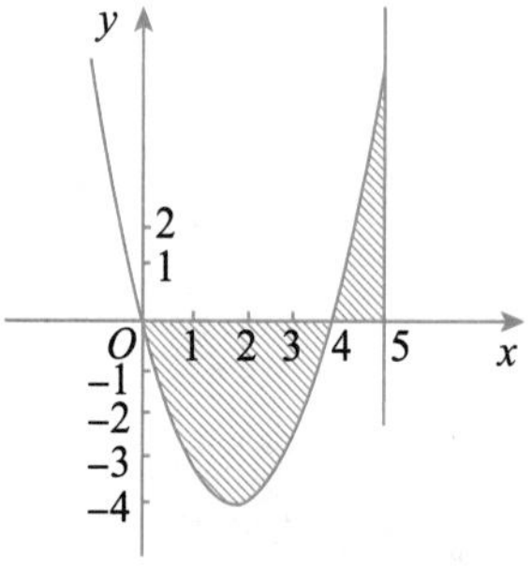

图 3-8

$$S=\int_0^5|x^2-4x|\mathrm{d}x=\int_0^4(4x-x^2)\mathrm{d}x+\int_4^5(x^2-4x)\mathrm{d}x$$

$$=\left(2x^2-\frac{1}{3}x^3\right)\Big|_0^4+\left(\frac{1}{3}x^3-2x^2\right)\Big|_4^5=13.$$

4. B

【解析】所围成的图形如图 3-9 所示．

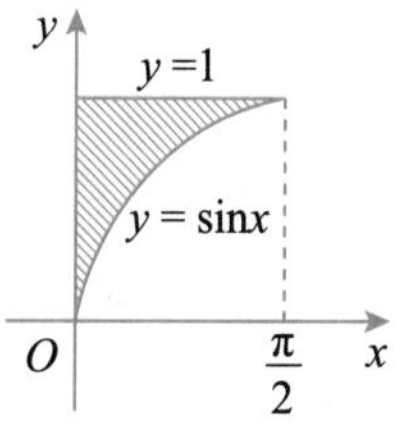

图 3-9

由 $\begin{cases}y=\sin x,\\y=1,\end{cases}$ 得 $\begin{cases}x=\dfrac{\pi}{2},\\y=1,\end{cases}$ 则所围图形的面积为

$$A=\int_0^{\frac{\pi}{2}}(1-\sin x)\mathrm{d}x=(x+\cos x)\Big|_0^{\frac{\pi}{2}}=\frac{\pi}{2}-1.$$

5. B

【解析】所围成的图形如图 3-10 所示．

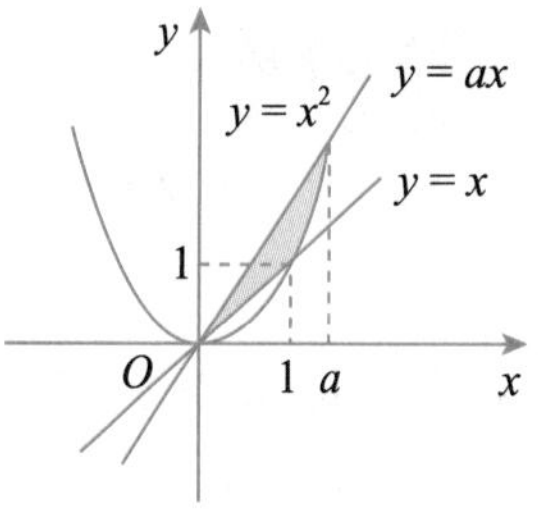

图 3-10

$$S=\int_0^1(ax-x)\mathrm{d}x+\int_1^a(ax-x^2)\mathrm{d}x$$

$$=\frac{a-1}{2}x^2\Big|_0^1+\left(\frac{a}{2}x^2-\frac{1}{3}x^3\right)\Big|_1^a$$

$$=\frac{a-1}{2}+\frac{1}{6}a^3-\frac{a}{2}+\frac{1}{3}=\frac{1}{6}a^3-\frac{1}{6}=\frac{7}{6},$$

解得 $a=2$.

6. A

【解析】如图 3-11 所示，所求旋转体的体积为

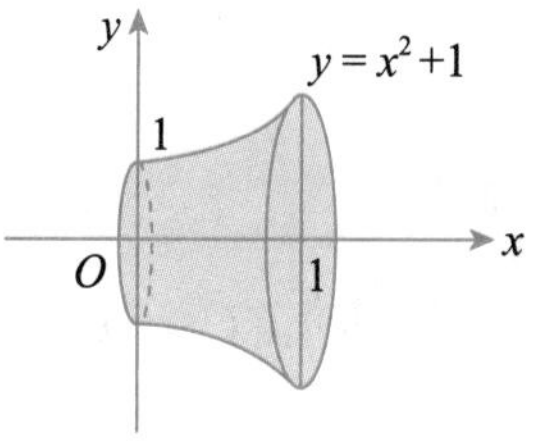

图 3-11

$$V=\pi\int_0^1(x^2+1)^2\mathrm{d}x=\pi\int_0^1(x^4+2x^2+1)\mathrm{d}x$$

$$=\pi\left(\frac{x^5}{5}+\frac{2x^3}{3}+x\right)\Big|_0^1$$

$$=\frac{28}{15}\pi.$$

7. D

【解析】如图 3-12 所示，所求旋转体的体积为曲线 $y=x^2$ 和 $y^2=x$ 在区间[0，1]上的部分分别绕 y 轴旋转一周所得旋转体的体积之差，即

$$V=\left|\pi\int_0^1(\sqrt{y})^2\mathrm{d}y-\pi\int_0^1(y^2)^2\mathrm{d}y\right|=\pi\int_0^1|y-y^4|\mathrm{d}y$$

$$=\pi\left|\frac{y^2}{2}-\frac{y^5}{5}\right|\Bigg|_0^1=\frac{3\pi}{10},$$

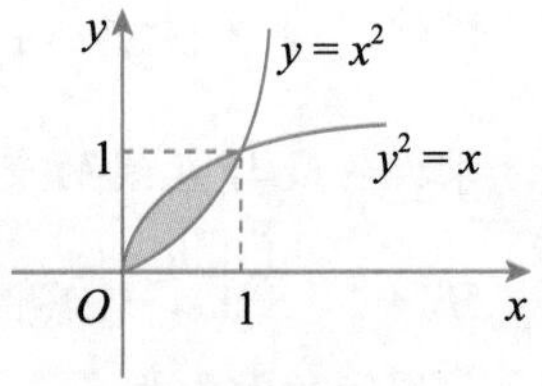

图 3-12

或 $V=2\pi\int_0^1 x\left|x^2-\sqrt{x}\right|\mathrm{d}x=2\pi\int_0^1\left|x^3-x^{\frac{3}{2}}\right|\mathrm{d}x=\frac{3\pi}{10}.$

8. A

【解析】$l=\int_{\sqrt{3}}^{\sqrt{8}}\sqrt{1+\left(\frac{1}{x}\right)^2}\mathrm{d}x=\int_{\sqrt{3}}^{\sqrt{8}}\sqrt{\frac{x^2+1}{x^2}}\mathrm{d}x\xlongequal{x^2+1=u^2}\int_2^3\frac{u^2}{u^2-1}\mathrm{d}u$

$$=\int_2^3\left(1+\frac{1}{u^2-1}\right)\mathrm{d}u=\left(u+\frac{1}{2}\ln\left|\frac{u-1}{u+1}\right|\right)\Bigg|_2^3=1+\frac{1}{2}\ln\frac{3}{2}.$$

9. B

【解析】根据图形的对称性，星形线的全长等于第一象限部分弧长的 4 倍，则

$$l=4l_1=4\int_0^{\frac{\pi}{2}}\sqrt{(-3a\cos^2t\sin t)^2+(3a\sin^2t\cos t)^2}\,\mathrm{d}t$$

$$=12a\int_0^{\frac{\pi}{2}}\sqrt{\cos^4t\sin^2t+\cos^2t\sin^4t}\,\mathrm{d}t=12a\int_0^{\frac{\pi}{2}}\sqrt{\cos^2t\sin^2t(\cos^2t+\sin^2t)}\,\mathrm{d}t$$

$$=12a\int_0^{\frac{\pi}{2}}\sin t\cos t\,\mathrm{d}t=6a.$$

【注意】因为 $x(t)$，$y(t)$在$[0，2\pi]$上不连续，则不可微，故不能直接求$[0，2\pi]$上的定积分．

10. A

【解析】所求总产量为

$$Q=\int_2^{10}Q'(t)\mathrm{d}t=\int_2^{10}\left(40+12t-\frac{3}{2}t^2\right)\mathrm{d}t=\left(40t+6t^2-\frac{1}{2}t^3\right)\Bigg|_2^{10}=400.$$

11. C

【解析】因为总收益是边际收益函数在$[0，x]$上的定积分，所以生产 x 单位时的总收益为

$$R(x)=\int_0^x\left(200-\frac{t}{50}\right)\mathrm{d}t=\left(200t-\frac{t^2}{100}\right)\Bigg|_0^x=200x-\frac{x^2}{100},$$

则平均单位收益为$\overline{R}(x)=\frac{R(x)}{x}=200-\frac{x}{100}$，故当生产 2 000 单位时，平均收益为

$$\overline{R}(2\,000)=200-\frac{2\,000}{100}=180(\text{元}).$$

12. D

【解析】$C(y)=C(0)+\int_0^y C'(t)\mathrm{d}t=70+\int_0^y\left(\frac{3}{2}t-\frac{1}{2}\right)\mathrm{d}t=\frac{3}{4}y^2-\frac{1}{2}y+70.$

第 4 章　多元函数微分学

题型 32　二元函数的极限

母题精讲

母题 32　极限 $\lim\limits_{\substack{x\to 0\\ y\to 0}}\dfrac{\sqrt{x}y}{x^3+y^2}=($　　$)$.

A. 4　　B. 3　　C. 2　　D. 1　　E. 不存在

【解析】因为 $\lim\limits_{\substack{x\to 0\\ y=kx^{\frac{5}{2}}}}\dfrac{\sqrt{x}\cdot kx^{\frac{5}{2}}}{x^3+k^2x^5}=\lim\limits_{x\to 0}\dfrac{k}{1+k^2x^2}=k$，故极限值随 k 的变化而变化．根据极限存在的唯一性知，$\lim\limits_{\substack{x\to 0\\ y\to 0}}\dfrac{\sqrt{x}y}{x^3+y^2}$ 不存在．

【答案】E

母题技巧

二元函数极限的求解，主要分为两种题型：

1. 形如 $\lim\limits_{\substack{x\to 0\\ y\to 0}}\dfrac{x^py^q}{x^m+y^n}$（$m$、$n$ 为正整数，p、q 为非负实数）的极限．

当 m 和 n 不全为偶数时，极限一定不存在；当 m 和 n 全为偶数时，若 $\dfrac{p}{m}+\dfrac{q}{n}>1$，则 $\lim\limits_{\substack{x\to 0\\ y\to 0}}\dfrac{x^py^q}{x^m+y^n}=0$，若 $\dfrac{p}{m}+\dfrac{q}{n}\leqslant 1$，则 $\lim\limits_{\substack{x\to 0\\ y\to 0}}\dfrac{x^py^q}{x^m+y^n}$ 不存在．证明极限不存在有两种方式：

(1) 可选择路径 $y=kx^{\frac{m-p}{q}}$ 来求极限，若极限值与 k 有关，说明极限不存在．

(2) 找出两种不同的趋近于点 (x_0, y_0) 的路径，若 $\lim\limits_{\substack{x\to x_0\\ y\to y_0}}f(x, y)$ 存在，但两个极限值不相等，则函数 $y=f(x)$ 在该点的极限不存在．

2. 其他类型的二元函数极限存在时，可以类似于一元函数那样利用两个重要极限、四则运算法则、无穷小性质等方法求极限．二元函数的极限比一元函数的极限复杂，但是大纲对此部分的考查较少，更注重对基础概念和极限存在性的考查，不像一元函数求极限需要掌握众多技巧．

母题精练

1. 极限$\lim\limits_{\substack{x\to0\\y\to0}}\frac{x^3y}{x^6+y^2}$=(　　).

A. 4　　B. 3　　C. 2　　D. 1　　E. 不存在

2. 极限$\lim\limits_{\substack{x\to2\\y\to0}}\frac{\sin xy}{y}$=(　　).

A. 不存在　　B. 0　　C. 2　　D. 1　　E. 0或1

答案详解

1. E

【解析】令$y=kx^{\frac{m-p}{q}}=kx^{\frac{6-3}{1}}=kx^3$，则$\lim\limits_{\substack{x\to0\\y=kx^3}}\frac{x^3\cdot kx^3}{x^6+k^2x^6}=\frac{k}{1+k^2}$，极限值随$k$的变化而变化．根据极限存在的唯一性知，极限$\lim\limits_{\substack{x\to0\\y\to0}}\frac{x^3y}{x^6+y^2}$不存在．

2. C

【解析】利用第一重要极限，则$\lim\limits_{\substack{x\to2\\y\to0}}\frac{\sin xy}{y}=\lim\limits_{\substack{x\to2\\y\to0}}\frac{\sin xy}{xy}\cdot x=\lim\limits_{\substack{x\to2\\y\to0}}\frac{\sin xy}{xy}\cdot\lim\limits_{\substack{x\to2\\y\to0}}x=2$.

题型33　具体二元函数的一阶偏导数

母题精讲

母题33　若$z=x^2+3xy+y^2$，则$\frac{\partial z}{\partial x}$=(　　).

A. $2x+3y$　　B. $2x+3y+3x+2y$　　C. $2x+2y$

D. $3x+2y$　　E. x^2+y^2

【解析】z对x求偏导，可将y看成常数，则由一元函数的求导公式，得$\frac{\partial z}{\partial x}=2x+3y$.

【答案】A

母题技巧

1. 利用导数的定义求偏导数．

(1)函数$f(x,y)$在点(x_0,y_0)处对x的偏导数为

$$f'_x(x_0,y_0)=\lim_{\Delta x\to0}\frac{f(x_0+\Delta x,y_0)-f(x_0,y_0)}{\Delta x};$$

(2)函数 $f(x, y)$ 在点 (x_0, y_0) 处对 y 的偏导数为

$$f'_y(x_0, y_0)=\lim_{\Delta y\to 0}\frac{f(x_0, y_0+\Delta y)-f(x_0, y_0)}{\Delta y}.$$

2. 二元函数求一阶偏导数，将两个变量中的一个看作常数，对另一个变量求导数，这时的二元函数可视为一元函数，因此在求偏导数时可利用一元函数的求导公式、运算法则去求解.

3. 求二元函数在点 (x_0, y_0) 处对 x(或 y)的一阶偏导数值，跟一元函数求导数值一样，步骤如下：

(1)先将 $y=y_0$(或 $x=x_0$)代入二元函数，使二元函数成为只关于 x(或 y)的一元函数；

(2)再求该一元函数对 x(或 y)的导数，最后将 $x=x_0$(或 $y=y_0$)代入求值.

母题精练

1. 设 $z=\arctan\frac{x}{y}$，则 $\frac{\partial z}{\partial y}=($ $)$.

A. $\frac{x}{x^2+y^2}$ B. $-\frac{x}{x^2+y^2}$ C. $-\frac{1}{x^2+y^2}$ D. $\frac{y}{x^2+y^2}$ E. $-\frac{x}{x+y}$

2. 已知函数 $z=\sin^2(x-2y)$，则 $\frac{\partial z}{\partial y}=($ $)$.

A. $-\sin(2x-4y)$ B. $-2\sin(x-4y)$ C. $\sin(2x-4y)$

D. $-2\sin(x-y)\cos(x-y)$ E. $-2\sin(2x-4y)$

3. 设函数 $z=\arcsin(\sqrt{x^2+2y^2})$，则 $\frac{\partial z}{\partial x}=($ $)$.

A. $\frac{y}{\sqrt{(1-x^2-2y^2)(x^2+2y^2)}}$ B. $\frac{x}{\sqrt{(1-x^2-2y^2)(x^2+2y^2)}}$

C. $\frac{2y}{\sqrt{(1-x^2-2y^2)(x^2+2y^2)}}$ D. $\frac{2x}{\sqrt{(1-x^2-2y^2)(x^2+2y^2)}}$

E. $\frac{1}{\sqrt{1-x^2-2y^2}}$

4. 设 $z=\frac{e^x}{x-y}$，则 $\frac{\partial z}{\partial x}=($ $)$.

A. $\frac{e^x}{(x-y)^2}$ B. $\frac{e^x(x-y-1)}{x-y}$ C. $\frac{e^x(x-y-1)}{(x-y)^2}$

D. $\frac{xe^x}{(x-y)^2}$ E. $\frac{e^x(x-y+1)}{(x-y)^2}$

5. 若 $z=e^{2x-3y}+2y$，则 $\frac{\partial z}{\partial x}=($ $)$.

A. $2e^{2x-3y}+2$ B. $2e^{2x-3y}$ C. e^{2x-3y} D. $e^{2x-3y}+2y$ E. $2e^{2x-3y}-6$

6. 设 $z=e^{x}\sin 2y$，则 $\left.\frac{\partial z}{\partial y}\right|_{\substack{x=1\\ y=\frac{\pi}{4}}}=(\quad)$.

A. 2e　　B. 0　　C. $-2e$　　D. e　　E. $-e$

7. 已知 $f(x,y)=x^{2}+(y-1)\arccos\sqrt{\frac{x}{y}}$，则 $f_{x}'(2,1)=(\quad)$.

A. -4　　B. -2　　C. 0　　D. 4　　E. 2

8. 设 $f(x,y)=\begin{cases}\frac{xy}{\sqrt{x^{2}+y^{2}}}, & (x,y)\neq(0,0),\\ 0, & (x,y)=(0,0),\end{cases}$ 则 $f_{x}'(x,y)=(\quad)$.

A. $\begin{cases}\frac{y^{3}}{(x^{2}+y^{2})^{\frac{3}{2}}}, & (x,y)\neq(0,0),\\ 0, & (x,y)=(0,0)\end{cases}$

B. $\begin{cases}\frac{x^{3}}{(x^{2}+y^{2})^{\frac{3}{2}}}, & (x,y)\neq(0,0),\\ 0, & (x,y)=(0,0)\end{cases}$

C. $\frac{y^{3}}{(x^{2}+y^{2})^{\frac{3}{2}}}$

D. $\frac{x^{3}}{(x^{2}+y^{2})^{\frac{3}{2}}}$

E. 不存在

9. 设 $z=3+xy^{2}-\sqrt{x^{2}+y}$，则 $\left.\frac{\partial z}{\partial x}\right|_{\substack{x=2\\ y=5}}=(\quad)$.

A. $\frac{73}{3}$　　B. $\frac{13}{3}$　　C. $\frac{7}{3}$　　D. $\frac{1}{3}$　　E. $\frac{70}{3}$

答案详解

1. B

【解析】将 x 看作常数，根据一元函数求导法则，有

$$\frac{\partial z}{\partial y}=\frac{1}{1+\left(\frac{x}{y}\right)^{2}}\cdot\left(-\frac{x}{y^{2}}\right)=-\frac{x}{x^{2}+y^{2}}.$$

2. E

【解析】将 x 看作常数，根据一元函数求导法则，有

$$\frac{\partial z}{\partial y}=2\sin(x-2y)\cos(x-2y)\cdot(-2)=-2\sin(2x-4y).$$

3. B

【解析】将 y 看作常数，根据一元函数求导法则，有

$$\frac{\partial z}{\partial x}=\frac{1}{\sqrt{1-(\sqrt{x^{2}+2y^{2}})^{2}}}\cdot\frac{2x}{2\sqrt{x^{2}+2y^{2}}}=\frac{x}{\sqrt{(1-x^{2}-2y^{2})(x^{2}+2y^{2})}}.$$

4. C

【解析】将 y 看作常数，根据一元函数求导法则，有

$$\frac{\partial z}{\partial x}=\frac{e^{x}(x-y)-e^{x}}{(x-y)^{2}}=\frac{e^{x}(x-y-1)}{(x-y)^{2}}.$$

5. B

【解析】将 y 看作常数，根据一元函数求导法则，有$\frac{\partial z}{\partial x}=2e^{2x-3y}$.

6. B

【解析】本题对 y 求偏导，先将 $x=1$ 代入函数中，可得 $z=e\cdot\sin 2y$，再求 z 对 y 的导数，得$\frac{\partial z}{\partial y}=2e\cdot\cos 2y$，故$\left.\frac{\partial z}{\partial y}\right|_{\substack{x=1\\y=\frac{\pi}{4}}}=2e\cdot\cos\frac{\pi}{2}=0$.

7. D

【解析】本题对 x 求偏导，先将 $y=1$ 代入 $f(x,\ y)$ 中，得 $f(x,\ 1)=x^2$，所以 $f'_x(x,\ 1)=2x$，$f'_x(2,\ 1)=4$.

8. A

【解析】当$(x,\ y)\neq(0,\ 0)$时，由四则运算求导法则得

$$f'_x(x,\ y)=\frac{y\sqrt{x^2+y^2}-xy\cdot\frac{1}{2}(x^2+y^2)^{-\frac{1}{2}}\cdot 2x}{x^2+y^2}=\frac{y^3}{(x^2+y^2)^{\frac{3}{2}}};$$

当$(x,\ y)=(0,\ 0)$时，由定义求导得

$$f'_x(0,\ 0)=\lim_{\Delta x\to 0}\frac{f(0+\Delta x,\ 0)-f(0,\ 0)}{\Delta x}=\lim_{\Delta x\to 0}\frac{0-0}{\Delta x}=0.$$

故

$$f'_x(x,\ y)=\begin{cases}\dfrac{y^3}{(x^2+y^2)^{\frac{3}{2}}}, & (x,\ y)\neq(0,\ 0),\\ 0, & (x,\ y)=(0,\ 0).\end{cases}$$

9. A

【解析】本题对 x 求偏导，先将 $y=5$ 代入函数中，可得 $z=3+25x-\sqrt{x^2+5}$，再求 z 对 x 的导数，得$\frac{\partial z}{\partial x}=25-\frac{x}{\sqrt{x^2+5}}$，故$\left.\frac{\partial z}{\partial x}\right|_{\substack{x=2\\y=5}}=25-\frac{2}{3}=\frac{73}{3}$.

题型 34 幂指函数的一阶偏导数

母题精讲

母题 34 若 $z=x^{xy}$，则$\frac{\partial z}{\partial x}=$(　　).

A. $x^{xy}(xy\ln x+y)$

B. $x^{xy}(y\ln x+y)$

C. $x^{xy}(y\ln x+xy)$

D. $x^{xy}(\ln x+1)$

E. $x^{xy}(xy+y)$

【解析】对 z 进行等价变形，得 $z=e^{xy\ln x}$，则$\frac{\partial z}{\partial x}=x^{xy}(y\ln x+y)$.

【答案】B

母题技巧

对幂指函数 $[f(x,y)]^{g(x,y)}$ 求偏导数，先将其进行等价变形，写成 $e^{\ln f(x,y) g(x,y)}=e^{g(x,y)\ln f(x,y)}$ 的形式，再将其看作指数函数求偏导，把两个变量中的一个看作常数，对另一个变量求导数，利用复合函数及四则运算求导法则进行求解.

母题精练

1. 若 $z=(x+2y)^{3x^2+y^2}$，则 $\frac{\partial z}{\partial x}=($　　$)$.

A. $(x+2y)^{3x^2+y^2}\left[6x\ln(x+2y)+\frac{3x^2+y^2}{x+2y}\right]$

B. $(3x^2+y^2)(x+2y)^{3x^2+y^2-1}$

C. $(x+2y)^{3x^2+y^2}\ln(x+2y)$

D. $6x(x+2y)^{3x^2+y^2}\ln(x+2y)$

E. $6x\ln(x+2y)+\frac{3x^2+y^2}{x+2y}$

2. 若 $z=(x^2y+1)^{\ln(x+y)}$，则 $\frac{\partial z}{\partial x}=($　　$)$.

A. $(x^2y+1)^{\ln(x+y)}\left[2x\ln(x+y)+\frac{x^2y+1}{x+y}\right]$

B. $\ln(x+y)(x^2y+1)^{\ln(x+y)-1}$

C. $(x^2y+1)^{\ln(x+y)}\left[\frac{\ln(x^2y+1)}{x+y}+\ln(x+y)\frac{2xy}{x^2y+1}\right]$

D. $(x^2y+1)^{\ln(x+y)}\ln(x^2y+1)$

E. $(x^2y+1)^{\ln(x+y)}\left[\frac{1}{x^2y+1}\ln(x+y)+\frac{\ln(x^2y+1)}{x+y}\right]$

3. 若 $z=(x^2+y^2)^{\sin(x+y)}$，则 $\frac{\partial z}{\partial y}=($　　$)$.

A. $(x^2+y^2)^{\sin(x+y)}\left[\frac{1}{x^2+y^2}\sin(x+y)+\ln(x^2+y^2)\cos(x+y)\right]$

B. $(x^2+y^2)^{\sin(x+y)}\left[\frac{y^2}{x^2+y^2}\sin(x+y)+\ln(x^2+y^2)\cos(x+y)\right]$

C. $(x^2+y^2)^{\sin(x+y)}\left[\frac{2y}{x^2+y^2}\sin(x+y)-\ln(x^2+y^2)\cos(x+y)\right]$

D. $(x^2+y^2)^{\sin(x+y)}\left[\frac{2y}{x^2+y^2}\cos(x+y)+\ln(x^2+y^2)\sin(x+y)\right]$

E. $(x^2+y^2)^{\sin(x+y)}\left[\frac{2y}{x^2+y^2}\sin(x+y)+\ln(x^2+y^2)\cos(x+y)\right]$

4. 若 $z=(xy+1)^x$，则 $\frac{\partial z}{\partial x}=(\quad)$.

A. $xy(xy+1)^{x-1}$

B. $(xy+1)^x\ln(xy+1)$

C. $x(xy+1)^{x-1}$

D. $(xy+1)^x\left[\ln(xy+1)+\frac{xy}{xy+1}\right]$

E. $y(xy+1)^x\ln(xy+1)$

答案详解

1. A

【解析】对 z 进行等价变形，得 $z=\mathrm{e}^{(3x^2+y^2)\ln(x+2y)}$，则

$$\frac{\partial z}{\partial x}=(x+2y)^{3x^2+y^2}\left[6x\ln(x+2y)+\frac{3x^2+y^2}{x+2y}\right].$$

2. C

【解析】$z=\mathrm{e}^{\ln(x+y)\ln(x^2y+1)}$，则 $\frac{\partial z}{\partial x}=(x^2y+1)^{\ln(x+y)}\left[\frac{\ln(x^2y+1)}{x+y}+\ln(x+y)\frac{2xy}{x^2y+1}\right]$.

3. E

【解析】$z=\mathrm{e}^{\sin(x+y)\ln(x^2+y^2)}$，则

$$\frac{\partial z}{\partial y}=(x^2+y^2)^{\sin(x+y)}\left[\frac{2y}{x^2+y^2}\sin(x+y)+\ln(x^2+y^2)\cos(x+y)\right].$$

4. D

【解析】$z=\mathrm{e}^{x\ln(xy+1)}$，则 $\frac{\partial z}{\partial x}=(xy+1)^x\left[\ln(xy+1)+\frac{xy}{xy+1}\right]$.

题型 35 多元复合函数求一阶偏导数

母题精讲

母题 35 设 $z=\ln u\cos v$，$u=xy$，$v=2x-y$，$\frac{\partial z}{\partial x}=(\quad)$.

A. $\frac{\cos(2x-y)}{x}-2\sin(2x-y)\ln(xy)$

B. $\frac{\cos(2x-y)}{x^2y^2}-2\sin(2x-y)\ln(xy)$

C. $\frac{\cos(2x-y)}{x^2y}-\sin(2x-y)\ln(xy)$

D. $\frac{\cos(2x-y)}{x^2y^2}-\sin(2x-y)\ln(xy)$

E. $\frac{\cos(2x-y)}{x^2y}-\sin(4x-2y)\ln(xy)$

【解析】由多元复合函数求导法则，结合复合路径图，如图 4-1 所示，可得

$$\frac{\partial z}{\partial x}=\frac{\partial z}{\partial u}\frac{\partial u}{\partial x}+\frac{\partial z}{\partial v}\frac{\partial v}{\partial x}=\frac{\cos v}{u}\cdot y-\sin v\ln u\cdot 2$$

$$=\frac{\cos(2x-y)}{x}-2\sin(2x-y)\ln(xy).$$

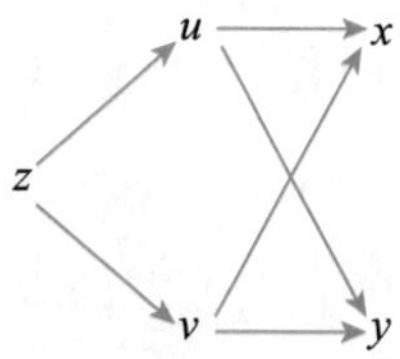

图 4-1

【答案】A

母题技巧

多元复合函数求偏导，需要根据链式法则："同链相乘，异链相加"，最好画出复合路径图，辅助理清变量之间的关系．如求 z 对 x 的偏导数时，只要从 z 出发，按图中的路线找出到达 x 的所有路径，每一条路径对应了公式的一项，项与项相加，而每一条路径中各步骤所得导数相乘．

多元复合函数求偏导的类型如下：

1. 由二元函数 $u=u(x,y)$，$v=v(x,y)$，$z=f(u,v)$复合而成的函数 $z=f[u(x,y),v(x,y)]$，有

$$\frac{\partial z}{\partial x}=\frac{\partial f}{\partial u}\cdot\frac{\partial u}{\partial x}+\frac{\partial f}{\partial v}\cdot\frac{\partial v}{\partial x},\ \frac{\partial z}{\partial y}=\frac{\partial f}{\partial u}\cdot\frac{\partial u}{\partial y}+\frac{\partial f}{\partial v}\cdot\frac{\partial v}{\partial y}.$$

2. 由二元函数 $z=f(u,v)$和两个一元函数 $u=\varphi(x)$，$v=\psi(x)$复合而成的函数 $z=f[\varphi(x),\psi(x)]$. 此复合函数是 x 的一元函数，这时复合函数对 x 的导数$\frac{\mathrm{d}z}{\mathrm{d}x}$称为全导数，有$\frac{\mathrm{d}z}{\mathrm{d}x}=\frac{\partial f}{\partial u}\cdot\frac{\mathrm{d}u}{\mathrm{d}x}+\frac{\partial f}{\partial v}\cdot\frac{\mathrm{d}v}{\mathrm{d}x}$.

3. 由二元函数 $z=f(u,v)$和函数 $u=u(x,y)$，$v=\psi(x)$复合而成的函数 $z=f[u(x,y),\psi(x)]$，有

$$\frac{\partial z}{\partial x}=\frac{\partial f}{\partial u}\cdot\frac{\partial u}{\partial x}+\frac{\partial f}{\partial v}\cdot\frac{\mathrm{d}v}{\mathrm{d}x},\ \frac{\partial z}{\partial y}=\frac{\partial f}{\partial u}\cdot\frac{\partial u}{\partial y}.$$

4. 由函数 $z=f(u,x,y)$和函数 $u=u(x,y)$复合而成的函数 $z=f[u(x,y),x,y]$，有

$$\frac{\partial z}{\partial x}=\frac{\partial f}{\partial u}\cdot\frac{\partial u}{\partial x}+\frac{\partial f}{\partial x},\ \frac{\partial z}{\partial y}=\frac{\partial f}{\partial u}\cdot\frac{\partial u}{\partial y}+\frac{\partial f}{\partial y}.$$

注　这里$\frac{\partial z}{\partial x}$与$\frac{\partial f}{\partial x}$是不同的，$\frac{\partial z}{\partial x}$是把复合函数 $z=f[u(x,y),x,y]$中的 y 看作常量时对 x 的偏导数，$\frac{\partial f}{\partial x}$是把 $z=f(u,x,y)$中的 u 和 y 看作常量时对 x 的偏导数．$\frac{\partial z}{\partial y}$与$\frac{\partial f}{\partial y}$也有类似的区别．

母题精练

1. 设 $z=e^{xy^2}$，$x=\sin^2 y$，则$\frac{\partial z}{\partial y}$=(　　).

A. $e^{xy^2}(2xy+\sin 2y)$　　B. $e^{xy^2}(2xy+y^2\sin 2y)$

C. $e^{xy^2}(2xy+2y^2\sin y)$　　D. $e^{xy^2}(2xy+y^2\cos^2 y)$

E. $e^{xy^2}(2y+y^2\sin 2y)$

2. 设 $z=e^u\sin v$，且 $u=xy$，$v=2x+y$，则$\frac{\partial z}{\partial x}$=(　　).

A. $e^{xy}[y\sin(2x+y)+2\cos(2x+y)]$

B. $e^{xy}[x\sin(2x+y)+2\cos(2x+y)]$

C. $e^{xy}[\sin(2x+y)+\cos(2x+y)]$

D. $e^{xy}[y\sin(2x+y)-2\cos(2x+y)]$

E. $e^{xy}[y\sin(2x+y)-\cos(2x+y)]$

3. 设 $z=u^2\ln v$，且 $u=\frac{x}{y}$，$v=3x+2y$，则$\frac{\partial z}{\partial x}$，$\frac{\partial z}{\partial y}$分别为(　　).

A. $\frac{\partial z}{\partial x}=-\frac{2x}{y^2}\ln(3x+2y)+\frac{3x^2}{3xy^2+2y^3}$，$\frac{\partial z}{\partial y}=-\frac{2x^2}{y^3}\ln(3x+2y)+\frac{2x^2}{3xy^2+2y^3}$

B. $\frac{\partial z}{\partial x}=\frac{2x}{y^2}\ln(3x+2y)+\frac{3x^2}{3xy^2+2y^3}$，$\frac{\partial z}{\partial y}=\frac{2x^2}{y^3}\ln(3x+2y)+\frac{2x^2}{3xy^2+2y^3}$

C. $\frac{\partial z}{\partial x}=\frac{2x}{y^2}\ln(3x+2y)+\frac{2x^2}{3xy^2+2y^3}$，$\frac{\partial z}{\partial y}=-\frac{2x^2}{y^3}\ln(3x+2y)+\frac{3x^2}{3xy^2+2y^3}$

D. $\frac{\partial z}{\partial x}=-\frac{2x}{y^2}\ln(3x+2y)+\frac{3x^2}{3xy^2+2y^3}$，$\frac{\partial z}{\partial y}=\frac{2x^2}{y^3}\ln(3x+2y)+\frac{2x^2}{3xy^2+2y^3}$

E. $\frac{\partial z}{\partial x}=\frac{2x}{y^2}\ln(3x+2y)+\frac{3x^2}{3xy^2+2y^3}$，$\frac{\partial z}{\partial y}=-\frac{2x^2}{y^3}\ln(3x+2y)+\frac{2x^2}{3xy^2+2y^3}$

4. 设 $z=\ln(u+v)$，$u=\sin xy$，$v=x+y$，则$\frac{\partial z}{\partial x}$=(　　).

A. $\frac{\cos xy+1}{x+y+\sin xy}$　　B. $\frac{y\cos xy+y}{x+y+\sin xy}$　　C. $\frac{y\cos xy+1}{x+y+\sin xy}$

D. $\frac{y\sin xy+1}{x+y+\sin xy}$　　E. $\frac{\cos xy+y}{x+y+\sin xy}$

5. 设 $z=u\cdot v$，$u=e^x\cos y$，$v=e^x\sin y$，则$\frac{\partial z}{\partial x}$，$\frac{\partial z}{\partial y}$分别为(　　).

A. $\frac{\partial z}{\partial x}=e^x\sin 2y$，$\frac{\partial z}{\partial y}=e^{2x}\sin 2y$　　B. $\frac{\partial z}{\partial x}=e^{2x}\sin y\cos y$，$\frac{\partial z}{\partial y}=e^{2x}$

C. $\frac{\partial z}{\partial x}=e^{2x}\sin 2y$，$\frac{\partial z}{\partial y}=e^{2x}\sin 2y$　　D. $\frac{\partial z}{\partial x}=e^{2x}\sin 2y$，$\frac{\partial z}{\partial y}=e^{2x}\cos 2y$

E. $\frac{\partial z}{\partial x}=e^{2x}\sin 2y$，$\frac{\partial z}{\partial y}=-e^{2x}\cos 2y$

6. 设 $z=f(x^2y,\ e^{xy})$，其中 f 具有一阶连续偏导数，则 $\frac{\partial z}{\partial y}=$(　　).

A. $x^2f_1'+xe^{xy}f_2'$　　B. $2xf_1'+xe^{xy}f_2'$　　C. $xf_1'+xe^{xy}f_2'$

D. $x^2f_1'+e^{xy}f_2'$　　E. $x^2yf_1'+e^{xy}f_2'$

7. 设函数 $z=f\left(\frac{e^x}{y},\ \frac{y}{\cos x}\right)$，其中 f 是可微函数，则 $\frac{\partial z}{\partial x}=$(　　).

A. $\frac{e^x}{y}f_1'-\frac{y\sin x}{\cos^2 x}f_2'$　　B. $\frac{e^x}{y}f_1'-\frac{y}{\sin x}f_2'$　　C. $\frac{e^x}{y}f_1'+\frac{y\sin x}{\cos^2 x}f_2'$

D. $\frac{e^x}{y}f_1'+\frac{y}{\sin x}f_2'$　　E. $\frac{e^x}{y}\frac{\partial f}{\partial x}+\frac{y\sin x}{\cos^2 x}\frac{\partial f}{\partial y}$

8. 已知 $z=f\left(x,\ \frac{y}{x}\right)$，令 $u=x$，$v=\frac{y}{x}$，则方程 $x\frac{\partial z}{\partial x}+y\frac{\partial z}{\partial y}=z$ 可化成新方程(　　).

A. $v\frac{\partial z}{\partial u}=z$　　B. $v\frac{\partial z}{\partial v}=z$　　C. $u\frac{\partial z}{\partial v}=z$　　D. $u\frac{\partial z}{\partial u}=z$　　E. $uv\frac{\partial z}{\partial u}=z$

9. 设 $w=f(x+y+z,\ xyz)$，f 具有二阶连续偏导数，则 $\frac{\partial w}{\partial x}=$(　　).

A. $f_1'-yz\cdot f_2'$　　B. $f_1'+yz\cdot f_2'$

C. $(y+z)f_1'+yz\cdot f_2'$　　D. $f_1'+xyz\cdot f_2'$

E. $xf_1'+yz\cdot f_2'$

10. 设 $z=xy-f\left(\frac{y}{x}\right)$，$f(u)$可导，则 z_x'，z_y'分别为(　　).

A. $z_x'=y+f'\left(\frac{y}{x}\right)\cdot\frac{y}{x^2}$，$z_y'=x-\frac{1}{x}\cdot f'\left(\frac{y}{x}\right)$

B. $z_x'=y-f'\left(\frac{y}{x}\right)\cdot\frac{y}{x^2}$，$z_y'=x-\frac{1}{x}\cdot f'\left(\frac{y}{x}\right)$

C. $z_x'=y+f'\left(\frac{y}{x}\right)$，$z_y'=x-\frac{1}{x}\cdot f'\left(\frac{y}{x}\right)$

D. $z_x'=y+f'\left(\frac{y}{x}\right)\cdot\frac{y}{x^2}$，$z_y'=x-f'\left(\frac{y}{x}\right)$

E. $z_x'=y+f'\left(\frac{y}{x}\right)\cdot\frac{y}{x^2}$，$z_y'=x+\frac{1}{x}\cdot f'\left(\frac{y}{x}\right)$

11. 设 f 为二元可微函数，$z=f(x^y,\ y^x)$，则 $\frac{\partial z}{\partial x}=$(　　).

A. $f_1'\cdot x^y\ln y+f_2'\cdot y^x\ln y$　　B. $f_1'\cdot yx^{y-1}+f_2'\cdot xy^{x-1}$

C. $f_1'\cdot yx^{y-1}+f_2'\cdot y^x\ln y$　　D. $f_1'\cdot yx^{y-1}-f_2'\cdot y^x\ln y$

E. $f_1'\cdot x^y\ln y+f_2'\cdot xy^{x-1}$

12. 设 $z=f(x^2-y^2,\ e^{xy})$，其中 f 具有一阶连续偏导数，则 $\frac{\partial z}{\partial x}=$(　　).

A. $2xf_1'-ye^{xy}f_2'$　　B. $2xf_1'+e^{xy}f_2'$

C. $2xf_1'+xe^{xy}f_2'$　　D. $(2x-2y)f_1'+ye^{xy}f_2'$

E. $2xf_1'+ye^{xy}f_2'$

答案详解

1. B

【解析】令 $f(x,y)=\mathrm{e}^{xy^2}$，则由复合函数的求导法则，可得

$$\frac{\partial z}{\partial y}=\frac{\partial f}{\partial y}+\frac{\partial f}{\partial x}\cdot\frac{\mathrm{d}x}{\mathrm{d}y}=\mathrm{e}^{xy^2}\cdot 2xy+y^2\mathrm{e}^{xy^2}\cdot 2\sin y\cos y=\mathrm{e}^{xy^2}(2xy+y^2\sin 2y).$$

2. A

【解析】由复合函数求导法则，可得

$$\frac{\partial z}{\partial x}=\frac{\partial z}{\partial u}\cdot\frac{\partial u}{\partial x}+\frac{\partial z}{\partial v}\cdot\frac{\partial v}{\partial x}=\mathrm{e}^u\sin v\cdot y+\mathrm{e}^u\cos v\cdot 2=\mathrm{e}^{xy}[y\sin(2x+y)+2\cos(2x+y)].$$

3. E

【解析】由复合函数求导法则分别对 x，y 求偏导，可得

$$\frac{\partial z}{\partial x}=\frac{\partial z}{\partial u}\cdot\frac{\partial u}{\partial x}+\frac{\partial z}{\partial v}\cdot\frac{\partial v}{\partial x}=2u\cdot\ln v\cdot\frac{1}{y}+\frac{u^2}{v}\cdot 3=\frac{2x}{y^2}\ln(3x+2y)+\frac{3x^2}{3xy^2+2y^3},$$

$$\frac{\partial z}{\partial y}=\frac{\partial z}{\partial u}\cdot\frac{\partial u}{\partial y}+\frac{\partial z}{\partial v}\cdot\frac{\partial v}{\partial y}=2u\cdot\ln v\cdot\left(-\frac{x}{y^2}\right)+\frac{u^2}{v}\cdot 2=-\frac{2x^2}{y^3}\ln(3x+2y)+\frac{2x^2}{3xy^2+2y^3}.$$

4. C

【解析】由复合函数求导法则，可得

$$\frac{\partial z}{\partial x}=\frac{\partial z}{\partial u}\cdot\frac{\partial u}{\partial x}+\frac{\partial z}{\partial v}\cdot\frac{\partial v}{\partial x}=\frac{1}{u+v}\cos xy\cdot y+\frac{1}{u+v}\cdot 1=\frac{y\cos xy+1}{x+y+\sin xy}.$$

5. D

【解析】应用复合函数求导法则分别对 x，y 求偏导，有

$$\begin{aligned}\frac{\partial z}{\partial x}&=\frac{\partial z}{\partial u}\cdot\frac{\partial u}{\partial x}+\frac{\partial z}{\partial v}\cdot\frac{\partial v}{\partial x}=v\cdot\mathrm{e}^x\cos y+u\cdot\mathrm{e}^x\sin y\\&=\mathrm{e}^x\sin y\cdot\mathrm{e}^x\cos y+\mathrm{e}^x\cos y\cdot\mathrm{e}^x\sin y\\&=2\mathrm{e}^{2x}\sin y\cos y=\mathrm{e}^{2x}\sin 2y.\end{aligned}$$

$$\begin{aligned}\frac{\partial z}{\partial y}&=\frac{\partial z}{\partial u}\cdot\frac{\partial u}{\partial y}+\frac{\partial z}{\partial v}\cdot\frac{\partial v}{\partial y}=-v\cdot\mathrm{e}^x\sin y+u\cdot\mathrm{e}^x\cos y\\&=-\mathrm{e}^x\sin y\cdot\mathrm{e}^x\sin y+\mathrm{e}^x\cos y\cdot\mathrm{e}^x\cos y\\&=-\mathrm{e}^{2x}\sin^2 y+\mathrm{e}^{2x}\cos^2 y=\mathrm{e}^{2x}\cos 2y.\end{aligned}$$

6. A

【解析】设 $u=x^2y$，$v=\mathrm{e}^{xy}$，则 $z=f(x^2y,\mathrm{e}^{xy})=f(u,v)$.

由多元复合函数求导法则，可得 $\frac{\partial z}{\partial y}=\frac{\partial z}{\partial u}\cdot\frac{\partial u}{\partial y}+\frac{\partial z}{\partial v}\cdot\frac{\partial v}{\partial y}=x^2f_1'+x\mathrm{e}^{xy}f_2'$.

【注意】f_1' 表示 f 对第 1 个变量的偏导，f_2' 表示 f 对第 2 个变量的偏导.

7. C

【解析】令 $u=\frac{\mathrm{e}^x}{y}$，$v=\frac{y}{\cos x}$，则 $z=f(u,v)$，由多元复合函数求导法则，可得

$$\frac{\partial z}{\partial x}=\frac{\partial f}{\partial u}\frac{\partial u}{\partial x}+\frac{\partial f}{\partial v}\frac{\partial v}{\partial x}=\frac{\mathrm{e}^x}{y}\frac{\partial f}{\partial u}+\frac{y\sin x}{\cos^2 x}\frac{\partial f}{\partial v}=\frac{\mathrm{e}^x}{y}f_1'+\frac{y\sin x}{\cos^2 x}f_2'.$$

8. D

【解析】由多元复合函数求导法则，可得

$$\frac{\partial z}{\partial x}=\frac{\partial z}{\partial u}\frac{\partial u}{\partial x}+\frac{\partial z}{\partial v}\frac{\partial v}{\partial x}=\frac{\partial z}{\partial u}-\frac{y}{x^2}\frac{\partial z}{\partial v},\quad \frac{\partial z}{\partial y}=\frac{\partial z}{\partial u}\frac{\partial u}{\partial y}+\frac{\partial z}{\partial v}\frac{\partial v}{\partial y}=\frac{1}{x}\frac{\partial z}{\partial v},$$

代入原方程得 $x\frac{\partial z}{\partial u}=z$，即 $u\frac{\partial z}{\partial u}=z$.

9. B

【解析】设 $u=x+y+z$，$v=xyz$，$w=f(u,v)$，由复合函数求导的链式法则，得

$$\frac{\partial w}{\partial x}=\frac{\partial w}{\partial u}\cdot\frac{\partial u}{\partial x}+\frac{\partial w}{\partial v}\cdot\frac{\partial v}{\partial x}=f_1'\cdot 1+f_2'\cdot yz=f_1'+yz\cdot f_2'.$$

10. A

【解析】设 $u=xy$，$v=\frac{y}{x}$，$z=u-f(v)$，由复合函数求导的链式法则，可得

$$z_x'=\frac{\partial z}{\partial u}\cdot\frac{\partial u}{\partial x}+\frac{\partial z}{\partial v}\cdot\frac{\partial v}{\partial x}=1\cdot y-f'(v)\cdot\left(-\frac{y}{x^2}\right)=y+f'\left(\frac{y}{x}\right)\cdot\frac{y}{x^2},$$

$$z_y'=\frac{\partial z}{\partial u}\cdot\frac{\partial u}{\partial y}+\frac{\partial z}{\partial v}\cdot\frac{\partial v}{\partial y}=1\cdot x-f'(v)\cdot\left(\frac{1}{x}\right)=x-\frac{1}{x}\cdot f'\left(\frac{y}{x}\right).$$

11. C

【解析】设 $u=x^y$，$v=y^x$，$z=f(u,v)$，由复合函数求导的链式法则，可得

$$\frac{\partial z}{\partial x}=\frac{\partial z}{\partial u}\cdot\frac{\partial u}{\partial x}+\frac{\partial z}{\partial v}\cdot\frac{\partial v}{\partial x}=f_1'\cdot yx^{y-1}+f_2'\cdot y^x\ln y.$$

12. E

【解析】设 $z=f(u,v)$，$u=x^2-y^2$，$v=e^{xy}$，由复合函数求导的链式法则，可得

$$\frac{\partial z}{\partial x}=\frac{\partial z}{\partial u}\frac{\partial u}{\partial x}+\frac{\partial z}{\partial v}\frac{\partial v}{\partial x}=2xf_1'+ye^{xy}f_2'.$$

题型 36 多元隐函数求一阶偏导数

母题精讲

母题 36 设 $z=z(x,y)$是由方程$\frac{x}{z}=\ln\frac{z}{y}$所确定的函数，则$\frac{\partial z}{\partial y}=$(　　).

A. $\frac{z^2}{y(x+z)}$　　B. $\frac{x^2}{y(x+z)}$　　C. $\frac{z^2}{x(y+z)}$

D. $\frac{y^2}{x+z}$　　E. $\frac{x^2}{x+z}$

【解析】方法一：题干方程两边同时对 y 求导，得$-\frac{x}{z^2}\cdot\frac{\partial z}{\partial y}=\frac{y}{z}\frac{y\cdot\frac{\partial z}{\partial y}-z}{y^2}$，整理可得

$$\frac{\partial z}{\partial y}=\frac{z^2}{y(x+z)}.$$

方法二：设 $F(x, y, z)=\frac{x}{z}-\ln\frac{z}{y}$，则

$$F'_y=-\frac{y}{z}\cdot\left(-\frac{z}{y^2}\right)=\frac{1}{y},\ F'_z=-\frac{x}{z^2}-\frac{y}{z}\cdot\frac{1}{y}=-\frac{x+z}{z^2}.$$

于是 $\frac{\partial z}{\partial y}=-\frac{F'_y}{F'_z}=\frac{z^2}{y(x+z)}$.

【答案】A

母题技巧

二元隐函数求偏导数的方法：

1. 方程两边对 x（或 y）求导，求导时，将方程中的变量 y（或 x）看作常数，变量 z 看作中间变量，利用复合函数的链式法则来求导，从而得到一个关于 $z'_x(z'_y)$ 的方程，解这个方程可得到 $z'_x(z'_y)$.

2. 利用二元隐函数求导公式：需要先构造三元函数 $F(x, y, z)$，则

$$\frac{\partial z}{\partial x}=-\frac{F'_x}{F'_z},\ \frac{\partial z}{\partial y}=-\frac{F'_y}{F'_z}.$$

母题精练

1. 设方程 $e^z=xyz$ 确定隐函数 $z=z(x, y)$，则 $\frac{\partial z}{\partial x}=$（　　）.

A. $\frac{xz}{e^z-xy}$　　B. $\frac{yz}{e^z-xy}$　　C. $\frac{z}{e^z-xy}$

D. $\frac{y}{e^z-xy}$　　E. $\frac{x}{e^z-xy}$

2. 设 $z=f(x, y)$ 是由方程 $e^{xy}-xy^2=e^z$ 确定的隐函数，则在 $x=0$，$y=1$ 处关于 x 的偏导数为（　　）.

A. $\frac{1}{2}$　　B. -1　　C. 1　　D. 0　　E. $-\frac{1}{2}$

3. 设函数 $z=z(x, y)$ 由方程 $z=e^{2x-3z}+2y$ 确定，则 $3\frac{\partial z}{\partial x}+\frac{\partial z}{\partial y}=$（　　）.

A. 2　　B. -1　　C. 1　　D. 0　　E. -2

4. 设方程 $x^2y-x^3z-1=0$ 确定隐函数 $z=z(x, y)$，则 $\frac{\partial z}{\partial x}$，$\frac{\partial z}{\partial y}$ 分别为（　　）.

A. $\frac{\partial z}{\partial x}=\frac{2y+3xz}{x^2}$，$\frac{\partial z}{\partial y}=\frac{1}{x^2}$　　B. $\frac{\partial z}{\partial x}=\frac{2y-xz}{x^2}$，$\frac{\partial z}{\partial y}=-\frac{1}{x}$

C. $\frac{\partial z}{\partial x}=\frac{2y+3xz}{x^2}$，$\frac{\partial z}{\partial y}=-\frac{1}{x}$　　D. $\frac{\partial z}{\partial x}=\frac{y-3x^2z}{x^2}$，$\frac{\partial z}{\partial y}=\frac{1}{x^2}$

E. $\frac{\partial z}{\partial x}=\frac{2y-3xz}{x^2}$，$\frac{\partial z}{\partial y}=\frac{1}{x}$

5. 设 $z=z(x,y)$ 是由方程 $y^2z+2x^2z^2+x=0$ 确定的隐函数，$\frac{\partial z}{\partial x}=$（　　）.

A. $\frac{2xz^2+1}{y^2+2x^2z}$

B. $-\frac{2xz^2+1}{y^2+4x^2z}$

C. $-\frac{4xz^2+1}{y^2+4x^2z}$

D. $-\frac{4xz^2}{1+4x^2z}$

E. $\frac{4xz^2+1}{y^2+4x^2z}$

6. 设 $x+2y+z-2\sqrt{xyz}=0$，则 $\frac{\partial z}{\partial x}$，$\frac{\partial z}{\partial y}$ 分别为（　　）.

A. $\frac{\partial z}{\partial x}=-\frac{\sqrt{xyz}-xz}{\sqrt{xyz}-xy}$，$\frac{\partial z}{\partial y}=-\frac{2\sqrt{xyz}-yz}{\sqrt{xyz}-xy}$

B. $\frac{\partial z}{\partial x}=\frac{\sqrt{xyz}-yz}{\sqrt{xyz}-xy}$，$\frac{\partial z}{\partial y}=\frac{2\sqrt{xyz}-xz}{\sqrt{xyz}-xy}$

C. $\frac{\partial z}{\partial x}=\frac{\sqrt{xyz}-yz}{\sqrt{xyz}-xy}$，$\frac{\partial z}{\partial y}=-\frac{2\sqrt{xyz}-yz}{\sqrt{xyz}-xy}$

D. $\frac{\partial z}{\partial x}=-\frac{\sqrt{xyz}-yz}{\sqrt{xyz}-xy}$，$\frac{\partial z}{\partial y}=-\frac{2\sqrt{xyz}-xz}{\sqrt{xyz}-xy}$

E. $\frac{\partial z}{\partial x}=-\frac{\sqrt{xyz}-xz}{\sqrt{xyz}-xy}$，$\frac{\partial z}{\partial y}=\frac{2\sqrt{xyz}-xz}{\sqrt{xyz}-xy}$

7. 设 $z=f(x,y)$ 是由方程 $2\sin(x+2y-3z)=x+2y-3z$ 确定的隐函数，则 $\frac{\partial z}{\partial x}+\frac{\partial z}{\partial y}=$（　　）.

A. 0　　B. 1　　C. $\sin(x+2y-3z)$

D. $2x+4y$　　E. 2

8. 设 $z=f(x,y)$ 是由方程 $e^z+\tan(2x-y)=e^{xy}$ 确定的隐函数，则 $\left.\frac{\partial z}{\partial x}\right|_{\substack{x=0\\y=0}}=$（　　）.

A. 0　　B. 1　　C. -2　　D. 2　　E. -1

9. 设 F 有连续的偏导数，方程 $F(2x-3z,2y-z)=0$ 确定的隐函数为 $z=z(x,y)$，则 $3\frac{\partial z}{\partial x}+\frac{\partial z}{\partial y}=$（　　）.

A. 1　　B. 0　　C. $2z$　　D. $2xy$　　E. 2

10. 设 $z=z(x,y)$ 是由方程 $F(z+mx,z+ny)=0$ 确定的隐函数，则 $\frac{\partial z}{\partial y}=$（　　）.

A. $-\frac{nF'_v}{F'_u+F'_v}$

B. $-\frac{F'_v}{mF'_u+nF'_v}$

C. $\frac{nF'_v}{F'_u+F'_v}$

D. $\frac{F'_v}{mF'_u+nF'_v}$

E. $-\frac{mF'_v}{F'_u+F'_v}$

答案详解

1. B

【解析】方法一：公式法．

设 $F(x, y, z)=e^z-xyz$，则 $F'_x=-yz$，$F'_z=e^z-xy$，于是

$$\frac{\partial z}{\partial x}=-\frac{F'_x}{F'_z}=\frac{yz}{e^z-xy}.$$

方法二：直接求导法．

方程两边同时对 x 求导，这时切记 z 是 x，y 的二元隐含数，可得

$$e^z\cdot\frac{\partial z}{\partial x}=yz+xy\cdot\frac{\partial z}{\partial x}\Rightarrow\frac{\partial z}{\partial x}=\frac{yz}{e^z-xy}.$$

2. D

【解析】设 $F(x, y, z)=e^{xy}-xy^2-e^z$，则 $\frac{\partial z}{\partial x}=-\frac{F'_x}{F'_z}=\frac{ye^{xy}-y^2}{e^z}$．当 $x=0$，$y=1$ 时，$z=0$，

代入上式得 $\left.\frac{\partial z}{\partial x}\right|_{\substack{x=0\\y=1}}=\left.\frac{ye^{xy}-y^2}{e^z}\right|_{\substack{x=0\\y=1\\z=0}}=0.$

3. A

【解析】方程两边同时关于 x 求偏导数，得 $\frac{\partial z}{\partial x}=e^{2x-3z}\left(2-3\frac{\partial z}{\partial x}\right)$，解得 $\frac{\partial z}{\partial x}=\frac{2e^{2x-3z}}{1+3e^{2x-3z}}$．

同理，方程两边同时关于 y 求偏导数，得 $\frac{\partial z}{\partial y}=e^{2x-3z}\left(-3\frac{\partial z}{\partial y}\right)+2$，解得 $\frac{\partial z}{\partial y}=\frac{2}{1+3e^{2x-3z}}$．

所以 $3\frac{\partial z}{\partial x}+\frac{\partial z}{\partial y}=\frac{6e^{2x-3z}+2}{1+3e^{2x-3z}}=2.$

4. E

【解析】令 $F(x, y, z)=x^2y-x^3z-1$，则 $F'_x=2xy-3x^2z$，$F'_y=x^2$，$F'_z=-x^3$，所以

$$\frac{\partial z}{\partial x}=-\frac{F'_x}{F'_z}=-\frac{2xy-3x^2z}{-x^3}=\frac{2y-3xz}{x^2},\quad \frac{\partial z}{\partial y}=-\frac{F'_y}{F'_z}=-\frac{x^2}{-x^3}=\frac{1}{x}.$$

5. C

【解析】令 $F(x, y, z)=y^2z+2x^2z^2+x$，则 $\frac{\partial z}{\partial x}=-\frac{F'_x}{F'_z}=-\frac{4xz^2+1}{y^2+4x^2z}$．

6. D

【解析】令 $F(x, y, z)=x+2y+z-2\sqrt{xyz}$，则

$$F'_x(x, y, z)=1-2\frac{yz}{2\sqrt{xyz}}=1-\frac{yz}{\sqrt{xyz}},$$

$$F'_y(x, y, z)=2-2\frac{xz}{2\sqrt{xyz}}=2-\frac{xz}{\sqrt{xyz}},$$

$$F'_z(x, y, z)=1-2\frac{xy}{2\sqrt{xyz}}=1-\frac{xy}{\sqrt{xyz}},$$

所以，$\frac{\partial z}{\partial x}=-\frac{F'_x}{F'_z}=-\frac{\sqrt{xyz}-yz}{\sqrt{xyz}-xy}$，$\frac{\partial z}{\partial y}=-\frac{F'_y}{F'_z}=-\frac{2\sqrt{xyz}-xz}{\sqrt{xyz}-xy}$.

7. B

【解析】令 $F(x,y,z)=2\sin(x+2y-3z)-x-2y+3z$，则

$$F'_x=2\cos(x+2y-3z)-1,\ F'_y=4\cos(x+2y-3z)-2,\ F'_z=-6\cos(x+2y-3z)+3,$$

所以 $\frac{\partial z}{\partial x}=-\frac{F'_x}{F'_z}=-\frac{2\cos(x+2y-3z)-1}{-6\cos(x+2y-3z)+3}$，$\frac{\partial z}{\partial y}=-\frac{F'_y}{F'_z}=-\frac{4\cos(x+2y-3z)-2}{-6\cos(x+2y-3z)+3}$.

故 $\frac{\partial z}{\partial x}+\frac{\partial z}{\partial y}=-\frac{2\cos(x+2y-3z)-1}{-6\cos(x+2y-3z)+3}-\frac{4\cos(x+2y-3z)-2}{-6\cos(x+2y-3z)+3}=1$.

8. C

【解析】令 $F(x,y,z)=e^z+\tan(2x-y)-e^{xy}$，则

$$F'_x=2\sec^2(2x-y)-ye^{xy},\ F'_z=e^z,$$

所以 $\frac{\partial z}{\partial x}=-\frac{F'_x}{F'_z}=-\frac{2\sec^2(2x-y)-ye^{xy}}{e^z}$. 当 $x=0$，$y=0$ 时，$z=0$.

将 $x=0$，$y=0$，$z=0$ 代入上式，可得 $\left.\frac{\partial z}{\partial x}\right|_{\substack{x=0\\y=0}}=-2$.

9. E

【解析】方程 $F(2x-3z,2y-z)=0$ 两端分别关于 x，y 求偏导，可得

$$\begin{cases}F'_1\left(2-3\frac{\partial z}{\partial x}\right)+F'_2\left(-\frac{\partial z}{\partial x}\right)=0,\\ F'_1\left(-3\frac{\partial z}{\partial y}\right)+F'_2\left(2-\frac{\partial z}{\partial y}\right)=0,\end{cases}$$

解得 $\frac{\partial z}{\partial x}=\frac{2F'_1}{3F'_1+F'_2}$，$\frac{\partial z}{\partial y}=\frac{2F'_2}{3F'_1+F'_2}$，则 $3\frac{\partial z}{\partial x}+\frac{\partial z}{\partial y}=\frac{6F'_1}{3F'_1+F'_2}+\frac{2F'_2}{3F'_1+F'_2}=2$.

10. A

【解析】$F(u,v)=0$，$u=z+mx$，$v=z+ny$，则

$$\frac{\partial z}{\partial y}=-\frac{F'_y}{F'_z}=-\frac{F'_uu'_y+F'_vv'_y}{F'_uu'_z+F'_vv'_z}=-\frac{nF'_v}{F'_u+F'_v}.$$

题型 37 多元函数的二阶偏导数

母题精讲

母题 37 若 $z=x^2+xy+3y^2$，则 $\frac{\partial^2 z}{\partial x\,\partial y}=($　　$)$.

A. $2x+3y$　　B. 6　　C. 1　　D. 3　　E. $x+6y$

【解析】先对 x 求偏导，为 $\frac{\partial z}{\partial x}=2x+y$，再对 y 求偏导得 $\frac{\partial^2 z}{\partial x\,\partial y}=1$.

【答案】C

母题技巧

1. 求二元函数的二阶偏导数，就是对一阶偏导数继续求导．求导时要注意看清楚求偏导数的次序，按照对变量求导次序的不同有下面四个二阶偏导数：

(1) $\frac{\partial}{\partial x}\left(\frac{\partial z}{\partial x}\right)=\frac{\partial^2 z}{\partial x^2}=f''_{xx}(x, y)$； (2) $\frac{\partial}{\partial y}\left(\frac{\partial z}{\partial x}\right)=\frac{\partial^2 z}{\partial x\partial y}=f''_{xy}(x, y)$；

(3) $\frac{\partial}{\partial x}\left(\frac{\partial z}{\partial y}\right)=\frac{\partial^2 z}{\partial y\partial x}=f''_{yx}(x, y)$； (4) $\frac{\partial}{\partial y}\left(\frac{\partial z}{\partial y}\right)=\frac{\partial^2 z}{\partial y^2}=f''_{yy}(x, y)$.

要注意区分$\frac{\partial^2 z}{\partial x\partial y}$和$\frac{\partial^2 z}{\partial y\partial x}$的求导次序：$\frac{\partial^2 z}{\partial x\partial y}$为先对 x 求偏导，再对 y 求偏导；$\frac{\partial^2 z}{\partial y\partial x}$为先对 y 求偏导，再对 x 求偏导．遵循“先左后右”的原则．

2. 求二元函数的二阶偏导数值：求出二阶偏导函数之后，将 x，y 的值代入即可.

母题精练

1. 若 $z=(1+x)^y$，则$\frac{\partial^2 z}{\partial x\,\partial y}=($　　$)$.

A. $y(1+x)^{y-1}\ln(1+x)$

B. $(1+x)^{y-1}+y(1+x)^{y-1}\ln(1+x)$

C. $y(1+x)^{y-1}$

D. $(1+x)^y\ln(1+x)$

E. $(1+x)^{y-1}+(1+x)^y\ln(1+x)$

2. 若 $z=\sin\frac{x}{y}$，则$\frac{\partial^2 z}{\partial y\,\partial x}=($　　$)$.

A. $\frac{1}{y}\cos\frac{x}{y}$　　B. $\frac{x}{y^3}\sin\frac{x}{y}+\frac{1}{y^2}\cos\frac{x}{y}$　　C. $\frac{1}{y^3}\sin\frac{x}{y}$

D. $\frac{x}{y^3}\sin\frac{x}{y}-\frac{1}{y^2}\cos\frac{x}{y}$　　E. $-\frac{1}{y}\sin\frac{x}{y}+\cos\frac{x}{y}$

3. 若 $z=x^3+\frac{x}{y}-y^2$，则$\left.\frac{\partial^2 z}{\partial y\,\partial x}\right|_{\substack{x=1\\y=2}}=($　　$)$.

A. $\frac{5}{4}$　　B. $\frac{1}{4}$　　C. $-\frac{17}{4}$　　D. $\frac{1}{2}$　　E. $-\frac{1}{4}$

4. 若 $z=(y-1)\arcsin\sqrt{\frac{x}{y}}$，则$\frac{\partial^2 z}{\partial x^2}=($　　$)$.

A. $-\frac{(y-1)(y-2x)(xy-x^2)^{-\frac{3}{2}}}{4}$　　B. $\frac{(y-1)(y-2x)(xy-x^2)}{4}$

C. $-\frac{(y-1)(xy-x^2)^{-\frac{3}{2}}}{4}$　　D. $-\frac{(y-1)(y-2x)(xy-x^2)^{-\frac{1}{2}}}{4}$

E. $\frac{(y-2x)(xy-x^2)^{-\frac{3}{2}}}{2}$

5. 若 $z=\mathrm{e}^{x^2+y^2}$，则 $\dfrac{\partial^2 z}{\partial y^2}=$（　　）.

A. $2\mathrm{e}^{x^2+y^2}(y^2+1)$　　B. $\mathrm{e}^{x^2+y^2}(2y^2+x^2)$　　C. $2\mathrm{e}^{x^2+y^2}(2y^2+1)$

D. $2\mathrm{e}^{x^2+y^2}(y^2+x^2)$　　E. $4y\mathrm{e}^{x^2+y^2}$

6. 设 $z=f(x,u,v)$，$u=2x+y$，$v=xy$，f 具有二阶连续偏导数，则 $\dfrac{\partial^2 z}{\partial x\partial y}=$（　　）.

A. $f''_{12}+f''_{13}+f''_{22}+f''_{23}+f''_{33}$

B. $f''_{12}+f''_{13}+2xf''_{22}+(2x-y)f''_{23}+xyf''_{33}+f'_3$

C. $f''_{12}+xf''_{13}+2f''_{22}+(2x+y)f''_{23}+xyf''_{33}+f''_{31}$

D. $f''_{12}+xf''_{13}+2f''_{22}+(2x+y)f''_{23}+xyf''_{33}+f'_3$

E. $f''_{12}+2xf''_{13}+f''_{22}+(2x+y)f''_{23}+xyf''_{33}$

7. 设函数 $z=xf\left(\dfrac{y}{x}\right)+yg\left(\dfrac{x}{y}\right)$，$f$，$g$ 二阶可导，则 $\dfrac{\partial^2 z}{\partial x\partial y}=$（　　）.

A. $-\dfrac{y}{x^2}f''\left(\dfrac{y}{x}\right)-\dfrac{x}{y^2}g''\left(\dfrac{x}{y}\right)$　　B. $\dfrac{y}{x^2}f''\left(\dfrac{y}{x}\right)+\dfrac{x}{y^2}g''\left(\dfrac{x}{y}\right)$

C. $-\dfrac{y}{x}f''\left(\dfrac{y}{x}\right)-\dfrac{x}{y}g''\left(\dfrac{x}{y}\right)$　　D. $-\dfrac{x}{y^2}f''\left(\dfrac{y}{x}\right)-\dfrac{y}{x^2}g''\left(\dfrac{x}{y}\right)$

E. $-\dfrac{x^2}{y}f''\left(\dfrac{y}{x}\right)-\dfrac{y^2}{x}g''\left(\dfrac{x}{y}\right)$

8. 设 $z=f(x^2,\ln xy)$，其中 f 具有二阶连续偏导数，则 $\dfrac{\partial^2 z}{\partial x\partial y}=$（　　）.

A. $\dfrac{x}{y}f''_{12}+\dfrac{1}{xy}f''_{22}$　　B. $\dfrac{2}{y}f''_{12}+\dfrac{1}{xy}f''_{22}$　　C. $\dfrac{2x}{y}f''_{12}+\dfrac{1}{xy}f''_{22}$

D. $\dfrac{2x}{y}f''_{12}+\dfrac{2}{xy}f''_{22}$　　E. $\dfrac{2x}{y}f''_{12}+\dfrac{1}{x}f''_{22}$

9. 设 $z=z(x,y)$是由方程 $\mathrm{e}^z-z+xy^3=0$ 确定的隐函数，则 $\dfrac{\partial^2 z}{\partial x\partial y}=$（　　）.

A. $\dfrac{3y^2(1-\mathrm{e}^z)^2-3xy^5\mathrm{e}^z}{(1-\mathrm{e}^z)^3}$　　B. $\dfrac{3y^2(1-\mathrm{e}^z)^2+3xy^5\mathrm{e}^z}{(1-\mathrm{e}^z)^4}$

C. $\dfrac{3y^2+3xy^5\mathrm{e}^z}{(1-\mathrm{e}^z)^3}$　　D. $-\dfrac{3y^2(1-\mathrm{e}^z)^2+3xy^5\mathrm{e}^z}{(1-\mathrm{e}^z)^3}$

E. $\dfrac{3y^2(1-\mathrm{e}^z)^2+3xy^5\mathrm{e}^z}{(1-\mathrm{e}^z)^3}$

答案详解

1. B

【解析】由题易知，先对 x 求偏导，再对 y 求偏导，则有

$$\frac{\partial z}{\partial x}=y(1+x)^{y-1},\quad \frac{\partial^2 z}{\partial x\partial y}=(1+x)^{y-1}+y(1+x)^{y-1}\ln(1+x).$$

2. D

【解析】先对 y 求偏导，为$\frac{\partial z}{\partial y}=\cos\frac{x}{y}\cdot\left(-\frac{x}{y^2}\right)$，再对 x 求偏导，可得

$$\frac{\partial^2 z}{\partial y\,\partial x}=\left(-\sin\frac{x}{y}\right)\cdot\frac{1}{y}\cdot\left(-\frac{x}{y^2}\right)+\cos\frac{x}{y}\cdot\left(-\frac{1}{y^2}\right)=\frac{x}{y^3}\sin\frac{x}{y}-\frac{1}{y^2}\cos\frac{x}{y}.$$

3. E

【解析】$\frac{\partial z}{\partial y}=-\frac{x}{y^2}-2y$，$\frac{\partial^2 z}{\partial y\,\partial x}=-\frac{1}{y2}$，将 $x=1$，$y=2$ 代入，可得

$$\left.\frac{\partial^2 z}{\partial y\,\partial x}\right|_{\substack{x=1\\y=2}}=-\frac{1}{2^2}=-\frac{1}{4}.$$

4. A

【解析】$\frac{\partial z}{\partial x}=(y-1)\frac{1}{\sqrt{1-\frac{x}{y}}}\cdot\frac{1}{2}\frac{1}{\sqrt{\frac{x}{y}}}\cdot\frac{1}{y}=\frac{y-1}{2\sqrt{xy-x^2}}$，则

$$\frac{\partial^2 z}{\partial x^2}=\frac{y-1}{2}\left(-\frac{1}{2}\right)(xy-x^2)^{-\frac{3}{2}}(y-2x)=-\frac{(y-1)(y-2x)(xy-x^2)^{-\frac{3}{2}}}{4}.$$

5. C

【解析】$\frac{\partial z}{\partial y}=\mathrm{e}^{x^2+y^2}\cdot 2y$，则$\frac{\partial^2 z}{\partial y^2}=\mathrm{e}^{x^2+y^2}\cdot 4y^2+\mathrm{e}^{x^2+y^2}\cdot 2=2\mathrm{e}^{x^2+y^2}(2y^2+1)$.

6. D

【解析】由多元复合函数求导法则，可知$\frac{\partial z}{\partial x}=\frac{\partial f}{\partial x}+\frac{\partial f}{\partial u}\frac{\partial u}{\partial x}+\frac{\partial f}{\partial v}\frac{\partial v}{\partial x}=f_1'+2f_2'+yf_3'$.

因为$\frac{\partial f}{\partial x}=f_1'(x,u,v)$，$\frac{\partial f}{\partial u}=f_2'(x,u,v)$，$\frac{\partial f}{\partial v}=f_3'(x,u,v)$仍是多元复合函数，它与 $z=f(x,u,v)$有相同的结构，因而在求$\frac{\partial^2 z}{\partial x\,\partial y}$，即$\frac{\partial}{\partial y}\left(\frac{\partial z}{\partial x}\right)$时，仍要运用同样的求导方法，即

$$\frac{\partial^2 z}{\partial x\,\partial y}=\frac{\partial}{\partial y}\left(\frac{\partial z}{\partial x}\right)=\frac{\partial f_1'}{\partial y}+2\frac{\partial f_2'}{\partial y}+f_3'+y\frac{\partial f_3'}{\partial y},$$

又因为$\frac{\partial f_1'}{\partial y}=\frac{\partial f_1'}{\partial u}\frac{\partial u}{\partial y}+\frac{\partial f_1'}{\partial v}\frac{\partial v}{\partial y}=f_{12}''+xf_{13}''$，$\frac{\partial f_2'}{\partial y}=\frac{\partial f_2'}{\partial u}\frac{\partial u}{\partial y}+\frac{\partial f_2'}{\partial v}\frac{\partial v}{\partial y}=f_{22}''+xf_{23}''$，$\frac{\partial f_3'}{\partial y}=\frac{\partial f_3'}{\partial u}\frac{\partial u}{\partial y}+\frac{\partial f_3'}{\partial v}\frac{\partial v}{\partial y}=f_{32}''+xf_{33}''$，$f$ 具有二阶连续偏导数，所以 $f_{32}''=f_{23}''$，故

$$\frac{\partial^2 z}{\partial x\,\partial y}=f_{12}''+xf_{13}''+2f_{22}''+(2x+y)f_{23}''+f_3'+xyf_{33}''.$$

7. A

【解析】$\frac{\partial z}{\partial x}=f\left(\frac{y}{x}\right)+xf'\left(\frac{y}{x}\right)\cdot\left(-\frac{y}{x^2}\right)+yg'\left(\frac{x}{y}\right)\cdot\frac{1}{y}=f\left(\frac{y}{x}\right)-\frac{y}{x}f'\left(\frac{y}{x}\right)+g'\left(\frac{x}{y}\right)$，所以

$$\begin{aligned}\frac{\partial^2 z}{\partial x\,\partial y}&=\frac{\partial}{\partial y}\left(\frac{\partial z}{\partial x}\right)=f'\left(\frac{y}{x}\right)\cdot\frac{1}{x}-\frac{1}{x}f'\left(\frac{y}{x}\right)-\frac{y}{x}f''\left(\frac{y}{x}\right)\cdot\frac{1}{x}+g''\left(\frac{x}{y}\right)\cdot\left(-\frac{x}{y^2}\right)\\&=-\frac{y}{x^2}f''\left(\frac{y}{x}\right)-\frac{x}{y^2}g''\left(\frac{x}{y}\right).\end{aligned}$$

8. C

【解析】令 $u=x^2$，$v=\ln xy$，则 $z=f(u, v)$，由多元复合函数求导法则，可得 $\frac{\partial z}{\partial x}=\frac{\partial f}{\partial u}\frac{\partial u}{\partial x}+\frac{\partial f}{\partial v}\frac{\partial v}{\partial x}=2xf_1'+\frac{1}{x}f_2'$，则有

$$\begin{aligned}\frac{\partial^2 z}{\partial x\,\partial y}&=\frac{\partial}{\partial y}\left(\frac{\partial z}{\partial x}\right)=2x\frac{\partial f_1'}{\partial y}+\frac{1}{x}\frac{\partial f_2'}{\partial y}\\&=2x\left(\frac{\partial f_1'}{\partial u}\cdot\frac{\partial u}{\partial y}+\frac{\partial f_1'}{\partial v}\cdot\frac{\partial v}{\partial y}\right)+\frac{1}{x}\left(\frac{\partial f_2'}{\partial u}\cdot\frac{\partial u}{\partial y}+\frac{\partial f_2'}{\partial v}\cdot\frac{\partial v}{\partial y}\right)\\&=2x\cdot f_{12}''\cdot\frac{1}{y}+\frac{1}{x}\cdot f_{22}''\cdot\frac{1}{y}=\frac{2x}{y}f_{12}''+\frac{1}{xy}f_{22}''.\end{aligned}$$

9. E

【解析】令 $F(x, y, z)=e^z-z+xy^3$，$F_x'=y^3$，$F_y'=3xy^2$，$F_z'=e^z-1$，所以

$$\frac{\partial z}{\partial x}=-\frac{F_x'}{F_z'}=\frac{y^3}{1-e^z},\ \frac{\partial z}{\partial y}=-\frac{F_y'}{F_z'}=\frac{3xy^2}{1-e^z},\ \frac{\partial^2 z}{\partial x\,\partial y}=\frac{\partial}{\partial y}\left(\frac{y^3}{1-e^z}\right)=\frac{3y^2(1-e^z)+y^3e^z\frac{\partial z}{\partial y}}{(1-e^z)^2},$$

将 $\frac{\partial z}{\partial y}$ 代入上式，得 $\frac{\partial^2 z}{\partial x\,\partial y}=\frac{3y^2(1-e^z)^2+3xy^5e^z}{(1-e^z)^3}$.

题型 38 多元函数的全微分计算

母题精讲

母题 38 设函数 $z=e^{x^2+2y^2}$，则 $dz=($ $)$.

A. $2e^{x^2+2y^2}(xdx+ydy)$　　B. $2e^{x^2+2y^2}(xdx+2ydy)$　　C. $2e^{x^2+2y^2}(xdy+ydx)$

D. $2e^{x^2+2y^2}(xdy+2ydx)$　　E. $2e^{x^2+2y^2}(dx^2+dy^2)$

【解析】$dz=z_x'dx+z_y'dy=e^{x^2+2y^2}\cdot 2xdx+e^{x^2+2y^2}\cdot 4ydy=2e^{x^2+2y^2}(xdx+2ydy)$.

【答案】B

母题技巧

1. 求多元函数的全微分一般有两种方法:

(1)先求偏导数 $\frac{\partial z}{\partial x}$，$\frac{\partial z}{\partial y}$，再代入全微分公式 $dz=\frac{\partial z}{\partial x}dx+\frac{\partial z}{\partial y}dy$.

(2)对题目所给的函数或方程直接求全微分．利用全微分的形式不变性及全微分的四则运算法则计算出含 dx，dy，dz 的式子，解出 dz 即为所求．

2. 如果函数 $z=f(x, y)$的偏导数 $\frac{\partial z}{\partial x}$、$\frac{\partial z}{\partial y}$ 在点(x, y)处连续，则函数在该点处可微分，全微分为 $dz\Big|_{\substack{x=x_0\\y=y_0}}=\frac{\partial z}{\partial x}\Big|_{\substack{x=x_0\\y=y_0}}dx+\frac{\partial z}{\partial y}\Big|_{\substack{x=x_0\\y=y_0}}dy$.

母题精练

1. 若 $z=\ln(1+x^2+y^2)$，则全微分 $dz=($　　$)$.

A. $\frac{2x}{1+x^2+y^2}dx-\frac{2y}{1+x^2+y^2}dy$

B. $\frac{2x}{1+x^2+y^2}dx+\frac{2y}{1+x^2+y^2}dy$

C. $\frac{x}{1+x^2+y^2}dx+\frac{2y}{1+x^2+y^2}dy$

D. $\frac{2x}{1+x^2+y^2}dx+\frac{y}{1+x^2+y^2}dy$

E. $\frac{x}{1+x^2+y^2}dx-\frac{2y}{1+x^2+y^2}dy$

2. 若 $z=x+\sin\frac{y}{2}+e^y$，则全微分 $dz=($　　$)$.

A. $dx+\left(\frac{1}{2}\cos\frac{y}{2}+e^y\right)dy$　　B. $x\,dx+\left(\frac{1}{2}\cos\frac{y}{2}+e^y\right)dy$

C. $dx+\left(\cos\frac{y}{2}+e^y\right)dy$　　D. $x\,dx+\left(\cos\frac{y}{2}+e^y\right)dy$

E. $dx+\left(-\frac{1}{2}\cos\frac{y}{2}+e^y\right)dy$

3. 若 $z=2xy$，则全微分 $dz\Big|_{(1,-1)}=($　　$)$.

A. $2dx-2dy$　　B. $-dx+dy$　　C. $-2dx+2dy$

D. $dx-dy$　　E. $-\frac{1}{2}x\,dx+\frac{1}{2}y\,dy$

4. 设 $z=\arctan\frac{x+y}{x-y}$，则 $dz=($　　$)$.

A. $\frac{1}{x^2+y^2}(x\,dx+y\,dy)$　　B. $\frac{1}{x^2+y^2}(x\,dx-y\,dy)$

C. $-\frac{1}{x^2+y^2}(x\,dy-y\,dx)$　　D. $\frac{1}{x^2+y^2}(x\,dy+y\,dx)$

E. $\frac{1}{x^2+y^2}(x\,dy-y\,dx)$

5. 设 $u=(x+y)^z$，则 $du=($　　$)$.

A. $(x+y)^z[z\,dx+z\,dy+\ln(x+y)dz]$

B. $(x+y)^{z-1}[z\,dx+z\,dy+(x+y)\ln(x+y)dz]$

C. $(x+y)^z[z\,dx+z\,dy+(x+y)\ln(x+y)dz]$

D. $(x+y)^{z-1}[z\,dx+z\,dy+\ln(x+y)dz]$

E. $(x+y)^{z-1}[z\,dx+x\,dy+(x+y)\ln(x+y)dz]$

6. 设 $u=\sqrt[z]{\dfrac{x}{y}}$，则 $\mathrm{d}u\big|_{(1,1,1)}=(\quad)$.

A. $\mathrm{d}x+\mathrm{d}y-\mathrm{d}z$　　B. $\mathrm{d}x+\mathrm{d}y+\mathrm{d}z$　　C. $\mathrm{d}x+\mathrm{d}y$

D. $\mathrm{d}x-\mathrm{d}y$　　E. $\mathrm{d}x-\mathrm{d}y-\mathrm{d}z$

答案详解

1. B

【解析】$\dfrac{\partial z}{\partial x}=\dfrac{2x}{1+x^2+y^2}$，$\dfrac{\partial z}{\partial y}=\dfrac{2y}{1+x^2+y^2}$，则 $\mathrm{d}z=\dfrac{2x}{1+x^2+y^2}\mathrm{d}x+\dfrac{2y}{1+x^2+y^2}\mathrm{d}y$.

2. A

【解析】$\dfrac{\partial z}{\partial x}=1$，$\dfrac{\partial z}{\partial y}=\dfrac{1}{2}\cos\dfrac{y}{2}+\mathrm{e}^y$，则 $\mathrm{d}z=\mathrm{d}x+\left(\dfrac{1}{2}\cos\dfrac{y}{2}+\mathrm{e}^y\right)\mathrm{d}y$.

3. C

【解析】$z'_x=2y$，$z'_y=2x$，偏导数显然连续．将 $x=1$，$y=-1$ 代入，可得

$$\mathrm{d}z\big|_{(1,-1)}=-2\mathrm{d}x+2\mathrm{d}y.$$

4. E

【解析】方法一：分别求函数对 x 和 y 的偏导数，可得

$$\frac{\partial z}{\partial x}=\frac{1}{1+\left(\frac{x+y}{x-y}\right)^2}\cdot\frac{-2y}{(x-y)^2}=\frac{-y}{x^2+y^2},\quad \frac{\partial z}{\partial y}=\frac{1}{1+\left(\frac{x+y}{x-y}\right)^2}\cdot\frac{2x}{(x-y)^2}=\frac{x}{x^2+y^2},$$

由全微分公式，得 $\mathrm{d}z=\dfrac{\partial z}{\partial x}\mathrm{d}x+\dfrac{\partial z}{\partial y}\mathrm{d}y=\dfrac{-y}{x^2+y^2}\mathrm{d}x+\dfrac{x}{x^2+y^2}\mathrm{d}y=\dfrac{1}{x^2+y^2}(x\mathrm{d}y-y\mathrm{d}x)$.

方法二：利用全微分的形式不变性，方程两边同时微分，得

$$\mathrm{d}z=\frac{1}{1+\left(\frac{x+y}{x-y}\right)^2}\mathrm{d}\left(\frac{x+y}{x-y}\right)=\frac{(x-y)^2}{2(x^2+y^2)}\cdot\frac{(x-y)(\mathrm{d}x+\mathrm{d}y)-(x+y)(\mathrm{d}x-\mathrm{d}y)}{(x-y)^2}$$

$$=\frac{-2y\mathrm{d}x+2x\mathrm{d}y}{2(x^2+y^2)}=\frac{1}{x^2+y^2}(x\mathrm{d}y-y\mathrm{d}x).$$

5. B

【解析】$\dfrac{\partial u}{\partial x}=z(x+y)^{z-1}$，$\dfrac{\partial u}{\partial y}=z(x+y)^{z-1}$，$\dfrac{\partial u}{\partial z}=(x+y)^z\ln(x+y)$，则

$$\mathrm{d}u=(x+y)^{z-1}[z\mathrm{d}x+z\mathrm{d}y+(x+y)\ln(x+y)\mathrm{d}z].$$

6. D

【解析】$\dfrac{\partial u}{\partial x}=\dfrac{1}{z}\cdot\left(\dfrac{x}{y}\right)^{\frac{1}{z}-1}\cdot\dfrac{1}{y}$，$\dfrac{\partial u}{\partial y}=\dfrac{1}{z}\cdot\left(\dfrac{x}{y}\right)^{\frac{1}{z}-1}\cdot\left(-\dfrac{x}{y^2}\right)$，$\dfrac{\partial u}{\partial z}=\left(\dfrac{x}{y}\right)^{\frac{1}{z}}\ln\dfrac{x}{y}\cdot\left(-\dfrac{1}{z^2}\right)$.

$\dfrac{\partial u}{\partial x}\Big|_{(1,1,1)}=1$，$\dfrac{\partial u}{\partial y}\Big|_{(1,1,1)}=-1$，$\dfrac{\partial u}{\partial z}\Big|_{(1,1,1)}=0$，则 $\mathrm{d}u\big|_{(1,1,1)}=1\mathrm{d}x+(-1)\mathrm{d}y+0\mathrm{d}z=\mathrm{d}x-\mathrm{d}y$.

【注意】所求得的三个偏导数为初等函数，且(1，1，1)为其定义域的内点，则偏导数在该点处连续．

题型 39 多元函数极值的判定与求解

母题精讲

母题 39 函数 $z=x^3-y^3+3x^2+3y^2-9x$ 的极大值点为( ).

A. (1, 0) B. (1, 2) C. (−3, 0)

D. (−3, 2) E. 不存在

【解析】解方程组 $\begin{cases} z'_x(x, y)=3x^2+6x-9=0, \\ z'_y(x, y)=-3y^2+6y=0, \end{cases}$ 可得驻点为(1, 0), (1, 2), (−3, 0), (−3, 2).

求二阶偏导得 $f''_{xx}(x, y)=6x+6$, $f''_{xy}(x, y)=0$, $f''_{yy}(x, y)=-6y+6$.

在点(1, 0)处, $A=f''_{xx}(1, 0)=12>0$, 即便有极值, 也是极小值, 故不再继续讨论;

在点(1, 2)处, $A=f''_{xx}(1, 2)=12>0$, 同理, 也不可能为极大值;

在点(−3, 0)处, 有

$$A=f''_{xx}(-3, 0)=-12, B=f''_{xy}(-3, 0)=0, C=f''_{yy}(-3, 0)=6,$$

故 $AC-B^2=-12\times6<0$, 无极值;

在点(−3, 2)处, 有

$$A=f''_{xx}(-3, 2)=-12, B=f''_{xy}(-3, 0)=0, C=f''_{yy}(-3, 2)=-6,$$

故 $AC-B^2=-12\times(-6)>0$, 又因为 $A<0$, 所以函数在(−3, 2)处有极大值 $f(-3, 2)=31$.

【答案】D

母题技巧

多元函数求极值的步骤:

(1)解方程组 $\begin{cases} f'_x(x, y)=0, \\ f'_y(x, y)=0, \end{cases}$ 得出所有驻点.

(2)对于每一个驻点 (x_0, y_0), 求出二阶偏导数的值 A, B, C, 其中 $A=f''_{xx}(x_0, y_0)$, $B=f''_{xy}(x_0, y_0)$, $C=f''_{yy}(x_0, y_0)$.

(3)确定 $AC-B^2$ 的符号, 从而判断出 $f(x_0, y_0)$ 是不是极值:

当 $AC-B^2>0$ 时, 有极值;

当 $AC-B^2<0$ 时, 没有极值, 那么下面几步不用再讨论.

(4)再判断 A 的符号, 若 $A>0$ 取极小值; 若 $A<0$ 取极大值. 如果题干要求极大值(或极小值), 但 $A>0$(或 $A<0$), 则该点不满足题干条件, 也就不用讨论该点处的函数值了.

(5)考查函数 $z=f(x, y)$ 是否有导数不存在的点, 若有加以判别是否为极值点.

母题精练

1. 函数 $z=xy(1-2x-2y)$ 的极值点是（　　）.

A. $(0,0)$　　B. $\left(0,\frac{1}{2}\right)$　　C. $\left(\frac{1}{2},0\right)$　　D. $\left(\frac{1}{6},\frac{1}{6}\right)$　　E. 不存在

2. 函数 $z=e^x(x-y^3+3y)$ 的极小值为（　　）.

A. $f(1,-1)=-e$　　B. $f(-3,1)=-e^{-3}$　　C. $f(1,-1)=e$

D. $f(-3,1)=e^{-3}$　　E. 不存在

3. 函数 $f(x,y)=\left(y+\frac{x^3}{3}\right)e^{x+y}$ 的极值为（　　）.

A. $-e$　　B. $-e^{-3}$　　C. $-e^{-\frac{1}{3}}$　　D. $e^{-\frac{1}{3}}$　　E. 不存在

4. 设 $z=e^{4x}(x-y^2-2y)$，则点 $\left(-\frac{5}{4},-1\right)$ 是该函数的（　　）.

A. 驻点，但不是极值点

B. 驻点，且是极小值点

C. 驻点，且是极大值点

D. 偏导数不存在的点

E. 驻点，但不确定极值情况

5. 函数 $z=xy(a-x-y)(a\neq 0)$ 的极值点为（　　）.

A. $(0,0)$　　B. $(0,a)$　　C. $(a,0)$

D. $\left(\frac{a}{3},\frac{a}{3}\right)$　　E. 不存在

6. 函数 $z=x^3-4x^2+2xy-y^2+1$ 的极大值为（　　）.

A. $f(0,0)=-1$　　B. $f(2,2)=1$　　C. $f(2,2)=-1$

D. $f(2,2)=-3$　　E. $f(0,0)=1$

答案详解

1. D

【解析】因为 $\frac{\partial z}{\partial x}=y(1-4x-2y)$，$\frac{\partial z}{\partial y}=x(1-2x-4y)$，令 $\begin{cases}y(1-4x-2y)=0,\\x(1-2x-4y)=0,\end{cases}$ 求解，可得驻点为 $(0,0)$，$\left(0,\frac{1}{2}\right)$，$\left(\frac{1}{2},0\right)$，$\left(\frac{1}{6},\frac{1}{6}\right)$.

求二阶偏导数，得 $\frac{\partial^2 z}{\partial x^2}=-4y$，$\frac{\partial^2 z}{\partial x\partial y}=1-4x-4y$，$\frac{\partial^2 z}{\partial y^2}=-4x$. 当 $x=\frac{1}{6}$，$y=\frac{1}{6}$ 时，有

$$A=\left.\frac{\partial^2 z}{\partial x^2}\right|_{\left(\frac{1}{6},\frac{1}{6}\right)}=-\frac{2}{3},\ B=\left.\frac{\partial^2 z}{\partial x\partial y}\right|_{\left(\frac{1}{6},\frac{1}{6}\right)}=-\frac{1}{3},\ C=\left.\frac{\partial^2 z}{\partial y^2}\right|_{\left(\frac{1}{6},\frac{1}{6}\right)}=-\frac{2}{3}.$$

则 $AC-B^2=\frac{4}{9}-\frac{1}{9}=\frac{1}{3}>0$，且 $A<0$，因此点 $\left(\frac{1}{6},\frac{1}{6}\right)$ 是函数的极大值点.

同理，容易验证，点 $(0,0)$，$\left(0,\frac{1}{2}\right)$，$\left(\frac{1}{2},0\right)$ 处均有 $AC-B^2<0$，故都不是函数的极值点.

2. A

【解析】由$\begin{cases}\dfrac{\partial z}{\partial x}=e^x(1+x-y^3+3y)=0,\\ \dfrac{\partial z}{\partial y}=-3e^x(y^2-1)=0\end{cases}$得驻点$P_1(1,-1)$，$P_2(-3,1)$.

由$\dfrac{\partial^2 z}{\partial x^2}=e^x(x-y^3+3y+2)$，$\dfrac{\partial^2 z}{\partial x\partial y}=3e^x(1-y^2)$，$\dfrac{\partial^2 z}{\partial y^2}=-6ye^x$，可得

在点$P_1(1,-1)$处，$A=e$，$B=0$，$C=6e$，$AC-B^2=6e^2>0$，且$A>0$，故$f(1,-1)=-e$为极小值；

在点$P_2(-3,1)$处，$A=e^{-3}$，$B=0$，$C=-6e^{-3}$，$AC-B^2=-6e^{-6}<0$，故$f(x,y)$在点$(-3,1)$处无极值.

3. C

【解析】由$\begin{cases}f'_x(x,y)=\left(x^2+y+\dfrac{x^3}{3}\right)e^{x+y}=0,\\ f'_y(x,y)=\left(1+y+\dfrac{x^3}{3}\right)e^{x+y}=0\end{cases}$得驻点$\left(1,-\dfrac{4}{3}\right)$，$\left(-1,-\dfrac{2}{3}\right)$.

二阶偏导数为$f''_{xx}(x,y)=\left(2x+2x^2+y+\dfrac{x^3}{3}\right)e^{x+y}$，$f''_{xy}(x,y)=\left(1+x^2+y+\dfrac{x^3}{3}\right)e^{x+y}$，

$f''_{yy}(x,y)=\left(2+y+\dfrac{x^3}{3}\right)e^{x+y}$.

在点$\left(1,-\dfrac{4}{3}\right)$处，$A=3e^{-\frac{1}{3}}$，$B=e^{-\frac{1}{3}}$，$C=e^{-\frac{1}{3}}$，$AC-B^2=2e^{-\frac{2}{3}}>0$，且$A>0$，所以$\left(1,-\dfrac{4}{3}\right)$为$f(x,y)$的极小值点，极小值为$f\left(1,-\dfrac{4}{3}\right)=-e^{-\frac{1}{3}}$；

在点$\left(-1,-\dfrac{2}{3}\right)$处，$A=-e^{-\frac{5}{3}}$，$B=e^{-\frac{5}{3}}$，$C=e^{-\frac{5}{3}}$，$AC-B^2=-2e^{-\frac{10}{3}}<0$，所以$\left(-1,-\dfrac{2}{3}\right)$不是$f(x,y)$的极值点.

4. A

【解析】由$\begin{cases}\dfrac{\partial z}{\partial x}=(4x-4y^2-8y+1)e^{4x}=0,\\ \dfrac{\partial z}{\partial y}=(-2y-2)e^{4x}=0,\end{cases}$得$\begin{cases}x=-\dfrac{5}{4},\\ y=-1,\end{cases}$即$\left(-\dfrac{5}{4},-1\right)$是函数的驻点，且

$$A=\left.\frac{\partial^2 z}{\partial x^2}\right|_{\left(-\frac{5}{4},-1\right)}=4e^{-5}>0,\ B=\left.\frac{\partial^2 z}{\partial x\partial y}\right|_{\left(-\frac{5}{4},-1\right)}=0,\ C=\left.\frac{\partial^2 z}{\partial y^2}\right|_{\left(-\frac{5}{4},-1\right)}=-2e^{-5},$$

$AC-B^2=-8e^{-10}<0$，故$\left(-\dfrac{5}{4},-1\right)$不是极值点.

5. D

【解析】由$\begin{cases}z'_x=y(a-2x-y)=0,\\ z'_y=x(a-x-2y)=0\end{cases}$解得驻点为$(0,0)$，$(a,0)$，$(0,a)$，$\left(\dfrac{a}{3},\dfrac{a}{3}\right)$.

又$z''_{xx}=-2y$，$z''_{xy}=a-2x-2y$，$z''_{yy}=-2x$，列表讨论，如表4-1所示：

表 4-1

驻点	A	B	C	$AC-B^2$	结论
$(0,0)$	0	a	0	$-a^2<0$	不是极值点
$(a,0)$	0	$-a$	$-2a$	$-a^2<0$	不是极值点
$(0,a)$	$-2a$	$-a$	0	$-a^2<0$	不是极值点
$\left(\frac{a}{3},\frac{a}{3}\right)$	$-\frac{2}{3}a$	$-\frac{a}{3}$	$-\frac{2}{3}a$	$\frac{1}{3}a^2>0$	是极值点

由表 4-1，可知极值点为$\left(\frac{a}{3},\frac{a}{3}\right)$.

6. E

【解析】由$\begin{cases}\frac{\partial z}{\partial x}=3x^2-8x+2y=0,\\ \frac{\partial z}{\partial y}=2x-2y=0\end{cases}$得驻点$P_1(0,0)$，$P_2(2,2)$.

又因为$\frac{\partial^2 z}{\partial x^2}=6x-8$，$\frac{\partial^2 z}{\partial x\,\partial y}=2$，$\frac{\partial^2 z}{\partial y^2}=-2$，故

在点$P_1(0,0)$处，$A=-8$，$B=2$，$C=-2$，$AC-B^2=12>0$，且$A<0$，于是$(0,0)$为极大值点，极大值为$f(0,0)=1$.

在点$P_2(2,2)$处，$A=4$，$B=2$，$C=-2$，$AC-B^2=-12<0$，故$f(x,y)$在点$(2,2)$处无极值.

微积分 模考卷一

1. 函数 $y=\ln(1-x^2)+\dfrac{1}{\sqrt{1-\cos x}}$ 的定义域是(　　).

A. $(-1, 1)$　　B. $[-1, 1]$　　C. $(-1, 0)\cup(0, 1)$

D. $[-1, 0)\cup(0, 1]$　　E. $(-1, 0)\cup(0, 1]$

2. 设 $f(x)=\begin{cases}1, & |x|\leqslant 1,\\ 0, & |x|>1,\end{cases}$ 则 $f\{f[f(x)]\}=$(　　).

A. $\begin{cases}0, & |x|\leqslant 1,\\ 1, & |x|>1\end{cases}$　　B. $\begin{cases}1, & |x|\geqslant 1,\\ 0, & |x|<1\end{cases}$　　C. $\begin{cases}1, & |x|\leqslant 1,\\ 0, & |x|>1\end{cases}$

D. 0　　E. 1

3. 极限 $\lim\limits_{n\to\infty}\left[\dfrac{1}{1\times 2}+\dfrac{1}{2\times 3}+\cdots+\dfrac{1}{n\times(n+1)}\right]^n=$(　　).

A. 0　　B. 1　　C. e　　D. e^{-1}　　E. ∞

4. 设 $f(x)=\dfrac{\ln|x|}{|x-1|}\sin x$，则 $f(x)$ 有(　　).

A. 1 个可去间断点、1 个跳跃间断点　　B. 1 个可去间断点、1 个无穷间断点

C. 1 个跳跃间断点、1 个无穷间断点　　D. 2 个跳跃间断点

E. 2 个可去间断点

5. $\lim\limits_{x\to 0}\dfrac{\int_0^{x^2} t^{\frac{3}{2}}\,dt}{\int_0^x t(t-\sin t)\,dt}=$(　　).

A. 0　　B. 2　　C. $\dfrac{1}{2}$　　D. 8　　E. 12

6. 当 $n\to\infty$ 时，数列 $\left(1+\dfrac{1}{n}\right)^n-e$ 与 $\dfrac{1}{n}$ 比较是(　　).

A. 同阶非等价无穷小　　B. 等价无穷小

C. 较高阶的无穷小　　D. 较低阶的无穷小

E. 无法确定

7. 设函数 $f(x)=\begin{cases}e^{\frac{1}{x^2-1}}, & |x|<1,\\ x^4-2x^2+1, & |x|\geqslant 1,\end{cases}$ 则函数在点 $x=1$ 处的导数为(　　).

A. 0　　B. 1　　C. 2　　D. -1　　E. -2

8. 已知函数 $f(x)$ 连续，且 $\lim\limits_{x\to 0}\dfrac{f(x)}{x}=2$，则曲线 $y=f(x)$ 在 $x=0$ 处的切线方程为(　　).

A. $y=-x$　　B. $y=x$　　C. $y=2x$

D. $y=-2x$　　E. $y=x-1$

9. 已知函数 $y=(\sin x)^x$，则 $y'=$(　　).

A. $(\sin x)^x(\ln\sin x+x\cot x)$

B. $(\sin x)^x(\ln\sin x+\cot x)$

C. $(\sin x)^x(\ln\sin x+x\cos x)$

D. $(\sin x)^x(\ln\sin x+x\tan x)$

E. $(\sin x)^x(\ln\cot x)$

10. 设函数 $y=y(x)$由方程 $y=1+xe^y$ 所确定，则 $dy\big|_{x=0}=$(　　).

A. e^2dx　B. $2dx$　C. $2edx$　D. edx　E. dx

11. 设 $y=\arcsin\sqrt{x}$，则 $dy=$(　　).

A. $\dfrac{1}{2\sqrt{x-x^2}}dx$

B. $\dfrac{1}{\sqrt{x-x^2}}dx$

C. $\dfrac{1}{2\sqrt{1-x^2}}dx$

D. $\dfrac{1}{\sqrt{1-x^2}}dx$

E. $\dfrac{1}{2\sqrt{x+x^2}}dx$

12. 设 $f(x)$可导，$y=f(\ln x)$，则$\dfrac{dy}{dx}=$(　　).

A. $f'(\ln x)$

B. $\dfrac{1}{x^2}f'(\ln x)$

C. $-\dfrac{1}{x}f'(\ln x)$

D. $-\dfrac{1}{x^2}f'(\ln x)$

E. $\dfrac{1}{x}f'(\ln x)$

13. 设 $y=f(\sin x)$(f 为二阶可导)，则 $y''=$(　　).

A. $f''(\sin x)\cos^2x-f'(\sin x)\sin x$

B. $f''(\sin x)\cos^2x+f'(\sin x)\sin x$

C. $2f''(\sin x)\cos^2x+f'(\sin x)\sin x$

D. $f''(\sin x)\cos^2x+2f'(\sin x)\sin x$

E. $2f''(\sin x)\cos^2x-f'(\sin x)\sin x$

14. 函数 $y=f(x)$由参数方程$\begin{cases}x=\dfrac{t^2}{2},\\ y=1-t\end{cases}$所确定，则$\dfrac{dy}{dx}\bigg|_{t=2}=$(　　).

A. 2　B. 1　C. $\dfrac{1}{2}$　D. $-\dfrac{1}{2}$　E. -1

15. 已知四次方程 $a_0x^4+a_1x^3+a_2x^2+a_3x+a_4=0$ 有 4 个不同的实根，则方程 $4a_0x^3+3a_1x^2+2a_2x+a_3=0$ 有(　　)个实根.

A. 0　B. 1　C. 2　D. 3　E. 4

16. 已知函数 $y=ax^3-6ax^2+b(a>0)$在区间$[-1,2]$上的最大值为 3，最小值为-29，则 $a=$(　　).

A. 1　B. 2　C. 0　D. 3　E. -1

17. 已知曲线 $y=\ln(a+x^2)$在 $x=1$ 处有拐点，则 $a=$(　　).

A. 1　B. 2　C. -1　D. 3　E. 0

18. 下列函数中，不是 $\sin 2x$ 的原函数的是(　　).

A. $-\dfrac{1}{2}\cos 2x$

B. $\sin^2x$

C. $-\cos^2x$

D. $-\dfrac{1}{2}(\cos 2x+1)$

E. $\dfrac{1}{2}\cos 2x$

19. $\int \frac{\cos 2x}{\sin^2 x\cos^2 x}\mathrm{d}x=($　　$)$.

A. $\tan x-\cot x+C$　　B. $-\cot x-\tan x+C$　　C. $\cot x-\tan x+C$

D. $\cot x+\tan x+C$　　E. $\tan x\cot x+C$

20. 如果$\int f(x)\mathrm{d}x=x^2+C$，则$\int xf(1-x^2)\mathrm{d}x=($　　$)$.

A. $2(1-x^2)^2+C$　　B. $-2(1-x^2)^2+C$　　C. $\frac{1}{2}(1-x^2)^2+C$

D. $-\frac{1}{2}(1-x^2)^2+C$　　E. $(1-x^2)^2+C$

21. 设$f(x)$的一个原函数为$\ln x$，则$\int xf'(x)\mathrm{d}x=($　　$)$.

A. $1-\ln x+C$　　B. $x\ln x+\ln x+C$　　C. $1+\ln x+C$

D. $\ln x-1+C$　　E. $x-\ln x+C$

22. 下列不等式成立的是(　　).

A. $\int_1^2 x\mathrm{d}x\geqslant\int_1^2 x^2\mathrm{d}x$　　B. $\int_0^1 x\mathrm{d}x\leqslant\int_0^1 x^2\mathrm{d}x$

C. $\int_0^{\frac{\pi}{2}} x\mathrm{d}x\geqslant\int_0^{\frac{\pi}{2}}\sin x\mathrm{d}x$　　D. $\int_1^2\ln x\mathrm{d}x\leqslant\int_1^2(\ln x)^2\mathrm{d}x$

E. $\int_0^1 \mathrm{e}^x\mathrm{d}x\leqslant\int_0^1\mathrm{e}^{x^2}\mathrm{d}x$

23. 定积分$\int_0^{\frac{\pi}{2}}\left|\frac{1}{2}-\sin x\right|\mathrm{d}x=($　　$)$.

A. $\frac{\pi}{4}-1$　　B. $-\frac{\pi}{4}$　　C. $-\frac{\pi}{4}-1$

D. $\sqrt{3}-\frac{\pi}{12}-1$　　E. 0

24. 设$f(x)$为连续函数，且$F(x)=\int_0^{\ln x}f(t)\mathrm{d}t+\int_{\frac{1}{x}}^0 f(t)\mathrm{d}t$，则$F'(x)=($　　$)$.

A. $\frac{1}{x}f(\ln x)-\frac{1}{x^2}f\left(\frac{1}{x}\right)$　　B. $\frac{1}{x}f(\ln x)+\frac{1}{x^2}f\left(\frac{1}{x}\right)$

C. $f(\ln x)+f\left(\frac{1}{x}\right)$　　D. $f(\ln x)-f\left(\frac{1}{x}\right)$

E. $\frac{1}{x}f(\ln x)+\frac{1}{x}f\left(\frac{1}{x}\right)$

25. 求曲线$x^2+y^2=1$与$y^2=\frac{3}{2}x$所围成的两个图形中较小的一块绕y轴旋转一周所形成的旋转体的体积为(　　).

A. $\frac{17}{10}\sqrt{3}\pi$　　B. $\sqrt{3}\pi$　　C. $\frac{7}{11}\sqrt{3}\pi$

D. $\frac{17}{11}\sqrt{3}\pi$　　E. $\frac{7}{10}\sqrt{3}\pi$

26. 由曲线 $y=a-x^2(a>0)$ 与 x 轴所围成的图形的面积为(　　).

A. $\frac{1}{3}a^{\frac{3}{2}}$　　B. $\frac{2}{3}a^{\frac{3}{2}}$　　C. $\frac{4}{3}a^{\frac{3}{2}}$

D. $a^{\frac{3}{2}}$　　E. $\frac{5}{3}a^{\frac{3}{2}}$

27. 在区间 $\left[0, \frac{\pi}{2}\right]$ 上，曲线 $y=\sin x$ 与直线 $x=\frac{\pi}{2}$ 及 x 轴所围成的图形绕 x 轴旋转一周所形成的旋转体的体积为(　　).

A. $\frac{\pi^2}{4}$　　B. $\frac{\pi}{4}$　　C. $\frac{1}{2}$　　D. $\frac{1}{4}$　　E. $\frac{\pi}{2}$

28. 极限 $\lim\limits_{\substack{x\to 0\\ y\to 0}}\frac{xy}{\sqrt{2-e^{xy}}-1}=$(　　).

A. 4　　B. 3　　C. 2　　D. 1　　E. -2

29. 已知函数 $z=\ln\sin(x-2y)$，则 $\frac{\partial z}{\partial x}=$(　　).

A. $\frac{1}{\sin(x-2y)}$　　B. $-\frac{2}{\sin(x-2y)}$　　C. $-2\cot(x-2y)$

D. $\cot(x-2y)$　　E. $-\cot(x-2y)$

30. 已知 $f(x, y)=x^2+y\arctan\frac{y}{x}$，则 $f'_x(2, 1)=$(　　).

A. -4　　B. 4　　C. 0　　D. $\frac{19}{5}$　　E. 2

31. 若 $z=(x+2y)^{3x^2+y^2}$，则 $\frac{\partial z}{\partial y}=$(　　).

A. $(x+2y)^{3x^2+y^2}\left[6x\ln(x+2y)+\frac{3x^2+y^2}{x+2y}\right]$

B. $2(x+2y)^{3x^2+y^2}\left[y\ln(x+2y)+\frac{3x^2+y^2}{x+2y}\right]$

C. $(x+2y)^{3x^2+y^2}\ln(x+2y)$

D. $6x(x+2y)^{3x^2+y^2}\ln(x+2y)$

E. $6x\ln(x+2y)+\frac{3x^2+y^2}{x+2y}$

32. 设 $z=u^2\ln v$，$u=\frac{x}{y}$，$v=3x-2y$，则 $\frac{\partial z}{\partial y}=$(　　).

A. $\frac{2x}{y^2}\ln(3x-2y)+\frac{3x^2}{y^2(3x-2y)}$　　B. $\frac{2x}{y}\ln(3x-2y)+\frac{x^2}{y^2(3x-2y)}$

C. $\frac{2x}{y^2}\ln(3x-2y)+\frac{x^2}{y^2(3x-2y)}$　　D. $\frac{2x}{y}\ln y\ln(3x-2y)+\frac{3x^2}{y^2(3x-2y)}$

E. $-\frac{2x^2}{y^3}\ln(3x-2y)-\frac{2x^2}{y^2(3x-2y)}$

33. 函数 $z=f(\sin x, \cos y, e^{x+y})$，$f$ 为二元可微函数，则 $\frac{\partial z}{\partial x}=($　　$)$.

A. $f_1' \cdot \cos x - f_2' \cdot \sin y + f_3' \cdot e^{x+y}$
B. $-f_2' \cdot \sin y + f_3' \cdot e^{x+y}$
C. $f_1' \cdot \cos x + f_3' \cdot e^{x+y}$
D. $f_1' \cdot \cos x - f_2' \cdot \sin y$
E. $f_1' \cdot \cos x - f_2' \cdot \sin y + f_3' \cdot e^{x+y}$

34. 设 $z=z(x, y)$ 是由方程 $\frac{x}{z}=\ln \frac{z}{y}$ 所确定的函数，则 $\frac{\partial z}{\partial x}=($　　$)$.

A. $\frac{z^2}{y(x+z)}$
B. $\frac{x^2}{y(x+z)}$
C. $\frac{z^2}{x(y+z)}$
D. $\frac{z}{x+z}$
E. $\frac{x^2}{x+z}$

35. 若 $z=y^{1+x}$，则 $\frac{\partial^2 z}{\partial y \partial x}=($　　$)$.

A. $(1+x)y^x$
B. $y^x+(1+x)y^x \ln y$
C. $y^{x-1}+(1+x)y^x \ln y$
D. $(1+x)y^x \ln y$
E. $y^x+(1+x)y^{x-1} \ln y$

答案速查

1～5 CEDAE　6～10 AACAD　11～15 AEADD
16～20 BAEBD　21～25 ACDBE　26～30 CAEDD
31～35 BECDB

答案详解

1. C

【解析】由对数函数中真数大于0，偶次方根号里的数非负，分式中分母不等于0，可得

$$\begin{cases}1-x^2>0,\\1-\cos x>0,\end{cases}$$

即$\begin{cases}-1<x<1,\\x\neq 2k\pi,\ k\in\mathbf{Z},\end{cases}$取交集后解得函数的定义域为$(-1,0)\cup(0,1)$.

2. E

【解析】由题意可知，分段函数$f(x)$只能取0和1两个值，故其值域小于等于1，则$f[f(x)]=1$，因此可得$f\{f[f(x)]\}=f(1)=1$.

3. D

【解析】对数列进行裂项相消化简，应用第二重要极限，可得

$$\begin{aligned}\lim_{n\to\infty}\left[\frac{1}{1\times 2}+\frac{1}{2\times 3}+\cdots+\frac{1}{n\times(n+1)}\right]^n&=\lim_{n\to\infty}\left(1-\frac{1}{2}+\frac{1}{2}-\frac{1}{3}+\cdots+\frac{1}{n}-\frac{1}{n+1}\right)^n\\&=\lim_{n\to\infty}\left(1-\frac{1}{n+1}\right)^n=\lim_{n\to\infty}\left(\frac{n}{n+1}\right)^n\\&=\lim_{n\to\infty}\frac{1}{\left(1+\frac{1}{n}\right)^n}=\mathrm{e}^{-1}.\end{aligned}$$

4. A

【解析】$f(x)$的间断点为$x=0$，$x=1$.

$\lim\limits_{x\to 0^-}f(x)=\lim\limits_{x\to 0^+}f(x)=\lim\limits_{x\to 0}\frac{\ln|x|}{|x-1|}\sin x=\frac{\infty}{1}\cdot 0=0$，故$x=0$是可去间断点；

$\lim\limits_{x\to 1^+}f(x)=\lim\limits_{x\to 1^+}\frac{\ln|x|}{|x-1|}\sin x=\sin 1$，$\lim\limits_{x\to 1^-}f(x)=\lim\limits_{x\to 1^-}\frac{\ln|x|}{|x-1|}\sin x=-\sin 1$，$\lim\limits_{x\to 1^-}f(x)\neq\lim\limits_{x\to 1^+}f(x)$，故$x=1$是跳跃间断点.

综上所述，$f(x)$有1个可去间断点、1个跳跃间断点.

5. E

【解析】观察可知，所求极限为“$\frac{0}{0}$”型未定式，故由洛必达法则，并结合变限函数求导公式，可得

$$\lim_{x\to0}\frac{\int_0^{x^2}t^{\frac{3}{2}}\mathrm{d}t}{\int_0^x t(t-\sin t)\mathrm{d}t}=\lim_{x\to0}\frac{x^3\cdot2x}{x(x-\sin x)}=\lim_{x\to0}\frac{2x^3}{x-\sin x}=\lim_{x\to0}\frac{6x^2}{1-\cos x}=\lim_{x\to0}\frac{6x^2}{\frac{1}{2}x^2}=12.$$

6. A

【解析】根据无穷小的定义，对两式之比求极限，可得

$$\lim_{n\to\infty}\frac{\left(1+\frac{1}{n}\right)^n-\mathrm{e}}{\frac{1}{n}}=\lim_{x\to0}\frac{(1+x)^{\frac{1}{x}}-\mathrm{e}}{x}=\lim_{x\to0}\frac{[(1+x)^{\frac{1}{x}}-\mathrm{e}]'}{(x)'}=\lim_{x\to0}[(1+x)^{\frac{1}{x}}]'$$

$$=\lim_{x\to0}[\mathrm{e}^{\frac{1}{x}\ln(1+x)}]'=\lim_{x\to0}(1+x)^{\frac{1}{x}}\frac{\frac{x}{1+x}-\ln(1+x)}{x^2}$$

$$=\lim_{x\to0}(1+x)^{\frac{1}{x}}\cdot\lim_{x\to0}\frac{\frac{x}{1+x}-\ln(1+x)}{x^2}=\mathrm{e}\cdot\lim_{x\to0}\frac{x-(1+x)\ln(1+x)}{x^2(1+x)}$$

$$=\mathrm{e}\cdot\lim_{x\to0}\frac{x-(1+x)\ln(1+x)}{x^2}\cdot\lim_{x\to0}\frac{1}{1+x}=\mathrm{e}\cdot\lim_{x\to0}\frac{-\ln(1+x)}{2x}\cdot1$$

$$=\mathrm{e}\cdot\lim_{x\to0}\frac{-x}{2x}=-\frac{\mathrm{e}}{2}.$$

由对无穷小类型的判断，可知$\left(1+\frac{1}{n}\right)^n-\mathrm{e}$和$\frac{1}{n}$是同阶非等价的无穷小．

7. A

【解析】$f(x)$是分段函数，由导数的定义分别求$f(x)$在点$x=1$处的左、右导数，为

$$f'_-(1)=\lim_{x\to1^-}\frac{\mathrm{e}^{\frac{1}{x^2-1}}-0}{x-1}\xlongequal{\text{洛必达}}\lim_{x\to1^-}\frac{-2x}{(x^2-1)^2}\mathrm{e}^{\frac{1}{x^2-1}}=-2\lim_{x\to1^-}\frac{\mathrm{e}^{\frac{1}{x^2-1}}}{(x^2-1)^2}\xlongequal{t=\frac{1}{x^2-1}}-2\lim_{t\to-\infty}t^2\mathrm{e}^t=0,$$

$$f'_+(1)=\lim_{x\to1^+}\frac{x^4-2x^2+1}{x-1}=\lim_{x\to1^+}(4x^3-4x)=0,$$

显然，$f(x)$在$x=1$处左右导数存在且相等，所以$f(x)$在$x=1$处导数存在，为$f'(1)=0$.

8. C

【解析】由$\lim\limits_{x\to0}\frac{f(x)}{x}=2$且函数$f(x)$连续，可知$f(0)=0$，再根据导数的定义，可得$f'(0)=\lim\limits_{x\to0}\frac{f(x)-f(0)}{x}=2$，所以$y$在$x=0$处的切线方程为$y=2x$.

9. A

【解析】两边取对数，得$\ln y=x\ln\sin x$，两边同时对x求导数，可得

$$\frac{1}{y}\cdot y'=\ln\sin x+x\cdot\frac{\cos x}{\sin x},$$

解得$y'=(\sin x)^x(\ln\sin x+x\cot x)$.

10. D

【解析】把 $x=0$ 代入 $y=1+xe^y$，解得 $y=1$. 方程两边同时对 x 求导得 $y'=e^y+xe^y\cdot y'$，将 $x=0$，$y=1$ 代入，得 $y'\big|_{x=0}=e$，所以 $dy\big|_{x=0}=edx$.

11. A

【解析】由函数在任意点的微分公式，可得

$$dy=(\arcsin\sqrt{x})'dx=\left(\frac{1}{\sqrt{1-x}}\cdot\frac{1}{2\sqrt{x}}\right)dx=\frac{1}{2\sqrt{x-x^2}}dx.$$

12. E

【解析】$\frac{dy}{dx}=[f(\ln x)]'=f'(\ln x)\cdot(\ln x)'=\frac{1}{x}f'(\ln x)$.

13. A

【解析】利用复合函数的求导公式得 $y'=f'(\sin x)\cdot\cos x$，再次求导，可得

$$y''=f''(\sin x)\cdot\cos x\cdot\cos x+f'(\sin x)(-\sin x)=f''(\sin x)\cos^2 x-f'(\sin x)\sin x.$$

14. D

【解析】$\frac{dy}{dx}\bigg|_{t=2}=\frac{\frac{dy}{dt}}{\frac{dx}{dt}}\Bigg|_{t=2}=\frac{-1}{t}\bigg|_{t=2}=-\frac{1}{2}$.

15. D

【解析】令 $f(x)=a_0x^4+a_1x^3+a_2x^2+a_3x+a_4$，因为 $a_0x^4+a_1x^3+a_2x^2+a_3x+a_4=0$ 有 4 个不同的实根 x_1，x_2，x_3，x_4，显然 $f(x)$在区间$[x_1, x_2]$，$[x_2, x_3]$，$[x_3, x_4]$上满足罗尔定理的条件，于是 $\exists\xi_1\in(x_1, x_2)$，$\xi_2\in(x_2, x_3)$，$\xi_3\in(x_3, x_4)$，使得 $f'(\xi_1)=f'(\xi_2)=f'(\xi_3)=0$，所以 $f'(x)=0$ 即 $4a_0x^3+3a_1x^2+2a_2x+a_3=0$ 至少有 3 个实根. 又因为 $f'(x)=0$ 为三次方程，故最多有 3 个实根.

综上所述，方程 $f'(x)=0$ 有 3 个实根.

16. B

【解析】$y'=3ax^2-12ax$. 令 $y'=0$，解得 $x=0$，$x=4$. 当 $x\leqslant 0$ 时，$y'\geqslant 0$，函数在该区间为增函数；当 $0<x<4$ 时，$y'<0$，函数在该区间为减函数；当 $x\geqslant 4$ 时，$y'\geqslant 0$，函数在该区间为增函数.

因为 $f(-1)=-7a+b$，$f(0)=b$，$f(2)=-16a+b$，又因为 $a>0$，所以 $f(2)<f(-1)<f(0)$；再结合函数在区间$[-1, 2]$内的单调性，即在区间$[-1, 0]$内为单调增函数，在区间$(0, 2]$内为单调减函数，可知函数在区间$[-1, 2]$上的最大值为 $f(0)$，最小值为 $f(2)$，即 $b=3$，$-16a+b=-29$，解得 $a=2$.

17. A

【解析】因为 $y=\ln(a+x^2)$，所以 $y'=\frac{2x}{a+x^2}$，$y''=\frac{2(a-x^2)}{(a+x^2)^2}$. 根据题意，在 $x=1$ 处有拐点，则 $y''(1)=\frac{2(a-1^2)}{(a+1^2)^2}=0$，解得 $a=1$.

18. E

【解析】由原函数的定义，对选项求导，结果若为 $\sin 2x$，则为 $\sin 2x$ 的原函数．

因为 $\left(\frac{1}{2}\cos 2x\right)'=-\sin 2x$，所以 $\frac{1}{2}\cos 2x$ 不是 $\sin 2x$ 的原函数．

19. B

【解析】方法一：化简整理可得

$$\int\frac{\cos 2x}{\sin^2 x\cos^2 x}\mathrm{d}x=\int\frac{\cos^2 x-\sin^2 x}{\sin^2 x\cos^2 x}\mathrm{d}x=\int(\csc^2 x-\sec^2 x)\mathrm{d}x=-\cot x-\tan x+C.$$

方法二：$\int\frac{\cos 2x}{\sin^2 x\cos^2 x}\mathrm{d}x=\int\frac{\cos 2x}{\frac{1}{4}\sin^2 2x}\mathrm{d}x=2\int\frac{1}{\sin^2 2x}\mathrm{d}\sin 2x=-\frac{2}{\sin 2x}+C.$

【注意】$-\frac{2}{\sin 2x}=-\frac{2}{2\sin x\cos x}=-\frac{\sin^2 x+\cos^2 x}{\sin x\cos x}=-\frac{\sin x}{\cos x}-\frac{\cos x}{\sin x}=-\tan x-\cot x$. 两种解题思路最终的表现形式不同，但本质是相同的，三角函数的表达形式有很多种，当所得结果与选项不同时，可考虑再进行一系列等价变换得到正确结果．

20. D

【解析】利用第一换元积分法，可得

$$\int xf(1-x^2)\mathrm{d}x=-\frac{1}{2}\int f(1-x^2)\mathrm{d}(1-x^2)$$

$$\underline{\underline{令\,u=1-x^2}}-\frac{1}{2}\int f(u)\mathrm{d}u=-\frac{1}{2}u^2+C=-\frac{1}{2}(1-x^2)^2+C.$$

21. A

【解析】$\int xf'(x)\mathrm{d}x=\int x\mathrm{d}f(x)=xf(x)-\int f(x)\mathrm{d}x$，由于 $f(x)=(\ln x)'=\frac{1}{x}$，则

$$\int xf'(x)\mathrm{d}x=x\cdot\frac{1}{x}-\ln x+C=1-\ln x+C.$$

22. C

【解析】当 $0\leqslant x\leqslant\frac{\pi}{2}$ 时，$x\geqslant\sin x$，根据定积分的保号性，可知 $\int_0^{\frac{\pi}{2}}x\mathrm{d}x\geqslant\int_0^{\frac{\pi}{2}}\sin x\mathrm{d}x$. 同理，由保号性，可知其他选项均不正确．

23. D

【解析】由 $\frac{1}{2}-\sin x=0$ 得 $x=\frac{\pi}{6}$，即 $\left|\frac{1}{2}-\sin x\right|=\begin{cases}\frac{1}{2}-\sin x, & 0\leqslant x\leqslant\frac{\pi}{6},\\ \sin x-\frac{1}{2}, & \frac{\pi}{6}<x\leqslant\frac{\pi}{2},\end{cases}$ 故

$$\int_0^{\frac{\pi}{2}}\left|\frac{1}{2}-\sin x\right|\mathrm{d}x=\int_0^{\frac{\pi}{6}}\left(\frac{1}{2}-\sin x\right)\mathrm{d}x+\int_{\frac{\pi}{6}}^{\frac{\pi}{2}}\left(\sin x-\frac{1}{2}\right)\mathrm{d}x$$

$$=\left(\frac{x}{2}+\cos x\right)\Bigg|_0^{\frac{\pi}{6}}-\left(\frac{x}{2}+\cos x\right)\Bigg|_{\frac{\pi}{6}}^{\frac{\pi}{2}}=\sqrt{3}-\frac{\pi}{12}-1.$$

24. B

【解析】因为 $F(x)=\int_0^{\ln x} f(t)\mathrm{d}t+\int_{\frac{1}{x}}^{0} f(t)\mathrm{d}t=\int_0^{\ln x} f(t)\mathrm{d}t-\int_0^{\frac{1}{x}} f(t)\mathrm{d}t$，所以由积分变限函数求导公式，可得

$$\begin{aligned}F'(x)&=\left[\int_0^{\ln x} f(t)\mathrm{d}t\right]'-\left[\int_0^{\frac{1}{x}} f(t)\mathrm{d}t\right]'\\&=f(\ln x)\cdot(\ln x)'-f\left(\frac{1}{x}\right)\cdot\left(\frac{1}{x}\right)'\\&=\frac{1}{x}f(\ln x)+\frac{1}{x^2}f\left(\frac{1}{x}\right).\end{aligned}$$

25. E

【解析】根据题意，画出两条曲线，如图 1 所示．

显然，两条曲线所围成的较小的图形为图中的阴影部分，其绕 y 轴旋转一周所形成的旋转体的体积为

$$\begin{aligned}V&=\pi\int_{-\frac{\sqrt{3}}{2}}^{\frac{\sqrt{3}}{2}}\left[(\sqrt{1-y^2})^2-\left(\frac{2}{3}y^2\right)^2\right]\mathrm{d}y\\&=2\pi\int_0^{\frac{\sqrt{3}}{2}}\left(1-y^2-\frac{4}{9}y^4\right)\mathrm{d}y=\frac{7}{10}\sqrt{3}\pi.\end{aligned}$$

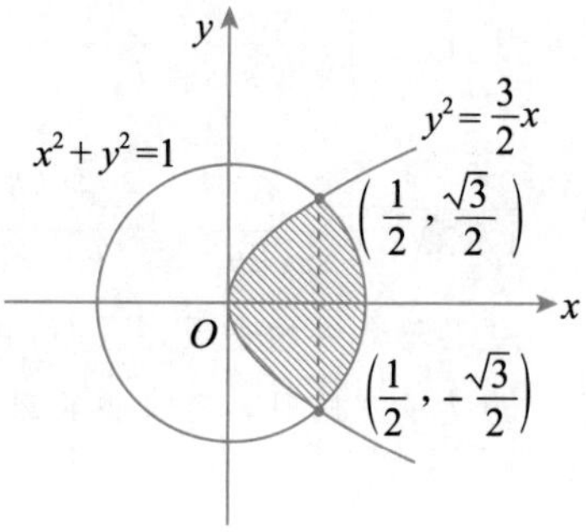

图 1

26. C

【解析】由题意画图如图 2 所示．

由对称性知曲线与 x 轴所围图形的面积为

$$S=2\int_0^{\sqrt{a}}(a-x^2)\mathrm{d}x=2\left(ax-\frac{1}{3}x^3\right)\Big|_0^{\sqrt{a}}=\frac{4}{3}a^{\frac{3}{2}}.$$

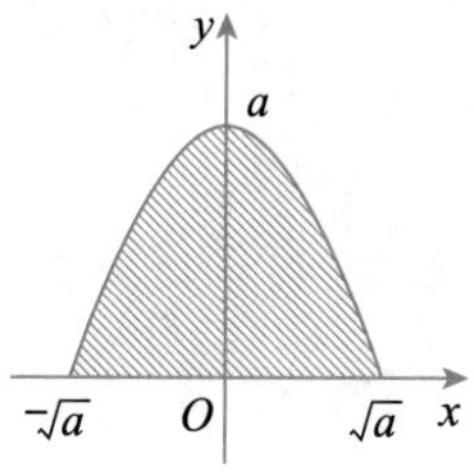

图 2

27. A

【解析】由题意画图，如图 3 所示．

所围成的图形为图中阴影部分．

阴影部分绕 x 轴旋转所形成的旋转体的体积为

$$V=\pi\int_0^{\frac{\pi}{2}}(\sin x)^2\mathrm{d}x=\pi\int_0^{\frac{\pi}{2}}\frac{1-\cos 2x}{2}\mathrm{d}x=\frac{\pi^2}{4}.$$

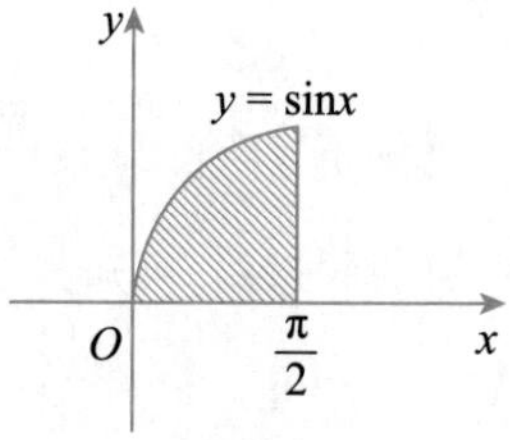

图 3

28. E

【解析】$\lim\limits_{\substack{x\to0\\y\to0}}\dfrac{xy}{\sqrt{2-\mathrm{e}^{xy}}-1}=\lim\limits_{\substack{x\to0\\y\to0}}\dfrac{xy(\sqrt{2-\mathrm{e}^{xy}}+1)}{1-\mathrm{e}^{xy}}=\lim\limits_{\substack{x\to0\\y\to0}}\dfrac{xy(\sqrt{2-\mathrm{e}^{xy}}+1)}{-xy}=-2.$

29. D

【解析】$\dfrac{\partial z}{\partial x}=\dfrac{1}{\sin(x-2y)}\cdot\cos(x-2y)=\cot(x-2y).$

30. D

【解析】因为 $f(x,1)=x^2+\arctan\dfrac{1}{x}$，所以 $f'_x(x,1)=2x-\dfrac{1}{x^2+1}$，$f'_x(2,1)=\dfrac{19}{5}$.

31. B

【解析】根据幂指函数求导法则，先对 z 进行变形，得 $z=e^{(3x^2+y^2)\ln(x+2y)}$，则

$$\begin{aligned}\frac{\partial z}{\partial y}&=(x+2y)^{3x^2+y^2}\left[2y\ln(x+2y)+\frac{2(3x^2+y^2)}{x+2y}\right]\\&=2(x+2y)^{3x^2+y^2}\left[y\ln(x+2y)+\frac{3x^2+y^2}{x+2y}\right].\end{aligned}$$

32. E

【解析】由多元复合函数求导法则，可得

$$\frac{\partial z}{\partial y}=\frac{\partial z}{\partial u}\frac{\partial u}{\partial y}+\frac{\partial z}{\partial v}\frac{\partial v}{\partial y}=2u\ln v\cdot\left(-\frac{x}{y^2}\right)+\frac{u^2}{v}\cdot(-2)=-\frac{2x^2}{y^3}\ln(3x-2y)-\frac{2x^2}{y^2(3x-2y)}.$$

33. C

【解析】设 $u=\sin x$，$v=\cos y$，$w=e^{x+y}$，$z=f(u,v,w)$，由复合函数求导的链式法则，得

$$\frac{\partial z}{\partial x}=\frac{\partial z}{\partial u}\cdot\frac{\partial u}{\partial x}+\frac{\partial z}{\partial w}\cdot\frac{\partial w}{\partial x}=f'_1\cdot\cos x+f'_3\cdot e^{x+y}.$$

34. D

【解析】方法一：所给方程两边同时对 x 求导，得 $\dfrac{z-x\cdot\dfrac{\partial z}{\partial x}}{z^2}=\dfrac{y}{z}\dfrac{\dfrac{\partial z}{\partial x}}{y}$，因此 $\dfrac{\partial z}{\partial x}=\dfrac{z}{x+z}$.

方法二：设 $F(x,y,z)=\dfrac{x}{z}-\ln\dfrac{z}{y}$，则 $F'_x=\dfrac{1}{z}$，$F'_z=-\dfrac{x}{z^2}-\dfrac{y}{z}\cdot\dfrac{1}{y}=-\dfrac{x+z}{z^2}$，由隐函数求导公式，可知 $\dfrac{\partial z}{\partial x}=-\dfrac{F'_x}{F'_z}=\dfrac{z}{x+z}$.

35. B

【解析】先对 y 求偏导，后对 x 求偏导，可得 $\dfrac{\partial z}{\partial y}=(1+x)y^x$，$\dfrac{\partial^2 z}{\partial y\,\partial x}=y^x+(1+x)y^x\ln y$.

微积分 模考卷二

1. 设 $f(x)$ 的定义域为 $[1, 2]$，则函数 $f(x)+f(x^2)$ 的定义域是(　　).

A. $[1, 2]$　　B. $[1, \sqrt{2}]$　　C. $[-\sqrt{2}, \sqrt{2}]$

D. $[-\sqrt{2}, -1]\cup[1, \sqrt{2}]$　　E. $[0, 2]$

2. 函数 $y=e^{\cos x}$ 不是(　　).

A. 单调函数　　B. 偶函数　　C. 初等函数

D. 有界函数　　E. 周期函数

3. 如果 $f(x)=\frac{1}{\lg|x-5|}$，那么以下区间是 $f(x)$ 的有界区间的是(　　).

A. $(0, 4)$　　B. $(4, 5)$　　C. $(5, 6)$

D. $(6, 7)$　　E. $(5, 5.5)$

4. 极限 $\lim\limits_{n\to\infty} n[\ln(n+2)-\ln n]=$(　　).

A. 0　　B. 1　　C. 2

D. e　　E. ∞

5. 设函数 $f(x)=\begin{cases}\frac{\ln(1+ax^3)}{x-\arcsin x}, & x<0,\\ 6, & x=0,\\ \frac{e^{ax}+x^2-ax-1}{x\sin\frac{x}{4}}, & x>0\end{cases}$ 为 $(-\infty, +\infty)$ 上的连续函数，则 $a=$(　　).

A. 1　　B. ± 1　　C. -2

D. -1 或 -2　　E. -1

6. 设 $x\to 0$ 时，$\int_0^{x-\sin x}\ln(1+t)\mathrm{d}t$ 与 x^n 是同阶无穷小，则 $n=$(　　).

A. 6　　B. 4　　C. $\frac{5}{2}$

D. 2　　E. 1

7. 设函数 $g(x)$ 在 $x=a$ 处连续，$f(x)=|x-a|g(x)$ 在点 $x=a$ 处可导，则 $g(x)$ 满足(　　).

A. $g(a)=a$　　B. $g(a)\neq a$　　C. $g(a)=0$

D. $g(a)\neq 0$　　E. 无法确定

8. 设函数 $f(x)$ 是以 3 为周期的可导函数，且 $f'(4)=1$，则 $\lim\limits_{h\to 0}\frac{f(1+h)-f(1-3\tan h)}{h}=$(　　).

A. 5　　B. 3　　C. 1

D. 4　　E. 7

9. 设$\lim\limits_{x\to x_0^+}f(x)=\lim\limits_{x\to x_0^-}f(x)=a$，则(　　).

A. $f(x)$在$x=x_0$处必可导

B. $f(x)$在$x=x_0$处必连续，但未必可导

C. $f(x)$在$x=x_0$处必有极限，但未必连续

D. $f(x)$在$x=x_0$处不可导

E. 以上选项均不正确

10. 设由方程$y\sin x+e^y-x=1$确定的隐函数为$y=f(x)$，则$y'\big|_{x=0}=$(　　).

A. -1　　B. 1　　C. $-\frac{1}{2}$

D. $\frac{1}{2}$　　E. $\frac{1}{\pi}$

11. 曲线$\begin{cases}x=\sin 2t,\\ y=1+\cos t\end{cases}$在点(0，2)处的切线方程为(　　).

A. $y=2x$　　B. $y=2$　　C. $x=2y$

D. $x=2y+1$　　E. $x=0$

12. 已知$y=\ln\frac{\cos x}{x^2-1}$，则$y'=$(　　).

A. $\frac{2x}{1-x^2}+\tan x$　　B. $\frac{x}{1-x^2}-\tan x$　　C. $\frac{2x}{1-x^2}-\tan x$

D. $\frac{x}{1-x^2}-\cot x$　　E. $\frac{2x}{1-x^2}-\cot x$

13. 设$y=3x^4e^{10}$，则$y^{(10)}=$(　　).

A. 0　　B. 1　　C. e^{10}

D. e　　E. 120

14. 方程$xe^x=a(a>0)$实根的个数为(　　).

A. 2　　B. 1　　C. 5

D. 3　　E. 4

15. 若在区间$(a，b)$内，一阶导数$f'(x)<0$，二阶导数$f''(x)<0$，则函数$f(x)$在该区间内(　　).

A. 单调增加，曲线是凸的　　B. 单调增加，曲线是凹的　　C. 单调减少，曲线是凸的

D. 单调减少，曲线是凹的　　E. 无法判断

16. 对于函数$y=x^5+x^3$，下列结论正确的是(　　).

A. 有4个极值点　　B. 有3个拐点　　C. 有1个拐点

D. 有2个极值点　　E. 无拐点

17. 函数$y=\frac{10}{4x^3-9x^2+6x}$的递增区间为(　　).

A. $\left[\frac{1}{2}, 1\right]$　　B. $\left(-\infty, \frac{1}{2}\right]$　　C. $[1, +\infty)$

D. $\left[0, \frac{1}{2}\right]$　　E. $(-\infty, 0]$

18. 下列函数中不是函数 $f(x)=\frac{1}{x}$ 的原函数的是(　　).

A. $F(x)=\ln|x|$

B. $F(x)=C\ln|x|$(C 是不为零且不为 1 的常数)

C. $F(x)=\ln|Cx|$(C 是不为零且不为 1 的常数)

D. $F(x)=\ln|x|+C$(C 是不为零的常数)

E. $F(x)=\ln|x|+2$

19. 设 $\int f(x)\mathrm{d}x=\sin x+C$，则 $\int \frac{f(\arcsin x)}{\sqrt{1-x^2}}\mathrm{d}x=$(　　).

A. $\arcsin x+C$　　B. $\sin\sqrt{1-x^2}+C$　　C. $\frac{1}{2}(\arcsin x)^2+C$

D. $x+C$　　E. $\frac{1}{2}x^2+C$

20. 不定积分 $\int \frac{1}{x\sqrt{x^2-1}}\mathrm{d}x=$(　　).

A. $\sqrt{x^2-1}+C$　　B. $\frac{1}{2}\sqrt{x^2-1}+C$　　C. $\frac{2x}{\sqrt{1-x^2}}+C$

D. $\arccos\sqrt{x^2-1}+C$　　E. $\arccos\frac{1}{x}+C$

21. 设 $f'(\ln x)=2+x$，则 $f(x)=$(　　).

A. $2x+\mathrm{e}^x+C$　　B. $\mathrm{e}^x+\frac{1}{2}x^2+C$　　C. $\mathrm{e}^x+\frac{1}{2}\mathrm{e}^{x^2}+C$

D. $\ln x+\frac{1}{2}(\ln x)^2+C$　　E. $\mathrm{e}^x+\frac{1}{2}\mathrm{e}^{2x}+C$

22. 设函数 $f(x)$ 在区间$[1, 4]$上连续，且在该区间上的平均值是 6，则 $\int_1^4 f(x)\mathrm{d}x=$(　　).

A. 18　　B. 12　　C. 0

D. 3　　E. 6

23. 设 $f(x)=\begin{cases}2^x+1, & -1\leqslant x<0,\\ \sqrt{1-x}, & 0\leqslant x\leqslant 1,\end{cases}$ 则 $\int_{-1}^1 f(x)\mathrm{d}x=$(　　).

A. $\frac{1}{2\ln 2}+\frac{1}{3}$　　B. $\frac{1}{2\ln 2}-\frac{1}{3}$　　C. $-\frac{1}{2\ln 2}-\frac{1}{3}$

D. $\frac{1}{2\ln 2}-\frac{5}{3}$　　E. $\frac{1}{2\ln 2}+\frac{5}{3}$

24. 设 $\varphi(x)=\int_0^{x^2}\mathrm{e}^{-t}\mathrm{d}t$，则 $\varphi'(x)=$(　　).

A. e^{-x^2}　　B. $-\mathrm{e}^{-x^2}$　　C. $2x\mathrm{e}^{-x^2}$

D. $-2x\mathrm{e}^{-x^2}$　　E. $x^2\mathrm{e}^{-x^2}$

25. 曲线 $y=\sqrt{x}$ 与直线 $x=1$，$x=4$，$y=0$ 所围成的图形绕 x 轴旋转一周所形成的旋转体的体积为(　　).

A. $\frac{\pi}{2}$　　B. $\frac{3}{2}\pi$　　C. $\frac{7}{2}\pi$

D. $\frac{15}{2}\pi$　　E. 2π

26. 定积分 $\int_{-1}^{1}(|x|+\sin^3 x)\mathrm{d}x=$(　　).

A. $\frac{1}{2}$　　B. 0　　C. 1

D. π　　E. $\frac{\sqrt{3}}{2}$

27. 某地区当消费者个人收入为 x 时，消费支出 $W(x)$ 的变化率为 $W'(x)=\frac{15}{\sqrt{x}}$. 当个人收入由 900 增加到 1 600 时，消费支出增加(　　).

A. 100　　B. 425　　C. 150

D. 650　　E. 300

28. 设 $z=x^2\sin 2y$，则 $\frac{\partial z}{\partial y}=$(　　).

A. $2x\cos 2y$　　B. $2x^2\cos 2y$　　C. $4x\sin 2y$

D. $2x\sin 2y$　　E. $2x\sin 2y+2x^2\cos 2y$

29. 设 $z=2x+xy^2-\sqrt{x^2+y^2}$，则 $\left.\frac{\partial z}{\partial y}\right|_{\substack{x=3\\y=4}}=$(　　).

A. $\frac{116}{5}$　　B. $\frac{13}{5}$　　C. $\frac{7}{5}$

D. $\frac{1}{5}$　　E. $\frac{70}{5}$

30. 若 $z=(x+y)^{xy}$，则 $\frac{\partial z}{\partial x}=$(　　).

A. $(x+y)^{xy}y\ln(x+y)$

B. $xy(x+y)^{xy-1}$

C. $(x+y)^{xy}\left[y\ln(x+y)+\frac{xy}{x+y}\right]$

D. $y(x+y)^{xy-1}\ln(x+y)$

E. $xy(x+y)^{xy-1}\ln(x+y)$

31. 设 $z=e^u\sin v$，且 $u=2x+3y$，$v=x^y$，则 $\frac{\partial z}{\partial y}=$(　　).

A. $e^{2x+3y}(3\sin x^y+x^y\cos x^y)$

B. $e^{2x+3y}(3\sin x^y+x^y\cdot\ln x\cdot\cos x^y)$

C. $e^{2x+3y}(3\sin x^y+x^y\cdot\ln x\cdot\sin x^y)$

D. $e^{2x+3y}(3\sin x^y+y\cdot x^{y-1}\cos x^y)$

E. $e^{2x+3y}(3\sin x^y-x^y\cdot\ln x\cdot\cos x^y)$

32. 设$u=f\left(\frac{x}{y},\ \frac{y}{z}\right)$，其中$f$具有一阶连续偏导数，则$\frac{\partial u}{\partial y}=$(　　).

A. $\frac{1}{y}f_1'+\frac{1}{z}f_2'$　　B. $-\frac{y}{z^2}f_2'$　　C. $\frac{x}{y^2}f_1'-\frac{y}{z^2}f_2'$

D. $-\frac{x}{y^2}f_1'$　　E. $-\frac{x}{y^2}f_1'+\frac{1}{z}f_2'$

33. 设$z=f(x,\ y)$是由方程$e^{xz}-zy^2=\sin x$确定的隐函数，则在$x=0$，$y=1$处z关于y的偏导数为(　　).

A. -2　　B. -1　　C. 2

D. 0　　E. $-\frac{1}{2}$

34. 设$z=\frac{y}{\sqrt{x^2+y^2}}$，则$dz=$(　　).

A. $-\frac{xy}{(x^2+y^2)^{\frac{3}{2}}}dx+\frac{x^2+3y^2}{(x^2+y^2)^{\frac{3}{2}}}dy$

B. $-\frac{xy}{(x^2+y^2)^{\frac{3}{2}}}dx+\frac{x^2+y^2}{(x^2+y^2)^{\frac{3}{2}}}dy$

C. $\frac{xy}{(x^2+y^2)^{\frac{3}{2}}}dx+\frac{x^2-y^2}{(x^2+y^2)^{\frac{3}{2}}}dy$

D. $-\frac{xy}{(x^2+y^2)^{\frac{3}{2}}}dx+\frac{x^2}{(x^2+y^2)^{\frac{3}{2}}}dy$

E. $\frac{xy}{(x^2+y^2)^{\frac{3}{2}}}dx+\frac{x^2+y^2}{(x^2+y^2)^{\frac{3}{2}}}dy$

35. 函数$f(x,\ y)=2x^2+ax+xy^2+2y$在$(1,\ -1)$处取得极值，以下说法不正确的是(　　).

A. $(1,\ -1)$为$f(x,\ y)$的驻点

B. 函数在$(1,\ -1)$处取得极大值

C. a的值为-5

D. 函数在$(1,\ -1)$处取得极小值

E. $f(x,\ y)$在$(1,\ -1)$处的极值为-4

答案速查

1～5 BAECE	6～10 ACDCB	11～15 BCABC
16～20 CABDE	21～25 AAECD	26～30 CEBAC
31～35 BEADB		

答案详解

1. B

【解析】$f(x)$的定义域为$[1,2]$，由题意可得$\begin{cases}1\leqslant x\leqslant 2,\\1\leqslant x^2\leqslant 2,\end{cases}$即$\begin{cases}1\leqslant x\leqslant 2,\\-\sqrt{2}\leqslant x\leqslant -1\text{ 或 }1\leqslant x\leqslant\sqrt{2},\end{cases}$取交集后解得$f(x)+f(x^2)$的定义域为$[1,\sqrt{2}]$.

2. A

【解析】$f'(x)=-\sin x\,\mathrm{e}^{\cos x}$，显然其不恒正，也不恒负，所以由函数单调性的判定方法可知，$f(x)$不是单调函数.

3. E

【解析】$f(x)=\dfrac{1}{\lg|x-5|}$的间断点是$x=4$，$x=5$，$x=6$.

$$\lim_{x\to 4}\frac{1}{\lg|x-5|}=\infty,\ \lim_{x\to 5}\frac{1}{\lg|x-5|}=\lim_{t\to 0^+}\frac{1}{\lg t}=0,\ \lim_{x\to 6}\frac{1}{\lg|x-5|}=\infty.$$

由极限的局部有界性可得，若函数在一点处有极限，则必定在该点附近有界，所以，该函数在$x=5$点附近有界，在$x=4$，$x=6$附近无界. 因此，含有端点4和6的区间都是无界的，只有区间$(5,5.5)$符合.

4. C

【解析】对极限式子进行化简整理，利用第二重要极限，可得

$$\begin{aligned}\lim_{n\to\infty}n[\ln(n+2)-\ln n]&=\lim_{n\to\infty}n\ln\left(\frac{n+2}{n}\right)=\lim_{n\to\infty}\ln\left(\frac{n+2}{n}\right)^n\\&=\ln\lim_{n\to\infty}\left(\frac{n+2}{n}\right)^n=\ln\lim_{n\to\infty}\left[\left(1+\frac{2}{n}\right)^{\frac{n}{2}}\right]^2\\&=\ln\mathrm{e}^2=2.\end{aligned}$$

5. E

【解析】由于函数在$(-\infty,+\infty)$上连续，则在$x=0$处连续，故$\lim\limits_{x\to 0^-}f(x)=\lim\limits_{x\to 0^+}f(x)=f(0)$，分别求函数在$x=0$处的左右极限，可得

$$\lim_{x\to 0^-}f(x)=\lim_{x\to 0^-}\frac{\ln(1+ax^3)}{x-\arcsin x}=\lim_{x\to 0^-}\frac{ax^3}{x-\arcsin x}=\lim_{x\to 0^-}\frac{3ax^2}{1-\dfrac{1}{\sqrt{1-x^2}}}$$

$$=\lim_{x\to0^-}\frac{3ax^2}{\sqrt{1-x^2}-1}\cdot\lim_{x\to0^-}\sqrt{1-x^2}=\lim_{x\to0^-}\frac{3ax^2}{-\frac{1}{2}x^2}=-6a,$$

$$\lim_{x\to0^+}f(x)=\lim_{x\to0^+}\frac{e^{ax}+x^2-ax-1}{x\sin\frac{x}{4}}=\lim_{x\to0^+}\frac{e^{ax}+x^2-ax-1}{x\cdot\frac{x}{4}}=4\lim_{x\to0^+}\frac{e^{ax}+x^2-ax-1}{x^2}$$

$$=4\lim_{x\to0^+}\frac{ae^{ax}+2x-a}{2x}=2\lim_{x\to0^+}\frac{ae^{ax}+2x-a}{x}=2\lim_{x\to0^+}(a^2e^{ax}+2)=2a^2+4.$$

因此$-6a=2a^2+4$，解得$a=-1$或$a=-2$.

当$a=-1$时，$\lim\limits_{x\to0}f(x)=6=f(0)$，即$f(x)$在$x=0$处连续；当$a=-2$时，$\lim\limits_{x\to0}f(x)=12\neq f(0)$，即$f(x)$在$x=0$处不连续.

综上所述，当$a=-1$时，函数在$(-\infty,+\infty)$上为连续函数.

【注意】选择题并不需要完整求解就可得出答案. 本题中，在解出$\lim\limits_{x\to0^-}f(x)=-6a$时，可直接由$f(0)=-6a=6$解出$a=-1$，无需再计算$\lim\limits_{x\to0^+}f(x)$. 若学生先计算得出$\lim\limits_{x\to0^+}f(x)=2a^2+4$，由$f(0)=2a^2+4=6$解出$a=\pm1$，此时需要再求出$\lim\limits_{x\to0^-}f(x)$来确定$a$的值.

6. A

【解析】显然$n>0$，由同阶无穷小的定义，可得

$$\lim_{x\to0}\frac{\int_0^{x-\sin x}\ln(1+t)\mathrm{d}t}{x^n}=\lim_{x\to0}\frac{\ln(1+x-\sin x)(x-\sin x)'}{nx^{n-1}}$$

$$=\lim_{x\to0}\frac{\ln(1+x-\sin x)(1-\cos x)}{nx^{n-1}}$$

$$=\lim_{x\to0}\frac{(x-\sin x)\cdot\frac{1}{2}x^2}{nx^{n-1}}$$

$$=\frac{1}{2n}\lim_{x\to0}\frac{x-\sin x}{x^{n-3}},$$

当$n\leqslant3$时，显然极限为0，不满足同阶无穷小的定义，故$n>3$.

当$n>3$时，上式$=\frac{1}{2n}\lim\limits_{x\to0}\frac{1-\cos x}{(n-3)x^{n-4}}=\frac{1}{2n(n-3)}\lim\limits_{x\to0}\frac{\frac{1}{2}x^2}{x^{n-4}}=\frac{1}{4n(n-3)}\lim\limits_{x\to0}\frac{1}{x^{n-6}}$，当且仅当$n=6$时，上式$=\frac{1}{72}$，符合同阶无穷小的定义，故$n=6$时，$\int_0^{x-\sin x}\ln(1+t)\mathrm{d}t$与$x^n$是同阶无穷小.

7. C

【解析】函数$f(x)=|x-a|g(x)$在$x=a$处可导，故$\lim\limits_{h\to0}\frac{f(a+h)-f(a)}{h}=\lim\limits_{h\to0}\frac{|h|}{h}g(a+h)$存在. 函数$g(x)$在$x=a$处连续，所以$\lim\limits_{h\to0}g(a+h)=g(a)$，又因为$\lim\limits_{h\to0}\frac{|h|}{h}=\pm1$，要使$\lim\limits_{h\to0}\frac{|h|}{h}g(a+h)=\lim\limits_{h\to0}\frac{|h|}{h}g(a)$存在，只有$g(a)=0$.

8. D

【解析】因为 $f(x)$以 3 为周期，且求导后，周期性不变，故 $f'(x)$也是以 3 为周期的周期函数，从而 $f'(1)=f'(4)=1$，于是有

$$\lim_{h\to 0}\frac{f(1+h)-f(1-3\tan h)}{h}=\lim_{h\to 0}\frac{[f(1+h)-f(1)]-[f(1-3\tan h)-f(1)]}{h}$$

$$=\lim_{h\to 0}\frac{f(1+h)-f(1)}{h}+\lim_{h\to 0}\frac{f(1-3\tan h)-f(1)}{-3\tan h}\cdot\frac{3\tan h}{h}$$

$$=(1+3)f'(1)=4.$$

9. C

【解析】因为 $\lim\limits_{x\to x_0^+}f(x)=\lim\limits_{x\to x_0^-}f(x)=a$，所以$\lim\limits_{x\to x_0}f(x)=a$，但只能说明函数 $f(x)$在点 $x=x_0$ 处的极限存在，不能保证 $f(x)$在点 $x=x_0$ 处有定义，则 $f(x)$在 $x=x_0$ 处不一定连续，也就不一定可导，故只有 C 项正确 .

10. B

【解析】方程两边同时对 x 求导，得 $y'\sin x+y\cos x+e^y y'-1=0$，整理得 $y'=\dfrac{1-y\cos x}{\sin x+e^y}$，

将$x=0$代入原方程得 $y=0$，所以 $y'\Big|_{x=0}=1$.

11. B

【解析】由参数方程求导公式，$\dfrac{dy}{dx}=\dfrac{\frac{dy}{dt}}{\frac{dx}{dt}}=\dfrac{(1+\cos t)'}{(\sin 2t)'}=\dfrac{-\sin t}{2\cos 2t}$. 当 $x=0$，$y=2$ 时，$t=0$，从而$\dfrac{dy}{dx}\Big|_{t=0}=0$，所以在点(0，2)处的切线斜率为 $k=0$，切线方程为 $y-2=0\cdot x$，即 $y=2$.

12. C

【解析】由复合函数求导法则，可得

$$y'=\left(\ln\frac{\cos x}{x^2-1}\right)'=\frac{x^2-1}{\cos x}\left(\frac{\cos x}{x^2-1}\right)'=\frac{x^2-1}{\cos x}\cdot\frac{-\sin x\cdot(x^2-1)-2x\cos x}{(x^2-1)^2}=\frac{2x}{1-x^2}-\tan x.$$

13. A

【解析】$y'=12x^3e^{10}$，$y''=36x^2e^{10}$，$y'''=72xe^{10}$，$y^{(4)}=72e^{10}$，$y^{(5)}=0$，所以 $y^{(10)}=0$.

14. B

【解析】设 $f(x)=xe^x-a$，则 $f(x)$在$(-\infty，+\infty)$内连续 . 当 $x<0$ 时，显然 $f(x)<-a<0$，所以 $f(x)$在$(-\infty，0)$内无零点；当 $x\geqslant 0$ 时，$f'(x)=e^x+xe^x>0$，所以 $f(x)$在$[0，+\infty)$上单调递增，而 $f(0)=-a<0$，$\lim\limits_{x\to+\infty}f(x)=+\infty$，所以 $f(x)$在$(0，+\infty)$内有唯一零点 . 综上，方程 $xe^x=a(a>0)$只有一个实数根 .

15. C

【解析】由函数的单调性知，$f'(x)<0$，则 $f(x)$单调减少；由函数的凹凸性知 $f''(x)<0$，$f(x)$在$(a，b)$上的图形是凸的 . 故本题选 C 项 .

16. C

【解析】$y'=5x^4+3x^2=x^2(5x^2+3)$，$y''=20x^3+6x=2x(10x^2+3)$.

令 $y'=x^2(5x^2+3)=0$，解得 $x=0$；$y''=2x(10x^2+3)=0$，解得 $x=0$.

因为在定义域上 $y'\geqslant 0$ 恒成立，故函数无极值点．又因为当 $x<0$ 时，$y''<0$；当 $x>0$ 时，$y''>0$，故 $(0,0)$ 为拐点．

综上所述，函数没有极值点，只有 1 个拐点．

17. A

【解析】$y'=-\dfrac{10(12x^2-18x+6)}{(4x^3-9x^2+6x)^2}$．若求函数 y 的递增区间，则令 $y'=-\dfrac{10(12x^2-18x+6)}{(4x^3-9x^2+6x)^2}\geqslant 0$，

解得 $\dfrac{1}{2}\leqslant x\leqslant 1$，故函数的递增区间为 $\left[\dfrac{1}{2},1\right]$.

18. B

【解析】对各选项求导，若结果不是 $\dfrac{1}{x}$，则不是 $f(x)$ 的原函数，$(C\ln|x|)'=\dfrac{C}{x}\neq\dfrac{1}{x}$，故本题选 B 项．经验证，其他选项的求导结果均为 $\dfrac{1}{x}$，故排除．

19. D

【解析】采用换元积分法，可得

$$\int\frac{f(\arcsin x)}{\sqrt{1-x^2}}\mathrm{d}x=\int f(\arcsin x)\mathrm{d}\arcsin x=\int f(u)\mathrm{d}u=\sin u+C=\sin(\arcsin x)+C=x+C.$$

20. E

【解析】采用换元积分法，令 $x=\sec t$，则 $\mathrm{d}x=\sec t\tan t\mathrm{d}t$，可得

$$\text{原式}=\int\frac{1}{\sec t\tan t}\sec t\tan t\mathrm{d}t=\int 1\mathrm{d}t=t+C=\arccos\frac{1}{x}+C.$$

21. A

【解析】因为 $f'(\ln x)=\dfrac{\mathrm{d}[f(\ln x)]}{\mathrm{d}(\ln x)}=2+x$，故 $\mathrm{d}[f(\ln x)]=(2+x)\mathrm{d}(\ln x)$，两边积分，可得

$$\int\mathrm{d}[f(\ln x)]=\int(2+x)\mathrm{d}(\ln x)=\int\frac{2+x}{x}\mathrm{d}x$$

$$=\int\left(\frac{2}{x}+1\right)\mathrm{d}x=2\ln x+x+C,$$

即 $f(\ln x)=2\ln x+x+C$，$f(x)=2x+\mathrm{e}^x+C$.

22. A

【解析】由积分中值定理知 $\int_1^4 f(x)\mathrm{d}x=6\times(4-1)=18$.

23. E

【解析】$f(x)=\begin{cases}2^x+1, & -1\leqslant x<0,\\ \sqrt{1-x}, & 0\leqslant x\leqslant 1,\end{cases}$ 则由定积分的区间可加性，可得

$$\int_{-1}^1 f(x)\mathrm{d}x=\int_{-1}^0(2^x+1)\mathrm{d}x+\int_0^1\sqrt{1-x}\,\mathrm{d}x=\left(\frac{2^x}{\ln 2}+x\right)\Bigg|_{-1}^0-\frac{2}{3}(1-x)^{\frac{3}{2}}\Bigg|_0^1=\frac{1}{2\ln 2}+\frac{5}{3}.$$

24. C

【解析】根据变上限函数的求导公式，可得 $\varphi'(x)=\left(\int_0^{x^2} e^{-t}\mathrm{d}t\right)'=2xe^{-x^2}$.

25. D

【解析】所围成的图形为图 1 中的阴影部分.

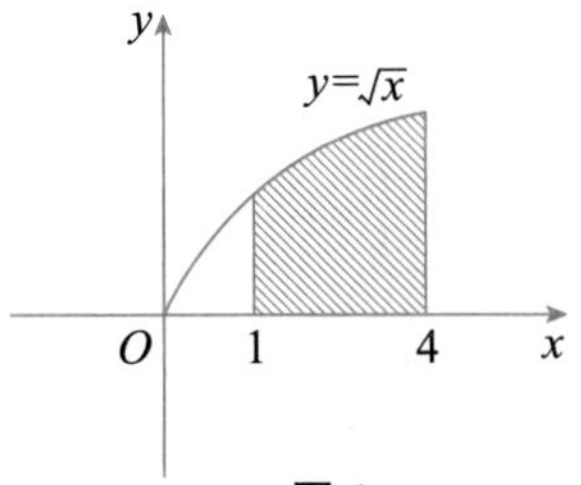

图 1

其绕 x 轴旋转一周所形成的旋转体的体积为

$$V=\pi\int_1^4 (\sqrt{x})^2\mathrm{d}x=\frac{15}{2}\pi.$$

26. C

【解析】因为 $|x|$ 是偶函数，$\sin^3 x$ 是奇函数，所以根据对称区间上函数定积分的公式，可得

$$\int_{-1}^{1}(|x|+\sin^3 x)\mathrm{d}x=\int_{-1}^{1}|x|\mathrm{d}x+\int_{-1}^{1}\sin^3 x\mathrm{d}x=2\int_0^1 x\mathrm{d}x=1.$$

27. E

【解析】根据总函数在某个范围内改变量的计算公式，可知增加的消费支出为

$$W=\int_{900}^{1\,600}\frac{15}{\sqrt{x}}\mathrm{d}x=30\sqrt{x}\Big|_{900}^{1\,600}=300.$$

28. B

【解析】将 x 看作常数，对 y 求导，由一元函数求导公式，可得 $\frac{\partial z}{\partial y}=2x^2\cos 2y$.

29. A

【解析】因为 $\frac{\partial z}{\partial y}=2xy-\frac{y}{\sqrt{x^2+y^2}}$，所以 $\frac{\partial z}{\partial y}\Big|_{\substack{x=3\\y=4}}=24-\frac{4}{5}=\frac{116}{5}$.

30. C

【解析】$z=e^{xy\ln(x+y)}$，则 $\frac{\partial z}{\partial x}=(x+y)^{xy}\left[y\ln(x+y)+\frac{xy}{x+y}\right]$.

31. B

【解析】由复合函数求导法则，可得

$$\begin{aligned}\frac{\partial z}{\partial y}&=\frac{\partial z}{\partial u}\cdot\frac{\partial u}{\partial y}+\frac{\partial z}{\partial v}\cdot\frac{\partial v}{\partial y}=e^u\sin v\cdot 3+e^u\cos v\cdot x^y\cdot\ln x\\&=e^{2x+3y}(3\sin x^y+x^y\cdot\ln x\cdot\cos x^y).\end{aligned}$$

32. E

【解析】设 $u=f(m, n)$，$m=\frac{x}{y}$，$n=\frac{y}{z}$，由复合函数求导的链式法则，可得

$$\frac{\partial u}{\partial y}=\frac{\partial u}{\partial m}\frac{\partial m}{\partial y}+\frac{\partial u}{\partial n}\frac{\partial n}{\partial y}=-\frac{x}{y^2}f_1'+\frac{1}{z}f_2'.$$

33. A

【解析】设 $F(x, y, z)=e^{xz}-zy^2-\sin x$，则由隐函数求导公式，可得

$$\frac{\partial z}{\partial y}=-\frac{F_y'}{F_z'}=\frac{2yz}{xe^{xz}-y^2},$$

且当 $x=0$，$y=1$ 时，$z=1$，代入上式，得 $\left.\frac{\partial z}{\partial y}\right|_{\substack{x=0\\y=1\\z=1}}=\left.\frac{2yz}{xe^{xz}-y^2}\right|_{\substack{x=0\\y=1\\z=1}}=-2.$

34. D

【解析】$\frac{\partial z}{\partial x}=-\frac{xy}{(x^2+y^2)^{\frac{3}{2}}}$，$\frac{\partial z}{\partial y}=\frac{x^2}{(x^2+y^2)^{\frac{3}{2}}}$，则

$$dz=\frac{\partial z}{\partial x}dx+\frac{\partial z}{\partial y}dy=-\frac{xy}{(x^2+y^2)^{\frac{3}{2}}}dx+\frac{x^2}{(x^2+y^2)^{\frac{3}{2}}}dy.$$

35. B

【解析】显然在定义域 $\mathbf{R}$ 内 $f(x, y)=2x^2+ax+xy^2+2y$ 关于 x 和 y 的偏导数都存在，即不存在不可导点，因此若 $f(x, y)$ 在 $(1, -1)$ 处取得极值，则 $(1, -1)$ 一定为 $f(x, y)$ 的驻点，则

$$\begin{cases}\left.\frac{\partial f}{\partial x}\right|_{(1,-1)}=\left.(4x+a+y^2)\right|_{(1,-1)}=0,\\ \left.\frac{\partial f}{\partial y}\right|_{(1,-1)}=\left.(2xy+2)\right|_{(1,-1)}=0,\end{cases}$$

故有 $4+a+1=0$，解得 $a=-5$.

因为 $A=\left.\frac{\partial^2 f}{\partial x^2}\right|_{(1,-1)}=4$，$B=\left.\frac{\partial^2 f}{\partial x\,\partial y}\right|_{(1,-1)}=2y|_{(1,-1)}=-2$，$C=\left.\frac{\partial^2 f}{\partial y^2}\right|_{(1,-1)}=2x|_{(1,-1)}=2$，$AC-B^2=4>0$，且 $A>0$，所以 $f(x, y)$ 在 $(1, -1)$ 处取得极小值，为 $f(1, -1)=-4$. 故不正确的是B项.

2

第二部分 线性代数

第 5 章　行列式和矩阵

题型 40　具体行列式的计算问题

母题精讲

母题 40　行列式 $\begin{vmatrix} 2a & 2b & 2c \\ b & c & a \\ c-2b & a-2c & b-2a \end{vmatrix}=($　　$)$.

A. $abc-a^3-b^3-c^3$　　B. $2abc+2a^3+2b^3+2c^3$　　C. $6abc-2a^3-2b^3-2c^3$

D. $3abc+a^3+b^3+c^3$　　E. $abc-3a^3-3b^3-3c^3$

【解析】方法一：根据行列式的性质，可提取第一行的公因子 2，然后将第二行的 2 倍加到第三行，可得

$$\begin{vmatrix} 2a & 2b & 2c \\ b & c & a \\ c-2b & a-2c & b-2a \end{vmatrix}=2\begin{vmatrix} a & b & c \\ b & c & a \\ c-2b & a-2c & b-2a \end{vmatrix}=2\begin{vmatrix} a & b & c \\ b & c & a \\ c & a & b \end{vmatrix}.$$

对于三阶行列式 $\begin{vmatrix} a & b & c \\ b & c & a \\ c & a & b \end{vmatrix}$，根据展开定理，按第一行展开，可得

$$原式=2\begin{vmatrix} a & b & c \\ b & c & a \\ c & a & b \end{vmatrix}=2\left(a\begin{vmatrix} c & a \\ a & b \end{vmatrix}-b\begin{vmatrix} b & a \\ c & b \end{vmatrix}+c\begin{vmatrix} b & c \\ c & a \end{vmatrix}\right)$$

$$=2[a(bc-a^2)-b(b^2-ac)+c(ab-c^2)]=6abc-2a^3-2b^3-2c^3.$$

方法二：根据行列式的拆项性质，可得

$$\begin{vmatrix} 2a & 2b & 2c \\ b & c & a \\ c-2b & a-2c & b-2a \end{vmatrix}=\begin{vmatrix} 2a & 2b & 2c \\ b & c & a \\ c & a & b \end{vmatrix}+\begin{vmatrix} 2a & 2b & 2c \\ b & c & a \\ -2b & -2c & -2a \end{vmatrix},$$

第二个行列式的后两行对应成比例，且第一个行列式可提出公因子 2，因此

$$原式=2\begin{vmatrix} a & b & c \\ b & c & a \\ c & a & b \end{vmatrix}+0=2\begin{vmatrix} a & b & c \\ b & c & a \\ c & a & b \end{vmatrix}=6abc-2a^3-2b^3-2c^3.$$

【答案】C

母题技巧

行列式的计算方法有以下两种:

1. 应用行列式的性质计算行列式.

应用行列式的性质计算行列式是最常用的一种方法，应用过程中，可遵循如下口诀:“一看结构，二选性质，注意符号，细心计算”.

(1)“看结构”指的是观察行列式的结构特征，是否有公因子，是否有成比例的行(或列)，是否可以拆项，是否能化为上、下三角行列式等特殊行列式.

(2)“选性质”指的是根据所观察到的行列式的结构特征选择应用相应的性质进行计算. 最常用的行列式的性质如下:

①交换任意两行(或列)，行列式变号;

②行列式的行和列互换，行列式不变;

③某一行(或列)乘常数 k 后，加到另一行(或列)，行列式不变;

④行列式的某两行(或列)元素对应成比例，则行列式为 0;

⑤某一行(或列)有公因子，可将公因子提到行列式符号的外面;

⑥将行列式的某一行(或列)乘一个常数 k 后，行列式变为原来的 k 倍;

⑦可拆项性: 如果行列式某行(或列)的所有元素都可以写成两个元素的和，则该行列式可以写成两个行列式的和，且这两个行列式这一行(或列)的元素分别为对应的两个加数，其余各行(或列)的元素与原行列式相同(具体可参考第 4 题).

(3)“注意符号，细心计算”指的是利用性质时，要清楚哪些性质不变号，哪些性质要变号，一定要仔细区分，小心计算.

2. 应用行列式的展开定理计算行列式.

应用行列式的展开定理进行降阶计算，一般来说，应当选择含 0 较多的行(或列)展开.另外当行列式的阶数较低时，也可以使用行列式的展开定理计算行列式.

母题精练

1. 如果 $D=\begin{vmatrix} a_{11} & a_{12} & a_{13} \\ a_{21} & a_{22} & a_{23} \\ a_{31} & a_{32} & a_{33} \end{vmatrix}=M\neq 0$，则 $D_1=\begin{vmatrix} 2a_{11} & 2a_{12} & 2a_{13} \\ 2a_{21} & 2a_{22} & 2a_{23} \\ 2a_{31} & 2a_{32} & 2a_{33} \end{vmatrix}=$( ).

A. $2M$　　B. $-2M$　　C. $8M$　　D. $-8M$　　E. M

2. 行列式 $\begin{vmatrix} 1 & 1 & 0 & 0 \\ 0 & 2 & 2 & 0 \\ 0 & 0 & 3 & 3 \\ 4 & 0 & 0 & 4 \end{vmatrix}=$( ).

A. 24　　B. -24　　C. 0　　D. 48　　E. 12

3. 行列式$\begin{vmatrix} x & y & y \\ y & x & y \\ y & y & x \end{vmatrix}$=(　　).

A. $x^3-3xy^2+2y^3$　　B. $x^3-3xy^2-2y^3$　　C. $x^3+xy^2-2y^3$

D. $x^3+xy^2+2y^3$　　E. $x^3+xy^2-y^3$

4. 设$\boldsymbol{A}=\begin{pmatrix} a_{11} & a_{12} & a_{13} \\ a_{21} & a_{22} & a_{23} \\ a_{31} & a_{32} & a_{33} \end{pmatrix}$，且$|\boldsymbol{A}|=m$，$\boldsymbol{B}=\begin{pmatrix} a_{11} & a_{21} & a_{31} \\ a_{13} & a_{23} & a_{33} \\ 2a_{11}+a_{12} & 2a_{21}+a_{22} & 2a_{31}+a_{32} \end{pmatrix}$，则$|\boldsymbol{B}|$=(　　).

A. m　　B. $-m$　　C. $2m$　　D. $-2m$　　E. 0

5. 若行列式$\begin{vmatrix} 1 & 2 & 5 \\ 1 & 3 & -2 \\ 2 & 5 & x \end{vmatrix}=0$，则$x$=(　　).

A. 2　　B. -2　　C. 3　　D. -3　　E. 0

6. 如果$D=\begin{vmatrix} a_{11} & a_{12} & a_{13} \\ a_{21} & a_{22} & a_{23} \\ a_{31} & a_{32} & a_{33} \end{vmatrix}=1$，$D_1=\begin{vmatrix} 4a_{11} & 2a_{11}-3a_{12} & 2a_{13} \\ 4a_{21} & 2a_{21}-3a_{22} & 2a_{23} \\ 4a_{31} & 2a_{31}-3a_{32} & 2a_{33} \end{vmatrix}$，则$D_1$=(　　).

A. 8　　B. -12　　C. 12　　D. -24　　E. 24

7. 行列式$\begin{vmatrix} 1 & x & x^2 \\ 1 & 2 & 4 \\ 1 & 3 & 9 \end{vmatrix}$中$x$的系数为(　　).

A. 6　　B. 13　　C. -13　　D. 5　　E. -5

答案详解

1. C

【解析】根据行列式的性质，行列式D_1的每一行都可以提取公因子2，故有

$$D_1=\begin{vmatrix} 2a_{11} & 2a_{12} & 2a_{13} \\ 2a_{21} & 2a_{22} & 2a_{23} \\ 2a_{31} & 2a_{32} & 2a_{33} \end{vmatrix}=2^3\times\begin{vmatrix} a_{11} & a_{12} & a_{13} \\ a_{21} & a_{22} & a_{23} \\ a_{31} & a_{32} & a_{33} \end{vmatrix}=8M.$$

2. C

【解析】方法一：观察可知，行列式中很多元素为零，故使用展开定理．按第一列展开，可得

$$原式=1\times\begin{vmatrix} 2 & 2 & 0 \\ 0 & 3 & 3 \\ 0 & 0 & 4 \end{vmatrix}-4\times\begin{vmatrix} 1 & 0 & 0 \\ 2 & 2 & 0 \\ 0 & 3 & 3 \end{vmatrix}=1\times2\times3\times4-4\times1\times2\times3=0.$$

方法二：$原式=2\times3\times4\times\begin{vmatrix} 1 & 1 & 0 & 0 \\ 0 & 1 & 1 & 0 \\ 0 & 0 & 1 & 1 \\ 1 & 0 & 0 & 1 \end{vmatrix}=24\times\begin{vmatrix} 1 & 1 & 0 & 0 \\ 0 & 1 & 1 & 0 \\ 0 & 0 & 1 & 1 \\ 0 & -1 & 0 & 1 \end{vmatrix}=24\times\begin{vmatrix} 1 & 1 & 0 \\ 0 & 1 & 1 \\ -1 & 0 & 1 \end{vmatrix}=24\times0=0.$

3. A

【解析】根据展开定理，按第一行展开，降阶可得

$$\begin{aligned}原式&=x\begin{vmatrix}x & y\\ y & x\end{vmatrix}-y\begin{vmatrix}y & y\\ y & x\end{vmatrix}+y\begin{vmatrix}y & x\\ y & y\end{vmatrix}\\&=x(x^2-y^2)-y(xy-y^2)+y(y^2-xy)\\&=x^3-3xy^2+2y^3.\end{aligned}$$

4. B

【解析】根据行列式的性质，可得

$$|\boldsymbol{B}|=\begin{vmatrix}a_{11} & a_{21} & a_{31}\\ a_{13} & a_{23} & a_{33}\\ 2a_{11}+a_{12} & 2a_{21}+a_{22} & 2a_{31}+a_{32}\end{vmatrix}=\begin{vmatrix}a_{11} & a_{13} & 2a_{11}+a_{12}\\ a_{21} & a_{23} & 2a_{21}+a_{22}\\ a_{31} & a_{33} & 2a_{31}+a_{32}\end{vmatrix}$$

$$=\begin{vmatrix}a_{11} & a_{13} & a_{12}\\ a_{21} & a_{23} & a_{22}\\ a_{31} & a_{33} & a_{32}\end{vmatrix}=-\begin{vmatrix}a_{11} & a_{12} & a_{13}\\ a_{21} & a_{22} & a_{23}\\ a_{31} & a_{32} & a_{33}\end{vmatrix}=-|\boldsymbol{A}|=-m.$$

5. C

【解析】根据行列式的性质，可得

$$\begin{vmatrix}1 & 2 & 5\\ 1 & 3 & -2\\ 2 & 5 & x\end{vmatrix}=\begin{vmatrix}1 & 2 & 5\\ 0 & 1 & -7\\ 0 & 1 & x-10\end{vmatrix}=\begin{vmatrix}1 & 2 & 5\\ 0 & 1 & -7\\ 0 & 0 & x-3\end{vmatrix}=x-3=0,$$

所以 $x=3$.

6. D

【解析】根据行列式的性质，提取第一列和第三列的公因子，再把第一列的-2倍加到第二列，可得

$$D_1=\begin{vmatrix}4a_{11} & 2a_{11}-3a_{12} & 2a_{13}\\ 4a_{21} & 2a_{21}-3a_{22} & 2a_{23}\\ 4a_{31} & 2a_{31}-3a_{32} & 2a_{33}\end{vmatrix}=4\times2\times\begin{vmatrix}a_{11} & -3a_{12} & a_{13}\\ a_{21} & -3a_{22} & a_{23}\\ a_{31} & -3a_{32} & a_{33}\end{vmatrix}$$

$$=4\times2\times(-3)\times\begin{vmatrix}a_{11} & a_{12} & a_{13}\\ a_{21} & a_{22} & a_{23}\\ a_{31} & a_{32} & a_{33}\end{vmatrix}=-24D=-24.$$

7. E

【解析】方法一：行列式按第一列展开，可得

$$\begin{vmatrix}1 & x & x^2\\ 1 & 2 & 4\\ 1 & 3 & 9\end{vmatrix}=\begin{vmatrix}2 & 4\\ 3 & 9\end{vmatrix}-\begin{vmatrix}x & x^2\\ 3 & 9\end{vmatrix}+\begin{vmatrix}x & x^2\\ 2 & 4\end{vmatrix}=6-(9x-3x^2)+(4x-2x^2)=6-5x+x^2,$$

故 x 的系数为-5.

方法二：利用行列式的性质将行列式化为上三角行列式，可得

$$\begin{vmatrix}1&x&x^2\\1&2&4\\1&3&9\end{vmatrix}=\begin{vmatrix}1&2&4\\1&3&9\\1&x&x^2\end{vmatrix}=\begin{vmatrix}1&2&4\\0&1&5\\0&x-2&x^2-4\end{vmatrix}=\begin{vmatrix}1&2&4\\0&1&5\\0&0&x^2-4-5(x-2)\end{vmatrix}$$

$$=x^2-4-5(x-2)=x^2-5x+6,$$

故 x 的系数为 -5.

题型 41 抽象行列式的计算问题

母题精讲

母题 41 设矩阵 $\boldsymbol{A}$ 为四阶方阵，且 $|\boldsymbol{A}|=5$，则 $|-2\boldsymbol{A}|=$(　　).

A. -80　　B. 80　　C. -10　　D. 10　　E. 16

【解析】根据矩阵的数乘运算法则和行列式的性质，$\boldsymbol{A}$ 为四阶方阵，故有

$$|-2\boldsymbol{A}|=(-2)^4|\boldsymbol{A}|=16\times5=80.$$

【答案】B

母题技巧

1. 抽象行列式计算的核心是对行列式性质的灵活应用，故需要熟练掌握行列式的性质．当遇到“根据已知的抽象行列式，计算未知行列式”的问题时，会经常用到拆分和倍加变换(将某行的 k 倍加到另一行)这两种性质进行求解.

2. 方阵行列式的计算，需要把方阵的运算性质与行列式的性质相结合进行求解.

(1)数 k 乘 n 阶矩阵的行列式：$|k\boldsymbol{A}|=k^n|\boldsymbol{A}|$．一定要认清 n 是多少，这是最常考也是最易出错的.

(2)转置矩阵的行列式：$|\boldsymbol{A}^{\mathrm{T}}|=|\boldsymbol{A}|$.

(3)方阵乘积的行列式等于行列式的乘积：$|\boldsymbol{AB}|=|\boldsymbol{A}||\boldsymbol{B}|$，且 $|\boldsymbol{A}^n|=|\boldsymbol{A}|^n$.

(4)方阵之和的行列式不等于方阵行列式的和：$|\boldsymbol{A}+\boldsymbol{B}|\neq|\boldsymbol{A}|+|\boldsymbol{B}|$.

(5)可逆矩阵 $\boldsymbol{A}$ 的逆矩阵 $\boldsymbol{A}^{-1}$ 的行列式：$|\boldsymbol{A}^{-1}|=\dfrac{1}{|\boldsymbol{A}|}=|\boldsymbol{A}|^{-1}$.

(6)n 阶方阵 $\boldsymbol{A}$ 的伴随矩阵 $\boldsymbol{A}^*$ 的行列式：$|\boldsymbol{A}^*|=|\boldsymbol{A}|^{n-1}$.

母题精练

1. 设 $\boldsymbol{A}$ 是三阶方阵，且 $|\boldsymbol{A}|=3$，则 $|(2\boldsymbol{A})^{-1}|=$(　　).

A. 6　　B. $\dfrac{2}{3}$　　C. $\dfrac{8}{3}$　　D. $\dfrac{3}{8}$　　E. $\dfrac{1}{24}$

2. 设四阶行列式$|\boldsymbol{A}|=-2$，则其伴随矩阵$\boldsymbol{A}^*$的行列式$|\boldsymbol{A}^*|=$(　　).

A. 16　　B. -16　　C. -2　　D. 8　　E. -8

3. 已知$\boldsymbol{A}$，$\boldsymbol{B}$为三阶方阵，且$|\boldsymbol{A}|=-1$，$|\boldsymbol{B}|=2$，则$|2\boldsymbol{A}^{-1}\boldsymbol{B}^{\mathrm{T}}|=$(　　).

A. -16　　B. 16　　C. -4

D. 4　　E. -8

4. 设$\boldsymbol{\alpha}_1$，$\boldsymbol{\alpha}_2$，$\boldsymbol{\alpha}_3$为三维列向量，矩阵$\boldsymbol{A}=(\boldsymbol{\alpha}_1, \boldsymbol{\alpha}_2, \boldsymbol{\alpha}_3)$，$\boldsymbol{B}=(\boldsymbol{\alpha}_3, 2\boldsymbol{\alpha}_1+\boldsymbol{\alpha}_2, 3\boldsymbol{\alpha}_2)$. 若行列式$|\boldsymbol{A}|=2$，则行列式$|\boldsymbol{B}|=$(　　).

A. 6　　B. -6　　C. 12

D. -12　　E. 0

5. 设$\boldsymbol{\alpha}_1$，$\boldsymbol{\alpha}_2$，$\boldsymbol{\alpha}_3$，$\boldsymbol{\beta}_1$，$\boldsymbol{\beta}_2$均为四维列向量，矩阵$|\boldsymbol{\alpha}_1, \boldsymbol{\alpha}_2, \boldsymbol{\alpha}_3, \boldsymbol{\beta}_1|=a$，$|\boldsymbol{\alpha}_1, \boldsymbol{\alpha}_2, \boldsymbol{\beta}_2, \boldsymbol{\alpha}_3|=b$，则行列式$|\boldsymbol{\alpha}_3, \boldsymbol{\alpha}_2, \boldsymbol{\alpha}_1, \boldsymbol{\beta}_1+2\boldsymbol{\beta}_2|=$(　　).

A. $2a-b$　　B. $2a+b$　　C. $2b-a$

D. $2b+a$　　E. $2a+2b$

6. 设D是一个三阶行列式，$\boldsymbol{\alpha}_1$，$\boldsymbol{\alpha}_2$，$\boldsymbol{\alpha}_3$分别为其第1，2，3列. 若$D=2$，则$|3\boldsymbol{\alpha}_2+2\boldsymbol{\alpha}_3, \boldsymbol{\alpha}_1, -2\boldsymbol{\alpha}_2|=$(　　).

A. 4　　B. -4　　C. 16

D. 8　　E. -8

答案详解

1. E

【解析】根据行列式的性质，可得

$$|(2\boldsymbol{A})^{-1}|=\left|\frac{1}{2}\boldsymbol{A}^{-1}\right|=\left(\frac{1}{2}\right)^3|\boldsymbol{A}^{-1}|=\frac{1}{8}\times\frac{1}{|\boldsymbol{A}|}=\frac{1}{8}\times\frac{1}{3}=\frac{1}{24}.$$

2. E

【解析】根据伴随矩阵的行列式计算公式，可得

$$|\boldsymbol{A}^*|=|\boldsymbol{A}|^{4-1}=(-2)^3=-8.$$

3. A

【解析】根据方阵的运算性质和行列式的性质，可得

$$|2\boldsymbol{A}^{-1}\boldsymbol{B}^{\mathrm{T}}|=2^3|\boldsymbol{A}^{-1}|\cdot|\boldsymbol{B}^{\mathrm{T}}|=8\cdot\frac{1}{|\boldsymbol{A}|}\cdot|\boldsymbol{B}|=8\times(-1)\times2=-16.$$

4. C

【解析】根据行列式的性质，可得

$$\begin{aligned}|\boldsymbol{B}|&=|\boldsymbol{\alpha}_3, 2\boldsymbol{\alpha}_1+\boldsymbol{\alpha}_2, 3\boldsymbol{\alpha}_2|=3|\boldsymbol{\alpha}_3, 2\boldsymbol{\alpha}_1+\boldsymbol{\alpha}_2, \boldsymbol{\alpha}_2|\\&=3|\boldsymbol{\alpha}_3, 2\boldsymbol{\alpha}_1, \boldsymbol{\alpha}_2|=6|\boldsymbol{\alpha}_3, \boldsymbol{\alpha}_1, \boldsymbol{\alpha}_2|\\&=6|\boldsymbol{\alpha}_1, \boldsymbol{\alpha}_2, \boldsymbol{\alpha}_3|=6|\boldsymbol{A}|=12.\end{aligned}$$

5. C

【解析】根据行列式的性质，可得

$$\begin{aligned}|\boldsymbol{\alpha}_3, \boldsymbol{\alpha}_2, \boldsymbol{\alpha}_1, \boldsymbol{\beta}_1+2\boldsymbol{\beta}_2| &= |\boldsymbol{\alpha}_3, \boldsymbol{\alpha}_2, \boldsymbol{\alpha}_1, \boldsymbol{\beta}_1|+|\boldsymbol{\alpha}_3, \boldsymbol{\alpha}_2, \boldsymbol{\alpha}_1, 2\boldsymbol{\beta}_2| \\ &= |\boldsymbol{\alpha}_3, \boldsymbol{\alpha}_2, \boldsymbol{\alpha}_1, \boldsymbol{\beta}_1|+2|\boldsymbol{\alpha}_3, \boldsymbol{\alpha}_2, \boldsymbol{\alpha}_1, \boldsymbol{\beta}_2| \\ &= -|\boldsymbol{\alpha}_1, \boldsymbol{\alpha}_2, \boldsymbol{\alpha}_3, \boldsymbol{\beta}_1|-2|\boldsymbol{\alpha}_3, \boldsymbol{\alpha}_2, \boldsymbol{\beta}_2, \boldsymbol{\alpha}_1| \\ &= -a+2|\boldsymbol{\alpha}_1, \boldsymbol{\alpha}_2, \boldsymbol{\beta}_2, \boldsymbol{\alpha}_3| \\ &= -a+2b.\end{aligned}$$

6. E

【解析】已知 $D=|\boldsymbol{\alpha}_1, \boldsymbol{\alpha}_2, \boldsymbol{\alpha}_3|=2$，则根据行列式的性质，可得

$$\begin{aligned}|3\boldsymbol{\alpha}_2+2\boldsymbol{\alpha}_3, \boldsymbol{\alpha}_1, -2\boldsymbol{\alpha}_2| &= |2\boldsymbol{\alpha}_3, \boldsymbol{\alpha}_1, -2\boldsymbol{\alpha}_2| = -4|\boldsymbol{\alpha}_3, \boldsymbol{\alpha}_1, \boldsymbol{\alpha}_2| \\ &= -4|\boldsymbol{\alpha}_1, \boldsymbol{\alpha}_2, \boldsymbol{\alpha}_3| = -8.\end{aligned}$$

题型 42 代数余子式的相关问题

母题精讲

母题 42 行列式 $D=\begin{vmatrix} a_{11} & a_{12} & a_{13} \\ a_{21} & a_{22} & a_{23} \\ a_{31} & a_{32} & a_{33} \end{vmatrix}$，$M_{ij}$ 为 a_{ij} 的余子式，A_{ij} 为 a_{ij} 的代数余子式，则满足 $M_{ij}=A_{ij}$ 的数组 (M_{ij}, A_{ij}) 至少有（　　）组.

A. 1　　B. 2　　C. 3

D. 4　　E. 5

【解析】由于 $A_{ij}=(-1)^{i+j}M_{ij}$，故除了余子式为 0 的元素之外，每一个元素 a_{ij} 的余子式与其代数余子式只有两种情况，要么相等，要么互为相反数.

若使 $M_{ij}=A_{ij}$，则 $(-1)^{i+j}$ 为 1，故元素下标 (i, j) 必须满足 $i+j$ 是一个偶数，本题中这样的 (i, j) 有 5 组，分别为 (1，1)，(1，3)，(2，2)，(3，1)，(3，3).

故满足 $M_{ij}=A_{ij}$ 的数组 (M_{ij}, A_{ij}) 至少有 5 组.

【答案】E

母题技巧

关于代数余子式的考查主要有以下几种类型：

1. 余子式和代数余子式的转换关系：$A_{ij}=(-1)^{i+j}M_{ij}$；

2. 当题目中给出某行(或列)元素及各元素的代数余子式，此时必定会用行列式的展开定理进行求解.

3. 根据给定的行列式，计算代数余子式(或余子式)的和，要抓住“行列式的按行(或列)展开定理”这个基本点进行“升阶”，将所求的代数余子式(或余子式)的线性和表示成行列式，转化为求行列式的问题.

母题精练

1. 三阶行列式 $\begin{vmatrix} 2 & 5 & 6 \\ a & 1 & 3 \\ 4 & 1 & 2 \end{vmatrix}$ 中元素 a 的余子式与代数余子式分别为(　　).

A. 4，-4　　B. 4，4　　C. -4，4　　D. 1，-1　　E. -1，1

2. 设四阶行列式 D 的某行元素依次为 -1，0，k，6，它们的代数余子式分别为 3，4，-2，0，且 $D=-9$，则 $k=$(　　).

A. -3　　B. 3　　C. 1　　D. -1　　E. 0

3. 已知 $\boldsymbol{A}$ 为三阶矩阵，其第三行元素分别为 1，3，-2，它们的余子式分别为 3，2，1，则 $|\boldsymbol{A}|=$(　　).

A. 5　　B. -5　　C. 7　　D. -7　　E. 2

4. 设三阶行列式 $D=\begin{vmatrix} 2 & 1 & -1 \\ 1 & 1 & 1 \\ 4 & -1 & 0 \end{vmatrix}$，则 $A_{31}+A_{33}=$(　　).

A. 3　　B. -3　　C. 2　　D. -2　　E. 0

5. 设四阶行列式 $D=\begin{vmatrix} 3 & 0 & 4 & 0 \\ 2 & 2 & 2 & 2 \\ 0 & -7 & 0 & 0 \\ 5 & 3 & -2 & 2 \end{vmatrix}$，则 $M_{41}+M_{42}+M_{43}+M_{44}=$(　　).

A. 14　　B. -14　　C. 28　　D. -28　　E. 0

6. 设三阶方阵 $\boldsymbol{A}$ 的行列式 $|\boldsymbol{A}|=a\neq0$，且 $\boldsymbol{A}$ 的每行元素之和均为 b，$|\boldsymbol{A}|$ 的第一列元素的代数余子式之和 $A_{11}+A_{21}+A_{31}=$(　　).

A. a　　B. $-a$　　C. $\dfrac{a}{b}$　　D. $-\dfrac{a}{b}$　　E. $\dfrac{b}{a}$

答案详解

1. A

【解析】元素 a 位于第二行第一列，根据余子式与代数余子式的定义，可得

$$\text{余子式 } M_{21}=\begin{vmatrix} 5 & 6 \\ 1 & 2 \end{vmatrix}=4，\text{代数余子式 } A_{21}=(-1)^{2+1}\begin{vmatrix} 5 & 6 \\ 1 & 2 \end{vmatrix}=-4.$$

2. B

【解析】根据行列式的按行展开定理，可得

$$D=(-1)\times3+0\times4+k\times(-2)+6\times0=-3-2k=-9,$$

解得 $k=3$.

3. B

【解析】该行列式第三行的代数余子式分别为 3，-2，1，根据行列式的按行展开定理，可得

$$|\boldsymbol{A}|=1\times 3-3\times 2+(-2)\times 1=-5.$$

4. A

【解析】$A_{31}+A_{33}=A_{31}+0\cdot A_{32}+A_{33}$，所求代数余子式的和恰好是将已知行列式中第三行的元素换为 1，0，1 后的行列式，故有

$$A_{31}+A_{33}=\begin{vmatrix}2&1&-1\\1&1&1\\1&0&1\end{vmatrix}=3.$$

5. D

【解析】根据余子式与代数余子式的关系，可得

$$M_{41}+M_{42}+M_{43}+M_{44}=-A_{41}+A_{42}-A_{43}+A_{44}.$$

观察可知，所求余子式的和恰好是将已知行列式中第四行的元素分别换为-1，1，-1，1 后的行列式，故有

$$M_{41}+M_{42}+M_{43}+M_{44}=\begin{vmatrix}3&0&4&0\\2&2&2&2\\0&-7&0&0\\-1&1&-1&1\end{vmatrix}.$$

计算这个四阶行列式，注意到第三行只有一个非零元素，按第三行展开，可得

$$M_{41}+M_{42}+M_{43}+M_{44}=\begin{vmatrix}3&0&4&0\\2&2&2&2\\0&-7&0&0\\-1&1&-1&1\end{vmatrix}=(-7)\times(-1)^{3+2}\times\begin{vmatrix}3&4&0\\2&2&2\\-1&-1&1\end{vmatrix}$$

$$=7\times 2\times\begin{vmatrix}3&4&0\\1&1&1\\-1&-1&1\end{vmatrix}=14\times\begin{vmatrix}3&4&0\\1&1&1\\0&0&2\end{vmatrix}$$

$$=14\times 2\times\begin{vmatrix}3&4\\1&1\end{vmatrix}=14\times 2\times(-1)=-28.$$

6. C

【解析】由题设可知行列式$|\boldsymbol{A}|$的每行元素之和均为 b，利用行列式的性质，将$|\boldsymbol{A}|$的各列均加到第一列后可得

$$|\boldsymbol{A}|=\begin{vmatrix}b&a_{12}&a_{13}\\b&a_{22}&a_{23}\\b&a_{32}&a_{33}\end{vmatrix}=b\begin{vmatrix}1&a_{12}&a_{13}\\1&a_{22}&a_{23}\\1&a_{32}&a_{33}\end{vmatrix}=b(A_{11}+A_{21}+A_{31})=a.$$

由 $a\neq 0$，可知 $b\neq 0$（否则 $b=0\Rightarrow a=0$）. 因此 $A_{11}+A_{21}+A_{31}=\dfrac{a}{b}$.

题型 43 逆矩阵的判定与求解

母题精讲

母题 43 设矩阵 $\boldsymbol{A}=\begin{pmatrix}1&-1&2\\2&-3&5\\3&-2&4\end{pmatrix}$，则其逆矩阵 $\boldsymbol{A}^{-1}=($ $)$.

A. $\begin{pmatrix}-2&0&1\\-7&-2&1\\5&1&-1\end{pmatrix}$ B. $\begin{pmatrix}-2&0&1\\7&-2&-1\\5&-1&-1\end{pmatrix}$ C. $\begin{pmatrix}2&0&1\\-7&-2&-1\\-5&-1&-1\end{pmatrix}$

D. $\begin{pmatrix}-2&7&5\\0&-2&-1\\1&-1&-1\end{pmatrix}$ E. $\begin{pmatrix}-2&-7&5\\0&-2&1\\-1&1&-1\end{pmatrix}$

【解析】方法一：因为 $|\boldsymbol{A}|=\begin{vmatrix}1&-1&2\\2&-3&5\\3&-2&4\end{vmatrix}=1\neq0$，所以 $\boldsymbol{A}$ 可逆.

求出 $\boldsymbol{A}$ 中各个元素的代数余子式，即

$$A_{11}=\begin{vmatrix}-3&5\\-2&4\end{vmatrix}=-2,\ A_{12}=-\begin{vmatrix}2&5\\3&4\end{vmatrix}=7,\ A_{13}=\begin{vmatrix}2&-3\\3&-2\end{vmatrix}=5,$$

$$A_{21}=0,\ A_{22}=-2,\ A_{23}=-1,\ A_{31}=1,\ A_{32}=-1,\ A_{33}=-1.$$

故 $\boldsymbol{A}^{-1}=\dfrac{1}{|\boldsymbol{A}|}\boldsymbol{A}^*=\begin{pmatrix}-2&0&1\\7&-2&-1\\5&-1&-1\end{pmatrix}$.

方法二：对 $(\boldsymbol{A}\mid\boldsymbol{E})$ 作初等行变换可得

$$\left(\begin{array}{ccc:ccc}1&-1&2&1&0&0\\2&-3&5&0&1&0\\3&-2&4&0&0&1\end{array}\right)\to\left(\begin{array}{ccc:ccc}1&-1&2&1&0&0\\0&-1&1&-2&1&0\\0&1&-2&-3&0&1\end{array}\right)\to\left(\begin{array}{ccc:ccc}1&0&1&3&-1&0\\0&-1&1&-2&1&0\\0&0&-1&-5&1&1\end{array}\right)$$

$$\to\left(\begin{array}{ccc:ccc}1&0&0&-2&0&1\\0&-1&0&-7&2&1\\0&0&-1&-5&1&1\end{array}\right)\to\left(\begin{array}{ccc:ccc}1&0&0&-2&0&1\\0&1&0&7&-2&-1\\0&0&1&5&-1&-1\end{array}\right).$$

故 $\boldsymbol{A}^{-1}=\begin{pmatrix}-2&0&1\\7&-2&-1\\5&-1&-1\end{pmatrix}$.

【答案】B

母题技巧

1. 判定一个 n 阶方阵可逆的方法.

(1)定义法：若存在矩阵 $\boldsymbol{B}$ 使得 $\boldsymbol{AB}=\boldsymbol{BA}=\boldsymbol{E}$，则矩阵 $\boldsymbol{A}$ 可逆且 $\boldsymbol{A}^{-1}=\boldsymbol{B}$.

(2)性质法：若 $|\boldsymbol{A}|\neq 0$，则矩阵 $\boldsymbol{A}$ 可逆.

首选方法还是利用行列式不为零来判定矩阵可逆，当行列式不能确定时再考虑用定义法判定.

2. 逆矩阵的求法.

(1)利用定义求逆矩阵：找到满足等式 $\boldsymbol{AB}=\boldsymbol{E}$ 的矩阵 $\boldsymbol{B}$，则 $\boldsymbol{A}^{-1}=\boldsymbol{B}$.

(2)利用伴随矩阵求逆矩阵：当 $|\boldsymbol{A}|\neq 0$ 时，$\boldsymbol{A}^{-1}=\dfrac{1}{|\boldsymbol{A}|}\boldsymbol{A}^{*}$.

(3)对于具体的数字矩阵，首选的求逆矩阵的方法是利用初等变换求逆矩阵：对 $(\boldsymbol{A}\mid\boldsymbol{E})$ 进行初等行变换，当把左端矩阵 $\boldsymbol{A}$ 化为单位矩阵 $\boldsymbol{E}$ 时，右端矩阵 $\boldsymbol{E}$ 则化为 $\boldsymbol{A}$ 的逆矩阵 $\boldsymbol{A}^{-1}$，即 $(\boldsymbol{A}\mid\boldsymbol{E})\xrightarrow{\text{初等行变换}}(\boldsymbol{E}\mid\boldsymbol{A}^{-1})$.

(4)对于抽象矩阵，一般已知条件都会给出矩阵所满足的等式关系，可以通过对等式进行化简变形，利用矩阵的性质及运算法则求其逆矩阵.

3. 逆矩阵的运算法则.

(1) $(\boldsymbol{AB})^{-1}=\boldsymbol{B}^{-1}\boldsymbol{A}^{-1}$；(2) $(k\boldsymbol{A})^{-1}=\dfrac{1}{k}\boldsymbol{A}^{-1}$；(3) $(\boldsymbol{A}^{*})^{-1}=(\boldsymbol{A}^{-1})^{*}=\dfrac{1}{|\boldsymbol{A}|}\boldsymbol{A}$.

注　$(\boldsymbol{A}+\boldsymbol{B})^{-1}\neq\boldsymbol{A}^{-1}+\boldsymbol{B}^{-1}$.

4. 二阶矩阵的相关公式.

伴随矩阵：$\begin{pmatrix}a & b\\ c & d\end{pmatrix}^{*}=\begin{pmatrix}d & -b\\ -c & a\end{pmatrix}$；逆矩阵：$\begin{pmatrix}a & b\\ c & d\end{pmatrix}^{-1}=\dfrac{1}{ad-bc}\begin{pmatrix}d & -b\\ -c & a\end{pmatrix}$.

母题精练

1. 当 $a=$(　　)时，矩阵 $\boldsymbol{A}=\begin{pmatrix}1 & 3\\ -1 & a\end{pmatrix}$ 不可逆.

A. -1　　B. 1　　C. -3　　D. 3　　E. 0

2. $\begin{pmatrix}1 & 2\\ 3 & 5\end{pmatrix}^{-1}=$(　　).

A. $\begin{pmatrix}-5 & 2\\ -3 & -1\end{pmatrix}$　B. $\begin{pmatrix}5 & 2\\ 3 & 1\end{pmatrix}$　C. $\begin{pmatrix}-5 & 2\\ -3 & 1\end{pmatrix}$　D. $\begin{pmatrix}-5 & -2\\ -3 & -1\end{pmatrix}$　E. $\begin{pmatrix}-5 & 2\\ 3 & -1\end{pmatrix}$

3. 设 $\boldsymbol{A}$ 是可逆矩阵，且 $\boldsymbol{A}+\boldsymbol{AB}=2\boldsymbol{E}$，则 $\boldsymbol{A}^{-1}=$(　　).

A. $\dfrac{1}{2}(\boldsymbol{E}+\boldsymbol{B})$　B. $\boldsymbol{E}+\boldsymbol{B}$　C. $\dfrac{1}{2}(\boldsymbol{E}-\boldsymbol{B})$　D. $\boldsymbol{E}-\boldsymbol{B}$　E. $\boldsymbol{E}-2\boldsymbol{B}$

4. 已知矩阵 $\boldsymbol{A}=\begin{pmatrix}1 & 0 & 0\\ 1 & k & 0\\ 0 & -1 & -1\end{pmatrix}$ 可逆，则 k 的取值为(　　).

A. $k=1$　　B. $k\neq1$　　C. $k=0$　　D. $k\neq0$　　E. k 的值无法确定

5. 设 $\boldsymbol{A}$，$\boldsymbol{B}$ 均为 n 阶可逆矩阵，则必有(　　).

A. $\boldsymbol{A}+\boldsymbol{B}$ 可逆　　B. $\boldsymbol{AB}$ 可逆　　C. $\boldsymbol{A}-\boldsymbol{B}$ 可逆

D. $\boldsymbol{AB}+\boldsymbol{BA}$ 可逆　　E. $\boldsymbol{AB}=\boldsymbol{BA}$

6. $\boldsymbol{A}$，$\boldsymbol{B}$，$\boldsymbol{C}$ 均为三阶方阵，则 $(\boldsymbol{A}^{-1}\boldsymbol{BC}^{-1})^{-1}=$(　　).

A. $\boldsymbol{A}^{-1}\boldsymbol{BC}$　　B. $\boldsymbol{A}^{-1}\boldsymbol{BC}^{-1}$　　C. $\boldsymbol{AB}^{-1}\boldsymbol{C}$

D. $\boldsymbol{CBA}$　　E. $\boldsymbol{CB}^{-1}\boldsymbol{A}$

7. 如果矩阵 $\boldsymbol{A}$ 满足关系式 $\boldsymbol{A}^2+2\boldsymbol{A}-3\boldsymbol{E}=\boldsymbol{O}$，则 $(\boldsymbol{A}+4\boldsymbol{E})^{-1}=$(　　).

A. $\frac{2}{5}\boldsymbol{A}-\frac{1}{5}\boldsymbol{E}$　　B. $\frac{2}{5}\boldsymbol{E}+\frac{1}{5}\boldsymbol{A}$　　C. $\frac{2}{5}\boldsymbol{E}-\frac{1}{5}\boldsymbol{A}$

D. $\boldsymbol{E}-\boldsymbol{A}$　　E. $\boldsymbol{E}+\boldsymbol{A}$

8. 设 $\boldsymbol{A}$，$\boldsymbol{B}$ 都是 n 阶可逆矩阵，且 $\boldsymbol{AB}=\boldsymbol{BA}$，则下列结论中不正确的是(　　).

A. $\boldsymbol{AB}^{-1}=\boldsymbol{B}^{-1}\boldsymbol{A}$　　B. $\boldsymbol{A}^{-1}\boldsymbol{B}=\boldsymbol{BA}^{-1}$　　C. $\boldsymbol{A}^{-1}\boldsymbol{B}^{-1}=\boldsymbol{B}^{-1}\boldsymbol{A}^{-1}$

D. $\boldsymbol{B}^{-1}\boldsymbol{A}=\boldsymbol{A}^{-1}\boldsymbol{B}$　　E. $(\boldsymbol{ABA})^{-1}=(\boldsymbol{A}^{-1})^2\boldsymbol{B}^{-1}$

9. n 阶矩阵 $\boldsymbol{A}$ 满足 $\boldsymbol{A}^2-3\boldsymbol{A}-4\boldsymbol{E}=\boldsymbol{O}$，则 $(\boldsymbol{A}+2\boldsymbol{E})^{-1}=$(　　).

A. $\frac{1}{6}(5\boldsymbol{E}-\boldsymbol{A})$　　B. $\frac{1}{6}(\boldsymbol{E}-5\boldsymbol{A})$　　C. $\frac{1}{6}(\boldsymbol{A}-5\boldsymbol{E})$

D. $\frac{1}{6}(5\boldsymbol{A}-\boldsymbol{E})$　　E. $\frac{1}{6}(5\boldsymbol{E}+\boldsymbol{A})$

答案详解

1. C

【解析】显然矩阵 $\boldsymbol{A}$ 为方阵，当且仅当 $|\boldsymbol{A}|=0$ 时 $\boldsymbol{A}$ 不可逆. 故 $|\boldsymbol{A}|=a+3=0$，则 $a=-3$.

2. E

【解析】方法一：利用伴随矩阵求逆矩阵.

令 $\begin{pmatrix}1&2\\3&5\end{pmatrix}=\boldsymbol{A}$，先求矩阵 $\boldsymbol{A}$ 各个元素的代数余子式 $A_{11}=5$，$A_{12}=-3$，$A_{21}=-2$，$A_{22}=1$.

则 $\boldsymbol{A}^*=\begin{pmatrix}5&-2\\-3&1\end{pmatrix}$. 又 $|\boldsymbol{A}|=-1$，所以

$$\boldsymbol{A}^{-1}=\frac{1}{|\boldsymbol{A}|}\boldsymbol{A}^*=-\begin{pmatrix}5&-2\\-3&1\end{pmatrix}=\begin{pmatrix}-5&2\\3&-1\end{pmatrix}.$$

方法二：利用初等变换求逆矩阵.

令 $\begin{pmatrix}1&2\\3&5\end{pmatrix}=\boldsymbol{A}$，则有

$$(\boldsymbol{A}\,\vdots\,\boldsymbol{E})=\left(\begin{array}{cc:cc}1&2&1&0\\3&5&0&1\end{array}\right)\rightarrow\left(\begin{array}{cc:cc}1&2&1&0\\0&-1&-3&1\end{array}\right)\rightarrow\left(\begin{array}{cc:cc}1&0&-5&2\\0&1&3&-1\end{array}\right)=(\boldsymbol{E}\,\vdots\,\boldsymbol{A}^{-1}),$$

所以 $\boldsymbol{A}^{-1}=\begin{pmatrix}-5&2\\3&-1\end{pmatrix}$.

3. A

【解析】对已知等式进行化简变形，使等式出现矩阵 $\boldsymbol{A}$ 与其他矩阵的乘积．$\boldsymbol{A}+\boldsymbol{AB}=\boldsymbol{A}(\boldsymbol{E}+\boldsymbol{B})=2\boldsymbol{E}$，两端同乘 $\frac{1}{2}$，可得 $\boldsymbol{A}\cdot\frac{\boldsymbol{E}+\boldsymbol{B}}{2}=\boldsymbol{E}$．所以根据逆矩阵的定义可知 $\boldsymbol{A}^{-1}=\frac{1}{2}(\boldsymbol{E}+\boldsymbol{B})$．

4. D

【解析】显然 $\boldsymbol{A}$ 为方阵，则根据矩阵可逆的条件，当且仅当 $|\boldsymbol{A}|\neq 0$ 时 $\boldsymbol{A}$ 可逆，因此 $|\boldsymbol{A}|=-k\neq 0$，则 $k\neq 0$．

5. B

【解析】根据可逆矩阵的性质，$\boldsymbol{A}$，$\boldsymbol{B}$ 可逆，则 $|\boldsymbol{A}|\neq 0$，$|\boldsymbol{B}|\neq 0$，$|\boldsymbol{AB}|=|\boldsymbol{A}||\boldsymbol{B}|\neq 0$，故 $\boldsymbol{AB}$ 可逆，同理 $\boldsymbol{BA}$ 可逆，故 B 项正确；

若 $\boldsymbol{A}=-\boldsymbol{B}$，则 $\boldsymbol{A}+\boldsymbol{B}=\boldsymbol{O}$ 不可逆，故 A 项不正确；

若 $\boldsymbol{A}=\boldsymbol{B}$，则 $\boldsymbol{A}-\boldsymbol{B}=\boldsymbol{O}$ 不可逆，故 C 项不正确；

$\boldsymbol{A}$，$\boldsymbol{B}$ 可逆，但 $\boldsymbol{A}+\boldsymbol{B}$ 不一定可逆，同理，$\boldsymbol{AB}$ 可逆，$\boldsymbol{BA}$ 可逆，$\boldsymbol{AB}+\boldsymbol{BA}$ 也不一定可逆，故 D 项不正确；

矩阵的乘法不满足交换律，故 E 项不正确．

6. E

【解析】根据逆矩阵的性质，可得 $(\boldsymbol{A}^{-1}\boldsymbol{B}\boldsymbol{C}^{-1})^{-1}=\boldsymbol{C}\boldsymbol{B}^{-1}\boldsymbol{A}$．

7. C

【解析】等式左端是矩阵 $\boldsymbol{A}$ 和单位矩阵 $\boldsymbol{E}$ 的关系式，可以采用分解因式的方式凑出所求矩阵 $\boldsymbol{A}+4\boldsymbol{E}$，即

$$\boldsymbol{A}^2+2\boldsymbol{A}-3\boldsymbol{E}=(\boldsymbol{A}+4\boldsymbol{E})(\boldsymbol{A}-2\boldsymbol{E})+8\boldsymbol{E}-3\boldsymbol{E}=\boldsymbol{O}$$
$$\Rightarrow(\boldsymbol{A}+4\boldsymbol{E})(\boldsymbol{A}-2\boldsymbol{E})=-5\boldsymbol{E}$$
$$\Rightarrow(\boldsymbol{A}+4\boldsymbol{E})\left(\frac{2}{5}\boldsymbol{E}-\frac{1}{5}\boldsymbol{A}\right)=\boldsymbol{E}.$$

故由逆矩阵的定义，可知 $(\boldsymbol{A}+4\boldsymbol{E})^{-1}=\frac{2}{5}\boldsymbol{E}-\frac{1}{5}\boldsymbol{A}$．

8. D

【解析】根据逆矩阵的性质进行判断．

A 项：$\boldsymbol{AB}=\boldsymbol{BA}\Rightarrow\boldsymbol{A}=\boldsymbol{BAB}^{-1}\Rightarrow\boldsymbol{B}^{-1}\boldsymbol{A}=\boldsymbol{B}^{-1}\boldsymbol{BAB}^{-1}=\boldsymbol{AB}^{-1}$，故 A 项正确；

B 项：对 A 项等式两端同时求逆即可得，故 B 项正确；

C 项：对 $\boldsymbol{AB}=\boldsymbol{BA}$ 两端同时求逆即可得，故 C 项正确；

E 项：$(\boldsymbol{ABA})^{-1}=(\boldsymbol{BAA})^{-1}=\boldsymbol{A}^{-1}\boldsymbol{A}^{-1}\boldsymbol{B}^{-1}=(\boldsymbol{A}^{-1})^2\boldsymbol{B}^{-1}$，故 E 项正确；

D 项：由已知条件无法推出 $\boldsymbol{B}^{-1}\boldsymbol{A}=\boldsymbol{A}^{-1}\boldsymbol{B}$，故本题选 D 项．

9. A

【解析】对已知等式左端进行化简变形，因式分解构造出所求矩阵 $\boldsymbol{A}+2\boldsymbol{E}$．

由 $\boldsymbol{A}^2-3\boldsymbol{A}-4\boldsymbol{E}=(\boldsymbol{A}+2\boldsymbol{E})(\boldsymbol{A}-5\boldsymbol{E})+6\boldsymbol{E}=\boldsymbol{O}$，得 $(\boldsymbol{A}+2\boldsymbol{E})(\boldsymbol{A}-5\boldsymbol{E})=-6\boldsymbol{E}$．

故有 $(\boldsymbol{A}+2\boldsymbol{E})\cdot\frac{1}{6}(5\boldsymbol{E}-\boldsymbol{A})=\boldsymbol{E}\Rightarrow(\boldsymbol{A}+2\boldsymbol{E})^{-1}=\frac{1}{6}(5\boldsymbol{E}-\boldsymbol{A})$．

题型 44 矩阵的基本运算问题

母题精讲

母题 44 设矩阵 $\boldsymbol{A}=\begin{pmatrix}3 & -1 & 2 & 0\\1 & 5 & 7 & 9\\2 & 4 & 6 & 3\end{pmatrix}$，$\boldsymbol{B}=\begin{pmatrix}7 & 5 & -2 & 4\\5 & 1 & 9 & 7\\6 & 4 & -2 & 7\end{pmatrix}$，$\boldsymbol{A}+2\boldsymbol{X}=\boldsymbol{B}$，则 $\boldsymbol{X}$ 第二行是（　　）.

A. $(-2\quad -2\quad 1\quad -1)$

B. $(2\quad -2\quad 1\quad -1)$

C. $(0\quad -2\quad 1\quad -1)$

D. $(2\quad -2\quad -1\quad -1)$

E. $(0\quad -2\quad 1\quad 0)$

【解析】将 $\boldsymbol{A}+2\boldsymbol{X}=\boldsymbol{B}$ 移项整理，可得 $\boldsymbol{X}=\dfrac{1}{2}(\boldsymbol{B}-\boldsymbol{A})$，又由于 $\boldsymbol{B}-\boldsymbol{A}=\begin{pmatrix}4 & 6 & -4 & 4\\4 & -4 & 2 & -2\\4 & 0 & -8 & 4\end{pmatrix}$，所以

$$\boldsymbol{X}=\frac{1}{2}\begin{pmatrix}4 & 6 & -4 & 4\\4 & -4 & 2 & -2\\4 & 0 & -8 & 4\end{pmatrix}=\begin{pmatrix}2 & 3 & -2 & 2\\2 & -2 & 1 & -1\\2 & 0 & -4 & 2\end{pmatrix}.$$

故第二行是 $(2\quad -2\quad 1\quad -1)$.

【答案】B

母题技巧

1. 矩阵的基本运算主要包括：矩阵的加减、数乘、乘法和转置运算，考生在答题时要注意以下几点：

(1)行数与列数都相等的同型矩阵才可以加减.

特别注意区分方阵的加减运算与方阵行列式的加减运算. 例如，有四阶方阵 $\boldsymbol{A}$，$\boldsymbol{B}$，如果 $\boldsymbol{A}=(\boldsymbol{\alpha}_1, \boldsymbol{\alpha}_2, \boldsymbol{\alpha}_3, \boldsymbol{\beta}_1)$，$\boldsymbol{B}=(\boldsymbol{\alpha}_1, \boldsymbol{\alpha}_2, \boldsymbol{\alpha}_3, \boldsymbol{\beta}_2)$，则

$$\boldsymbol{A}+\boldsymbol{B}=(2\boldsymbol{\alpha}_1, 2\boldsymbol{\alpha}_2, 2\boldsymbol{\alpha}_3, \boldsymbol{\beta}_1+\boldsymbol{\beta}_2),\ |\boldsymbol{A}|+|\boldsymbol{B}|=|\boldsymbol{\alpha}_1, \boldsymbol{\alpha}_2, \boldsymbol{\alpha}_3, \boldsymbol{\beta}_1+\boldsymbol{\beta}_2|.$$

(2)常数 k 与矩阵 $\boldsymbol{A}$ 的数乘运算是矩阵 $\boldsymbol{A}$ 的每个元素都要乘常数 k.

这里要注意区分 $k|\boldsymbol{A}|$ 和 $|k\boldsymbol{A}|$. 若 $\boldsymbol{A}$ 为 n 阶方阵，$k\boldsymbol{A}=(k\boldsymbol{\alpha}_1, k\boldsymbol{\alpha}_2, \cdots, k\boldsymbol{\alpha}_n)$，故 $|k\boldsymbol{A}|=k^n|\boldsymbol{\alpha}_1, \boldsymbol{\alpha}_2, \cdots, \boldsymbol{\alpha}_n|=k^n|\boldsymbol{A}|$，而 $k|\boldsymbol{A}|$ 表示行列式 $|\boldsymbol{A}|$ 中某一行(列)乘 k，例如 $|k\boldsymbol{\alpha}_1, \boldsymbol{\alpha}_2, \cdots, \boldsymbol{\alpha}_n|$.

(3)两个矩阵的乘法必须遵循“前列等于后行”的原则，即前一个矩阵的列数必须等于后一个矩阵的行数才能相乘.

(4)零矩阵与任意矩阵的乘积均为零矩阵，两个非零矩阵相乘也可能等于零矩阵，即 $\boldsymbol{AB}=\boldsymbol{O}$ 不能得出 $\boldsymbol{A}=\boldsymbol{O}$ 或 $\boldsymbol{B}=\boldsymbol{O}$.

(5)矩阵的乘法满足结合律和对加法的分配律，但是一般不满足交换律和消去律.

(6)对于只有一行或一列的特殊矩阵(行向量或列向量)进行乘法运算时，要认清乘积的结果是矩阵还是一个数:

任何一个 n 维行向量与其自身转置的乘积一定是一个数，并且这个数恰好是这个行向量每个元素的平方和;

而任何一个 n 维列向量与其自身转置的乘积一定是一个 n 阶方阵.

(7)对矩阵 $\boldsymbol{A}$ 左乘一个初等矩阵，等于对 $\boldsymbol{A}$ 作相应的初等行变换；对矩阵 $\boldsymbol{A}$ 右乘一个初等矩阵，等于对 $\boldsymbol{A}$ 作相应的初等列变换(口诀：左行右列).

2. 伴随矩阵的求解.

看到伴随矩阵 $\boldsymbol{A}^*$ 的计算问题，考生考虑从以下几个方面入手:

(1)利用伴随矩阵 $\boldsymbol{A}^*$ 的定义求解简单直接，但是运算量偏大，适用于矩阵阶数不高且代数余子式容易计算的题目;

(2)利用伴随矩阵 $\boldsymbol{A}^*$ 与矩阵 $\boldsymbol{A}$ 的关系定理: $\boldsymbol{AA}^*=\boldsymbol{A}^*\boldsymbol{A}=|\boldsymbol{A}|\boldsymbol{E}$;

(3)利用伴随矩阵 $\boldsymbol{A}^*$ 与逆矩阵 $\boldsymbol{A}^{-1}$ 的关系定理(必须确定 $\boldsymbol{A}$ 是可逆的):

$$\boldsymbol{A}^*=|\boldsymbol{A}|\boldsymbol{A}^{-1}\text{或}(\boldsymbol{A}^*)^{-1}=(\boldsymbol{A}^{-1})^*=\frac{1}{|\boldsymbol{A}|}\boldsymbol{A};$$

(4) $(\boldsymbol{AB})^*=\boldsymbol{B}^*\boldsymbol{A}^*$.

3. 矩阵方程求解未知量的问题：一般来说，矩阵方程所求的未知量都是矩阵，通过对给定的等式进行化简和变形，用已知矩阵表示未知矩阵．在求解矩阵方程中常用如下方法:

(1)“一看，二化简，用已知表示未知”：先看所求的未知矩阵和已知矩阵所满足的等式，化简等式，将未知矩阵用已知矩阵表示;

(2)看到可逆矩阵，考虑等式两端可以左乘或右乘逆矩阵进行化简;

(3)如果等式中有单位矩阵 $\boldsymbol{E}$，可考虑利用单位矩阵的特殊性质，比如 $\boldsymbol{AE}=\boldsymbol{EA}$ 及 $\boldsymbol{A}^2-\boldsymbol{E}=(\boldsymbol{A}-\boldsymbol{E})(\boldsymbol{A}+\boldsymbol{E})$；再比如，等式如果可以化简为 $\boldsymbol{AB}=\boldsymbol{E}$ 或者 $\boldsymbol{AB}=k\boldsymbol{E}$ 的形式，则可判断矩阵 $\boldsymbol{A}$ 和矩阵 $\boldsymbol{B}$ 的可逆性并求出逆矩阵.

母题精练

1. 设 $\boldsymbol{A}=\begin{pmatrix} a & a \\ -a & -a \end{pmatrix}$，$\boldsymbol{B}=\begin{pmatrix} b & -b \\ -b & b \end{pmatrix}$，则 $\boldsymbol{AB}=$( ).

A. $\begin{pmatrix} ab & -ab \\ ab & -ab \end{pmatrix}$

B. $\begin{pmatrix} ab & ab \\ -ab & -ab \end{pmatrix}$

C. $\begin{pmatrix} ab & -ab \\ -ab & ab \end{pmatrix}$

D. $\begin{pmatrix} ab & ab \\ ab & ab \end{pmatrix}$

E. $\boldsymbol{O}$

2. 设$\boldsymbol{A}$，$\boldsymbol{B}$为n阶可逆矩阵，则下面各式恒成立的是(　　).

A. $|(\boldsymbol{A}+\boldsymbol{B})^{-1}|=|\boldsymbol{A}^{-1}|+|\boldsymbol{B}^{-1}|$　　B. $|(\boldsymbol{AB})^{\mathrm{T}}|=|\boldsymbol{A}||\boldsymbol{B}|$

C. $|(\boldsymbol{A}^{-1}+\boldsymbol{B})^{\mathrm{T}}|=|\boldsymbol{A}^{-1}|+|\boldsymbol{B}|$　　D. $(\boldsymbol{A}+\boldsymbol{B})^{-1}=\boldsymbol{A}^{-1}+\boldsymbol{B}^{-1}$

E. $(\boldsymbol{A}^{-1}\boldsymbol{B})^{-1}=\boldsymbol{A}\boldsymbol{B}^{-1}$

3. 已知$\boldsymbol{A}=(4,5,6)$，$\boldsymbol{B}=\begin{pmatrix}1\\2\\3\end{pmatrix}$，则$\boldsymbol{AB}=$(　　).

A. $\begin{pmatrix}4&5&6\\5&10&12\\12&15&18\end{pmatrix}$　　B. $\begin{pmatrix}4&8&12\\5&10&15\\6&12&18\end{pmatrix}$　　C. 0

D. 32　　E. 15

4. 设$\boldsymbol{A}$，$\boldsymbol{B}$是任意的n阶方阵，下面命题中正确的是(　　).

A. $(\boldsymbol{A}+\boldsymbol{B})^2=\boldsymbol{A}^2+2\boldsymbol{AB}+\boldsymbol{B}^2$　　B. $(\boldsymbol{A}+\boldsymbol{B})^2=\boldsymbol{A}^2+2\boldsymbol{BA}+\boldsymbol{B}^2$

C. $(\boldsymbol{A}-\boldsymbol{E})(\boldsymbol{A}+\boldsymbol{E})=(\boldsymbol{A}+\boldsymbol{E})(\boldsymbol{A}-\boldsymbol{E})$　　D. $(\boldsymbol{AB})^2=\boldsymbol{A}^2\boldsymbol{B}^2$

E. 以上选项均不正确

5. 设矩阵$\boldsymbol{A}=\begin{pmatrix}1&-3\\-2&4\end{pmatrix}$，$\boldsymbol{P}=\begin{pmatrix}1&1\\0&1\end{pmatrix}$，则$\boldsymbol{AP}^3=$(　　).

A. $\begin{pmatrix}1&0\\-2&-2\end{pmatrix}$　B. $\begin{pmatrix}1&3\\0&1\end{pmatrix}$　C. $\begin{pmatrix}1&0\\-2&2\end{pmatrix}$　D. $\begin{pmatrix}1&0\\2&2\end{pmatrix}$　E. $\begin{pmatrix}1&3\\-2&2\end{pmatrix}$

6. 设$\boldsymbol{A}=(1,2,1)$，$\boldsymbol{B}=\begin{pmatrix}1\\1\\1\end{pmatrix}^{\mathrm{T}}$，则$(\boldsymbol{A}^{\mathrm{T}}\boldsymbol{B})^3=$(　　).

A. $\begin{pmatrix}1&1&1\\2&2&2\\1&1&1\end{pmatrix}$　　B. $\begin{pmatrix}1&2&1\\1&1&1\\1&2&1\end{pmatrix}$　　C. $\begin{pmatrix}64&64&64\\128&128&128\\64&64&64\end{pmatrix}$

D. $\begin{pmatrix}16&16&16\\32&32&32\\16&16&16\end{pmatrix}$　　E. $\begin{pmatrix}8&8&8\\32&32&32\\8&8&8\end{pmatrix}$

7. 若$\boldsymbol{A}$，$\boldsymbol{B}$，$\boldsymbol{C}$均为同阶方阵，且$\boldsymbol{A}$可逆，则下列结论成立的是(　　).

A. 若$\boldsymbol{BC}=\boldsymbol{AC}$，则$\boldsymbol{B}=\boldsymbol{A}$　　B. 若$\boldsymbol{AB}=\boldsymbol{CB}$，则$\boldsymbol{A}=\boldsymbol{C}$

C. 若$\boldsymbol{AB}=\boldsymbol{O}$，则$\boldsymbol{B}=\boldsymbol{O}$　　D. 若$\boldsymbol{BC}=\boldsymbol{O}$，则$\boldsymbol{C}=\boldsymbol{O}$

E. 若$\boldsymbol{ABC}=\boldsymbol{O}$，则$\boldsymbol{B}=\boldsymbol{O}$或$\boldsymbol{C}=\boldsymbol{O}$

8. 设矩阵$\boldsymbol{A}$，$\boldsymbol{X}$为同阶方阵，且$\boldsymbol{A}$可逆. 若$\boldsymbol{A}(\boldsymbol{X}-\boldsymbol{E})=\boldsymbol{E}$，则矩阵$\boldsymbol{X}=$(　　).

A. $\boldsymbol{E}+\boldsymbol{A}^{-1}$　B. $\boldsymbol{E}-\boldsymbol{A}$　C. $\boldsymbol{E}+\boldsymbol{A}$　D. $\boldsymbol{E}-\boldsymbol{A}^{-1}$　E. $(\boldsymbol{E}+\boldsymbol{A})^{-1}$

9. 已知$\boldsymbol{A}=\begin{pmatrix}1&3&1\\2&2&0\\3&1&1\end{pmatrix}$，则一定有(　　).

A. $\boldsymbol{A}^{T}=\boldsymbol{A}$

B. $\boldsymbol{A}^{-1}=\boldsymbol{A}^{*}$

C. $\boldsymbol{A}\begin{pmatrix}1&0&0\\0&0&1\\0&1&0\end{pmatrix}=\begin{pmatrix}1&1&3\\2&0&2\\3&1&1\end{pmatrix}$

D. $\begin{pmatrix}1&0&0\\0&0&1\\0&1&0\end{pmatrix}\boldsymbol{A}=\begin{pmatrix}1&1&3\\2&0&2\\3&1&1\end{pmatrix}$

E. 以上选项均不正确

10. 设方阵 $\boldsymbol{A}$，$\boldsymbol{B}$，$\boldsymbol{C}$ 满足 $\boldsymbol{AB}=\boldsymbol{AC}$，当满足(　　)时，$\boldsymbol{B}=\boldsymbol{C}$.

A. $\boldsymbol{AB}=\boldsymbol{BA}$

B. $|\boldsymbol{A}|\neq 0$

C. 方程组 $\boldsymbol{Ax}=\boldsymbol{0}$ 有非零解

D. 矩阵 $\boldsymbol{B}$ 是可逆矩阵

E. 矩阵 $\boldsymbol{C}$ 是可逆矩阵

11. 设 $\boldsymbol{\alpha}=(1,3,-2)^{T}$，$\boldsymbol{\beta}=(2,0,0)^{T}$，$\boldsymbol{A}=\boldsymbol{\alpha}\boldsymbol{\beta}^{T}$，则 $\boldsymbol{A}^{3}$ 中位于第一行第二列的元素是(　　).

A. 0　　B. 24　　C. 3　　D. -4　　E. 6

12. 设矩阵 $\boldsymbol{A}=\begin{pmatrix}2&1\\5&3\end{pmatrix}$，$\boldsymbol{B}=\begin{pmatrix}1&3\\2&0\end{pmatrix}$，且 $\boldsymbol{XA}=\boldsymbol{B}$，则矩阵 $\boldsymbol{X}=$(　　).

A. $\begin{pmatrix}4&6\\11&15\end{pmatrix}$

B. $\begin{pmatrix}-4&-6\\-11&-15\end{pmatrix}$

C. $\begin{pmatrix}1&-5\\2&0\end{pmatrix}$

D. $\begin{pmatrix}-12&5\\6&-2\end{pmatrix}$

E. $\begin{pmatrix}12&-5\\-6&2\end{pmatrix}$

13. 若 $\boldsymbol{A}=\begin{pmatrix}1&1&1\\2&1&0\\-3&2&-5\end{pmatrix}$，则矩阵 $\boldsymbol{A}$ 的伴随矩阵 $\boldsymbol{A}^{*}=$(　　).

A. $\begin{pmatrix}-5&10&7\\7&-2&-5\\-1&2&-1\end{pmatrix}$

B. $\begin{pmatrix}-5&10&7\\7&-2&-5\\1&2&1\end{pmatrix}$

C. $\begin{pmatrix}-5&-10&-7\\7&-2&-5\\1&2&1\end{pmatrix}$

D. $\begin{pmatrix}-5&7&-1\\10&-2&2\\7&-5&-1\end{pmatrix}$

E. $\begin{pmatrix}-5&7&1\\-10&-2&2\\-7&-5&1\end{pmatrix}$

14. 设 $\boldsymbol{A}$，$\boldsymbol{B}$ 均为三阶矩阵，$\boldsymbol{E}$ 为三阶单位矩阵，且满足 $\boldsymbol{AB}+\boldsymbol{E}=\boldsymbol{A}^{2}+\boldsymbol{B}$. 若 $\boldsymbol{A}=\begin{pmatrix}1&0&-1\\0&2&0\\-1&0&1\end{pmatrix}$，则

矩阵 $\boldsymbol{B}=$(　　).

A. $\begin{pmatrix}2&0&-1\\0&3&0\\-1&0&2\end{pmatrix}$

B. $\begin{pmatrix}2&0&1\\0&3&0\\1&0&2\end{pmatrix}$

C. $\begin{pmatrix}-2&0&1\\0&-3&0\\1&0&-2\end{pmatrix}$

D. $\begin{pmatrix}0&0&-1\\0&1&0\\-1&0&0\end{pmatrix}$

E. $\begin{pmatrix}1&0&-1\\0&2&0\\-1&0&1\end{pmatrix}$

15. 若矩阵方程$\begin{pmatrix}1&1&-1\\0&2&2\\1&-1&0\end{pmatrix}X+\begin{pmatrix}0&1\\1&0\\4&3\end{pmatrix}=\begin{pmatrix}1&-1\\1&1\\2&1\end{pmatrix}$成立，则矩阵$X=$(　　).

A. $\begin{pmatrix}-6&-11\\6&1\\-6&2\end{pmatrix}$　　B. $\begin{pmatrix}-1&-11\\1&1\\-1&2\end{pmatrix}$　　C. $\begin{pmatrix}1&11\\-1&-1\\1&-2\end{pmatrix}$

D. $\frac{1}{6}\begin{pmatrix}6&11\\-6&-1\\6&-2\end{pmatrix}$　　E. $\frac{1}{6}\begin{pmatrix}-6&-11\\6&1\\-6&2\end{pmatrix}$

16. 已知$A^2-AX=E$，其中$A=\begin{pmatrix}1&1&-1\\0&1&1\\0&0&-1\end{pmatrix}$，$E$为单位矩阵，则矩阵$X=$(　　).

A. $\begin{pmatrix}0&-2&-1\\0&0&0\\0&0&0\end{pmatrix}$　　B. $\begin{pmatrix}0&2&1\\0&0&0\\0&0&0\end{pmatrix}$　　C. $\begin{pmatrix}0&2&-1\\0&0&0\\0&0&0\end{pmatrix}$

D. $\begin{pmatrix}0&-2&1\\0&0&0\\0&0&0\end{pmatrix}$　　E. $\begin{pmatrix}0&2&1\\0&1&1\\0&0&-1\end{pmatrix}$

17. 设A为三阶方阵，且$|A|=\frac{1}{2}$，则$|3A^{-1}-2A^*|=$(　　).

A. 4　　B. 8　　C. 16　　D. 32　　E. $\frac{1}{2}$

18. 设矩阵$A=\begin{pmatrix}0&-1&0\\1&1&0\\0&0&1\end{pmatrix}$，$B=\begin{pmatrix}-1&-2&0\\2&-1&0\\0&0&0\end{pmatrix}$，且$XA-B=2E$，则矩阵$X=$(　　).

A. $\begin{pmatrix}2&-1&0\\1&2&0\\0&0&-2\end{pmatrix}$　　B. $\begin{pmatrix}2&1&0\\1&2&0\\0&0&-2\end{pmatrix}$　　C. $\begin{pmatrix}2&1&0\\-1&2&0\\0&0&2\end{pmatrix}$

D. $\begin{pmatrix}3&1&0\\1&2&0\\0&0&2\end{pmatrix}$　　E. $\begin{pmatrix}2&1&0\\-1&-2&0\\0&0&2\end{pmatrix}$

19. 已知$CA-AB=C-B$，其中$A=\begin{pmatrix}1&1&0\\1&1&0\\0&0&2\end{pmatrix}$，$B=\begin{pmatrix}2&3&1\\0&0&0\\0&0&0\end{pmatrix}$，则$C^5=$(　　).

A. $\begin{pmatrix}0&0&0\\32&16&48\\0&0&0\end{pmatrix}$　　B. $\begin{pmatrix}0&0&0\\48&32&16\\0&0&0\end{pmatrix}$　　C. $\begin{pmatrix}0&0&0\\16&48&32\\0&0&0\end{pmatrix}$

D. $\begin{pmatrix}48&32&16\\0&0&0\\0&0&0\end{pmatrix}$　　E. $\begin{pmatrix}32&48&16\\0&0&0\\0&0&0\end{pmatrix}$

答案详解

1. E

【解析】根据矩阵乘积的定义，可得

$$\boldsymbol{AB}=\begin{pmatrix}a & a\\ -a & -a\end{pmatrix}\begin{pmatrix}b & -b\\ -b & b\end{pmatrix}=\begin{pmatrix}ab-ab & -ab+ab\\ -ab+ab & ab-ab\end{pmatrix}=\begin{pmatrix}0 & 0\\ 0 & 0\end{pmatrix}=\boldsymbol{O}.$$

2. B

【解析】$(\boldsymbol{A}+\boldsymbol{B})^{-1}\neq\boldsymbol{A}^{-1}+\boldsymbol{B}^{-1}$，$|\boldsymbol{A}^{-1}+\boldsymbol{B}^{-1}|\neq|\boldsymbol{A}^{-1}|+|\boldsymbol{B}^{-1}|$，所以$|(\boldsymbol{A}+\boldsymbol{B})^{-1}|$与$|\boldsymbol{A}^{-1}|+|\boldsymbol{B}^{-1}|$之间没有必然联系，故A、D项不正确；

$|(\boldsymbol{AB})^{\mathrm{T}}|=|\boldsymbol{B}^{\mathrm{T}}\boldsymbol{A}^{\mathrm{T}}|=|\boldsymbol{B}^{\mathrm{T}}||\boldsymbol{A}^{\mathrm{T}}|=|\boldsymbol{B}||\boldsymbol{A}|=|\boldsymbol{A}||\boldsymbol{B}|$，故B项正确；

$(\boldsymbol{A}^{-1}+\boldsymbol{B})^{\mathrm{T}}=(\boldsymbol{A}^{-1})^{\mathrm{T}}+\boldsymbol{B}^{\mathrm{T}}$，但是$|(\boldsymbol{A}^{-1})^{\mathrm{T}}+\boldsymbol{B}^{\mathrm{T}}|\neq|(\boldsymbol{A}^{-1})^{\mathrm{T}}|+|\boldsymbol{B}^{\mathrm{T}}|$，故C项不正确；

$(\boldsymbol{A}^{-1}\boldsymbol{B})^{-1}=\boldsymbol{B}^{-1}\boldsymbol{A}\neq\boldsymbol{AB}^{-1}$，故E项不正确.

3. D

【解析】根据矩阵乘积的定义，可得

$$\boldsymbol{AB}=(4,\ 5,\ 6)\begin{pmatrix}1\\2\\3\end{pmatrix}=4\times1+5\times2+6\times3=32.$$

4. C

【解析】根据矩阵乘积的运算法则进行判断.

因为矩阵的乘积一般不满足交换律，即$\boldsymbol{AB}\neq\boldsymbol{BA}$，故A、B项不正确；

因为单位矩阵与任意矩阵的乘积都满足交换律，即$\boldsymbol{AE}=\boldsymbol{EA}=\boldsymbol{A}$，故C项正确；

因为$\boldsymbol{AB}\neq\boldsymbol{BA}$，所以$(\boldsymbol{AB})^2=\boldsymbol{ABAB}\neq\boldsymbol{A}^2\boldsymbol{B}^2$，故D项不正确.

5. A

【解析】方法一：由矩阵的乘积运算，可得

$$\boldsymbol{P}^3=\begin{pmatrix}1 & 1\\ 0 & 1\end{pmatrix}^3=\begin{pmatrix}1 & 3\\ 0 & 1\end{pmatrix},\ \boldsymbol{AP}^3=\begin{pmatrix}1 & -3\\ -2 & 4\end{pmatrix}\begin{pmatrix}1 & 3\\ 0 & 1\end{pmatrix}=\begin{pmatrix}1 & 0\\ -2 & -2\end{pmatrix}.$$

方法二：矩阵$\boldsymbol{P}$是把单位矩阵的第一列加到第二列后得到的初等矩阵，右乘$\boldsymbol{P}^3$相当于对矩阵$\boldsymbol{A}$进行3次相应的初等列变换，故

$$\boldsymbol{AP}^3=\begin{pmatrix}1 & -3+1\times3\\ -2 & 4+(-2)\times3\end{pmatrix}=\begin{pmatrix}1 & 0\\ -2 & -2\end{pmatrix}.$$

6. D

【解析】易知$\boldsymbol{A}^{\mathrm{T}}\boldsymbol{B}$是个三阶矩阵，但$\boldsymbol{BA}^{\mathrm{T}}=4$却是一个数，因此利用矩阵乘法的结合律计算，可得

$$\begin{aligned}(\boldsymbol{A}^{\mathrm{T}}\boldsymbol{B})^3&=(\boldsymbol{A}^{\mathrm{T}}\boldsymbol{B})(\boldsymbol{A}^{\mathrm{T}}\boldsymbol{B})(\boldsymbol{A}^{\mathrm{T}}\boldsymbol{B})=\boldsymbol{A}^{\mathrm{T}}(\boldsymbol{BA}^{\mathrm{T}})(\boldsymbol{BA}^{\mathrm{T}})\boldsymbol{B}\\&=\boldsymbol{A}^{\mathrm{T}}\cdot4^2\cdot\boldsymbol{B}=4^2\boldsymbol{A}^{\mathrm{T}}\boldsymbol{B}=16\begin{pmatrix}1\\2\\1\end{pmatrix}(1,\ 1,\ 1)=16\begin{pmatrix}1 & 1 & 1\\ 2 & 2 & 2\\ 1 & 1 & 1\end{pmatrix}=\begin{pmatrix}16 & 16 & 16\\ 32 & 32 & 32\\ 16 & 16 & 16\end{pmatrix}.\end{aligned}$$

【注意】本题中，如果先计算$\boldsymbol{A}^{\mathrm{T}}\boldsymbol{B}$然后再求三次幂，则计算过程会相当烦琐. 而用上述方法只

需要求一次 $A^{\mathrm{T}}B$ 即可，这种方法，不仅可以求三次幂，更高次的也可以求.

7. C

【解析】本题已知 A 可逆，B，C 不一定可逆，因此在等式运算中只能左乘或右乘 A^{-1} 进行化简变形，从而只有C项是正确的.

8. A

【解析】方法一：对给定的等式进行化简变形，利用矩阵的运算把 X 反求出来，则有 $A(X-E)=AX-A=E$. 所以 $AX=A+E$. 由于矩阵 A 可逆，等式两端同时左乘 A^{-1}，可得

$$X=A^{-1}(A+E)=E+A^{-1}.$$

方法二：因为 $A(X-E)=E$，根据逆矩阵的定义，可知 $A^{-1}=X-E$，故 $X=E+A^{-1}$.

9. C

【解析】逐个验证选项，A项：A^{T} 和 A 显然不相等，故A项不正确；

B项：由于 $|A|=-8$，所以 $A^{-1}=\dfrac{1}{|A|}A^{*}=\dfrac{1}{-8}A^{*}$，故B项不正确；

根据矩阵乘积的运算，可以验证C项正确，D项不正确.

10. B

【解析】A项：仅能得到 $AB=BA=AC$，不能得出 $B=C$；

B项：行列式非零，则矩阵 A 可逆，在 $AB=AC$ 两端同时左乘 A^{-1} 可得 $B=C$，故B项正确；

C项：因为方程组有非零解，从而系数矩阵 A 不是满秩矩阵，即 A 不可逆，故由 $AB=AC$ 不能得出 $B=C$；

显然D、E项不正确，因为由矩阵 B 和 C 的可逆性并不能得出 $B=C$.

11. A

【解析】方法一：

因为 $A=\alpha\beta^{\mathrm{T}}=\begin{pmatrix}1\\3\\-2\end{pmatrix}(2,0,0)=\begin{pmatrix}2&0&0\\6&0&0\\-4&0&0\end{pmatrix}$，则

$$A^3=A\cdot A\cdot A=\begin{pmatrix}4&0&0\\12&0&0\\-8&0&0\end{pmatrix}\begin{pmatrix}2&0&0\\6&0&0\\-4&0&0\end{pmatrix}=\begin{pmatrix}8&0&0\\24&0&0\\-16&0&0\end{pmatrix}.$$

方法二：

因为 $A=\alpha\beta^{\mathrm{T}}=\begin{pmatrix}1\\3\\-2\end{pmatrix}(2,0,0)=\begin{pmatrix}2&0&0\\6&0&0\\-4&0&0\end{pmatrix}$，又因为 $\beta^{\mathrm{T}}\alpha=(2,0,0)\begin{pmatrix}1\\3\\-2\end{pmatrix}=2$.

根据矩阵乘法的结合律，可得

$$A^3=(\alpha\beta^{\mathrm{T}})(\alpha\beta^{\mathrm{T}})(\alpha\beta^{\mathrm{T}})=\alpha(\beta^{\mathrm{T}}\alpha)(\beta^{\mathrm{T}}\alpha)\beta^{\mathrm{T}}=4\alpha\beta^{\mathrm{T}}=4A=\begin{pmatrix}8&0&0\\24&0&0\\-16&0&0\end{pmatrix}.$$

故 A^3 中第一行第二列的元素为0.

12. D

【解析】$|A|=1$，显然矩阵 A 是可逆矩阵，利用 $A^{-1}=\frac{1}{|A|}A^*$，可得

$$X=BA^{-1}=\begin{pmatrix}1&3\\2&0\end{pmatrix}\frac{1}{|A|}\begin{pmatrix}3&-1\\-5&2\end{pmatrix}=\begin{pmatrix}-12&5\\6&-2\end{pmatrix}.$$

13. D

【解析】根据伴随矩阵的定义，先求出 A 中各个元素的代数余子式，即

$$A_{11}=\begin{vmatrix}1&0\\2&-5\end{vmatrix}=-5,\ A_{12}=-\begin{vmatrix}2&0\\-3&-5\end{vmatrix}=10,\ A_{13}=\begin{vmatrix}2&1\\-3&2\end{vmatrix}=7,$$

$$A_{21}=7,\ A_{22}=-2,\ A_{23}=-5,\ A_{31}=-1,\ A_{32}=2,\ A_{33}=-1.$$

所以 $A^*=\begin{pmatrix}A_{11}&A_{21}&A_{31}\\A_{12}&A_{22}&A_{32}\\A_{13}&A_{23}&A_{33}\end{pmatrix}=\begin{pmatrix}-5&7&-1\\10&-2&2\\7&-5&-1\end{pmatrix}$.

14. A

【解析】因为 $AB+E=A^2+B$，故 $AB-B=A^2-E\Rightarrow(A-E)B=A^2-E=(A-E)(A+E)$.

又因为 $A-E=\begin{pmatrix}1&0&-1\\0&2&0\\-1&0&1\end{pmatrix}-\begin{pmatrix}1&0&0\\0&1&0\\0&0&1\end{pmatrix}=\begin{pmatrix}0&0&-1\\0&1&0\\-1&0&0\end{pmatrix}$，显然 $A-E$ 可逆.

等式两端左乘 $(A-E)^{-1}$，可得

$$B=A+E=\begin{pmatrix}2&0&-1\\0&3&0\\-1&0&2\end{pmatrix}.$$

15. E

【解析】将原方程化为 $\begin{pmatrix}1&1&-1\\0&2&2\\1&-1&0\end{pmatrix}X=\begin{pmatrix}1&-2\\0&1\\-2&-2\end{pmatrix}$，两边左乘 $\begin{pmatrix}1&1&-1\\0&2&2\\1&-1&0\end{pmatrix}^{-1}$，可得

$$X=\begin{pmatrix}1&1&-1\\0&2&2\\1&-1&0\end{pmatrix}^{-1}\begin{pmatrix}1&-2\\0&1\\-2&-2\end{pmatrix}=\frac{1}{6}\begin{pmatrix}2&1&4\\2&1&-2\\-2&2&2\end{pmatrix}\begin{pmatrix}1&-2\\0&1\\-2&-2\end{pmatrix}=\frac{1}{6}\begin{pmatrix}-6&-11\\6&1\\-6&2\end{pmatrix}.$$

16. B

【解析】易知 $|A|=-1$，所以矩阵 A 可逆，则有

$$A^2-AX=E\Rightarrow AX=A^2-E\Rightarrow X=A^{-1}(A^2-E)=A-A^{-1}.$$

利用初等行变换求 A^{-1}，可得

$$\left(\begin{array}{ccc:ccc}1&1&-1&1&0&0\\0&1&1&0&1&0\\0&0&-1&0&0&1\end{array}\right)\rightarrow\left(\begin{array}{ccc:ccc}1&1&-1&1&0&0\\0&1&1&0&1&0\\0&0&1&0&0&-1\end{array}\right)\rightarrow\left(\begin{array}{ccc:ccc}1&1&0&1&0&-1\\0&1&0&0&1&1\\0&0&1&0&0&-1\end{array}\right)$$

$$\rightarrow\left(\begin{array}{ccc:ccc}1&0&0&1&-1&-2\\0&1&0&0&1&1\\0&0&1&0&0&-1\end{array}\right),$$

则 $A^{-1}=\begin{pmatrix}1&-1&-2\\0&1&1\\0&0&-1\end{pmatrix}$. 所以，$X=A-A^{-1}=\begin{pmatrix}1&1&-1\\0&1&1\\0&0&-1\end{pmatrix}-\begin{pmatrix}1&-1&-2\\0&1&1\\0&0&-1\end{pmatrix}=\begin{pmatrix}0&2&1\\0&0&0\\0&0&0\end{pmatrix}$.

17. C

【解析】利用公式 $A^*=|A|A^{-1}$，可得

$$|3A^{-1}-2A^*|=|3A^{-1}-2|A|A^{-1}|=|3A^{-1}-A^{-1}|$$
$$=|2A^{-1}|=2^3|A^{-1}|=8\cdot\frac{1}{|A|}=8\times 2=16.$$

18. D

【解析】由 $XA-B=2E$ 得 $XA=B+2E$. 由题干易知 A 可逆，且 $A^{-1}=\begin{pmatrix}1&1&0\\-1&0&0\\0&0&1\end{pmatrix}$.

$B+2E=\begin{pmatrix}1&-2&0\\2&1&0\\0&0&2\end{pmatrix}$，所以 $X=(B+2E)A^{-1}=\begin{pmatrix}3&1&0\\1&2&0\\0&0&2\end{pmatrix}$.

19. B

【解析】由 $CA-AB=C-B$ 得 $CA-C=AB-B$，则有 $C(A-E)=(A-E)B$.

又因为 $A-E=\begin{pmatrix}0&1&0\\1&0&0\\0&0&1\end{pmatrix}$ 可逆，故有 $C=(A-E)B(A-E)^{-1}$，则

$$C^2=(A-E)B(A-E)^{-1}(A-E)B(A-E)^{-1}=(A-E)B^2(A-E)^{-1},$$

以此类推 $C^5=(A-E)B^5(A-E)^{-1}$，故有

$$C^5=(A-E)B^5(A-E)^{-1}$$
$$=\begin{pmatrix}0&1&0\\1&0&0\\0&0&1\end{pmatrix}\begin{pmatrix}2&3&1\\0&0&0\\0&0&0\end{pmatrix}^5\begin{pmatrix}0&1&0\\1&0&0\\0&0&1\end{pmatrix}^{-1}=\begin{pmatrix}0&1&0\\1&0&0\\0&0&1\end{pmatrix}\begin{pmatrix}2&3&1\\0&0&0\\0&0&0\end{pmatrix}^2\begin{pmatrix}2&3&1\\0&0&0\\0&0&0\end{pmatrix}^3\begin{pmatrix}0&1&0\\1&0&0\\0&0&1\end{pmatrix}^{-1}$$
$$=\begin{pmatrix}0&1&0\\1&0&0\\0&0&1\end{pmatrix}\begin{pmatrix}4&6&2\\0&0&0\\0&0&0\end{pmatrix}\begin{pmatrix}2&3&1\\0&0&0\\0&0&0\end{pmatrix}^3\begin{pmatrix}0&1&0\\1&0&0\\0&0&1\end{pmatrix}^{-1}=\begin{pmatrix}0&1&0\\1&0&0\\0&0&1\end{pmatrix}2\begin{pmatrix}2&3&1\\0&0&0\\0&0&0\end{pmatrix}^4\begin{pmatrix}0&1&0\\1&0&0\\0&0&1\end{pmatrix}^{-1}$$
$$=\cdots=\begin{pmatrix}0&1&0\\1&0&0\\0&0&1\end{pmatrix}2^4\begin{pmatrix}2&3&1\\0&0&0\\0&0&0\end{pmatrix}\begin{pmatrix}0&1&0\\1&0&0\\0&0&1\end{pmatrix}^{-1}=2^4\begin{pmatrix}0&0&0\\3&2&1\\0&0&0\end{pmatrix}=\begin{pmatrix}0&0&0\\48&32&16\\0&0&0\end{pmatrix}.$$

【注意】矩阵 $\begin{pmatrix}0&1&0\\1&0&0\\0&0&1\end{pmatrix}$ 是一个初等矩阵，左乘代表作相应的初等行变换，右乘代表作相应的初等列变换，即上式结果为交换矩阵 $\begin{pmatrix}2&3&1\\0&0&0\\0&0&0\end{pmatrix}$ 的前两行后，再交换前两列所得的矩阵乘 2^4，这样运算比直接计算三个矩阵乘积更简便.

题型 45 矩阵秩的问题

母题精讲

母题 45 设矩阵 $\boldsymbol{A}=\begin{pmatrix}1&2&-1&3\\4&8&-4&12\\3&6&-3&a\end{pmatrix}$ 且 $r(\boldsymbol{A})=1$，则 a 的取值一定是(　　).

A. $a=-6$　　B. $a=6$　　C. $a=-9$　　D. $a=9$　　E. $a=0$

【解析】对矩阵 $\boldsymbol{A}$ 进行初等行变换化成阶梯形矩阵，可得

$$\boldsymbol{A}=\begin{pmatrix}1&2&-1&3\\4&8&-4&12\\3&6&-3&a\end{pmatrix}\to\begin{pmatrix}1&2&-1&3\\0&0&0&0\\0&0&0&a-9\end{pmatrix}\to\begin{pmatrix}1&2&-1&3\\0&0&0&a-9\\0&0&0&0\end{pmatrix}.$$

由于 $r(\boldsymbol{A})=1$，所以，矩阵 $\boldsymbol{A}$ 化为阶梯形矩阵后只有一个非零行，则必有 $a=9$.

【注意】若矩阵是方阵，则除了用初等变换法将矩阵化为阶梯形矩阵进行求解外，还可以利用行列式是否为零来求解.

【答案】D

母题技巧

1. 关于矩阵秩的问题，主要有以下两种考查形式：

(1)求矩阵秩的大小，常用的基本方法如下：

①按照定义，根据给定条件，找到矩阵的最高阶非零子式，这个非零子式的阶就是矩阵的秩.

②通过对矩阵进行初等行变换化为行阶梯形矩阵，非零行的个数就是矩阵的秩.

③利用矩阵秩的性质，判断秩的大小.

(2)给出矩阵的秩，求矩阵中参数的问题：

①如果矩阵是方阵，先看矩阵是不是满秩的，是满秩的，则令行列式不为 0，可解出参数的范围；不是满秩的，则行列式为 0，可解出参数的值.

②如果矩阵不是方阵，则需要对矩阵进行初等行变换化为行阶梯形矩阵，令非零行的个数等于矩阵的秩，从而确定出参数的值.

2. 关于矩阵秩的常用性质和重要结论.

(1)常用性质.

①若 $\boldsymbol{A}$ 为 $m\times n$ 阶矩阵，则 $0\leqslant r(\boldsymbol{A})\leqslant\min\{m, n\}$.

②$r(\boldsymbol{A})=r(\boldsymbol{A}^{\mathrm{T}})$.

③若矩阵 $\boldsymbol{A}$ 与 $\boldsymbol{B}$ 等价，则 $r(\boldsymbol{A})=r(\boldsymbol{B})$.

④$r(\boldsymbol{AB})\leqslant\min\{r(\boldsymbol{A}), r(\boldsymbol{B})\}$.

⑤若 $\boldsymbol{P}$, $\boldsymbol{Q}$ 为可逆矩阵，则 $r(\boldsymbol{A})=r(\boldsymbol{PA})=r(\boldsymbol{AQ})=r(\boldsymbol{PAQ})$. 显然，初等变换不改变矩阵的秩.

⑥$\max\{r(\boldsymbol{A}), r(\boldsymbol{B})\}\leqslant r(\boldsymbol{A}, \boldsymbol{B})\leqslant r(\boldsymbol{A})+r(\boldsymbol{B})$.

⑦$r(\boldsymbol{A}+\boldsymbol{B})\leqslant r(\boldsymbol{A})+r(\boldsymbol{B})$.

⑧若 $\boldsymbol{AB}=\boldsymbol{O}$，则 $r(\boldsymbol{A})+r(\boldsymbol{B})$ 一定不超过矩阵 $\boldsymbol{A}$ 的列数(或者 $\boldsymbol{B}$ 的行数).

⑨(a)矩阵 $\boldsymbol{A}$ 存在非零的 k 阶子式 $\Leftrightarrow r(\boldsymbol{A})\geqslant k$;

(b)$\boldsymbol{A}\neq\boldsymbol{O}\Leftrightarrow r(\boldsymbol{A})\geqslant 1$;

(c)矩阵 $\boldsymbol{A}$ 中不存在 k 阶子式或任意 k 阶子式均为零 $\Leftrightarrow r(\boldsymbol{A})<k$;

(d)非零矩阵 $\boldsymbol{A}$ 的各行及各列元素成比例 $\Leftrightarrow r(\boldsymbol{A})=1$;

(e)n 阶方阵 $\boldsymbol{A}$ 可逆 $\Leftrightarrow r(\boldsymbol{A})=n$.

(2)重要结论.

关于矩阵与其伴随矩阵秩的关系，一定有下列结论成立：若 $\boldsymbol{A}$ 是 n 阶方阵，则一定有

$$r(\boldsymbol{A}^*)=\begin{cases}n, & r(\boldsymbol{A})=n,\\ 1, & r(\boldsymbol{A})=n-1,\\ 0, & r(\boldsymbol{A})\leqslant n-2.\end{cases}$$

母题精练

1. 矩阵 $\begin{pmatrix}1&0&1&1&4\\0&6&3&0&3\\0&0&0&2&0\\0&0&0&0&0\end{pmatrix}$ 的秩为(　　).

A. 1　　B. 2　　C. 3　　D. 4　　E. 5

2. 若矩阵 $\boldsymbol{A}=\begin{pmatrix}1&1\\0&a\end{pmatrix}$ 的秩为1，则 a 应满足的条件为(　　).

A. $a=1$　　B. $a=-1$　　C. $a=2$　　D. $a\neq 0$　　E. $a=0$

3. 设 $\boldsymbol{A}=\begin{pmatrix}1&-2&1\\2&2&t\\3&2&1\end{pmatrix}$，且 $r(\boldsymbol{A})=2$，则 $t=$(　　).

A. $\frac{1}{2}$　　B. 1　　C. 0　　D. -1　　E. -2

4. 设矩阵 $\boldsymbol{A}=\begin{pmatrix}1&0&-1&0\\0&-2&3&4\\0&0&0&5\end{pmatrix}$，则 $\boldsymbol{A}$ 中(　　).

A. 所有二阶子式都不为零　　B. 所有二阶子式都为零

C. 所有三阶子式都不为零　　D. 存在一个三阶子式不为零

E. 存在一个四阶子式不为零

5. 若 $r(\boldsymbol{A})=2$，$\boldsymbol{B}=\begin{pmatrix}1&0&2\\0&2&0\\-1&0&3\end{pmatrix}$，则 $r(\boldsymbol{AB})=$(　　).

A. 0　　B. 1　　C. 2　　D. 3　　E. 1或2

6. 已知 $\boldsymbol{A}=\begin{pmatrix}1&1&a&4\\1&0&2&a\\-1&a&1&0\end{pmatrix}$，若 $r(\boldsymbol{A})=3$，则 a 的取值为(　　).

A. $a=3$　　B. $a\neq3$　　C. $a\neq-1$　　D. $a\neq0$　　E. $a\neq-1$ 且 $a\neq3$

7. 设矩阵 $\boldsymbol{A}=\begin{pmatrix}1&0&1\\0&2&0\\0&0&1\end{pmatrix}$，矩阵 $\boldsymbol{B}=\boldsymbol{A}-\boldsymbol{E}$，则矩阵 $\boldsymbol{B}$ 的秩为(　　).

A. 0　　B. 1　　C. 2　　D. 3　　E. 无法确定

8. 设 $\boldsymbol{A}=\begin{pmatrix}a_1b_1&a_1b_2&a_1b_3\\a_2b_1&a_2b_2&a_2b_3\\a_3b_1&a_3b_2&a_3b_3\end{pmatrix}$，其中 $a_i\neq0$，$b_i\neq0$，$i=1,2,3$，则矩阵 $\boldsymbol{A}$ 的秩为(　　).

A. 0　　B. 1　　C. 2　　D. 3　　E. 无法确定

9. 设六阶方阵 $\boldsymbol{A}$ 的秩为4，则 $\boldsymbol{A}$ 的伴随矩阵 $\boldsymbol{A}^*$ 的秩为(　　).

A. 0　　B. 1　　C. 2　　D. 3　　E. 4

答案详解

1. C

【解析】方法一：根据矩阵秩的定义，矩阵 $\begin{pmatrix}1&0&1&1&4\\0&6&3&0&3\\0&0&0&2&0\\0&0&0&0&0\end{pmatrix}$ 有一个三阶子式 $\begin{vmatrix}1&0&1\\0&6&0\\0&0&2\end{vmatrix}$ 不等于0，而其任意四阶子式都等于零，所以秩为3.

方法二：这是一个行阶梯形矩阵，观察可知共有3个非零行，所以秩为3.

2. E

【解析】矩阵 $\boldsymbol{A}$ 为二阶方阵，且秩为 $1<2$，从而可得 $|\boldsymbol{A}|=0$，解得 $a=0$.

3. A

【解析】方法一：行列式法.

矩阵 $\boldsymbol{A}$ 是一个含参数的三阶方阵，且秩为2，所以 $|\boldsymbol{A}|=0$. 把行列式 $|\boldsymbol{A}|$ 按照第二行展开，即

$$|\boldsymbol{A}|=\begin{vmatrix}1&-2&1\\2&2&t\\3&2&1\end{vmatrix}=-2\begin{vmatrix}-2&1\\2&1\end{vmatrix}+2\begin{vmatrix}1&1\\3&1\end{vmatrix}-t\begin{vmatrix}1&-2\\3&2\end{vmatrix}=4-8t=0,$$

解得 $t=\dfrac{1}{2}$.

方法二：初等行变换法.

$$A=\begin{pmatrix}1&-2&1\\2&2&t\\3&2&1\end{pmatrix}\to\begin{pmatrix}1&-2&1\\0&6&t-2\\0&8&-2\end{pmatrix}\to\begin{pmatrix}1&-2&1\\0&6&t-2\\0&0&-\dfrac{4t-2}{3}\end{pmatrix},$$

由于 $r(A)=2$，所以 $4t-2=0$，即 $t=\dfrac{1}{2}$.

4. D

【解析】矩阵 A 为行阶梯形矩阵，易知 $r(A)=3$，则根据矩阵秩的定义，至少有一个三阶子式不等于0，D项正确．计算 A 的二阶子式和三阶子式，可知A、B、C项不正确．本题中矩阵 A 不存在四阶子式，故E项不正确．

综上，本题选D项．

5. C

【解析】由于 $|B|\neq0$，从而 B 可逆，则 $r(AB)=r(A)=2$.

6. B

【解析】对矩阵进行初等变换，则有

$$A\to\begin{pmatrix}1&1&a&4\\0&1&a-2&4-a\\0&0&(a+1)(3-a)&a(a-3)\end{pmatrix},$$

经初等变换后的矩阵秩不变，故 $r(A)=3\Leftrightarrow(a+1)(3-a)$ 与 $a(a-3)$ 不全为 $0\Leftrightarrow a\neq3$.

7. C

【解析】$B=A-E=\begin{pmatrix}0&0&1\\0&1&0\\0&0&0\end{pmatrix}$，所以 $r(B)=2$.

8. B

【解析】$A=\begin{pmatrix}a_1b_1&a_1b_2&a_1b_3\\a_2b_1&a_2b_2&a_2b_3\\a_3b_1&a_3b_2&a_3b_3\end{pmatrix}\xrightarrow{\text{第 } i \text{ 行乘} \frac{1}{a_i},\ i=1,2,3}\begin{pmatrix}b_1&b_2&b_3\\b_1&b_2&b_3\\b_1&b_2&b_3\end{pmatrix}\to\begin{pmatrix}b_1&b_2&b_3\\0&0&0\\0&0&0\end{pmatrix}$.

由于 $b_i\neq0$，$i=1,2,3$，所以 $r(A)=1$.

9. A

【解析】利用伴随矩阵秩的结论：若 A 为 n 阶方阵，则

$$r(A^*)=\begin{cases}n, & r(A)=n,\\1, & r(A)=n-1,\\0, & r(A)\leqslant n-2.\end{cases}$$

由于 A 为六阶方阵，$n=6$，且 $r(A)=4=6-2=n-2$，故 $r(A^*)=0$.

第 6 章　向量组的线性相关和线性无关

题型 46　向量的线性表示问题

母题精讲

母题 46　已知向量 $\boldsymbol{\alpha}_1=(1,2,1)^T$，$\boldsymbol{\alpha}_2=(2,3,a)^T$，$\boldsymbol{\alpha}_3=(1,a+2,-2)^T$，$\boldsymbol{\beta}_1=(1,-1,a)^T$，$\boldsymbol{\beta}_2=(1,3,4)^T$，且 $\boldsymbol{\beta}_1$ 不能由 $\boldsymbol{\alpha}_1$，$\boldsymbol{\alpha}_2$，$\boldsymbol{\alpha}_3$ 线性表示，$\boldsymbol{\beta}_2$ 可以由 $\boldsymbol{\alpha}_1$，$\boldsymbol{\alpha}_2$，$\boldsymbol{\alpha}_3$ 线性表示，则 a 的取值为(　　).

A. $a=-1$ 或 3　B. $a=-1$　C. $a=3$　D. $a\neq -1$　E. $a\neq 3$

【解析】根据题意可知，$r(\boldsymbol{\alpha}_1,\boldsymbol{\alpha}_2,\boldsymbol{\alpha}_3)\neq r(\boldsymbol{\alpha}_1,\boldsymbol{\alpha}_2,\boldsymbol{\alpha}_3,\boldsymbol{\beta}_1)$，$r(\boldsymbol{\alpha}_1,\boldsymbol{\alpha}_2,\boldsymbol{\alpha}_3)=r(\boldsymbol{\alpha}_1,\boldsymbol{\alpha}_2,\boldsymbol{\alpha}_3,\boldsymbol{\beta}_2)$，对矩阵 $(\boldsymbol{\alpha}_1,\boldsymbol{\alpha}_2,\boldsymbol{\alpha}_3,\boldsymbol{\beta}_1,\boldsymbol{\beta}_2)$ 进行初等变换，可得

$$(\boldsymbol{\alpha}_1,\boldsymbol{\alpha}_2,\boldsymbol{\alpha}_3,\boldsymbol{\beta}_1,\boldsymbol{\beta}_2)=\begin{pmatrix}1&2&1&1&1\\2&3&a+2&-1&3\\1&a&-2&a&4\end{pmatrix}\rightarrow\begin{pmatrix}1&2&1&1&1\\0&-1&a&-3&1\\0&0&(a-3)(a+1)&5-2a&a+1\end{pmatrix},$$

则 $(a-3)(a+1)=0$，$5-2a\neq 0$，$a+1=0$，解得 $a=-1$.

【答案】B

母题技巧

向量组的线性表示问题，一般考查以下两点：

1. 具体向量的线性表示问题需要根据线性表示的定义转化为线性方程组有无解的问题进行求解(在后面章节会讲到线性方程组的知识)：

(1) 向量 $\boldsymbol{\beta}$ 可以由向量组 $\boldsymbol{\alpha}_1,\boldsymbol{\alpha}_2,\cdots,\boldsymbol{\alpha}_n$ 线性表示 $\Leftrightarrow$ 非齐次线性方程组 $(\boldsymbol{\alpha}_1,\boldsymbol{\alpha}_2,\cdots,\boldsymbol{\alpha}_n)\cdot\begin{pmatrix}x_1\\x_2\\\vdots\\x_n\end{pmatrix}=\boldsymbol{\beta}$ 有解 $\Leftrightarrow r(\boldsymbol{\alpha}_1,\boldsymbol{\alpha}_2,\cdots,\boldsymbol{\alpha}_n,\boldsymbol{\beta})=r(\boldsymbol{\alpha}_1,\boldsymbol{\alpha}_2,\cdots,\boldsymbol{\alpha}_n)$.

若 $r(\boldsymbol{\alpha}_1,\boldsymbol{\alpha}_2,\cdots,\boldsymbol{\alpha}_n,\boldsymbol{\beta})=r(\boldsymbol{\alpha}_1,\boldsymbol{\alpha}_2,\cdots,\boldsymbol{\alpha}_n)=n$，则表示法唯一；若 $r(\boldsymbol{\alpha}_1,\boldsymbol{\alpha}_2,\cdots,\boldsymbol{\alpha}_n,\boldsymbol{\beta})=r(\boldsymbol{\alpha}_1,\boldsymbol{\alpha}_2,\cdots,\boldsymbol{\alpha}_n)<n$，则表示法不唯一.

(2) 向量 $\boldsymbol{\beta}$ 不能由向量组 $\boldsymbol{\alpha}_1,\boldsymbol{\alpha}_2,\cdots,\boldsymbol{\alpha}_n$ 线性表示 $\Leftrightarrow r(\boldsymbol{\alpha}_1,\boldsymbol{\alpha}_2,\cdots,\boldsymbol{\alpha}_n,\boldsymbol{\beta})\neq r(\boldsymbol{\alpha}_1,\boldsymbol{\alpha}_2,\cdots,\boldsymbol{\alpha}_n)$.

注　求向量组的秩需要对向量组构成的矩阵进行初等行变换，具体步骤与求矩阵的秩相同.

2. 抽象向量组的线性表示问题可由向量组的线性相关性的定义和性质求得.

若$\boldsymbol{\alpha}_1$，$\boldsymbol{\alpha}_2$，…，$\boldsymbol{\alpha}_n$线性无关，判断$\boldsymbol{\beta}$是否可以由$\boldsymbol{\alpha}_1$，$\boldsymbol{\alpha}_2$，…，$\boldsymbol{\alpha}_n$线性表示，只需判断$\boldsymbol{\alpha}_1$，$\boldsymbol{\alpha}_2$，…，$\boldsymbol{\alpha}_n$，$\boldsymbol{\beta}$的相关性即可．若$\boldsymbol{\alpha}_1$，$\boldsymbol{\alpha}_2$，…，$\boldsymbol{\alpha}_n$，$\boldsymbol{\beta}$线性相关，则$\boldsymbol{\beta}$可以由$\boldsymbol{\alpha}_1$，$\boldsymbol{\alpha}_2$，…，$\boldsymbol{\alpha}_n$线性表示；否则$\boldsymbol{\beta}$不可以由$\boldsymbol{\alpha}_1$，$\boldsymbol{\alpha}_2$，…，$\boldsymbol{\alpha}_n$线性表示.

母题精练

1. 若向量$\boldsymbol{\beta}=(1, 0, k, 2)^{\mathrm{T}}$可以由向量组$\boldsymbol{\alpha}_1=(1, 3, 0, 5)^{\mathrm{T}}$，$\boldsymbol{\alpha}_2=(1, 2, 1, 4)^{\mathrm{T}}$，$\boldsymbol{\alpha}_3=(1, 1, 2, 3)^{\mathrm{T}}$，$\boldsymbol{\alpha}_4=(1, -3, 6, -1)^{\mathrm{T}}$线性表示，则$k=$(　　).

A. 1　　B. -1　　C. 2　　D. -2　　E. 3

2. 设$\boldsymbol{\alpha}_1=(1, 3, 0)^{\mathrm{T}}$，$\boldsymbol{\alpha}_2=(1, a, 9-3a)^{\mathrm{T}}$，$\boldsymbol{\alpha}_3=(1, b+3, b)^{\mathrm{T}}$，$\boldsymbol{\beta}=(1, 4, -3)^{\mathrm{T}}$，则当$a$，$b$取值为(　　)时，$\boldsymbol{\beta}$不能由$\boldsymbol{\alpha}_1$，$\boldsymbol{\alpha}_2$，$\boldsymbol{\alpha}_3$线性表示.

A. $a=3$，b为任意常数　　B. $a\neq 3$，b为任意常数　　C. $a=3$，$b=0$

D. $a=3$，$b\neq 0$　　E. $a\neq 3$，$b\neq 0$

3. 设向量组$\boldsymbol{\alpha}_1=(1, 2)^{\mathrm{T}}$，$\boldsymbol{\alpha}_2=(0, 2)^{\mathrm{T}}$，$\boldsymbol{\beta}=(4, 2)^{\mathrm{T}}$，则(　　).

A. $\boldsymbol{\alpha}_1$，$\boldsymbol{\alpha}_2$，$\boldsymbol{\beta}$线性无关

B. $\boldsymbol{\beta}$不能由$\boldsymbol{\alpha}_1$，$\boldsymbol{\alpha}_2$线性表示

C. $\boldsymbol{\beta}$可由$\boldsymbol{\alpha}_1$，$\boldsymbol{\alpha}_2$线性表示，但表示法不唯一

D. $\boldsymbol{\beta}$可由$\boldsymbol{\alpha}_1$，$\boldsymbol{\alpha}_2$线性表示，且表示法唯一

E. 以上选项均不正确

4. 已知$\boldsymbol{\alpha}_1=(1, 2, 1)^{\mathrm{T}}$，$\boldsymbol{\alpha}_2=(t, -1, -1)^{\mathrm{T}}$，$\boldsymbol{\alpha}_3=(1, t-2, 1)^{\mathrm{T}}$，$\boldsymbol{\beta}=(t^2-3, -2, -2)^{\mathrm{T}}$，若$\boldsymbol{\beta}$不能由$\boldsymbol{\alpha}_1$，$\boldsymbol{\alpha}_2$，$\boldsymbol{\alpha}_3$线性表示，则$t=$(　　).

A. -1　　B. 3　　C. 4　　D. 0　　E. 1

5. 设向量组$\boldsymbol{\alpha}_1$，$\boldsymbol{\alpha}_2$，$\boldsymbol{\alpha}_3$线性相关，向量组$\boldsymbol{\alpha}_2$，$\boldsymbol{\alpha}_3$，$\boldsymbol{\alpha}_4$线性无关，则以下说法正确的是(　　).

A. $\boldsymbol{\alpha}_1$不能由$\boldsymbol{\alpha}_2$，$\boldsymbol{\alpha}_3$线性表示

B. $\boldsymbol{\alpha}_2$必能由$\boldsymbol{\alpha}_1$，$\boldsymbol{\alpha}_3$线性表示

C. $\boldsymbol{\alpha}_3$必能由$\boldsymbol{\alpha}_1$，$\boldsymbol{\alpha}_2$线性表示

D. $\boldsymbol{\alpha}_4$不能由$\boldsymbol{\alpha}_1$，$\boldsymbol{\alpha}_2$，$\boldsymbol{\alpha}_3$线性表示

E. 以上选项均不正确

答案详解

1. E

【解析】由向量组$\boldsymbol{\alpha}_1$，$\boldsymbol{\alpha}_2$，$\boldsymbol{\alpha}_3$，$\boldsymbol{\alpha}_4$构成矩阵$\boldsymbol{A}$，向量组$\boldsymbol{\alpha}_1$，$\boldsymbol{\alpha}_2$，$\boldsymbol{\alpha}_3$，$\boldsymbol{\alpha}_4$，$\boldsymbol{\beta}$构成矩阵$\boldsymbol{B}$，对矩阵$\boldsymbol{B}$进行初等行变换，可得

$$\boldsymbol{B}=\begin{pmatrix}1&1&1&1&1\\3&2&1&-3&0\\0&1&2&6&k\\5&4&3&-1&2\end{pmatrix}\rightarrow\begin{pmatrix}1&1&1&1&1\\0&-1&-2&-6&-3\\0&1&2&6&k\\0&-1&-2&-6&-3\end{pmatrix}\rightarrow\begin{pmatrix}1&1&1&1&1\\0&-1&-2&-6&-3\\0&0&0&0&k-3\\0&0&0&0&0\end{pmatrix}.$$

因为 $\boldsymbol{\beta}$ 可以由 $\boldsymbol{\alpha}_1$，$\boldsymbol{\alpha}_2$，$\boldsymbol{\alpha}_3$，$\boldsymbol{\alpha}_4$ 线性表示，所以 $r(\boldsymbol{A})=r(\boldsymbol{B})$. 显然 $r(\boldsymbol{A})=2$，故 $r(\boldsymbol{B})=2$，因此 $k-3=0$，$k=3$.

2. A

【解析】以 $\boldsymbol{\alpha}_1$，$\boldsymbol{\alpha}_2$，$\boldsymbol{\alpha}_3$，$\boldsymbol{\beta}$ 为列向量构成矩阵 $\boldsymbol{A}$，对 $\boldsymbol{A}$ 进行初等行变换，可得

$$\boldsymbol{A}=\begin{pmatrix}1&1&1&1\\3&a&b+3&4\\0&9-3a&b&-3\end{pmatrix}\rightarrow\begin{pmatrix}1&1&1&1\\0&a-3&b&1\\0&0&4b&0\end{pmatrix}.$$

当 $a=3$，b 为任意常数时，有 $\boldsymbol{A}\rightarrow\begin{pmatrix}1&1&1&1\\0&0&4b&0\\0&0&0&1\end{pmatrix}$，此时，$r(\boldsymbol{A})=r(\boldsymbol{\alpha}_1,\boldsymbol{\alpha}_2,\boldsymbol{\alpha}_3,\boldsymbol{\beta})\neq r(\boldsymbol{\alpha}_1,\boldsymbol{\alpha}_2,\boldsymbol{\alpha}_3)$，即 $\boldsymbol{\beta}$ 不能由 $\boldsymbol{\alpha}_1$，$\boldsymbol{\alpha}_2$，$\boldsymbol{\alpha}_3$ 线性表示.

3. D

【解析】以 $\boldsymbol{\alpha}_1$，$\boldsymbol{\alpha}_2$，$\boldsymbol{\beta}$ 为列向量构成矩阵 $\boldsymbol{A}$，对 $\boldsymbol{A}$ 进行初等行变换，可得

$$\boldsymbol{A}=(\boldsymbol{\alpha}_1,\boldsymbol{\alpha}_2,\boldsymbol{\beta})=\begin{pmatrix}1&0&4\\2&2&2\end{pmatrix}\rightarrow\begin{pmatrix}1&0&4\\0&2&-6\end{pmatrix},$$

可得 $r(\boldsymbol{\alpha}_1,\boldsymbol{\alpha}_2,\boldsymbol{\beta})=r(\boldsymbol{\alpha}_1,\boldsymbol{\alpha}_2)=2$，则 $\boldsymbol{\beta}$ 一定可以由向量组 $\boldsymbol{\alpha}_1$，$\boldsymbol{\alpha}_2$ 线性表示且表示法唯一，故 A、B、C 项不正确，D 项正确.

4. C

【解析】以 $\boldsymbol{\alpha}_1$，$\boldsymbol{\alpha}_2$，$\boldsymbol{\alpha}_3$，$\boldsymbol{\beta}$ 为列向量构成矩阵 $\boldsymbol{A}$，对 $\boldsymbol{A}$ 进行初等行变换，化为阶梯形矩阵，有

$$\boldsymbol{A}=\begin{pmatrix}1&t&1&t^2-3\\2&-1&t-2&-2\\1&-1&1&-2\end{pmatrix}\rightarrow\begin{pmatrix}1&-1&1&-2\\2&-1&t-2&-2\\1&t&1&t^2-3\end{pmatrix}\rightarrow\begin{pmatrix}1&-1&1&-2\\0&1&t-4&2\\0&t+1&0&t^2-1\end{pmatrix}$$

$$\rightarrow\begin{pmatrix}1&-1&1&-2\\0&1&t-4&2\\0&0&-(t+1)(t-4)&(t-3)(t+1)\end{pmatrix}.$$

$\boldsymbol{\beta}$ 不能由 $\boldsymbol{\alpha}_1$，$\boldsymbol{\alpha}_2$，$\boldsymbol{\alpha}_3$ 线性表示，则 $r(\boldsymbol{A})=r(\boldsymbol{\alpha}_1,\boldsymbol{\alpha}_2,\boldsymbol{\alpha}_3,\boldsymbol{\beta})\neq r(\boldsymbol{\alpha}_1,\boldsymbol{\alpha}_2,\boldsymbol{\alpha}_3)$，所以必有

$$-(t+1)(t-4)=0\text{ 且 }(t-3)(t+1)\neq 0\Rightarrow t=4.$$

5. D

【解析】A 项：已知向量组 $\boldsymbol{\alpha}_2$，$\boldsymbol{\alpha}_3$，$\boldsymbol{\alpha}_4$ 线性无关，那么它的部分组 $\boldsymbol{\alpha}_2$，$\boldsymbol{\alpha}_3$ 也线性无关，又因为 $\boldsymbol{\alpha}_1$，$\boldsymbol{\alpha}_2$，$\boldsymbol{\alpha}_3$ 线性相关，故 $\boldsymbol{\alpha}_1$ 可以由 $\boldsymbol{\alpha}_2$，$\boldsymbol{\alpha}_3$ 线性表示，故 A 项不正确；

B 项：向量组 $\boldsymbol{\alpha}_1$，$\boldsymbol{\alpha}_2$，$\boldsymbol{\alpha}_3$ 线性相关，故存在不全为零的数 k_1，k_2，k_3，使得 $k_1\boldsymbol{\alpha}_1+k_2\boldsymbol{\alpha}_2+k_3\boldsymbol{\alpha}_3=\boldsymbol{0}$，其中必有 $k_1\neq 0$，否则，k_2，k_3 不全为零，使 $k_2\boldsymbol{\alpha}_2+k_3\boldsymbol{\alpha}_3=\boldsymbol{0}$，即 $\boldsymbol{\alpha}_2$，$\boldsymbol{\alpha}_3$ 线性相

关，则 $\boldsymbol{\alpha}_2$，$\boldsymbol{\alpha}_3$，$\boldsymbol{\alpha}_4$ 线性相关，与 $\boldsymbol{\alpha}_2$，$\boldsymbol{\alpha}_3$，$\boldsymbol{\alpha}_4$ 线性无关矛盾，故 $k_1\neq0$，但是 k_2，k_3 是否为零不能确定，故不能推出 $\boldsymbol{\alpha}_3$ 可由 $\boldsymbol{\alpha}_1$，$\boldsymbol{\alpha}_2$ 线性表示和 $\boldsymbol{\alpha}_2$ 可由 $\boldsymbol{\alpha}_1$，$\boldsymbol{\alpha}_3$ 线性表示的结论，故 B、C 项不正确.

D 项：假设 $\boldsymbol{\alpha}_4$ 能由 $\boldsymbol{\alpha}_1$，$\boldsymbol{\alpha}_2$，$\boldsymbol{\alpha}_3$ 线性表示，可设 $\boldsymbol{\alpha}_4=x_1\boldsymbol{\alpha}_1+x_2\boldsymbol{\alpha}_2+x_3\boldsymbol{\alpha}_3$（$x_1$，$x_2$，$x_3$ 不全为 0），由于 $\boldsymbol{\alpha}_1$ 可以由 $\boldsymbol{\alpha}_2$，$\boldsymbol{\alpha}_3$ 线性表示，设 $\boldsymbol{\alpha}_1=m_2\boldsymbol{\alpha}_2+m_3\boldsymbol{\alpha}_3$（$m_2$，$m_3$ 不全为 0），代入上式，整理得

$$\boldsymbol{\alpha}_4=(x_1m_2+x_2)\boldsymbol{\alpha}_2+(x_1m_3+x_3)\boldsymbol{\alpha}_3,$$

当 $x_1m_2+x_2$，$x_1m_3+x_3$ 有不全为 0 时，$\boldsymbol{\alpha}_4$ 可以由 $\boldsymbol{\alpha}_2$，$\boldsymbol{\alpha}_3$ 线性表示，即 $\boldsymbol{\alpha}_2$，$\boldsymbol{\alpha}_3$，$\boldsymbol{\alpha}_4$ 线性相关，与题干 $\boldsymbol{\alpha}_2$，$\boldsymbol{\alpha}_3$，$\boldsymbol{\alpha}_4$ 线性无关矛盾，故 $\boldsymbol{\alpha}_4$ 不能由 $\boldsymbol{\alpha}_1$，$\boldsymbol{\alpha}_2$，$\boldsymbol{\alpha}_3$ 线性表示，D 项正确.

题型 47 具体向量的线性相关性问题

母题精讲

母题 47 设 $\boldsymbol{\alpha}_1=(k,1,1)^{\mathrm{T}}$，$\boldsymbol{\alpha}_2=(1,k,-1)^{\mathrm{T}}$，$\boldsymbol{\alpha}_3=(1,-1,k)^{\mathrm{T}}$，向量组 $\boldsymbol{\alpha}_1$，$\boldsymbol{\alpha}_2$，$\boldsymbol{\alpha}_3$ 线性相关，则 $k=$（　　）.

A. -1　　B. 2　　C. 0　　D. 1　　E. -1 或 2

【解析】方法一：行列式法.

以 $\boldsymbol{\alpha}_1$，$\boldsymbol{\alpha}_2$，$\boldsymbol{\alpha}_3$ 为列向量构成三阶方阵 $\boldsymbol{A}=\begin{pmatrix}k&1&1\\1&k&-1\\1&-1&k\end{pmatrix}$. 由于向量组 $\boldsymbol{\alpha}_1$，$\boldsymbol{\alpha}_2$，$\boldsymbol{\alpha}_3$ 线性相关，则一定有 $|\boldsymbol{A}|=0$，即 $\begin{vmatrix}k&1&1\\1&k&-1\\1&-1&k\end{vmatrix}=\begin{vmatrix}0&0&-k^2+k+2\\0&k+1&-1-k\\1&-1&k\end{vmatrix}=(k+1)^2(k-2)=0$，得 $k=-1$ 或 $k=2$.

方法二：矩阵的初等行变换法.

以 $\boldsymbol{\alpha}_1$，$\boldsymbol{\alpha}_2$，$\boldsymbol{\alpha}_3$ 为列向量构成三阶方阵 $\boldsymbol{A}$，对 $\boldsymbol{A}$ 进行初等变换，可得

$$\boldsymbol{A}=\begin{pmatrix}k&1&1\\1&k&-1\\1&-1&k\end{pmatrix}\to\begin{pmatrix}1&-1&k\\1&k&-1\\k&1&1\end{pmatrix}\to\begin{pmatrix}1&-1&k\\0&k+1&-1-k\\0&1+k&1-k^2\end{pmatrix}\to\begin{pmatrix}1&-1&k\\0&k+1&-1-k\\0&0&2+k-k^2\end{pmatrix},$$

由于向量组 $\boldsymbol{\alpha}_1$，$\boldsymbol{\alpha}_2$，$\boldsymbol{\alpha}_3$ 线性相关，故必有 $r(\boldsymbol{A})<3$，从而 $2+k-k^2=0$，即 $k=-1$ 或 $k=2$.

【注意】当向量个数与向量分量个数不相等时，向量组构成的矩阵不是方阵，此时无法利用行列式法求解，只能用矩阵的初等行变换法求解.

【答案】E

母题技巧

具体向量组的线性相关性问题，首选矩阵法、性质法判定，其次是定义法．选用矩阵法时，分为以下两种类型：

1. 若向量组 $\boldsymbol{\alpha}_1$，$\boldsymbol{\alpha}_2$，…，$\boldsymbol{\alpha}_n$ 所含向量个数 n 不等于向量分量个数，则利用向量组排成的矩阵 $\boldsymbol{A}=(\boldsymbol{\alpha}_1, \boldsymbol{\alpha}_2, \cdots, \boldsymbol{\alpha}_n)$ 的秩判定相关性：若 $r(\boldsymbol{A})=n$，则向量组线性无关；若 $r(\boldsymbol{A})<n$，则向量组线性相关.

2. 若向量组 $\boldsymbol{\alpha}_1$，$\boldsymbol{\alpha}_2$，…，$\boldsymbol{\alpha}_n$ 所含向量个数 n 与向量分量个数相同，则向量组排成的矩阵 $\boldsymbol{A}=(\boldsymbol{\alpha}_1, \boldsymbol{\alpha}_2, \cdots, \boldsymbol{\alpha}_n)$ 是方阵，则可利用行列式法判定相关性：$|\boldsymbol{A}|=0 \Leftrightarrow$ 向量组线性相关；$|\boldsymbol{A}|\neq 0 \Leftrightarrow$ 向量组线性无关.

母题精练

1. 已知 $\boldsymbol{\alpha}_1=(1, 1, 2, 1)^{\mathrm{T}}$，$\boldsymbol{\alpha}_2=(1, 0, 0, 2)^{\mathrm{T}}$，$\boldsymbol{\alpha}_3=(-1, -4, -8, k)^{\mathrm{T}}$ 线性相关，则 $k=$（　　）.

   A. -1　　B. 1　　C. 0　　D. -2　　E. 2

2. 若向量组 $\boldsymbol{\alpha}_1=(3, 1, a)$，$\boldsymbol{\alpha}_2=(4, a, 0)$，$\boldsymbol{\alpha}_3=(1, 0, a)$ 线性无关，则 a 的取值为（　　）.

   A. $a=0$　　B. $a=2$　　C. $a=0$ 或 $a=2$

   D. $a\neq 0$ 且 $a\neq 2$　　E. 无法确定

3. 设 $\boldsymbol{\alpha}_1=(1, t, 2, 1)^{\mathrm{T}}$，$\boldsymbol{\alpha}_2=(1, -1, 0, 1)^{\mathrm{T}}$，$\boldsymbol{\alpha}_3=(-1, 4, 2, t+1)^{\mathrm{T}}$，则（　　）.

   A. 对任意的 t，$\boldsymbol{\alpha}_1$，$\boldsymbol{\alpha}_2$，$\boldsymbol{\alpha}_3$ 必线性无关

   B. 仅当 $t=-2$ 时，$\boldsymbol{\alpha}_1$，$\boldsymbol{\alpha}_2$，$\boldsymbol{\alpha}_3$ 线性无关

   C. 仅当 $t=\dfrac{3}{2}$ 时，$\boldsymbol{\alpha}_1$，$\boldsymbol{\alpha}_2$，$\boldsymbol{\alpha}_3$ 线性无关

   D. 仅当 $t=\dfrac{1}{3}$ 时，$\boldsymbol{\alpha}_1$，$\boldsymbol{\alpha}_2$，$\boldsymbol{\alpha}_3$ 线性无关

   E. 以上选项均不正确

4. 已知向量组 $\boldsymbol{\alpha}_1=(1, 1, 1, 3)^{\mathrm{T}}$，$\boldsymbol{\alpha}_2=(-1, -3, 5, 1)^{\mathrm{T}}$，$\boldsymbol{\alpha}_3=(3, 2, -1, p+2)^{\mathrm{T}}$，$\boldsymbol{\alpha}_4=(-2, -6, 10, p)^{\mathrm{T}}$ 线性相关，则 $p=$（　　）.

   A. 1　　B. -1　　C. 0　　D. 2　　E. -2

5. 已知向量组 $\boldsymbol{\alpha}_1=(2, 4, 1, 3)^{\mathrm{T}}$，$\boldsymbol{\alpha}_2=(-2, -2, t, -2)^{\mathrm{T}}$，$\boldsymbol{\alpha}_3=(2, 10, 7, 6)^{\mathrm{T}}$ 线性相关，则 $t=$（　　）.

   A. 1　　B. -1　　C. 0　　D. 3　　E. -3

6. 下列说法正确的是（　　）.

   A. 向量组 $\boldsymbol{\alpha}_1=(1, -1, 1)^{\mathrm{T}}$，$\boldsymbol{\alpha}_2=(0, 4, 2)^{\mathrm{T}}$，$\boldsymbol{\alpha}_3=(2, 2, 4)^{\mathrm{T}}$ 线性无关

   B. 向量组 $\boldsymbol{\alpha}_1=(1, -1, 0)^{\mathrm{T}}$，$\boldsymbol{\alpha}_2=(2, 1, 1)^{\mathrm{T}}$，$\boldsymbol{\alpha}_3=(1, 3, -1)^{\mathrm{T}}$ 线性相关

   C. 向量组 $\boldsymbol{\alpha}_1=(1, -2, 4)^{\mathrm{T}}$，$\boldsymbol{\alpha}_2=(0, 1, 2)^{\mathrm{T}}$，$\boldsymbol{\alpha}_3=(-2, 3, -10)^{\mathrm{T}}$ 线性无关

   D. 向量组 $\boldsymbol{\alpha}_1=(1, 1, 1)^{\mathrm{T}}$，$\boldsymbol{\alpha}_2=(1, 2, 3)^{\mathrm{T}}$，$\boldsymbol{\alpha}_3=(1, 3, 5)^{\mathrm{T}}$ 线性无关

E. 向量组 $\boldsymbol{\alpha}_1=(6,4,1,-1)^T$，$\boldsymbol{\alpha}_2=(1,0,2,3)^T$，$\boldsymbol{\alpha}_3=(1,4,-9,-16)^T$ 线性相关

7. 已知向量组 $\boldsymbol{\alpha}_1=(1,2,-1,1)^T$，$\boldsymbol{\alpha}_2=(2,0,t,0)^T$，$\boldsymbol{\alpha}_3=(0,-4,5,-2)^T$ 线性相关，则 $t=$(　　).

A. -3　　B. 3　　C. -2　　D. 2　　E. 1

8. 设向量组 $\boldsymbol{\alpha}_1=(a,0,c)^T$，$\boldsymbol{\alpha}_2=(b,c,0)^T$，$\boldsymbol{\alpha}_3=(0,a,b)^T$ 线性无关，则 a，b，c 必满足(　　).

A. $a\neq0$，$b=c=0$　　B. $a\neq0$，$b\neq0$，$c=0$　　C. $abc\neq0$

D. $abc=0$　　E. $a=b=c=0$

9. 设列向量组 $(2,1,1,1)^T$，$(2,1,a,a)^T$，$(3,2,1,a)^T$，$(4,3,2,1)^T$ 线性相关，且 $a\neq1$，则 $a=$(　　).

A. 2　　B. -2　　C. -1　　D. $\frac{1}{2}$　　E. $-\frac{1}{2}$

10. 设三阶矩阵 $\boldsymbol{A}=\begin{pmatrix}4&1&-2\\0&2&1\\0&3&4\end{pmatrix}$，三维列向量 $\boldsymbol{\alpha}=(1,a,1)^T$，已知 $\boldsymbol{A\alpha}$ 与 $\boldsymbol{\alpha}$ 线性相关，则 $a=$(　　).

A. 2　　B. -2　　C. 0

D. 1　　E. -1

答案详解

1. E

【解析】对矩阵 $\boldsymbol{A}=(\boldsymbol{\alpha}_1,\boldsymbol{\alpha}_2,\boldsymbol{\alpha}_3)$ 进行初等行变换，可得

$$\boldsymbol{A}=\begin{pmatrix}1&1&-1\\1&0&-4\\2&0&-8\\1&2&k\end{pmatrix}\to\begin{pmatrix}1&1&-1\\0&-1&-3\\0&-2&-6\\0&1&k+1\end{pmatrix}\to\begin{pmatrix}1&1&-1\\0&-1&-3\\0&0&k-2\\0&0&0\end{pmatrix},$$

因为向量组 $\boldsymbol{\alpha}_1$，$\boldsymbol{\alpha}_2$，$\boldsymbol{\alpha}_3$ 线性相关，所以 $r(\boldsymbol{A})<3$，故 $k-2=0$，$k=2$.

2. D

【解析】以 $\boldsymbol{\alpha}_1^T$，$\boldsymbol{\alpha}_2^T$，$\boldsymbol{\alpha}_3^T$ 为列向量构成方阵 $\boldsymbol{A}$，则向量组 $\boldsymbol{\alpha}_1$，$\boldsymbol{\alpha}_2$，$\boldsymbol{\alpha}_3$ 线性无关等价于行列式 $|\boldsymbol{A}|\neq0$，故有

$$|\boldsymbol{A}|=|\boldsymbol{\alpha}_1^T,\boldsymbol{\alpha}_2^T,\boldsymbol{\alpha}_3^T|=\begin{vmatrix}3&4&1\\1&a&0\\a&0&a\end{vmatrix}=\begin{vmatrix}3&4&1\\1&a&0\\-2a&-4a&0\end{vmatrix}=-4a+2a^2=2a(a-2)\neq0,$$

所以 $a\neq0$ 且 $a\neq2$.

3. A

【解析】以 $\boldsymbol{\alpha}_1$，$\boldsymbol{\alpha}_2$，$\boldsymbol{\alpha}_3$ 为列向量构成矩阵 $\boldsymbol{A}$，并进行初等行变换，得

$$A=\begin{pmatrix}1&1&-1\\t&-1&4\\2&0&2\\1&1&t+1\end{pmatrix}\to\begin{pmatrix}1&1&-1\\0&-1-t&4+t\\0&-2&4\\0&0&t+2\end{pmatrix}\to\begin{pmatrix}1&1&-1\\0&1&-2\\0&0&2-t\\0&0&t+2\end{pmatrix}.$$

因为 $2-t$ 与 $t+2$ 不可能同时为 0，因此对任意的 t，$r(\boldsymbol{A})=3$，所以 $\boldsymbol{\alpha}_1$，$\boldsymbol{\alpha}_2$，$\boldsymbol{\alpha}_3$ 必定线性无关.

4. D

【解析】以 $\boldsymbol{\alpha}_1$，$\boldsymbol{\alpha}_2$，$\boldsymbol{\alpha}_3$，$\boldsymbol{\alpha}_4$ 为列向量构成矩阵 $\boldsymbol{A}$，对矩阵 $\boldsymbol{A}$ 进行初等行变换，可得

$$A=\begin{pmatrix}1&-1&3&-2\\1&-3&2&-6\\1&5&-1&10\\3&1&p+2&p\end{pmatrix}\to\begin{pmatrix}1&-1&3&-2\\0&-2&-1&-4\\0&6&-4&12\\0&4&p-7&p+6\end{pmatrix}$$

$$\to\begin{pmatrix}1&-1&3&-2\\0&-2&-1&-4\\0&0&-7&0\\0&0&p-9&p-2\end{pmatrix}\to\begin{pmatrix}1&-1&3&-2\\0&-2&-1&-4\\0&0&1&0\\0&0&0&p-2\end{pmatrix}.$$

由 $\boldsymbol{\alpha}_1$，$\boldsymbol{\alpha}_2$，$\boldsymbol{\alpha}_3$，$\boldsymbol{\alpha}_4$ 线性相关，可得 $r(\boldsymbol{A})<4$，因此 $p-2=0$，$p=2$.

5. A

【解析】以 $\boldsymbol{\alpha}_1$，$\boldsymbol{\alpha}_2$，$\boldsymbol{\alpha}_3$ 为列向量构成矩阵 $\boldsymbol{A}$，并进行初等行变换，可得

$$A=(\boldsymbol{\alpha}_1,\boldsymbol{\alpha}_2,\boldsymbol{\alpha}_3)=\begin{pmatrix}2&-2&2\\4&-2&10\\1&t&7\\3&-2&6\end{pmatrix}\to\begin{pmatrix}1&-1&1\\0&2&6\\0&t+1&6\\0&1&3\end{pmatrix}\to\begin{pmatrix}1&-1&1\\0&1&3\\0&0&3-3t\\0&0&0\end{pmatrix}.$$

由于向量组 $\boldsymbol{\alpha}_1$，$\boldsymbol{\alpha}_2$，$\boldsymbol{\alpha}_3$ 线性相关，可知 $r(\boldsymbol{\alpha}_1,\boldsymbol{\alpha}_2,\boldsymbol{\alpha}_3)\leqslant 2$，因此初等行变换后的阶梯形矩阵最多只能有两个非零行，故 $3-3t=0$，即 $t=1$.

6. E

【解析】观察可知，对于 A、B、C、D 项，以 $\boldsymbol{\alpha}_1$，$\boldsymbol{\alpha}_2$，$\boldsymbol{\alpha}_3$ 为列向量构成的矩阵都是方阵，故可以通过判断方阵的行列式讨论向量组 $\boldsymbol{\alpha}_1$，$\boldsymbol{\alpha}_2$，$\boldsymbol{\alpha}_3$ 的线性相关性.

A 项：$|\boldsymbol{A}|=|\boldsymbol{\alpha}_1,\boldsymbol{\alpha}_2,\boldsymbol{\alpha}_3|=\begin{vmatrix}1&0&2\\-1&4&2\\1&2&4\end{vmatrix}=0$，故 $\boldsymbol{\alpha}_1$，$\boldsymbol{\alpha}_2$，$\boldsymbol{\alpha}_3$ 线性相关，A 项不正确；

通过计算，C、D 项以 $\boldsymbol{\alpha}_1$，$\boldsymbol{\alpha}_2$，$\boldsymbol{\alpha}_3$ 为列向量构成的方阵的行列式也为零，故 $\boldsymbol{\alpha}_1$，$\boldsymbol{\alpha}_2$，$\boldsymbol{\alpha}_3$ 线性相关，C、D 项也不正确；

B 项：$|\boldsymbol{A}|=|\boldsymbol{\alpha}_1,\boldsymbol{\alpha}_2,\boldsymbol{\alpha}_3|=\begin{vmatrix}1&2&1\\-1&1&3\\0&1&-1\end{vmatrix}=-7\neq 0$，故 $\boldsymbol{\alpha}_1$，$\boldsymbol{\alpha}_2$，$\boldsymbol{\alpha}_3$ 线性无关，B 项不正确；

E项：以 $\boldsymbol{\alpha}_1$，$\boldsymbol{\alpha}_2$，$\boldsymbol{\alpha}_3$ 为列向量构成的矩阵 $\boldsymbol{A}$ 不是方阵，则对矩阵 $\boldsymbol{A}$ 进行初等行变换，可得

$$\boldsymbol{A}=(\boldsymbol{\alpha}_1,\ \boldsymbol{\alpha}_2,\ \boldsymbol{\alpha}_3)=\begin{pmatrix}6&1&1\\4&0&4\\1&2&-9\\-1&3&-16\end{pmatrix}\to\begin{pmatrix}1&0&1\\6&1&1\\1&2&-9\\-1&3&-16\end{pmatrix}\to\begin{pmatrix}1&0&1\\0&1&-5\\0&0&0\\0&0&0\end{pmatrix}.$$

因此有 $r(\boldsymbol{A})=2<3$，则向量组 $\boldsymbol{\alpha}_1$，$\boldsymbol{\alpha}_2$，$\boldsymbol{\alpha}_3$ 线性相关，故E项正确．

7. B

【解析】以 $\boldsymbol{\alpha}_1$，$\boldsymbol{\alpha}_2$，$\boldsymbol{\alpha}_3$ 为列向量构成矩阵 $\boldsymbol{A}$，并进行初等行变换，可得

$$\boldsymbol{A}=(\boldsymbol{\alpha}_1,\ \boldsymbol{\alpha}_2,\ \boldsymbol{\alpha}_3)=\begin{pmatrix}1&2&0\\2&0&-4\\-1&t&5\\1&0&-2\end{pmatrix}\to\begin{pmatrix}1&2&0\\0&-4&-4\\0&2+t&5\\0&-2&-2\end{pmatrix}\to\begin{pmatrix}1&2&0\\0&1&1\\0&0&3-t\\0&0&0\end{pmatrix}.$$

由于向量组 $\boldsymbol{\alpha}_1$，$\boldsymbol{\alpha}_2$，$\boldsymbol{\alpha}_3$ 线性相关，则必有 $r(\boldsymbol{A})<3$，因此 $t=3$.

8. C

【解析】以 $\boldsymbol{\alpha}_1$，$\boldsymbol{\alpha}_2$，$\boldsymbol{\alpha}_3$ 为列向量构成方阵 $\boldsymbol{A}$，则有 $|\boldsymbol{A}|=\begin{vmatrix}a&b&0\\0&c&a\\c&0&b\end{vmatrix}=2abc$. 由于 $\boldsymbol{\alpha}_1$，$\boldsymbol{\alpha}_2$，$\boldsymbol{\alpha}_3$ 线性无关，则必有 $|\boldsymbol{A}|\neq0$，即 $abc\neq0$.

9. D

【解析】以题干中的向量组为列向量构成方阵 $\boldsymbol{A}$，求方阵 $\boldsymbol{A}$ 的行列式，则有

$$|\boldsymbol{A}|=\begin{vmatrix}2&2&3&4\\1&1&2&3\\1&a&1&2\\1&a&a&1\end{vmatrix}=(2a-1)(a-1),$$

由于向量组线性相关，则必有 $|\boldsymbol{A}|=0$，又因为 $a\neq1$，则 $2a-1=0$，$a=\dfrac{1}{2}$.

10. E

【解析】$\boldsymbol{A}=\begin{pmatrix}4&1&-2\\0&2&1\\0&3&4\end{pmatrix}$，$\boldsymbol{\alpha}=(1,\ a,\ 1)^{\mathrm{T}}$，则 $\boldsymbol{A\alpha}=(a+2,\ 1+2a,\ 3a+4)^{\mathrm{T}}$. 由于 $\boldsymbol{A\alpha}$ 与 $\boldsymbol{\alpha}$ 线性相关，所以存在 $k\neq0$ 使得 $\boldsymbol{A\alpha}=k\boldsymbol{\alpha}$，即 $(a+2,\ 1+2a,\ 3a+4)^{\mathrm{T}}=k\ (1,\ a,\ 1)^{\mathrm{T}}$，解得 $k=1$，$a=-1$.

题型 48 抽象向量的线性相关性问题

母题精讲

母题 48 设$\boldsymbol{\alpha}_1$，$\boldsymbol{\alpha}_2$，$\boldsymbol{\alpha}_3$，$\boldsymbol{\alpha}_4$线性无关，则一定有(　　).

A. $\boldsymbol{\alpha}_1+\boldsymbol{\alpha}_2$，$\boldsymbol{\alpha}_2+\boldsymbol{\alpha}_3$，$\boldsymbol{\alpha}_3+\boldsymbol{\alpha}_4$线性相关

B. $\boldsymbol{\alpha}_1-\boldsymbol{\alpha}_2$，$\boldsymbol{\alpha}_2-\boldsymbol{\alpha}_3$，$\boldsymbol{\alpha}_3-\boldsymbol{\alpha}_4$线性相关

C. $\boldsymbol{\alpha}_1+\boldsymbol{\alpha}_2+\boldsymbol{\alpha}_3$，$\boldsymbol{\alpha}_2+\boldsymbol{\alpha}_3+\boldsymbol{\alpha}_4$，$\boldsymbol{\alpha}_1+\boldsymbol{\alpha}_3+\boldsymbol{\alpha}_4$线性相关

D. $\boldsymbol{\alpha}_1-\boldsymbol{\alpha}_2-\boldsymbol{\alpha}_3$，$\boldsymbol{\alpha}_2-\boldsymbol{\alpha}_3-\boldsymbol{\alpha}_4$，$\boldsymbol{\alpha}_1-\boldsymbol{\alpha}_3-\boldsymbol{\alpha}_4$线性相关

E. 以上选项均不正确

【解析】把各选项中的向量组分别表示成$(\boldsymbol{\alpha}_1, \boldsymbol{\alpha}_2, \boldsymbol{\alpha}_3, \boldsymbol{\alpha}_4)$与矩阵的乘积.

A 项：$$(\boldsymbol{\alpha}_1+\boldsymbol{\alpha}_2, \boldsymbol{\alpha}_2+\boldsymbol{\alpha}_3, \boldsymbol{\alpha}_3+\boldsymbol{\alpha}_4)=(\boldsymbol{\alpha}_1, \boldsymbol{\alpha}_2, \boldsymbol{\alpha}_3, \boldsymbol{\alpha}_4)\begin{pmatrix}1&0&0\\1&1&0\\0&1&1\\0&0&1\end{pmatrix}=(\boldsymbol{\alpha}_1, \boldsymbol{\alpha}_2, \boldsymbol{\alpha}_3, \boldsymbol{\alpha}_4)\boldsymbol{A},$$

且$r(\boldsymbol{A})=3$，恰好为向量组$\boldsymbol{\alpha}_1+\boldsymbol{\alpha}_2$，$\boldsymbol{\alpha}_2+\boldsymbol{\alpha}_3$，$\boldsymbol{\alpha}_3+\boldsymbol{\alpha}_4$中向量的个数，则向量组线性无关；

同理，可验证B、C、D项. 求出相应的矩阵$\boldsymbol{A}$的秩，与向量的个数作比较：$r(\boldsymbol{A})=$向量的个数，则无关；$r(\boldsymbol{A})<$向量的个数，则相关. 经判断，选项B、C、D中的向量组均为线性无关，故选E项.

【答案】E

母题技巧

抽象向量组的线性相关性问题一般利用定义和性质进行分析求解.

1. 向量组相关性性质以及重要结论：

(1)任何含零向量的向量组必线性相关.

(2)单个非零向量线性无关(单个向量线性相关当且仅当它是$\mathbf{0}$).

(3)两个向量线性相关的充要条件是它们对应的分量成比例.

(4)已知向量组$\boldsymbol{\alpha}_1, \boldsymbol{\alpha}_2, \cdots, \boldsymbol{\alpha}_m$线性无关，则向量组$\boldsymbol{\alpha}_1, \boldsymbol{\alpha}_2, \cdots, \boldsymbol{\alpha}_m, \boldsymbol{\beta}$线性相关当且仅当$\boldsymbol{\beta}$可以由向量组$\boldsymbol{\alpha}_1, \boldsymbol{\alpha}_2, \cdots, \boldsymbol{\alpha}_m$线性表出且表示法唯一.

推论 若向量组$\boldsymbol{\alpha}_1, \boldsymbol{\alpha}_2, \cdots, \boldsymbol{\alpha}_n$线性无关，且向量$\boldsymbol{\beta}$不能由$\boldsymbol{\alpha}_1, \boldsymbol{\alpha}_2, \cdots, \boldsymbol{\alpha}_n$线性表出，则新的向量组$\boldsymbol{\alpha}_1, \boldsymbol{\alpha}_2, \cdots, \boldsymbol{\alpha}_n, \boldsymbol{\beta}$一定也线性无关.

(5)向量组$\boldsymbol{\alpha}_1, \boldsymbol{\alpha}_2, \cdots, \boldsymbol{\alpha}_m$线性相关的充分必要条件是$r(\boldsymbol{\alpha}_1, \boldsymbol{\alpha}_2, \cdots, \boldsymbol{\alpha}_m)<m$.

(6)向量组$\boldsymbol{\alpha}_1, \boldsymbol{\alpha}_2, \cdots, \boldsymbol{\alpha}_m$线性相关当且仅当$\boldsymbol{\alpha}_1, \boldsymbol{\alpha}_2, \cdots, \boldsymbol{\alpha}_m$中至少有一个向量是其余$m-1$个向量的线性组合.

(7)若向量组$\boldsymbol{\alpha}_1, \boldsymbol{\alpha}_2, \cdots, \boldsymbol{\alpha}_m$线性相关，则向量组$\boldsymbol{\alpha}_1, \boldsymbol{\alpha}_2, \cdots, \boldsymbol{\alpha}_m, \boldsymbol{\alpha}_{m+1}, \cdots, \boldsymbol{\alpha}_n$也线性相关；若向量组$\boldsymbol{\alpha}_1, \boldsymbol{\alpha}_2, \cdots, \boldsymbol{\alpha}_m, \boldsymbol{\alpha}_{m+1}, \cdots, \boldsymbol{\alpha}_n$线性无关，则向量组$\boldsymbol{\alpha}_1, \boldsymbol{\alpha}_2, \cdots, \boldsymbol{\alpha}_m$也线性无关.

注　本性质也可以概括为“部分相关⇒整体相关”和“整体无关⇒部分无关”.

(8)若向量组$\boldsymbol{\alpha}_1, \boldsymbol{\alpha}_2, \cdots, \boldsymbol{\alpha}_m$线性无关，则向量组$\boldsymbol{\alpha}_1, \boldsymbol{\alpha}_2, \cdots, \boldsymbol{\alpha}_m$的延伸组$\begin{pmatrix}\boldsymbol{\alpha}_1\\ \boldsymbol{\beta}_1\end{pmatrix}, \begin{pmatrix}\boldsymbol{\alpha}_2\\ \boldsymbol{\beta}_2\end{pmatrix}, \cdots, \begin{pmatrix}\boldsymbol{\alpha}_m\\ \boldsymbol{\beta}_m\end{pmatrix}$也线性无关.

(9)阶梯形向量组线性无关.

(10)$n+1$个n维向量必线性相关(多于n个的n维向量必定线性相关).

(11)若向量组$\boldsymbol{\alpha}_1, \boldsymbol{\alpha}_2, \cdots, \boldsymbol{\alpha}_s$可以由向量组$\boldsymbol{\beta}_1, \boldsymbol{\beta}_2, \cdots, \boldsymbol{\beta}_t$线性表出，且$\boldsymbol{\alpha}_1, \boldsymbol{\alpha}_2, \cdots, \boldsymbol{\alpha}_s$线性无关，则有$s \leqslant t$，简记为“无关被表出，则无关一定不多”.

推论　若向量组$\boldsymbol{\alpha}_1, \boldsymbol{\alpha}_2, \cdots, \boldsymbol{\alpha}_s$可以由向量组$\boldsymbol{\beta}_1, \boldsymbol{\beta}_2, \cdots, \boldsymbol{\beta}_t$线性表出，且$s>t$，则一定有$\boldsymbol{\alpha}_1, \boldsymbol{\alpha}_2, \cdots, \boldsymbol{\alpha}_s$线性相关，简记为“多被表出多相关”.

2. 下面结论均以向量组$\boldsymbol{\alpha}_1, \boldsymbol{\alpha}_2, \cdots, \boldsymbol{\alpha}_n$($\boldsymbol{\alpha}_i$均为$n$维列向量)线性无关为前提，利用矩阵的秩、行列式判断另一向量组的线性相关性：

(1)$\boldsymbol{\beta}_i$均为n维列向量，若$(\boldsymbol{\beta}_1, \boldsymbol{\beta}_2, \cdots, \boldsymbol{\beta}_m)=(\boldsymbol{\alpha}_1, \boldsymbol{\alpha}_2, \cdots, \boldsymbol{\alpha}_n)\boldsymbol{B}$，则$r(\boldsymbol{\beta}_1, \boldsymbol{\beta}_2, \cdots, \boldsymbol{\beta}_m)=r(\boldsymbol{B})$.

向量组$\boldsymbol{\beta}_1, \boldsymbol{\beta}_2, \cdots, \boldsymbol{\beta}_m$线性相关$\Leftrightarrow r(\boldsymbol{B})<m$；向量组$\boldsymbol{\beta}_1, \boldsymbol{\beta}_2, \cdots, \boldsymbol{\beta}_m$线性无关$\Leftrightarrow r(\boldsymbol{B})=m$.

(2)$\boldsymbol{\beta}_i$均为n维列向量，若$(\boldsymbol{\beta}_1, \boldsymbol{\beta}_2, \cdots, \boldsymbol{\beta}_n)=(\boldsymbol{\alpha}_1, \boldsymbol{\alpha}_2, \cdots, \boldsymbol{\alpha}_n)\boldsymbol{C}$，则向量组$\boldsymbol{\beta}_1, \boldsymbol{\beta}_2, \cdots, \boldsymbol{\beta}_n$线性相关$\Leftrightarrow |\boldsymbol{C}|=0$.

(3)若$\boldsymbol{A}$为方阵，且$(\boldsymbol{A}\boldsymbol{\alpha}_1, \boldsymbol{A}\boldsymbol{\alpha}_2, \cdots, \boldsymbol{A}\boldsymbol{\alpha}_n)=\boldsymbol{A}(\boldsymbol{\alpha}_1, \boldsymbol{\alpha}_2, \cdots, \boldsymbol{\alpha}_n)$，则向量组$\boldsymbol{A}\boldsymbol{\alpha}_1, \boldsymbol{A}\boldsymbol{\alpha}_2, \cdots, \boldsymbol{A}\boldsymbol{\alpha}_n$线性相关$\Leftrightarrow |\boldsymbol{A}|=0$.

3. 快速解题技巧：

(1)由于向量组的线性相关与线性无关是相互对立的两个概念，因此在判定相关性时，反证法有时也不失为一个重要方法.

(2)由于考题都是选择题，故也可以利用代入特殊值构造反例的方法来排除错误选项.

母题精练

1. 已知向量组$\boldsymbol{\alpha}_1, \boldsymbol{\alpha}_2, \boldsymbol{\alpha}_3$线性无关，则下列向量组中线性相关的是(　　).

A. $\boldsymbol{\alpha}_1+\boldsymbol{\alpha}_2, 2\boldsymbol{\alpha}_2+3\boldsymbol{\alpha}_3, 5\boldsymbol{\alpha}_1+3\boldsymbol{\alpha}_2$

B. $\boldsymbol{\alpha}_1+2\boldsymbol{\alpha}_2+3\boldsymbol{\alpha}_3, 2\boldsymbol{\alpha}_1+2\boldsymbol{\alpha}_2+4\boldsymbol{\alpha}_3, 3\boldsymbol{\alpha}_1+\boldsymbol{\alpha}_2+3\boldsymbol{\alpha}_3$

C. $\boldsymbol{\alpha}_1-\boldsymbol{\alpha}_2, 2\boldsymbol{\alpha}_2+\boldsymbol{\alpha}_3, \boldsymbol{\alpha}_1+\boldsymbol{\alpha}_2+\boldsymbol{\alpha}_3$

D. $\boldsymbol{\alpha}_1+\boldsymbol{\alpha}_2, \boldsymbol{\alpha}_2+\boldsymbol{\alpha}_3, \boldsymbol{\alpha}_1+\boldsymbol{\alpha}_3$

E. $\boldsymbol{\alpha}_1, \boldsymbol{\alpha}_2+\boldsymbol{\alpha}_1, \boldsymbol{\alpha}_1+\boldsymbol{\alpha}_2+\boldsymbol{\alpha}_3$

2. n 维向量组 $\boldsymbol{\alpha}_1$，$\boldsymbol{\alpha}_2$，…，$\boldsymbol{\alpha}_s$($\boldsymbol{\alpha}_i\neq 0$)线性相关的充分必要条件是(　　).

A. 对于任何一组不全为零的数都有 $k_1\boldsymbol{\alpha}_1+k_2\boldsymbol{\alpha}_2+\cdots+k_s\boldsymbol{\alpha}_s=\mathbf{0}$

B. $\boldsymbol{\alpha}_1$，$\boldsymbol{\alpha}_2$，…，$\boldsymbol{\alpha}_s$ 中任何 $j(j<s)$ 个向量线性相关

C. 设 $\boldsymbol{A}=(\boldsymbol{\alpha}_1, \boldsymbol{\alpha}_2, \cdots, \boldsymbol{\alpha}_s)$，非齐次线性方程组 $\boldsymbol{Ax}=\boldsymbol{b}$ 有无穷多解

D. 设 $\boldsymbol{A}=(\boldsymbol{\alpha}_1, \boldsymbol{\alpha}_2, \cdots, \boldsymbol{\alpha}_s)$，$\boldsymbol{A}$ 的行秩小于 s

E. 以上选项均不正确

3. 设 $\boldsymbol{\alpha}_1$，$\boldsymbol{\alpha}_2$，…，$\boldsymbol{\alpha}_n$ 均为 n 维列向量，$\boldsymbol{A}$ 是 $m\times n$ 阶矩阵，下列选项正确的是(　　).

A. 若 $\boldsymbol{\alpha}_1$，$\boldsymbol{\alpha}_2$，…，$\boldsymbol{\alpha}_n$ 线性相关，则 $\boldsymbol{A\alpha}_1$，$\boldsymbol{A\alpha}_2$，…，$\boldsymbol{A\alpha}_n$ 线性相关

B. 若 $\boldsymbol{\alpha}_1$，$\boldsymbol{\alpha}_2$，…，$\boldsymbol{\alpha}_n$ 线性相关，则 $\boldsymbol{A\alpha}_1$，$\boldsymbol{A\alpha}_2$，…，$\boldsymbol{A\alpha}_n$ 线性无关

C. 若 $\boldsymbol{\alpha}_1$，$\boldsymbol{\alpha}_2$，…，$\boldsymbol{\alpha}_n$ 线性无关，则 $\boldsymbol{A\alpha}_1$，$\boldsymbol{A\alpha}_2$，…，$\boldsymbol{A\alpha}_n$ 线性相关

D. 若 $\boldsymbol{\alpha}_1$，$\boldsymbol{\alpha}_2$，…，$\boldsymbol{\alpha}_n$ 线性无关，则 $\boldsymbol{A\alpha}_1$，$\boldsymbol{A\alpha}_2$，…，$\boldsymbol{A\alpha}_n$ 线性无关

E. 以上选项均不正确

4. 已知 n 维向量 $\boldsymbol{\alpha}_1$，$\boldsymbol{\alpha}_2$，$\boldsymbol{\alpha}_3$ 线性无关，则下列向量组中线性无关的是(　　).

A. $\boldsymbol{\alpha}_1+\boldsymbol{\alpha}_2$，$\boldsymbol{\alpha}_2+\boldsymbol{\alpha}_3$，$\boldsymbol{\alpha}_3+\boldsymbol{\alpha}_1$

B. $\boldsymbol{\alpha}_1-\boldsymbol{\alpha}_2$，$\boldsymbol{\alpha}_2-\boldsymbol{\alpha}_3$，$\boldsymbol{\alpha}_3-\boldsymbol{\alpha}_1$

C. $\boldsymbol{\alpha}_1+\boldsymbol{\alpha}_2$，$\boldsymbol{\alpha}_2-\boldsymbol{\alpha}_3$，$\boldsymbol{\alpha}_3+\boldsymbol{\alpha}_1$

D. $\boldsymbol{\alpha}_1+\boldsymbol{\alpha}_2$，$\boldsymbol{\alpha}_2+\boldsymbol{\alpha}_3$，$\boldsymbol{\alpha}_1+2\boldsymbol{\alpha}_2+\boldsymbol{\alpha}_3$

E. $\boldsymbol{\alpha}_1-\boldsymbol{\alpha}_2$，$\boldsymbol{\alpha}_2+\boldsymbol{\alpha}_3$，$\boldsymbol{\alpha}_3+\boldsymbol{\alpha}_1$

5. 已知 $\boldsymbol{\alpha}_1$，$\boldsymbol{\alpha}_2$，$\boldsymbol{\alpha}_3$ 线性无关，若 $\boldsymbol{\alpha}_1+2\boldsymbol{\alpha}_2$，$2\boldsymbol{\alpha}_2+k\boldsymbol{\alpha}_3$，$\boldsymbol{\alpha}_1+2\boldsymbol{\alpha}_3$ 线性相关，则 $k=$(　　).

A. 0　　B. -1　　C. 2　　D. 3　　E. -2

6. 设向量组 $\boldsymbol{\alpha}_1$，$\boldsymbol{\alpha}_2$，$\boldsymbol{\alpha}_3$ 线性无关，向量 $\boldsymbol{\beta}_1$ 可由 $\boldsymbol{\alpha}_1$，$\boldsymbol{\alpha}_2$，$\boldsymbol{\alpha}_3$ 线性表示，而向量 $\boldsymbol{\beta}_2$ 不能由 $\boldsymbol{\alpha}_1$，$\boldsymbol{\alpha}_2$，$\boldsymbol{\alpha}_3$ 线性表示，则对于任意常数 k，必有(　　).

A. $\boldsymbol{\alpha}_1$，$\boldsymbol{\alpha}_2$，$\boldsymbol{\alpha}_3$，$k\boldsymbol{\beta}_1+\boldsymbol{\beta}_2$ 线性无关

B. $\boldsymbol{\alpha}_1$，$\boldsymbol{\alpha}_2$，$\boldsymbol{\alpha}_3$，$k\boldsymbol{\beta}_1+\boldsymbol{\beta}_2$ 线性相关

C. $\boldsymbol{\alpha}_1$，$\boldsymbol{\alpha}_2$，$\boldsymbol{\alpha}_3$，$\boldsymbol{\beta}_1+k\boldsymbol{\beta}_2$ 线性无关

D. $\boldsymbol{\alpha}_1$，$\boldsymbol{\alpha}_2$，$\boldsymbol{\alpha}_3$，$\boldsymbol{\beta}_1+k\boldsymbol{\beta}_2$ 线性相关

E. 以上选项均不正确

7. 设 $\boldsymbol{A}$ 为 3×2 阶矩阵，$\boldsymbol{B}$ 为 2×3 阶矩阵，且 $\boldsymbol{BA}=\boldsymbol{E}$，则一定有(　　).

A. 矩阵 $\boldsymbol{A}$ 的行向量组线性无关

B. 矩阵 $\boldsymbol{A}$ 的列向量组线性无关

C. 矩阵 $\boldsymbol{B}$ 的行向量组线性相关

D. 矩阵 $\boldsymbol{B}$ 的列向量组线性无关

E. 以上选项均不正确

答案详解

1. C

【解析】把各选项中的向量组分别表示成已知向量组 $\boldsymbol{\alpha}_1$，$\boldsymbol{\alpha}_2$，$\boldsymbol{\alpha}_3$ 与矩阵的乘积.

A 项：$(\boldsymbol{\alpha}_1+\boldsymbol{\alpha}_2, 2\boldsymbol{\alpha}_2+3\boldsymbol{\alpha}_3, 5\boldsymbol{\alpha}_1+3\boldsymbol{\alpha}_2)=(\boldsymbol{\alpha}_1, \boldsymbol{\alpha}_2, \boldsymbol{\alpha}_3)\begin{pmatrix}1&0&5\\1&2&3\\0&3&0\end{pmatrix}=(\boldsymbol{\alpha}_1, \boldsymbol{\alpha}_2, \boldsymbol{\alpha}_3)\boldsymbol{A}$，由 $|\boldsymbol{A}|\neq 0$ 或 $r(\boldsymbol{A})=3$，知向量组必定线性无关.

同理，可验证 B、C、D、E 项. 求出相应的矩阵 $\boldsymbol{A}$ 的行列式，或者求 $\boldsymbol{A}$ 的秩并将秩与向量的个数作比较. $|\boldsymbol{A}|\neq 0$ 或 $r(\boldsymbol{A})=$ 向量的个数，则无关；$|\boldsymbol{A}|=0$ 或 $r(\boldsymbol{A})<$ 向量的个数，则相关. 经判断，B、D、E 项中的向量组均为线性无关，C 项线性相关.

2. D

【解析】A项：因为$\boldsymbol{\alpha}_1$，$\boldsymbol{\alpha}_2$，…，$\boldsymbol{\alpha}_s$线性相关⇒存在一组不全为零的数使得$k_1\boldsymbol{\alpha}_1+k_2\boldsymbol{\alpha}_2+\cdots+k_s\boldsymbol{\alpha}_s=\mathbf{0}$，而不能推出A项中的对任何一组不全为零的数都有$k_1\boldsymbol{\alpha}_1+k_2\boldsymbol{\alpha}_2+\cdots+k_s\boldsymbol{\alpha}_s=\mathbf{0}$，排除；

B项：根据"部分相关则整体相关"的性质，可知B项可以推出$\boldsymbol{\alpha}_1$，$\boldsymbol{\alpha}_2$，…，$\boldsymbol{\alpha}_s$线性相关，而"整体相关不一定得到部分相关"，即由$\boldsymbol{\alpha}_1$，$\boldsymbol{\alpha}_2$，…，$\boldsymbol{\alpha}_s$线性相关不能推出B项，排除；

C项：因为$\boldsymbol{\alpha}_1$，$\boldsymbol{\alpha}_2$，…，$\boldsymbol{\alpha}_s$线性相关只能得到$r(\boldsymbol{A})<s$，但是并不能保证系数矩阵$\boldsymbol{A}$的秩等于增广矩阵$\overline{\boldsymbol{A}}$的秩，从而不能保证方程组有解，排除；

D项：因为向量组线性相关$\Leftrightarrow r(\boldsymbol{A})<s\Leftrightarrow\boldsymbol{A}$的行秩$<s$，故为充要条件.

3. A

【解析】方法一：利用向量组线性相关性与矩阵秩的关系进行判断.

①$\boldsymbol{\alpha}_1$，$\boldsymbol{\alpha}_2$，…，$\boldsymbol{\alpha}_n$线性无关$\Leftrightarrow r(\boldsymbol{\alpha}_1,\boldsymbol{\alpha}_2,\cdots,\boldsymbol{\alpha}_n)=n$；

②$\boldsymbol{\alpha}_1$，$\boldsymbol{\alpha}_2$，…，$\boldsymbol{\alpha}_n$线性相关$\Leftrightarrow r(\boldsymbol{\alpha}_1,\boldsymbol{\alpha}_2,\cdots,\boldsymbol{\alpha}_n)<n$；

③$r(\boldsymbol{AB})\leqslant r(\boldsymbol{B})$.

矩阵$(\boldsymbol{A\alpha}_1,\boldsymbol{A\alpha}_2,\cdots,\boldsymbol{A\alpha}_n)=\boldsymbol{A}(\boldsymbol{\alpha}_1,\boldsymbol{\alpha}_2,\cdots,\boldsymbol{\alpha}_n)$，由③知$r(\boldsymbol{A\alpha}_1,\boldsymbol{A\alpha}_2,\cdots,\boldsymbol{A\alpha}_n)\leqslant r(\boldsymbol{\alpha}_1,\boldsymbol{\alpha}_2,\cdots,\boldsymbol{\alpha}_n)$，因此当$\boldsymbol{\alpha}_1$，$\boldsymbol{\alpha}_2$，…，$\boldsymbol{\alpha}_n$线性无关时，$r(\boldsymbol{\alpha}_1,\boldsymbol{\alpha}_2,\cdots,\boldsymbol{\alpha}_n)=n$，则$r(\boldsymbol{A\alpha}_1,\boldsymbol{A\alpha}_2,\cdots,\boldsymbol{A\alpha}_n)\leqslant n$，那$\boldsymbol{A\alpha}_1$，$\boldsymbol{A\alpha}_2$，…，$\boldsymbol{A\alpha}_n$可能相关，也可能无关；

而当$\boldsymbol{\alpha}_1$，$\boldsymbol{\alpha}_2$，…，$\boldsymbol{\alpha}_n$线性相关时，$r(\boldsymbol{\alpha}_1,\boldsymbol{\alpha}_2,\cdots,\boldsymbol{\alpha}_n)<n$，则$r(\boldsymbol{A\alpha}_1,\boldsymbol{A\alpha}_2,\cdots,\boldsymbol{A\alpha}_n)<n$，所以$\boldsymbol{A\alpha}_1$，$\boldsymbol{A\alpha}_2$，…，$\boldsymbol{A\alpha}_n$是线性相关的，故选A.

方法二：因为$\boldsymbol{\alpha}_1$，$\boldsymbol{\alpha}_2$，…，$\boldsymbol{\alpha}_n$线性相关，则存在一组不全为零的实数k_1，k_2，…，k_n使得$k_1\boldsymbol{\alpha}_1+k_2\boldsymbol{\alpha}_2+\cdots+k_n\boldsymbol{\alpha}_n=\mathbf{0}$，从而有$\boldsymbol{A}(k_1\boldsymbol{\alpha}_1+k_2\boldsymbol{\alpha}_2+\cdots+k_n\boldsymbol{\alpha}_n)=\mathbf{0}$，即$k_1\boldsymbol{A\alpha}_1+k_2\boldsymbol{A\alpha}_2+\cdots+k_n\boldsymbol{A\alpha}_n=\mathbf{0}$，由线性相关的定义知$\boldsymbol{A\alpha}_1$，$\boldsymbol{A\alpha}_2$，…，$\boldsymbol{A\alpha}_n$线性相关.

4. A

【解析】方法一：定义法.

由$(\boldsymbol{\alpha}_1-\boldsymbol{\alpha}_2)+(\boldsymbol{\alpha}_2-\boldsymbol{\alpha}_3)+(\boldsymbol{\alpha}_3-\boldsymbol{\alpha}_1)=\mathbf{0}$，$(\boldsymbol{\alpha}_1+\boldsymbol{\alpha}_2)-(\boldsymbol{\alpha}_2-\boldsymbol{\alpha}_3)-(\boldsymbol{\alpha}_3+\boldsymbol{\alpha}_1)=\mathbf{0}$，$(\boldsymbol{\alpha}_1+\boldsymbol{\alpha}_2)+(\boldsymbol{\alpha}_2+\boldsymbol{\alpha}_3)-(\boldsymbol{\alpha}_1+2\boldsymbol{\alpha}_2+\boldsymbol{\alpha}_3)=\mathbf{0}$，$(\boldsymbol{\alpha}_1-\boldsymbol{\alpha}_2)+(\boldsymbol{\alpha}_2+\boldsymbol{\alpha}_3)-(\boldsymbol{\alpha}_3+\boldsymbol{\alpha}_1)=\mathbf{0}$，可知B、C、D、E项中的向量组都线性相关，由排除法，选A项.

方法二：矩阵表示法.

将选项中的向量组都表示成向量组$\boldsymbol{\alpha}_1$，$\boldsymbol{\alpha}_2$，$\boldsymbol{\alpha}_3$乘一个矩阵的形式，若矩阵的行列式为0，则向量组线性相关；若矩阵的行列式不为0，则向量组线性无关.

A项：$(\boldsymbol{\alpha}_1+\boldsymbol{\alpha}_2,\boldsymbol{\alpha}_2+\boldsymbol{\alpha}_3,\boldsymbol{\alpha}_3+\boldsymbol{\alpha}_1)=(\boldsymbol{\alpha}_1,\boldsymbol{\alpha}_2,\boldsymbol{\alpha}_3)\begin{pmatrix}1&0&1\\1&1&0\\0&1&1\end{pmatrix}$，因为$\begin{vmatrix}1&0&1\\1&1&0\\0&1&1\end{vmatrix}=2\neq0$，所以$\boldsymbol{\alpha}_1+\boldsymbol{\alpha}_2$，$\boldsymbol{\alpha}_2+\boldsymbol{\alpha}_3$，$\boldsymbol{\alpha}_3+\boldsymbol{\alpha}_1$线性无关，故A项正确.

同理可验证其余选项对应矩阵的行列式为0，所以向量组线性相关.

5. E

【解析】$(\boldsymbol{\alpha}_1+2\boldsymbol{\alpha}_2, 2\boldsymbol{\alpha}_2+k\boldsymbol{\alpha}_3, \boldsymbol{\alpha}_1+2\boldsymbol{\alpha}_3)=(\boldsymbol{\alpha}_1, \boldsymbol{\alpha}_2, \boldsymbol{\alpha}_3)\begin{pmatrix}1&0&1\\2&2&0\\0&k&2\end{pmatrix}$，由 $\boldsymbol{\alpha}_1$，$\boldsymbol{\alpha}_2$，$\boldsymbol{\alpha}_3$ 线性无关，

可知 $\boldsymbol{\alpha}_1+2\boldsymbol{\alpha}_2$，$2\boldsymbol{\alpha}_2+k\boldsymbol{\alpha}_3$，$\boldsymbol{\alpha}_1+2\boldsymbol{\alpha}_3$ 线性相关等价于 $\begin{vmatrix}1&0&1\\2&2&0\\0&k&2\end{vmatrix}=0$，解得 $k=-2$.

6. A

【解析】方法一：$\boldsymbol{\beta}_1$ 可由 $\boldsymbol{\alpha}_1$，$\boldsymbol{\alpha}_2$，$\boldsymbol{\alpha}_3$ 线性表示，故存在 k_1，k_2，k_3，使 $\boldsymbol{\beta}_1=k_1\boldsymbol{\alpha}_1+k_2\boldsymbol{\alpha}_2+k_3\boldsymbol{\alpha}_3$，对矩阵 $\begin{pmatrix}\boldsymbol{\alpha}_1\\\boldsymbol{\alpha}_2\\\boldsymbol{\alpha}_3\\k\boldsymbol{\beta}_1+\boldsymbol{\beta}_2\end{pmatrix}$ 进行初等行变换，第一行乘 $-kk_1$ 加到第四行、第二行乘 $-kk_2$ 加到第四行、第三行乘 $-kk_3$ 加到第四行，有

$$\begin{pmatrix}\boldsymbol{\alpha}_1\\\boldsymbol{\alpha}_2\\\boldsymbol{\alpha}_3\\k\boldsymbol{\beta}_1+\boldsymbol{\beta}_2\end{pmatrix}\to\begin{pmatrix}\boldsymbol{\alpha}_1\\\boldsymbol{\alpha}_2\\\boldsymbol{\alpha}_3\\\boldsymbol{\beta}_2\end{pmatrix},$$

又因为 $\boldsymbol{\beta}_2$ 不能由 $\boldsymbol{\alpha}_1$，$\boldsymbol{\alpha}_2$，$\boldsymbol{\alpha}_3$ 线性表示，则 $\boldsymbol{\alpha}_1$，$\boldsymbol{\alpha}_2$，$\boldsymbol{\alpha}_3$，$\boldsymbol{\beta}_2$ 线性无关，且初等变换不改变向量组的相关性，所以 $\boldsymbol{\alpha}_1$，$\boldsymbol{\alpha}_2$，$\boldsymbol{\alpha}_3$，$k\boldsymbol{\beta}_1+\boldsymbol{\beta}_2$ 也线性无关.

方法二：$\boldsymbol{\beta}_1$ 可由 $\boldsymbol{\alpha}_1$，$\boldsymbol{\alpha}_2$，$\boldsymbol{\alpha}_3$ 线性表示，不论 k 取何值 $k\boldsymbol{\beta}_1$ 也总能由 $\boldsymbol{\alpha}_1$，$\boldsymbol{\alpha}_2$，$\boldsymbol{\alpha}_3$ 线性表示，而 $\boldsymbol{\beta}_2$ 不能由 $\boldsymbol{\alpha}_1$，$\boldsymbol{\alpha}_2$，$\boldsymbol{\alpha}_3$ 线性表示，故 $k\boldsymbol{\beta}_1+\boldsymbol{\beta}_2$ 不能由 $\boldsymbol{\alpha}_1$，$\boldsymbol{\alpha}_2$，$\boldsymbol{\alpha}_3$ 线性表示. 又由于 $\boldsymbol{\alpha}_1$，$\boldsymbol{\alpha}_2$，$\boldsymbol{\alpha}_3$ 线性无关，因此 $\boldsymbol{\alpha}_1$，$\boldsymbol{\alpha}_2$，$\boldsymbol{\alpha}_3$，$k\boldsymbol{\beta}_1+\boldsymbol{\beta}_2$ 是线性无关的.

方法三：排除法.

根据题干条件知，$\boldsymbol{\beta}_1$ 可由 $\boldsymbol{\alpha}_1$，$\boldsymbol{\alpha}_2$，$\boldsymbol{\alpha}_3$ 线性表示，而 $\boldsymbol{\beta}_2$ 不能由 $\boldsymbol{\alpha}_1$，$\boldsymbol{\alpha}_2$，$\boldsymbol{\alpha}_3$ 线性表示，对 k 取特殊值.

当 $k=0$ 时，$\boldsymbol{\alpha}_1$，$\boldsymbol{\alpha}_2$，$\boldsymbol{\alpha}_3$，$k\boldsymbol{\beta}_1+\boldsymbol{\beta}_2$ 为 $\boldsymbol{\alpha}_1$，$\boldsymbol{\alpha}_2$，$\boldsymbol{\alpha}_3$，$\boldsymbol{\beta}_2$，线性无关，排除 B 项；

当 $k=0$ 时，$\boldsymbol{\alpha}_1$，$\boldsymbol{\alpha}_2$，$\boldsymbol{\alpha}_3$，$\boldsymbol{\beta}_1+k\boldsymbol{\beta}_2$ 为 $\boldsymbol{\alpha}_1$，$\boldsymbol{\alpha}_2$，$\boldsymbol{\alpha}_3$，$\boldsymbol{\beta}_1$，线性相关，排除 C 项；

当 $k=1$ 时，$\boldsymbol{\alpha}_1$，$\boldsymbol{\alpha}_2$，$\boldsymbol{\alpha}_3$，$\boldsymbol{\beta}_1+k\boldsymbol{\beta}_2$ 为 $\boldsymbol{\alpha}_1$，$\boldsymbol{\alpha}_2$，$\boldsymbol{\alpha}_3$，$\boldsymbol{\beta}_1+\boldsymbol{\beta}_2$，线性无关，排除 D 项 .

【注意】由于 $\boldsymbol{\alpha}_1$，$\boldsymbol{\alpha}_2$，$\boldsymbol{\alpha}_3$ 线性无关，因此新的向量组是否线性相关就看新加进来的向量是否能由 $\boldsymbol{\alpha}_1$，$\boldsymbol{\alpha}_2$，$\boldsymbol{\alpha}_3$ 线性表出.

7. B

【解析】方法一：由于 $2\geqslant r(\boldsymbol{A})\geqslant r(\boldsymbol{BA})=2$，所以 $r(\boldsymbol{A})=2$. 又因为 $\boldsymbol{A}$ 为 3×2 阶矩阵，从而矩阵 $\boldsymbol{A}$ 的列向量组必定线性无关，矩阵 $\boldsymbol{A}$ 的行向量组必定线性相关. 同理可得，$r(\boldsymbol{B})=2$，又因为 $\boldsymbol{B}$ 为 2×3 阶矩阵，从而矩阵 $\boldsymbol{B}$ 的列向量组必定线性相关，矩阵 $\boldsymbol{B}$ 的行向量组必定线性无关.

方法二：设 $\boldsymbol{A}=(\boldsymbol{\alpha}_1, \boldsymbol{\alpha}_2)$，其中 $k_1\boldsymbol{\alpha}_1+k_2\boldsymbol{\alpha}_2=\boldsymbol{0}$，即 $\boldsymbol{A}\begin{pmatrix}k_1\\k_2\end{pmatrix}=(\boldsymbol{\alpha}_1, \boldsymbol{\alpha}_2)\begin{pmatrix}k_1\\k_2\end{pmatrix}=\boldsymbol{0}$，同时左乘矩阵

$\boldsymbol{B}$ 可得 $\boldsymbol{BA}\begin{pmatrix}k_1\\k_2\end{pmatrix}=\boldsymbol{E}\begin{pmatrix}k_1\\k_2\end{pmatrix}=\begin{pmatrix}k_1\\k_2\end{pmatrix}=\boldsymbol{0}$，所以 $k_1=0$，$k_2=0$，矩阵 $\boldsymbol{A}$ 的列向量组 $\boldsymbol{\alpha}_1$，$\boldsymbol{\alpha}_2$ 必定线性无关，从而 $r(\boldsymbol{A})=2$，所以矩阵 $\boldsymbol{A}$ 的行向量组的秩也为 2. 又 $\boldsymbol{A}$ 为 3×2 阶矩阵，行向量组的向量个数为 3，$r(\boldsymbol{A})=2<3$，所以矩阵 $\boldsymbol{A}$ 的行向量组线性相关.

同理，设 $\boldsymbol{B}=\begin{pmatrix}\boldsymbol{\beta}_1\\\boldsymbol{\beta}_2\end{pmatrix}$，其中 $k_1\boldsymbol{\beta}_1+k_2\boldsymbol{\beta}_2=\boldsymbol{0}$，即 $(k_1,\ k_2)\boldsymbol{B}=(k_1,\ k_2)\begin{pmatrix}\boldsymbol{\beta}_1\\\boldsymbol{\beta}_2\end{pmatrix}=\boldsymbol{0}$，同时右乘矩阵 $\boldsymbol{A}$ 可得 $(k_1,\ k_2)\boldsymbol{BA}=(k_1,\ k_2)\boldsymbol{E}=(k_1,\ k_2)=\boldsymbol{0}$，所以 $k_1=0$，$k_2=0$，矩阵 $\boldsymbol{B}$ 的行向量组 $\boldsymbol{\beta}_1$，$\boldsymbol{\beta}_2$ 必定线性无关，从而 $r(\boldsymbol{B})=2$，所以矩阵 $\boldsymbol{B}$ 的列向量组的秩也为 2. 又 $\boldsymbol{B}$ 为 2×3 阶矩阵，列向量组的个数为 3，$r(\boldsymbol{B})=2<3$，所以矩阵 $\boldsymbol{B}$ 的列向量组线性相关.

题型 49　向量组的极大线性无关组及向量组秩的问题

母题精讲

母题 49　已知向量组 $\boldsymbol{\alpha}_1=(1,\ 2,\ 1,\ 3)^{\mathrm{T}}$，$\boldsymbol{\alpha}_2=(4,\ -1,\ -5,\ -6)^{\mathrm{T}}$，$\boldsymbol{\alpha}_3=(1,\ t,\ -4,\ -7)^{\mathrm{T}}$ 的秩为 2，则 $t=$(　　).

A. 1　　B. -1　　C. 0　　D. -3　　E. 3

【解析】方法一：定义法求矩阵的秩.

由于 $r(\boldsymbol{\alpha}_1,\ \boldsymbol{\alpha}_2,\ \boldsymbol{\alpha}_3)=2$，则以向量组为列向量构成的矩阵 $\begin{pmatrix}1&4&1\\2&-1&t\\1&-5&-4\\3&-6&-7\end{pmatrix}$ 的任意一个三阶子式均为零，即 $\begin{vmatrix}1&4&1\\2&-1&t\\1&-5&-4\end{vmatrix}=0$，解得 $t=-3$.

方法二：初等行变换法求秩.

以向量组为列向量构成矩阵 $\begin{pmatrix}1&4&1\\2&-1&t\\1&-5&-4\\3&-6&-7\end{pmatrix}$，对其进行初等行变换，可得

$$\begin{pmatrix}1&4&1\\2&-1&t\\1&-5&-4\\3&-6&-7\end{pmatrix}\to\begin{pmatrix}1&4&1\\0&-9&t-2\\0&-9&-5\\0&-18&-10\end{pmatrix}\to\begin{pmatrix}1&4&1\\0&-9&-5\\0&0&3+t\\0&0&0\end{pmatrix},$$

由于 $r(\boldsymbol{\alpha}_1,\ \boldsymbol{\alpha}_2,\ \boldsymbol{\alpha}_3)=2$，则矩阵只有 2 个非零行，故 $t+3=0$，即 $t=-3$.

【答案】D

母题技巧

1. 对于具体向量组的秩和极大线性无关组的求解有如下方法:

(1)初等行变换法，基本步骤如下:

①将向量组作为列向量构成矩阵 $\boldsymbol{A}$(如果是行向量，则取转置后再计算);

②对矩阵 $\boldsymbol{A}$ 作初等行变换，化为阶梯形矩阵，阶梯形矩阵中非零行的个数即为向量组的秩;

③在阶梯形矩阵中标出每个非零行的主元(第一个非零元)，与主元所在列的列标相对应的向量构成的向量组即为原向量组的一个极大线性无关组.

注 必须以向量作为矩阵的列向量，构造矩阵；对矩阵进行初等变换过程中，只能进行初等行变换.

(2)矩阵秩的定义法：以向量组为列向量构成的矩阵的秩为其非零子式的最高阶数.

2. 对于抽象向量组的秩的问题，可以利用线性无关和相关的定义和性质，结合题干条件来进行判定.

(1)如果判定向量组是线性无关的，则可直接求出其秩为向量组中向量的个数;

(2)如果向量组是线性相关的，则可得出秩一定小于向量个数，再结合其他条件进行求解.

3. 通过向量组的秩求向量中的参数，有如下方法:

(1)初等行变换法：根据求解向量组秩的步骤，已知向量组的秩，可以确定阶梯形矩阵的非零行的个数，其余行均为0，可知参数的值;

(2)矩阵秩的定义法：若向量组的秩为 r，则由向量组构成的矩阵中任意 $r+1$ 阶子式均为0，通过计算行列式，确定参数值.

母题精练

1. 向量组 $\begin{pmatrix}1\\0\\0\end{pmatrix}$，$\begin{pmatrix}2\\2\\0\end{pmatrix}$，$\begin{pmatrix}4\\4\\4\end{pmatrix}$，$\begin{pmatrix}1\\-2\\3\end{pmatrix}$ 的秩是(　　).

A. 0　　B. 1　　C. 2　　D. 3　　E. 4

2. 设向量组 $\boldsymbol{\alpha}_1, \boldsymbol{\alpha}_2, \cdots, \boldsymbol{\alpha}_s$ 的秩为 r，则以下选项中错误的是(　　).

A. 与 $\boldsymbol{\alpha}_1, \boldsymbol{\alpha}_2, \cdots, \boldsymbol{\alpha}_s$ 等价的任意一个线性无关向量组均含有 r 个向量

B. $\boldsymbol{\alpha}_1, \boldsymbol{\alpha}_2, \cdots, \boldsymbol{\alpha}_s$ 中任意 r 个向量都是该向量组的极大线性无关组

C. $\boldsymbol{\alpha}_1, \boldsymbol{\alpha}_2, \cdots, \boldsymbol{\alpha}_s$ 与其任意极大线性无关组等价

D. $\boldsymbol{\alpha}_1, \boldsymbol{\alpha}_2, \cdots, \boldsymbol{\alpha}_s$ 的任意极大线性无关组均含有 r 个向量

E. $\boldsymbol{\alpha}_1, \boldsymbol{\alpha}_2, \cdots, \boldsymbol{\alpha}_s$ 中任意 $r+1$ 个向量都线性相关

3. 若向量组 $\boldsymbol{\alpha}_1=\begin{pmatrix}1\\2\\3\end{pmatrix}$，$\boldsymbol{\alpha}_2=\begin{pmatrix}2\\1\\0\end{pmatrix}$，$\boldsymbol{\alpha}_3=\begin{pmatrix}5\\a\\5\end{pmatrix}$ 的秩为2，则参数 a 的值为(　　).

A. $a=-2$　　B. $a=2$　　C. $a=0$　　D. $a=-5$　　E. $a=5$

4. 若向量组 $\boldsymbol{\alpha}_1=(1, 3, 6, 2)^{\mathrm{T}}$，$\boldsymbol{\alpha}_2=(2, 1, 2, -1)^{\mathrm{T}}$，$\boldsymbol{\alpha}_3=(1, -1, a, -2)^{\mathrm{T}}$ 的秩为 2，则 a 的取值为(　　).

A. $a=-2$　　B. $a=2$　　C. $a=0$　　D. $a=-1$　　E. $a=1$

5. 向量组 $\boldsymbol{\alpha}_1=(1, 2, a)^{\mathrm{T}}$，$\boldsymbol{\alpha}_2=(b, -1, -5)^{\mathrm{T}}$，$\boldsymbol{\alpha}_3=(1, -3, -4)^{\mathrm{T}}$，$\boldsymbol{\alpha}_4=(1, 3, 1)^{\mathrm{T}}$ 的秩为 2，则 a，b 的取值为(　　).

A. $a=\frac{1}{6}$，$b=\frac{25}{9}$　　B. $a=-\frac{1}{6}$，$b=\frac{25}{9}$　　C. $a=\frac{1}{4}$，$b=3$

D. $a=1$，$b=-\frac{25}{9}$　　E. $a=-\frac{1}{6}$，$b=-3$

6. 设有向量组 $\boldsymbol{\alpha}_1=(1, 1, 1, 0)^{\mathrm{T}}$，$\boldsymbol{\alpha}_2=(1, 1, 0, 0)^{\mathrm{T}}$，$\boldsymbol{\alpha}_3=(3, 3, 2, 0)^{\mathrm{T}}$，$\boldsymbol{\alpha}_4=(1, 0, 0, 0)^{\mathrm{T}}$，$\boldsymbol{\alpha}_5=(3, 2, 1, 0)^{\mathrm{T}}$，则该向量组的极大线性无关组是(　　).

A. $\boldsymbol{\alpha}_1$，$\boldsymbol{\alpha}_2$，$\boldsymbol{\alpha}_3$　　B. $\boldsymbol{\alpha}_1$，$\boldsymbol{\alpha}_2$，$\boldsymbol{\alpha}_4$　　C. $\boldsymbol{\alpha}_1$，$\boldsymbol{\alpha}_2$，$\boldsymbol{\alpha}_3$，$\boldsymbol{\alpha}_5$

D. $\boldsymbol{\alpha}_2$，$\boldsymbol{\alpha}_3$，$\boldsymbol{\alpha}_4$，$\boldsymbol{\alpha}_5$　　E. $\boldsymbol{\alpha}_1$，$\boldsymbol{\alpha}_2$，$\boldsymbol{\alpha}_4$，$\boldsymbol{\alpha}_5$

7. 设向量组 $\boldsymbol{\alpha}_1$，$\boldsymbol{\alpha}_2$，$\boldsymbol{\alpha}_3$，$\boldsymbol{\alpha}_4$ 线性无关，则向量组 $2\boldsymbol{\alpha}_1+\boldsymbol{\alpha}_3+\boldsymbol{\alpha}_4$，$2\boldsymbol{\alpha}_1+\boldsymbol{\alpha}_2+\boldsymbol{\alpha}_3$，$\boldsymbol{\alpha}_2-\boldsymbol{\alpha}_4$，$\boldsymbol{\alpha}_2+\boldsymbol{\alpha}_3$，$\boldsymbol{\alpha}_2+\boldsymbol{\alpha}_4$ 的秩为(　　).

A. 1　　B. 2　　C. 3　　D. 4　　E. 5

8. 设 $\boldsymbol{\alpha}_1$，$\boldsymbol{\alpha}_2$，$\boldsymbol{\alpha}_3$，$\boldsymbol{\alpha}_4$ 是一个四维向量组，若已知 $\boldsymbol{\alpha}_4$ 可以表示为 $\boldsymbol{\alpha}_1$，$\boldsymbol{\alpha}_2$，$\boldsymbol{\alpha}_3$ 的线性组合，且表示法唯一，则向量组 $\boldsymbol{\alpha}_1$，$\boldsymbol{\alpha}_2$，$\boldsymbol{\alpha}_3$，$\boldsymbol{\alpha}_4$ 的秩为(　　).

A. 0　　B. 1　　C. 2

D. 3　　E. 4

答案详解

1. D

【解析】以向量组为列向量构成矩阵 $\boldsymbol{A}=\begin{pmatrix}1&2&4&1\\0&2&4&-2\\0&0&4&3\end{pmatrix}$，该矩阵为行阶梯形矩阵，有 3 个非零行，所以向量组的秩为 3.

2. B

【解析】A 项：与 $\boldsymbol{\alpha}_1$，$\boldsymbol{\alpha}_2$，…，$\boldsymbol{\alpha}_s$ 等价的向量组的秩为 r，若该向量组线性无关，则向量的个数等于向量组的秩，故必含有 r 个向量，故 A 项正确；

B 项：应该是任意 r 个线性无关的向量才是该向量组的极大线性无关组，故 B 项不正确；

C 项：一个向量组与其极大线性无关组之间可以相互线性表示，所以一定是等价的，故 C 项正确；

D 项：向量组的秩为 r，从而其任意极大线性无关组必定含有 r 个向量，故 D 项正确；

E 项：向量组的秩为 r，用反证法，假设存在 $r+1$ 个向量线性无关，则向量组的秩 $\geqslant r+1$，与秩为 r 矛盾，所以向量组的任意 $r+1$ 个向量必定线性相关，故 E 项正确.

3. E

【解析】以这三个向量为列向量构成矩阵

$$\boldsymbol{A}=\begin{pmatrix}1&2&5\\2&1&a\\3&0&5\end{pmatrix},$$

显然 $\boldsymbol{A}$ 是方阵，由题干可知 $r(\boldsymbol{A})=2$，则必有 $|\boldsymbol{A}|=6a-30=0$，得 $a=5$.

4. A

【解析】以这三个向量为列向量构成矩阵

$$\boldsymbol{A}=\begin{pmatrix}1&2&1\\3&1&-1\\6&2&a\\2&-1&-2\end{pmatrix},$$

由于 $\boldsymbol{A}$ 不是方阵，因此采用初等行变换法，将其化为行阶梯形，可得

$$\boldsymbol{A}=\begin{pmatrix}1&2&1\\3&1&-1\\6&2&a\\2&-1&-2\end{pmatrix}\to\begin{pmatrix}1&2&1\\0&-5&-4\\0&-10&a-6\\0&-5&-4\end{pmatrix}\to\begin{pmatrix}1&2&1\\0&-5&-4\\0&0&a+2\\0&0&0\end{pmatrix},$$

由于 $r(\boldsymbol{A})=2$，则必有 $a+2=0$，可得 $a=-2$.

5. A

【解析】以这四个向量为列向量组成矩阵 $\boldsymbol{A}$，为方便进行初等变换，可把不含参数的向量放在前面两列：

$$\boldsymbol{A}=\begin{pmatrix}1&1&b&1\\3&-3&-1&2\\1&-4&-5&a\end{pmatrix}\to\begin{pmatrix}1&1&b&1\\0&-6&-1-3b&-1\\0&-5&-5-b&a-1\end{pmatrix}\to\begin{pmatrix}1&1&b&1\\0&-1&4-2b&-a\\0&0&9b-25&6a-1\end{pmatrix},$$

由于 $r(\boldsymbol{A})=2$，则必有 $9b-25=0$，$6a-1=0$，可得 $a=\frac{1}{6}$，$b=\frac{25}{9}$.

6. B

【解析】把向量作为列向量构成矩阵，并进行初等行变换，可得

$$\begin{pmatrix}1&1&3&1&3\\1&1&3&0&2\\1&0&2&0&1\\0&0&0&0&0\end{pmatrix}\to\begin{pmatrix}1&1&3&1&3\\0&0&0&-1&-1\\0&-1&-1&-1&-2\\0&0&0&0&0\end{pmatrix}\to\begin{pmatrix}1&1&3&1&3\\0&-1&-1&-1&-2\\0&0&0&-1&-1\\0&0&0&0&0\end{pmatrix}$$

$$\to\begin{pmatrix}1&0&2&0&1\\0&-1&-1&0&-1\\0&0&0&-1&-1\\0&0&0&0&0\end{pmatrix},$$

观察初等行变换后的矩阵，秩为 3，极大线性无关组有 $\boldsymbol{\alpha}_1$，$\boldsymbol{\alpha}_2$，$\boldsymbol{\alpha}_4$，故 B 项正确.

7. D

【解析】把向量组 $2\boldsymbol{\alpha}_1+\boldsymbol{\alpha}_3+\boldsymbol{\alpha}_4$，$2\boldsymbol{\alpha}_1+\boldsymbol{\alpha}_2+\boldsymbol{\alpha}_3$，$\boldsymbol{\alpha}_2-\boldsymbol{\alpha}_4$，$\boldsymbol{\alpha}_2+\boldsymbol{\alpha}_3$，$\boldsymbol{\alpha}_2+\boldsymbol{\alpha}_4$ 表示成已知向量组 $\boldsymbol{\alpha}_1$，$\boldsymbol{\alpha}_2$，$\boldsymbol{\alpha}_3$，$\boldsymbol{\alpha}_4$ 与矩阵乘积的形式，即

$$(2\boldsymbol{\alpha}_1+\boldsymbol{\alpha}_3+\boldsymbol{\alpha}_4,\ 2\boldsymbol{\alpha}_1+\boldsymbol{\alpha}_2+\boldsymbol{\alpha}_3,\ \boldsymbol{\alpha}_2-\boldsymbol{\alpha}_4,\ \boldsymbol{\alpha}_2+\boldsymbol{\alpha}_3,\ \boldsymbol{\alpha}_2+\boldsymbol{\alpha}_4)=(\boldsymbol{\alpha}_1,\ \boldsymbol{\alpha}_2,\ \boldsymbol{\alpha}_3,\ \boldsymbol{\alpha}_4)\boldsymbol{A},$$

其中，$\boldsymbol{A}=\begin{pmatrix}2&2&0&0&0\\0&1&1&1&1\\1&1&0&1&0\\1&0&-1&0&1\end{pmatrix}$，将矩阵 $\boldsymbol{A}$ 化为行阶梯形矩阵，可得

$$\boldsymbol{A}=\begin{pmatrix}2&2&0&0&0\\0&1&1&1&1\\1&1&0&1&0\\1&0&-1&0&1\end{pmatrix}\to\begin{pmatrix}1&1&0&0&0\\0&1&1&1&1\\0&0&0&1&0\\0&0&0&0&2\end{pmatrix},$$

则 $r(\boldsymbol{A})=4$，所以向量组 $2\boldsymbol{\alpha}_1+\boldsymbol{\alpha}_3+\boldsymbol{\alpha}_4$，$2\boldsymbol{\alpha}_1+\boldsymbol{\alpha}_2+\boldsymbol{\alpha}_3$，$\boldsymbol{\alpha}_2-\boldsymbol{\alpha}_4$，$\boldsymbol{\alpha}_2+\boldsymbol{\alpha}_3$，$\boldsymbol{\alpha}_2+\boldsymbol{\alpha}_4$ 线性无关，因此 $r(2\boldsymbol{\alpha}_1+\boldsymbol{\alpha}_3+\boldsymbol{\alpha}_4,\ 2\boldsymbol{\alpha}_1+\boldsymbol{\alpha}_2+\boldsymbol{\alpha}_3,\ \boldsymbol{\alpha}_2-\boldsymbol{\alpha}_4,\ \boldsymbol{\alpha}_2+\boldsymbol{\alpha}_3,\ \boldsymbol{\alpha}_2+\boldsymbol{\alpha}_4)=4$.

8. D

【解析】因为 $\boldsymbol{\alpha}_4$ 可以表示为 $\boldsymbol{\alpha}_1$，$\boldsymbol{\alpha}_2$，$\boldsymbol{\alpha}_3$ 的线性组合，且表示法唯一，即$(\boldsymbol{\alpha}_1,\ \boldsymbol{\alpha}_2,\ \boldsymbol{\alpha}_3)\begin{pmatrix}x_1\\x_2\\x_3\end{pmatrix}=\boldsymbol{\alpha}_4$ 有唯一解，故 $r(\boldsymbol{\alpha}_1,\ \boldsymbol{\alpha}_2,\ \boldsymbol{\alpha}_3)=3$，必有 $\boldsymbol{\alpha}_1$，$\boldsymbol{\alpha}_2$，$\boldsymbol{\alpha}_3$ 线性无关，所以 $r(\boldsymbol{\alpha}_1,\ \boldsymbol{\alpha}_2,\ \boldsymbol{\alpha}_3,\ \boldsymbol{\alpha}_4)\geqslant 3$；$\boldsymbol{\alpha}_4$ 可以表示为 $\boldsymbol{\alpha}_1$，$\boldsymbol{\alpha}_2$，$\boldsymbol{\alpha}_3$ 的线性组合，可设 $\boldsymbol{\alpha}_4=k_1\boldsymbol{\alpha}_1+k_2\boldsymbol{\alpha}_2+k_3\boldsymbol{\alpha}_3$，移项可得 $k_1\boldsymbol{\alpha}_1+k_2\boldsymbol{\alpha}_2+k_3\boldsymbol{\alpha}_3-\boldsymbol{\alpha}_4=\boldsymbol{0}$，由线性相关的定义可知，$\boldsymbol{\alpha}_1$，$\boldsymbol{\alpha}_2$，$\boldsymbol{\alpha}_3$，$\boldsymbol{\alpha}_4$ 线性相关，所以 $r(\boldsymbol{\alpha}_1,\ \boldsymbol{\alpha}_2,\ \boldsymbol{\alpha}_3,\ \boldsymbol{\alpha}_4)<4$.

综上所述，$r(\boldsymbol{\alpha}_1,\ \boldsymbol{\alpha}_2,\ \boldsymbol{\alpha}_3,\ \boldsymbol{\alpha}_4)=3$.

第 7 章　线性方程组

题型 50　齐次线性方程组解的判定问题

母题精讲

母题 50　已知齐次线性方程组$\begin{cases}kx_1-x_2-x_3=0,\\x_1+kx_2-x_3=0,\\x_1-x_2-x_3=0\end{cases}$有非零解，则必有 $k=$(　　).

A. -1　　B. 1　　C. 0　　D. 1 或 -1　　E. 2 或 -2

【解析】方法一：利用初等变换法确定系数矩阵的秩，进行判定求解.

因齐次线性方程组有非零解，则必有系数矩阵 $\boldsymbol{A}$ 的秩小于 3，对系数矩阵进行初等变换，可得

$$\begin{pmatrix}k&-1&-1\\1&k&-1\\1&-1&-1\end{pmatrix}\to\begin{pmatrix}1&-1&-1\\0&k+1&0\\0&k-1&k-1\end{pmatrix}\to\begin{pmatrix}1&-1&-1\\0&k-1&k-1\\0&k+1&0\end{pmatrix},$$

由 $r(\boldsymbol{A})<3$，可得 $k+1=0$ 或 $k-1=0$，故有 $k=1$ 或 $k=-1$.

方法二：利用克莱姆法则进行判定求解.

注意到此线性方程组的系数矩阵为方阵，根据克莱姆法则，齐次线性方程组有非零解，则一定有 $|\boldsymbol{A}|=0$，故有

$$|\boldsymbol{A}|=\begin{vmatrix}k&-1&-1\\1&k&-1\\1&-1&-1\end{vmatrix}=-\begin{vmatrix}1&-1&-1\\0&k+1&0\\0&k-1&k-1\end{vmatrix}=1-k^2=0,$$

则必有 $k=1$ 或 $k=-1$.

【答案】D

母题技巧

对于齐次线性方程组的解的判定有以下几种方法.

1. 初等变换法.

对方程组的系数矩阵进行初等变换，求出系数矩阵的秩进行判定：

(1) n 元齐次线性方程组 $\boldsymbol{Ax}=\boldsymbol{0}$ 有非零解 $\Leftrightarrow r(\boldsymbol{A})<n$；

(2) n 元齐次线性方程组 $\boldsymbol{Ax}=\boldsymbol{0}$ 仅有零解 $\Leftrightarrow r(\boldsymbol{A})=n$.

2. 克莱姆法则.

若 n 元齐次线性方程组 $\boldsymbol{Ax}=\boldsymbol{0}$ 的系数矩阵 $\boldsymbol{A}$ 为 n 阶方阵，则还可以根据克莱姆法则求系数矩阵的行列式．利用以下结论进行判定：

(1)齐次线性方程组 $\boldsymbol{Ax}=\boldsymbol{0}$ 有非零解 $\Leftrightarrow|\boldsymbol{A}|=0$；

(2)齐次线性方程组 $\boldsymbol{Ax}=\boldsymbol{0}$ 仅有零解 $\Leftrightarrow|\boldsymbol{A}|\neq 0$.

3. 对于多个齐次线性方程组有无非零公共解的问题，可将这几个齐次线性方程组联立为一个新的齐次线性方程组，把问题转化为这个新的齐次线性方程组有无非零解的问题.

母题精练

1. 设 $\boldsymbol{A}$ 是 $m\times n$ 阶矩阵，且齐次线性方程组 $\boldsymbol{Ax}=\boldsymbol{0}$ 只有零解，则 $r(\boldsymbol{A})$ 的取值为(　　).

A. $r(\boldsymbol{A})<n$　　B. $0<r(\boldsymbol{A})<n$　　C. $r(\boldsymbol{A})=n$　　D. $0<r(\boldsymbol{A})<m$　　E. $r(\boldsymbol{A})=m$

2. 方程组 $\begin{cases}\lambda x_1+x_2=0,\\ x_1+\lambda x_2=0\end{cases}$ 有非零解，则 λ 的取值为(　　).

A. 0　　B. ± 1　　C. 1　　D. -1　　E. 任意实数

3. 设齐次线性方程组 $\begin{cases}2x_1-x_2+x_3=0,\\ x_1-x_2-x_3=0,\\ \lambda x_1+x_2+x_3=0\end{cases}$ 有非零解，则 $\lambda=$(　　).

A. -1　　B. 0　　C. 1　　D. 2　　E. 3

4. 已知齐次线性方程组 $\begin{cases}2x_1+x_2+3x_3=0,\\ ax_1+3x_2+4x_3=0,\\ x_1+2x_2+x_3=0,\\ x_1+bx_2+2x_3=0\end{cases}$ 有非零解，则 a，b 的取值分别为(　　).

A. $a=-2$，$b=-1$　　B. $a=1$，$b=-3$　　C. $a=-3$，$b=-1$　　D. $a=-1$，$b=-3$　　E. $a=3$，$b=-1$

5. 设齐次线性方程组 $\boldsymbol{Ax}=\boldsymbol{0}$ 有非零解，且 $\boldsymbol{A}=\begin{pmatrix}1&2&3\\2&t&1\\-1&3&2\end{pmatrix}$，则 $t=$(　　).

A. 1　　B. -1　　C. 0　　D. 2　　E. -2

6. 设 $\boldsymbol{A}$ 是 $m\times n$ 阶矩阵，$\boldsymbol{B}$ 是 $n\times m$ 阶矩阵，则对于齐次线性方程组 $\boldsymbol{ABx}=\boldsymbol{0}$ 必有(　　).

A. 当 $n>m$ 时仅有零解　　B. 当 $n>m$ 时必有非零解

C. 当 $m>n$ 时仅有零解　　D. 当 $m>n$ 时必有非零解

E. 以上选项均不正确

7. 已知齐次线性方程组$\begin{cases}(1+a)x_1+x_2+x_3=0,\\2x_1+(2+a)x_2+2x_3=0,\\3x_1+3x_2+(3+a)x_3=0\end{cases}$仅有零解，则 a 的取值为(　　).

A. $a=0$　　B. $a=-6$　　C. $a\neq 6$

D. $a=0$ 或 $a=-6$　　E. $a\neq 0$ 且 $a\neq -6$

8. 已知方程组$\begin{cases}ax_1+2x_2+2x_3+2x_4=0,\\2x_1+ax_2+2x_3+2x_4=0\end{cases}$与$\begin{cases}2x_1+2x_2+ax_3+2x_4=0,\\2x_1+2x_2+2x_3+ax_4=0\end{cases}$有公共非零解，则一定有 $a=$(　　).

A. 2 或 6　　B. -2 或 -6　　C. 0　　D. -2 或 6　　E. 2 或 -6

9. 已知方程组$\begin{cases}x_1-2x_2+3x_3=0,\\2x_1+3x_2+ax_3=0\end{cases}$与$\begin{cases}3x_1+x_2+2x_3=0,\\bx_1+x_2+x_3=0\end{cases}$仅有公共的零解，则 a，b 的取值不可能是(　　).

A. $a=-1$，$b=1$　　B. $a=1$，$b=2$　　C. $a=-1$，$b=2$

D. $a=0$，$b=0$　　E. $a=1$，$b=-2$

10. 已知方程组(Ⅰ)$\begin{cases}x_1+2x_2+3x_3=0,\\2x_1+3x_2+5x_3=0,\\x_1+x_2+ax_3=0\end{cases}$和(Ⅱ)$\begin{cases}x_1+x_2+2x_3=0,\\2x_1+x_2+3x_3=0\end{cases}$同解，则 $a=$(　　).

A. -1　　B. 1　　C. 0　　D. -2　　E. 2

答案详解

1. C

【解析】$\boldsymbol{A}$ 是 $m\times n$ 阶矩阵，n 元齐次线性方程组 $\boldsymbol{Ax}=\boldsymbol{0}$ 只有零解，则 $\boldsymbol{A}$ 的秩一定等于未知量的个数 n，即 $r(\boldsymbol{A})=n$.

2. B

【解析】方法一：克莱姆法则.

观察到方程组的系数矩阵 $\boldsymbol{A}$ 为方阵，则$\begin{cases}\lambda x_1+x_2=0,\\x_1+\lambda x_2=0\end{cases}$有非零解$\Leftrightarrow |\boldsymbol{A}|=\begin{vmatrix}\lambda & 1\\1 & \lambda\end{vmatrix}=\lambda^2-1=0$，即 $\lambda=\pm 1$.

方法二：初等变换法.

方程组$\begin{cases}\lambda x_1+x_2=0,\\x_1+\lambda x_2=0\end{cases}$有非零解$\Leftrightarrow r(\boldsymbol{A})<2$，对系数矩阵 $\boldsymbol{A}$ 进行初等变换，可得

$$\boldsymbol{A}=\begin{pmatrix}\lambda & 1\\1 & \lambda\end{pmatrix}\to\begin{pmatrix}1 & \lambda\\0 & 1-\lambda^2\end{pmatrix},$$

$r(\boldsymbol{A})<2\Leftrightarrow 1-\lambda^2=0$，即 $\lambda=\pm 1$.

【注意】对于系数矩阵为低阶的方阵时，使用克莱姆法则判断线性方程组解的情况更容易、更快捷.

3. A

【解析】方法一：利用初等变换法确定系数矩阵的秩进行判定求解.

由齐次线性方程组$\begin{cases}2x_1-x_2+x_3=0,\\x_1-x_2-x_3=0,\\\lambda x_1+x_2+x_3=0\end{cases}$有非零解，可知系数矩阵$\boldsymbol{A}$的秩小于3. 对$\boldsymbol{A}$作初等行变换，可得

$$\boldsymbol{A}=\begin{pmatrix}2&-1&1\\1&-1&-1\\\lambda&1&1\end{pmatrix}\to\begin{pmatrix}1&-1&-1\\0&1&3\\0&\lambda+1&\lambda+1\end{pmatrix},$$

由于$r(\boldsymbol{A})<3$，故必有$\lambda+1=0$，即$\lambda=-1$.

方法二：根据克莱姆法则判定求解.

观察到线性方程组的系数矩阵为方阵，根据克莱姆法则，齐次线性方程组有非零解，则一定有$|\boldsymbol{A}|=0$，因此

$$|\boldsymbol{A}|=\begin{vmatrix}2&-1&1\\1&-1&-1\\\lambda&1&1\end{vmatrix}=-\begin{vmatrix}1&-1&-1\\0&1&3\\0&\lambda+1&\lambda+1\end{vmatrix}=2(\lambda+1)=0,$$

解得$\lambda=-1$.

4. E

【解析】由齐次线性方程组有非零解，可知系数矩阵$\boldsymbol{A}$的秩小于3，对$\boldsymbol{A}$进行初等行变换，可得

$$\boldsymbol{A}=\begin{pmatrix}2&1&3\\a&3&4\\1&2&1\\1&b&2\end{pmatrix}\to\begin{pmatrix}1&2&1\\0&-3&1\\0&3-2a&4-a\\0&b-2&1\end{pmatrix}\to\begin{pmatrix}1&2&1\\0&-1&\frac{1}{3}\\0&0&5-\frac{5}{3}a\\0&0&\frac{1}{3}b+\frac{1}{3}\end{pmatrix},$$

由$r(\boldsymbol{A})<3$，可得$\begin{cases}5-\frac{5}{3}a=0,\\\frac{1}{3}b+\frac{1}{3}=0,\end{cases}$解得$\begin{cases}a=3,\\b=-1.\end{cases}$

5. B

【解析】因为$\boldsymbol{Ax}=\boldsymbol{0}$有非零解，故$r(\boldsymbol{A})<3$，对矩阵$\boldsymbol{A}$作初等行变换，可得

$$\boldsymbol{A}=\begin{pmatrix}1&2&3\\2&t&1\\-1&3&2\end{pmatrix}\to\begin{pmatrix}1&2&3\\0&t-4&-5\\0&5&5\end{pmatrix}\to\begin{pmatrix}1&2&3\\0&1&1\\0&0&-t-1\end{pmatrix},$$

当$-t-1=0$，即$t=-1$时，$r(\boldsymbol{A})<3$.

6. D

【解析】$\boldsymbol{A}$是$m\times n$阶矩阵，$\boldsymbol{B}$是$n\times m$阶矩阵，故$\boldsymbol{AB}$是$m\times m$阶矩阵.

当$n>m$时，$r(\boldsymbol{A})\leqslant m<n$，$r(\boldsymbol{B})\leqslant m<n$，$r(\boldsymbol{AB})\leqslant\min\{r(\boldsymbol{A}),r(\boldsymbol{B})\}\leqslant m<n$，不能判断

$r(\boldsymbol{AB})$和齐次线性方程组$\boldsymbol{ABx}=\boldsymbol{0}$中未知量个数的关系，故齐次线性方程组$\boldsymbol{ABx}=\boldsymbol{0}$的解的情况未知，A、B项不正确；

当$m>n$时，$r(\boldsymbol{A})\leqslant n<m$，$r(\boldsymbol{B})\leqslant n<m$，$r(\boldsymbol{AB})\leqslant\min\{r(\boldsymbol{A}),r(\boldsymbol{B})\}\leqslant n<m$，而齐次线性方程组$\boldsymbol{ABx}=\boldsymbol{0}$的未知量的个数为$m$个，所以$\boldsymbol{ABx}=\boldsymbol{0}$必有非零解，故C项不正确，D项正确.

7. E

【解析】方法一：利用初等变换法确定系数矩阵的秩进行判定求解.

由齐次线性方程组仅有零解，可知其系数矩阵$\boldsymbol{A}$的秩为3，对矩阵$\boldsymbol{A}$进行初等变换，可得

$$\boldsymbol{A}=\begin{pmatrix}1+a&1&1\\2&2+a&2\\3&3&3+a\end{pmatrix}\to\begin{pmatrix}1&1&1+\frac{a}{3}\\0&a&-\frac{2a}{3}\\0&-a&-\frac{a(4+a)}{3}\end{pmatrix}\to\begin{pmatrix}1&1&1+\frac{a}{3}\\0&a&-\frac{2a}{3}\\0&0&-\frac{a(6+a)}{3}\end{pmatrix},$$

由于$r(\boldsymbol{A})=3$，则必有$a\neq0$，且$-\dfrac{a(6+a)}{3}\neq0$，解得$a\neq0$且$a\neq-6$.

方法二：根据克莱姆法则判定求解.

观察到线性方程组的系数矩阵为方阵，根据克莱姆法则，齐次线性方程组仅有零解，则一定有$|\boldsymbol{A}|\neq0$，即

$$|\boldsymbol{A}|=\begin{vmatrix}1+a&1&1\\2&2+a&2\\3&3&3+a\end{vmatrix}=-3\begin{vmatrix}1&1&1+\frac{a}{3}\\0&a&-\frac{2a}{3}\\0&-a&-\frac{a(4+a)}{3}\end{vmatrix}=-3\begin{vmatrix}1&1&1+\frac{a}{3}\\0&a&-\frac{2a}{3}\\0&0&-\frac{a(6+a)}{3}\end{vmatrix}=a^2(6+a)\neq0,$$

解得$a\neq0$且$a\neq-6$.

8. E

【解析】两个方程组有公共非零解等价于联立这两个方程组所得到的新的齐次线性方程组

$$\begin{cases}ax_1+2x_2+2x_3+2x_4=0,\\2x_1+ax_2+2x_3+2x_4=0,\\2x_1+2x_2+ax_3+2x_4=0,\\2x_1+2x_2+2x_3+ax_4=0\end{cases}$$

有非零解，则该齐次线性方程组的系数矩阵$\boldsymbol{A}$的秩小于4，$\boldsymbol{A}$为方阵，故有$|\boldsymbol{A}|=0$，则

$$|\boldsymbol{A}|=\begin{vmatrix}a&2&2&2\\2&a&2&2\\2&2&a&2\\2&2&2&a\end{vmatrix}=\begin{vmatrix}a+6&2&2&2\\a+6&a&2&2\\a+6&2&a&2\\a+6&2&2&a\end{vmatrix}=(a+6)\begin{vmatrix}1&2&2&2\\1&a&2&2\\1&2&a&2\\1&2&2&a\end{vmatrix}$$

$$=(a+6)\begin{vmatrix}1&2&2&2\\0&a-2&0&0\\0&0&a-2&0\\0&0&0&a-2\end{vmatrix}=(a+6)(a-2)^3=0,$$

解得 $a=-6$ 或 $a=2$.

【注意】本题还可以利用初等变换法确定系数矩阵的秩进行判定求解.

9. C

【解析】两个方程组仅有公共的零解等价于联立这两个方程组所得到的新的齐次线性方程组

$$\begin{cases}x_1-2x_2+3x_3=0,\\2x_1+3x_2+ax_3=0,\\3x_1+x_2+2x_3=0,\\bx_1+x_2+x_3=0\end{cases}$$

仅有零解，则该齐次线性方程组的系数矩阵 $\boldsymbol{A}$ 的秩为 3，对 $\boldsymbol{A}$ 进行初等行变换，可得

$$\boldsymbol{A}=\begin{pmatrix}1&-2&3\\2&3&a\\3&1&2\\b&1&1\end{pmatrix}\to\begin{pmatrix}1&-2&3\\0&7&a-6\\0&7&-7\\0&1+2b&1-3b\end{pmatrix}\to\begin{pmatrix}1&-2&3\\0&1&-1\\0&0&a+1\\0&0&2-b\end{pmatrix},$$

由于 $r(\boldsymbol{A})=3$，则 $a+1$ 与 $2-b$ 一定不能同时为 0，即当 $a=-1$ 时，$b\neq2$；当 $b=2$ 时，$a\neq-1$. 故本题中 a，b 的取值不可能是 C 项.

10. E

【解析】方程组(Ⅱ)的未知量的个数大于方程的个数，故方程组(Ⅱ)有无穷多解，因为方程组(Ⅰ)和(Ⅱ)同解，所以方程组(Ⅰ)有无穷多解，故系数矩阵的秩小于 3. 对其系数矩阵进行初等行变换，可得

$$\begin{pmatrix}1&2&3\\2&3&5\\1&1&a\end{pmatrix}\to\begin{pmatrix}1&2&3\\0&-1&-1\\0&0&a-2\end{pmatrix},$$

矩阵的秩小于 3，则 $a-2=0$，解得 $a=2$.

题型 51 齐次线性方程组的基础解系及通解问题

母题精讲

母题 51 $\boldsymbol{A}=\begin{pmatrix}1&1&1&-1\\2&3&1&-1\\3&4&2&-2\end{pmatrix}$，则齐次线性方程组 $\boldsymbol{Ax}=\boldsymbol{0}$ 的基础解系为(　　).

A. $\boldsymbol{\eta}_1=(-2,1,1,0)^{\mathrm{T}}$，$\boldsymbol{\eta}_2=(2,-1,0,1)^{\mathrm{T}}$

B. $\boldsymbol{\eta}_1=(-2,1,1,0)^{\mathrm{T}}$，$\boldsymbol{\eta}_2=(2,1,0,1)^{\mathrm{T}}$

C. $\boldsymbol{\eta}_1=(2,1,1,0)^{\mathrm{T}}$，$\boldsymbol{\eta}_2=(2,-1,1,1)^{\mathrm{T}}$

D. $\boldsymbol{\eta}_1=(2,0,0,0)^{\mathrm{T}}$，$\boldsymbol{\eta}_2=(0,2,0,0)^{\mathrm{T}}$

E. $\boldsymbol{\eta}_1=(-2,-1,-1,0)^{\mathrm{T}}$，$\boldsymbol{\eta}_2=(2,1,0,1)^{\mathrm{T}}$

【解析】对系数矩阵 A 进行初等行变换化为最简行阶梯形矩阵，可得

$$A=\begin{pmatrix}1&1&1&-1\\2&3&1&-1\\3&4&2&-2\end{pmatrix}\to\begin{pmatrix}1&0&2&-2\\0&1&-1&1\\0&0&0&0\end{pmatrix},$$

故 $r(A)=2$，自由未知量为 x_3，x_4，原方程组等价于$\begin{cases}x_1=-2x_3+2x_4,\\x_2=x_3-x_4.\end{cases}$

可以分别取 $(x_3,\ x_4)=(1,\ 0)$ 和 $(x_3,\ x_4)=(0,\ 1)$，得基础解系为 $\boldsymbol{\eta}_1=(-2,\ 1,\ 1,\ 0)^{\mathrm{T}}$，$\boldsymbol{\eta}_2=(2,\ -1,\ 0,\ 1)^{\mathrm{T}}$.

【答案】A

母题技巧

1. n 元齐次线性方程组 $\boldsymbol{Ax}=\boldsymbol{0}$ 解的性质.

如果 $\boldsymbol{\eta}_1$，$\boldsymbol{\eta}_2$ 为齐次线性方程组 $\boldsymbol{Ax}=\boldsymbol{0}$ 的两个解，k_1，k_2 为任意常数，则 $k_1\boldsymbol{\eta}_1+k_2\boldsymbol{\eta}_2$ 仍为 $\boldsymbol{Ax}=\boldsymbol{0}$ 的解.

2. n 元齐次线性方程组 $\boldsymbol{Ax}=\boldsymbol{0}$ 的基础解系 $\boldsymbol{\eta}_1$，$\boldsymbol{\eta}_2$，…，$\boldsymbol{\eta}_{n-r}$ 是该方程组解集的极大线性无关组，其中系数矩阵 $\boldsymbol{A}$ 是 $m\times n$ 阶矩阵，n 是方程组所含未知量的个数，$r=r(\boldsymbol{A})$.

3. n 元齐次线性方程组 $\boldsymbol{Ax}=\boldsymbol{0}$ 的通解结构.

如果 $\boldsymbol{\eta}_1$，$\boldsymbol{\eta}_2$，…，$\boldsymbol{\eta}_{n-r}$ 为 $\boldsymbol{Ax}=\boldsymbol{0}$ 的基础解系，则 $\boldsymbol{Ax}=\boldsymbol{0}$ 的通解可以表示为 $k_1\boldsymbol{\eta}_1+k_2\boldsymbol{\eta}_2+\cdots+k_{n-r}\boldsymbol{\eta}_{n-r}(k_1,\ k_2,\ \cdots,\ k_{n-r}\in\mathbf{R})$.

4. n 元齐次线性方程组 $\boldsymbol{Ax}=\boldsymbol{0}$ 的基础解系及通解的求解方法——初等变换法.

(1)对系数矩阵 $\boldsymbol{A}$ 进行初等行变换化为最简行阶梯形矩阵；

(2)由未知量的个数 n 减去系数矩阵 $\boldsymbol{A}$ 的秩 r 得到自由未知量的个数 $n-r$，把其余未知量用自由未知量表示，得到原方程组的同解方程组；

(3)分别对 $n-r$ 个自由未知量赋值，用 $n-r$ 组数 $(1,\ 0,\ \cdots,\ 0)$，$(0,\ 1,\ \cdots,\ 0)$，…，$(0,\ 0,\ \cdots,\ 1)$ 依次代入同解方程组，从而求出原方程组线性无关的 $n-r$ 个解，即齐次线性方程组的基础解系 $\boldsymbol{\eta}_1$，$\boldsymbol{\eta}_2$，…，$\boldsymbol{\eta}_{n-r}$；

(4)基础解系的线性组合就是通解，为 $k_1\boldsymbol{\eta}_1+k_2\boldsymbol{\eta}_2+\cdots+k_{n-r}\boldsymbol{\eta}_{n-r}(k_1,\ k_2,\ \cdots,\ k_{n-r}\in\mathbf{R})$.

母题精练

1. 设 $\boldsymbol{\eta}_1$，$\boldsymbol{\eta}_2$ 是五元齐次线性方程组 $\boldsymbol{Ax}=\boldsymbol{0}$ 的基础解系，则 $r(\boldsymbol{A})=($　　$)$.

A. 1　　B. 2　　C. 3　　D. 4　　E. 5

2. 设 $\boldsymbol{A}$ 是 n 阶方阵，若对任意的 n 维向量 $\boldsymbol{x}$ 均满足 $\boldsymbol{Ax}=\boldsymbol{0}$，则(　　).

A. $\boldsymbol{A}=\boldsymbol{O}$　　B. $\boldsymbol{A}=\boldsymbol{E}$　　C. $r(\boldsymbol{A})=n$

D. $0<r(\boldsymbol{A})<n$　　E. $r(\boldsymbol{A})=1$

3. 设 $\boldsymbol{A}$ 为 n 阶方阵，$r(\boldsymbol{A})<n$，下列关于齐次线性方程组 $\boldsymbol{Ax}=\boldsymbol{0}$ 的叙述正确的是(　　).

A. $\boldsymbol{Ax}=\boldsymbol{0}$ 只有零解

B. $\boldsymbol{A}\boldsymbol{x}=\boldsymbol{0}$ 的基础解系含 $r(\boldsymbol{A})$ 个解向量

C. $\boldsymbol{A}\boldsymbol{x}=\boldsymbol{0}$ 的基础解系含 $n-r(\boldsymbol{A})$ 个解向量

D. $\boldsymbol{A}\boldsymbol{x}=\boldsymbol{0}$ 无解

E. $\boldsymbol{A}\boldsymbol{x}=\boldsymbol{0}$ 仅有一个非零解

4. 齐次线性方程组 $\begin{cases}x_1+2x_2+3x_3=0,\\-x_2+x_3-x_4=0\end{cases}$ 的基础解系所含解向量的个数为(　　).

A. 1　　B. 2　　C. 3　　D. 4　　E. 无法确定

5. 齐次线性方程组 $\begin{cases}x_1+x_3-5x_4=0,\\2x_1+x_2-3x_4=0,\\x_1+x_2-x_3+2x_4=0\end{cases}$ 的一个基础解系为(　　).

A. $\boldsymbol{\eta}_1=(-1,\ 2,\ 1,\ 0)^{\mathrm{T}}$，$\boldsymbol{\eta}_2=(5,\ -7,\ 0,\ 1)^{\mathrm{T}}$

B. $\boldsymbol{\eta}_1=(1,\ 2,\ 1,\ 0)^{\mathrm{T}}$，$\boldsymbol{\eta}_2=(5,\ -7,\ 0,\ 1)^{\mathrm{T}}$

C. $\boldsymbol{\eta}_1=(-1,\ 2,\ 1,\ 0)^{\mathrm{T}}$，$\boldsymbol{\eta}_2=(-5,\ -7,\ 0,\ 1)^{\mathrm{T}}$

D. $\boldsymbol{\eta}_1=(1,\ -2,\ 1,\ 0)^{\mathrm{T}}$，$\boldsymbol{\eta}_2=(-5,\ -7,\ 0,\ 1)^{\mathrm{T}}$

E. $\boldsymbol{\eta}_1=(1,\ -2,\ 1,\ 0)^{\mathrm{T}}$，$\boldsymbol{\eta}_2=(5,\ -7,\ 0,\ 1)^{\mathrm{T}}$

6. 设 $\boldsymbol{A}$ 是 5×4 阶矩阵，$\boldsymbol{A}=(\boldsymbol{\alpha}_1,\ \boldsymbol{\alpha}_2,\ \boldsymbol{\alpha}_3,\ \boldsymbol{\alpha}_4)$，且 $\boldsymbol{\eta}_1=(0,\ 2,\ 0,\ 4)^{\mathrm{T}}$，$\boldsymbol{\eta}_2=(3,\ 2,\ 5,\ 4)^{\mathrm{T}}$ 是 $\boldsymbol{A}\boldsymbol{x}=\boldsymbol{0}$ 的基础解系，则(　　).

A. $\boldsymbol{\alpha}_1$，$\boldsymbol{\alpha}_3$ 线性无关　　B. $\boldsymbol{\alpha}_2$，$\boldsymbol{\alpha}_4$ 线性无关

C. $\boldsymbol{\alpha}_1$ 不能被 $\boldsymbol{\alpha}_3$，$\boldsymbol{\alpha}_4$ 线性表示　　D. $\boldsymbol{\alpha}_4$ 能被 $\boldsymbol{\alpha}_2$，$\boldsymbol{\alpha}_3$ 线性表示

E. $\boldsymbol{\alpha}_1$，$\boldsymbol{\alpha}_2$，$\boldsymbol{\alpha}_3$ 线性无关

7. 齐次线性方程组 $\begin{cases}2x_1-3x_2+x_3+5x_4=0,\\-3x_1+x_2+2x_3-4x_4=0,\\-x_1-2x_2+3x_3+x_4=0\end{cases}$ 的通解为(　　).

A. $k_1(-1,\ 1,\ 1,\ 0)^{\mathrm{T}}+k_2(-1,\ 1,\ 0,\ 1)^{\mathrm{T}}$，$k_1$，$k_2\in\mathbf{R}$

B. $k_1(1,\ 1,\ 1,\ 0)^{\mathrm{T}}+k_2(-1,\ 1,\ 0,\ 1)^{\mathrm{T}}$，$k_1$，$k_2\in\mathbf{R}$

C. $k_1(1,\ -1,\ 1,\ 0)^{\mathrm{T}}+k_2(-1,\ 1,\ 0,\ 1)^{\mathrm{T}}$，$k_1$，$k_2\in\mathbf{R}$

D. $k_1(1,\ 1,\ 1,\ 0)^{\mathrm{T}}+k_2(-1,\ -1,\ 0,\ 1)^{\mathrm{T}}$，$k_1$，$k_2\in\mathbf{R}$

E. $k_1(-1,\ 1,\ 1,\ 0)^{\mathrm{T}}+k_2(-1,\ -1,\ 0,\ 1)^{\mathrm{T}}$，$k_1$，$k_2\in\mathbf{R}$

8. 齐次线性方程组 $\begin{cases}\lambda x_1+x_2+\lambda^2x_3=0,\\x_1+\lambda x_2+x_3=0,\\x_1+x_2+\lambda x_3=0\end{cases}$ 的系数矩阵记为 $\boldsymbol{A}$，若存在三阶矩阵 $\boldsymbol{B}\neq\boldsymbol{O}$ 使得 $\boldsymbol{AB}=\boldsymbol{O}$，则(　　).

A. $\lambda=-2$ 且 $|\boldsymbol{B}|=0$　　B. $\lambda=-2$ 且 $|\boldsymbol{B}|\neq0$

C. $\lambda=0$ 且 $|\boldsymbol{B}|=0$　　D. $\lambda=1$ 且 $|\boldsymbol{B}|\neq0$

E. $\lambda=1$ 且 $|\boldsymbol{B}|=0$

9. 设 $\boldsymbol{A}$ 为 $m\times n$ 阶矩阵，则对于齐次线性方程组 $\boldsymbol{A}\boldsymbol{x}=\boldsymbol{0}$，以下结论正确的是(　　).

A. 当 $m\geqslant n$ 时，方程组仅有零解

B. 当 $m<n$ 时，方程组有非零解，且基础解系中含 $n-m$ 个线性无关的解向量

C. 当 $\boldsymbol{A}$ 有 n 阶子式不为零，则方程组只有零解

D. 若 $\boldsymbol{A}$ 的所有 $n-1$ 阶子式不为零，则方程组只有零解

E. 以上选项均不正确

答案详解

1. C

【解析】由于 n 元齐次线性方程组 $\boldsymbol{Ax}=\boldsymbol{0}$ 的基础解系中所含解向量的个数等于 $n-r(\boldsymbol{A})$，本题中解向量的个数为 2，故 $r(\boldsymbol{A})=5-2=3$.

2. A

【解析】对任意的 n 维向量 $\boldsymbol{x}$ 均满足 $\boldsymbol{Ax}=\boldsymbol{0}$，则该方程组的基础解系中所含解向量的个数一定为 n，从而 $r(\boldsymbol{A})=n-n=0$，则 $\boldsymbol{A}=\boldsymbol{O}$.

3. C

【解析】对齐次线性方程组 $\boldsymbol{Ax}=\boldsymbol{0}$，由 $\boldsymbol{A}$ 为 n 阶方阵且 $r(\boldsymbol{A})<n$ 可得，$\boldsymbol{Ax}=\boldsymbol{0}$ 有无穷多个非零解，且基础解系的个数为 $n-r(\boldsymbol{A})$，即 $\boldsymbol{Ax}=\boldsymbol{0}$ 的基础解系含 $n-r(\boldsymbol{A})$ 个解向量.

4. B

【解析】系数矩阵 $\boldsymbol{A}=\begin{pmatrix}1 & 2 & 3 & 0\\0 & -1 & 1 & -1\end{pmatrix}$，$r(\boldsymbol{A})=2$，$n=4$，所以基础解系所含解向量的个数为

$$n-r(\boldsymbol{A})=4-2=2.$$

5. A

【解析】对该齐次线性方程组的系数矩阵 $\boldsymbol{A}$ 进行初等行变换，可得

$$\boldsymbol{A}=\begin{pmatrix}1 & 0 & 1 & -5\\2 & 1 & 0 & -3\\1 & 1 & -1 & 2\end{pmatrix}\to\begin{pmatrix}1 & 0 & 1 & -5\\0 & 1 & -2 & 7\\0 & 1 & -2 & 7\end{pmatrix}\to\begin{pmatrix}1 & 0 & 1 & -5\\0 & 1 & -2 & 7\\0 & 0 & 0 & 0\end{pmatrix},$$

则 $r(\boldsymbol{A})=2<4$，基础解系含有 2 个自由未知量.

原方程组等价于 $\begin{cases}x_1=-x_3+5x_4,\\x_2=2x_3-7x_4,\end{cases}$ 其中 x_3，x_4 为自由未知量，令 $\begin{pmatrix}x_3\\x_4\end{pmatrix}$ 分别为 $\begin{pmatrix}1\\0\end{pmatrix}$，$\begin{pmatrix}0\\1\end{pmatrix}$，依次代入上述等价方程组，可得方程组的一个基础解系为

$$\boldsymbol{\eta}_1=(-1,\ 2,\ 1,\ 0)^{\mathrm{T}},\ \boldsymbol{\eta}_2=(5,\ -7,\ 0,\ 1)^{\mathrm{T}}.$$

6. D

【解析】$\boldsymbol{A}$ 是 5×4 阶矩阵，且 $\boldsymbol{Ax}=\boldsymbol{0}$ 的基础解系中含有两个解向量，则一定有 $r(\boldsymbol{A})=4-2=2$，所以 E 项中三个向量必线性相关，E 项不正确；

因为 $\boldsymbol{A\eta}_1=\boldsymbol{0}$ 且 $\boldsymbol{A\eta}_2=\boldsymbol{0}$，即 $\begin{cases}2\boldsymbol{\alpha}_2+4\boldsymbol{\alpha}_4=\boldsymbol{0},\\3\boldsymbol{\alpha}_1+2\boldsymbol{\alpha}_2+5\boldsymbol{\alpha}_3+4\boldsymbol{\alpha}_4=\boldsymbol{0},\end{cases}$ 故有 $\begin{cases}\boldsymbol{\alpha}_2=-2\boldsymbol{\alpha}_4,\\\boldsymbol{\alpha}_1=-\dfrac{5}{3}\boldsymbol{\alpha}_3,\end{cases}$ 则 $\boldsymbol{\alpha}_1$，$\boldsymbol{\alpha}_3$ 线性相关，$\boldsymbol{\alpha}_2$，$\boldsymbol{\alpha}_4$ 线性相关，$\boldsymbol{\alpha}_1$ 能被 $\boldsymbol{\alpha}_3$，$\boldsymbol{\alpha}_4$ 线性表示，$\boldsymbol{\alpha}_4$ 能被 $\boldsymbol{\alpha}_2$，$\boldsymbol{\alpha}_3$ 线性表示，故 A、B、C 项不正确，D 项正确.

7. B

【解析】对该齐次线性方程组的系数矩阵进行初等行变换化为最简行阶梯形矩阵，可得

$$\begin{pmatrix}2&-3&1&5\\-3&1&2&-4\\-1&-2&3&1\end{pmatrix}\to\begin{pmatrix}-1&-2&3&1\\-3&1&2&-4\\2&-3&1&5\end{pmatrix}\to\begin{pmatrix}-1&-2&3&1\\0&7&-7&-7\\0&-7&7&7\end{pmatrix}\to\begin{pmatrix}1&0&-1&1\\0&1&-1&-1\\0&0&0&0\end{pmatrix},$$

所以原方程组等价于$\begin{cases}x_1=x_3-x_4,\\x_2=x_3+x_4,\end{cases}$其中 x_3，x_4 为自由未知量，令$\begin{pmatrix}x_3\\x_4\end{pmatrix}$分别为$\begin{pmatrix}1\\0\end{pmatrix}$，$\begin{pmatrix}0\\1\end{pmatrix}$，依次代入上述等价方程组，可得方程组的一个基础解系为

$$\boldsymbol{\eta}_1=(1,\ 1,\ 1,\ 0)^{\mathrm{T}},\ \boldsymbol{\eta}_2=(-1,\ 1,\ 0,\ 1)^{\mathrm{T}},$$

故方程组的通解为 $k_1(1,\ 1,\ 1,\ 0)^{\mathrm{T}}+k_2(-1,\ 1,\ 0,\ 1)^{\mathrm{T}}$，$k_1$，$k_2\in\mathbf{R}$.

8. E

【解析】根据题意，存在三阶矩阵 $\boldsymbol{B}\neq\boldsymbol{O}$ 使得 $\boldsymbol{AB}=\boldsymbol{O}$，即非零矩阵 $\boldsymbol{B}$ 的三个列向量都是齐次线性方程组 $\boldsymbol{Ax}=\mathbf{0}$ 的解向量，则齐次线性方程组 $\boldsymbol{Ax}=\mathbf{0}$ 必定有非零解，故有

$$|\boldsymbol{A}|=\begin{vmatrix}\lambda&1&\lambda^2\\1&\lambda&1\\1&1&\lambda\end{vmatrix}=(1-\lambda)^2=0,$$

解得 $\lambda=1$，则系数矩阵 $\boldsymbol{A}=\begin{pmatrix}1&1&1\\1&1&1\\1&1&1\end{pmatrix}\to\begin{pmatrix}1&1&1\\0&0&0\\0&0&0\end{pmatrix}$，$r(\boldsymbol{A})=1$.

所以齐次线性方程组 $\boldsymbol{Ax}=\mathbf{0}$ 的基础解系中含有解向量的个数为 $3-r(\boldsymbol{A})=3-1=2$，因此以解向量为列向量的矩阵 $\boldsymbol{B}$ 的秩 $r(\boldsymbol{B})\leqslant2<3$，故有 $|\boldsymbol{B}|=0$.

9. C

【解析】A 项：$m\geqslant n$，不能保证 $r(\boldsymbol{A})=n$，故方程组不一定仅有零解，A 项不正确；

B 项：当 $m<n$ 时，可以保证 $r(\boldsymbol{A})<n$，即方程组有非零解，但是不一定有 $r(\boldsymbol{A})=m$，故不能保证基础解系中含有 $n-m$ 个向量，B 项不正确；

C 项：若 $\boldsymbol{A}$ 有 n 阶子式不为零，则 $n\leqslant r(\boldsymbol{A})\leqslant\min\{m,\ n\}$，故 $r(\boldsymbol{A})=n$，因此 $\boldsymbol{Ax}=\mathbf{0}$ 只有零解，故 C 项正确，D 项不正确.

题型 52 非齐次线性方程组解的判定问题

母题精讲

母题 52 已知线性方程组$\begin{cases}x_1+3x_2+x_3=0,\\3x_1+2x_2+3x_3=-1,\\-x_1+4x_2+mx_3=k\end{cases}$有无穷多个解，则 m 和 k 的取值分别为(　　).

A. $m=-1$，$k=1$　　B. $m\neq-1$，$k=1$　　C. $m\neq-1$，$k\neq1$

D. $m=-1$，$k\neq1$　　E. $m=k=1$

【解析】对增广矩阵进行初等行变换化为行阶梯形矩阵，可得

$$\overline{\mathbf{A}}=\begin{pmatrix}1&3&1&0\\3&2&3&-1\\-1&4&m&k\end{pmatrix}\to\begin{pmatrix}1&3&1&0\\0&-7&0&-1\\0&7&m+1&k\end{pmatrix}\to\begin{pmatrix}1&3&1&0\\0&-7&0&-1\\0&0&m+1&k-1\end{pmatrix}.$$

根据非齐次线性方程组 $\mathbf{A}\boldsymbol{x}=\boldsymbol{b}$ 有无穷多个解的充要条件 $r(\mathbf{A})=r(\overline{\mathbf{A}})<3$，可得 $m+1=0$，$k-1=0$，即 $m=-1$，$k=1$.

【答案】A

母题技巧

对于 n 元非齐次线性方程组 $\mathbf{A}\boldsymbol{x}=\boldsymbol{b}$，首先把该线性方程组的增广矩阵 $\overline{\mathbf{A}}$ 通过初等行变换化为行阶梯形矩阵，比较增广矩阵 $\overline{\mathbf{A}}$ 的秩与系数矩阵 $\mathbf{A}$ 的秩的大小关系，分以下三种情况进行判定:

(1)方程组有唯一解 $\Leftrightarrow r(\mathbf{A})=r(\overline{\mathbf{A}})=n\Leftrightarrow\boldsymbol{b}$ 可由 $\mathbf{A}$ 的列向量组线性表示且表示法唯一.

(2)方程组有无穷多个解 $\Leftrightarrow r(\mathbf{A})=r(\overline{\mathbf{A}})<n\Leftrightarrow\boldsymbol{b}$ 可由 $\mathbf{A}$ 的列向量组线性表示且表示法不唯一.

(3)方程组无解 $\Leftrightarrow r(\mathbf{A})\neq r(\overline{\mathbf{A}})\Leftrightarrow\boldsymbol{b}$ 不能由 $\mathbf{A}$ 的列向量组线性表示.

特别地，如果非齐次线性方程组的系数矩阵是 n 阶方阵，可以根据克莱姆法则来判断唯一解的情况：若 $|\mathbf{A}|\neq0$，则非齐次线性方程组有唯一解；若系数矩阵的行列式 $|\mathbf{A}|=0$，则非齐次线性方程组可能有无穷多解，也可能无解，因此 $|\mathbf{A}|=0$ 不能作为判断非齐次线性方程组有无穷多解的依据. 此时，对增广矩阵进行初等行变换求秩的判定方法更可靠些.

母题精练

1. 已知线性方程组 $\begin{cases}x_1+x_2+x_3=4,\\x_1+ax_2+x_3=3,\\2x_1+2ax_2=4\end{cases}$ 无解，则 $a=$(　　).

A. $-\dfrac{1}{2}$　　B. 0　　C. $\dfrac{1}{2}$　　D. 1　　E. -1

2. 设 $\mathbf{A}$ 是 $m\times n$ 阶矩阵，则非齐次线性方程组 $\mathbf{A}\boldsymbol{x}=\boldsymbol{b}$ 有解的充分条件是(　　).

A. $r(\mathbf{A})=m$
B. $\mathbf{A}$ 的行向量组线性相关
C. $r(\mathbf{A})=n$
D. $\mathbf{A}$ 的列向量组线性相关
E. $r(\overline{\mathbf{A}})=n$

3. 已知 n 元非齐次线性方程组 $\mathbf{A}\boldsymbol{x}=\boldsymbol{b}$ 系数矩阵的行列式 $|\mathbf{A}|=0$，则(　　).

A. 方程组有无穷多解
B. 方程组无解
C. 方程组有唯一解或无穷多解
D. 方程组可能无解，也可能有无穷多解
E. 无法判断

4. 线性方程组$\begin{cases}2x_1+\lambda x_2-x_3=1,\\ \lambda x_1-x_2+x_3=2,\\ 4x_1+5x_2-5x_3=-1\end{cases}$有唯一解，则$\lambda$的取值为(　　).

A. $\lambda\neq1$　　B. $\lambda=-\frac{4}{5}$　　C. $\lambda=1$或$\lambda=-\frac{4}{5}$

D. $\lambda\neq1$且$\lambda\neq-\frac{4}{5}$　　E. 无法确定

5. 设方程组$\begin{pmatrix}a&1&1\\1&a&1\\1&1&a\end{pmatrix}\begin{pmatrix}x_1\\x_2\\x_3\end{pmatrix}=\begin{pmatrix}1\\1\\-2\end{pmatrix}$有无穷多个解，则$a=$(　　).

A. 1或-2　　B. -2　　C. -1或2

D. 2　　E. 1

6. 设$\boldsymbol{A}=\begin{pmatrix}1&a&0&0\\0&1&a&0\\0&0&1&a\\a&0&0&1\end{pmatrix}$，$\boldsymbol{b}=\begin{pmatrix}1\\-1\\0\\0\end{pmatrix}$，已知线性方程组$\boldsymbol{Ax}=\boldsymbol{b}$有无穷多解，则$a=$(　　).

A. 1或-1　　B. 1　　C. -1

D. 2　　E. -2

7. 设$\boldsymbol{A}=\begin{pmatrix}1+\lambda&1&1\\1&1+\lambda&1\\1&1&1+\lambda\end{pmatrix}$，$\boldsymbol{b}=\begin{pmatrix}0\\3\\\lambda\end{pmatrix}$，已知线性方程组$\boldsymbol{Ax}=\boldsymbol{b}$存在两个不同的解，则$\lambda$的取值为(　　).

A. $\lambda=-3$　　B. $\lambda=0$　　C. $\lambda\neq0$

D. $\lambda=-3$或$\lambda=0$　　E. $\lambda\neq-3$

8. 非齐次线性方程组$\boldsymbol{Ax}=\boldsymbol{b}$的系数矩阵是$4\times5$阶矩阵，且$\boldsymbol{A}$的行向量组线性无关，则以下命题错误的是(　　).

A. 齐次线性方程组$\boldsymbol{Ax}=\boldsymbol{0}$必有非零解

B. 齐次线性方程组$\boldsymbol{A}^{\mathrm{T}}\boldsymbol{x}=\boldsymbol{0}$仅有零解

C. 齐次线性方程组$\boldsymbol{A}^{\mathrm{T}}\boldsymbol{Ax}=\boldsymbol{0}$必有非零解

D. 对任意列向量$\boldsymbol{b}$，方程组$\boldsymbol{Ax}=\boldsymbol{b}$必有无穷多个解

E. 对任意列向量$\boldsymbol{b}$，方程组$\boldsymbol{A}^{\mathrm{T}}\boldsymbol{x}=\boldsymbol{b}$必有唯一解

答案详解

1. D

【解析】对增广矩阵进行初等行变换化为行阶梯形矩阵，可得

$$\overline{\boldsymbol{A}}=\begin{pmatrix}1&1&1&4\\1&a&1&3\\2&2a&0&4\end{pmatrix}\to\begin{pmatrix}1&1&1&4\\0&a-1&0&-1\\0&2a-2&-2&-4\end{pmatrix}\to\begin{pmatrix}1&1&1&4\\0&a-1&0&-1\\0&0&-1&-1\end{pmatrix},$$

根据线性方程组 $\boldsymbol{Ax}=\boldsymbol{b}$ 无解的充要条件：$r(\boldsymbol{A})\neq r(\overline{\boldsymbol{A}})$，则必有 $a-1=0$，即 $a=1$.

2. A

【解析】非齐次线性方程组 $\boldsymbol{Ax}=\boldsymbol{b}$ 有解的充分必要条件是 $r(\boldsymbol{A})=r(\overline{\boldsymbol{A}})$，由于 $\overline{\boldsymbol{A}}$ 是 $m\times(n+1)$ 阶矩阵，故有 $r(\boldsymbol{A})\leqslant r(\overline{\boldsymbol{A}})\leqslant m$.

如果 $r(\boldsymbol{A})=m$，则必有 $r(\boldsymbol{A})=r(\overline{\boldsymbol{A}})=m$，所以非齐次线性方程组 $\boldsymbol{Ax}=\boldsymbol{b}$ 有解，故A项是方程组有解的充分条件.

B项：$\boldsymbol{A}$ 的行向量组线性相关，则 $r(\boldsymbol{A})<m$，不能保证 $r(\boldsymbol{A})=r(\overline{\boldsymbol{A}})$，故B项不充分；

C项：$r(\boldsymbol{A})=n$，也不能保证 $r(\boldsymbol{A})=r(\overline{\boldsymbol{A}})$，故C项不充分；

D项：$\boldsymbol{A}$ 的列向量组线性相关，则 $r(\boldsymbol{A})<n$，也不能保证 $r(\boldsymbol{A})=r(\overline{\boldsymbol{A}})$，故D项不充分；

E项：$r(\overline{\boldsymbol{A}})=n$，得不出 $\boldsymbol{A}$ 的秩，故不能保证 $r(\boldsymbol{A})=r(\overline{\boldsymbol{A}})$，故E项不充分.

3. D

【解析】非齐次线性方程组 $\boldsymbol{Ax}=\boldsymbol{b}$ 系数矩阵的行列式 $|\boldsymbol{A}|=0$，则一定有 $r(\boldsymbol{A})<n$. 此时有两种情况：如果 $r(\boldsymbol{A})=r(\overline{\boldsymbol{A}})<n$，则方程组有无穷多个解；如果 $r(\boldsymbol{A})<r(\overline{\boldsymbol{A}})$，则方程组无解．故方程组可能无解，也可能有无穷多解.

4. D

【解析】观察可知，线性方程组的系数矩阵 $\boldsymbol{A}$ 为方阵，根据克莱姆法则，可得

$$|\boldsymbol{A}|=\begin{vmatrix}2&\lambda&-1\\\lambda&-1&1\\4&5&-5\end{vmatrix}=5\lambda^2-\lambda-4=(\lambda-1)(5\lambda+4),$$

线性方程组 $\boldsymbol{Ax}=\boldsymbol{b}$ 有唯一解 $\Leftrightarrow|\boldsymbol{A}|\neq0$，解得 $\lambda\neq1$ 且 $\lambda\neq-\dfrac{4}{5}$.

5. B

【解析】方法一：系数矩阵为方阵，由于方程组有无穷多解，则系数矩阵 $\boldsymbol{A}$ 的行列式为零，可得

$$|\boldsymbol{A}|=\begin{vmatrix}a&1&1\\1&a&1\\1&1&a\end{vmatrix}=(a-1)^2(a+2)=0,$$

解得 $a=1$ 或 $a=-2$. 但要注意，排除使得方程组无解的情况. 由于方程组有无穷多个解，则一定有 $r(\boldsymbol{A})=r(\overline{\boldsymbol{A}})<3$，当 $a=1$ 时，对增广矩阵进行初等行变换，为

$$\overline{\boldsymbol{A}}=\begin{pmatrix}1&1&1&1\\1&1&1&1\\1&1&1&-2\end{pmatrix}\to\begin{pmatrix}1&1&1&1\\0&0&0&-3\\0&0&0&0\end{pmatrix},$$

此时 $r(\boldsymbol{A})=1\neq r(\overline{\boldsymbol{A}})$，方程组无解. 验证 $a=-2$，可知有解，故只有 $a=-2$.

方法二：对方程组的增广矩阵$\overline{A}$进行初等行变换，化为行阶梯形矩阵，可得

$$\overline{A}=\begin{pmatrix}a&1&1&1\\1&a&1&1\\1&1&a&-2\end{pmatrix}\to\begin{pmatrix}1&1&a&-2\\1&a&1&1\\a&1&1&1\end{pmatrix}$$

$$\to\begin{pmatrix}1&1&a&-2\\0&a-1&1-a&3\\0&1-a&1-a^2&1+2a\end{pmatrix}\to\begin{pmatrix}1&1&a&-2\\0&a-1&1-a&3\\0&0&(1-a)(2+a)&4+2a\end{pmatrix}.$$

原方程组有无穷多个解$\Leftrightarrow r(\boldsymbol{A})=r(\overline{\boldsymbol{A}})<3$，因此一定有$(1-a)(2+a)=4+2a=0$，但$a-1\neq0$，解得$a=-2$.

【注意】若非齐次线性方程组有无穷多解，则$|\boldsymbol{A}|=0$，求出参数的值后，要注意排除使得方程组无解的情况，如本题中方法一需要排除$a=1$的情况. 遇到这类题型，建议直接对增广矩阵进行初等行变换，通过判断增广矩阵和系数矩阵秩的关系进行求解，如方法二.

6. C

【解析】对方程组的增广矩阵$\overline{A}$进行初等行变换化为行阶梯形矩阵，可得

$$\overline{A}=\begin{pmatrix}1&a&0&0&1\\0&1&a&0&-1\\0&0&1&a&0\\a&0&0&1&0\end{pmatrix}\to\begin{pmatrix}1&a&0&0&1\\0&1&a&0&-1\\0&0&1&a&0\\0&-a^2&0&1&-a\end{pmatrix}$$

$$\to\begin{pmatrix}1&a&0&0&1\\0&1&a&0&-1\\0&0&1&a&0\\0&0&a^3&1&-a-a^2\end{pmatrix}\to\begin{pmatrix}1&a&0&0&1\\0&1&a&0&-1\\0&0&1&a&0\\0&0&0&1-a^4&-a-a^2\end{pmatrix}.$$

原方程组有无穷多个解$\Leftrightarrow r(\boldsymbol{A})=r(\overline{\boldsymbol{A}})<4$，因此$1-a^4=-a-a^2=0$，解得$a=-1$.

7. A

【解析】因为线性方程组$\boldsymbol{Ax}=\boldsymbol{b}$存在两个不同的解，所以$r(\boldsymbol{A})<3$，即$|\boldsymbol{A}|=0$，解得$\lambda=0$或$\lambda=-3$.

当$\lambda=0$时，$\overline{\boldsymbol{A}}=\begin{pmatrix}1&1&1&0\\1&1&1&3\\1&1&1&0\end{pmatrix}\to\begin{pmatrix}1&1&1&0\\0&0&0&3\\0&0&0&0\end{pmatrix}$，显然$r(\boldsymbol{A})\neq r(\overline{\boldsymbol{A}})$，此时方程组无解，所以$\lambda\neq0$.

当$\lambda=-3$时，$\overline{\boldsymbol{A}}=\begin{pmatrix}-2&1&1&0\\1&-2&1&3\\1&1&-2&-3\end{pmatrix}\to\begin{pmatrix}1&0&-1&-1\\0&1&-1&-2\\0&0&0&0\end{pmatrix}$，显然$r(\boldsymbol{A})=r(\overline{\boldsymbol{A}})=2<3$，此时方程有无数多个解，故存在两个不同的解.

8. E

【解析】因为系数矩阵的秩$r(\boldsymbol{A})=\boldsymbol{A}$的行秩$=\boldsymbol{A}$的列秩，由于$\boldsymbol{A}$的行向量组线性无关，则$r(\boldsymbol{A})=4<5$，而未知数个数为5，所以$\boldsymbol{Ax}=\boldsymbol{0}$必有非零解，故A项正确.

因为$\boldsymbol{A}^{\mathrm{T}}$是$5\times4$阶矩阵，$r(\boldsymbol{A}^{\mathrm{T}})=r(\boldsymbol{A})=4$，而未知数个数为4，所以齐次线性方程组只有零解，故B项正确；

因为 $A^{T}A$ 是五阶矩阵，由于 $r(A^{T}A)\leqslant r(A)=4<5$，所以齐次线性方程组 $A^{T}Ax=\mathbf{0}$ 必有非零解，故C项正确；

因为 A 是 4×5 阶矩阵，A 的行向量组线性无关，那么添加分量后仍线性无关，所以从行向量来看，必有 $r(A)=r(\overline{A})=4<5$，即 $Ax=b$ 必有无穷多解，故D项正确；

因为 A^{T}是 5×4 阶矩阵，$r(A^{T})=4$，但 $r(\overline{A^{T}})$ 有可能等于5，此时方程组无解，故E项不正确.

题型 53　非齐次线性方程组的通解问题

母题精讲

母题 53　设 r_1，r_2 是线性方程组 $Ax=\beta$ 的两个不同的解，η_1，η_2 是导出组 $Ax=\mathbf{0}$ 的一个基础解系，c_1，c_2 是两个任意常数，则 $Ax=\beta$ 的通解是(　　).

A. $c_1\eta_1+c_2(\eta_1-\eta_2)+\dfrac{r_1-r_2}{2}$　　B. $c_1\eta_1+c_2(\eta_1-\eta_2)+\dfrac{r_1+r_2}{2}$

C. $c_1\eta_1+c_2(r_1-r_2)+\dfrac{r_1-r_2}{2}$　　D. $c_1\eta_1+c_2(r_1-r_2)+\dfrac{r_1+r_2}{2}$

E. $c_1\eta_1+c_2\eta_2+\dfrac{r_1-r_2}{2}$

【解析】根据非齐次线性方程组通解的结构，非齐次线性方程组的通解等于其导出组的通解与非齐次线性方程组的一个特解之和.

A项：η_1，$\eta_1-\eta_2$，$\dfrac{r_1-r_2}{2}$都是其导出组的解，而没有非齐次线性方程组的特解，所以A项不正确.

C项：η_1 和 r_1-r_2 虽然都是导出组的解，但是不一定线性无关，从而不一定是导出组的基础解系，则 $c_1\eta_1+c_2(r_1-r_2)$不一定是导出组的通解，并且$\dfrac{r_1-r_2}{2}$也不是非齐次线性方程组的特解，所以C项不正确.

D项：同C项，η_1 和 r_1-r_2 虽然都是导出组的解，但是不一定线性无关，从而不一定是导出组的基础解系，则 $c_1\eta_1+c_2(r_1-r_2)$不一定是导出组的通解，所以D项也不正确.

E项：同A项，$\dfrac{r_1-r_2}{2}$是其导出组的解，而不是非齐次线性方程组的特解，所以E项也不正确.

B项：η_1，$\eta_1-\eta_2$ 都是导出组的解，$A\left(\dfrac{r_1+r_2}{2}\right)=\dfrac{1}{2}A(r_1+r_2)=\beta$，可得$\dfrac{r_1+r_2}{2}$为非齐次线性方程组的特解，所以B项正确.

【答案】B

母题技巧

1. 非齐次线性方程组 $\boldsymbol{Ax}=\boldsymbol{b}$ 解的性质.

(1)如果 $\boldsymbol{\eta}_1$，$\boldsymbol{\eta}_2$ 为非齐次线性方程组 $\boldsymbol{Ax}=\boldsymbol{b}$ 的两个解，则 $\boldsymbol{\eta}_1-\boldsymbol{\eta}_2$ 为 $\boldsymbol{Ax}=\boldsymbol{0}$ 的解.

(2)如果 $\boldsymbol{\eta}_1$ 为非齐次线性方程组 $\boldsymbol{Ax}=\boldsymbol{b}$ 的解，$\boldsymbol{\eta}_2$ 为齐次线性方程组 $\boldsymbol{Ax}=\boldsymbol{0}$ 的解，则 $\boldsymbol{\eta}_1+\boldsymbol{\eta}_2$ 为非齐次线性方程组 $\boldsymbol{Ax}=\boldsymbol{b}$ 的解.

利用以上两个性质可以构造出非齐次线性方程组的特解及其导出组的特解.

2. 非齐次线性方程组 $\boldsymbol{Ax}=\boldsymbol{b}$ 的通解可以表示成其导出组(齐次线性方程组)的通解与该非齐次线性方程组的一个特解的和.具体求解步骤如下：

(1)利用初等行变换把增广矩阵 $\overline{\boldsymbol{A}}$ 化为最简行阶梯形矩阵，求出其导出组(齐次线性方程组)的基础解系 $\boldsymbol{\eta}_1$，$\boldsymbol{\eta}_2$，…，$\boldsymbol{\eta}_{n-r}$，得到其导出组的通解 $k_1\boldsymbol{\eta}_1+k_2\boldsymbol{\eta}_2+\cdots+k_{n-r}\boldsymbol{\eta}_{n-r}$；

(2)根据初等行变换后的同解方程组，赋一个特殊值求出非齐次线性方程组的一个特解 $\boldsymbol{\xi}^*$，则原非齐次线性方程组的通解可表示为 $k_1\boldsymbol{\eta}_1+k_2\boldsymbol{\eta}_2+\cdots+k_{n-r}\boldsymbol{\eta}_{n-r}+\boldsymbol{\xi}^*$.

母题精练

1. 设 $\boldsymbol{\alpha}$ 是齐次线性方程组 $\boldsymbol{Ax}=\boldsymbol{0}$ 的解，而 $\boldsymbol{\beta}$ 是非齐次线性方程组 $\boldsymbol{Ax}=\boldsymbol{b}$ 的解，则 $\boldsymbol{A}(3\boldsymbol{\alpha}+2\boldsymbol{\beta})=$(　　).

A. $\boldsymbol{0}$　　B. $\boldsymbol{b}$　　C. $2\boldsymbol{b}$　　D. $3\boldsymbol{b}$　　E. $5\boldsymbol{b}$

2. 设 $\boldsymbol{\alpha}$ 是非齐次线性方程组 $\boldsymbol{Ax}=\boldsymbol{b}$ 的解，$\boldsymbol{\beta}$ 是其导出组 $\boldsymbol{Ax}=\boldsymbol{0}$ 的解，则以下结论正确的是(　　).

A. $\boldsymbol{\alpha}+\boldsymbol{\beta}$ 是 $\boldsymbol{Ax}=\boldsymbol{0}$ 的解

B. $\boldsymbol{\alpha}+\boldsymbol{\beta}$ 是 $\boldsymbol{Ax}=\boldsymbol{b}$ 的解

C. $\boldsymbol{\beta}-\boldsymbol{\alpha}$ 是 $\boldsymbol{Ax}=\boldsymbol{b}$ 的解

D. $\boldsymbol{\alpha}-\boldsymbol{\beta}$ 是 $\boldsymbol{Ax}=\boldsymbol{0}$ 的解

E. $2\boldsymbol{\alpha}+3\boldsymbol{\beta}$ 是 $\boldsymbol{Ax}=\boldsymbol{b}$ 的解

3. 设 $\boldsymbol{\eta}_1$，$\boldsymbol{\eta}_2$ 是非齐次线性方程组 $\boldsymbol{Ax}=\boldsymbol{b}$ 的两个不同的解，则(　　).

A. $\boldsymbol{\eta}_1+\boldsymbol{\eta}_2$ 是 $\boldsymbol{Ax}=\boldsymbol{b}$ 的解

B. $\boldsymbol{\eta}_1-\boldsymbol{\eta}_2$ 是 $\boldsymbol{Ax}=\boldsymbol{b}$ 的解

C. $\boldsymbol{\eta}_1+\boldsymbol{\eta}_2$ 是 $\boldsymbol{Ax}=\boldsymbol{0}$ 的解

D. $2\boldsymbol{\eta}_1-3\boldsymbol{\eta}_2$ 是 $\boldsymbol{Ax}=\boldsymbol{b}$ 的解

E. $3\boldsymbol{\eta}_1-2\boldsymbol{\eta}_2$ 是 $\boldsymbol{Ax}=\boldsymbol{b}$ 的解

4. 非齐次线性方程组 $\boldsymbol{Ax}=\boldsymbol{b}$ 的增广矩阵经过初等行变换化为 $\begin{pmatrix}1&0&0&0&2\\0&1&0&0&2\\0&0&1&2&-2\end{pmatrix}$，则方程组的通解是(　　).

A. $(1,2,-2,0)^{\mathrm{T}}+c(0,0,-2,1)^{\mathrm{T}}$，$c$ 为任意常数

B. $(1,1,-1,0)^{\mathrm{T}}+c(0,1,-2,1)^{\mathrm{T}}$，$c$ 为任意常数

C. $(2,2,-2,0)^{\mathrm{T}}+c(0,0,-2,1)^{\mathrm{T}}$，$c$ 为任意常数

D. $(2,2,2,0)^{\mathrm{T}}+c(1,-1,-2,1)^{\mathrm{T}}$，$c$ 为任意常数

E. $(-2,-2,2,0)^{\mathrm{T}}+c(1,0,-2,1)^{\mathrm{T}}$，$c$ 为任意常数

5. 设四阶矩阵 $\boldsymbol{A}$ 的秩为 3，$\boldsymbol{\eta}_1$，$\boldsymbol{\eta}_2$ 为非齐次线性方程组 $\boldsymbol{Ax}=\boldsymbol{b}$ 的两个不同的解，c 为任意常数，则该方程组的通解为（　　）.

A. $\boldsymbol{\eta}_1+c\dfrac{\boldsymbol{\eta}_1-\boldsymbol{\eta}_2}{2}$　　B. $\dfrac{\boldsymbol{\eta}_1-\boldsymbol{\eta}_2}{2}+c\boldsymbol{\eta}_1$　　C. $\boldsymbol{\eta}_1+c\dfrac{\boldsymbol{\eta}_1+\boldsymbol{\eta}_2}{2}$

D. $\dfrac{\boldsymbol{\eta}_1+\boldsymbol{\eta}_2}{2}+c\boldsymbol{\eta}_1$　　E. $\boldsymbol{\eta}_2+c\dfrac{\boldsymbol{\eta}_1+\boldsymbol{\eta}_2}{2}$

6. 设四元非齐次线性方程组 $\boldsymbol{Ax}=\boldsymbol{b}$ 的三个解分别为 $\boldsymbol{\alpha}_1$，$\boldsymbol{\alpha}_2$，$\boldsymbol{\alpha}_3$，已知 $\boldsymbol{\alpha}_1=(1,2,3,4)^{\mathrm{T}}$，$\boldsymbol{\alpha}_2+\boldsymbol{\alpha}_3=(3,5,7,9)^{\mathrm{T}}$，$r(\boldsymbol{A})=3$，则方程组 $\boldsymbol{Ax}=\boldsymbol{b}$ 的通解是（　　）.

A. $(1,2,3,4)^{\mathrm{T}}+k(2,3,4,5)^{\mathrm{T}}$，$k$ 为任意常数

B. $(1,2,3,4)^{\mathrm{T}}+k(1,1-1,-1)^{\mathrm{T}}$，$k$ 为任意常数

C. $(1,2,3,4)^{\mathrm{T}}+k(3,5,7,9)^{\mathrm{T}}$，$k$ 为任意常数

D. $(1,2,3,4)^{\mathrm{T}}+k(1,1,1,1)^{\mathrm{T}}$，$k$ 为任意常数

E. $(1,2,3,4)^{\mathrm{T}}+k(1,-1,-1,1)^{\mathrm{T}}$，$k$ 为任意常数

7. 已知非齐次线性方程组 $\begin{cases}2x_1+3x_2+x_3=4,\\x_1-2x_2+4x_3=-5,\\3x_1+8x_2-2x_3=13,\\4x_1-x_2+9x_3=-6,\end{cases}$ 则方程组的通解为（　　）.

A. $k(2,1,1)^{\mathrm{T}}+(-1,2,0)^{\mathrm{T}}$，$k$ 为任意常数

B. $k(-2,1,1)^{\mathrm{T}}+(-1,2,0)^{\mathrm{T}}$，$k$ 为任意常数

C. $k(-2,1,1)^{\mathrm{T}}+(2,-1,0)^{\mathrm{T}}$，$k$ 为任意常数

D. $k(-2,-1,1)^{\mathrm{T}}+(2,-1,0)^{\mathrm{T}}$，$k$ 为任意常数

E. $k(-2,1,-1)^{\mathrm{T}}+(-2,-1,0)^{\mathrm{T}}$，$k$ 为任意常数

答案详解

1. C

【解析】根据线性方程组的解的性质，可得

$$\boldsymbol{A}(3\boldsymbol{\alpha}+2\boldsymbol{\beta})=\boldsymbol{A}(3\boldsymbol{\alpha})+\boldsymbol{A}(2\boldsymbol{\beta})=3\boldsymbol{A\alpha}+2\boldsymbol{A\beta}=3\times\boldsymbol{0}+2\times\boldsymbol{b}=2\boldsymbol{b}.$$

2. B

【解析】根据线性方程组的解的性质可得，$\boldsymbol{\alpha}+\boldsymbol{\beta}$ 是 $\boldsymbol{Ax}=\boldsymbol{b}$ 的解，$\boldsymbol{\beta}-\boldsymbol{\alpha}$ 是 $\boldsymbol{Ax}=-\boldsymbol{b}$ 的解，$\boldsymbol{\alpha}-\boldsymbol{\beta}$ 是 $\boldsymbol{Ax}=\boldsymbol{b}$ 的解，$2\boldsymbol{\alpha}+3\boldsymbol{\beta}$ 是 $\boldsymbol{Ax}=2\boldsymbol{b}$ 的解.

3. E

【解析】根据线性方程组的解的性质可得，$\boldsymbol{\eta}_1+\boldsymbol{\eta}_2$ 是 $\boldsymbol{Ax}=2\boldsymbol{b}$ 的解，$\boldsymbol{\eta}_1-\boldsymbol{\eta}_2$ 是 $\boldsymbol{Ax}=\boldsymbol{0}$ 的解，$2\boldsymbol{\eta}_1-3\boldsymbol{\eta}_2$ 是 $\boldsymbol{Ax}=-\boldsymbol{b}$ 的解，$3\boldsymbol{\eta}_1-2\boldsymbol{\eta}_2$ 是 $\boldsymbol{Ax}=\boldsymbol{b}$ 的解.

4. C

【解析】根据题意，增广矩阵 $\overline{\boldsymbol{A}}\to\begin{pmatrix}1&0&0&0&2\\0&1&0&0&2\\0&0&1&2&-2\end{pmatrix}$，显然 $r(\boldsymbol{A})=r(\overline{\boldsymbol{A}})=3$，则导出组 $\boldsymbol{Ax}=\boldsymbol{0}$

中含有一个自由未知量 x_4，令 $x_4=1$，可得导出组 $\boldsymbol{A}\boldsymbol{x}=\boldsymbol{0}$ 的基础解系为 $\boldsymbol{\eta}=(0,0,-2,1)^{\mathrm{T}}$. 再令 $x_4=0$ 可求得非齐次线性方程组 $\boldsymbol{A}\boldsymbol{x}=\boldsymbol{b}$ 的一个特解 $(2,2,-2,0)^{\mathrm{T}}$，所以 $\boldsymbol{A}\boldsymbol{x}=\boldsymbol{b}$ 的通解为 $(2,2,-2,0)^{\mathrm{T}}+c(0,0,-2,1)^{\mathrm{T}}$，$c$ 为任意常数.

5. A

【解析】由于四阶矩阵 $\boldsymbol{A}$ 的秩为 3，则齐次线性方程组 $\boldsymbol{A}\boldsymbol{x}=\boldsymbol{0}$ 的基础解系中含有解向量的个数为 $4-3=1$，所以只需要求得齐次线性方程组的一个非零特解，就可以构成基础解系.

$\boldsymbol{\eta}_1$，$\boldsymbol{\eta}_2$ 为非齐次线性方程组 $\boldsymbol{A}\boldsymbol{x}=\boldsymbol{b}$ 的两个不同的解，则

$$\boldsymbol{A}\left(\frac{\boldsymbol{\eta}_1-\boldsymbol{\eta}_2}{2}\right)=\frac{1}{2}(\boldsymbol{A}\boldsymbol{\eta}_1-\boldsymbol{A}\boldsymbol{\eta}_2)=\frac{1}{2}(\boldsymbol{b}-\boldsymbol{b})=\boldsymbol{0},$$

所以，$\dfrac{\boldsymbol{\eta}_1-\boldsymbol{\eta}_2}{2}$ 为导出组 $\boldsymbol{A}\boldsymbol{x}=\boldsymbol{0}$ 的一个非零特解，因此齐次线性方程组 $\boldsymbol{A}\boldsymbol{x}=\boldsymbol{0}$ 的基础解系为 $\dfrac{\boldsymbol{\eta}_1-\boldsymbol{\eta}_2}{2}$；由 $\boldsymbol{A}\boldsymbol{x}=\boldsymbol{b}$ 通解的结构，可知其通解为 $\boldsymbol{\eta}_1+c\dfrac{\boldsymbol{\eta}_1-\boldsymbol{\eta}_2}{2}$.

6. D

【解析】由于四阶矩阵 $\boldsymbol{A}$ 的秩为 3，因此齐次线性方程组 $\boldsymbol{A}\boldsymbol{x}=\boldsymbol{0}$ 的基础解系中含有解向量的个数为 $4-3=1$，所以只需要求得齐次线性方程组的一个非零特解，就可以构成基础解系.

因为 $\boldsymbol{\alpha}_1$，$\boldsymbol{\alpha}_2$，$\boldsymbol{\alpha}_3$ 为非齐次线性方程组 $\boldsymbol{A}\boldsymbol{x}=\boldsymbol{b}$ 的三个解，则一定有 $\boldsymbol{A}\boldsymbol{\alpha}_1=\boldsymbol{A}\boldsymbol{\alpha}_2=\boldsymbol{A}\boldsymbol{\alpha}_3=\boldsymbol{b}$，从而有 $\boldsymbol{A}[(\boldsymbol{\alpha}_2+\boldsymbol{\alpha}_3)-2\boldsymbol{\alpha}_1]=\boldsymbol{A}(\boldsymbol{\alpha}_2+\boldsymbol{\alpha}_3)-\boldsymbol{A}(2\boldsymbol{\alpha}_1)=2\boldsymbol{b}-2\boldsymbol{b}=\boldsymbol{0}$，即向量 $\boldsymbol{\eta}=(\boldsymbol{\alpha}_2+\boldsymbol{\alpha}_3)-2\boldsymbol{\alpha}_1=(1,1,1,1)^{\mathrm{T}}$ 是其导出组 $\boldsymbol{A}\boldsymbol{x}=\boldsymbol{0}$ 的一个非零特解，也是 $\boldsymbol{A}\boldsymbol{x}=\boldsymbol{0}$ 的一个基础解系. 所以，非齐次线性方程组 $\boldsymbol{A}\boldsymbol{x}=\boldsymbol{b}$ 的通解为 $\boldsymbol{\alpha}_1+k[(\boldsymbol{\alpha}_2+\boldsymbol{\alpha}_3)-2\boldsymbol{\alpha}_1]$，即 $(1,2,3,4)^{\mathrm{T}}+k(1,1,1,1)^{\mathrm{T}}$，$k$ 为任意常数.

7. B

【解析】令齐次线性方程组的系数矩阵为 $\boldsymbol{A}$，增广矩阵为 $\overline{\boldsymbol{A}}$，对其进行初等行变换，有

$$\overline{\boldsymbol{A}}=\begin{pmatrix}2&3&1&4\\1&-2&4&-5\\3&8&-2&13\\4&-1&9&-6\end{pmatrix}\rightarrow\begin{pmatrix}1&-2&4&-5\\2&3&1&4\\3&8&-2&13\\4&-1&9&-6\end{pmatrix}\rightarrow\begin{pmatrix}1&-2&4&-5\\0&7&-7&14\\0&14&-14&28\\0&7&-7&14\end{pmatrix}\rightarrow\begin{pmatrix}1&0&2&-1\\0&1&-1&2\\0&0&0&0\\0&0&0&0\end{pmatrix},$$

显然 $r(\boldsymbol{A})=r(\overline{\boldsymbol{A}})=2<3$，所以方程组有无穷多解，且 $\boldsymbol{A}\boldsymbol{x}=\boldsymbol{b}$ 的同解方程组为

$$\begin{cases}x_1=-2x_3-1,\\x_2=x_3+2,\end{cases}$$

其中自由未知量为 x_3，令 $x_3=1$，故 $\boldsymbol{A}\boldsymbol{x}=\boldsymbol{0}$ 的通解为 $k(-2,1,1)^{\mathrm{T}}$，k 为任意常数；再令 $x_3=0$，代入同解方程组，可得 $\boldsymbol{A}\boldsymbol{x}=\boldsymbol{b}$ 的一个特解 $(-1,2,0)^{\mathrm{T}}$. 由非齐次线性方程组的通解的结构，可得 $\boldsymbol{A}\boldsymbol{x}=\boldsymbol{b}$ 的通解为 $k(-2,1,1)^{\mathrm{T}}+(-1,2,0)^{\mathrm{T}}$，$k$ 为任意常数.

线性代数 模考卷一

1. 行列式 $\begin{vmatrix} 2 & 1 & 4 & 1 \\ 3 & -1 & 2 & 1 \\ 1 & 2 & 3 & 2 \\ 5 & 0 & 6 & 2 \end{vmatrix}$ 的值为(　　).

A. 1　　B. −1　　C. 0　　D. 2　　E. −2

2. 行列式 $\begin{vmatrix} a^2 & ab & ac \\ ab & b^2 & bc \\ ac & bc & c^2 \end{vmatrix}=$(　　).

A. abc　　B. $a^2b^2c^2$　　C. ab^2c　　D. 1　　E. 0

3. 若 $D=\begin{vmatrix} a_{11} & a_{12} & a_{13} \\ a_{21} & a_{22} & a_{23} \\ a_{31} & a_{32} & a_{33} \end{vmatrix}=3$，则 $\begin{vmatrix} a_{31} & a_{32} & a_{33} \\ 2a_{21}-3a_{31} & 2a_{22}-3a_{32} & 2a_{23}-3a_{33} \\ a_{11} & a_{12} & a_{13} \end{vmatrix}=$(　　).

A. 6　　B. −9　　C. 9　　D. −3　　E. −6

4. 设 $\boldsymbol{A}$ 为四阶矩阵，$|\boldsymbol{A}|=2$，$\boldsymbol{A}^*$ 为 $\boldsymbol{A}$ 的伴随矩阵，若交换 $\boldsymbol{A}$ 的第二行与第三行得到矩阵 $\boldsymbol{B}$，则 $|\boldsymbol{B}\boldsymbol{A}^*|=$(　　).

A. 2　　B. −2　　C. 16　　D. −16　　E. −4

5. 设四阶方阵 $\boldsymbol{A}=(\boldsymbol{\alpha}_1,\boldsymbol{\alpha}_2,\boldsymbol{\alpha}_3,\boldsymbol{\alpha}_4)$，$\boldsymbol{B}=(\boldsymbol{\alpha}_1,\boldsymbol{\alpha}_2,\boldsymbol{\alpha}_3,\boldsymbol{\beta})$，其中 $\boldsymbol{\alpha}_1,\boldsymbol{\alpha}_2,\boldsymbol{\alpha}_3,\boldsymbol{\alpha}_4,\boldsymbol{\beta}$ 都是四维列向量，已知 $|\boldsymbol{A}|=-1$，$|\boldsymbol{B}|=2$，则行列式 $|\boldsymbol{A}-3\boldsymbol{B}|=$(　　).

A. 7　　B. −7　　C. 56　　D. −56　　E. −8

6. 设 $D=\begin{vmatrix} 3 & 1 & -1 & 2 \\ -5 & 1 & 3 & -4 \\ 2 & 0 & 1 & -1 \\ 1 & -5 & 3 & -3 \end{vmatrix}$，$A_{ij}$ 为 D 的第 i 行第 j 列元素的代数余子式，则 $A_{31}+3A_{32}-2A_{33}+2A_{34}$ 的值为(　　).

A. 24　　B. −24　　C. 0　　D. 2　　E. −2

7. 已知四阶行列式中第一行元素依次是−4，0，1，3，第三行元素的余子式依次为−2，5，1，x，则 $x=$(　　).

A. 0　　B. −3　　C. 3　　D. 2　　E. −2

8. 设 $\boldsymbol{A}=(a_{ij})_{3\times3}$ 是三阶方阵，且对任意的 $i,j=1,2,3$，都有 $a_{ij}=A_{ij}$，其中 A_{ij} 是元素 a_{ij} 的代数余子式，则行列式 $|\boldsymbol{A}|=$(　　).

A. 0　　B. 1　　C. −1

D. 0 或 1　　E. 0 或 −1

9. 已知 $\boldsymbol{A}$，$\boldsymbol{B}$ 均为 n 阶方阵，则必有(　　).

A. $(\boldsymbol{A}+\boldsymbol{B})^2=\boldsymbol{A}^2+2\boldsymbol{AB}+\boldsymbol{B}^2$

B. $(\boldsymbol{AB})^{\mathrm{T}}=\boldsymbol{A}^{\mathrm{T}}\boldsymbol{B}^{\mathrm{T}}$

C. $\boldsymbol{AB}=\boldsymbol{O}$ 时，$\boldsymbol{A}=\boldsymbol{O}$ 或 $\boldsymbol{B}=\boldsymbol{O}$

D. 若 $|\boldsymbol{A}+\boldsymbol{AB}|=0$，则 $|\boldsymbol{A}|=0$ 或 $|\boldsymbol{E}+\boldsymbol{B}|=0$

E. 若 $\boldsymbol{A}$，$\boldsymbol{B}$ 均可逆，则一定有 $(\boldsymbol{AB})^{-1}=\boldsymbol{A}^{-1}\boldsymbol{B}^{-1}$

10. 设矩阵 $\boldsymbol{A}$ 满足 $\boldsymbol{A}^2=\boldsymbol{O}$，则(　　).

A. $\boldsymbol{A}$ 不可逆但 $\boldsymbol{A}-\boldsymbol{E}$ 可逆

B. $\boldsymbol{A}$ 可逆但 $\boldsymbol{A}+\boldsymbol{E}$ 不可逆

C. $\boldsymbol{A}-\boldsymbol{E}$ 可逆但 $\boldsymbol{A}+\boldsymbol{E}$ 不可逆

D. $\boldsymbol{A}-\boldsymbol{E}$ 与 $\boldsymbol{A}+\boldsymbol{E}$ 都不可逆

E. $\boldsymbol{A}$ 与 $\boldsymbol{A}-\boldsymbol{E}$ 都不可逆

11. 已知矩阵 $\boldsymbol{A}=\begin{pmatrix}2&2&0\\2&1&3\\0&1&0\end{pmatrix}$，且 $\boldsymbol{AX}=\boldsymbol{A}+\boldsymbol{X}$，则矩阵 $\boldsymbol{X}=$(　　).

A. $\begin{pmatrix}2&-1&2\\4&-2&4\\2&-1&2\end{pmatrix}$

B. $\begin{pmatrix}-1&-2&0\\2&0&3\\0&1&-1\end{pmatrix}$

C. $\begin{pmatrix}2&-2&-6\\-2&0&3\\0&-1&-1\end{pmatrix}$

D. $\begin{pmatrix}-2&2&6\\2&0&-3\\2&-1&-3\end{pmatrix}$

E. $\begin{pmatrix}1&2&0\\2&0&-3\\0&1&-1\end{pmatrix}$

12. 已知矩阵 $\boldsymbol{A}=\boldsymbol{PQ}$，其中 $\boldsymbol{P}=\begin{pmatrix}1\\2\\1\end{pmatrix}$，$\boldsymbol{Q}=(2,\ -1,\ 2)$，则矩阵 $\boldsymbol{A}^{10}=$(　　).

A. $\begin{pmatrix}2&-1&2\\4&-2&4\\2&-1&2\end{pmatrix}$

B. $-2^{10}\begin{pmatrix}2&-1&2\\4&-2&4\\2&-1&2\end{pmatrix}$

C. $-2^{9}\begin{pmatrix}2&-1&2\\4&-2&4\\2&-1&2\end{pmatrix}$

D. $2^{10}\begin{pmatrix}2&-1&2\\4&-2&4\\2&-1&2\end{pmatrix}$

E. $2^{9}\begin{pmatrix}2&-1&2\\4&-2&4\\2&-1&2\end{pmatrix}$

13. 设 $\boldsymbol{A}$ 为三阶方阵，且 $\boldsymbol{A}^2-3\boldsymbol{A}-4\boldsymbol{E}=\boldsymbol{O}$，则(　　).

A. $|\boldsymbol{A}|=0$

B. 矩阵 $\boldsymbol{A}$ 可逆且 $\boldsymbol{A}^{-1}=-\frac{1}{4}\boldsymbol{A}-\frac{3}{4}\boldsymbol{E}$

C. 矩阵 $\boldsymbol{A}$ 可逆且 $\boldsymbol{A}^{-1}=\frac{1}{4}\boldsymbol{A}-\frac{3}{4}\boldsymbol{E}$

D. 矩阵 $\boldsymbol{A}$ 可逆且 $\boldsymbol{A}^{-1}=\frac{1}{4}\boldsymbol{A}+\frac{3}{4}\boldsymbol{E}$

E. 无法确定 $\boldsymbol{A}$ 是否可逆

14. 设 $\boldsymbol{A}^{-1}=(a_{ij})_{3\times3}$ 满足 $\boldsymbol{A}^*=\boldsymbol{A}^{\mathrm{T}}$，其中 $\boldsymbol{A}^*$ 为 $\boldsymbol{A}$ 的伴随矩阵，$\boldsymbol{A}^{\mathrm{T}}$ 为 $\boldsymbol{A}$ 的转置矩阵，若 a_{11}，a_{12}，a_{13} 为三个相等的正数，则 $a_{12}=$(　　).

A. $\frac{1}{3}$　　B. 3　　C. $\frac{\sqrt{3}}{3}$　　D. $\sqrt{3}$　　E. 0

15. 设矩阵 $\boldsymbol{A}=\begin{pmatrix}1&0&1\\0&2&0\\1&0&1\end{pmatrix}$，且矩阵 $\boldsymbol{X}$ 满足 $\boldsymbol{AX}+\boldsymbol{E}=\boldsymbol{A}^2+\boldsymbol{X}$，则矩阵 $\boldsymbol{X}=$(　　).

A. $\begin{pmatrix}0&0&1\\0&1&0\\1&0&0\end{pmatrix}$　B. $\begin{pmatrix}1&0&1\\0&1&0\\1&0&1\end{pmatrix}$　C. $\begin{pmatrix}2&0&1\\0&3&0\\1&0&2\end{pmatrix}$

D. $\begin{pmatrix}2&0&-1\\0&3&0\\-1&0&2\end{pmatrix}$　E. $\begin{pmatrix}2&0&1\\0&1&0\\1&0&2\end{pmatrix}$

16. 若矩阵 $\boldsymbol{A}=\begin{pmatrix}1&2&3\\2&-1&k\\0&1&1\end{pmatrix}$ 的秩为 2，则 $k=$(　　).

A. 0　B. 1　C. -1　D. 3　E. -3

17. 设 $\boldsymbol{A}=\begin{pmatrix}1&1&1&1\\0&1&-1&2\\2&3&1&4\\3&5&1&7\end{pmatrix}$，则 $r(\boldsymbol{A}^*)=$(　　).

A. 0　B. 1　C. 2　D. 3　E. 4

18. 设 $\boldsymbol{A}=\begin{pmatrix}1&1&2\\0&3&2\\0&0&-1\end{pmatrix}$，$\boldsymbol{B}=\begin{pmatrix}1&2&4&1\\2&4&8&2\\3&6&2&0\end{pmatrix}$，则 $r(\boldsymbol{AB})=$(　　).

A. 0　B. 1　C. 2　D. 3　E. 无法确定

19. 设三阶非零矩阵 $\boldsymbol{A}=(a_{ij})_{3\times3}$，$A_{ij}$ 为 a_{ij} 的代数余子式，若 $a_{ij}=-A_{ij}$，则 $r(\boldsymbol{A})=$(　　).

A. 0　B. 1　C. 2　D. 3　E. 无法确定

20. $\boldsymbol{A}=\begin{pmatrix}a_1\\a_2\\a_3\end{pmatrix}\neq\boldsymbol{0}$，$\boldsymbol{B}=(b_1,\ b_2,\ b_3)\neq\boldsymbol{0}$，则 $r(\boldsymbol{AB})=$(　　).

A. 0　B. 1　C. 2　D. 3　E. 无法确定

21. 向量组 $\boldsymbol{\alpha}_1$，$\boldsymbol{\alpha}_2$，…，$\boldsymbol{\alpha}_s$ 线性相关且秩为 r，则一定有(　　).

A. $r=s$　B. $r<s$　C. $r>s$

D. $s\leqslant r$　E. 无法确定 r 与 s 的大小关系

22. 设 $\boldsymbol{\alpha}=(1,\ k,\ 0)^{\mathrm{T}}$，$\boldsymbol{\beta}=(0,\ 1,\ k)^{\mathrm{T}}$，$\boldsymbol{\gamma}=(k,\ 0,\ 1)^{\mathrm{T}}$，如果向量组 $\boldsymbol{\alpha}$，$\boldsymbol{\beta}$，$\boldsymbol{\gamma}$ 线性相关，则实数 k 的取值为(　　).

A. 1　B. -1　C. 0　D. 2　E. -2

23. 设 $\boldsymbol{\alpha}_1=(1,\ 1,\ 1)^{\mathrm{T}}$，$\boldsymbol{\alpha}_2=(1,\ 2,\ 3)^{\mathrm{T}}$，$\boldsymbol{\alpha}_3=(1,\ 3,\ t)^{\mathrm{T}}$，若向量组 $\boldsymbol{\alpha}_1$，$\boldsymbol{\alpha}_2$，$\boldsymbol{\alpha}_3$ 线性无关，则 t 的取值为(　　).

A. $t\neq5$　B. $t=5$　C. $t\neq-5$　D. $t=-5$　E. $t=1$

24. 向量组 $\boldsymbol{\alpha}_1=(1,2,3,4)^T$，$\boldsymbol{\alpha}_2=(2,3,4,5)^T$，$\boldsymbol{\alpha}_3=(3,4,5,6)^T$，$\boldsymbol{\alpha}_4=(4,5,6,7)^T$ 的秩为(　　).

A. 0　　B. 1　　C. 2　　D. 3　　E. 4

25. 已知向量组 $\boldsymbol{\alpha}_1$，$\boldsymbol{\alpha}_2$，$\boldsymbol{\alpha}_3$ 线性无关，则下列向量组中，线性无关的是(　　).

A. $\boldsymbol{\alpha}_1+\boldsymbol{\alpha}_2$，$\boldsymbol{\alpha}_2+\boldsymbol{\alpha}_3$，$\boldsymbol{\alpha}_3-\boldsymbol{\alpha}_1$

B. $\boldsymbol{\alpha}_1+\boldsymbol{\alpha}_2$，$\boldsymbol{\alpha}_2+\boldsymbol{\alpha}_3$，$\boldsymbol{\alpha}_1+2\boldsymbol{\alpha}_2+\boldsymbol{\alpha}_3$

C. $\boldsymbol{\alpha}_1+2\boldsymbol{\alpha}_2$，$2\boldsymbol{\alpha}_2+3\boldsymbol{\alpha}_3$，$3\boldsymbol{\alpha}_3+\boldsymbol{\alpha}_1$

D. $\boldsymbol{\alpha}_1+\boldsymbol{\alpha}_2+\boldsymbol{\alpha}_3$，$2\boldsymbol{\alpha}_1-3\boldsymbol{\alpha}_2+22\boldsymbol{\alpha}_3$，$3\boldsymbol{\alpha}_1+5\boldsymbol{\alpha}_2-5\boldsymbol{\alpha}_3$

E. $\boldsymbol{\alpha}_1+\boldsymbol{\alpha}_3$，$\boldsymbol{\alpha}_2-\boldsymbol{\alpha}_1$，$\boldsymbol{\alpha}_2+\boldsymbol{\alpha}_3$

26. 已知向量 $\boldsymbol{\alpha}_1=(1,4,0,2)^T$，$\boldsymbol{\alpha}_2=(2,7,1,3)^T$，$\boldsymbol{\alpha}_3=(0,1,-1,a)^T$，$\boldsymbol{\beta}=(3,10,b,5)^T$，且向量 $\boldsymbol{\beta}$ 不能由 $\boldsymbol{\alpha}_1$，$\boldsymbol{\alpha}_2$，$\boldsymbol{\alpha}_3$ 线性表示，则参数 a，b 的取值为(　　).

A. $a=1$ 且 $b=2$　　B. $b\neq 2$　　C. $a=1$ 且 $b\neq 2$

D. $a=1$ 且 $b=2$ 或者 $b\neq 2$　　E. $a=b=2$

27. 已知向量组(Ⅰ)$\boldsymbol{\alpha}_1$，$\boldsymbol{\alpha}_2$，$\boldsymbol{\alpha}_3$；(Ⅱ)$\boldsymbol{\alpha}_1$，$\boldsymbol{\alpha}_2$，$\boldsymbol{\alpha}_3$，$\boldsymbol{\alpha}_4$；(Ⅲ)$\boldsymbol{\alpha}_1$，$\boldsymbol{\alpha}_2$，$\boldsymbol{\alpha}_3$，$\boldsymbol{\alpha}_4$，$\boldsymbol{\alpha}_5$. 如果各向量组的秩分别为 3，3，4，则向量组 $\boldsymbol{\alpha}_1$，$\boldsymbol{\alpha}_2$，$\boldsymbol{\alpha}_3$，$\boldsymbol{\alpha}_5-\boldsymbol{\alpha}_4$ 的秩为(　　).

A. 1　　B. 2　　C. 3　　D. 4　　E. 无法确定

28. 向量组 $\boldsymbol{\alpha}_1=\begin{pmatrix}2\\4\\2\end{pmatrix}$，$\boldsymbol{\alpha}_2=\begin{pmatrix}1\\1\\0\end{pmatrix}$，$\boldsymbol{\alpha}_3=\begin{pmatrix}2\\3\\1\end{pmatrix}$，$\boldsymbol{\alpha}_4=\begin{pmatrix}3\\5\\2\end{pmatrix}$ 的一个极大线性无关组是(　　).

A. $\boldsymbol{\alpha}_1$，$\boldsymbol{\alpha}_2$　　B. $\boldsymbol{\alpha}_1$，$\boldsymbol{\alpha}_2$，$\boldsymbol{\alpha}_3$　　C. $\boldsymbol{\alpha}_1$，$\boldsymbol{\alpha}_2$，$\boldsymbol{\alpha}_4$

D. $\boldsymbol{\alpha}_2$，$\boldsymbol{\alpha}_3$，$\boldsymbol{\alpha}_4$　　E. 以上选项均不正确

29. 当 $\lambda=$(　　)时，方程组 $\begin{cases}x_1+2x_2+3x_3=1,\\x_1+3x_2+6x_3=2,\\2x_1+3x_2+3x_3=\lambda\end{cases}$ 有解，此时其导出组的基础解系含有(　　)个解向量.

A. 1，1　　B. -1，1　　C. 1，2　　D. -1，2　　E. 1，3

30. 设 $\boldsymbol{A}=\begin{pmatrix}1&2&-2\\4&t&3\\3&-1&1\end{pmatrix}$，$\boldsymbol{B}$ 为三阶非零矩阵，且 $\boldsymbol{AB}=\boldsymbol{O}$，则 $t=$(　　).

A. 7　　B. -7　　C. 19

D. 3　　E. -3

31. 已知 $\boldsymbol{Q}=\begin{pmatrix}1&2&3\\2&4&t\\3&6&9\end{pmatrix}$，$\boldsymbol{P}$ 为三阶非零矩阵，且 $\boldsymbol{PQ}=\boldsymbol{O}$，则(　　).

A. $t=6$ 时，$\boldsymbol{P}$ 的秩必为 1　　B. $t=6$ 时，$\boldsymbol{P}$ 的秩必为 2

C. $t\neq 6$ 时，$\boldsymbol{P}$ 的秩必为 1　　D. $t\neq 6$ 时，$\boldsymbol{P}$ 的秩必为 2

E. 无法确定 t 的取值和 $\boldsymbol{P}$ 的秩

32. 若$\boldsymbol{\xi}_1=(1,0,2)^{\mathrm{T}}$，$\boldsymbol{\xi}_2=(0,1,-1)^{\mathrm{T}}$均为方程组$\boldsymbol{Ax}=\boldsymbol{0}$的解，且矩阵$\boldsymbol{A}$为三阶非零矩阵，则$r(\boldsymbol{A})=$(　　).

A. 0　　B. 1　　C. 2　　D. 3　　E. 无法确定

33. 若线性方程组$\begin{cases}x_1+x_2=-a_1,\\x_2+x_3=a_2,\\x_3+x_4=-a_3,\\x_4+x_1=a_4\end{cases}$有解，则常量$a_1$，$a_2$，$a_3$，$a_4$一定满足条件(　　).

A. $a_1a_2a_3a_4=0$

B. $a_4-a_1-a_2-a_3=0$

C. $a_1=a_2=a_3=a_4=0$

D. $a_1+a_2+a_3+a_4=0$

E. $a_1+a_2+a_3+a_4\neq0$

34. 齐次线性方程组$\begin{cases}x_1+x_2+2x_3+2x_4+7x_5=0,\\2x_1+3x_2+4x_3+5x_4=0,\\3x_1+5x_2+6x_3+8x_4=0\end{cases}$的通解是(　　).

A. $k_1(-2,0,1,0,0)^{\mathrm{T}}+k_2(-1,-1,0,1,0)^{\mathrm{T}}$，$k_1$，$k_2\in\mathbf{R}$

B. $k_1(2,0,1,0,0)^{\mathrm{T}}+k_2(1,-1,0,1,0)^{\mathrm{T}}$，$k_1$，$k_2\in\mathbf{R}$

C. $k_1(-2,0,1,0,1)^{\mathrm{T}}+k_2(-1,-1,0,1,1)^{\mathrm{T}}$，$k_1$，$k_2\in\mathbf{R}$

D. $k_1(2,0,1,0,0)^{\mathrm{T}}+k_2(-1,-1,0,1,0)^{\mathrm{T}}$，$k_1$，$k_2\in\mathbf{R}$

E. $k_1(2,0,1,0,0)^{\mathrm{T}}+k_2(-1,1,0,1,0)^{\mathrm{T}}$，$k_1$，$k_2\in\mathbf{R}$

35. 方程组$\begin{cases}(\lambda+3)x_1+x_2+2x_3=\lambda,\\\lambda x_1+(\lambda-1)x_2+x_3=\lambda\end{cases}$与方程组$\begin{cases}\lambda x_1+(\lambda-1)x_2+x_3=\lambda,\\3(\lambda+1)x_1+\lambda x_2+(\lambda+3)x_3=3\end{cases}$有无穷多组公共解，则$\lambda$的取值一定为(　　).

A. $\lambda\neq1$

B. $\lambda\neq0$且$\lambda\neq1$

C. $\lambda=0$或$\lambda=1$

D. $\lambda=0$

E. $\lambda=1$

答案速查

1～5 CEEDC	6～10 ACDDA	11～15 DECCC
16～20 BACDB	21～25 BBACC	26～30 DDAAE
31～35 CBDAE		

答案详解

1. C

【解析】根据行列式的性质，可知将行列式的某行元素加到另一行上，行列式不变．将行列式第一行元素加到第二行，可得

$$\begin{vmatrix} 2 & 1 & 4 & 1 \\ 3 & -1 & 2 & 1 \\ 1 & 2 & 3 & 2 \\ 5 & 0 & 6 & 2 \end{vmatrix} = \begin{vmatrix} 2 & 1 & 4 & 1 \\ 5 & 0 & 6 & 2 \\ 1 & 2 & 3 & 2 \\ 5 & 0 & 6 & 2 \end{vmatrix},$$

显然第二行与第四行元素相同，故行列式为 0.

2. E

【解析】$\frac{a^2}{ab}=\frac{ab}{b^2}=\frac{ac}{bc}=\frac{a}{b}$，即行列式的第一行和第二行对应成比例，则由行列式的性质得

$$\begin{vmatrix} a^2 & ab & ac \\ ab & b^2 & bc \\ ac & bc & c^2 \end{vmatrix}=0.$$

3. E

【解析】由行列式的性质，可知

$$\begin{vmatrix} a_{31} & a_{32} & a_{33} \\ 2a_{21}-3a_{31} & 2a_{22}-3a_{32} & 2a_{23}-3a_{33} \\ a_{11} & a_{12} & a_{13} \end{vmatrix} = -\begin{vmatrix} a_{11} & a_{12} & a_{13} \\ 2a_{21}-3a_{31} & 2a_{22}-3a_{32} & 2a_{23}-3a_{33} \\ a_{31} & a_{32} & a_{33} \end{vmatrix}$$

$$=-\begin{vmatrix} a_{11} & a_{12} & a_{13} \\ 2a_{21} & 2a_{22} & 2a_{23} \\ a_{31} & a_{32} & a_{33} \end{vmatrix} = -2\begin{vmatrix} a_{11} & a_{12} & a_{13} \\ a_{21} & a_{22} & a_{23} \\ a_{31} & a_{32} & a_{33} \end{vmatrix} = -2D=-6.$$

4. D

【解析】由行列式的性质可知，交换矩阵的任意两行，矩阵的行列式变号. 故 $|\boldsymbol{B}|=-|\boldsymbol{A}|=-2$，又因为 $|\boldsymbol{A}^*|=|\boldsymbol{A}|^{4-1}=|\boldsymbol{A}|^3=8$，故有

$$|\boldsymbol{BA}^*|=|\boldsymbol{B}||\boldsymbol{A}^*|=-2\times 8=-16.$$

5. C

【解析】根据矩阵的运算及行列式的性质，可得

$$
\begin{aligned}
|\boldsymbol{A}-3\boldsymbol{B}| &= |-2\boldsymbol{\alpha}_1, -2\boldsymbol{\alpha}_2, -2\boldsymbol{\alpha}_3, \boldsymbol{\alpha}_4-3\boldsymbol{\beta}| = (-2)^3 |\boldsymbol{\alpha}_1, \boldsymbol{\alpha}_2, \boldsymbol{\alpha}_3, \boldsymbol{\alpha}_4-3\boldsymbol{\beta}| \\
&= -8\times(|\boldsymbol{\alpha}_1, \boldsymbol{\alpha}_2, \boldsymbol{\alpha}_3, \boldsymbol{\alpha}_4| + |\boldsymbol{\alpha}_1, \boldsymbol{\alpha}_2, \boldsymbol{\alpha}_3, -3\boldsymbol{\beta}|) \\
&= -8\times(-1-3|\boldsymbol{\alpha}_1, \boldsymbol{\alpha}_2, \boldsymbol{\alpha}_3, \boldsymbol{\beta}|) \\
&= -8\times(-1-3\times 2) = 56.
\end{aligned}
$$

6. A

【解析】由行列式按行展开定理，可知 $A_{31}+3A_{32}-2A_{33}+2A_{34}$ 的值相当于将 D 中第三行元素依次替换为 1，3，-2，2 后的行列式，即

$$
A_{31}+3A_{32}-2A_{33}+2A_{34} = \begin{vmatrix} 3 & 1 & -1 & 2 \\ -5 & 1 & 3 & -4 \\ 1 & 3 & -2 & 2 \\ 1 & -5 & 3 & -3 \end{vmatrix} \xlongequal{c_4+c_3} \begin{vmatrix} 3 & 1 & -1 & 1 \\ -5 & 1 & 3 & -1 \\ 1 & 3 & -2 & 0 \\ 1 & -5 & 3 & 0 \end{vmatrix}
$$

$$
\xlongequal{r_2+r_1} \begin{vmatrix} 3 & 1 & -1 & 1 \\ -2 & 2 & 2 & 0 \\ 1 & 3 & -2 & 0 \\ 1 & -5 & 3 & 0 \end{vmatrix} \xlongequal[r_2\div(-2)]{\text{按 } c_4 \text{ 展开}} 2\begin{vmatrix} 1 & -1 & -1 \\ 1 & 3 & -2 \\ 1 & -5 & 3 \end{vmatrix}
$$

$$
\xlongequal[c_3+c_1]{c_2+c_1} 2\begin{vmatrix} 1 & 0 & 0 \\ 1 & 4 & -1 \\ 1 & -4 & 4 \end{vmatrix} \xlongequal{\text{按 } r_1 \text{ 展开}} 2\begin{vmatrix} 4 & -1 \\ -4 & 4 \end{vmatrix} = 24.
$$

7. C

【解析】由于第三行元素的余子式依次为 -2，5，1，x，则代数余子式依次为 -2，-5，1，$-x$，根据行列式展开定理，可得第一行元素乘第三行元素的代数余子式，结果为 0，即

$$
-4\times(-2)+0\times(-5)+1\times 1+3\cdot(-x)=0 \Rightarrow x=3.
$$

8. D

【解析】由 $a_{ij}=A_{ij}$ 可知，$\boldsymbol{A}^*=\boldsymbol{A}^{\mathrm{T}}$，$\boldsymbol{A}\boldsymbol{A}^*=\boldsymbol{A}\boldsymbol{A}^{\mathrm{T}} \Rightarrow |\boldsymbol{A}|\boldsymbol{E}=\boldsymbol{A}\boldsymbol{A}^{\mathrm{T}}$，等式两端分别取行列式可得 $|\boldsymbol{A}|^3=|\boldsymbol{A}|^2$，从而有 $|\boldsymbol{A}|=0$ 或 $|\boldsymbol{A}|=1$.

9. D

【解析】A 项：$(\boldsymbol{A}+\boldsymbol{B})^2=\boldsymbol{A}^2+\boldsymbol{AB}+\boldsymbol{BA}+\boldsymbol{B}^2$，根据矩阵乘法的运算律，只有当矩阵 $\boldsymbol{A}$ 和矩阵 $\boldsymbol{B}$ 可交换，即 $\boldsymbol{AB}=\boldsymbol{BA}$ 时等式 $(\boldsymbol{A}+\boldsymbol{B})^2=\boldsymbol{A}^2+2\boldsymbol{AB}+\boldsymbol{B}^2$ 才成立，故 A 项错误；

B 项：根据矩阵乘积的转置的运算律，可得 $(\boldsymbol{AB})^{\mathrm{T}}=\boldsymbol{B}^{\mathrm{T}}\boldsymbol{A}^{\mathrm{T}}$，故 B 项错误；

C 项：根据矩阵乘积的运算律可知，两个非零矩阵相乘可以等于零矩阵，即矩阵乘积不满足消去律，故 C 项错误；

D 项：根据矩阵乘积的行列式的性质，由 $|\boldsymbol{A}+\boldsymbol{AB}|=|\boldsymbol{A}(\boldsymbol{E}+\boldsymbol{B})|=|\boldsymbol{A}|\,|\boldsymbol{E}+\boldsymbol{B}|=0$，一定可得 $|\boldsymbol{A}|=0$ 或 $|\boldsymbol{E}+\boldsymbol{B}|=0$，故 D 项正确；

E 项：根据矩阵乘积的逆的运算律，可得 $(\boldsymbol{AB})^{-1}=\boldsymbol{B}^{-1}\boldsymbol{A}^{-1}$，故 E 项错误.

10. A

【解析】由$A^2=O$可得$|A|=0$，所以矩阵A一定不可逆. 又由$A^2-E=-E$可得$(A-E)\cdot(A+E)=-E$，再取行列式可得$|(A-E)(A+E)|\neq0$，从而有$|A-E|\neq0$，$|A+E|\neq0$，因此矩阵$A-E$和$A+E$都是可逆矩阵. 故A项正确.

11. D

【解析】由题易知，矩阵$A-E$可逆，由$AX=A+X$得$X=(A-E)^{-1}A$.

方法一：先求$(A-E)^{-1}$，再计算$(A-E)^{-1}$与矩阵A的乘积.

$A-E=\begin{pmatrix}1&2&0\\2&0&3\\0&1&-1\end{pmatrix}$，对$(A-E\mid E)$进行初等行变换，可得

$$(A-E\mid E)=\left(\begin{array}{ccc|ccc}1&2&0&1&0&0\\2&0&3&0&1&0\\0&1&-1&0&0&1\end{array}\right)\to\left(\begin{array}{ccc|ccc}1&0&0&-3&2&6\\0&1&0&2&-1&-3\\0&0&1&2&-1&-4\end{array}\right),$$

所以，$(A-E)^{-1}=\begin{pmatrix}-3&2&6\\2&-1&-3\\2&-1&-4\end{pmatrix}$，故有

$$X=(A-E)^{-1}A=\begin{pmatrix}-3&2&6\\2&-1&-3\\2&-1&-4\end{pmatrix}\begin{pmatrix}2&2&0\\2&1&3\\0&1&0\end{pmatrix}=\begin{pmatrix}-2&2&6\\2&0&-3\\2&-1&-3\end{pmatrix}.$$

方法二：直接求形如矩阵$B^{-1}C$的方法：对矩阵$(B\mid C)$进行初等行变换把左边的矩阵B化为单位阵，这相当于给B左侧乘上B^{-1}，把矩阵B变为了单位矩阵E，而同时右侧的矩阵C也作了同样的初等行变换恰好变为$B^{-1}C$；

因此，要求$(A-E)^{-1}A$，只需构造矩阵$(A-E\mid A)$，并对其进行初等行变换把$A-E$化为单位矩阵，同时右侧矩阵恰好化为$(A-E)^{-1}A$，得

$$(A-E\mid A)=\left(\begin{array}{ccc|ccc}1&2&0&2&2&0\\2&0&3&2&1&3\\0&1&-1&0&1&0\end{array}\right)\to\left(\begin{array}{ccc|ccc}1&0&0&-2&2&6\\0&1&0&2&0&-3\\0&0&1&2&-1&-3\end{array}\right),$$

所以$X=(A-E)^{-1}A=\begin{pmatrix}-2&2&6\\2&0&-3\\2&-1&-3\end{pmatrix}$.

【注意】方法一中还可利用伴随矩阵求逆$(A-E)^{-1}=\dfrac{1}{|A-E|}(A-E)^*$，但是运算要相对烦琐一些.

12. E

【解析】$A^{10}=(PQ)^{10}=PQPQ\cdots PQ=P(QP)\cdots(QP)Q=P(QP)^9Q$.

由于$QP=2-2+2=2$，$PQ=\begin{pmatrix}2&-1&2\\4&-2&4\\2&-1&2\end{pmatrix}$，所以

$$A^{10}=P(QP)^9Q=2^9PQ=2^9\begin{pmatrix}2&-1&2\\4&-2&4\\2&-1&2\end{pmatrix}.$$

13. C

【解析】$A^2-3A-4E=O$，即 $A^2-3A=4E$，则有 $A(A-3E)=4E$ ，即 $A\left(\frac{1}{4}A-\frac{3}{4}E\right)=E$，所以 A 可逆，且 $A^{-1}=\frac{1}{4}A-\frac{3}{4}E$，$|A|\neq 0$.

14. C

【解析】由 $A^*=A^T$ 可得 $a_{ij}=A_{ij}$，且 $|AA^*|=|AA^T|\Rightarrow|A|^3=|A|^2$. 设 $a_{11}=a_{12}=a_{13}=a>0$，则 $A_{11}=A_{12}=A_{13}=a>0$，把行列式 $|A|$ 按第一行展开可得 $|A|=3a^2>0$，又因为 $|A|^2=|A|^3$，所以 $|A|=3a^2=1$，则 $a=\frac{\sqrt{3}}{3}$，即 $a_{12}=\frac{\sqrt{3}}{3}$.

15. C

【解析】由 $AX+E=A^2+X$，可得 $AX-X=A^2-E$，变形可得 $(A-E)X=(A-E)(A+E)$.

因为 $A-E=\begin{pmatrix}0&0&1\\0&1&0\\1&0&0\end{pmatrix}$，$|A-E|\neq 0$，故 $A-E$ 可逆，则

$$X=(A-E)^{-1}(A-E)(A+E)=A+E=\begin{pmatrix}2&0&1\\0&3&0\\1&0&2\end{pmatrix}.$$

16. B

【解析】注意到矩阵是方阵，故可用两种方法求解.

方法一：行列式法.

由 $r(A)=2$ 可知，$|A|=0$，故有 $|A|=\begin{vmatrix}1&2&3\\2&-1&k\\0&1&1\end{vmatrix}=1-k=0$，则 $k=1$.

方法二：矩阵的初等变换法.

$$A=\begin{pmatrix}1&2&3\\2&-1&k\\0&1&1\end{pmatrix}\to\begin{pmatrix}1&2&3\\0&1&1\\0&-5&k-6\end{pmatrix}\to\begin{pmatrix}1&2&3\\0&1&1\\0&0&k-1\end{pmatrix},$$

由 $r(A)=2$，可得 $k-1=0$，即 $k=1$.

【注意】方法一中行列式为零仅仅能够判定矩阵不是满秩矩阵，而不满秩的情况下无法断定秩是多少. 所以，此时如果求出了多个根，则需要代入矩阵判定，若为增根，需要舍去.

17. A

【解析】矩阵与其伴随矩阵秩的关系：$r(A^*)=\begin{cases}n, & r(A)=n,\\1, & r(A)=n-1,\\0, & r(A)\leqslant n-2,\end{cases}$则需要计算 $r(A)$，可对矩阵

A 进行初等行变换，得

$$A=\begin{pmatrix}1&1&1&1\\0&1&-1&2\\2&3&1&4\\3&5&1&7\end{pmatrix}\to\begin{pmatrix}1&1&1&1\\0&1&-1&2\\0&1&-1&2\\0&2&-2&4\end{pmatrix}\to\begin{pmatrix}1&1&1&1\\0&1&-1&2\\0&0&0&0\\0&0&0&0\end{pmatrix},$$

所以，$r(A)=2<4-1$，从而 $r(A^*)=0$.

18. C

【解析】由于 $|A|=-3\neq0$，所以矩阵 A 是可逆矩阵，从而 $r(AB)=r(B)$.

对矩阵 B 进行初等行变换，可得

$$B=\begin{pmatrix}1&2&4&1\\2&4&8&2\\3&6&2&0\end{pmatrix}\to\begin{pmatrix}1&2&4&1\\0&0&0&0\\0&0&-10&-3\end{pmatrix}\to\begin{pmatrix}1&2&4&1\\0&0&-10&-3\\0&0&0&0\end{pmatrix},$$

于是，$r(B)=2$，因此 $r(AB)=2$.

19. D

【解析】由题干条件 $a_{ij}=-A_{ij}$ 可知，$A^*=-A^{\mathrm{T}}$，则一定有 $r(A)=r(-A^{\mathrm{T}})=r(A^*)$，而对于 $r(A^*)$ 有如下结论：

$$r(A^*)=\begin{cases}n, & r(A)=n,\\1, & r(A)=n-1,\\0, & r(A)\leqslant n-2.\end{cases}$$

A 为三阶非零矩阵，所以，若要使得 $r(A)=r(A^*)$ 成立，必有 $r(A)=3$.

20. B

【解析】根据矩阵秩的性质，$r(AB)\leqslant\min\{r(A), r(B)\}$，而 $r(A)=r(B)=1$，所以 $r(AB)\leqslant1$.

因为 A，B 都是非零向量，A 中的三个元素 a_i 至少有一个不为零，不妨设 $a_1\neq0$，同理 B 中的三个元素 b_i 至少有一个不为零，不妨设 $b_2\neq0$，则矩阵 $AB=(c_{ij})_{3\times3}$ 中至少有一个元素 $c_{12}=a_1b_2\neq0$，即矩阵 $AB\neq O$，所以 $r(AB)\geqslant1$，又因为 $r(AB)\leqslant1$，则一定有 $r(AB)=1$.

21. B

【解析】根据向量组线性相关以及向量组的秩的定义可得，r 为向量组的极大线性无关组的秩. 又因为向量组是线性相关的，所以其极大线性无关组中向量的个数一定小于 s，从而一定有 $r<s$.

22. B

【解析】方法一：向量组 α，β，γ 线性相关当且仅当 $|A|=|\alpha, \beta, \gamma|=0$，则有

$$|A|=\begin{vmatrix}1&0&k\\k&1&0\\0&k&1\end{vmatrix}=1+k^3=0,$$

解得 $k=-1$.

方法二：向量组 α，β，γ 线性相关当且仅当 $r(A)=r(\alpha, \beta, \gamma)<3$，对矩阵 A 作初等行变

换，可得

$$A=(\boldsymbol{\alpha},\boldsymbol{\beta},\boldsymbol{\gamma})=\begin{pmatrix}1&0&k\\k&1&0\\0&k&1\end{pmatrix}\to\begin{pmatrix}1&0&k\\0&1&-k^2\\0&0&1+k^3\end{pmatrix},$$

$r(\mathbf{A})<3$，故有 $1+k^3=0$，解得 $k=-1$.

23. A

【解析】以 $\boldsymbol{\alpha}_1$，$\boldsymbol{\alpha}_2$，$\boldsymbol{\alpha}_3$ 为列向量构成三阶方阵 $\mathbf{A}$，并进行初等行变换，可得

$$A=(\boldsymbol{\alpha}_1,\boldsymbol{\alpha}_2,\boldsymbol{\alpha}_3)=\begin{pmatrix}1&1&1\\1&2&3\\1&3&t\end{pmatrix}\to\begin{pmatrix}1&1&1\\0&1&2\\0&2&t-1\end{pmatrix}\to\begin{pmatrix}1&1&1\\0&1&2\\0&0&t-5\end{pmatrix},$$

因为向量组线性无关，故 $r(\mathbf{A})=3$，因此 $t\neq5$.

24. C

【解析】以 $\boldsymbol{\alpha}_1$，$\boldsymbol{\alpha}_2$，$\boldsymbol{\alpha}_3$，$\boldsymbol{\alpha}_4$ 为列向量构成矩阵 $\mathbf{A}$，并进行初等行变换，可得

$$A=\begin{pmatrix}1&2&3&4\\2&3&4&5\\3&4&5&6\\4&5&6&7\end{pmatrix}\to\begin{pmatrix}1&2&3&4\\0&-1&-2&-3\\0&-2&-4&-6\\0&-3&-6&-9\end{pmatrix}\to\begin{pmatrix}1&2&3&4\\0&-1&-2&-3\\0&0&0&0\\0&0&0&0\end{pmatrix},$$

所以，$r(\mathbf{A})=2$，即向量组 $\boldsymbol{\alpha}_1$，$\boldsymbol{\alpha}_2$，$\boldsymbol{\alpha}_3$，$\boldsymbol{\alpha}_4$ 的秩为 2.

25. C

【解析】A 项：$(\boldsymbol{\alpha}_1+\boldsymbol{\alpha}_2,\boldsymbol{\alpha}_2+\boldsymbol{\alpha}_3,\boldsymbol{\alpha}_3-\boldsymbol{\alpha}_1)=(\boldsymbol{\alpha}_1,\boldsymbol{\alpha}_2,\boldsymbol{\alpha}_3)\boldsymbol{P}_1=(\boldsymbol{\alpha}_1,\boldsymbol{\alpha}_2,\boldsymbol{\alpha}_3)\begin{pmatrix}1&0&-1\\1&1&0\\0&1&1\end{pmatrix}$，

$|\boldsymbol{P}_1|=0$. 显然 $r(\boldsymbol{P}_1)<3$，则 $r(\boldsymbol{\alpha}_1+\boldsymbol{\alpha}_2,\boldsymbol{\alpha}_2+\boldsymbol{\alpha}_3,\boldsymbol{\alpha}_3-\boldsymbol{\alpha}_1)<3$，故向量组 $\boldsymbol{\alpha}_1+\boldsymbol{\alpha}_2$，$\boldsymbol{\alpha}_2+\boldsymbol{\alpha}_3$，$\boldsymbol{\alpha}_3-\boldsymbol{\alpha}_1$ 一定线性相关；

B 项：$(\boldsymbol{\alpha}_1+\boldsymbol{\alpha}_2,\boldsymbol{\alpha}_2+\boldsymbol{\alpha}_3,\boldsymbol{\alpha}_1+2\boldsymbol{\alpha}_2+\boldsymbol{\alpha}_3)=(\boldsymbol{\alpha}_1,\boldsymbol{\alpha}_2,\boldsymbol{\alpha}_3)\boldsymbol{P}_2=(\boldsymbol{\alpha}_1,\boldsymbol{\alpha}_2,\boldsymbol{\alpha}_3)\begin{pmatrix}1&0&1\\1&1&2\\0&1&1\end{pmatrix}$，

$|\boldsymbol{P}_2|=0$，则 $r(\boldsymbol{P}_2)<3$，则 $r(\boldsymbol{\alpha}_1+\boldsymbol{\alpha}_2,\boldsymbol{\alpha}_2+\boldsymbol{\alpha}_3,\boldsymbol{\alpha}_1+2\boldsymbol{\alpha}_2+\boldsymbol{\alpha}_3)<3$，故向量组 $\boldsymbol{\alpha}_1+\boldsymbol{\alpha}_2$，$\boldsymbol{\alpha}_2+\boldsymbol{\alpha}_3$，$\boldsymbol{\alpha}_1+2\boldsymbol{\alpha}_2+\boldsymbol{\alpha}_3$ 一定线性相关；

C 项：$(\boldsymbol{\alpha}_1+2\boldsymbol{\alpha}_2,2\boldsymbol{\alpha}_2+3\boldsymbol{\alpha}_3,3\boldsymbol{\alpha}_3+\boldsymbol{\alpha}_1)=(\boldsymbol{\alpha}_1,\boldsymbol{\alpha}_2,\boldsymbol{\alpha}_3)\boldsymbol{P}_3=(\boldsymbol{\alpha}_1,\boldsymbol{\alpha}_2,\boldsymbol{\alpha}_3)\begin{pmatrix}1&0&1\\2&2&0\\0&3&3\end{pmatrix}$，

$|\boldsymbol{P}_3|\neq0$，显然 $r(\boldsymbol{P}_3)=3$，即 $r(\boldsymbol{\alpha}_1+2\boldsymbol{\alpha}_2,2\boldsymbol{\alpha}_2+3\boldsymbol{\alpha}_3,3\boldsymbol{\alpha}_3+\boldsymbol{\alpha}_1)=3$，故向量组 $\boldsymbol{\alpha}_1+2\boldsymbol{\alpha}_2$，$2\boldsymbol{\alpha}_2+3\boldsymbol{\alpha}_3$，$3\boldsymbol{\alpha}_3+\boldsymbol{\alpha}_1$ 一定线性无关；

同理，对于 D、E 项，将向量组写成 $(\boldsymbol{\alpha}_1,\boldsymbol{\alpha}_2,\boldsymbol{\alpha}_3)$ 与一个矩阵的乘积，可知该矩阵的秩均小于 3，故 D、E 项中的向量组均线性相关.

26. D

【解析】令矩阵 $\boldsymbol{A}=(\boldsymbol{\alpha}_1,\boldsymbol{\alpha}_2,\boldsymbol{\alpha}_3,\boldsymbol{\beta})$，对 $\boldsymbol{A}$ 进行初等行变换，可得

$$\boldsymbol{A}=\begin{pmatrix}1&2&0&3\\4&7&1&10\\0&1&-1&b\\2&3&a&5\end{pmatrix}\to\begin{pmatrix}1&2&0&3\\0&-1&1&-2\\0&0&a-1&1\\0&0&0&b-2\end{pmatrix},$$

根据题意，$\boldsymbol{\beta}$ 不能由 $\boldsymbol{\alpha}_1$，$\boldsymbol{\alpha}_2$，$\boldsymbol{\alpha}_3$ 线性表示$\Leftrightarrow r(\boldsymbol{\alpha}_1,\boldsymbol{\alpha}_2,\boldsymbol{\alpha}_3)\neq r(\boldsymbol{\alpha}_1,\boldsymbol{\alpha}_2,\boldsymbol{\alpha}_3,\boldsymbol{\beta})$，于是有以下两种情况：

①当 $b\neq2$ 时，不论 a 取何值，$r(\boldsymbol{\alpha}_1,\boldsymbol{\alpha}_2,\boldsymbol{\alpha}_3,\boldsymbol{\beta})>r(\boldsymbol{\alpha}_1,\boldsymbol{\alpha}_2,\boldsymbol{\alpha}_3)$，即 $r(\boldsymbol{\alpha}_1,\boldsymbol{\alpha}_2,\boldsymbol{\alpha}_3)\neq r(\boldsymbol{\alpha}_1,\boldsymbol{\alpha}_2,\boldsymbol{\alpha}_3,\boldsymbol{\beta})$，从而 $\boldsymbol{\beta}$ 不能由 $\boldsymbol{\alpha}_1$，$\boldsymbol{\alpha}_2$，$\boldsymbol{\alpha}_3$ 线性表示；

②当 $b=2$ 时，$r(\boldsymbol{\alpha}_1,\boldsymbol{\alpha}_2,\boldsymbol{\alpha}_3,\boldsymbol{\beta})=3$，此时要使得 $r(\boldsymbol{\alpha}_1,\boldsymbol{\alpha}_2,\boldsymbol{\alpha}_3)\neq r(\boldsymbol{\alpha}_1,\boldsymbol{\alpha}_2,\boldsymbol{\alpha}_3,\boldsymbol{\beta})$，必有 $a=1$，即 $a=1$ 且 $b=2$ 时，$\boldsymbol{\beta}$ 不能由 $\boldsymbol{\alpha}_1$，$\boldsymbol{\alpha}_2$，$\boldsymbol{\alpha}_3$ 线性表示.

综上所述，若 $\boldsymbol{\beta}$ 不能由 $\boldsymbol{\alpha}_1$，$\boldsymbol{\alpha}_2$，$\boldsymbol{\alpha}_3$ 线性表示，则一定有 $a=1$ 且 $b=2$ 或者 $b\neq2$.

27. D

【解析】方法一：因为向量组(Ⅰ)和(Ⅱ)的秩都为 3，所以 $\boldsymbol{\alpha}_1$，$\boldsymbol{\alpha}_2$，$\boldsymbol{\alpha}_3$ 线性无关，而 $\boldsymbol{\alpha}_1$，$\boldsymbol{\alpha}_2$，$\boldsymbol{\alpha}_3$，$\boldsymbol{\alpha}_4$ 线性相关，故存在实数 λ_1，λ_2，λ_3，使得 $\boldsymbol{\alpha}_4=\lambda_1\boldsymbol{\alpha}_1+\lambda_2\boldsymbol{\alpha}_2+\lambda_3\boldsymbol{\alpha}_3$①. 设存在实数 k_1，k_2，k_3，k_4，使得 $k_1\boldsymbol{\alpha}_1+k_2\boldsymbol{\alpha}_2+k_3\boldsymbol{\alpha}_3+k_4(\boldsymbol{\alpha}_5-\boldsymbol{\alpha}_4)=\boldsymbol{0}$，将式①代入，化简可得 $(k_1-\lambda_1k_4)\boldsymbol{\alpha}_1+(k_2-\lambda_2k_4)\boldsymbol{\alpha}_2+(k_3-\lambda_3k_4)\boldsymbol{\alpha}_3+k_4\boldsymbol{\alpha}_5=\boldsymbol{0}$，又因为向量组 $\boldsymbol{\alpha}_1$，$\boldsymbol{\alpha}_2$，$\boldsymbol{\alpha}_3$，$\boldsymbol{\alpha}_4$，$\boldsymbol{\alpha}_5$ 的秩为 4，则 $\boldsymbol{\alpha}_1$，$\boldsymbol{\alpha}_2$，$\boldsymbol{\alpha}_3$，$\boldsymbol{\alpha}_4$，$\boldsymbol{\alpha}_5$ 是线性相关向量组，由 $\boldsymbol{\alpha}_1$，$\boldsymbol{\alpha}_2$，$\boldsymbol{\alpha}_3$，$\boldsymbol{\alpha}_4$ 线性相关，得 $\boldsymbol{\alpha}_1$，$\boldsymbol{\alpha}_2$，$\boldsymbol{\alpha}_3$，$\boldsymbol{\alpha}_4$，$\boldsymbol{\alpha}_5$ 的极大线性无关组为 $\boldsymbol{\alpha}_1$，$\boldsymbol{\alpha}_2$，$\boldsymbol{\alpha}_3$，$\boldsymbol{\alpha}_5$，所以 $k_1-\lambda_1k_4=0$，$k_2-\lambda_2k_4=0$，$k_3-\lambda_3k_4=0$，$k_4=0$，解得 $k_1=k_2=k_3=k_4=0$. 故由线性相关性的定义，知 $\boldsymbol{\alpha}_1$，$\boldsymbol{\alpha}_2$，$\boldsymbol{\alpha}_3$，$\boldsymbol{\alpha}_5-\boldsymbol{\alpha}_4$ 线性无关，其秩为 4.

方法二：矩阵法求解.

由于 $r(\boldsymbol{\alpha}_1,\boldsymbol{\alpha}_2,\boldsymbol{\alpha}_3)=r(\boldsymbol{\alpha}_1,\boldsymbol{\alpha}_2,\boldsymbol{\alpha}_3,\boldsymbol{\alpha}_4)=3$，则向量组 $\boldsymbol{\alpha}_1$，$\boldsymbol{\alpha}_2$，$\boldsymbol{\alpha}_3$ 线性无关且向量 $\boldsymbol{\alpha}_4$ 一定可由向量组 $\boldsymbol{\alpha}_1$，$\boldsymbol{\alpha}_2$，$\boldsymbol{\alpha}_3$ 线性表示，不妨设 $\boldsymbol{\alpha}_4=a\boldsymbol{\alpha}_1+b\boldsymbol{\alpha}_2+c\boldsymbol{\alpha}_3$，则 $\boldsymbol{\alpha}_5-\boldsymbol{\alpha}_4=\boldsymbol{\alpha}_5-a\boldsymbol{\alpha}_1-b\boldsymbol{\alpha}_2-c\boldsymbol{\alpha}_3$，可得

$$(\boldsymbol{\alpha}_1,\boldsymbol{\alpha}_2,\boldsymbol{\alpha}_3,\boldsymbol{\alpha}_5-\boldsymbol{\alpha}_4)=(\boldsymbol{\alpha}_1,\boldsymbol{\alpha}_2,\boldsymbol{\alpha}_3,\boldsymbol{\alpha}_5)\begin{pmatrix}1&0&0&-a\\0&1&0&-b\\0&0&1&-c\\0&0&0&1\end{pmatrix}=(\boldsymbol{\alpha}_1,\boldsymbol{\alpha}_2,\boldsymbol{\alpha}_3,\boldsymbol{\alpha}_5)\boldsymbol{A}.$$

又因为 $r(\boldsymbol{\alpha}_1,\boldsymbol{\alpha}_2,\boldsymbol{\alpha}_3,\boldsymbol{\alpha}_4,\boldsymbol{\alpha}_5)=4$，向量组 $\boldsymbol{\alpha}_1$，$\boldsymbol{\alpha}_2$，$\boldsymbol{\alpha}_3$ 线性无关，向量 $\boldsymbol{\alpha}_4$ 可由向量组 $\boldsymbol{\alpha}_1$，$\boldsymbol{\alpha}_2$，$\boldsymbol{\alpha}_3$ 线性表示，则向量 $\boldsymbol{\alpha}_5$ 一定不能由向量组 $\boldsymbol{\alpha}_1$，$\boldsymbol{\alpha}_2$，$\boldsymbol{\alpha}_3$ 线性表示，否则 $r(\boldsymbol{\alpha}_1,\boldsymbol{\alpha}_2,\boldsymbol{\alpha}_3,\boldsymbol{\alpha}_4,\boldsymbol{\alpha}_5)=3$，故 $r(\boldsymbol{\alpha}_1,\boldsymbol{\alpha}_2,\boldsymbol{\alpha}_3,\boldsymbol{\alpha}_5)=4$，即 $\boldsymbol{\alpha}_1$，$\boldsymbol{\alpha}_2$，$\boldsymbol{\alpha}_3$，$\boldsymbol{\alpha}_5$ 线性无关. 又因为矩阵 $(\boldsymbol{\alpha}_1,\boldsymbol{\alpha}_2,\boldsymbol{\alpha}_3,\boldsymbol{\alpha}_5-\boldsymbol{\alpha}_4)=(\boldsymbol{\alpha}_1,\boldsymbol{\alpha}_2,\boldsymbol{\alpha}_3,\boldsymbol{\alpha}_5)\boldsymbol{A}$，矩阵 $\boldsymbol{A}$ 可逆，故一定有 $r(\boldsymbol{\alpha}_1,\boldsymbol{\alpha}_2,\boldsymbol{\alpha}_3,\boldsymbol{\alpha}_5-\boldsymbol{\alpha}_4)=4$.

28. A

【解析】把 $\boldsymbol{\alpha}_1$，$\boldsymbol{\alpha}_2$，$\boldsymbol{\alpha}_3$，$\boldsymbol{\alpha}_4$ 作为列向量构成矩阵 $\boldsymbol{A}$，并进行初等行变换，可得

$$A=\begin{pmatrix}2&1&2&3\\4&1&3&5\\2&0&1&2\end{pmatrix}\to\begin{pmatrix}2&1&2&3\\0&-1&-1&-1\\0&-1&-1&-1\end{pmatrix}\to\begin{pmatrix}2&1&2&3\\0&1&1&1\\0&0&0&0\end{pmatrix}\to\begin{pmatrix}1&0&\frac{1}{2}&1\\0&1&1&1\\0&0&0&0\end{pmatrix},$$

所以，$r(A)=2$. 显然，极大线性无关组有α_1，α_2；α_1，α_3；α_1，α_4；α_2，α_3；α_2，α_4；α_3，α_4. 观察选项，只能选 A 项.

29. A

【解析】对方程组的增广矩阵 $\overline{A}$ 进行初等行变换，可得

$$\overline{A}=\begin{pmatrix}1&2&3&1\\1&3&6&2\\2&3&3&\lambda\end{pmatrix}\to\begin{pmatrix}1&2&3&1\\0&1&3&1\\0&-1&-3&\lambda-2\end{pmatrix}\to\begin{pmatrix}1&2&3&1\\0&1&3&1\\0&0&0&\lambda-1\end{pmatrix},$$

原方程组有解$\Leftrightarrow r(A)=r(\overline{A})$，因此一定有 $\lambda=1$. 此时 $r(A)=r(\overline{A})=2$，故其导出组的基础解系中一定含有 $3-r(A)=3-2=1$(个)解向量.

30. E

【解析】由题意可得，方程组 $Ax=0$ 一定有非零解，故 $r(A)<3$，则 $|A|=0$，即

$$|A|=\begin{vmatrix}1&2&-2\\4&t&3\\3&-1&1\end{vmatrix}=7t+21=0,$$

解得 $t=-3$.

31. C

【解析】因为 $PQ=O$，且 P、Q 均为三阶矩阵，故 $r(P)+r(Q)\leqslant3$，P 为非零矩阵，则 $1\leqslant r(P)\leqslant3-r(Q)$.

①当 $t=6$ 时，$r(Q)=1$，所以 $1\leqslant r(P)\leqslant2$，则 P 的秩为 1 或 2，故 A、B 项不正确；

②当 $t\neq6$ 时，$r(Q)=2$，所以 $1\leqslant r(P)\leqslant1$，即 $r(P)=1$，故 C 项正确.

32. B

【解析】易知，$\xi_1=(1,\ 0,\ 2)^{\mathrm{T}}$，$\xi_2=(0,\ 1,\ -1)^{\mathrm{T}}$ 是线性无关的两个解向量，从而方程组 $Ax=0$ 的基础解系中所含线性无关的解向量的个数为 $n-r(A)=3-r(A)\geqslant2$，所以，一定有 $r(A)\leqslant3-2=1$. 又因为 A 不是零矩阵，所以一定有 $r(A)=1$.

33. D

【解析】对增广矩阵进行初等行变换，化为行阶梯形矩阵，可得

$$\overline{A}=\begin{pmatrix}1&1&0&0&-a_1\\0&1&1&0&a_2\\0&0&1&1&-a_3\\1&0&0&1&a_4\end{pmatrix}\to\begin{pmatrix}1&1&0&0&-a_1\\0&1&1&0&a_2\\0&0&1&1&-a_3\\0&-1&0&1&a_1+a_4\end{pmatrix}\to\begin{pmatrix}1&1&0&0&-a_1\\0&1&1&0&a_2\\0&0&1&1&-a_3\\0&0&0&0&a_1+a_2+a_3+a_4\end{pmatrix},$$

因为原方程组有解，所以 $r(A)=r(\overline{A})$，故 $a_1+a_2+a_3+a_4=0$.

34. A

【解析】对系数矩阵 $\boldsymbol{A}$ 进行初等行变换，可得

$$\boldsymbol{A}=\begin{pmatrix}1&1&2&2&7\\2&3&4&5&0\\3&5&6&8&0\end{pmatrix}\to\begin{pmatrix}1&1&2&2&7\\0&1&0&1&-14\\0&2&0&2&-21\end{pmatrix}\to\begin{pmatrix}1&0&2&1&0\\0&1&0&1&0\\0&0&0&0&1\end{pmatrix},$$

与原方程组同解的齐次线性方程组为

$$\begin{cases}x_1+2x_3+x_4=0,\\x_2+x_4=0,\\x_5=0\end{cases}\Rightarrow\begin{cases}x_1=-2x_3-x_4,\\x_2=-x_4,\\x_5=0\end{cases}\text{（其中 }x_3,\ x_4\text{ 是自由未知量）},$$

分别令$(x_3,\ x_4)^{\mathrm{T}}=(1,\ 0)^{\mathrm{T}}$和$(0,\ 1)^{\mathrm{T}}$，得到方程组的一个基础解系 $\boldsymbol{\xi}_1=(-2,\ 0,\ 1,\ 0,\ 0)^{\mathrm{T}}$，$\boldsymbol{\xi}_2=(-1,\ -1,\ 0,\ 1,\ 0)^{\mathrm{T}}$，所以方程组的通解为

$$k_1\boldsymbol{\xi}_1+k_2\boldsymbol{\xi}_2=k_1(-2,\ 0,\ 1,\ 0,\ 0)^{\mathrm{T}}+k_2(-1,\ -1,\ 0,\ 1,\ 0)^{\mathrm{T}}(k_1,\ k_2\text{ 为任意常数}).$$

35. E

【解析】两个方程组有无穷多组公共解，即联立两个方程组所得到的新的方程组

$$\begin{cases}(\lambda+3)x_1+x_2+2x_3=\lambda,\\\lambda x_1+(\lambda-1)x_2+x_3=\lambda,\\3(\lambda+1)x_1+\lambda x_2+(\lambda+3)x_3=3\end{cases}$$

有无穷多组解，可得新方程组的系数矩阵的行列式为

$$|\boldsymbol{A}|=\begin{vmatrix}\lambda+3&1&2\\\lambda&\lambda-1&1\\3(\lambda+1)&\lambda&\lambda+3\end{vmatrix}\xlongequal{c_1-c_2-c_3}\begin{vmatrix}\lambda&1&2\\0&\lambda-1&1\\\lambda&\lambda&\lambda+3\end{vmatrix}=\lambda\begin{vmatrix}1&1&2\\0&\lambda-1&1\\0&\lambda-1&\lambda+1\end{vmatrix}=\lambda^2(\lambda-1)=0,$$

解得 $\lambda=0$ 或 $\lambda=1$. 要注意的是，这里可能有增根(因为系数矩阵的行列式为零仅仅是非齐次线性方程组有无穷多组解的必要条件，而非充分条件)，故需要验证.

①当 $\lambda=0$ 时，原方程组为$\begin{cases}3x_1+x_2+2x_3=0,\\-x_2+x_3=0,\\3x_1+3x_3=3,\end{cases}$对其增广矩阵 $\overline{\boldsymbol{A}}$ 进行初等行变换，得

$$\overline{\boldsymbol{A}}=\begin{pmatrix}3&1&2&0\\0&-1&1&0\\3&0&3&3\end{pmatrix}\to\begin{pmatrix}1&0&1&1\\0&1&-1&-3\\0&-1&1&0\end{pmatrix}\to\begin{pmatrix}1&0&1&1\\0&1&-1&-3\\0&0&0&-3\end{pmatrix},$$

易知，$r(\boldsymbol{A})\neq r(\overline{\boldsymbol{A}})$，显然无解.

②当 $\lambda=1$ 时，原方程组为$\begin{cases}4x_1+x_2+2x_3=1,\\x_1+x_3=1,\\6x_1+x_2+4x_3=3,\end{cases}$对其增广矩阵 $\overline{\boldsymbol{A}}$ 进行初等行变换，可得

$$\overline{\boldsymbol{A}}=\begin{pmatrix}4&1&2&1\\1&0&1&1\\6&1&4&3\end{pmatrix}\to\begin{pmatrix}1&0&1&1\\0&1&-2&-3\\0&0&0&0\end{pmatrix},$$

则 $r(\boldsymbol{A})=r(\overline{\boldsymbol{A}})=2<3$，所以方程组有无穷多组解，满足题意.

综上，λ 的取值为 1.

线性代数 模考卷二

1. 设 $D=\begin{vmatrix} 1 & 0 & a & 1 \\ 0 & -1 & b & -1 \\ -1 & -1 & c & -1 \\ -1 & 1 & d & 0 \end{vmatrix}$，则 $D=$(　　).

A. $a+b-d$　　B. $a+b+c$　　C. $a+b-c$

D. $a+b+d$　　E. $-a-b-d$

2. 若 $D=\begin{vmatrix} a_{11} & a_{12} & a_{13} \\ a_{21} & a_{22} & a_{23} \\ a_{31} & a_{32} & a_{33} \end{vmatrix}=\frac{1}{2}$，则 $D_1=\begin{vmatrix} 2a_{11} & a_{13} & a_{11}-2a_{12} \\ 2a_{21} & a_{23} & a_{21}-2a_{22} \\ 2a_{31} & a_{33} & a_{31}-2a_{32} \end{vmatrix}=$(　　).

A. 4　　B. -4　　C. 2　　D. -2　　E. 0

3. 设 $\boldsymbol{A}$ 为三阶方阵，$\boldsymbol{A}^*$ 为 $\boldsymbol{A}$ 的伴随矩阵，$|\boldsymbol{A}|=\frac{1}{8}$，则 $\left|\left(\frac{1}{3}\boldsymbol{A}\right)^{-1}-8\boldsymbol{A}^*\right|=$(　　).

A. $\frac{1}{4}$　　B. $\frac{1}{8}$　　C. 16　　D. 32　　E. 64

4. 已知三阶矩阵 $\boldsymbol{A}=(\boldsymbol{\alpha}_1, \boldsymbol{\alpha}_2, \boldsymbol{\alpha}_3)$，其中 $\boldsymbol{\alpha}_i(i=1, 2, 3)$为 $\boldsymbol{A}$ 的列向量，且 $|\boldsymbol{A}|=2$，则 $|\boldsymbol{\alpha}_1, \boldsymbol{\alpha}_1+\boldsymbol{\alpha}_2, \boldsymbol{\alpha}_1+\boldsymbol{\alpha}_2-2\boldsymbol{\alpha}_3|=$(　　).

A. 16　　B. -16　　C. 0　　D. 4　　E. -4

5. 设三阶方阵 $\boldsymbol{A}=(\boldsymbol{\alpha}, 2\boldsymbol{\gamma}_1, 3\boldsymbol{\gamma}_2)$，$\boldsymbol{B}=(\boldsymbol{\beta}, \boldsymbol{\gamma}_1, \boldsymbol{\gamma}_2)$，已知 $|\boldsymbol{A}|=6$，$|\boldsymbol{B}|=1$，则 $|\boldsymbol{A}-\boldsymbol{B}|=$(　　).

A. 10　　B. -8　　C. 0　　D. 5　　E. -10

6. 设 $\boldsymbol{A}=(\boldsymbol{\alpha}_1, \boldsymbol{\alpha}_2, \boldsymbol{\alpha}_3)$，$\boldsymbol{B}=(\boldsymbol{\alpha}_1+\boldsymbol{\alpha}_2+\boldsymbol{\alpha}_3, \boldsymbol{\alpha}_1-\boldsymbol{\alpha}_2+2\boldsymbol{\alpha}_3, \boldsymbol{\alpha}_1+2\boldsymbol{\alpha}_2-\boldsymbol{\alpha}_3)$，$\boldsymbol{\alpha}_1$，$\boldsymbol{\alpha}_2$，$\boldsymbol{\alpha}_3$ 均为三维列向量，如果 $|\boldsymbol{A}|=1$，则 $|\boldsymbol{B}|=$(　　).

A. 3　　B. -3　　C. 21　　D. -21　　E. 12

7. 若 $D=\begin{vmatrix} -8 & 7 & 4 & 3 \\ 6 & -2 & 3 & -1 \\ 1 & 1 & 1 & 1 \\ 4 & 3 & -7 & 5 \end{vmatrix}$，则 D 中第一行元素的代数余子式的和为(　　).

A. -1　　B. -2　　C. -3　　D. 0　　E. 1

8. 若 $D=\begin{vmatrix} 3 & 0 & 4 & 0 \\ 1 & 1 & 1 & 1 \\ 0 & -1 & 0 & 0 \\ 5 & 3 & -2 & 2 \end{vmatrix}$，则 D 中第四行元素的余子式的和为(　　).

A. 2　　B. -2　　C. 0

D. 1　　E. -1

9. 设$A=(a_{ij})_{3\times 3}$是三阶非零方阵，且对任意的i，$j=1$，2，3，都有$a_{ij}=-A_{ij}$，其中A_{ij}是元素a_{ij}的代数余子式，则行列式$|A|=$(　　).

A. 0　　B. 1　　C. -1　　D. 0或1　　E. 0或-1

10. 已知A，B都是n阶矩阵，①$(A+B)^2=A^2+B^2+2AB$；②$(AB)^2=A^2B^2$；③$A^2-B^2=(A+B)(A-B)$；④$A(A+B)=(A+B)A$；⑤$(A+E)^2=A^2+2A+E$. 以上各式正确的是(　　).

A. ⑤　　B. ①③⑤　　C. ②④　　D. ①⑤　　E. ③

11. 设A是方阵，如有矩阵关系式$AB=AC$，则必有(　　).

A. $A=O$　　B. $B\neq C$时$A=O$　　C. $A\neq O$时$B=C$

D. $|A|\neq 0$时$B=C$　　E. $B=C$

12. 设三阶矩阵A满足$A^2+3A+E=O$，E为三阶单位矩阵，则$A^{-1}=$(　　).

A. E　　B. $A+3E$　　C. $-A-3E$　　D. $3A+E$　　E. $-3A-E$

13. 设矩阵$A=\begin{pmatrix}4&2&3\\1&1&0\\-1&2&3\end{pmatrix}$，矩阵$B$满足矩阵方程$AB=A+2B$，则$B=$(　　).

A. $\begin{pmatrix}2&2&3\\1&-1&0\\-1&2&1\end{pmatrix}$　　B. $\begin{pmatrix}3&-8&-6\\2&-9&-6\\-2&12&9\end{pmatrix}$　　C. $\begin{pmatrix}1&-4&-3\\1&-5&-3\\-1&6&4\end{pmatrix}$

D. $\begin{pmatrix}3&8&6\\-2&-9&6\\2&-12&9\end{pmatrix}$　　E. $\begin{pmatrix}1&4&3\\-1&-5&3\\1&-6&4\end{pmatrix}$

14. 设$A=\begin{pmatrix}1&-1\\2&3\end{pmatrix}$，$B=A^2-3A+2E$，则$B^{-1}=$(　　).

A. $\begin{pmatrix}0&\frac{1}{2}\\-1&-1\end{pmatrix}$　　B. $\begin{pmatrix}0&2\\-2&-2\end{pmatrix}$　　C. $\begin{pmatrix}2&-1\\-2&-2\end{pmatrix}$

D. $\begin{pmatrix}2&-1\\2&-2\end{pmatrix}$　　E. $\begin{pmatrix}0&1\\2&2\end{pmatrix}$

15. 设A，B，C均为n阶矩阵，E为n阶单位矩阵，若$B=E+AB$，$C=A+CA$，则$B-C$为(　　).

A. E　　B. $-E$　　C. A　　D. $-A$　　E. $E-A$

16. 设$A=\begin{pmatrix}2&3&-1\\1&2&0\\-1&0&3\end{pmatrix}$，$B=\begin{pmatrix}2&1\\-1&0\\3&1\end{pmatrix}$，$AX=B$，则$X=$(　　).

A. $\begin{pmatrix}9&4\\-7&-4\\10&1\end{pmatrix}$　　B. $\begin{pmatrix}9&4\\7&4\\10&1\end{pmatrix}$　　C. $\begin{pmatrix}-9&-4\\-7&-4\\10&3\end{pmatrix}$

D. $\begin{pmatrix}27&8\\14&4\\10&3\end{pmatrix}$　　E. $\begin{pmatrix}27&8\\-14&-4\\10&3\end{pmatrix}$

17. 已知四维向量$\boldsymbol{\alpha}=\left(\frac{1}{2},\ 0,\ \frac{1}{2}\right)$，矩阵$\boldsymbol{A}=\boldsymbol{E}-\boldsymbol{\alpha}^{\mathrm{T}}\boldsymbol{\alpha}$，$\boldsymbol{B}=\boldsymbol{E}+2\boldsymbol{\alpha}^{\mathrm{T}}\boldsymbol{\alpha}$，其中$\boldsymbol{E}$是三阶单位矩阵，则$\boldsymbol{AB}=$(　　).

A. $\begin{pmatrix}\frac{1}{2} & 0 & \frac{1}{2}\\ 0 & 0 & 0\\ \frac{1}{2} & 0 & \frac{1}{2}\end{pmatrix}$　　B. $\begin{pmatrix}\frac{1}{4} & 0 & \frac{1}{4}\\ 0 & \frac{1}{4} & 0\\ \frac{1}{4} & 0 & \frac{1}{4}\end{pmatrix}$　　C. $\begin{pmatrix}\frac{1}{4} & 0 & \frac{1}{4}\\ 0 & 0 & 0\\ \frac{1}{4} & 0 & \frac{1}{4}\end{pmatrix}$

D. $\begin{pmatrix}0 & 0 & 1\\ 0 & 1 & 0\\ 1 & 0 & 0\end{pmatrix}$　　E. $\begin{pmatrix}1 & 0 & 0\\ 0 & 1 & 0\\ 0 & 0 & 1\end{pmatrix}$

18. 设$\boldsymbol{A}=\begin{pmatrix}a & 1 & 1 & 1\\ 1 & a & 1 & 1\\ 1 & 1 & a & 1\\ 1 & 1 & 1 & a\end{pmatrix}$，且$r(\boldsymbol{A})=3$，则$a=$(　　).

A. -3　　B. 3　　C. -1　　D. 1　　E. 1或-3

19. 设矩阵$\boldsymbol{A}=\begin{pmatrix}1 & 0 & 0\\ 1 & 2 & 0\\ 5 & -1 & 3\end{pmatrix}$，$\boldsymbol{B}=\begin{pmatrix}3 & 1 & 0 & 2\\ 1 & -1 & 2 & -1\\ 1 & 3 & 4 & 4\end{pmatrix}$，则$\boldsymbol{AB}$的秩是(　　).

A. 0　　B. 1　　C. 2　　D. 3　　E. 无法确定

20. 设三阶矩阵$\boldsymbol{A}=\begin{pmatrix}a & b & b\\ b & a & b\\ b & b & a\end{pmatrix}$，若$\boldsymbol{A}$的伴随矩阵$\boldsymbol{A}^*$的秩等于1，则有(　　).

A. $a=b$或$a+2b=0$　　B. $a=b$或$a+2b\neq 0$　　C. $a\neq b$且$a+2b=0$

D. $a\neq b$且$a+2b\neq 0$　　E. 以上选项均不正确

21. 设向量组$\boldsymbol{\alpha}_1=(1,\ 3,\ 6,\ 2)^{\mathrm{T}}$，$\boldsymbol{\alpha}_2=(2,\ 1,\ 2,\ -1)^{\mathrm{T}}$，$\boldsymbol{\alpha}_3=(1,\ -1,\ a,\ -2)^{\mathrm{T}}$线性相关，则$a=$(　　).

A. 6　　B. -6　　C. 0　　D. 2　　E. -2

22. 设向量组$\boldsymbol{\alpha}_1$，$\boldsymbol{\alpha}_2$，$\boldsymbol{\alpha}_3$线性无关，则下列向量组线性相关的是(　　).

A. $\boldsymbol{\alpha}_1$，$2\boldsymbol{\alpha}_1-\boldsymbol{\alpha}_2$，$-\boldsymbol{\alpha}_1+3\boldsymbol{\alpha}_2-\boldsymbol{\alpha}_3$　　B. $\boldsymbol{\alpha}_1+\boldsymbol{\alpha}_2$，$\boldsymbol{\alpha}_2+\boldsymbol{\alpha}_3$，$\boldsymbol{\alpha}_3+\boldsymbol{\alpha}_1$

C. $\boldsymbol{\alpha}_2$，$\boldsymbol{\alpha}_2+\boldsymbol{\alpha}_3$，$\boldsymbol{\alpha}_1+\boldsymbol{\alpha}_2+\boldsymbol{\alpha}_3$　　D. $\boldsymbol{\alpha}_1+2\boldsymbol{\alpha}_2$，$2\boldsymbol{\alpha}_2+3\boldsymbol{\alpha}_3$，$3\boldsymbol{\alpha}_3+\boldsymbol{\alpha}_1$

E. $\boldsymbol{\alpha}_1+\boldsymbol{\alpha}_3$，$\boldsymbol{\alpha}_2-\boldsymbol{\alpha}_1$，$\boldsymbol{\alpha}_2+\boldsymbol{\alpha}_3$

23. 已知向量$\boldsymbol{\alpha}_1=(2,\ 2,\ 1)^{\mathrm{T}}$，$\boldsymbol{\alpha}_2=(3,\ 3,\ -1)^{\mathrm{T}}$，$\boldsymbol{\alpha}_3=(1,\ a+2,\ -1)^{\mathrm{T}}$，$\boldsymbol{\beta}=(1,\ -1,\ a)^{\mathrm{T}}$，且$\boldsymbol{\beta}$不能由$\boldsymbol{\alpha}_1$，$\boldsymbol{\alpha}_2$，$\boldsymbol{\alpha}_3$线性表示，则$a=$(　　).

A. 1　　B. -1　　C. 0　　D. 2　　E. -2

24. 已知向量组$\boldsymbol{\beta}_1=(0,\ 1,\ -1)^{\mathrm{T}}$，$\boldsymbol{\beta}_2=(a,\ 2,\ 1)^{\mathrm{T}}$，$\boldsymbol{\beta}_3=(b,\ 1,\ 0)^{\mathrm{T}}$与向量组$\boldsymbol{\alpha}_1=(1,\ 2,\ -3)^{\mathrm{T}}$，$\boldsymbol{\alpha}_2=(3,\ 0,\ 1)^{\mathrm{T}}$，$\boldsymbol{\alpha}_3=(9,\ 6,\ -7)^{\mathrm{T}}$具有相同的秩，且$\boldsymbol{\beta}_3$可由$\boldsymbol{\alpha}_1$，$\boldsymbol{\alpha}_2$，$\boldsymbol{\alpha}_3$

线性表示，则 a，b 的值为(　　).

A. 15，5　　B. 5，15　　C. 10，−5　　D. −5，10　　E. 5，−15

25. 设向量组 $\boldsymbol{\alpha}_1=(1,3,2)^T$，$\boldsymbol{\alpha}_2=(2,1,-1)^T$，$\boldsymbol{\alpha}_3=(-1,a,-2)^T$ 的秩为 2，则 $a=$(　　).

A. 4　　B. 3　　C. −3　　D. −2　　E. 2

26. 设向量组 $\boldsymbol{\alpha}_1=(1,1,2,3)^T$，$\boldsymbol{\alpha}_2=(1,-1,1,1)^T$，$\boldsymbol{\alpha}_3=(1,3,3,5)^T$，$\boldsymbol{\alpha}_4=(4,-2,5,6)^T$，$\boldsymbol{\alpha}_5=(-3,-1,-5,-7)^T$，则该向量组的一个极大线性无关组为(　　).

A. $\boldsymbol{\alpha}_1$，$\boldsymbol{\alpha}_2$，$\boldsymbol{\alpha}_3$　　B. $\boldsymbol{\alpha}_1$，$\boldsymbol{\alpha}_2$，$\boldsymbol{\alpha}_4$　　C. $\boldsymbol{\alpha}_1$，$\boldsymbol{\alpha}_2$，$\boldsymbol{\alpha}_5$

D. $\boldsymbol{\alpha}_1$，$\boldsymbol{\alpha}_2$，$\boldsymbol{\alpha}_4$，$\boldsymbol{\alpha}_5$　　E. $\boldsymbol{\alpha}_1$，$\boldsymbol{\alpha}_2$

27. 向量组 $\boldsymbol{\alpha}_1$，$\boldsymbol{\alpha}_2$，$\boldsymbol{\alpha}_3$ 线性无关，$\boldsymbol{\beta}_1=\boldsymbol{\alpha}_1-\boldsymbol{\alpha}_2$，$\boldsymbol{\beta}_2=\boldsymbol{\alpha}_2-\boldsymbol{\alpha}_3$，$\boldsymbol{\beta}_3=\lambda\boldsymbol{\alpha}_3-t\boldsymbol{\alpha}_1$ 也线性无关，则(　　).

A. $\lambda=t$　　B. $\lambda\neq t$　　C. $\lambda=t=1$　　D. $\lambda\neq 2t$　　E. $\lambda\neq -t$

28. 设 $\boldsymbol{A}$，$\boldsymbol{B}$，$\boldsymbol{C}$ 均为三阶方阵，$r(\boldsymbol{B})=1$，$r(\boldsymbol{C})=3$，$\boldsymbol{A}=\boldsymbol{BC}$，则方程组 $\boldsymbol{Ax}=\boldsymbol{0}$ 的基础解系含(　　)个线性无关的解向量.

A. 0　　B. 1　　C. 2　　D. 3　　E. 无法确定

29. 设齐次线性方程组 $\begin{cases}kx+z=0,\\2x+ky+z=0,\\kx-2y+z=0\end{cases}$ 有非零解，则 $k=$(　　).

A. 0　　B. −1　　C. 1　　D. −2　　E. 2

30. 已知齐次线性方程组 $\boldsymbol{Ax}=\begin{pmatrix}\lambda&1&\lambda^2\\1&\lambda&1\\1&1&\lambda\end{pmatrix}\begin{pmatrix}x_1\\x_2\\x_3\end{pmatrix}=\boldsymbol{0}$，若存在三阶方阵 $\boldsymbol{B}\neq\boldsymbol{O}$，使得 $\boldsymbol{AB}=\boldsymbol{O}$，则①$\lambda$一定为 1；②$|\boldsymbol{B}|$一定为 0；③方程组 $\boldsymbol{Ax}=\boldsymbol{0}$ 一定有无穷多组非零解. 其中正确说法的个数是(　　).

A. 0　　B. 1　　C. 2　　D. 3　　E. 无法确定

31. 设方程组 $\begin{cases}4x+3y+z=\lambda x,\\3x-4y+7z=\lambda y,\\x+7y-6z=\lambda z\end{cases}$ 有非零解，则 λ 的取值一定为(　　).

A. $\lambda=-3$　　B. $\lambda=0$　　C. $\lambda=-3\pm 2\sqrt{21}$

D. $\lambda=0$ 或 $\lambda=-3\pm 2\sqrt{21}$　　E. $\lambda\neq 0$ 且 $\lambda\neq -3\pm 2\sqrt{21}$

32. 若方程组 $\begin{cases}bx+ay=c,\\cx+az=b,\\cy+bz=a\end{cases}$ 有唯一解，则 $abc\neq$(　　).

A. 0　　B. 1　　C. −1　　D. 2　　E. −2

33. 当 λ 取值为(　　)时，线性方程组 $\begin{cases}\lambda x_1+x_2+x_3=\lambda-3,\\x_1+\lambda x_2+x_3=-2,\\x_1+x_2+\lambda x_3=-2\end{cases}$ 无解.

A. $\lambda=1$　　B. $\lambda=-2$　　C. $\lambda\neq -2$

D. $\lambda\neq -2$ 且 $\lambda\neq 1$　　E. $\lambda=-1$

34. 设 $\boldsymbol{A}$ 为 4×3 阶矩阵，且 $r(\boldsymbol{A})=2$，$\boldsymbol{B}=\begin{pmatrix}1&0&2\\0&2&0\\-1&0&3\end{pmatrix}$，则以 $\boldsymbol{AB}$ 为系数矩阵的齐次线性方程组 $\boldsymbol{ABx}=\boldsymbol{0}$ 的基础解系中所含解向量的个数为(　　).

A. 0　　B. 1　　C. 2　　D. 3　　E. 无法确定

35. 非齐次线性方程组 $\begin{cases}x_1+x_2+x_3+2x_4=3,\\2x_1-x_2+3x_3+8x_4=8,\\-3x_1+2x_2-x_3-9x_4=-5,\\x_2-2x_3-3x_4=-4\end{cases}$ 的通解为(　　).

A. $c\begin{pmatrix}2\\0\\1\\1\end{pmatrix}+\begin{pmatrix}-1\\1\\2\\0\end{pmatrix}$，$c\in\mathbf{R}$

B. $c\begin{pmatrix}-2\\0\\1\\0\end{pmatrix}+\begin{pmatrix}1\\1\\2\\0\end{pmatrix}$，$c\in\mathbf{R}$

C. $c\begin{pmatrix}-2\\1\\-1\\0\end{pmatrix}+\begin{pmatrix}1\\1\\2\\0\end{pmatrix}$，$c\in\mathbf{R}$

D. $c\begin{pmatrix}-1\\1\\1\\1\end{pmatrix}+\begin{pmatrix}1\\1\\2\\0\end{pmatrix}$，$c\in\mathbf{R}$

E. $c\begin{pmatrix}-2\\1\\-1\\1\end{pmatrix}+\begin{pmatrix}1\\0\\2\\0\end{pmatrix}$，$c\in\mathbf{R}$

答案速查

1～5 DCEEC　　6～10 ADBCA　　11～15 DCBAA

16～20 EEADC　　21～25 EEBAC　　26～30 EBCED

31～35 DABBE

答案详解

1. D

【解析】观察到行列式第一列除了第一行元素外均可以利用行列式的性质化为零，有

$$D=\begin{vmatrix}1&0&a&1\\0&-1&b&-1\\-1&-1&c&-1\\-1&1&d&0\end{vmatrix}=\begin{vmatrix}1&0&a&1\\0&-1&b&-1\\0&-1&a+c&0\\0&1&a+d&1\end{vmatrix}$$

$$=\begin{vmatrix}-1&b&-1\\-1&a+c&0\\1&a+d&1\end{vmatrix}=\begin{vmatrix}0&a+d+b&0\\-1&a+c&0\\1&a+d&1\end{vmatrix}$$

$$=\begin{vmatrix}0&a+b+d\\-1&a+c\end{vmatrix}=a+b+d.$$

2. C

【解析】由行列式的性质，可知

$$D_1=\begin{vmatrix}2a_{11}&a_{13}&a_{11}-2a_{12}\\2a_{21}&a_{23}&a_{21}-2a_{22}\\2a_{31}&a_{33}&a_{31}-2a_{32}\end{vmatrix}=\begin{vmatrix}2a_{11}&a_{13}&-2a_{12}\\2a_{21}&a_{23}&-2a_{22}\\2a_{31}&a_{33}&-2a_{32}\end{vmatrix}$$

$$=-4\begin{vmatrix}a_{11}&a_{13}&a_{12}\\a_{21}&a_{23}&a_{22}\\a_{31}&a_{33}&a_{32}\end{vmatrix}=4\begin{vmatrix}a_{11}&a_{12}&a_{13}\\a_{21}&a_{22}&a_{23}\\a_{31}&a_{32}&a_{33}\end{vmatrix}=4D=2.$$

3. E

【解析】由 $\boldsymbol{A}^*$ 和 $\boldsymbol{A}$ 的关系式 $\boldsymbol{A}^*\boldsymbol{A}=|\boldsymbol{A}|\boldsymbol{E}$，得 $\boldsymbol{A}^*=|\boldsymbol{A}|\boldsymbol{A}^{-1}=\frac{1}{8}\boldsymbol{A}^{-1}$，所以

$$\left|\left(\frac{1}{3}\boldsymbol{A}\right)^{-1}-8\boldsymbol{A}^*\right|=|3\boldsymbol{A}^{-1}-\boldsymbol{A}^{-1}|=|2\boldsymbol{A}^{-1}|=2^3\frac{1}{|\boldsymbol{A}|}=64.$$

【注意】已知方阵 $\boldsymbol{A}=(\boldsymbol{\alpha}_1,\boldsymbol{\alpha}_2,\cdots,\boldsymbol{\alpha}_n)$，则 $|2\boldsymbol{A}|=2^n|\boldsymbol{A}|$，而 $|2\boldsymbol{\alpha}_1,\boldsymbol{\alpha}_2,\cdots,\boldsymbol{\alpha}_n|=2|\boldsymbol{\alpha}_1,\boldsymbol{\alpha}_2,\cdots,\boldsymbol{\alpha}_n|=2|\boldsymbol{A}|$.

4. E

【解析】根据行列式的性质，可得

$$|\boldsymbol{\alpha}_1,\boldsymbol{\alpha}_1+\boldsymbol{\alpha}_2,\boldsymbol{\alpha}_1+\boldsymbol{\alpha}_2-2\boldsymbol{\alpha}_3|=|\boldsymbol{\alpha}_1,\boldsymbol{\alpha}_2,-2\boldsymbol{\alpha}_3|=-2|\boldsymbol{\alpha}_1,\boldsymbol{\alpha}_2,\boldsymbol{\alpha}_3|=-2|\boldsymbol{A}|=-4.$$

5. C

【解析】根据矩阵的运算及行列式的性质，可得

$$|\boldsymbol{A}-\boldsymbol{B}|=|\boldsymbol{\alpha}-\boldsymbol{\beta},\ \boldsymbol{\gamma}_1,\ 2\boldsymbol{\gamma}_2|=|\boldsymbol{\alpha},\ \boldsymbol{\gamma}_1,\ 2\boldsymbol{\gamma}_2|+|-\boldsymbol{\beta},\ \boldsymbol{\gamma}_1,\ 2\boldsymbol{\gamma}_2|$$

$$=2|\boldsymbol{\alpha},\ \boldsymbol{\gamma}_1,\ \boldsymbol{\gamma}_2|-2|\boldsymbol{\beta},\ \boldsymbol{\gamma}_1,\ \boldsymbol{\gamma}_2|=\frac{1}{3}|\boldsymbol{\alpha},\ 2\boldsymbol{\gamma}_1,\ 3\boldsymbol{\gamma}_2|-2|\boldsymbol{B}|$$

$$=\frac{1}{3}|\boldsymbol{A}|-2|\boldsymbol{B}|=\frac{1}{3}\times 6-2\times 1=0.$$

6. A

【解析】根据行列式的性质，可得

$$|\boldsymbol{B}|=|\boldsymbol{\alpha}_1+\boldsymbol{\alpha}_2+\boldsymbol{\alpha}_3,\ \boldsymbol{\alpha}_1-\boldsymbol{\alpha}_2+2\boldsymbol{\alpha}_3,\ \boldsymbol{\alpha}_1+2\boldsymbol{\alpha}_2-\boldsymbol{\alpha}_3|=|\boldsymbol{\alpha}_1+\boldsymbol{\alpha}_2+\boldsymbol{\alpha}_3,\ 2\boldsymbol{\alpha}_1+3\boldsymbol{\alpha}_3,\ 2\boldsymbol{\alpha}_1+3\boldsymbol{\alpha}_2|$$

$$=|\boldsymbol{\alpha}_1,\ 2\boldsymbol{\alpha}_1+3\boldsymbol{\alpha}_3,\ 2\boldsymbol{\alpha}_1+3\boldsymbol{\alpha}_2|+|\boldsymbol{\alpha}_2,\ 2\boldsymbol{\alpha}_1+3\boldsymbol{\alpha}_3,\ 2\boldsymbol{\alpha}_1+3\boldsymbol{\alpha}_2|+|\boldsymbol{\alpha}_3,\ 2\boldsymbol{\alpha}_1+3\boldsymbol{\alpha}_3,\ 2\boldsymbol{\alpha}_1+3\boldsymbol{\alpha}_2|$$

$$=|\boldsymbol{\alpha}_1,\ 3\boldsymbol{\alpha}_3,\ 3\boldsymbol{\alpha}_2|+|\boldsymbol{\alpha}_2,\ 3\boldsymbol{\alpha}_3,\ 2\boldsymbol{\alpha}_1|+|\boldsymbol{\alpha}_3,\ 2\boldsymbol{\alpha}_1,\ 3\boldsymbol{\alpha}_2|$$

$$=-3^2|\boldsymbol{\alpha}_1,\ \boldsymbol{\alpha}_2,\ \boldsymbol{\alpha}_3|+6|\boldsymbol{\alpha}_1,\ \boldsymbol{\alpha}_2,\ \boldsymbol{\alpha}_3|+6|\boldsymbol{\alpha}_1,\ \boldsymbol{\alpha}_2,\ \boldsymbol{\alpha}_3|$$

$$=-9+6+6=3.$$

7. D

【解析】根据行列式的展开定理，D 中第一行元素代数余子式的和恰好等于把 D 的第一行依次换为 1，1，1，1 后的新行列式，所以有

$$A_{11}+A_{12}+A_{13}+A_{14}=\begin{vmatrix}1&1&1&1\\6&-2&3&-1\\1&1&1&1\\4&3&-7&5\end{vmatrix}=0.$$

8. B

【解析】根据行列式的展开定理，D 中第四行元素余子式的和恰好等于把行列式 D 的第四行依次换为 -1，1，-1，1 后的新行列式，所以有

$$M_{41}+M_{42}+M_{43}+M_{44}=\begin{vmatrix}3&0&4&0\\1&1&1&1\\0&-1&0&0\\-1&1&-1&1\end{vmatrix}=(-1)^{3+2}\times(-1)\begin{vmatrix}3&4&0\\1&1&1\\-1&-1&1\end{vmatrix}$$

$$=\begin{vmatrix}3&4&0\\1&1&1\\0&0&2\end{vmatrix}=2\times\begin{vmatrix}3&4\\1&1\end{vmatrix}=-2.$$

9. C

【解析】由 $a_{ij}=-A_{ij}$ 知，$\boldsymbol{A}^*=-\boldsymbol{A}^{\mathrm{T}}$. 因为 $|\boldsymbol{A}^*|=|\boldsymbol{A}|^{n-1}$，$|\boldsymbol{A}^{\mathrm{T}}|=|\boldsymbol{A}|$，$|k\boldsymbol{A}|=k^n|\boldsymbol{A}|$，则等式两端分别取行列式可得 $|\boldsymbol{A}|^{3-1}=(-1)^3|\boldsymbol{A}|$，即 $|\boldsymbol{A}|^2=-|\boldsymbol{A}|$，故 $|\boldsymbol{A}|=0$ 或 $|\boldsymbol{A}|=-1$.

考虑是否有增根，$\boldsymbol{A}^*=-\boldsymbol{A}^{\mathrm{T}}$，则有 $r(\boldsymbol{A})=r(-\boldsymbol{A}^{\mathrm{T}})=r(\boldsymbol{A}^*)$，$\boldsymbol{A}$ 为三阶非零矩阵，结合 $\boldsymbol{A}$ 和 $\boldsymbol{A}^*$ 秩的关系，可得若要使得 $r(\boldsymbol{A})=r(\boldsymbol{A}^*)$ 成立，必有 $r(\boldsymbol{A})=3$，因此 $|\boldsymbol{A}|\neq 0$.

综上所述，$|\boldsymbol{A}|=-1$.

10. A

【解析】根据矩阵的运算法则，命题①②③④成立的前提是矩阵 $\boldsymbol{A}$ 与矩阵 $\boldsymbol{B}$ 可交换，对于一般的矩阵是不成立的，所以命题①②③④都是错误的. 而命题⑤中，单位矩阵与任意矩阵 $\boldsymbol{A}$ 是可交换的，所以命题⑤正确，故选 A 项.

11. D

【解析】由于矩阵乘法一般不满足消去律，除非消去的矩阵是可逆矩阵，所以 C、E 项都不正确；

D 项：由于 $|\boldsymbol{A}|\neq 0$ 可知矩阵 $\boldsymbol{A}$ 可逆，于是等式两端同时左乘 $\boldsymbol{A}^{-1}$，一定有 $\boldsymbol{B}=\boldsymbol{C}$，所以 D 项正确；

A 项：仅仅是题设条件 $\boldsymbol{AB}=\boldsymbol{BC}$ 成立的充分条件，而非必要条件. 比如，矩阵 $\boldsymbol{B}=\boldsymbol{C}$，则对于任意的矩阵 $\boldsymbol{A}$ 都可以使得题设条件成立，而不是必须 $\boldsymbol{A}=\boldsymbol{O}$，所以 A 项不正确.

B 项：当 $\boldsymbol{A}\neq\boldsymbol{O}$ 且 $\boldsymbol{A}$ 是不可逆矩阵时，$|\boldsymbol{A}|=0$，可知方程 $\boldsymbol{Ax}=\boldsymbol{0}$ 一定有无穷多组非零解，所以存在 $\boldsymbol{B}\neq\boldsymbol{C}$ 使得 $\boldsymbol{A}(\boldsymbol{B}-\boldsymbol{C})=\boldsymbol{0}$，即 $\boldsymbol{AB}=\boldsymbol{AC}$，故 $\boldsymbol{A}$ 不一定必须是零矩阵，B 项不正确.

12. C

【解析】由 $\boldsymbol{A}^2+3\boldsymbol{A}+\boldsymbol{E}=\boldsymbol{O}$ 可得 $\boldsymbol{A}^2+3\boldsymbol{A}=-\boldsymbol{E}$，故有 $\boldsymbol{A}(-\boldsymbol{A}-3\boldsymbol{E})=\boldsymbol{E}$，所以 $\boldsymbol{A}^{-1}=-\boldsymbol{A}-3\boldsymbol{E}$.

13. B

【解析】$\boldsymbol{AB}=\boldsymbol{A}+2\boldsymbol{B}$，即 $(\boldsymbol{A}-2\boldsymbol{E})\boldsymbol{B}=\boldsymbol{A}$，由题易知矩阵 $\boldsymbol{A}-2\boldsymbol{E}$ 可逆，故 $\boldsymbol{B}=(\boldsymbol{A}-2\boldsymbol{E})^{-1}\boldsymbol{A}$.

方法一：根据初等变换法求 $(\boldsymbol{A}-2\boldsymbol{E})^{-1}$，为

$$(\boldsymbol{A}-2\boldsymbol{E}\,\vdots\,\boldsymbol{E})=\left(\begin{array}{ccc:ccc}2&2&3&1&0&0\\1&-1&0&0&1&0\\-1&2&1&0&0&1\end{array}\right)\to\left(\begin{array}{ccc:ccc}1&0&0&1&-4&-3\\0&1&0&1&-5&-3\\0&0&1&-1&6&4\end{array}\right),$$

因此 $\boldsymbol{B}=(\boldsymbol{A}-2\boldsymbol{E})^{-1}\boldsymbol{A}=\begin{pmatrix}1&-4&-3\\1&-5&-3\\-1&6&4\end{pmatrix}\begin{pmatrix}4&2&3\\1&1&0\\-1&2&3\end{pmatrix}=\begin{pmatrix}3&-8&-6\\2&-9&-6\\-2&12&9\end{pmatrix}$.

方法二：利用初等变换法一步到位求 $(\boldsymbol{A}-2\boldsymbol{E})^{-1}\boldsymbol{A}$，为

$$(\boldsymbol{A}-2\boldsymbol{E}\,\vdots\,\boldsymbol{A})=\left(\begin{array}{ccc:ccc}2&2&3&4&2&3\\1&-1&0&1&1&0\\-1&2&1&-1&2&3\end{array}\right)\to\left(\begin{array}{ccc:ccc}1&0&0&3&-8&-6\\0&1&0&2&-9&-6\\0&0&1&-2&12&9\end{array}\right),$$

所以，$\boldsymbol{B}=(\boldsymbol{A}-2\boldsymbol{E})^{-1}\boldsymbol{A}=\begin{pmatrix}3&-8&-6\\2&-9&-6\\-2&12&9\end{pmatrix}$.

14. A

【解析】方法一：由题意，$\boldsymbol{A}^2=\begin{pmatrix}-1&-4\\8&7\end{pmatrix}$，则 $\boldsymbol{B}=\boldsymbol{A}^2-3\boldsymbol{A}+2\boldsymbol{E}=\begin{pmatrix}-2&-1\\2&0\end{pmatrix}$，故有

$$\boldsymbol{B}^{-1}=\frac{\boldsymbol{B}^*}{|\boldsymbol{B}|}=\frac{1}{|\boldsymbol{B}|}\begin{pmatrix}B_{11}&B_{21}\\B_{12}&B_{22}\end{pmatrix}=\begin{pmatrix}0&\dfrac{1}{2}\\-1&-1\end{pmatrix},$$

其中 B_{ij} 是矩阵 $\boldsymbol{B}$ 对应元素的代数余子式.

方法二：由于 $\boldsymbol{B}=\boldsymbol{A}^2-3\boldsymbol{A}+2\boldsymbol{E}=(\boldsymbol{A}-\boldsymbol{E})(\boldsymbol{A}-2\boldsymbol{E})$，所以

$$\boldsymbol{B}^{-1}=(\boldsymbol{A}-2\boldsymbol{E})^{-1}(\boldsymbol{A}-\boldsymbol{E})^{-1}=\begin{pmatrix}-1&-1\\2&1\end{pmatrix}^{-1}\begin{pmatrix}0&-1\\2&2\end{pmatrix}^{-1}=\frac{1}{2}\begin{pmatrix}1&1\\-2&-1\end{pmatrix}\begin{pmatrix}2&1\\-2&0\end{pmatrix}=\begin{bmatrix}0&\frac{1}{2}\\-1&-1\end{bmatrix}.$$

15. A

【解析】由 $\boldsymbol{B}=\boldsymbol{E}+\boldsymbol{AB}$ 可得 $\boldsymbol{B}-\boldsymbol{AB}=(\boldsymbol{E}-\boldsymbol{A})\boldsymbol{B}=\boldsymbol{E}$，因此 $\boldsymbol{B}=(\boldsymbol{E}-\boldsymbol{A})^{-1}$；

由 $\boldsymbol{C}=\boldsymbol{A}+\boldsymbol{CA}$ 得 $\boldsymbol{C}-\boldsymbol{CA}=\boldsymbol{C}(\boldsymbol{E}-\boldsymbol{A})=\boldsymbol{A}$，因此 $\boldsymbol{C}=\boldsymbol{A}(\boldsymbol{E}-\boldsymbol{A})^{-1}=\boldsymbol{AB}$.

因此，$\boldsymbol{B}-\boldsymbol{C}=\boldsymbol{B}-\boldsymbol{AB}=(\boldsymbol{E}-\boldsymbol{A})\boldsymbol{B}=\boldsymbol{E}$.

16. E

【解析】因为矩阵 $\boldsymbol{A}$ 的行列式不为零，则 $\boldsymbol{A}$ 可逆，故 $\boldsymbol{X}=\boldsymbol{A}^{-1}\boldsymbol{B}$. 利用初等行变换法求 $\boldsymbol{A}^{-1}\boldsymbol{B}$，为

$$(\boldsymbol{A}\,\vdots\,\boldsymbol{B})=\left(\begin{array}{ccc:cc}2&3&-1&2&1\\1&2&0&-1&0\\-1&0&3&3&1\end{array}\right)\to\left(\begin{array}{ccc:cc}1&2&0&-1&0\\2&3&-1&2&1\\-1&0&3&3&1\end{array}\right)\to\left(\begin{array}{ccc:cc}1&2&0&-1&0\\0&-1&-1&4&1\\0&2&3&2&1\end{array}\right)$$

$$\to\left(\begin{array}{ccc:cc}1&0&-2&7&2\\0&-1&-1&4&1\\0&0&1&10&3\end{array}\right)\to\left(\begin{array}{ccc:cc}1&0&0&27&8\\0&-1&0&14&4\\0&0&1&10&3\end{array}\right)\to\left(\begin{array}{ccc:cc}1&0&0&27&8\\0&1&0&-14&-4\\0&0&1&10&3\end{array}\right),$$

所以 $\boldsymbol{X}=\boldsymbol{A}^{-1}\boldsymbol{B}=\begin{pmatrix}27&8\\-14&-4\\10&3\end{pmatrix}$.

17. E

【解析】由题设条件 $\boldsymbol{A}=\boldsymbol{E}-\boldsymbol{\alpha}^{\mathrm{T}}\boldsymbol{\alpha}$，$\boldsymbol{B}=\boldsymbol{E}+2\boldsymbol{\alpha}^{\mathrm{T}}\boldsymbol{\alpha}$，可得

$$\begin{aligned}\boldsymbol{AB}&=(\boldsymbol{E}-\boldsymbol{\alpha}^{\mathrm{T}}\boldsymbol{\alpha})(\boldsymbol{E}+2\boldsymbol{\alpha}^{\mathrm{T}}\boldsymbol{\alpha})=\boldsymbol{E}+\boldsymbol{\alpha}^{\mathrm{T}}\boldsymbol{\alpha}-2\boldsymbol{\alpha}^{\mathrm{T}}\boldsymbol{\alpha}\boldsymbol{\alpha}^{\mathrm{T}}\boldsymbol{\alpha}\\&=\boldsymbol{E}+\boldsymbol{\alpha}^{\mathrm{T}}\boldsymbol{\alpha}-2\boldsymbol{\alpha}^{\mathrm{T}}(\boldsymbol{\alpha}\boldsymbol{\alpha}^{\mathrm{T}})\boldsymbol{\alpha}=\boldsymbol{E}+\boldsymbol{\alpha}^{\mathrm{T}}\boldsymbol{\alpha}-2(\boldsymbol{\alpha}\boldsymbol{\alpha}^{\mathrm{T}})\boldsymbol{\alpha}^{\mathrm{T}}\boldsymbol{\alpha},\end{aligned}$$

再由 $\boldsymbol{\alpha}\boldsymbol{\alpha}^{\mathrm{T}}=\left(\frac{1}{2}\right)^2+\left(\frac{1}{2}\right)^2=\frac{1}{2}$ 可得

$$\boldsymbol{AB}=\boldsymbol{E}+\boldsymbol{\alpha}^{\mathrm{T}}\boldsymbol{\alpha}-2(\boldsymbol{\alpha}\boldsymbol{\alpha}^{\mathrm{T}})\boldsymbol{\alpha}^{\mathrm{T}}\boldsymbol{\alpha}=\boldsymbol{E}+\boldsymbol{\alpha}^{\mathrm{T}}\boldsymbol{\alpha}-2\cdot\frac{1}{2}\boldsymbol{\alpha}^{\mathrm{T}}\boldsymbol{\alpha}=\boldsymbol{E}.$$

18. A

【解析】方法一：行列式法.

由 $r(\boldsymbol{A})=3$ 可知，$|\boldsymbol{A}|=0$，则有

$$|\boldsymbol{A}|=\begin{vmatrix}a&1&1&1\\1&a&1&1\\1&1&a&1\\1&1&1&a\end{vmatrix}=\begin{vmatrix}a+3&1&1&1\\a+3&a&1&1\\a+3&1&a&1\\a+3&1&1&a\end{vmatrix}=(a+3)\begin{vmatrix}1&1&1&1\\1&a&1&1\\1&1&a&1\\1&1&1&a\end{vmatrix}$$

$$=(a+3)\begin{vmatrix}1&1&1&1\\0&a-1&0&0\\0&0&a-1&0\\0&0&0&a-1\end{vmatrix}=(a-1)^3(a+3)=0,$$

则有 $a=1$ 或 $a=-3$，但当 $a=1$ 时，显然 $r(\boldsymbol{A})=1\neq3$，不合题意，舍去，所以，$a=-3$.

方法二：初等变换法.

对矩阵 $\boldsymbol{A}$ 进行初等行变换，可得

$$\boldsymbol{A}=\begin{pmatrix}a&1&1&1\\1&a&1&1\\1&1&a&1\\1&1&1&a\end{pmatrix}\to\begin{pmatrix}1&1&1&a\\1&1&a&1\\1&a&1&1\\a&1&1&1\end{pmatrix}\to\begin{pmatrix}1&1&1&a\\0&0&a-1&1-a\\0&a-1&0&1-a\\0&1-a&1-a&(1-a)(1+a)\end{pmatrix},$$

由于 $r(\boldsymbol{A})=3$，易知 $1-a\neq0$，即 $a\neq1$，故可以消去 $1-a$，得

$$\boldsymbol{A}\to\begin{pmatrix}1&1&1&a\\0&0&-1&1\\0&-1&0&1\\0&1&1&1+a\end{pmatrix}\to\begin{pmatrix}1&1&1&a\\0&1&1&1+a\\0&0&1&2+a\\0&0&0&3+a\end{pmatrix},$$

由 $r(\boldsymbol{A})=3$ 可得 $a+3=0$，即 $a=-3$.

19. D

【解析】由于 $|\boldsymbol{A}|=6\neq0$，所以矩阵 $\boldsymbol{A}$ 是可逆矩阵，从而 $r(\boldsymbol{AB})=r(\boldsymbol{B})$.

对矩阵 $\boldsymbol{B}$ 进行初等行变换，可得

$$\boldsymbol{B}=\begin{pmatrix}3&1&0&2\\1&-1&2&-1\\1&3&4&4\end{pmatrix}\to\begin{pmatrix}1&-1&2&-1\\0&4&2&5\\0&4&-6&5\end{pmatrix}\to\begin{pmatrix}1&-1&2&-1\\0&4&2&5\\0&0&-8&0\end{pmatrix},$$

于是，$r(\boldsymbol{B})=3$，因此 $r(\boldsymbol{AB})=r(\boldsymbol{B})=3$.

20. C

【解析】由矩阵 $\boldsymbol{A}$ 与其伴随矩阵的秩的关系，可知当 $r(\boldsymbol{A}^*)=1$ 时，$r(\boldsymbol{A})=3-1=2$，所以 $\boldsymbol{A}$ 不可逆，则有

$$|\boldsymbol{A}|=\begin{vmatrix}a&b&b\\b&a&b\\b&b&a\end{vmatrix}=\begin{vmatrix}a+2b&b&b\\a+2b&a&b\\a+2b&b&a\end{vmatrix}=(a+2b)\begin{vmatrix}1&b&b\\0&a-b&0\\0&0&a-b\end{vmatrix}=(a-b)^2(a+2b)=0,$$

所以 $a=b$ 或 $a+2b=0$. 若 $a=b$，则 $r(\boldsymbol{A})=1$，此时 $r(\boldsymbol{A}^*)=0$，不符合题意，故 $a\neq b$ 且 $a+2b=0$.

21. E

【解析】以 $\boldsymbol{\alpha}_1$，$\boldsymbol{\alpha}_2$，$\boldsymbol{\alpha}_3$ 为列向量构成矩阵 $\boldsymbol{A}$，并进行初等行变换，有

$$\boldsymbol{A}=\begin{pmatrix}1&2&1\\3&1&-1\\6&2&a\\2&-1&-2\end{pmatrix}\to\begin{pmatrix}1&2&1\\0&-5&-4\\0&-10&a-6\\0&-5&-4\end{pmatrix}\to\begin{pmatrix}1&2&1\\0&-5&-4\\0&-10&a-6\\0&0&0\end{pmatrix}\to\begin{pmatrix}1&2&1\\0&-5&-4\\0&0&a+2\\0&0&0\end{pmatrix},$$

向量组 $\boldsymbol{\alpha}_1$，$\boldsymbol{\alpha}_2$，$\boldsymbol{\alpha}_3$ 线性相关 $\Leftrightarrow r(\boldsymbol{A})<3\Leftrightarrow a+2=0$，解得 $a=-2$.

22. E

【解析】将选项中的向量组写成 $(\boldsymbol{\alpha}_1,\boldsymbol{\alpha}_2,\boldsymbol{\alpha}_3)$ 和矩阵乘积的形式.

A 项：$(\boldsymbol{\alpha}_1, 2\boldsymbol{\alpha}_1-\boldsymbol{\alpha}_2, -\boldsymbol{\alpha}_1+3\boldsymbol{\alpha}_2-\boldsymbol{\alpha}_3)=(\boldsymbol{\alpha}_1, \boldsymbol{\alpha}_2, \boldsymbol{\alpha}_3)\boldsymbol{P}_1=(\boldsymbol{\alpha}_1, \boldsymbol{\alpha}_2, \boldsymbol{\alpha}_3)\begin{pmatrix}1 & 2 & -1\\0 & -1 & 3\\0 & 0 & -1\end{pmatrix}$，

显然 $r(\boldsymbol{P}_1)=3$，则 $r(\boldsymbol{\alpha}_1, 2\boldsymbol{\alpha}_1-\boldsymbol{\alpha}_2, -\boldsymbol{\alpha}_1+3\boldsymbol{\alpha}_2-\boldsymbol{\alpha}_3)=3$，故该向量组一定线性无关；
同理，对于 B、C、D 项，得到的矩阵 $\boldsymbol{P}_i(i=2, 3, 4)$ 的秩均为 3，故 B、C、D 项中的向量组都线性无关；

E 项：$(\boldsymbol{\alpha}_1+\boldsymbol{\alpha}_3, \boldsymbol{\alpha}_2-\boldsymbol{\alpha}_1, \boldsymbol{\alpha}_2+\boldsymbol{\alpha}_3)=(\boldsymbol{\alpha}_1, \boldsymbol{\alpha}_2, \boldsymbol{\alpha}_3)\boldsymbol{P}_5=(\boldsymbol{\alpha}_1, \boldsymbol{\alpha}_2, \boldsymbol{\alpha}_3)\begin{pmatrix}1 & -1 & 0\\0 & 1 & 1\\1 & 0 & 1\end{pmatrix}$，$|\boldsymbol{P}_5|=0$，

可得 $r(\boldsymbol{P}_5)<3$，则 $r(\boldsymbol{\alpha}_1+\boldsymbol{\alpha}_3, \boldsymbol{\alpha}_2-\boldsymbol{\alpha}_1, \boldsymbol{\alpha}_2+\boldsymbol{\alpha}_3)<3$，故该向量组一定线性相关.

23. B

【解析】根据题意可知，$r(\boldsymbol{\alpha}_1, \boldsymbol{\alpha}_2, \boldsymbol{\alpha}_3)\neq r(\boldsymbol{\alpha}_1, \boldsymbol{\alpha}_2, \boldsymbol{\alpha}_3, \boldsymbol{\beta})$.
以 $\boldsymbol{\alpha}_1, \boldsymbol{\alpha}_2, \boldsymbol{\alpha}_3, \boldsymbol{\beta}$ 为列向量构成矩阵，为

$$(\boldsymbol{\alpha}_1, \boldsymbol{\alpha}_2, \boldsymbol{\alpha}_3, \boldsymbol{\beta})=\begin{pmatrix}2 & 3 & 1 & 1\\2 & 3 & a+2 & -1\\1 & -1 & -1 & a\end{pmatrix},$$

对其作初等行变换，可得

$$\begin{pmatrix}2 & 3 & 1 & 1\\2 & 3 & a+2 & -1\\1 & -1 & -1 & a\end{pmatrix}\to\begin{pmatrix}1 & -1 & -1 & a\\2 & 3 & 1 & 1\\2 & 3 & a+2 & -1\end{pmatrix}\to\begin{pmatrix}1 & -1 & -1 & a\\0 & 5 & 3 & 1-2a\\0 & 5 & a+4 & -1-2a\end{pmatrix}\to\begin{pmatrix}1 & -1 & -1 & a\\0 & 5 & 3 & 1-2a\\0 & 0 & a+1 & -2\end{pmatrix},$$

若 $r(\boldsymbol{\alpha}_1, \boldsymbol{\alpha}_2, \boldsymbol{\alpha}_3)\neq r(\boldsymbol{\alpha}_1, \boldsymbol{\alpha}_2, \boldsymbol{\alpha}_3, \boldsymbol{\beta})$，则一定有 $r(\boldsymbol{\alpha}_1, \boldsymbol{\alpha}_2, \boldsymbol{\alpha}_3)=2$，$r(\boldsymbol{\alpha}_1, \boldsymbol{\alpha}_2, \boldsymbol{\alpha}_3, \boldsymbol{\beta})=3$，则 $a+1=0$，解得 $a=-1$.

24. A

【解析】显然 $\boldsymbol{\alpha}_1$，$\boldsymbol{\alpha}_2$ 线性无关，且 $3\boldsymbol{\alpha}_1+2\boldsymbol{\alpha}_2=\boldsymbol{\alpha}_3$，所以向量组 $\boldsymbol{\alpha}_1, \boldsymbol{\alpha}_2, \boldsymbol{\alpha}_3$ 的秩为 2，其极大线性无关组为 $\boldsymbol{\alpha}_1, \boldsymbol{\alpha}_2$. 故 $r(\boldsymbol{\beta}_1, \boldsymbol{\beta}_2, \boldsymbol{\beta}_3)=2$，因此 $|\boldsymbol{\beta}_1, \boldsymbol{\beta}_2, \boldsymbol{\beta}_3|=0$，即

$$|\boldsymbol{\beta}_1, \boldsymbol{\beta}_2, \boldsymbol{\beta}_3|=\begin{vmatrix}0 & a & b\\1 & 2 & 1\\-1 & 1 & 0\end{vmatrix}=3b-a=0.$$

又因为 $\boldsymbol{\beta}_3$ 可由 $\boldsymbol{\alpha}_1, \boldsymbol{\alpha}_2, \boldsymbol{\alpha}_3$ 线性表示，则 $\boldsymbol{\beta}_3$ 可由 $\boldsymbol{\alpha}_1, \boldsymbol{\alpha}_2, \boldsymbol{\alpha}_3$ 的极大线性无关组 $\boldsymbol{\alpha}_1, \boldsymbol{\alpha}_2$ 线性表示，因此 $\boldsymbol{\beta}_3, \boldsymbol{\alpha}_1, \boldsymbol{\alpha}_2$ 线性相关，则 $|\boldsymbol{\alpha}_1, \boldsymbol{\alpha}_2, \boldsymbol{\beta}_3|=\begin{vmatrix}1 & 3 & b\\2 & 0 & 1\\-3 & 1 & 0\end{vmatrix}=2b-10=0$，解得 $b=5$，

故 $a=15$.

25. C

【解析】以 $\boldsymbol{\alpha}_1, \boldsymbol{\alpha}_2, \boldsymbol{\alpha}_3$ 为列向量构成矩阵 $\boldsymbol{A}$，并进行初等行变换，可得

$$\boldsymbol{A}=\begin{pmatrix}1 & 2 & -1\\3 & 1 & a\\2 & -1 & -2\end{pmatrix}\to\begin{pmatrix}1 & 2 & -1\\0 & -5 & a+3\\0 & -5 & 0\end{pmatrix}\to\begin{pmatrix}1 & 2 & -1\\0 & -5 & 0\\0 & 0 & a+3\end{pmatrix},$$

因为 $r(\boldsymbol{A})=2$，所以 $a+3=0$，解得 $a=-3$.

26. E

【解析】以 $\boldsymbol{\alpha}_1$，$\boldsymbol{\alpha}_2$，$\boldsymbol{\alpha}_3$，$\boldsymbol{\alpha}_4$，$\boldsymbol{\alpha}_5$ 为列向量构成矩阵 $\boldsymbol{A}$，并进行初等行变换，可得

$$\boldsymbol{A}=\begin{pmatrix}1&1&1&4&-3\\1&-1&3&-2&-1\\2&1&3&5&-5\\3&1&5&6&-7\end{pmatrix}\to\begin{pmatrix}1&1&1&4&-3\\0&-2&2&-6&2\\0&-1&1&-3&1\\0&-2&2&-6&2\end{pmatrix}\to\begin{pmatrix}1&0&2&1&-2\\0&-2&2&-6&2\\0&0&0&0&0\\0&0&0&0&0\end{pmatrix},$$

显然 $r(\boldsymbol{A})=2$，则 $\boldsymbol{\alpha}_1$，$\boldsymbol{\alpha}_2$，$\boldsymbol{\alpha}_3$，$\boldsymbol{\alpha}_4$，$\boldsymbol{\alpha}_5$ 的极大线性无关组中向量的个数为 2，观察选项知，向量组的一个极大线性无关组为 $\boldsymbol{\alpha}_1$，$\boldsymbol{\alpha}_2$.

27. B

【解析】根据题意，可得

$$(\boldsymbol{\beta}_1,\ \boldsymbol{\beta}_2,\ \boldsymbol{\beta}_3)=(\boldsymbol{\alpha}_1,\ \boldsymbol{\alpha}_2,\ \boldsymbol{\alpha}_3)\begin{pmatrix}1&0&-t\\-1&1&0\\0&-1&\lambda\end{pmatrix}=(\boldsymbol{\alpha}_1,\ \boldsymbol{\alpha}_2,\ \boldsymbol{\alpha}_3)\boldsymbol{A},$$

则向量组 $\boldsymbol{\beta}_1$，$\boldsymbol{\beta}_2$，$\boldsymbol{\beta}_3$ 线性无关 $\Leftrightarrow$ 矩阵 $\boldsymbol{A}$ 是满秩矩阵，则一定有 $|\boldsymbol{A}|\neq 0$，即

$$|\boldsymbol{A}|=\begin{vmatrix}1&0&-t\\-1&1&0\\0&-1&\lambda\end{vmatrix}=\lambda-t\neq 0\Rightarrow\lambda\neq t.$$

28. C

【解析】由于 $r(\boldsymbol{C})=3$，所以三阶矩阵 $\boldsymbol{C}$ 是满秩矩阵，则 $r(\boldsymbol{A})=r(\boldsymbol{BC})=r(\boldsymbol{B})=1$，因此，方程组 $\boldsymbol{Ax}=\boldsymbol{0}$ 的基础解系中线性无关解的个数是 $3-r(\boldsymbol{A})=3-1=2$.

29. E

【解析】齐次线性方程组有非零解的充要条件为系数矩阵 $\boldsymbol{A}$ 的行列式 $|\boldsymbol{A}|=0$，故有

$$|\boldsymbol{A}|=\begin{vmatrix}k&0&1\\2&k&1\\k&-2&1\end{vmatrix}=2k-4=0,$$

解得 $k=2$.

30. D

【解析】根据题意，存在非零的三阶方阵 $\boldsymbol{B}$ 使得 $\boldsymbol{AB}=\boldsymbol{O}$，而 $\boldsymbol{B}$ 的列向量恰好是方程组 $\boldsymbol{Ax}=\boldsymbol{0}$ 的解向量，所以方程组 $\boldsymbol{Ax}=\boldsymbol{0}$ 一定有非零解，则一定有 $r(\boldsymbol{A})<3$，从而 $|\boldsymbol{A}|=$

$$\begin{vmatrix}\lambda&1&\lambda^2\\1&\lambda&1\\1&1&\lambda\end{vmatrix}=(1-\lambda)^2=0$$，解得 $\lambda=1$，命题①正确；

当 $\lambda=1$ 时，$\boldsymbol{A}=\begin{pmatrix}1&1&1\\1&1&1\\1&1&1\end{pmatrix}$，则 $r(\boldsymbol{A})=1$，则方程组 $\boldsymbol{Ax}=\boldsymbol{0}$ 的基础解系中含有两个线性无关的解向量，即方程组 $\boldsymbol{Ax}=\boldsymbol{0}$ 有无穷多个非零的解向量且任何三个解向量都是线性相关的，命

题③正确；

矩阵 $\boldsymbol{B}$ 是三阶方阵，且三个列向量都是 $\boldsymbol{Ax}=\boldsymbol{0}$ 的解向量，因此这三个列向量一定是线性相关的，即一定有 $|\boldsymbol{B}|=0$，命题②正确.

综上，正确的说法有 3 个.

31. D

【解析】原方程组等价于

$$\begin{cases}(4-\lambda)x+3y+z=0,\\3x-(4+\lambda)y+7z=0,\\x+7y-(6+\lambda)z=0,\end{cases}$$

上述齐次线性方程组有非零解的充分必要条件是系数矩阵的行列式为零，即

$$\begin{vmatrix}4-\lambda&3&1\\3&-4-\lambda&7\\1&7&-6-\lambda\end{vmatrix}\xlongequal{c_1-c_2-c_3}\begin{vmatrix}-\lambda&3&1\\\lambda&-4-\lambda&7\\\lambda&7&-6-\lambda\end{vmatrix}=\lambda\begin{vmatrix}-1&3&1\\0&-1-\lambda&8\\0&10&-5-\lambda\end{vmatrix}=0,$$

即 $\lambda(\lambda^2+6\lambda-75)=0$，解得 $\lambda=0$ 或 $\lambda=-3\pm2\sqrt{21}$.

32. A

【解析】方程组有唯一解且系数矩阵 $\boldsymbol{A}$ 为三阶方阵，则一定有 $|\boldsymbol{A}|\neq0$，即

$$|\boldsymbol{A}|=\begin{vmatrix}b&a&0\\c&0&a\\0&c&b\end{vmatrix}=-2abc\neq0,$$

解得 $abc\neq0$.

33. B

【解析】对方程组的增广矩阵 $\overline{\boldsymbol{A}}$ 进行初等行变换，可得

$$\overline{\boldsymbol{A}}=\begin{pmatrix}\lambda&1&1&\lambda-3\\1&\lambda&1&-2\\1&1&\lambda&-2\end{pmatrix}\to\begin{pmatrix}1&1&\lambda&-2\\0&\lambda-1&1-\lambda&0\\0&1-\lambda&1-\lambda^2&3\lambda-3\end{pmatrix}\to\begin{pmatrix}1&1&\lambda&-2\\0&\lambda-1&1-\lambda&0\\0&0&(1-\lambda)(2+\lambda)&3(\lambda-1)\end{pmatrix},$$

矩阵第二行和第三行有公因子 $\lambda-1$，可以先讨论当 $\lambda-1=0$，即 $\lambda=1$ 时方程组解的情况.

当 $\lambda=1$ 时，$\overline{\boldsymbol{A}}\to\begin{pmatrix}1&1&1&-2\\0&0&0&0\\0&0&0&0\end{pmatrix}$，此时 $r(\boldsymbol{A})=r(\overline{\boldsymbol{A}})=1$，方程组一定有解，不符合题意；

当 $\lambda\neq1$ 时，$\overline{\boldsymbol{A}}\to\begin{pmatrix}1&1&\lambda&-2\\0&\lambda-1&1-\lambda&0\\0&0&2+\lambda&-3\end{pmatrix}$，原方程组无解 $\Leftrightarrow r(\boldsymbol{A})\neq r(\overline{\boldsymbol{A}})$，因此一定有 $2+\lambda=0$，解得 $\lambda=-2$.

34. B

【解析】由题易知，矩阵 $\boldsymbol{B}$ 可逆且 $r(\boldsymbol{A})=2$，则 $r(\boldsymbol{AB})=r(\boldsymbol{A})=2$，故以 $\boldsymbol{AB}$ 为系数矩阵的齐次线性方程组 $\boldsymbol{ABx}=\boldsymbol{0}$ 的基础解系中所含解向量的个数为 $3-2=1$.

35. E

【解析】对增广矩阵$\overline{\boldsymbol{A}}$进行初等行变换，得

$$\overline{\boldsymbol{A}}=\begin{pmatrix}1&1&1&2&3\\2&-1&3&8&8\\-3&2&-1&-9&-5\\0&1&-2&-3&-4\end{pmatrix}\to\begin{pmatrix}1&1&1&2&3\\0&1&-2&-3&-4\\0&0&1&1&2\\0&0&0&0&0\end{pmatrix}\to\begin{pmatrix}1&0&0&2&1\\0&1&0&-1&0\\0&0&1&1&2\\0&0&0&0&0\end{pmatrix},$$

取 x_4 为自由未知量，令 $x_4=1$，可得其导出组的基础解系为$\begin{pmatrix}-2\\1\\-1\\1\end{pmatrix}$；

原方程组的同解方程组为$\begin{cases}x_1+2x_4=1,\\x_2-x_4=0,\\x_3+x_4=2,\end{cases}$取 $x_4=0$，可得方程组的一个特解为$\begin{pmatrix}1\\0\\2\\0\end{pmatrix}$.

则方程组的通解为$\begin{pmatrix}x_1\\x_2\\x_3\\x_4\end{pmatrix}=c\begin{pmatrix}-2\\1\\-1\\1\end{pmatrix}+\begin{pmatrix}1\\0\\2\\0\end{pmatrix}$，其中 $c\in\mathbf{R}$.

3

第三部分 概率论

第 8 章　随机事件和概率

题型 54　随机事件的运算与概率

母题精讲

母题 54　设事件 A 和 B 互斥，则下列说法正确的是(　　).

A. $P(\overline{AB})=0$　　B. $P(\overline{A}\,\overline{B})=0$　　C. $P(\overline{A}\cup\overline{B})\leqslant 1$

D. $\overline{A}B=\varnothing$　　E. $P(A\cup\overline{B})=P(\overline{B})$

【解析】A 项：事件 A 与 B 互不相容，则 $AB=\varnothing$，从而 $\overline{AB}=\Omega$，$P(\overline{AB})=1$，A 项错误；

B 项：$AB=\varnothing$，但 $A\cup B$ 不一定为全集 Ω，从而 $\overline{A\cup B}=\overline{A}\,\overline{B}$ 不一定为空集，B 项错误；

C 项：$\overline{AB}=\overline{A}\cup\overline{B}$，故 $P(\overline{AB})=P(\overline{A}\cup\overline{B})=1$，C 项错误；

D 项：由 $\overline{A}B=\varnothing$，可知 $B\subset A$，与题干中事件 A 与 B 互斥矛盾，D 项错误；

E 项：$AB=\varnothing$，$A\subset\overline{B}$，于是 $A\cup\overline{B}=\overline{B}$，则 $P(A\cup\overline{B})=P(\overline{B})$，E 项正确.

【答案】E

母题技巧

1. 事件的表达(文字化和符号化之间的转换).

设 A，B，C 是三个随机事件，则有

①A，B，C 全发生$\Leftrightarrow ABC$；　②A，B，C 不全发生$\Leftrightarrow \overline{ABC}$；

③A，B，C 全不发生$\Leftrightarrow \overline{A}\cdot\overline{B}\cdot\overline{C}$；　④至少有一个发生$\Leftrightarrow A\cup B\cup C$；

⑤至少有两个发生$\Leftrightarrow AB\cup BC\cup AC$；　⑥至多有一个发生$\Leftrightarrow \overline{AB\cup BC\cup AC}$；

⑦恰有一个事件发生$\Leftrightarrow A\overline{B}\,\overline{C}\cup\overline{A}B\overline{C}\cup\overline{A}\,\overline{B}C$；

⑧恰有两个事件发生$\Leftrightarrow AB\overline{C}\cup\overline{A}BC\cup A\overline{B}C$.

2. 事件的运算定律.

(1)交换律：$A\cup B=B\cup A$，$A\cap B=B\cap A$.

(2)结合律：$A\cup(B\cup C)=(A\cup B)\cup C$，$A\cap(B\cap C)=(A\cap B)\cap C$.

(3)分配律：$A\cup(B\cap C)=(A\cup B)\cap(A\cup C)$，$A\cap(B\cup C)=(A\cap B)\cup(A\cap C)$.

(4)德摩根定律(对偶律)：$\overline{A\cup B}=\overline{A}\cap\overline{B}$，$\overline{A\cap B}=\overline{A}\cup\overline{B}$.

3. 事件概率的三大基本公式.

(1)加法公式：$P(A\cup B)=P(A)+P(B)-P(AB)$.

(2)减法公式：$P(B-A)=P(B)-P(BA)$.

(3)逆事件：$P(\overline{A})=1-P(A)$.

4. 事件关系的等价推论.

(1)若已知事件 A 与 B 为包含关系($A\subset B$)，则有

①$A\subset B\Leftrightarrow A\cup B=B\Leftrightarrow AB=A\Leftrightarrow A\overline{B}=\varnothing$;

$A\subset B\Leftrightarrow\overline{B}\subset\overline{A}\Leftrightarrow\overline{B}\cup\overline{A}=\overline{A}\Leftrightarrow\overline{A}\,\overline{B}=\overline{A\cup B}=\overline{B}$;

②对应概率有 $0\leqslant P(A)\leqslant P(B)\leqslant 1$;

③加法公式可化简为 $P(A\cup B)=P(A)+P(B)-P(A)=P(B)$;

④$B-A$ 与 A 互不相容，减法公式可化简为 $P(B-A)=P(B)-P(A)$.

(2)若已知事件 A 与 B 相等，则 $A\overline{B}=\overline{A}B=\varnothing$，$P(A)=P(B)$.

(3)若已知事件 A 与 B 互斥(互不相容)，则有

①A 与 B 互斥$\Leftrightarrow AB=\varnothing\Leftrightarrow A\subset\overline{B}$;

②$A=(A-B)\cup(AB)$且$(A-B)\cap(AB)=\varnothing$;

③$P(AB)=0$，加法公式可简化为 $P(A\cup B)=P(A)+P(B)$，减法公式可化简为 $P(A-B)=P(A)$.

(4)若已知事件 A 与 B 对立，则有

①A 与 B 对立$\Leftrightarrow AB=\varnothing$且 $A\cup B=\Omega$;

②A 与 B 对立$\Rightarrow A$ 与 B 互斥(小推大)，但 A 与 B 互斥$\nRightarrow A$ 与 B 对立;

③A 与 B 对立，则有 $P(B)=1-P(A)$，$P(A\cup B)=1$，$P(AB)=0$.

注　可以通过画韦恩图对上面的结论进行辅助理解，在做题过程中，如果理不清事件之间的关系，那么画韦恩图也是一种直观简便的方法.

母题精练

1. 设随机事件 A 和 B 满足 $A\neq\varnothing$，$B\neq\varnothing$，则事件$(A+B)(\overline{A}+\overline{B})$表示(　　).

A. 必然事件　　B. 不可能事件

C. 事件 A 和 B 相互独立　　D. A 和 B 不能同时发生

E. A 和 B 中恰好有一个发生

2. A 表示“甲类测试成功，乙类测试失败”，则它的对立事件 $\overline{A}$ 表示(　　).

A. “甲类测试失败，乙类测试成功”　　B. “甲乙两类测试均成功”

C. “甲类测试失败”　　D. “乙类测试成功”

E. “甲类测试失败或乙类测试成功”

3. 设 A，B，C 为三个事件，则下列选项能够表示三个事件中至少发生两个的是(　　).

A. $AB\cup C$　　B. ABC　　C. $A\cup B\cup C$　　D. $(A\cup B)\cap C$　　E. $AB+BC+AC$

4. 设 A，B，C 为三个事件，A 发生必导致 B 与 C 最多有一个发生，则(　　).

A. $A\subset BC$　　B. $A\cap BC=\varnothing$　　C. $A=B\cap C$　　D. $A\subset\overline{BC}$　　E. $A\supset\overline{BC}$

5. 已知事件 A 和 B，且满足 $A\subset B$，则下列说法正确的是(　　).

A. $P(A)\geqslant P(B)$　　B. $P(A)=P(B)$　　C. $P(A)\leqslant P(B)$

D. $P(A)+P(B)=1$　　E. $P(A)P(B)=P(AB)$

6. 设 A 和 B 是任意两个随机事件，且 $B\subset A$，则下列结论中正确的是(　　).

A. $P(A+B)=P(A)$　　B. $P(AB)=P(A)$　　C. $P(AB)=P(A)-P(B)$

D. $P(A-B)=P(\overline{A})$　　E. $P(A+B)=P(B)$

7. 若 A，B 为任意两个随机事件，则下列式子成立的是(　　).

A. $P(AB)\leqslant\frac{P(A)+P(B)}{2}$　　B. $P(AB)\geqslant\frac{P(A)+P(B)}{2}$　　C. $P(AB)\geqslant P(A)P(B)$

D. $P(AB)\leqslant P(A)P(B)$　　E. $P(A\cup B)=P(A)+P(B)$

8. 设 A，B 为任意两个事件，$P(A\cup B)=0.6$，$P(A)+P(B)=0.8$，则 $P(\overline{A}B)+P(\overline{B}A)=$(　　).

A. 0.2　　B. 0.3　　C. 0.4　　D. 0.5　　E. 0.6

9. 已知 A，B，C 为两两互不相容事件，且 $P(A)=P(B)=\frac{1}{2}$，则 $P(A+C)=$(　　).

A. $\frac{1}{3}$　　B. $\frac{2}{3}$　　C. $\frac{1}{4}$　　D. $\frac{1}{2}$　　E. $\frac{3}{5}$

10. 设 $P(A)=0.4$，$P(A\cup B)=0.7$，若 A 与 B 互斥，则 $P(B)=$(　　).

A. 0.1　　B. 0.2　　C. 0.3　　D. 0.4　　E. 0.5

11. 已知 A，B 两个事件满足 $P(\overline{A}\,\overline{B})=P(AB)$，且 $P(A)=p$，则 $P(B)=$(　　).

A. $1-p^2$　　B. $1+p^2$　　C. $1-p$　　D. $1+p$　　E. $p-p^2$

12. 对于随机事件 A，B，C，有 $P(A)=P(B)=P(C)=\frac{1}{4}$，$P(AB)=P(BC)=0$，$P(AC)=\frac{1}{8}$，则 A，B，C 中恰有一个出现的概率为(　　).

A. $\frac{1}{8}$　　B. $\frac{1}{4}$　　C. $\frac{3}{8}$　　D. $\frac{1}{2}$　　E. $\frac{5}{8}$

答案详解

1. E

【解析】根据事件的运算定律 $(A+B)(\overline{A}+\overline{B})=A\overline{A}+A\overline{B}+B\overline{A}+B\overline{B}=A\overline{B}+B\overline{A}$，由题干知 $A\neq\varnothing$，$B\neq\varnothing$，则根据对应关系可知 $A\overline{B}+B\overline{A}$ 表示 A 和 B 中恰好有一个发生.

2. E

【解析】设 B 表示“甲类测试成功”，C 表示“乙类测试失败”，则 $A=BC\Rightarrow\overline{A}=\overline{BC}=\overline{B}\cup\overline{C}$，而 $\overline{B}$ 表示“甲类测试失败”，$\overline{C}$ 表示“乙类测试成功”，故 $\overline{A}$ 表示“甲类测试失败或乙类测试成功”.

3. E

【解析】A，B，C 三个事件中至少发生两个，即 AB 发生或 BC 发生或 AC 发生，则可表示为 $AB\cup BC\cup AC$，即 $AB+BC+AC$，还可以表示为 $ABC+AB\overline{C}+A\overline{B}C+\overline{A}BC$，故选 E 项.

4. D

【解析】B，C 最多一个发生，即 B，C 不同时发生 $\Leftrightarrow\overline{BC}$，由题干可知 A 发生必导致 B 与 C 最多有一个发生，则 $A\subset\overline{BC}$.

5. C

【解析】由于事件 $A\subset B$，由母题技巧可知 $P(A)\leqslant P(B)$，故C项正确.

显然D、E项仅由 $A\subset B$ 不能得出.

6. A

【解析】由于 $B\subset A$，则 $A+B=A$，于是 $P(A+B)=P(A)$，故A项正确，E项不正确；

由于 $B\subset A$，则 $AB=B$，于是 $P(AB)=P(B)$，推不出 $P(AB)=P(A)-P(B)$，故B、C项不正确；

由于 $B\subset A$，所以 $P(A-B)=P(A)-P(AB)=P(A)-P(B)$，故D项不正确.

7. A

【解析】由于 $ABC\subset A$，$ABC\subset B$，易得 $P(AB)\leqslant P(A)$，$P(AB)\leqslant P(B)$，相加可得

$$2P(AB)\leqslant P(A)+P(B)\Rightarrow P(AB)\leqslant\frac{P(A)+P(B)}{2}.$$

8. C

【解析】由加法公式，可知 $P(A\cup B)=P(A+B)=P(A)+P(B)-P(AB)$.

又因为 $P(A\cup B)=0.6$，$P(A)+P(B)=0.8$，从而 $P(AB)=0.2$，则

$$P(\overline{A}B)+P(\overline{B}A)=P(B)-P(AB)+P(A)-P(AB)=0.8-2\times0.2=0.4.$$

9. D

【解析】由加法公式，可知

$$P(A+B+C)=P(A)+P(B)+P(C)-P(AB)-P(AC)-P(BC)+P(ABC).$$

因为事件 A，B，C 为两两互不相容事件，则 $P(AB)=P(AC)=P(BC)=P(ABC)=0$，于是 $P(A+B+C)=P(A)+P(B)+P(C)\leqslant1$，又因为 $P(A)=P(B)=\frac{1}{2}$，则 $P(C)=0$.

故可知 $P(A+C)=P(A)+P(C)-P(AC)=P(A)=\frac{1}{2}$.

10. C

【解析】由于 $P(A\cup B)=P(A)+P(B)-P(AB)$，若 A 与 B 互斥，则 $AB=\varnothing$，$P(AB)=0$，解得 $P(B)=0.3$.

11. C

【解析】由加法公式知，$P(\overline{A}\,\overline{B})=P(\overline{A+B})=1-P(A+B)=1-P(A)-P(B)+P(AB)$，$P(AB)=P(\overline{A}\,\overline{B})$，所以可知 $P(A)+P(B)=1$，则 $P(B)=1-p$.

12. D

【解析】由 $ABC\subset AB$，则 $P(ABC)\leqslant P(AB)=0$，即 $P(ABC)=0$，则 A，B，C 恰有一个发生的概率为

$$\begin{aligned}&P(A\overline{B}\,\overline{C})+P(\overline{A}B\overline{C})+P(\overline{A}\,\overline{B}C)=P(A\overline{B\cup C})+P(B\overline{A\cup C})+P(C\overline{A\cup B})\\&=P(A)-P(A(B\cup C))+P(B)-P(B(A\cup C))+P(C)-P(C(A\cup B))\\&=P(A)+P(B)+P(C)-P(AB\cup AC)-P(AB\cup BC)-P(CA\cup CB)\\&=P(A)+P(B)+P(C)-P(AC)-P(AC)\\&=\frac{1}{4}+\frac{1}{4}+\frac{1}{4}-\frac{1}{8}-\frac{1}{8}=\frac{1}{2}.\end{aligned}$$

题型55 利用独立性求概率

母题精讲

母题55 若A，B，C三个随机事件相互独立，则它们满足的条件是（　　）.

A. A，B，C两两独立

B. $P(ABC)=P(A)P(B)P(C)$

C. $P(A-B)=1$

D. $P(A-B)=0$

E. $P(A\cup B)=1$

【解析】C项：$P(A-B)=1$，则$P(A\overline{B})=1$. 由$A\overline{B}\subset A$，则$1=P(A\overline{B})\leqslant P(A)$，知$P(A)=1$；同理，$A\overline{B}\subset\overline{B}$，则$P(\overline{B})=1$. 再根据概率为0或1的事件与任何事件都独立的结论，易知，A，B，C相互独立，故C项正确.

若A，B，C同时满足$P(AB)=P(A)P(B)$，$P(BC)=P(B)P(C)$，$P(AC)=P(A)P(C)$，$P(ABC)=P(A)P(B)P(C)$，则A，B，C才相互独立，故A、B项都不正确.

D、E项显然不正确.

【答案】C

母题技巧

1. 两个事件A，B相互独立，意味着事件B(或A)发生并不影响事件A(或B)发生的概率，用$P(AB)=P(A)P(B)$表示两事件相互独立. A与B相互独立，则下列各对事件也相互独立：A与$\overline{B}$，$\overline{A}$与B，$\overline{A}$与$\overline{B}$.

2. 当事件相互独立时，可简化加法公式和减法公式的计算.

3. 概率为1或0的事件与任何事件都相互独立.

4. 辨析互斥(互不相容)和相互独立.

(1)互斥和独立是两个不同的概念，前者与概率无关，后者与概率相关；

(2)当$P(A)>0$，$P(B)>0$时，A与B独立，则不互斥；A与B互斥，则不独立；

(3)若A与B既独立又互斥，则$P(A)=0$或$P(B)=0$.

母题精练

1. 对于任意两个事件A和B，下列说法正确的是（　　）.

A. 若$AB\neq\varnothing$，则A，B一定独立

B. 若$AB\neq\varnothing$，则A，B有可能独立

C. 若$AB=\varnothing$，则A，B一定独立

D. 若$AB=\varnothing$，则A，B一定不独立

E. 若$AB\neq\varnothing$，则A，B一定互斥

2. 对于任意的两个随机事件A和B，下列说法正确的是（　　）.

A. 若A，B互不相容，则A，B一定不独立

B. 若A，B对立，则A，B一定不独立

C. 若A，B相互独立，则A，B一定互斥　　D. 若A，B对立，则A，B一定互斥

E. 若A，B互不相容，则A，B一定独立

3. 设A，B，C为随机事件，A与B相互独立，$A\subset C$，$P(C)=1$，则下列事件中不相互独立的是(　　).

A. A，B，$A\cup C$　　B. A，B，$A-C$　　C. A，B，AC

D. A，B，$\overline{A}\,\overline{C}$　　E. A，B，$\overline{C}$

4. 设事件A和B相互独立，$P(A)=0.4$，$P(A\cup\overline{B})=0.8$，则$P(B)=$(　　).

A. $\frac{2}{3}$　　B. $\frac{1}{4}$　　C. 0.2　　D. $\frac{1}{3}$　　E. 0.6

5. 对于任意两个互斥事件A，B，必有(　　).

A. 如果$P(A)=0$，则$P(B)=0$　　B. 如果$P(A)=0$，则$P(B)=1$

C. 如果$P(A)=1$，则$P(B)=0$　　D. 如果$P(A)=1$，则$P(B)=1$

E. 如果$P(A)=1$，则$P(B)\neq 0$

6. 设$P(A)=0.4$，$P(A\cup B)=0.7$，若A与B相互独立，则$P(B)=$(　　).

A. 0.1　　B. 0.2　　C. 0.3　　D. 0.4　　E. 0.5

答案详解

1. B

【解析】若$AB=\varnothing$，则$P(AB)=0$. 当$P(A)\neq 0$，$P(B)\neq 0$时，$P(AB)\neq P(A)P(B)$，即A和B不相互独立，排除C项；当$P(A)=0$或$P(B)=0$时，$P(AB)=P(A)P(B)$，即A和B相互独立，排除D项.

若$AB\neq\varnothing$，则$P(AB)\neq 0$. 当$P(A)=0$或$P(B)=0$时，$P(AB)\neq P(A)P(B)$，即A和B不相互独立，排除A项；若$P(A)\neq 0$，$P(B)\neq 0$，则$P(AB)=P(A)P(B)$可能成立，即A，B可能相互独立，故选B项.

E项显然不正确，A，B互斥$\Leftrightarrow AB=\varnothing$.

2. D

【解析】A项：当$P(A)=0$或$P(B)=0$时，A，B既独立又互斥，故A项不正确.

B项：对立一定互斥(互不相容)，此时等价于A项，故B项也不正确.

C项：当$P(A)>0$，$P(B)>0$时，A，B独立，则不互斥，故C项不正确.

D项：若事件A和B对立，则$AB=\varnothing$，$A\cup B=\Omega$，可知A和B互斥，故D项正确.

E项：当$P(A)>0$，$P(B)>0$，A，B互斥(互不相容)，则A，B不独立，故E项不正确.

3. C

【解析】由题知$A\subset C$，$P(C)=1$，则$AC=A$，$P(\overline{C})=0$，于是$P(A\cup C)=P(A)+P(C)-P(AC)=P(C)=1$，$P(A-C)=P(A)-P(AC)=0$，$P(\overline{A}\,\overline{C})=P(\overline{A\cup C})=1-P(A\cup C)=0$.

根据概率为0或1的事件与任意事件相互独立，并结合A与B相互独立，知A、B、D、E选项均相互独立，故选C项.

4. D

【解析】由于事件A和B相互独立，故A和$\overline{B}$相互独立，从而由加法公式，可得

$$P(A\cup\overline{B})=P(A)+P(\overline{B})-P(A)P(\overline{B})=0.8,$$

解得 $P(\overline{B})=\frac{2}{3}$，从而 $P(B)=\frac{1}{3}$.

5. C

【解析】事件 A，B 互斥，则 $AB=\varnothing$，故 $P(AB)=0$. 根据概率为 0 或 1 的事件和任何事件都相互独立的性质可知：若 $P(A)=1$，则事件 A，B 相互独立，于是 $P(AB)=P(A)P(B)=0$，可得 $P(B)=0$；若 $P(A)=0$，则事件 A，B 相互独立，于是 $P(AB)=P(A)P(B)=0$，此时 $0\leqslant P(B)\leqslant 1$，具体的值不确定.

6. E

【解析】若 A 与 B 相互独立，则 $P(A\cup B)=P(A)+P(B)-P(A)P(B)$，解得 $P(B)=0.5$.

题型 56 条件概率及全概率的计算

母题精讲

母题 56 已知 $P(B)=0.4$，$P(A+B)=0.5$，则 $P(A\mid\overline{B})=$(   ).

A. $\frac{1}{4}$ B. $\frac{1}{5}$ C. $\frac{1}{3}$ D. $\frac{1}{6}$ E. $\frac{1}{7}$

【解析】本题主要考查加法公式和条件概率公式.

由加法公式可知，$P(A+B)=P(A)+P(B)-P(AB)=0.4+P(A)-P(AB)=0.5$，从而 $P(A)-P(AB)=0.1$. 故 $P(A\mid\overline{B})=\frac{P(A\overline{B})}{P(\overline{B})}=\frac{P(A)-P(AB)}{1-P(B)}=\frac{0.1}{0.6}=\frac{1}{6}$.

【答案】D

母题技巧

1. 条件概率的计算公式及要点.

(1)条件概率是概率的一种，所有概率的性质都适合于条件概率. 例如 $P(\Omega|B)=1$，$P(\overline{B}|A)=1-P(B|A)$.

(2)条件概率公式：$P(B|A)=\frac{P(AB)}{P(A)}$，若事件 A，B 相互独立，则 $P(B|A)=P(B)$；乘法公式：$P(AB)=P(B|A)P(A)$，推广到三个事件，有

$$P(ABC)=P(C|AB)P(B|A)P(A).$$

(3)条件概率的核心是由于条件的附加使得样本空间范围缩小，从而使所求事件概率发生变化. 做纯计算的选择题时，需熟练运用条件概率公式，但如果是有实际背景的选择题，则可以先将题干进行简化，缩小样本空间，快速求解.

2. 全概率公式及贝叶斯公式的应用.

(1)已知条件求结果用全概率公式.

全概率公式是将复杂事件的概率转化为在不同情况下发生的简单事件概率的和，即多个原因导致同一个结果，求结果发生的概率就用全概率公式．全概率公式如下：

若事件 A_1，A_2，…，A_n 是样本空间 Ω 的完备事件组，且 $P(A_i)>0(i=1,2,\cdots,n)$，则对于事件 $B\subset\bigcup_{i=1}^{n}A_i=\Omega$，有 $P(B)=\sum_{i=1}^{n}P(A_i)P(B\mid A_i)\ (i=1,2,\cdots,n)$．

(2)已知结果求条件用贝叶斯公式．

贝叶斯公式就是当已知结果，反求导致这个结果的某个原因的可能性是多少，在已知条件概率和全概率的基础上，贝叶斯公式很容易计算．贝叶斯公式如下：

若事件 A_1，A_2，…，A_n 是样本空间 Ω 的完备事件组，且 $P(B)>0$，$P(A_i)>0(i=1,2,\cdots,n)$，则对于事件 $B\subset\Omega$，有 $P(A_i\mid B)=\dfrac{P(A_i)P(B\mid A_i)}{\sum_{j=1}^{n}P(A_j)P(B\mid A_j)}\ (i=1,2,\cdots,n)$．

母题精练

1. 设 A，B 为随机事件，若 $0<P(A)<1$，$0<P(B)<1$，则 $P(A\mid B)>P(A\mid\overline{B})$的充分必要条件是(　　)．

A. $P(B\mid A)>P(B\mid\overline{A})$　　B. $P(B\mid A)<P(B\mid\overline{A})$

C. $P(\overline{B}\mid A)>P(B\mid\overline{A})$　　D. $P(\overline{B}\mid A)<P(B\mid\overline{A})$

E. $P(B\mid A)=P(B\mid\overline{A})$

2. 设 A，B 为任意两个事件，且 $A\subset B$，$P(B)>0$，则下列正确的是(　　)．

A. $P(A)<P(A\mid B)$　　B. $P(A)\leqslant P(A\mid B)$　　C. $P(A)>P(A\mid B)$

D. $P(A)\geqslant P(A\mid B)$　　E. $P(A)=P(A\mid B)$

3. 设 A，B 为任意两个事件，$P(A\mid B)=0.4$，$P(B\mid A)=0.4$，$P(\overline{A}\mid\overline{B})=0.7$，则 $P(A)=$(　　)．

A. $\frac{1}{5}$　　B. $\frac{1}{4}$　　C. $\frac{1}{3}$　　D. $\frac{2}{5}$　　E. $\frac{1}{2}$

4. 设随机事件 A，B，C 中，A 与 C 互斥，$P(AB)=\frac{1}{2}$，$P(C)=\frac{1}{3}$，则 $P(AB\mid\overline{C})=$(　　)．

A. $\frac{1}{4}$　　B. $\frac{1}{2}$　　C. $\frac{3}{4}$　　D. $\frac{5}{6}$　　E. $\frac{1}{6}$

5. 已知事件 A 和 B 满足 $AC\subset BC$，且 $P(C)\neq 0$，则下列说法正确的是(　　)．

A. $P(A\mid C)\leqslant P(B\mid C)$　　B. $P(AB)=P(B)$

C. $P(A\mid C)=P(B\mid C)$　　D. $P(A\mid C)\geqslant P(B\mid C)$

E. $P(A\cup B)=1$

6. 一批零件共100件，其中10件是次品，90件为合格品，每次从中任取一件，取出的零件不再放回去，第三次才取得合格品的概率是(　　)．

A. 0.000 84　　B. 0.008 4　　C. 0.084　　D. 0.84　　E. 0.08

7. 设某股票在未来某个时期内价格只受银行利率的影响，根据分析称，该时期内利率上调的概率为0.6，利率不变的概率为0.4，且根据经验，利率上调时该股票上涨的概率为0.8，利率不变时该股票上涨的概率为0.4，则该股票价格上涨的概率是（　　）.

A. 0.64　　B. 0.84　　C. 0.48　　D. 0.56　　E. 0.24

8. 玻璃杯成箱出售，每箱20只，假设每箱含0、1、2只残次品的概率分别为0.8、0.1和0.1. 某顾客欲购买一箱玻璃杯，购买时售货员随意取一箱，顾客开箱随机查看4只，若无残次品，则买下该箱玻璃杯，否则就不购买. 那么，顾客买下这箱玻璃杯的概率是（　　）.

A. 0.94　　B. 0.84　　C. 0.49　　D. 0.58　　E. 0.85

9. 玻璃杯成箱出售，每箱20只，假设每箱含0、1、2只残次品的概率分别为0.8、0.1和0.1. 某顾客欲购买一箱玻璃杯，购买时售货员随意取一箱，顾客开箱随机查看4只，若无残次品，则买下该箱玻璃杯，否则就不购买. 那么，在顾客买下的这箱玻璃杯中确实没有残次品的概率是（　　）.

A. 0.94　　B. 0.8　　C. 0.49　　D. 0.58　　E. 0.85

答案详解

1. A

【解析】因为 $P(A|B)>P(A|\overline{B})$ 等价于 $\frac{P(AB)}{P(B)}>\frac{P(A\overline{B})}{P(\overline{B})}$，又因为 $P(A\overline{B})=P(A)-P(AB)$，$P(\overline{B})=1-P(B)$，所以

$$\frac{P(AB)}{P(B)}>\frac{P(A)-P(AB)}{1-P(B)},$$

因为当 $P(AB)=P(A)P(B)$ 时，$\frac{P(AB)}{P(B)}=\frac{P(A)-P(AB)}{1-P(B)}$；当 $P(AB)>P(A)P(B)$ 时，$P(A)-P(AB)<P(A)[1-P(B)]$，显然 $\frac{P(AB)}{P(B)}>\frac{P(A)-P(AB)}{1-P(B)}$ 成立. 故 $P(A|B)>P(A|\overline{B})$ 等价于 $P(AB)>P(A)P(B)$.

A项：$P(B|A)>P(B|\overline{A})$ 等价于 $\frac{P(AB)}{P(A)}>\frac{P(B\overline{A})}{P(\overline{A})}$，而 $P(B\overline{A})=P(B)-P(AB)$，$P(\overline{A})=1-P(A)$，同理可得 $P(B|A)>P(B|\overline{A})$ 等价于 $P(AB)>P(A)P(B)$.

综上，$P(A|B)>P(A|\overline{B})$ 的充分必要条件是 $P(B|A)>P(B|\overline{A})$，A项正确，B、E项错误.

C项：$P(\overline{B}|A)>P(B|\overline{A})$ 等价于 $1-P(B|A)>P(B|\overline{A})$，其无法等价于 $P(B|A)>P(B|\overline{A})$，故不是题干的充要条件，同理，D项也不是题干的充要条件.

2. B

【解析】因为 $A\subset B\Rightarrow AB=A$，又因为 $0<P(B)\leqslant 1$，则

$$P(A|B)=\frac{P(AB)}{P(B)}=\frac{P(A)}{P(B)}\geqslant P(A).$$

3. C

【解析】$P(A|B)=P(B|A)$，故 $P(A)=P(B)$，且 $P(AB)=0.4P(A)$，因为

$$1-P(\overline{A}\mid\overline{B})=P(A\mid\overline{B})=\frac{P(A\overline{B})}{P(\overline{B})}=\frac{P(A)-P(AB)}{1-P(B)}=\frac{P(A)-0.4P(A)}{1-P(A)}=0.3,$$

解得 $P(A)=\frac{1}{3}$.

4. C

【解析】A 与 C 互斥，则 $P(AC)=0$，进而可知 $P(ABC)=0$，则由条件概率公式可知

$$P(AB\mid\overline{C})=\frac{P(AB\overline{C})}{P(\overline{C})}=\frac{P(AB)-P(ABC)}{1-P(C)}=\frac{3}{4}.$$

5. A

【解析】由题 $AC\subset BC$，则 $P(AC)\leqslant P(BC)$，由条件概率公式可知

$$P(A\mid C)=\frac{P(AC)}{P(C)},\ P(B\mid C)=\frac{P(BC)}{P(C)},$$

则有 $\frac{P(AC)}{P(C)}\leqslant\frac{P(BC)}{P(C)}$，所以 $P(A\mid C)\leqslant P(B\mid C)$.

6. B

【解析】由题可知，第三次才取得合格品，那么第一次和第二次取出的必是次品．若记 A_1 为“第一次取出是次品”，A_2 为“第二次取出是次品”，A_3 为“第三次取出是合格品”，则“第三次才取得合格品”这一事件可以表示为 $A_1A_2A_3$.

由 $P(A_1)=\frac{10}{100}$，$P(A_2\mid A_1)=\frac{9}{99}$，$P(A_3\mid A_1A_2)=\frac{90}{98}$，可得

$$P(A_1A_2A_3)=P(A_1)P(A_2\mid A_1)P(A_3\mid A_1A_2)=\frac{10}{100}\times\frac{9}{99}\times\frac{90}{98}\approx 0.008\,4.$$

7. A

【解析】记事件 B 为“股票价格上涨”，事件 A_1 为“银行利率上调”，事件 A_2 为“银行利率不变”，则 $P(A_1)=0.6$，$P(A_2)=0.4$，$P(B\mid A_1)=0.8$，$P(B\mid A_2)=0.4$，根据全概率公式得

$$P(B)=P(A_1)P(B\mid A_1)+P(A_2)P(B\mid A_2)=0.6\times0.8+0.4\times0.4=0.64.$$

8. A

【解析】记事件 B 为“顾客买下所查看的那箱玻璃杯”，事件 $A_i(i=0,1,2)$ 为“箱中有 i 只残次品”，则 $P(A_0)=0.8$，$P(A_1)=0.1$，$P(A_2)=0.1$，条件概率为

$$P(B\mid A_0)=1,\ P(B\mid A_1)=\frac{C_{19}^4}{C_{20}^4}=\frac{4}{5},\ P(B\mid A_2)=\frac{C_{18}^4}{C_{20}^4}=\frac{12}{19},$$

由全概率公式得 $P(B)=\sum\limits_{i=0}^{2}P(A_i)P(B\mid A_i)\approx 0.94$.

9. E

【解析】记事件 B 为“顾客买下所查看的那箱玻璃杯”，事件 $A_i(i=0,1,2)$ 为“箱中有 i 只残次品”，则 $P(A_0)=0.8$，$P(A_1)=0.1$，$P(A_2)=0.1$，条件概率为

$$P(B\mid A_0)=1,\ P(B\mid A_1)=\frac{C_{19}^4}{C_{20}^4}=\frac{4}{5},\ P(B\mid A_2)=\frac{C_{18}^4}{C_{20}^4}=\frac{12}{19},$$

由贝叶斯公式可知 $P(A_0\mid B)=\dfrac{P(A_0)P(B\mid A_0)}{\sum\limits_{i=0}^{2}P(A_i)P(B\mid A_i)}\approx 0.85$.

题型57 常见概率模型

母题精讲

母题57 从数1，2，3，4中有放回地任取两次，每次取一个数，所取出的两个数为X_1，X_2，记$X=\min\{X_1,X_2\}$，则$P\{X=2\}=$(　　).

A. $\frac{1}{16}$　　B. $\frac{1}{4}$　　C. $\frac{5}{16}$　　D. $\frac{7}{16}$　　E. $\frac{1}{2}$

【解析】本题考查古典概型.

由题干可知，样本空间的总数是$4^2=16$，其中事件"$X=2$"出现的所有可能情况为(2，2)，(2，3)，(2，4)，(3，2)，(4，2)，共计5种结果，由古典概型知$P\{X=2\}=\frac{5}{16}$.

【答案】C

母题技巧

常见概率模型是求概率的基本题型，考生须熟练掌握常见的概率模型定义及其计算方法，总结如下:

1. 古典概型.

(1)古典概型的特点是:①试验中所有可能出现的基本事件只有有限个；②每个基本事件出现的可能性相等.

(2)计算方法：$P(A)=\frac{\text{事件}A\text{包含的基本事件个数}}{\text{样本空间}\Omega\text{中基本事件的总数}}=\frac{k}{n}$. 计算事件$A$包含的事件个数和基本事件总数时常用到排列组合法.

2. 几何概型.

(1)几何概型的特点:①试验中所有可能出现的基本事件有无限个；②每个基本事件出现的可能性相等.

(2)几何概型主要用于解决长度、面积、体积有关的题目，在解题过程中需要注意分析:

①本试验的所有基本事件构成的区域在哪，是多少；

②事件A包含的基本事件构成的区域在哪，是多少；

③利用几何概型的计算公式：$P=\frac{\text{事件}A\text{构成的区域大小}}{\text{所有基本事件构成的区域大小}}$，即可求解.

3. 伯努利概型.

(1)只有两个结果A和$\overline{A}$的试验称为伯努利试验，若将伯努利试验独立重复地进行n次，则称为n重伯努利试验.

(2)伯努利概型的计算公式.

①设在每次试验中，事件 A 发生的概率 $P(A)=p(0<p<1)$，则在 n 重伯努利试验中，事件 A 发生 k 次的概率为 $P\{X=k\}=C_n^k p^k(1-p)^{n-k}(k=0,1,2,\cdots,n)$.

②独立地做一系列的伯努利试验，直到第 k 次试验时，事件 A 才首次发生的概率为

$$P_k=(1-p)^{k-1}p(k=1,2,\cdots,n).$$

母题精练

1. 一批产品有10个正品和2个次品，任意抽取两次，每次抽取一个，抽出后不放回，则第二次抽出的是次品的概率为(　　).

A. $\frac{1}{2}$　　B. $\frac{1}{3}$　　C. $\frac{1}{4}$　　D. $\frac{1}{5}$　　E. $\frac{1}{6}$

2. 袋中有8个黑球和10个白球，其大小、形状和重量都一样，从中无放回地连续摸4次，每次摸出一个球，则至少有一个白球的概率是(　　).

A. $\frac{299}{306}$　　B. $\frac{298}{306}$　　C. $\frac{297}{306}$　　D. $\frac{296}{306}$　　E. $\frac{295}{306}$

3. 在区间(0，1)中随机地取两个数，则事件“两数之和小于$\frac{5}{6}$”的概率为(　　).

A. $\frac{17}{72}$　　B. $\frac{1}{4}$　　C. $\frac{25}{72}$　　D. $\frac{19}{72}$　　E. $\frac{19}{25}$

4. 记样本空间 Ω 为数轴 X 上的区间(1，4)，则在此区间中随机地取一点，该点属于区间(0，2)的概率为(　　).

A. $\frac{2}{3}$　　B. $\frac{1}{2}$　　C. $\frac{1}{4}$　　D. $\frac{2}{5}$　　E. $\frac{1}{3}$

5. 设三次独立重复试验中，事件 A 每次出现的概率为$\frac{1}{3}$，则在三次试验中，事件 A 至少出现一次的概率为(　　).

A. $\frac{13}{27}$　　B. $\frac{5}{18}$　　C. $\frac{16}{27}$　　D. $\frac{19}{27}$　　E. $\frac{7}{18}$

6. 将C、C、E、E、I、N、S这七个字母随机地排成一行，恰好排成SCIENCE的概率为(　　).

A. $\frac{1}{7}$　　B. $\frac{1}{7!}$　　C. $\frac{6}{7!}$　　D. $\frac{4}{7!}$　　E. $\frac{8}{7!}$

7. 将一枚硬币抛掷三次，设事件 A_1 表示“恰有一次出现正面”，则 $P(A_1)=$(　　).

A. $\frac{1}{8}$　　B. $\frac{1}{4}$　　C. $\frac{3}{8}$　　D. $\frac{1}{2}$　　E. $\frac{5}{8}$

8. 将一枚硬币抛掷三次，设事件 A_2 表示“至少有一次出现正面”，则 $P(A_2)=$(　　).

A. $\frac{3}{8}$　　B. $\frac{1}{4}$　　C. $\frac{1}{2}$　　D. $\frac{7}{8}$　　E. $\frac{5}{8}$

9. 袋中有 1 个白球和 2 个黑球，每次从中取出一个球，取后放回袋中，直到取到白球为止，则第三次才取到白球的概率为(　　).

A. $\frac{3}{8}$　　B. $\frac{4}{27}$　　C. $\frac{1}{2}$　　D. $\frac{1}{3}$　　E. $\frac{5}{8}$

答案详解

1. E

【解析】第一次抽到正品，第二次抽到次品的概率为$\frac{10}{12}\times\frac{2}{11}$；

第一次抽到次品，第二次也抽到次品的概率为$\frac{2}{12}\times\frac{1}{11}$.

故第二次抽出的是次品的概率为$\frac{10}{12}\times\frac{2}{11}+\frac{2}{12}\times\frac{1}{11}=\frac{1}{6}$.

【注意】抽签模型：设口袋中有 a 个白球、b 个黑球，逐一取出若干个球，看后不再放回袋中，则第 k 次取到白球的概率为 $P=\frac{a}{a+b}$，与 k 无关．故本题中第二次抽取次品的概率为$\frac{2}{12}=\frac{1}{6}$.

2. A

【解析】记事件 A 为“至少有一个是白球”，则它的逆事件 $\overline{A}$ 为“摸出的 4 个球全都是黑球”，且 $P(\overline{A})=\frac{C_8^4}{C_{18}^4}=\frac{7}{306}$，则 $P(A)=1-P(\overline{A})=1-\frac{7}{306}=\frac{299}{306}$.

3. C

【解析】在区间(0，1)中随机地取两个数，记为 x，y，样本空间 Ω 为 $0<x<1$，$0<y<1$，两数之和小于$\frac{5}{6}$，即 $x+y<\frac{5}{6}$，观察图 8-1，根据几何概型可知，$x+y<\frac{5}{6}$的概率为图中阴影部分的面积占正方形面积的比例，故 $P\left\{x+y<\frac{5}{6}\right\}=\frac{\frac{5}{6}\times\frac{5}{6}\times\frac{1}{2}}{1}=\frac{25}{72}$.

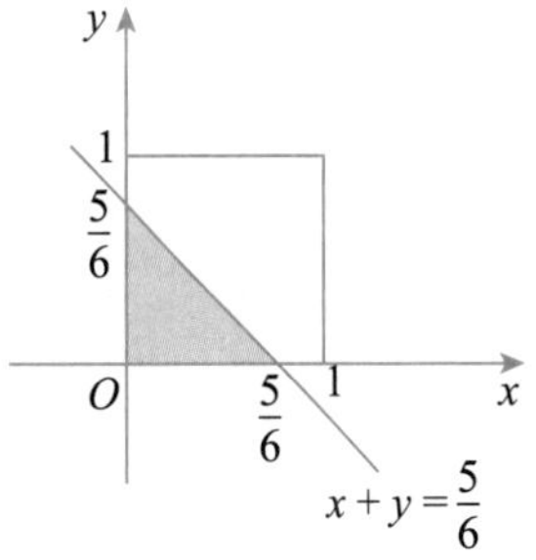

图 8-1

4. E

【解析】由几何概型可知，所求概率为 $P=\frac{2-1}{4-1}=\frac{1}{3}$.

【注意】此类题的前提为有效区域上的比值，求该点属于区间(0，2)的概率时，要注意样本空间的有效区间是(1，4)，因此分子为 $2-1$，而不是 $2-0$，这道题很容易误选 A 项．

5. D

【解析】由题设可知，该试验为 n 重伯努利试验．三次试验中事件 A 一次也不出现的概率为 $C_3^0p^0(1-p)^3=(1-p)^3=\left(1-\frac{1}{3}\right)^3=\frac{8}{27}$，故事件 A 至少出现一次的概率为 $1-\frac{8}{27}=\frac{19}{27}$.

6. D

【解析】将七个字母任意排成一行的所有排法有 7! 种，考虑重复字母，恰好能够排成 SCIENCE 的可能性共有 4 种，故所求概率为$\frac{4}{7!}$.

7. C

【解析】将一枚硬币抛三次，出现的可能的结果总数为 $2^3=8$，“恰有一次出现正面”的可能的结果数为 3，由古典概型知 $P(A_1)=\frac{3}{8}$.

8. D

【解析】将一枚硬币抛三次，出现的可能的结果总数为 $2^3=8$，“至少有一次出现正面”的情况相对较复杂，故考虑其对立面$\overline{A_2}$，即“三次抛掷结果没有一次出现正面，全是反面”，其可能的结果数为 1，因此 $P(\overline{A_2})=\frac{1}{8}$，故 $P(A_2)=1-P(\overline{A_2})=\frac{7}{8}$.

9. B

【解析】每次抽球时，只有两种结果，抽到白球的概率恒为$\frac{1}{3}$，抽不到白球的概率恒为$\frac{2}{3}$，重复独立进行 n 次，符合 n 重伯努利概型．故第三次才取到白球的概率为 $P_3=\left(\frac{2}{3}\right)^2\times\frac{1}{3}=\frac{4}{27}$.

第 9 章　随机变量及其分布

题型 58　随机变量分布律及分布函数的性质

母题精讲

母题 58　下列函数中，可以作为随机变量分布函数的是(　　).

A. $F(x)=\dfrac{1}{2+x^2}$

B. $F(x)=\dfrac{3}{4}+\dfrac{1}{2\pi}\arctan x$

C. $F(x)=\begin{cases}0, & x\leqslant 0,\\ \dfrac{x}{1+x}, & x>0\end{cases}$

D. $F(x)=\dfrac{2}{\pi}\arctan x+1$

E. $F(x)=\dfrac{2}{\pi}\arctan x-1$

【解析】此题考查分布函数的性质，判断一个函数是不是分布函数只需要验证分布函数的所有性质是否满足.

A 项：因为 $F(+\infty)=\lim\limits_{x\to+\infty}F(x)=0\neq 1$，所以 A 项不是分布函数；

B 项：因为 $F(-\infty)=\lim\limits_{x\to-\infty}\left(\dfrac{3}{4}+\dfrac{1}{2\pi}\arctan x\right)=\dfrac{3}{4}+\dfrac{1}{2\pi}\left(-\dfrac{\pi}{2}\right)=\dfrac{1}{2}\neq 0$，所以 B 项不是分布函数；

D 项：因为 $F(+\infty)=\lim\limits_{x\to+\infty}\left(\dfrac{2}{\pi}\arctan x+1\right)=\dfrac{2}{\pi}\times\dfrac{\pi}{2}+1=2\neq 1$，所以 D 项不是分布函数；

E 项：因为 $F(+\infty)=\lim\limits_{x\to+\infty}\left(\dfrac{2}{\pi}\arctan x-1\right)=\dfrac{2}{\pi}\times\dfrac{\pi}{2}-1=0\neq 1$，所以 E 项不是分布函数.

故根据排除法，选 C 项.

C 项：$F(+\infty)=\lim\limits_{x\to+\infty}F(x)=\lim\limits_{x\to+\infty}\dfrac{x}{1+x}=1$，$F(-\infty)=\lim\limits_{x\to-\infty}F(x)=0$，故 $F(x)$ 满足有界性；

对 $F(x)$ 求导，可得 $F'(x)=\begin{cases}0, & x\leqslant 0,\\ \dfrac{1}{(1+x)^2}, & x>0,\end{cases}$ $F'(x)\geqslant 0$，$F(x)$ 单调不减，故满足单调性；由于 $\lim\limits_{x\to 0^+}F(x)=F(0)=0$，故满足右连续性. 综上，C 项可以作为分布函数.

【答案】C

母题技巧

关于判定某函数是否可作为概率密度或分布函数(分布律)的题目，需要考生牢记随机变量分布的性质：

1. 离散型随机变量分布律的性质．

(1)非负性：$p_k \geqslant 0$，$k=1, 2, \cdots$．

(2)正则性：$\sum_{k=1}^{\infty} p_k = 1$．

2. 连续型随机变量概率密度的性质．

(1)非负性：$f(x) \geqslant 0$，$-\infty < x < +\infty$．

(2)正则性：$\int_{-\infty}^{+\infty} f(x)\mathrm{d}x = 1$．

3. 分布函数的性质．

(1)单调性：$F(x)$是一个不减函数，对于任意实数 x_1，$x_2(x_1 < x_2)$，有

$$F(x_2) - F(x_1) = P\{x_1 < X \leqslant x_2\} \geqslant 0.$$

(2)有界性：$0 \leqslant F(x) \leqslant 1$，且 $\lim_{x \to +\infty} F(x) = 1$，$\lim_{x \to -\infty} F(x) = 0$．

(3)右连续性：$F(x+0) = F(x)$，即 $F(x)$是右连续的．

注　离散型随机变量的分布函数为阶梯形函数，连续型随机变量的分布函数为连续函数．

母题精练

1. 设随机变量 X 的分布函数为 $F(x)$，则下列结论中不一定成立的是(　　)．

A. $F(-\infty)=0$　　B. $F(+\infty)=1$　　C. $0 \leqslant F(x) \leqslant 1$

D. $F(x)$是连续函数　　E. $F(x)$的连续性无法判断

2. 设 $F_1(x)$，$F_2(x)$为两个分布函数，其对应的概率密度 $f_1(x)$，$f_2(x)$是连续函数，则下列式子可作为某随机变量概率密度的是(　　)．

A. $f_1(x)f_2(x)$　　B. $2f_2(x)F_1(x)$　　C. $f_1(x)F_2(x)$

D. $f_1(x)F_2(x)+f_2(x)F_1(x)$　　E. $2f_1(x)f_2(x)$

3. 下列函数中能够作为某随机变量分布函数的是(　　)．

A. $F(x)=\begin{cases} 0, & x<-1, \\ \dfrac{1}{3}, & -1 \leqslant x \leqslant 2, \\ 1, & x>2 \end{cases}$　　B. $F(x)=\begin{cases} 0, & x<0, \\ \sin x, & 0 \leqslant x < \pi, \\ 1, & x \geqslant \pi \end{cases}$

C. $F(x)=\begin{cases} 0, & x<0, \\ \dfrac{x+2}{5}, & 0 \leqslant x < 2, \\ 1, & x \geqslant 2 \end{cases}$　　D. $F(x)=\begin{cases} 0, & x<0, \\ \dfrac{\ln(1+x)}{1+x}, & x \geqslant 0 \end{cases}$

E. $F(x)=\begin{cases} 0, & x \leqslant 0, \\ \mathrm{e}^{-x}, & x>0 \end{cases}$

4. 设连续函数 $F(x)$是随机变量 X 的分布函数，且 $F(0)=0$，则下列函数中可以作为某随机变量分布函数的是(　　).

A. $G_1(x)=\begin{cases}1-F\left(\dfrac{1}{x}\right), & x>1,\\ 0, & x\leqslant 1\end{cases}$

B. $G_2(x)=\begin{cases}1+F\left(\dfrac{1}{x}\right), & x>1,\\ 0, & x\leqslant 1\end{cases}$

C. $G_3(x)=\begin{cases}F(x)-F\left(\dfrac{1}{x}\right), & x>1,\\ 0, & x\leqslant 1\end{cases}$

D. $G_4(x)=\begin{cases}F(x)+F\left(\dfrac{1}{x}\right), & x>1,\\ 0, & x\leqslant 1\end{cases}$

E. $G_5(x)=\begin{cases}F(-x)+F\left(\dfrac{-1}{x}\right), & x>1,\\ 0, & x\leqslant 1\end{cases}$

5. 设随机变量 X 的分布函数为 $F(x)$，则下列函数中可以作为某随机变量分布函数的是(　　).

A. $F(ax)$　　B. $F(x^2+1)$　　C. $F(x^3-1)$

D. $F(|x|)$　　E. $F(x^2+x)$

6. 设 X_1，X_2 为任意两个连续型随机变量，它们的分布函数分别为 $F_1(x)$和 $F_2(x)$，密度函数分别为 $f_1(x)$和 $f_2(x)$，则(　　).

A. $F_1(x)+F_2(x)$必为某随机变量的分布函数

B. $F_1(x)-F_2(x)$必为某随机变量的分布函数

C. $f_1(x)f_2(x)$必为某随机变量的密度函数

D. $f_1(x)+f_2(x)$必为某随机变量的密度函数

E. $\dfrac{1}{3}f_1(x)+\dfrac{2}{3}f_2(x)$必为某随机变量的密度函数

7. 在下列函数中，可以作为某随机变量分布函数的是(　　).

A. $F(x)=\begin{cases}0, & x<0,\\ e^{-x}+1, & x\geqslant 0\end{cases}$

B. $F(x)=\begin{cases}0, & x\leqslant 0,\\ e^{-\frac{1}{x}}+1, & x>0\end{cases}$

C. $F(x)=\begin{cases}0, & x<0,\\ \sin x, & 0\leqslant x<\dfrac{\pi}{2},\\ 1, & x\geqslant\dfrac{\pi}{2}\end{cases}$

D. $F(x)=\begin{cases}0, & x<0,\\ \tan x, & 0\leqslant x<\dfrac{\pi}{2},\\ 1, & x\geqslant\dfrac{\pi}{2}\end{cases}$

E. $F(x)=\dfrac{2}{\pi}\arctan x$

8. 下列可以作为某随机变量分布律的有(　　)个.

(1)

X	1	4	7
P	0.3	0.4	0.3

;

(2)

X	1	3	5
P	0.1	0.1	0.7

;

(3)

X	1	2	$\cdots$	n
P	$\dfrac{1}{2}$	$\left(\dfrac{1}{2}\right)^2$	$\cdots$	$\left(\dfrac{1}{2}\right)^n$

;

(4)

X	0	1	2	$\cdots$	n
P	$\dfrac{1}{2}$	$\dfrac{1}{2}\times\dfrac{1}{3}$	$\dfrac{1}{2}\times\left(\dfrac{1}{3}\right)^2$	$\cdots$	$\dfrac{1}{2}\times\left(\dfrac{1}{3}\right)^n$

.

A. 0　　B. 1　　C. 2　　D. 3　　E. 4

9. 设 X_1 和 X_2 是任意两个相互独立的连续型随机变量，它们的概率密度分别为 $f_1(x)$和 $f_2(x)$，分布函数分别为 $F_1(x)$和 $F_2(x)$，则(　　).

A. $2f_1(x)-f_2(x)$必为某一随机变量的概率密度

B. $f(x)=2f_1(x)F_1(x)$必为某一随机变量的概率密度

C. $f_1(x)F_2(-x)$必为某一随机变量的分布函数

D. $F(x)=\begin{cases}0, & x\leqslant 0,\\ F_1(x)F_2(x), & x>0\end{cases}$必为某一随机变量的分布函数

E. 以上选项均不正确

10. 设函数 $F(x)=\begin{cases}0, & x<0,\\ \dfrac{x+1}{3}, & 0\leqslant x<2,\\ 1, & x\geqslant 2,\end{cases}$ 则 $F(x)$(　　).

A. 不是任何随机变量的分布函数

B. 是某随机变量的分布函数

C. 是离散型随机变量的分布函数

D. 是连续型随机变量的分布函数

E. 无法确定

11. 假设随机变量 X 的概率密度为 $f(x)$，则下列函数可以作为某随机变量概率密度的是(　　).

A. $f(2x)$　　B. $f(2-x)$　　C. $f^2(x)$　　D. $f(x^2)$　　E. $f\left(\dfrac{1}{2}x\right)$

12. 假设 X 为随机变量，则对任意实数 a，概率 $P\{X=a\}=0$ 的充要条件是(　　).

A. X 是离散型随机变量

B. X 是连续型随机变量

C. X 的分布函数是连续函数

D. X 的概率密度是连续函数

E. X 可以为任意随机变量

答案详解

1. D

【解析】根据随机变量分布函数 $F(x)$的性质来判断.

随机变量分布函数 $F(x)$满足有界性，故 A、B、C 项均成立；

$F(x)$满足右连续性，但整个 $F(x)$的连续性需要根据随机变量的类型来判断，故 E 项成立，D 项不一定成立.

2. D

【解析】由于

$$\begin{aligned}\int_{-\infty}^{+\infty}[f_1(x)F_2(x)+f_2(x)F_1(x)]\mathrm{d}x&=\int_{-\infty}^{+\infty}[F_2(x)\mathrm{d}F_1(x)+F_1(x)\mathrm{d}F_2(x)]\\&=\int_{-\infty}^{+\infty}\mathrm{d}[F_1(x)F_2(x)]=F_1(x)F_2(x)\Big|_{-\infty}^{+\infty}=1,\end{aligned}$$

显然 $f_1(x)F_2(x)+f_2(x)F_1(x)\geqslant 0$，故 $f_1F_2(x)+f_2F_1(x)$满足非负性和正则性，必可作为某随机变量的概率密度.

3. C

【解析】C项：$F(x)$右连续，$F(+\infty)=1$，$F(-\infty)=0$，且为单调不减函数，故可作为某随机变量的分布函数．A项：$\lim\limits_{x\to 2^+}F(x)=1\neq F(2)$，不满足右连续性；B项：函数不满足单调性；D项：结合图形可知，x越大，$\ln(1+x)$和$1+x$相差越大，故$\lim\limits_{x\to+\infty}\dfrac{\ln(1+x)}{1+x}$不可能为1，不满足有界性；E项：$\lim\limits_{x\to+\infty}F(x)=\lim\limits_{x\to+\infty}\mathrm{e}^{-x}=0\neq 1$，不满足有界性．

4. C

【解析】由题可知，先判断$G_i(x)(i=1，2，3，4，5)$在分段点$x=1$处是否右连续，可得

A项：$\lim\limits_{x\to 1^+}G_1(x)=\lim\limits_{x\to 1^+}\left[1-F\left(\dfrac{1}{x}\right)\right]=1-F(1)$；

B项：$\lim\limits_{x\to 1^+}G_2(x)=\lim\limits_{x\to 1^+}\left[1+F\left(\dfrac{1}{x}\right)\right]=1+F(1)$；

C项：$\lim\limits_{x\to 1^+}G_3(x)=\lim\limits_{x\to 1^+}\left[F(x)-F\left(\dfrac{1}{x}\right)\right]=F(1)-F(1)=0=G_3(1)$；

D项：$\lim\limits_{x\to 1^+}G_4(x)=\lim\limits_{x\to 1^+}\left[F(x)+F\left(\dfrac{1}{x}\right)\right]=2F(1)$；

E项：$\lim\limits_{x\to 1^+}G_5(x)=\lim\limits_{x\to 1^+}\left[F(-x)+F\left(\dfrac{-1}{x}\right)\right]=2F(-1)$.

由于不确定$F(1)$和$F(-1)$的值，故A、B、D、E项的右连续性无法确定，可排除，故选C.

【注意】本题可以验证C项的其他两个性质．

有界性：由$F(0)=0$，可得$\lim\limits_{x\to+\infty}G_3(x)=\lim\limits_{x\to+\infty}\left[F(x)-F\left(\dfrac{1}{x}\right)\right]=\lim\limits_{x\to+\infty}F(x)=1$；同理$\lim\limits_{x\to-\infty}G_3(x)=\lim\limits_{x\to-\infty}F(x)=0$，满足有界性；

单调性：设$f(x)$为$F(x)$的概率密度函数，可得$G_3'(x)=\left[F(x)-F\left(\dfrac{1}{x}\right)\right]'=f(x)+\dfrac{1}{x^2}f\left(\dfrac{1}{x}\right)\geqslant 0$，故$G_3(x)$是不减函数，满足单调性．

5. C

【解析】函数$F(x)$是分布函数的充要条件：①$F(x)$单调不减；②$F(+\infty)=1$，$F(-\infty)=0$；③$F(x)$右连续．容易验证C项满足以上三个条件．A项：若$a<0$，则不满足有界性，故排除；B项：$\lim\limits_{x\to-\infty}F(x^2+1)=1\neq 0$，故排除；D项：$\lim\limits_{x\to-\infty}F(|x|)=1\neq 0$，故排除；E项：$\lim\limits_{x\to-\infty}F(x^2+x)=1\neq 0$，故排除．

6. E

【解析】判定函数是否为某随机变量的分布函数或密度函数需要逐一验证其是否满足相关性质．

A项：因为$\lim\limits_{x\to+\infty}[F_1(x)+F_2(x)]=2$，所以$F_1(x)+F_2(x)$不是某随机变量的分布函数，故排除；

B项：因为$\lim\limits_{x\to+\infty}[F_1(x)-F_2(x)]=0$，所以$F_1(x)-F_2(x)$不是某随机变量的分布函数，故排除；

C项：举反例，如$f_1(x)=\begin{cases}1, & 1<x<2,\\ 0, & 其他,\end{cases}$ $f_2(x)=\begin{cases}1, & 3<x<4,\\ 0, & 其他,\end{cases}$有$f_1(x)f_2(x)\equiv 0$，即

$f_1(x)f_2(x)$不是某随机变量的密度函数，故排除；

D项：因为$\int_{-\infty}^{+\infty}[f_1(x)+f_2(x)]\mathrm{d}x=\int_{-\infty}^{+\infty}f_1(x)\mathrm{d}x+\int_{-\infty}^{+\infty}f_2(x)\mathrm{d}x=2$，所以$f_1(x)+f_2(x)$不可以作为某随机变量的密度函数，故排除．

E项：因为$\frac{1}{3}f_1(x)+\frac{2}{3}f_2(x)\geqslant 0$，且有

$$\int_{-\infty}^{+\infty}\left[\frac{1}{3}f_1(x)+\frac{2}{3}f_2(x)\right]\mathrm{d}x=\frac{1}{3}\int_{-\infty}^{+\infty}f_1(x)\mathrm{d}x+\frac{2}{3}\int_{-\infty}^{+\infty}f_2(x)\mathrm{d}x=1,$$

所以$\frac{1}{3}f_1(x)+\frac{2}{3}f_2(x)$为某随机变量的密度函数．故选E项．

7. C

【解析】根据随机变量分布函数$F(x)$的性质来判断．

A项：由于$\mathrm{e}^{-x}+1$在$x\geqslant 0$时为单调递减的函数，故排除；

B项：由于$\lim\limits_{x\to 0^+}F(x)=\lim\limits_{x\to 0^+}\mathrm{e}^{-\frac{1}{x}}+1=1\neq F(0)$，不满足右连续性，故排除；

D项：由于$\lim\limits_{x\to \frac{\pi}{2}^-}F(x)=+\infty>\lim\limits_{x\to \frac{\pi}{2}^+}F(x)$，不满足单调不减，故排除．

E项：由于$\lim\limits_{x\to -\infty}F(x)=\lim\limits_{x\to -\infty}\frac{2}{\pi}\arctan x=-1\neq 0$，故排除；

由排除法，可知选C项，且显然满足单调性、有界性和右连续性．

8. C

【解析】(1)显然是随机变量的分布律；(2)$0.1+0.1+0.7\neq 1$，所以不是随机变量的分布律；(3)$\left(\frac{1}{2}\right)^n>0$，$n$为自然数，且$\sum\limits_{n=1}^{\infty}\left(\frac{1}{2}\right)^n=1$，所以是随机变量的分布律；(4)$\frac{1}{2}+\frac{1}{2}\times\frac{1}{3}+\frac{1}{2}\times\left(\frac{1}{3}\right)^2+\cdots+\frac{1}{2}\times\left(\frac{1}{3}\right)^n=\frac{3}{4}$，所以不是随机变量的分布律．故本题选C项．

9. B

【解析】由于$2f_1(x)-f_2(x)$不一定非负，从而排除A项；由于$\int_{-\infty}^{+\infty}f(x)\mathrm{d}x=\int_{-\infty}^{+\infty}2f_1(x)F_1(x)\mathrm{d}x=F_1^2(x)\Big|_{-\infty}^{+\infty}=1$，满足密度函数的非负性与正则性，故B项正确；由于$\lim\limits_{x\to+\infty}f_1(x)F_2(-x)=0$，从而排除C项；又由于$F(x)=\begin{cases}0, & x\leqslant 0,\\ F_1(x)F_2(x), & x>0\end{cases}$不能保证$\lim\limits_{x\to 0^+}F(x)=F(0)$，从而排除D项．

10. B

【解析】容易验证函数$F(x)$满足：$F(x)$单调不减，$F(+\infty)=1$，$F(-\infty)=0$，$F(x)$右连续，故$F(x)$是某随机变量的分布函数．但$F(x)$不是阶梯形函数，且在$x=0$处不连续，故不是连续函数，因此不是离散型或者连续型随机变量的分布函数，应选B项．

11. B

【解析】随机变量的概率密度需满足两个条件：$f(x)\geqslant 0$，$\int_{-\infty}^{+\infty}f(x)\mathrm{d}x=1$. 容易验证5个选项均满足第一个条件．

B 项：$\int_{-\infty}^{+\infty} f(2-x)\mathrm{d}x \xlongequal{2-x=t} -\int_{+\infty}^{-\infty} f(t)\mathrm{d}t = \int_{-\infty}^{+\infty} f(t)\mathrm{d}t = 1$，满足第二个条件，故B项正确；

A 项：$\int_{-\infty}^{+\infty} f(2x)\mathrm{d}x = \frac{1}{2}\int_{-\infty}^{+\infty} f(2x)\mathrm{d}2x = \frac{1}{2} \neq 1$，故排除；

E 项：$\int_{-\infty}^{+\infty} f\left(\frac{1}{2}x\right)\mathrm{d}x = 2\int_{-\infty}^{+\infty} f\left(\frac{1}{2}x\right)\mathrm{d}\frac{x}{2} = 2 \neq 1$，故排除；

C、D项积分值不确定，无法判断．故本题选B项．

12. C

【解析】充分性：若 X 的分布函数 $F(x)$ 是连续函数，连续函数在任意一点处的概率为0，即对任意实数 a 均有 $P\{X=a\}=0$. 必要性：若对任意实数 a 有 $P\{X=a\}=0$，即 $F(a)-F(a-0)=0$，则其分布函数 $F(x)$ 在任一点处左连续，又由其分布函数 $F(x)$ 的基本性质可知，$F(x)$ 右连续，从而 $F(x)$ 为连续函数，但 X 不一定为连续型随机变量．故C项为充分必要条件．

题型 59 已知分布求参数

母题精讲

母题 59 设随机变量的分布函数 $F(x)=\begin{cases} a+\dfrac{b}{(1+x)^2}, & x>0, \\ c, & x\leqslant 0, \end{cases}$ 则 a，b，c 的值分别为(　　).

A. $a=0$，$b=1$，$c=1$　　　B. $a=1$，$b=1$，$c=1$

C. $a=-1$，$b=1$，$c=0$　　　D. $a=1$，$b=-1$，$c=0$

E. $a=-1$，$b=-1$，$c=0$

【解析】已知分布函数求参数题，主要应用分布函数的性质确定分布函数中的未知参数．

由分布函数的有界性，即 $F(-\infty)=0$ 可知 $c=0$，$F(+\infty)=1$ 可知 $a=1$；$F(x)$ 在 $x=0$ 处右连续，即 $F(0+0)=F(0)$，由于 $F(0+0)=a+b=1+b$，$F(0)=c=0$，从而 $1+b=0$，故 $b=-1$.

【答案】D

母题技巧

1. 已知随机变量的分布函数、概率密度或者分布律求题干中的未知参数的题目本质是在考查随机变量分布的性质，故要能够熟练掌握并应用分布的性质．

2. 常见积分计算技巧．

伽马函数：$\Gamma(\alpha)=\int_0^{+\infty} x^{\alpha-1}\mathrm{e}^{-x}\mathrm{d}x\,(\alpha>0)$ 或者 $\Gamma(\alpha)=2\int_0^{+\infty} x^{2\alpha-1}\mathrm{e}^{-x^2}\mathrm{d}x\,(\alpha>0)$，

其性质如下：

(1) $\Gamma(1)=\int_0^{+\infty}\mathrm{e}^{-x}\mathrm{d}x=1$，$\Gamma\left(\frac{1}{2}\right)=2\int_0^{+\infty}\mathrm{e}^{-x^2}\mathrm{d}x=\sqrt{\pi}$.

(2) $\Gamma(\alpha+1)=\alpha\Gamma(\alpha)$（可用分部积分法证明），当 α 为自然数 n 时，有 $\Gamma(n+1)=n\Gamma(n)=n!$．

母题精练

1. 已知连续型随机变量 X 的密度函数为 $f(x)=\begin{cases}x, & 0\leqslant x<1,\\ 2-x, & 1\leqslant x<a,\\ 0, & \text{其他},\end{cases}$ 则 $a=$(　　).

A. 2　　B. $\frac{3}{2}$　　C. 3　　D. $\frac{5}{2}$　　E. $\frac{5}{3}$

2. 设 $f_1(x)$ 与 $f_2(x)$ 分别为随机变量 X_1 与 X_2 的密度函数，若 $f(x)=af_1(x)-bf_2(x)$ 是某一变量的密度函数，则 a，b 的取值可以为(　　).

A. $a=\frac{3}{2}$，$b=\frac{1}{2}$　　B. $a=\frac{3}{2}$，$b=\frac{3}{2}$　　C. $a=\frac{1}{2}$，$b=-\frac{1}{2}$

D. $a=\frac{1}{2}$，$b=\frac{1}{2}$　　E. $a=\frac{1}{2}$，$b=-\frac{3}{2}$

3. 设随机变量 X 的概率密度为 $f(x)=\begin{cases}\frac{A}{1+x^2}, & x>0,\\ 0, & x\leqslant 0,\end{cases}$ 则常数 $A=$(　　).

A. 2　　B. $\frac{3}{2}$　　C. 3　　D. $\frac{2}{\pi}$　　E. $\frac{5}{3}$

4. 设连续型随机变量 X 的分布函数为 $F(x)=\begin{cases}B-1, & x<0,\\ 2-Ae^{-(x-2)}, & 0\leqslant x\leqslant 2,\\ 1, & x>2,\end{cases}$ 则常数 A，B 的取值分别为(　　).

A. $A=1$，$B=1$　　B. $A=2$，$B=1$　　C. $A=-1$，$B=1$

D. $A=1$，$B=2$　　E. $A=-1$，$B=2$

5. 设 $F_1(x)$ 和 $F_2(x)$ 分别为随机变量 X_1，X_2 的分布函数，若 $F(x)=aF_1(x)-bF_2(x)$ 也是某随机变量的分布函数，则参数 a，b 可以取(　　).

A. $a=\frac{3}{5}$，$b=-\frac{2}{5}$　　B. $a=\frac{3}{3}$，$b=\frac{2}{3}$　　C. $a=-\frac{1}{2}$，$b=\frac{3}{2}$

D. $a=\frac{1}{2}$，$b=-\frac{3}{2}$　　E. $a=-\frac{1}{2}$，$b=-\frac{1}{2}$

6. 随机变量 X 的密度函数为 $f(x)=Ae^{-x^2}$，则 $A=$(　　).

A. 1　　B. $\frac{1}{\sqrt{\pi}}$　　C. $\frac{1}{2\sqrt{\pi}}$　　D. $\frac{1}{\sqrt{2\pi}}$　　E. $\sqrt{\pi}$

答案详解

1. A

【解析】利用概率密度函数的正则性，求概率密度函数中的未知参数．由 $\int_{-\infty}^{+\infty}f(x)\mathrm{d}x=1$，得

$$\int_0^1 x\,\mathrm{d}x+\int_1^a(2-x)\mathrm{d}x=\frac{1}{2}+2(a-1)-\frac{a^2}{2}+\frac{1}{2}=1\Rightarrow a=2.$$

2. C

【解析】根据密度函数的性质，可知

$$\int_{-\infty}^{+\infty} f(x)\mathrm{d}x=\int_{-\infty}^{+\infty}[af_1(x)-bf_2(x)]\mathrm{d}x=a\int_{-\infty}^{+\infty}f_1(x)\mathrm{d}x-b\int_{-\infty}^{+\infty}f_2(x)\mathrm{d}x=a-b=1,$$

从而排除B、D、E项；又由于 $a=\frac{3}{2}$，$b=\frac{1}{2}$ 时，$\frac{3}{2}f_1(x)-\frac{1}{2}f_2(x)$ 不能保证函数满足非负性，排除A项．故本题选C项．

3. D

【解析】由概率密度函数的正则性，可知 $\int_{-\infty}^{+\infty}f(x)\mathrm{d}x=\int_0^{+\infty}\frac{A}{1+x^2}\mathrm{d}x=A\cdot\frac{\pi}{2}=1$，解得 $A=\frac{2}{\pi}$.

4. A

【解析】由于 $F(x)$ 为分布函数，故满足右连续性，可得 $\lim\limits_{x\to 2^+}F(x)=2-A=F(2)=1$，解得 $A=1$. 又由有界性可知，$\lim\limits_{x\to-\infty}F(x)=B-1=0$，从而 $B=1$.

5. A

【解析】若 $F(x)$ 是分布函数，则 $F(+\infty)=1$，$F(-\infty)=0$，故

$$\lim_{x\to+\infty}[aF_1(x)-bF_2(x)]=a-b=1,$$

验证各选项，可知选A项．

6. B

【解析】由密度函数的正则性可知

$$\int_{-\infty}^{+\infty}f(x)\mathrm{d}x=\int_{-\infty}^{+\infty}A\mathrm{e}^{-x^2}\mathrm{d}x=A\cdot 2\int_0^{+\infty}\mathrm{e}^{-x^2}\mathrm{d}x=A\Gamma\left(\frac{1}{2}\right)=A\sqrt{\pi}=1,$$

从而可知 $A=\frac{1}{\sqrt{\pi}}$.

题型 60 已知分布求概率

母题精讲

母题 60 设随机变量的分布函数 $F(x)=\begin{cases}0, & x<1,\\ \frac{1}{3}, & 1\leqslant x<2,\\ 1-\frac{1}{x}, & x\geqslant 2,\end{cases}$ 则 $P\left\{\frac{3}{2}<X\leqslant 2\right\}=$(　　).

A. $\frac{1}{3}$　　B. $\frac{1}{2}$　　C. $\frac{2}{3}$　　D. $\frac{1}{6}$　　E. $\frac{5}{6}$

【解析】此题主要考查分布函数的特殊性质．已知分布函数求概率，可得

$$P\left\{\frac{3}{2}<X\leqslant 2\right\}=F(2)-F\left(\frac{3}{2}\right)=\frac{1}{2}-\frac{1}{3}=\frac{1}{6}.$$

【答案】D

母题技巧

若已知随机变量的分布(分布函数、概率密度以及分布律)求概率，需熟练掌握概率与分布之间的关系，可使用如下公式：

1. 已知分布函数 $F(x)$，则有

(1)$P\{X\leqslant a\}=F(a)$;　　(2)$P\{X>a\}=1-F(a)$;

(3)$P\{X<a\}=F(a-0)=\lim\limits_{x\to a^-}F(x)$;　　(4)$P\{X\geqslant a\}=1-F(a-0)$;

(5)$P\{X=a\}=P\{X\leqslant a\}-P\{X<a\}=F(a)-F(a-0)$;

(6)$P\{a<X\leqslant b\}=P\{X\leqslant b\}-P\{X\leqslant a\}=F(b)-F(a)$;

(7)$P\{a<X<b\}=P\{X<b\}-P\{X\leqslant a\}=F(b-0)-F(a)$;

(8)$P\{a\leqslant X\leqslant b\}=P\{X\leqslant b\}-P\{X<a\}=F(b)-F(a-0)$;

(9)$P\{a\leqslant X<b\}=P\{X<b\}-P\{X<a\}=F(b-0)-F(a-0)$.

2. 对于连续型随机变量，已知概率密度 $f(x)$，则有

$$P\{a\leqslant X\leqslant b\}=P\{a\leqslant X<b\}=P\{a<X\leqslant b\}=P\{a<X<b\}=\int_a^b f(x)\mathrm{d}x.$$

母题精练

1. 设随机变量 X 的分布函数为 $F(x)=\begin{cases}0, & x<\dfrac{\pi}{3},\\ \cos x, & \dfrac{\pi}{3}\leqslant x<1,\\ 1, & x\geqslant 1,\end{cases}$ 则 $P\left\{X=\dfrac{\pi}{3}\right\}=$(　　).

A. $\dfrac{1}{4}$　　B. $\dfrac{\sqrt{3}}{2}$　　C. $\dfrac{1}{5}$　　D. $\dfrac{1}{2}$　　E. $\dfrac{2}{5}$

2. 设随机变量 X 的概率密度为 $f(x)=\begin{cases}\dfrac{1}{2}\sin|x|, & |x|<\dfrac{\pi}{2},\\ 0, & 其他,\end{cases}$ 则 $P\left\{-\dfrac{\pi}{3}\leqslant X\leqslant\dfrac{\pi}{3}\right\}=$(　　).

A. $\dfrac{3}{4}$　　B. $\dfrac{2}{3}$　　C. $\dfrac{1}{4}$　　D. $\dfrac{3}{5}$　　E. $\dfrac{1}{2}$

3. 设随机变量的分布律为

X	-1	0	1	2
P	0.1	0.2	0.3	0.4

$F(x)$为 X 的分布函数，则 $F(0.5)=$(　　).

A. 0.6　　B. 0.3　　C. 0.25　　D. 0.2　　E. 0

4. 设随机变量 X 的密度函数为 $f(x)=\begin{cases}\dfrac{1}{4}, & 0\leqslant x<2,\\ \dfrac{1}{2}, & 4\leqslant x<5,\\ 0, & 其他,\end{cases}$ 若 $P\{X\geqslant k\}=\dfrac{1}{2}$，则实数 k 的范围为(　　).

A. [4, 5)　　B. [1, 5]　　C. [2, 4)　　D. [2, 4]　　E. (1, 5)

答案详解

1. D

【解析】利用分布函数求概率，为 $P\left\{X=\frac{\pi}{3}\right\}=F\left(\frac{\pi}{3}\right)-F\left(\frac{\pi}{3}-0\right)=\frac{1}{2}-0=\frac{1}{2}$.

2. E

【解析】由概率密度求概率，需要求积分，可得

$$P\left\{-\frac{\pi}{3}\leqslant X\leqslant\frac{\pi}{3}\right\}=\int_{-\frac{\pi}{3}}^{\frac{\pi}{3}}\frac{1}{2}\sin|x|\,\mathrm{d}x=\frac{1}{2}\times 2\int_{0}^{\frac{\pi}{3}}\sin x\,\mathrm{d}x=\frac{1}{2}.$$

3. B

【解析】根据离散型随机变量分布函数 $F(x)$ 的定义来求解．

$$F(0.5)=P\{X\leqslant 0.5\}=P\{X=-1\}+P\{X=0\}=0.1+0.2=0.3.$$

4. D

【解析】由于 $P\{X\geqslant k\}=1-F(k-0)=\frac{1}{2}\Rightarrow F(k-0)=\frac{1}{2}$，又根据分布函数的右连续性，可得

$$F(x)=\begin{cases}0, & x<0,\\ \int_0^x f(t)\mathrm{d}t=\frac{x}{4}, & 0\leqslant x<2,\\ \int_0^2 f(t)\mathrm{d}t=\frac{1}{2}, & 2\leqslant x<4,\\ \frac{1}{2}+\int_4^x f(t)\mathrm{d}t=\frac{x-3}{2}, & 4\leqslant x<5,\\ 1, & x\geqslant 5,\end{cases}$$

故 k 的范围为 $[2, 4]$.

题型 61 离散型随机变量的数学期望

母题精讲

母题 61 设随机变量 X 的概率分布为

X	-1	0	1	2
P	$\frac{1}{6}$	$\frac{1}{3}$	$\frac{1}{8}$	$\frac{3}{8}$

则 $E(X)=($　　$)$.

A. $\frac{1}{4}$　　B. $\frac{1}{2}$　　C. 1　　D. $\frac{19}{24}$　　E. $\frac{17}{24}$

【解析】根据随机变量期望的定义计算，则有

$$E(X)=\sum_{i=1}^{\infty}x_iP_i=-1\times\frac{1}{6}+0\times\frac{1}{3}+1\times\frac{1}{8}+2\times\frac{3}{8}=-\frac{1}{6}+\frac{1}{8}+\frac{3}{4}=\frac{17}{24}.$$

【答案】E

母题技巧

1. 已知离散型随机变量 X 的分布律，求 $E(X)$ 均是通过数学期望的定义求解，即 $E(X)=\sum_{i=1}^{\infty}x_iP_i$.

2. 设 X 的分布律 $P\{X=x_i\}=p_i$，则 $Y=g(X)$ 的数学期望 $E(Y)=\sum_{i=1}^{\infty}g(x_i)P\{X=x_i\}$.

3. 数学期望的性质.

(1)常量 c 的数学期望等于它本身，即 $E(c)=c$.

(2)常量 c 与随机变量 X 乘积的数学期望，等于常量 c 与这个随机变量的数学期望的积，即 $E(cX)=cE(X)$.

(3)随机变量和的数学期望，等于随机变量数学期望的和，即 $E(X+Y)=E(X)+E(Y)$.

母题精练

1. 设随机变量 X 的分布律为

X	-2	0	2
P	0.4	0.3	0.3

则 $E(X)=($　　$)$.

A. -0.8　　B. -0.2　　C. 0　　D. 0.4　　E. 0.6

2. 设随机变量 X 的分布律为 $P\{X=1\}=0.1$，$P\{X=2\}=0.4$，$P\{X=3\}=a$，则 $E(X)=$(　　).

A. 1.8　　B. 2.1　　C. 2.4　　D. 2.5　　E. 2.7

3. 设箱子中有 5 个产品，其中有 3 个正品、2 个次品. 从中任取两个产品，则正品个数 X 的数学期望为(　　).

A. $\frac{6}{5}$　　B. $\frac{9}{5}$　　C. $\frac{11}{5}$　　D. $\frac{7}{5}$　　E. $\frac{7}{10}$

4. 设有 3 封信和甲、乙 2 个邮筒，将信随机地放入邮筒，设 X 为有信的邮筒数，则 $E(X)=$(　　).

A. $\frac{5}{4}$　　B. $\frac{3}{2}$　　C. $\frac{7}{4}$　　D. $\frac{7}{5}$　　E. $\frac{9}{4}$

5. 设随机变量 X 的概率分布为 $P\{X=k\}=\frac{1}{2^k}$，$k=1, 2, 3, \cdots$，Y 表示 X 被 3 除的余数，则 $E(Y)=$(　　).

A. $\frac{4}{7}$　　B. $\frac{5}{7}$　　C. $\frac{6}{7}$　　D. $\frac{8}{7}$　　E. $\frac{9}{7}$

6. 设随机变量 X 的分布律为

X	1	2	3
P	0.1	0.2	0.7

则 $E(X^2)=($　　$)$.

A. 4.2　　B. 5.2　　C. 6.2　　D. 7.2　　E. 8.2

7. 设随机变量 X 的分布律为

X	1	2	3
P	0.3	0.4	0.3

则 $E\left[\sin\left(\frac{\pi}{2}X\right)\right]=($　　$)$.

A. 0　　B. 0.3　　C. 0.6　　D. 0.2　　E. 1

答案详解

1. B

【解析】利用公式 $E(X)=\sum_{i=1}^{\infty}x_ip_i$ 计算离散型随机变量的数学期望，有

$$E(X)=(-2)\times0.4+0\times0.3+2\times0.3=-0.2.$$

2. C

【解析】由分布律的正则性 $\sum_{i=1}^{\infty}P\{X=x_i\}=1$ 得 $a=0.5$. 由离散型随机变量期望的定义，可知

$$E(X)=\sum_{i=1}^{3}x_iP\{X=x_i\}=1\times0.1+2\times0.4+3\times0.5=0.1+0.8+1.5=2.4.$$

3. A

【解析】若想求得 X 的数学期望，需写出 X 的分布律．由题意可知

$$P\{X=k\}=\frac{C_3^k\cdot C_2^{2-k}}{C_5^2}(k=0，1，2)，$$

故 X 的分布律为

X	0	1	2
P	$\frac{1}{10}$	$\frac{6}{10}$	$\frac{3}{10}$

因此 $E(X)=0\times\frac{1}{10}+1\times\frac{6}{10}+2\times\frac{3}{10}=\frac{6}{5}$.

4. C

【解析】设 $A=\{$甲邮筒中信的数量$\}$，$B=\{$乙邮筒中信的数量$\}$. 由题干可知，X 只能为 1 或 2，故有

$$P\{X=1\}=P\{A=0, B=3\}+P\{A=3, B=0\}=\frac{1}{2^3}+\frac{1}{2^3}=\frac{1}{4},$$

$$P\{X=2\}=1-P\{X=1\}=\frac{3}{4}.$$

因此 $E(X)=1\times\frac{1}{4}+2\times\frac{3}{4}=\frac{7}{4}$.

5. D

【解析】求随机变量 Y 的数学期望，需先写出 Y 的分布律．由题意可知

$$P\{Y=0\}=\sum_{k=1}^{\infty}P\{X=3k\}=\sum_{k=1}^{\infty}\frac{1}{2^{3k}}=\frac{\frac{1}{8}}{1-\frac{1}{8}}=\frac{1}{7},$$

$$P\{Y=1\}=\sum_{k=0}^{\infty}P\{X=3k+1\}=\sum_{k=0}^{\infty}\frac{1}{2^{3k+1}}=\frac{\frac{1}{2}}{1-\frac{1}{8}}=\frac{4}{7},$$

$$P\{Y=2\}=\sum_{k=0}^{\infty}P\{X=3k+2\}=\sum_{k=0}^{\infty}\frac{1}{2^{3k+2}}=\frac{\frac{1}{4}}{1-\frac{1}{8}}=\frac{2}{7}.$$

因此 $E(Y)=0\times\frac{1}{7}+1\times\frac{4}{7}+2\times\frac{2}{7}=\frac{8}{7}$.

6. D

【解析】计算离散型随机变量函数的数学期望，利用公式 $E(Y)=E[g(X)]=\sum_{k=1}^{\infty}g(x_k)p_k$，得

$$E(Y)=E(X^2)=\sum_{k=1}^{3}x_k{}^2p_k=1^2\times0.1+2^2\times0.2+3^2\times0.7=7.2.$$

7. A

【解析】由公式 $E(Y)=E[g(X)]=\sum_{k=1}^{\infty}g(x_k)p_k$，可得

$$E\left[\sin\left(\frac{\pi}{2}X\right)\right]=\sin\frac{\pi}{2}\times0.3+\sin\pi\times0.4+\sin\frac{3\pi}{2}\times0.3=0.$$

题型 62 连续型随机变量的数学期望

母题精讲

母题 62 设随机变量 X 的概率密度为 $f(x)=\frac{1}{2}e^{-|x|}(-\infty<x<+\infty)$，则 $E(X)=($ $)$.

A. $-\frac{2}{3}$　　B. $-\frac{1}{3}$　　C. 0　　D. $\frac{1}{3}$　　E. $\frac{2}{3}$

【解析】由求解连续型随机变量期望的公式，可知

$$E(X)=\int_{-\infty}^{+\infty}xf(x)\mathrm{d}x=\frac{1}{2}\int_{-\infty}^{+\infty}x\mathrm{e}^{-|x|}\mathrm{d}x=0.$$

【注意】$x\mathrm{e}^{-|x|}$ 为奇函数，故其在对称区间上的积分 $\int_{-\infty}^{+\infty}x\mathrm{e}^{-|x|}\mathrm{d}x=0$.

【答案】C

母题技巧

1. 已知连续型随机变量 X 的概率密度，求随机变量的期望 $E(X)$ 的计算公式为 $E(X)=\int_{-\infty}^{+\infty}xf(x)\mathrm{d}x$.

2. 已知连续型随机变量 X 的分布函数 $F(x)$，求随机变量的期望 $E(X)$，则需要先求出其概率密度，对分布函数求导即可得 $f(x)=F'(x)$.

3. 设 X 的概率密度为 $f(x)$，则 $Y=g(X)$ 的数学期望 $E(Y)=\int_{-\infty}^{+\infty}g(x)f(x)\mathrm{d}x$. 求解积分时需结合换元法等积分方法.

母题精练

1. 设随机变量 X 的概率密度函数为 $f(x)=\begin{cases}x, & 0<x\leqslant 1,\\ 2-x, & 1<x\leqslant 2,\\ 0, & \text{其他},\end{cases}$ 则 $E(X)=($　　$)$.

A. $\frac{2}{3}$　　B. 1　　C. $\frac{4}{3}$　　D. $\frac{5}{3}$　　E. 2

2. 设随机变量 X 的分布函数 $F(x)=\begin{cases}0, & x\leqslant 0,\\ \frac{x}{4}, & 0<x\leqslant 4,\\ 1, & x>4,\end{cases}$ 则 $E(X)=($　　$)$.

A. $\frac{5}{4}$　　B. $\frac{3}{2}$　　C. $\frac{7}{4}$　　D. 2　　E. $\frac{9}{4}$

3. 设随机变量 X 的概率密度为 $f(x)=\begin{cases}2x, & 0\leqslant x\leqslant 1,\\ 0, & \text{其他},\end{cases}$ 则 $E(X)=($　　$)$.

A. $\frac{8}{3}$　　B. $\frac{7}{3}$　　C. $\frac{5}{3}$　　D. 1　　E. $\frac{2}{3}$

4. 设随机变量 X 的概率密度为 $f(x)=\begin{cases}3x^2, & 0\leqslant x\leqslant 1,\\ 0, & \text{其他},\end{cases}$ 则 $E(X)=($　　$)$.

A. $\frac{1}{4}$　　B. $\frac{1}{2}$　　C. $\frac{3}{4}$　　D. 1　　E. $\frac{5}{4}$

5. 设随机变量 X 的概率密度为 $f(x)=\begin{cases}cx^a, & 0<x<1,\\ 0, & \text{其他},\end{cases}$ 且 $E(X)=0.75$，则常数 c，a 的取值分别为(　　).

A. $c=4$，$a=2$　　B. $c=3$，$a=2$　　C. $c=3$，$a=4$
D. $c=4$，$a=4$　　E. $c=2$，$a=4$

6. 设随机变量 X 的概率密度函数为 $f(x)=\begin{cases}3e^{-3x}, & x\geqslant 0,\\ 0, & x<0,\end{cases}$ 则 $E(e^{-X})=($　　$)$.

A. $\frac{1}{2}$　　B. $\frac{1}{3}$　　C. $\frac{3}{4}$　　D. $-\frac{3}{4}$　　E. $\frac{1}{5}$

答案详解

1. B

【解析】由连续型随机变量数学期望的计算公式，可知

$$E(X)=\int_{-\infty}^{+\infty}xf(x)\mathrm{d}x=\int_0^1 x^2\mathrm{d}x+\int_1^2 x(2-x)\mathrm{d}x$$
$$=\frac{1}{3}x^3\Big|_0^1+\left(x^2-\frac{1}{3}x^3\right)\Big|_1^2=1.$$

2. D

【解析】已知随机变量的分布函数，若求其期望，先通过分布函数求出概率密度函数，可得

$$f(x)=F'(x)=\begin{cases}\frac{1}{4}, & 0<x\leqslant 4,\\ 0, & 其他,\end{cases}$$

则随机变量的期望 $E(X)=\int_{-\infty}^{+\infty}xf(x)\mathrm{d}x=\int_0^4\frac{1}{4}x\mathrm{d}x=\frac{1}{8}x^2\Big|_0^4=2.$

3. E

【解析】由计算连续型随机变量期望的公式，可得

$$E(X)=\int_{-\infty}^{+\infty}xf(x)\mathrm{d}x=\int_0^1 2x^2\mathrm{d}x=\frac{2}{3}.$$

4. C

【解析】由计算期望的公式，可得

$$E(X)=\int_{-\infty}^{+\infty}xf(x)\mathrm{d}x=\int_0^1 x\cdot 3x^2\mathrm{d}x=\frac{3}{4}.$$

5. B

【解析】根据连续型随机变量概率密度的性质以及数学期望的定义，可得

$$\begin{cases}\int_{-\infty}^{+\infty}f(x)\mathrm{d}x=\int_0^1 cx^a\mathrm{d}x=1,\\ E(X)=\int_{-\infty}^{+\infty}xf(x)\mathrm{d}x=\int_0^1 cx^{a+1}\mathrm{d}x=0.75\end{cases}\Rightarrow\begin{cases}\frac{c}{a+1}=1,\\ \frac{c}{a+2}=0.75,\end{cases}$$

解得 $c=3$，$a=2$.

6. C

【解析】由连续型随机变量函数期望的公式，可得

$$E(e^{-X})=\int_{-\infty}^{+\infty}e^{-x}f(x)\mathrm{d}x=\int_0^{+\infty}e^{-x}\cdot 3e^{-3x}\mathrm{d}x=3\int_0^{+\infty}e^{-4x}\mathrm{d}x=\frac{3}{4}.$$

题型 63 方差的性质及计算

母题精讲

母题 63 设随机变量 X 的概率密度为 $f(x)=\frac{1}{2}e^{-|x|}(-\infty<x<+\infty)$，则 $D(X)=($　　$)$.

A. 1　　B. $\frac{3}{2}$　　C. 2　　D. $\frac{5}{2}$　　E. 3

【解析】由连续型随机变量方差的计算公式，可知

$$D(X)=E(X^2)-[E(X)]^2=\int_{-\infty}^{+\infty}x^2\cdot\frac{1}{2}e^{-|x|}dx-\left(\int_{-\infty}^{+\infty}x\cdot\frac{1}{2}e^{-|x|}dx\right)^2$$

$$=2\cdot\frac{1}{2}\int_0^{+\infty}x^2e^{-x}dx-0=\Gamma(3)=(3-1)!\ =2.$$

【答案】C

母题技巧

1. 对于离散型随机变量和连续型随机变量求方差，通常通过期望计算，利用公式 $D(X)=E(X^2)-[E(X)]^2$ 比较简便，因此对期望的求解方法一定要掌握.

2. 在计算方差的过程中通常用到方差的性质，常用性质有:

(1) $D(c)=0$（c 为常数）;

(2) $D(c+X)=D(X)$;

(3) $D(cX)=c^2D(X)$; $D(-X)=D(X)$;

(4) 若 X 与 Y 相互独立，则 $D(X\pm Y)=D(X)+D(Y)$.

母题精练

1. 设随机变量 X 的分布函数 $F(x)=\begin{cases}0, & x\leqslant 1,\\ \frac{x-1}{4}, & 1<x<5,\\ 1, & x\geqslant 5,\end{cases}$ 则 $D(X)=($　　$)$.

A. $\frac{4}{3}$　　B. $\frac{5}{3}$　　C. 2　　D. $\frac{7}{3}$　　E. $\frac{8}{3}$

2. 设随机变量 X 的概率分布为 $P\{X=0\}=0.6$，$P\{X=1\}=0.2$，$P\{X=-1\}=0.2$，则 $D(X)=$（　　）.

A. 0.1　　B. 0.2　　C. 0.3　　D. 0.4　　E. 0.5

3. 设离散型随机变量 X 的分布律为

X	2	3
P	0.7	0.3

则 $D(X)=($　　$)$.

A. 0.21　　B. 0.6　　C. 0.84　　D. 1.2　　E. 1.24

4. 设随机变量 X 的方差为 $D(X)=1$，若 $Y=-2X+9$，则 $D(Y)=($　　$)$.

A. 1　　B. 2　　C. 3　　D. 4　　E. 5

5. 设随机变量 X 的概率分布为 $P\{X=-2\}=\frac{1}{2}$，$P\{X=1\}=a$，$P\{X=3\}=b$，若 $E(X)=0$，则 $D(X)=($　　$)$.

A. $\frac{7}{2}$　　B. 4　　C. $\frac{9}{2}$　　D. 5　　E. $\frac{11}{2}$

6. 设随机变量 X 与 Y 相互独立且 $D(X)=4$，$D(Y)=2$，则 $D(3X-2Y)=($　　$)$.

A. 8　　B. 16　　C. 28　　D. 34　　E. 44

7. 设长方形的宽 X 的数学期望和方差分别为 $E(X)=\frac{3}{2}$，$D(X)=\frac{3}{4}$，已知长方形的周长为 20，则长方形的面积 Y 的数学期望为(　　).

A. 12　　B. 13　　C. 15　　D. 16　　E. 14

答案详解

1. A

【解析】本题考查连续型随机变量的方差．先由分布函数求概率密度，得

$$f(x)=F'(x)=\begin{cases}\frac{1}{4}, & 1<x<5,\\ 0, & 其他,\end{cases}$$

由求方差的公式，可得

$$D(X)=E(X^2)-[E(X)]^2=\int_{-\infty}^{+\infty}x^2f(x)\mathrm{d}x-\left(\int_{-\infty}^{+\infty}xf(x)\mathrm{d}x\right)^2$$

$$=\frac{1}{4}\int_1^5x^2\mathrm{d}x-\left(\frac{1}{4}\int_1^5x\mathrm{d}x\right)^2=\frac{1}{12}x^3\Big|_1^5-\left(\frac{1}{8}x^2\Big|_1^5\right)^2=\frac{4}{3}.$$

2. D

【解析】依据公式 $D(X)=E(X^2)-[E(X)]^2$ 知，需要先求 $E(X^2)$ 和 $E(X)$. 根据期望公式可得

$$E(X)=\sum_{i=1}^{3}x_iP\{X=x_i\}=0\times0.6+1\times0.2+(-1)\times0.2=0+0.2-0.2=0;$$

$$E(X^2)=\sum_{i=1}^{3}x_i^2P\{X=x_i\}=0^2\times0.6+1^2\times0.2+(-1)^2\times0.2=0+0.2+0.2=0.4.$$

所以 $D(X)=E(X^2)-[E(X)]^2=0.4-0^2=0.4$.

3. A

【解析】依据公式 $D(X)=E(X^2)-[E(X)]^2$ 知，需要先求 $E(X^2)$ 和 $E(X)$. 根据期望公式可得

$$E(X)=2\times0.7+3\times0.3=2.3,\ E(X^2)=2^2\times0.7+3^2\times0.3=5.5.$$

所以 $D(X)=E(X^2)-[E(X)]^2=5.5-2.3^2=0.21$.

4. D

【解析】根据方差的性质有 $D(Y)=D(-2X+9)=4D(X)$，又因为 $D(X)=1$，从而

$$D(Y)=4D(X)=4.$$

5. C

【解析】由随机变量分布律的正则性，可知 $a+b+\frac{1}{2}=1$，由已知条件可知

$$E(X)=-2\times\frac{1}{2}+1\times a+3\times b=a+3b-1=0,$$

解得 $a=\frac{1}{4}$，$b=\frac{1}{4}$. 故 $E(X^2)=(-2)^2\times\frac{1}{2}+1\times a+3^2\times b=\frac{9}{2}$，因此

$$D(X)=E(X^2)-[E(X)]^2=\frac{9}{2}.$$

6. E

【解析】由随机变量函数方差的性质，可得

$$D(3X-2Y)=9D(X)+4D(Y)=9\times4+4\times2=44.$$

7. A

【解析】由题意可得，长方形的面积为 $Y=X(10-X)$. 根据期望的性质，可知 $E(Y)=E(10X-X^2)=10E(X)-E(X^2)$，由 $E(X)=\frac{3}{2}$，$D(X)=\frac{3}{4}$，可得 $E(X^2)=D(X)+[E(X)]^2=\frac{3}{4}+\frac{9}{4}=3$，故可得

$$E(Y)=10E(X)-E(X^2)=10\times\frac{3}{2}-3=12.$$

题型 64 常见的离散型分布

母题精讲

母题 64 设随机变量 X 服从于参数为 $(3, p)$ 的二项分布，若 $P\{X\geqslant1\}=\frac{19}{27}$，则 $P\{X=2\}=$ (　　).

A. $\frac{13}{27}$　　B. $\frac{2}{9}$　　C. $\frac{4}{9}$　　D. $\frac{20}{27}$　　E. $\frac{22}{27}$

【解析】需要熟记二项分布的分布律．本题需先确定二项分布的参数 p，可通过已知条件 $P\{X\geqslant1\}=\frac{19}{27}$ 确定．

因为 $X\sim B(3,\ p)$，所以 $P\{X\geqslant 1\}=1-P\{X=0\}=1-C_3^0p^0(1-p)^{3-0}=1-(1-p)^3=\frac{19}{27}$，解得 $p=\frac{1}{3}$，故 $X\sim B\left(3,\ \frac{1}{3}\right)$. 因此 $P\{X=2\}=C_3^2p^2(1-p)^{3-2}=3\times\left(\frac{1}{3}\right)^2\times\left(1-\frac{1}{3}\right)^1=\frac{2}{9}$.

【答案】B

母题技巧

已知常见的离散型随机变量，牢记它们的概率分布、期望、方差，在求解概率问题、随机变量函数的期望、方差时便可迎刃而解．现将常见的离散型随机变量的分布情况及期望、方差总结如下：

1. 0-1 分布 $X\sim B(1,\ p)$.

分布律为 $P\{X=k\}=p^kq^{1-k}$，$k=0,\ 1$，$0<p<1$，$p+q=1$，期望 $E(X)=p$，方差 $D(X)=pq$.

2. 二项分布 $X\sim B(n,\ p)$.

分布律为 $P\{X=k\}=C_n^kp^kq^{n-k}$，$k=0,\ 1,\ 2,\ \cdots,\ n$，$0<p<1$，$p+q=1$，期望 $E(X)=np$，方差 $D(X)=npq$.

3. 泊松分布 $X\sim P(\lambda)$.

分布律为 $P\{X=k\}=\frac{\lambda^k}{k!}e^{-\lambda}$，$\lambda>0$，$k=0,\ 1,\ 2,\ \cdots$，期望 $E(X)=\lambda$，方差 $D(X)=\lambda$.

母题精练

1. 设 X 的分布律为

X	0	1	2
P	$\frac{1}{3}$	$\frac{1}{6}$	$\frac{1}{2}$

现对 X 进行三次独立观测，则至少有两次观测值大于 1 的概率为（　　）.

A. $\frac{1}{4}$　　B. $\frac{1}{5}$　　C. $\frac{2}{3}$　　D. $\frac{1}{2}$　　E. $\frac{3}{5}$

2. 设某段时间某电台接入的电话数量服从泊松分布，且该时段内没有电话接入的概率为 $\frac{1}{e}$，则这段时间内至少有两个电话接入的概率为（　　）.

A. $\frac{3}{2}-\frac{2}{e}$　　B. $\frac{2}{e}$　　C. $2-\frac{3}{e}$　　D. $1-\frac{1}{e}$　　E. $1-\frac{2}{e}$

3. 若随机变量 T 服从参数为 1 的泊松分布，则方程 $x^2+2Tx+1=0$ 有实根的概率为（　　）.

A. $\frac{1}{e}$　　B. $\frac{2}{e}$　　C. $1-\frac{1}{e}$　　D. $\frac{3}{e}$　　E. $1-\frac{2}{e}$

4. 设随机变量 X 服从参数为 λ 的泊松分布，$E(X)=5$，则 $\lambda=$(　　).

A. 5　　B. 4　　C. 3　　D. 2　　E. 1

5. 设 $X\sim B\left(5,\ \frac{1}{5}\right)$，$D(X)=$(　　).

A. $\frac{1}{5}$　　B. $\frac{2}{5}$　　C. $\frac{3}{5}$　　D. $\frac{4}{5}$　　E. 1

6. 设随机变量 X，Y 相互独立，且 $X\sim B\left(18,\ \frac{1}{3}\right)$，$Y$ 服从参数为 4 的泊松分布，则 $D(X-Y)=$(　　).

A. 10　　B. 9　　C. 8　　D. 7　　E. 0

7. 设随机变量 X 服从参数为 3 的泊松分布，则 $D(-2X)=$(　　).

A. 4　　B. 12　　C. -6　　D. 8　　E. 6

8. 设离散型随机变量 X 服从参数为 2 的泊松分布，则 $P\{X\geqslant 1\}=$(　　).

A. $\frac{1}{\sqrt{e}}$　　B. $1-\frac{2}{\sqrt{e}}$　　C. $1-\frac{1}{\sqrt{e}}$

D. $1-\frac{1}{e^2}$　　E. $\frac{1}{e}$

答案详解

1. D

【解析】n 重伯努利试验，试验成功的次数服从二项分布，可以从 n 重伯努利试验中得到二项分布的参数，并利用二项分布的分布律求解概率．

设 Y 表示三次独立观测中观测值大于 1 的次数，由 X 的分布律可知，观测值大于 1 的概率为 $p=\frac{1}{2}$，故 $Y\sim B\left(3,\ \frac{1}{2}\right)$，所以

$$P\{Y\geqslant 2\}=P\{Y=2\}+P\{Y=3\}=C_3^2p^2(1-p)+C_3^3p^3(1-p)^0=\frac{1}{2}.$$

2. E

【解析】设 X 表示某电台接入的电话数量，由题干可知 $X\sim P(\lambda)$，由题意有

$$P\{X=0\}=\frac{\lambda^0 e^{-\lambda}}{0!}=e^{-\lambda}=e^{-1},$$

可得 $\lambda=1$，因此 $P\{X\geqslant 2\}=1-P\{X=0\}-P\{X=1\}=1-2e^{-1}=1-\frac{2}{e}$.

3. C

【解析】已知方程 $x^2+2Tx+1=0$ 有实根，即 $\Delta=(2T)^2-4\geqslant 0$，可知 $T\geqslant 1$ 或 $T\leqslant -1$，又因为 T 服从泊松分布，故只能 $T\geqslant 1$，方程有实根的概率为

$$P\{T\geqslant 1\}=1-P\{T=0\}=1-\frac{1}{e}.$$

4. A

【解析】泊松分布的数学期望 $E(X)=\lambda$，所以 $\lambda=5$.

5. D

【解析】由二项分布的方差 $D(X)=npq$，知 $D(X)=5\times\frac{1}{5}\times\frac{4}{5}=\frac{4}{5}$.

6. C

【解析】二项分布的方差 $D(X)=np(1-p)=4$，泊松分布的方差 $D(Y)=\lambda=4$，因此

$$D(X-Y)=D(X)+D(Y)=8.$$

7. B

【解析】泊松分布的方差公式为 $D(X)=\lambda=3$，依据方差的性质，可知

$$D(-2X)=(-2)^2D(X)=4\times 3=12.$$

8. D

【解析】由于 $X\sim P(2)$，因此 $P\{X=k\}=\frac{2^k}{k!}e^{-2}$，$k=0, 1, 2, \cdots$，故

$$P\{X\geqslant 1\}=1-P\{X=0\}=1-e^{-2}=1-\frac{1}{e^2}.$$

题型 65 常见的连续型分布

母题精讲

母题 65 设 X 在区间(1，4)上服从均匀分布，则 $E(X)=($　　$)$.

A. $\frac{5}{2}$　　B. 1　　C. 4　　D. $\frac{3}{2}$　　E. 5

【解析】均匀分布的概率密度为

$$f(x)=\begin{cases}\frac{1}{4-1}, & 1<x<4, \\ 0, & \text{其他}.\end{cases}$$

由期望的计算公式，可知 $E(X)=\int_{-\infty}^{+\infty}xf(x)\mathrm{d}x=\frac{5}{2}$.

【答案】A

母题技巧

已知常见的连续型随机变量，牢记它们的概率分布、期望、方差，在求解概率问题、随机变量函数的期望、方差时便可迎刃而解．现将常见的连续型随机变量的分布情况及期望、方差总结如下:

1. 正态分布 $X\sim N(\mu, \sigma^2)$.

(1)概率密度为 $f(x)=\frac{1}{\sqrt{2\pi}\sigma}e^{-\frac{(x-\mu)^2}{2\sigma^2}}$，$\sigma>0$，$-\infty<x<+\infty$，期望 $E(X)=\mu$，方差 $D(X)=\sigma^2$.

(2)正态分布的性质．

①如果 $X\sim N(\mu,\sigma^2)$，a 与 b 是实数，那么 $aX+b\sim N(a\mu+b,(a\sigma)^2)$．

②如果 $X\sim N(\mu_X,\sigma_X^2)$，$Y\sim N(\mu_Y,\sigma_Y^2)$，且随机变量 X，Y 相互独立，则有

$$U=X+Y\sim N(\mu_X+\mu_Y,\sigma_X^2+\sigma_Y^2);\ V=X-Y\sim N(\mu_X-\mu_Y,\sigma_X^2+\sigma_Y^2).$$

③正态分布曲线关于 $x=\mu$ 对称，对任意 $h>0$ 有 $P\{\mu-h<X\leqslant\mu\}=P\{\mu<X\leqslant\mu+h\}$；

$\int_{-\infty}^{\mu}f(x)\mathrm{d}x=\int_{\mu}^{+\infty}f(x)\mathrm{d}x=\frac{1}{2}$；当 $x=\mu$ 时取得最大值 $f(\mu)=\frac{1}{\sqrt{2\pi}\sigma}$．

(3)正态分布的标准化．

$\mu=0$，$\sigma=1$ 的正态分布 $N(0,1)$为标准正态分布，记密度函数为 $\varphi(x)$，分布函数为 $\Phi(x)$．

一般正态分布 $X\sim N(\mu,\sigma^2)$，则可标准化为 $Z=\frac{X-\mu}{\sigma}\sim N(0,1)$．

2. 均匀分布 $X\sim U(a,b)$．

概率密度为 $f(x)=\begin{cases}\frac{1}{b-a}, & a<x<b,\\ 0, & \text{其他},\end{cases}$ 期望 $E(X)=\frac{a+b}{2}$，方差 $D(X)=\frac{(b-a)^2}{12}$．

注　在做选择题时，我们更常用$\frac{\text{任一区间的长度}}{\text{整个区间的长度}}$来计算均匀分布的概率．

3. 指数分布 $X\sim E(\lambda)$．

概率密度为 $f(x)=\begin{cases}\lambda e^{-\lambda x}, & x\geqslant 0,\\ 0, & x<0\end{cases}$ $(\lambda>0)$，期望 $E(X)=\frac{1}{\lambda}$，方差 $D(X)=\frac{1}{\lambda^2}$．

性质(无记忆性)：对于任意的 s，$t>0$，有 $P\{X>s+t\mid X>s\}=P\{X>t\}$．

母题精练

1. 设随机变量 $X\sim N(3,2^2)$，则 $E(2X+3)=($　　$)$．

A. 3　　B. 6　　C. 9　　D. 12　　E. 15

2. 设随机变量 X 服从参数为 $\ln 2$ 的指数分布，对 X 进行三次独立的观测，则三次独立重复观测中事件$\{X\geqslant 1\}$出现的次数不超过一半的概率为(　　)．

A. $\frac{1}{2}$　　B. $\frac{3}{8}$　　C. $\frac{1}{8}$　　D. $\frac{5}{8}$　　E. $\frac{7}{8}$

3. 设随机变量 $X\sim N(\mu,\sigma^2)$，$\sigma>0$，记 $p=P\{X\leqslant\mu+2\sigma\}$，则下列选项正确的是(　　)．

A. p 随着 μ 的增加而增加　　B. p 随着 σ 的增加而增加

C. p 随着 μ 的增加而减少　　D. p 随着 σ 的增加而减少

E. p 与 μ，σ 无关

4. 设随机变量 X 服从参数为$\frac{1}{2}$的指数分布，则 $E(2X-1)=($　　$)$．

A. 0　　B. 1　　C. 3　　D. 4　　E. 6

5. 设随机变量 X 服从区间(1，5)上的均匀分布，则$\frac{E(X)}{D(X)}$=(　　).

A. $\frac{9}{4}$　　B. $\frac{8}{5}$　　C. $\frac{5}{2}$　　D. $\frac{11}{4}$　　E. 3

6. 设随机变量 $X\sim N(0,\ 4)$，$Y\sim U(0,\ 4)$，且 X 与 Y 相互独立，则 $D(2X-3Y)$=(　　).

A. 8　　B. 18　　C. 28　　D. 38　　E. 48

7. 设随机变量 $X\sim U(-3,\ 3)$，则 $D(2X-3)$=(　　).

A. $\frac{4}{3}$　　B. $\frac{8}{3}$　　C. 4　　D. 12　　E. $\frac{20}{3}$

8. 设随机变量 X 服从区间(1，4)上的均匀分布，则 $E\left(\frac{1}{X^2}\right)$=(　　).

A. $\frac{1}{2}$　　B. $\frac{1}{3}$　　C. $\frac{1}{4}$　　D. 1　　E. $\frac{1}{5}$

9. 设随机变量 X 服从参数为 λ 的指数分布，则 $P\{X<E(X^2)\}$=(　　).

A. $1-e^{-\frac{2}{\lambda}}$　　B. $e^{-\frac{1}{\lambda}}-1$　　C. $e^{\frac{2}{\lambda}}-1$

D. $e^{\frac{1}{\lambda}}-1$　　E. $e^{\frac{2}{\lambda}}-e^{\frac{1}{\lambda}}$

10. 设 $f_1(x)$为标准正态分布的概率密度函数，$f_2(x)$为(−1，3)上均匀分布的概率密度函数，若 $f(x)=\begin{cases}af_1(x), & x\leqslant 0,\\ bf_2(x), & x>0\end{cases}$ $(a>b>0)$为某随机变量的概率密度，则 a，b 满足(　　).

A. $2a+3b=4$　　B. $3a+2b=4$　　C. $a+b=1$

D. $a+b=2$　　E. $a+b=-1$

答案详解

1. C

【解析】由正态分布的期望，可知 $E(X)=\mu=3$，因此

$$E(2X+3)=2E(X)+3=2\times 3+3=9.$$

2. A

【解析】已知随机变量 X 的概率密度 $f(x)=\begin{cases}\ln 2(e^{-x\ln 2}), & x\geqslant 0,\\ 0, & x<0,\end{cases}$ 故 $P\{X\geqslant 1\}=\int_1^{+\infty}\ln 2(e^{-x\ln 2})dx=\frac{1}{2}$，

设 Y 表示三次独立重复观测中事件$\{X\geqslant 1\}$出现的次数，从而可知 $Y\sim B\left(3,\ \frac{1}{2}\right)$，于是

$$P\{Y\leqslant 1\}=P\{Y=0\}+P\{Y=1\}=\frac{1}{8}+\frac{3}{8}=\frac{1}{2}.$$

3. E

【解析】根据正态分布的标准化，由 $p=P\{X\leqslant\mu+2\sigma\}=P\left\{\frac{X-\mu}{\sigma}\leqslant 2\right\}=\Phi(2)$，可知 p 与 μ，σ 无关.

4. C

【解析】由指数分布的期望知 $E(X)=\frac{1}{\lambda}=2$，因此

$$E(2X-1)=2E(X)-1=2\times2-1=3.$$

5. A

【解析】均匀分布的期望 $E(X)=\frac{a+b}{2}=\frac{1+5}{2}=3$，方差 $D(X)=\frac{(b-a)^2}{12}=\frac{(5-1)^2}{12}=\frac{4}{3}$，所以

$$\frac{E(X)}{D(X)}=\frac{3}{\frac{4}{3}}=\frac{9}{4}.$$

6. C

【解析】随机变量 $X\sim N(0,4)$，故 $D(X)=4$；$Y\sim U(0,4)$，故 $D(Y)=\frac{(4-0)^2}{12}=\frac{4}{3}$. 由方差的性质，可知 $D(2X-3Y)=4D(X)+9D(Y)=28$.

7. D

【解析】$X\sim U(-3,3)$，则 $D(X)=\frac{(b-a)^2}{12}=\frac{[3-(-3)]^2}{12}=3$，依据方差的性质可知

$$D(2X-3)=2^2D(X)=4\times3=12.$$

8. C

【解析】由 X 服从区间 $(1,4)$ 上的均匀分布，可知 X 的概率密度为

$$f(x)=\begin{cases}\frac{1}{4-1}, & 1<x<4,\\ 0, & 其他,\end{cases}$$

再根据连续型随机变量函数的数学期望的计算公式，可知 $E\left(\frac{1}{X^2}\right)=\int_1^4\frac{1}{x^2}\cdot\frac{1}{3}\mathrm{d}x=\frac{1}{4}$.

9. A

【解析】由 X 服从参数为 λ 的指数分布，可知 $E(X)=\frac{1}{\lambda}$，$D(X)=\frac{1}{\lambda^2}$，从而可得 $E(X^2)=D(X)+[E(X)]^2=\frac{2}{\lambda^2}$，所以可知

$$P\{X<E(X^2)\}=P\left\{X<\frac{2}{\lambda^2}\right\}=\int_0^{\frac{2}{\lambda^2}}\lambda\mathrm{e}^{-\lambda x}\mathrm{d}x=1-\mathrm{e}^{-\frac{2}{\lambda}}.$$

10. A

【解析】函数 $f(x)$ 为概率密度，故有 $\int_{-\infty}^{+\infty}f(x)\mathrm{d}x=1$，即 $\int_{-\infty}^{0}af_1(x)\mathrm{d}x+\int_0^{+\infty}bf_2(x)\mathrm{d}x=1$，根据正态分布曲线的对称性，可知 $\int_{-\infty}^{0}f_1(x)\mathrm{d}x=\frac{1}{2}$，则有 $\frac{1}{2}a+b\int_0^3 f_2(x)\mathrm{d}x=1\Rightarrow\frac{1}{2}a+\frac{3}{4}b=1$，故 $2a+3b=4$.

题型 66 随机变量的独立性问题

母题精讲

母题 66 设随机变量 X，Y 相互独立，试将其余数值填入表中空白处．

X \ Y	y_1	y_2	y_3	$p_{i\cdot}$
x_1		$\frac{1}{8}$		
x_2	$\frac{1}{8}$			
$p_{\cdot j}$	$\frac{1}{6}$			1

【解析】表格中的 $p_{\cdot j}=P\{Y=y_j\}$，$p_{i\cdot}=P\{X=x_i\}$，由于 X，Y 相互独立，则

$$p_{ij}=P\{X=x_i, Y=y_j\}=P\{X=x_i\}P\{Y=y_j\}.$$

由表中已知数据可知，$p_{12}=\frac{1}{8}$，$p_{21}=\frac{1}{8}$，$p_{21}+p_{11}=p_{11}+\frac{1}{8}=\frac{1}{6}\Rightarrow p_{11}=\frac{1}{24}$，由此可得

$$p_{11}=P\{X=x_1\}P\{Y=y_1\}=\frac{1}{6}P\{X=x_1\}=\frac{1}{24}\Rightarrow P\{X=x_1\}=\frac{1}{4};$$

$$p_{12}=P\{X=x_1\}P\{Y=y_2\}=\frac{1}{4}P\{Y=y_2\}=\frac{1}{8}\Rightarrow P\{Y=y_2\}=\frac{1}{2};$$

$$P\{X=x_2\}=1-P\{X=x_1\}=\frac{3}{4};$$

$$P\{Y=y_3\}=1-P\{Y=y_1\}-P\{Y=y_2\}=1-\frac{1}{6}-\frac{1}{2}=\frac{1}{3};$$

$$p_{13}=P\{X=x_1\}P\{Y=y_3\}=\frac{1}{4}\times\frac{1}{3}=\frac{1}{12};$$

$$p_{23}=P\{X=x_2\}P\{Y=y_3\}=\frac{3}{4}\times\frac{1}{3}=\frac{1}{4};$$

$$p_{22}=P\{X=x_2\}P\{Y=y_2\}=\frac{3}{4}\times\frac{1}{2}=\frac{3}{8}.$$

将上述结果填入表中，可得

X \ Y	y_1	y_2	y_3	$p_{i\cdot}$
x_1	$\frac{1}{24}$	$\frac{1}{8}$	$\frac{1}{12}$	$\frac{1}{4}$
x_2	$\frac{1}{8}$	$\frac{3}{8}$	$\frac{1}{4}$	$\frac{3}{4}$
$p_{\cdot j}$	$\frac{1}{6}$	$\frac{1}{2}$	$\frac{1}{3}$	1

母题技巧

1. 随机变量相互独立的充要条件.

(1)离散型随机变量 X, Y 相互独立$\Leftrightarrow P\{X\leqslant x_i, Y\leqslant y_j\}=P\{X\leqslant x_i\}P\{Y\leqslant y_j\}$, 对于任意的 i, $j=1, 2, \cdots$都成立.

(2)已知连续型随机变量 X 的概率密度函数为 $f_X(x)$, Y 的概率密度函数为 $f_Y(y)$, X, Y 相互独立$\Leftrightarrow f(x, y)=f_X(x)f_Y(y)$, 对于任意的 x, y 都成立.

2. 随机变量相互独立的性质.

(1)如果 $X\sim N(\mu_X, \sigma_X^2)$, $Y\sim N(\mu_Y, \sigma_Y^2)$, 且随机变量 X, Y 相互独立, 则

①它们的和也满足正态分布 $U=X+Y\sim N(\mu_X+\mu_Y, \sigma_X^2+\sigma_Y^2)$;

②它们的差也满足正态分布 $V=X-Y\sim N(\mu_X-\mu_Y, \sigma_X^2+\sigma_Y^2)$.

(2)随机变量 X, Y 相互独立, 则 $D(X\pm Y)=D(X)+D(Y)$.

母题精练

1. 设随机变量 X, Y 相互独立, X, Y 的分布律分别为

X	0	1	2	3
P	$\frac{1}{2}$	$\frac{1}{4}$	$\frac{1}{8}$	$\frac{1}{8}$

Y	-1	0	1
P	$\frac{1}{3}$	$\frac{1}{3}$	$\frac{1}{3}$

则 $P\{X+Y=2\}=$( ).

A. $\frac{1}{2}$ B. $\frac{1}{3}$ C. $\frac{1}{6}$ D. 1 E. $\frac{1}{5}$

2. 设随机变量 X 与 Y 相互独立, 且均服从区间(0, 3)上的均匀分布, 则 $P\{\max\{X, Y\}\leqslant 1\}=$( ).

A. $\frac{1}{2}$ B. $\frac{1}{3}$ C. $\frac{1}{6}$ D. $\frac{2}{3}$ E. $\frac{1}{9}$

3. 设 $X\sim N(-1, 2)$, $Y\sim N(1, 3)$, 且 X 与 Y 相互独立, 则 $X+2Y\sim$( ).

A. $N(1, 8)$ B. $N(1, 14)$ C. $N(1, 22)$

D. $N(1, 36)$ E. $N(1, 40)$

4. 设两个相互独立的随机变量 X 与 Y 分别服从正态分布 $N(0, 1)$和 $N(1, 1)$, 则( ).

A. $P\{X+Y\leqslant 0\}=\frac{1}{2}$ B. $P\{X+Y\leqslant 1\}=\frac{1}{2}$

C. $P\{X-Y\leqslant 0\}=\frac{1}{2}$ D. $P\{X-Y\leqslant 1\}=\frac{1}{2}$

E. 以上选项均不正确

答案详解

1. C

【解析】先将 $X+Y=2$ 的所有情况列出，再根据独立性，可得

$$\begin{aligned}P\{X+Y=2\}&=P\{X=1, Y=1\}+P\{X=2, Y=0\}+P\{X=3, Y=-1\}\\&=P\{X=1\}P\{Y=1\}+P\{X=2\}P\{Y=0\}+P\{X=3\}P\{Y=-1\}\\&=\frac{1}{4}\times\frac{1}{3}+\frac{1}{8}\times\frac{1}{3}+\frac{1}{8}\times\frac{1}{3}=\frac{1}{6}.\end{aligned}$$

2. E

【解析】方法一：X 与 Y 的概率密度均为 $f(x)=\begin{cases}\frac{1}{3}, & 0<x<3,\\ 1, & 其他,\end{cases}$ 则 $P\{X\leqslant 1\}=P\{Y\leqslant 1\}=\frac{1}{3}$. 由 X 与 Y 相互独立，可知

$$P\{\max\{X, Y\}\leqslant 1\}=P\{X\leqslant 1, Y\leqslant 1\}=P\{X\leqslant 1\}P\{Y\leqslant 1\}=\frac{1}{9}.$$

方法二：本题也可运用几何概率计算，如图 9-1 所示.

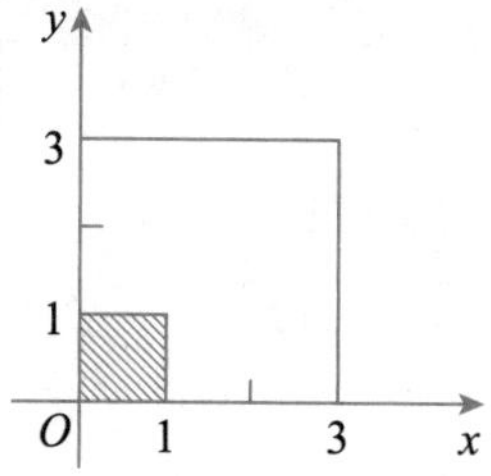

图 9-1

$$P\{\max\{X, Y\}\leqslant 1\}=P\{X\leqslant 1, Y\leqslant 1\}=\frac{S_{阴影}}{S_{正方形}}=\frac{1}{9}.$$

3. B

【解析】设 $X\sim N(\mu_1, \sigma_1{}^2)$，$Y\sim N(\mu_2, \sigma_2{}^2)$，且 X 与 Y 相互独立，则

$$aX+bY\sim N(a\mu_1+b\mu_2, a^2\sigma_1{}^2+b^2\sigma_2{}^2),$$

因此 $X+2Y\sim N(1, 14)$.

4. B

【解析】因为 $X+Y\sim N(1, 2)$，$X-Y\sim N(-1, 2)$，由正态分布的性质或几何意义可知 $P\{X+Y\leqslant\mu_1\}=\frac{1}{2}$，$\mu_1=1$，则 $P\{X+Y\leqslant 1\}=\frac{1}{2}$，故 A 项不正确，B 项正确；

同理，$P\{X-Y\leqslant -1\}=\frac{1}{2}$，故 C、D 项都不正确.

概率论 模考卷一

1. 甲、乙两人向同一目标射击，A 表示“甲命中目标”，B 表示“乙命中目标”，C 表示“命中目标”，则 $C=$(　　).

A. A　　B. B　　C. AB　　D. $A\cup B$　　E. $A\cup B-AB$

2. 掷一枚色子，观察出现的点数，A 表示“出现 3 点”，B 表示“出现偶数点”，则(　　).

A. $A\subset B$　　B. $A\subset\overline{B}$　　C. $\overline{A}\subset B$　　D. $\overline{A}\subset\overline{B}$　　E. $A=\overline{B}$

3. 设 A，B 为随机事件，且 $A\subset B$，则 $\overline{A\cup B}=$(　　).

A. $\overline{A}$　　B. A　　C. $A\overline{B}$　　D. $\overline{A}B$　　E. $\overline{B}$

4. 一口袋中有 3 个红球、2 个黑球，从中任取 2 个球，则这 2 个球恰为 1 红 1 黑的概率是(　　).

A. $\frac{3}{5}$　　B. $\frac{3}{4}$　　C. $\frac{3}{8}$　　D. $\frac{1}{2}$　　E. $\frac{2}{3}$

5. 设事件 A，B 互不相容，且 $P(A)=0.4$，$P(B)=0.2$，则 $P(A\cup B)=$(　　).

A. 0　　B. 0.2　　C. 0.4　　D. 0.6　　E. 0.8

6. 设盒中有 3 个白球、2 个黑球，现依次不放回地从中取两次，每次取 1 个球，则第二次取到的球是白球的概率为(　　).

A. $\frac{1}{2}$　　B. $\frac{2}{5}$　　C. $\frac{3}{5}$　　D. $\frac{1}{4}$　　E. $\frac{1}{5}$

7. 设 A，B 是随机事件，且 $P(\overline{A})=0.7$，$P(AB)=0.2$，则 $P(A-B)=$(　　).

A. 0.1　　B. 0.2　　C. 0.3　　D. 0.4　　E. 0.5

8. 设 A，B 为两个互不相容事件，则下列式子中错误的是(　　).

A. $P(AB)=0$　　B. $P(A\cup B)=P(A)+P(B)$　　C. $AB=\varnothing$

D. $P(B-A)=P(B)$　　E. $P(AB)=P(A)P(B)$

9. 设 A，B 为两个随机事件，且 $P(A)=\frac{1}{3}$，$P(B\mid A)=\frac{1}{2}$，$P(A\mid B)=\frac{1}{4}$，则 $P(B)=$(　　).

A. $\frac{2}{5}$　　B. $\frac{1}{2}$　　C. $\frac{2}{3}$　　D. $\frac{3}{4}$　　E. $\frac{3}{5}$

10. 设 A，B 为两个随机事件，且 $P(A)=P(B)=\frac{1}{3}$，$P(A\mid B)=\frac{1}{6}$，则 $P(\overline{A}\mid\overline{B})=$(　　).

A. $\frac{3}{5}$　　B. $\frac{1}{2}$　　C. $\frac{3}{10}$　　D. $\frac{7}{10}$　　E. $\frac{7}{12}$

11. 设事件 A，B 相互独立，且 $P(A)=0.3$，$P(B)=0.4$，则 $P(\overline{A\cup B})=$(　　).

A. 0.12　　B. 0.18　　C. 0.22　　D. 0.32　　E. 0.42

12. 某射手命中率为 0.7，他向目标独立射击 3 次，则至少命中一次的概率为(　　).

A. 0.983　　B. 0.993　　C. 0.963　　D. 0.973　　E. 0.953

13. 设随机变量 X 的分布律为

X	1	2	3	4	5
P	$2a$	0.1	0.3	a	0.3

则 $a=$(　　).

A. 0.1　　B. 0.2　　C. 0.15　　D. 0.25　　E. 0.3

14. 设随机变量 X 的分布律为

X	1	2	3
P	0.2	0.2	0.6

$F(x)$是 X 的分布函数，则 $F(2)=$(　　).

A. 0.2　　B. 0.4　　C. 0.5　　D. 0.6　　E. 0.8

15. 设随机变量 X 服从正态分布 $N(2,\sigma^2)$，$\sigma>0$，且二次方程 $y^2+(X-2)y+1=0$ 无实根的概率为 $2\Phi(2)-1$，则 $\sigma=$(　　).

A. 1　　B. 2　　C. 3　　D. 4　　E. 5

16. 设连续型随机变量 X 的概率密度为 $f(x)=\begin{cases}\frac{1}{4}, & -2\leqslant x\leqslant -1,\\ \frac{1}{4}, & 0\leqslant x\leqslant 1,\\ \frac{1}{2}, & 2\leqslant x\leqslant 3,\\ 0, & 其他,\end{cases}$ 则使得 $P\{X>k\}=\frac{1}{2}$ 的常数 k 的取值范围为(　　).

A. $(1,2)$　　B. $[1,2)$　　C. $(1,2]$　　D. $[1,2]$　　E. $\left[\frac{1}{2},1\right]$

17. 设随机变量 X 服从正态分布 $N(\mu,\sigma^2)$，其分布函数为 $F(x)$，则有(　　).

A. $F(\mu+x)+F(\mu-x)=1$　　B. $F(x+\mu)+F(x-\mu)=1$

C. $F(\mu+x)+F(\mu-x)=0$　　D. $F(x+\mu)+F(x-\mu)=0$

E. $F(\mu+x)-F(\mu-x)=1$

18. 设 $X\sim N(\mu,\sigma^2)$，则概率 $P\{X<\mu+\sigma^2\}=$(　　).

A. 随 μ 的增大而增大，随 σ 的增大而减小

B. 随 μ 的增大而减小，随 σ 的增大而增大

C. 随 μ 的增大而增大，与 σ 无关

D. 与 μ 无关，随 σ 的增大而增大

E. 与 μ 无关，与 σ 无关

19. 二维随机变量(X,Y)的联合分布律为

X \ Y	1	2
1	a	0.4
2	b	0.2

当随机变量 X，Y 相互独立时，a，b 的取值分别为(　　).

A. $a=\frac{1}{2}$，$b=0$　　B. $a=0$，$b=\frac{1}{2}$　　C. $a+b=\frac{1}{2}$

D. $a=\frac{4}{15}$，$b=\frac{2}{15}$　　E. $a-b=\frac{1}{2}$

20. 设随机变量 X 的密度函数为 $f(x)$，如果(　　)，则其数学期望 $E(X)=a$.

A. $\int_{-\infty}^{+\infty}xf(x-a)\mathrm{d}x=0$　　B. $\int_{-\infty}^{+\infty}xf(x+a)\mathrm{d}x=0$

C. $\int_{-\infty}^{a}f(x)\mathrm{d}x=\frac{1}{2}$　　D. $\int_{-\infty}^{a}xf(x)\mathrm{d}x=\frac{1}{2}$

E. $\int_{-\infty}^{+\infty}xf(x)\mathrm{d}x=\frac{1}{2}$

21. 设随机变量 X 的分布函数为 $F(x)=0.3\Phi(x)+0.7\Phi\left(\frac{x-1}{2}\right)$，其中 $\Phi(x)$为标准正态分布的分布函数，则 $E(X)=$(　　).

A. 0　　B. 0.3　　C. 0.7　　D. 1　　E. 0.5

22. 已知随机变量 X 服从参数为 2 的泊松分布，且随机变量 $Z=3X-2$，则 $E(Z)=$(　　).

A. 2　　B. 3　　C. 4　　D. 6　　E. 7

23. 设 X 表示“10 次独立重复射击中命中目标的次数”，每次射中的概率为 0.4，则 $E(X^2)=$(　　).

A. 4　　B. 2.4　　C. 6　　D. 16　　E. 18.4

24. 设随机变量 X 服从参数为 1 的泊松分布，则 $P\{X=E(X^2)\}=$(　　).

A. $\frac{1}{2}$　　B. $\frac{1}{2\mathrm{e}}$　　C. $\frac{\mathrm{e}}{2}$　　D. 2　　E. $\frac{2}{\mathrm{e}}$

25. 设离散型随机变量 X 的分布律为

X	0	1
P	0.4	0.6

则 $D(X)=$(　　).

A. 0.18　　B. 0.20　　C. 0.22　　D. 0.24　　E. 0.26

26. 设随机变量 X 服从参数为 1 的指数分布，则 $E(X+\mathrm{e}^{-2X})=$(　　).

A. $\frac{1}{3}$　　B. 1　　C. $\frac{4}{3}$　　D. $\frac{1}{4}$　　E. 2

27. 设随机变量 X 服从参数为 2 的指数分布，则 $E(\mathrm{e}^{X})=$(　　).

A. $\frac{1}{3}$　　B. 1　　C. $\frac{1}{2}$　　D. $\frac{1}{4}$　　E. 2

28. 设随机变量 X 服从参数为 $\lambda(\lambda>0)$的指数分布，则 $P\{X>\sqrt{D(X)}\}=$(　　).

A. $\frac{1}{\mathrm{e}}$　　B. 1　　C. $\frac{1}{2\mathrm{e}}$　　D. $\frac{1}{\lambda}$　　E. λ^2

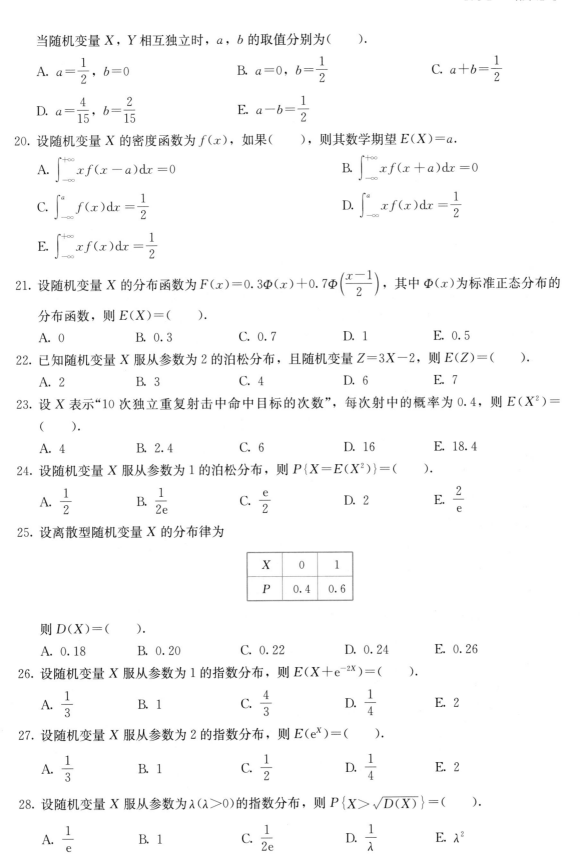

29. 设随机变量 X 和 Y 相互独立，且都服从正态分布 $N(0,1)$，则(　　).

A. $P\{X+Y\geqslant 0\}=\frac{1}{4}$　　B. $P\{\max\{X,Y\}\geqslant 0\}=\frac{1}{4}$

C. $P\{X-Y\geqslant 0\}=\frac{1}{4}$　　D. $P\{\min\{X,Y\}\geqslant 0\}=\frac{1}{4}$

E. 以上选项均不正确

30. 设随机变量 X 服从参数为 $\lambda(\lambda>0)$ 的指数分布，且 $2D(X)=E(X)+1$，则 $P\{X>2\}=$(　　).

A. e^{-2}　　B. $2e^{-2}$　　C. $1-e^{-2}$

D. $1+e^{-2}$　　E. $1-2e^{-2}$

31. 已知随机变量 X 的概率分布为 $P\{X=0\}=0.2$，$P\{X=2\}=0.4$，$P\{X=-2\}=0.4$，则期望 $E(X)=$(　　).

A. 1　　B. 1.5　　C. 0　　D. 0.5　　E. 2

32. 已知甲、乙两箱中装有同种产品，其中甲箱中装有 3 件合格品和 3 件次品，乙箱中仅有 3 件合格品，现从甲箱中任取 3 件产品放入乙箱后，则乙箱中次品件数 X 的数学期望为(　　).

A. 1.5　　B. 3　　C. 2　　D. 0.5　　E. 3.5

33. 设随机变量 X 的分布律为

X	-1	1
P	$\frac{1}{2}$	$\frac{1}{2}$

则 $D(X)=$(　　).

A. $\frac{1}{2}$　　B. 1　　C. $\frac{3}{2}$　　D. 2　　E. $\frac{5}{2}$

34. 设随机变量 X 的分布律为

X	0	1	2
P	a	0.5	b

则下列正确的是(　　).

A. $a=\frac{1}{2}$，$b=0$　　B. $a=0$，$b=\frac{1}{2}$　　C. $a+b=\frac{1}{2}$

D. $a+b=1$　　E. $a-b=\frac{1}{2}$

35. 已知 $E(X)=0$，$D(X)=3$，则 $E[3(X^2-3)]=$(　　).

A. 6　　B. 0　　C. 9　　D. 30　　E. 36

答案速查

1～5 DBEAD　6～10 CAECE　11～15 EDABA
16～20 DADDB　21～25 CCEBD　26～30 CEADA
31～35 CABCB

答案详解

1. D

【解析】命中目标有三种情况：甲命中目标乙不命中、乙命中目标甲不命中、甲乙两人均命中目标．用和事件定义“命中目标”就是“A，B 中至少有一个发生”，表示出来就是 $A\cup B$.

2. B

【解析】根据对立事件的定义及事件的关系进行判断：$\overline{B}=$｛出现奇数点｝，｛出现 3 点｝包含在｛出现奇数点｝这个集合内，故 $A\subset\overline{B}$.

3. E

【解析】根据随机事件的关系来判断，由 $A\subset B$ 可知，$A\cup B=B$，所以$\overline{A\cup B}=\overline{B}$.

4. A

【解析】利用古典概型的计算公式进行求解．

5 个球中任取 2 个球的取法总数为 $n=C_5^2=10$；恰为 1 红 1 黑的取法总数为 $m=C_3^1\cdot C_2^1=6$.

所以，利用古典概型计算公式得 $P=\frac{m}{n}=\frac{6}{10}=\frac{3}{5}$.

5. D

【解析】当 A，B 互不相容时，$AB=\varnothing$，则 $P(A\cup B)=P(A)+P(B)=0.4+0.2=0.6$.

6. C

【解析】根据抽签模型原理，依次不放回抽取目标事件的概率与抽取的次序无关．根据古典概型，所求概率为 $P=\frac{\text{白球个数}}{\text{总球个数}}=\frac{3}{5}$.

7. A

【解析】根据概率的性质来计算：

$$P(A-B)=P(A)-P(AB)=1-P(\overline{A})-P(AB)=1-0.7-0.2=0.1.$$

8. E

【解析】因为 A，B 互不相容，所以 $AB=\varnothing$，由此可得 $P(AB)=0$，$P(A\cup B)=P(A)+P(B)$，$P(B-A)=P(B)-P(AB)=P(B)$，故 A、B、C、D 项正确；

A，B 互不相容推不出 A，B 一定互相独立，故不一定有 $P(AB)=P(A)P(B)$，E 项错误．

9. C

【解析】由条件概率公式，可知

$$P(B\mid A)=\frac{P(AB)}{P(A)}=\frac{1}{2}\Rightarrow P(AB)=\frac{1}{6},\ P(A\mid B)=\frac{P(AB)}{P(B)}=\frac{1}{4}\Rightarrow P(B)=\frac{2}{3}.$$

10. E

【解析】根据条件概率公式和随机事件运算的德摩根律来计算．

由于$P(AB)=P(B)P(A\mid B)=\frac{1}{3}\times\frac{1}{6}=\frac{1}{18}$，$P(\overline{B})=1-P(B)=\frac{2}{3}$，又由德摩根律知$\overline{A\cup B}=\overline{A}\,\overline{B}$，

所以

$$P(\overline{A}\,\overline{B})=P(\overline{A\cup B})=1-P(A\cup B)=1-[P(A)+P(B)-P(AB)]=\frac{7}{18},$$

故$P(\overline{A}\mid\overline{B})=\frac{P(\overline{A}\,\overline{B})}{P(\overline{B})}=\frac{\frac{7}{18}}{\frac{2}{3}}=\frac{7}{12}$.

11. E

【解析】事件A，B相互独立，故$\overline{A}$，$\overline{B}$相互独立，由德摩根律，可知

$$P(\overline{A\cup B})=P(\overline{A}\,\overline{B})=P(\overline{A})P(\overline{B})=[1-P(A)][1-P(B)]=0.42.$$

12. D

【解析】由于每次射击是相互独立的，故射击3次，可以看作是3重伯努利试验．令$A=\{$至少命中一次$\}$，则其对立面$\overline{A}=\{$一次也没命中$\}$，因此

$$P(A)=1-P(\overline{A})=1-C_3^0(0.7)^0(1-0.7)^3=0.973.$$

13. A

【解析】根据离散型随机变量分布律的正则性，可知$\sum\limits_{k=1}^{\infty}p_k=1$，即

$$2a+0.1+0.3+a+0.3=1,$$

解得$a=0.1$.

14. B

【解析】由随机变量的分布函数与分布律之间的关系，可知

$$F(2)=P\{X\leqslant 2\}=P\{X=1\}+P\{X=2\}=0.2+0.2=0.4.$$

15. A

【解析】由方程$y^2+(X-2)y+1=0$无实根，可知$\Delta<0\Rightarrow(X-2)^2<4\Rightarrow-2<X-2<2$. 则

$$P\{-2<X-2<2\}=P\left\{\frac{-2}{\sigma}<\frac{X-2}{\sigma}<\frac{2}{\sigma}\right\}=2\Phi\left(\frac{2}{\sigma}\right)-1=2\Phi(2)-1,$$

故$\frac{2}{\sigma}=2\Rightarrow\sigma=1$.

16. D

【解析】密度函数在区间$[a, b]$上所围成的矩形的面积表示在该区间的概率．$P\{X>k\}=\frac{1}{2}$等价于$P\{X\leqslant k\}=\frac{1}{2}$.

如图1所示.

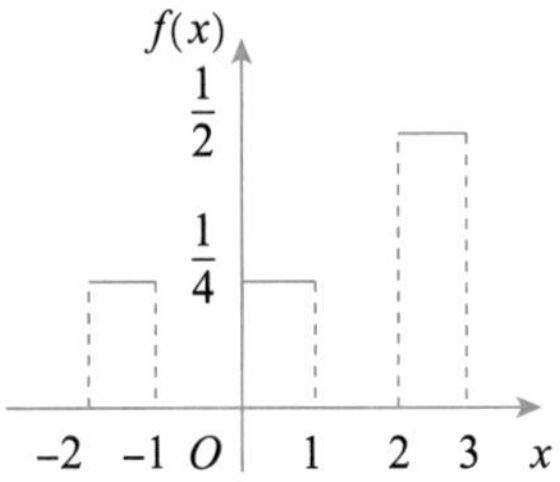

图 1

当$k<1$时，$P\{X\leqslant k\}<P\{-2\leqslant X\leqslant -1\}+P\{0\leqslant X\leqslant 1\}=\frac{1}{2}$；

当$k\geqslant 1$时，有

$$\begin{aligned}P\{X\leqslant k\}&=P\{-2\leqslant X\leqslant -1\}+P\{-1<X<0\}+P\{0\leqslant X\leqslant 1\}+P\{1<X<k\}\\&=\frac{1}{4}+0+\frac{1}{4}+P\{1<X<k\}=\frac{1}{2},\end{aligned}$$

即$P\{1<X<k\}=0$，观察图1可知，$k\leqslant 2$.

综上所述，当$k\in[1, 2]$时，$P\{X>k\}=1-P\{X\leqslant k\}=\frac{1}{2}$.

17. A

【解析】已知$X\sim N(\mu, \sigma^2)$，$F(x)$为其分布函数，根据密度函数的正则性，可知密度函数图像和x轴围成的图形的面积恒为1. 再结合正态分布的对称性，可知

$$F(\mu+x)+F(\mu-x)=1-F(\mu-x)+F(\mu-x)=1.$$

18. D

【解析】由题$X\sim N(\mu, \sigma^2)$，则标准化有$\frac{X-\mu}{\sigma}\sim N(0, 1)$，则

$$P\{X<\mu+\sigma^2\}=P\left\{\frac{X-\mu}{\sigma}<\sigma\right\}=\Phi(\sigma),$$

故概率与μ无关，标准正态分布的分布函数是单调递增的，所以$\Phi(\sigma)$随σ的增大而增大．

19. D

【解析】因为随机变量X，Y相互独立，所以可将X，Y看作两个一维的随机变量分开计算，需要考生灵活运用一维随机变量的正则性．

根据题干信息可知，$P\{Y=2\}=0.4+0.2=0.6$.

由X，Y相互独立，可得

$$P\{X=1, Y=2\}=P\{X=1\}P\{Y=2\}=(a+0.4)P\{Y=2\}=0.4,$$

$$P\{X=2, Y=2\}=P\{X=2\}P\{Y=2\}=(b+0.2)P\{Y=2\}=0.2,$$

解得$a=\frac{4}{15}$，$b=\frac{2}{15}$.

20. B

【解析】A项：令$t=x-a$，由概率密度的正则性，得$\int_{-\infty}^{+\infty}xf(x-a)\mathrm{d}x=\int_{-\infty}^{+\infty}(t+a)f(t)\mathrm{d}t=\int_{-\infty}^{+\infty}tf(t)\mathrm{d}t+a\int_{-\infty}^{+\infty}f(t)\mathrm{d}t=E(X)+a=0$，得$E(X)=-a$，排除；

B项：同理，令$t=x+a$，可得$\int_{-\infty}^{+\infty}xf(x+a)\mathrm{d}x=\int_{-\infty}^{+\infty}(t-a)f(t)\mathrm{d}t=\int_{-\infty}^{+\infty}tf(t)\mathrm{d}t-\int_{-\infty}^{+\infty}af(t)\mathrm{d}t=$

$E(X)-a=0$，则 $E(X)=a$ 成立，正确；

C项：举反例，例如本套模拟题第16题，令 $a=1$，此时 $E(X)=\int_{-\infty}^{1}f(x)\mathrm{d}x=\frac{1}{2}\neq 1$，排除；

D项：$E(X)=\int_{-\infty}^{+\infty}xf(x)\mathrm{d}x=\int_{-\infty}^{a}xf(x)\mathrm{d}x+\int_{a}^{+\infty}xf(x)\mathrm{d}x$，$\int_{a}^{+\infty}xf(x)\mathrm{d}x$ 的值未知，求不出 $E(X)$ 的值，排除；

E项：$E(X)=\int_{-\infty}^{+\infty}xf(x)\mathrm{d}x=\frac{1}{2}$，但 a 不确定是否等于 $\frac{1}{2}$，排除.

21. C

【解析】对分布函数求导可得随机变量 X 的密度函数，即

$$f(x)=F'(x)=0.3\varphi(x)+\frac{0.7}{2}\varphi\left(\frac{x-1}{2}\right),$$

其中 $\varphi(x)$ 为标准正态分布的概率密度，则

$$\begin{aligned}E(X)&=\int_{-\infty}^{+\infty}xf(x)\mathrm{d}x=\int_{-\infty}^{+\infty}0.3x\varphi(x)\mathrm{d}x+\int_{-\infty}^{+\infty}\frac{0.7}{2}x\varphi\left(\frac{x-1}{2}\right)\mathrm{d}x\\&=0+0.35\int_{-\infty}^{+\infty}(4t+2)\varphi(t)\mathrm{d}t=0.35\times 2\int_{-\infty}^{+\infty}\varphi(t)\mathrm{d}t\\&=0.7.\end{aligned}$$

【注意】$\int_{-\infty}^{+\infty}x\varphi(x)\mathrm{d}x=0$ 是标准正态分布的期望，也可通过对称区间上积分函数的结论得到.

22. C

【解析】由题可知，X 服从参数为2的泊松分布，故 $E(X)=2$，由期望的性质，可知

$$E(Z)=E(3X-2)=3E(X)-2=4.$$

23. E

【解析】由题可知，X 服从二项分布，则有 $E(X)=10\times 0.4=4$，$D(X)=10\times 0.4\times 0.6=2.4$. 所以

$$E(X^2)=D(X)+[E(X)]^2=18.4.$$

24. B

【解析】随机变量 X 服从参数为1的泊松分布，故

$$E(X)=1,\ D(X)=1,\ E(X^2)=D(X)+[E(X)]^2=2,\ P\{X=k\}=\frac{1^k}{k!}\mathrm{e}^{-1},$$

则 $P\{X=E(X^2)\}=P\{X=2\}=\frac{1}{2\mathrm{e}}$.

25. D

【解析】根据离散型随机变量的期望公式，可得

$$E(X)=0\times 0.4+1\times 0.6=0.6,\ E(X^2)=0^2\times 0.4+1^2\times 0.6=0.6,$$

所以 $D(X)=E(X^2)-[E(X)]^2=0.6-0.6^2=0.24$.

26. C

【解析】由题知随机变量 X 的密度函数为 $f(x)=\begin{cases}\mathrm{e}^{-x}, & x\geqslant 0,\\ 0, & x<0,\end{cases}$ 且 $E(X)=1$，则

$$E(X+e^{-2X})=E(X)+E(e^{-2X}),$$

而 $E(e^{-2X})=\int_{-\infty}^{+\infty}e^{-2x}f(x)dx=\frac{1}{3}$，故 $E(X+e^{-2X})=\frac{4}{3}$.

27. E

【解析】由题知随机变量 X 的密度函数为 $f(x)=\begin{cases}2e^{-2x}, & x\geqslant 0,\\ 0, & x<0,\end{cases}$ 则

$$E(e^X)=\int_{-\infty}^{+\infty}e^x f(x)dx=\int_0^{+\infty}e^x\cdot 2e^{-2x}dx=2\int_0^{+\infty}e^{-x}dx=2.$$

28. A

【解析】X 服从参数为 λ 的指数分布，则 $D(X)=\frac{1}{\lambda^2}$，且 X 的分布函数为

$$F(x)=\int_{-\infty}^{+\infty}f(x)dx=\begin{cases}\int_0^x \lambda e^{-\lambda t}dt=1-e^{-\lambda x}, & x\geqslant 0,\\ 0 & x<0,\end{cases}$$

于是 $P\{X>\sqrt{D(X)}\}=P\left\{X>\frac{1}{\lambda}\right\}=1-P\left\{X\leqslant\frac{1}{\lambda}\right\}=1-F\left(\frac{1}{\lambda}\right)=\frac{1}{e}$.

29. D

【解析】由题可知，$X+Y\sim N(0,2)$，$X-Y\sim N(0,2)$，因此 $X+Y$ 和 $X-Y$ 同分布，若 A 项成立，C 项也成立，故 A、C 项都不正确，应为 $P\{X+Y\geqslant 0\}=P\{X-Y\geqslant 0\}=\frac{1}{2}$.

$$\begin{aligned}P\{\max\{X,Y\}\geqslant 0\}&=1-P\{\max\{X,Y\}<0\}=1-P\{X<0,Y<0\}\\&=1-P\{X<0\}P\{Y<0\}=1-\frac{1}{2}\times\frac{1}{2}=\frac{3}{4}\neq\frac{1}{4};\end{aligned}$$

$P\{\min\{X,Y\}\geqslant 0\}=P\{X\geqslant 0,Y\geqslant 0\}=P\{X\geqslant 0\}P\{Y\geqslant 0\}=\frac{1}{2}\times\frac{1}{2}=\frac{1}{4}$.

故 D 项正确.

30. A

【解析】由 X 服从参数为 λ 的指数分布，可得 $D(X)=\frac{1}{\lambda^2}$，$E(X)=\frac{1}{\lambda}$，由题意可得 $\lambda^2+\lambda-2=0$，$\lambda>0$，解得 $\lambda=1$，从而 $P\{X>2\}=\int_2^{+\infty}e^{-x}dx=e^{-2}$.

31. C

【解析】由离散型随机变量的期望公式，可得 $E(X)=0.2\times 0+0.4\times 2+0.4\times(-2)=0$.

32. A

【解析】方法一：X 的可能取值为 0，1，2，3，X 的分布律为 $P\{X=k\}=\frac{C_3^k C_3^{3-k}}{C_6^3}$，$k=0,1,2,3$，即

X	0	1	2	3
P	$\frac{1}{20}$	$\frac{9}{20}$	$\frac{9}{20}$	$\frac{1}{20}$

因此 $E(X)=\sum_{k=1}^{3}x_kp_k=0\times\frac{1}{20}+1\times\frac{9}{20}+2\times\frac{9}{20}+3\times\frac{1}{20}=\frac{3}{2}=1.5.$

方法二：设 $X_i=\begin{cases}0,\text{从甲箱中取出的第 } i \text{ 件产品是合格品},\\1,\text{从甲箱中取出的第 } i \text{ 件产品是次品},\end{cases}$ $i=1,2,3$，则 X_i 的概率分布为

X_i	0	1
P	$\frac{1}{2}$	$\frac{1}{2}$

可求出 X_i 的数学期望 $E(X_i)=\frac{1}{2}(i=1,2,3)$，因为 $X=X_1+X_2+X_3$，所以

$$E(X)=E(X_1+X_2+X_3)=E(X_1)+E(X_2)+E(X_3)=\frac{3}{2}=1.5.$$

33. B

【解析】$E(X^2)=(-1)^2\times\frac{1}{2}+1\times\frac{1}{2}=1$，$E(X)=-1\times\frac{1}{2}+1\times\frac{1}{2}=0$，根据方差公式，可得

$$D(X)=E(X^2)-[E(X)]^2=1-0=1.$$

34. C

【解析】根据随机变量分布律的正则性，可知 $a+b+0.5=1\Rightarrow a+b=\frac{1}{2}$，但是并不能确定 a，b 的具体值，故本题选 C 项.

35. B

【解析】根据随机变量期望、方差的性质及计算公式，可知

$$D(X)=E(X^2)-[E(X)]^2\Rightarrow E(X^2)=3;$$

$$E[3(X^2-3)]=E(3X^2-9)=3E(X^2)-9=0.$$

概率论 模考卷二

1. 设当事件 A 与 B 同时发生时，事件 C 必发生，则（　　）.

A. $P(C)\leqslant P(A)+P(B)-1$　　B. $P(C)\geqslant P(A)+P(B)-1$　　C. $P(C)=P(A)P(B)$

D. $P(C)=P(A\cup B)$　　E. $P(AB)\geqslant P(C)$

2. 从 0～9 这十个数字中任意选出三个不同的数字，则三个数字中不含 0 或 5 的概率为（　　）.

A. $\frac{7}{15}$　　B. $\frac{13}{30}$　　C. $\frac{11}{30}$　　D. $\frac{2}{9}$　　E. $\frac{14}{15}$

3. 设随机事件 A、B、C 两两独立，且 $ABC=\varnothing$，$P(A)=P(B)=P(C)$，$P(A+B+C)=\frac{3}{4}$，则 $P(A)=$（　　）.

A. $\frac{1}{2}$　　B. $\frac{1}{3}$　　C. $\frac{2}{3}$　　D. $\frac{1}{4}$　　E. $\frac{3}{4}$

4. 设随机事件 A，B，满足 $P(A)=\frac{1}{2}$，$P(B)=\frac{1}{2}$，$P(A\cup B)=1$，则有（　　）.

A. $A\cup B=\Omega$　　B. $AB=\varnothing$　　C. $P(A-B)=P(B)$

D. $P(\overline{A}\cup\overline{B})=1$　　E. $P(A-B)=0$

5. 将一枚均匀硬币独立掷两次，记事件 A 表示“至少有一次正面”，事件 B 表示“第二次为正面”，事件 C 表示“第一次为反面”，则（　　）.

A. A，B，C 两两独立　　B. B 与 AC 独立　　C. A 与 BC 独立

D. C 与 AB 独立　　E. A，B，C 相互独立

6. 设 A，B，C 为三个随机事件，$P(A)=P(B)=P(C)=\frac{1}{3}$，$P(AC)=P(BC)=\frac{1}{6}$，$P(AB)=0$，则 A，B，C 均不发生的概率为（　　）.

A. $\frac{1}{5}$　　B. $\frac{1}{4}$　　C. $\frac{1}{3}$　　D. $\frac{1}{2}$　　E. 0

7. 从(0，1)中随机抽取两个数 b 和 c，则方程 $x^2+bx+c=0$ 有实根的概率为（　　）.

A. $\frac{1}{12}$　　B. $\frac{1}{8}$　　C. $\frac{1}{9}$　　D. $\frac{1}{10}$　　E. $\frac{1}{11}$

8. 设两个相互独立的事件 A，B 都发生的概率为 $\frac{1}{4}$，A 发生 B 不发生的概率与 B 发生 A 不发生的概率相等，则 $P(A)=$（　　）.

A. $\frac{1}{5}$　　B. $\frac{1}{4}$　　C. $\frac{1}{3}$　　D. $\frac{1}{2}$　　E. 0

9. 设 A，B 是两个随机事件，若 $P(A)=\frac{1}{2}$，$P(B\mid A)=\frac{1}{3}$，则 $P(AB)=$（　　）.

A. $\frac{1}{3}$　　B. $\frac{1}{4}$　　C. $\frac{1}{6}$　　D. $\frac{3}{5}$　　E. $\frac{3}{8}$

10. 设 A，B 是两个随机事件，若 $P(A)=0.8$，$P(A-B)=0.5$，则 $P(B\mid A)=($　　$)$.

A. $\frac{1}{4}$　　B. $\frac{3}{4}$　　C. $\frac{1}{5}$　　D. $\frac{3}{5}$　　E. $\frac{3}{8}$

11. 设随机事件 A，B 相互独立，且 $P(A\mid B)=0.2$，则 $P(\overline{A})=($　　$)$.

A. 0.8　　B. 0.6　　C. 0.5　　D. 0.4　　E. 0.3

12. 设随机事件 A，B 相互独立，$P(A)=0.3$，$P(B)=0.4$，则 $P(A-B)=($　　$)$.

A. 0.28　　B. 0.18　　C. 0.26　　D. 0.16　　E. 0.15

13. 某射手射击目标的命中率为0.6，且每次射击是独立事件，则在4次射击中有且仅有3次命中的概率是(　　).

A. 0.325 6　　B. 0.335 6　　C. 0.345 6　　D. 0.355 6　　E. 0.365 6

14. 设随机变量 X 的分布律为 $P\{X=k\}=\frac{k}{a}(k=1,2,3)$，则 $a=($　　$)$.

A. 2　　B. 4　　C. 5　　D. 6　　E. 3

15. 设 A 和 B 是任意两个概率不等于零的互斥事件，则下列结论中正确的是(　　).

A. $\overline{A}$ 与 $\overline{B}$ 互不相容

B. $\overline{A}$ 与 $\overline{B}$ 相容

C. $P(AB)=P(A)P(B)$

D. $P(A-B)=P(A)$

E. $P(A+B)=P(A)$

16. 设随机变量 X 的分布函数 $F(x)=\begin{cases}0, & x<0,\\ \frac{1}{3}, & 0\leqslant x<2,\\ 1-e^{-x}, & x\geqslant 2,\end{cases}$ 则 $P\{X=2\}=($　　$)$.

A. 0　　B. $\frac{1}{2}$　　C. $\frac{2}{3}-e^{-2}$　　D. $1-e^{-2}$　　E. $\frac{1}{3}+e^{-2}$

17. 设随机变量 X 的分布律为

X	-2	-1	0	1
P	0.3	0.2	0.4	0.1

则 $P\{-2<X<1\}=($　　$)$.

A. 0.6　　B. 0.7　　C. 0.5　　D. 0.8　　E. 0.9

18. 一盒子中装有编号为1，2，3，4，5的五个球，现从中任取三个球，则抽出的三个球的中间号码 X 的概率分布为(　　).

A.

X	2	3	4
P	0.3	0.4	0.3

B.

X	2	3	4
P	0.2	0.4	0.4

C.

X	2	3	4
P	0.3	0.3	0.4

D.

X	2	3	4
P	0.4	0.3	0.3

E.

X	2	3	4
P	0.5	0.2	0.3

19. 设连续型随机变量 X 的分布函数为 $F(x)=\begin{cases}0, & x<0, \\ x^2, & 0\leqslant x<1, \\ 1, & x\geqslant 1,\end{cases}$ 则 $P\left\{\frac{1}{5}<X<\frac{1}{3}\right\}=(\quad)$.

A. $\frac{1}{9}$ B. $\frac{1}{25}$ C. $\frac{2}{15}$ D. $\frac{16}{225}$ E. $\frac{34}{225}$

20. 设随机变量 X 的分布函数为 $F(x)=\begin{cases}0, & x<0, \\ \sin x, & 0\leqslant x<\frac{\pi}{2}, \\ 1, & x\geqslant\frac{\pi}{2},\end{cases}$ 则 $P\left\{|x|<\frac{\pi}{6}\right\}=(\quad)$.

A. $\frac{1}{3}$ B. $\frac{1}{2}$ C. $\frac{2}{3}$ D. $\frac{3}{4}$ E. 1

21. 已知随机变量 X 的概率分布为 $P\{X=1\}=0.2$，$P\{X=2\}=0.3$，$P\{X=3\}=0.5$，则 $E(X^2)=$ (　　).

A. 1.5 B. 3 C. 5.9 D. 0.5 E. 2.3

22. 下列可以作为分布函数的是(　　).

A. $F(x)=\begin{cases}0, & x<0, \\ 4e^{4x}, & x\geqslant 0\end{cases}$

B. $F(x)=\begin{cases}0, & x<0, \\ \frac{1}{3}, & 0\leqslant x\leqslant 1, \\ 1, & x>1\end{cases}$

C. $F(x)=\begin{cases}0, & x<0, \\ \frac{1-x}{2}, & 0\leqslant x<1, \\ 1, & x\geqslant 1\end{cases}$

D. $F(x)=\begin{cases}0, & x<0, \\ \sin x, & 0\leqslant x\leqslant\frac{\pi}{2}, \\ 1, & x>\frac{\pi}{2}\end{cases}$

E. $F(x)=\begin{cases}0, & x<0, \\ \cos x, & 0\leqslant x\leqslant\frac{\pi}{2}, \\ 1, & x>\frac{\pi}{2}\end{cases}$

23. 设随机变量 X 的分布函数为 $F(x)=\begin{cases}0, & x\leqslant 1, \\ a-\frac{b}{x}, & x>1,\end{cases}$ 其中 a，b 为常数，则 $P\{|X-1|<2\}=$ (　　).

A. $\frac{3}{4}$ B. $\frac{2}{3}$ C. $\frac{1}{2}$ D. $\frac{4}{5}$ E. $\frac{a}{b}$

24. 甲随机掷一枚骰子，直到他掷出 1 点才停止，现用 X 表示他总共的投掷次数，则 $P\{X=6\}=$ (　　).

A. $\frac{5^5}{6^5}$ B. $\frac{5^5}{6^6}$ C. $\frac{5^6}{6^6}$ D. $\frac{5}{6^6}$ E. $\frac{1}{6^6}$

25. 已知连续型随机变量 X 的分布函数是 $F(x)=\begin{cases}0, & x<0,\\ x^2, & 0\leqslant x<1,\\ 1, & x\geqslant 1,\end{cases}$ 则其密度函数为(　　).

A. $f(x)=\begin{cases}2x, & 0\leqslant x<1,\\ 0, & \text{其他}\end{cases}$

B. $f(x)=\begin{cases}2x, & 0\leqslant x<1,\\ 1, & \text{其他}\end{cases}$

C. $f(x)=\begin{cases}x, & 0\leqslant x<1,\\ 1, & \text{其他}\end{cases}$

D. $f(x)=\begin{cases}x, & 0\leqslant x<1,\\ 2, & \text{其他}\end{cases}$

E. $f(x)=2x$，$0\leqslant x<1$

26. 设随机变量 X 服从参数为3的泊松分布，且 $Z=2X-1$，则随机变量 Z 的期望和方差分别是(　　).

A. $E(Z)=6$，$D(Z)=9$

B. $E(Z)=3$，$D(Z)=3$

C. $E(Z)=5$，$D(Z)=11$

D. $E(Z)=5$，$D(Z)=5$

E. $E(Z)=5$，$D(Z)=12$

27. 设连续型随机变量 X 的概率密度为 $f(x)=\begin{cases}2\sin 2x, & 0\leqslant x\leqslant \dfrac{\pi}{4},\\ 0, & \text{其他},\end{cases}$ 对 X 进行4次独立重复观测，用 Y 表示观测值大于 $\dfrac{\pi}{6}$ 的次数，则 $E(Y^2)=$(　　).

A. 1　　B. 2　　C. 3　　D. 4　　E. 5

28. 随机变量 X 服从正态分布 $N(1, \sigma^2)$，且 $P\{-1<X<3\}=0.6$，则 $P\{X>3\}=$(　　).

A. 0.2　　B. 0.3　　C. 0.4　　D. 0.6　　E. 0.8

29. 设随机变量 X 的概率密度为 $f(x)=\begin{cases}\dfrac{A}{1+x^2}, & x>0,\\ 0, & x\leqslant 0,\end{cases}$ 则 X 落在(0，1)区间的概率为(　　).

A. $\dfrac{1}{5}$　　B. $\dfrac{2}{5}$　　C. $\dfrac{3}{5}$　　D. $\dfrac{1}{2}$　　E. $\dfrac{3}{4}$

30. 某人定点投篮，若投中两次就结束投掷，每次命中的概率为 p，则需要投5次的概率为(　　).

A. $p^2(1-p)^3$

B. $10p^2(1-p)^3$

C. $10p^3(1-p)^2$

D. $4p^2(1-p)^3$

E. $4p^3(1-p)^2$

31. 设随机变量 X，Y 相互独立，且 $X\sim B(16, 0.5)$，$Y\sim P(9)$，则 $D(X-2Y+1)=$(　　).

A. 40　　B. 13　　C. -14　　D. 41　　E. 21

32. 设随机变量 X 的概率分布为

X	-3	0	5	10
P	$\dfrac{1}{3}$	$\dfrac{1}{6}$	$\dfrac{1}{5}$	$\dfrac{3}{10}$

则 $E(X)=($　　$)$.

A. 5　　B. 4　　C. 3　　D. 2　　E. 1

33. 已知随机变量 X 的密度函数为 $f(x)=\begin{cases}\frac{1}{4}, & 0<x<4,\\ 0, & 其他,\end{cases}$ 则 $D(X)=($　　$)$.

A. 2　　B. $\frac{5}{3}$　　C. $\frac{4}{3}$　　D. $\frac{7}{3}$　　E. $\frac{8}{3}$

34. 设随机变量 $X\sim U(2,6)$，则概率 $P\{1<X<5\}=($　　$)$.

A. $\frac{1}{3}$　　B. $\frac{3}{4}$　　C. $\frac{2}{3}$　　D. $\frac{4}{5}$　　E. $\frac{5}{6}$

35. 设随机变量 X 的概率密度为 $f(x)=\begin{cases}e^{-x}, & x\geqslant 0,\\ 0, & 其他,\end{cases}$ 则 $D(X^2)=($　　$)$.

A. 1　　B. 2　　C. 4　　D. 20　　E. 24

答案速查

1～5 BEADD	6～10 CADCE	11～15 ABCDD
16～20 CAADB	21～25 CDBBA	26～30 EEADD
31～35 ACCBD		

答案详解

1. B

【解析】由"当 A，B 同时发生时，C 必发生"可知 $AB \subset C$，所以 $P(AB) \leqslant P(C)$，E项不正确；由加法公式变形可知，$P(AB)=P(A)+P(B)-P(A \cup B)$，$P(A \cup B) \leqslant 1$，则有 $P(C) \geqslant P(AB) \geqslant P(A)+P(B)-1$，故A项错误，B项正确.

2. E

【解析】基本事件总数为 C_{10}^{3}，记 A_1 为"三个数字中不含0"，A_2 为"三个数字中不含5"，则"三个数字中不含0或5"的基本事件数为 $A=A_1 \cup A_2=A_1+A_2-A_1A_2=2C_9^3-C_8^3$，由古典概型可知，$P(A)=\frac{2C_9^3-C_8^3}{C_{10}^3}=\frac{14}{15}$.

3. A

【解析】根据事件的独立性和加法公式，可得

$$P(A+B+C)=P(A)+P(B)+P(C)-P(AB)-P(AC)-P(BC)+P(ABC)$$
$$=3P(A)-3[P(A)]^2=\frac{3}{4}.$$

解得 $P(A)=\frac{1}{2}$.

4. D

【解析】由于 $P(A \cup B)=1$，可知 $P(A \cup B)=P(A)+P(B)-P(AB)=1 \Rightarrow P(AB)=0$，由 $P(A \cup B)=1$，$P(AB)=0$ 不能得到 $A \cup B=\Omega$ 和 $AB=\varnothing$，故A、B项不正确；
由于 $P(AB)=0$，则 $P(A-B)=P(A)-P(AB)=P(A)$，故C、E项不正确；
由德摩根律可知 $P(\overline{A} \cup \overline{B})=P(\overline{AB})=1-P(AB)=1$，故D项正确.

【注意】概率为1的事件不一定是必然事件，概率为0的事件不一定是不可能事件．用几何概型举例：单个点的面积为0，所以一张白纸上有一黑点，抛掷一枚硬币，落在黑点上的概率为0，但该事件不是不可能事件；不落在黑点上的概率为1，但该事件不是必然事件.

5. D

【解析】由于 $A=\{$正正，正反，反正$\}$，$B=\{$正正，反正$\}$，$C=\{$反反，反正$\}$，从而可得 $P(A)=\frac{3}{4}$，$P(B)=\frac{1}{2}$，$P(C)=\frac{1}{2}$，$P(AB)=\frac{1}{2}$，$P(BC)=\frac{1}{4}$，$P(AC)=\frac{1}{4}$，$P(ABC)=\frac{1}{4}$，

综上可知 $P(ABC)=P(C)P(AB)=\frac{1}{4}$，从而可知 C 与 AB 独立．

6. C

【解析】由 $P(AB)=0$，可得 $P(ABC)=0$，根据随机事件的运算法则，可知

$$\begin{aligned}P(\overline{ABC})&=1-P(A+B+C)\\&=1-P(A)-P(B)-P(C)+P(AB)+P(AC)+P(BC)-P(ABC)\\&=1-\frac{1}{3}\times3+0+\frac{1}{6}+\frac{1}{6}-0=\frac{1}{3}.\end{aligned}$$

7. A

【解析】由题意可知(b,c)样本空间为$(0,1)\times(0,1)$，由此可知此概率为几何概型．

根据题意画图，如图 1 所示，可知满足方程有实根的区域为图中阴影部分，样本空间的区域为正方形的区域，由几何概型公式，可知有实根的概率为

$$P\{b^2-4c\geqslant0\}=\frac{S_{阴影}}{S_{正方形}}=\frac{\int_0^1\frac{1}{4}b^2\,\mathrm{d}b}{1}=\frac{1}{12}.$$

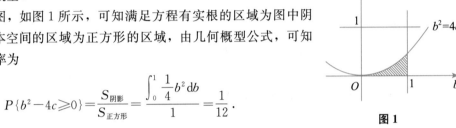

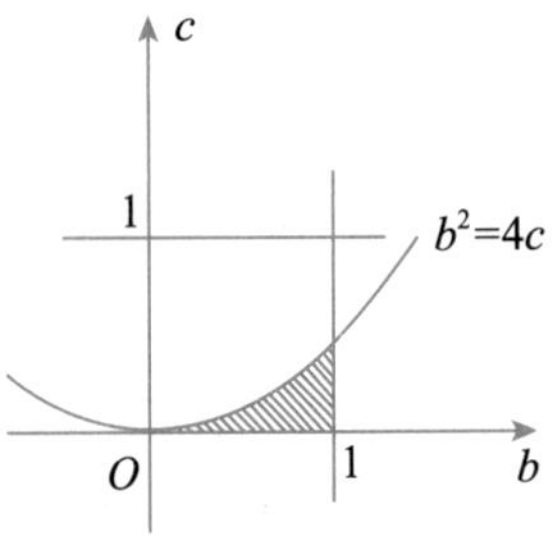

图 1

8. D

【解析】由题意可知 $P(AB)=\frac{1}{4}$，$P(A\overline{B})=P(B\overline{A})$；由 A，B 相互独立，可得 $P(A\overline{B})=P(A)\cdot P(\overline{B})$，$P(B\overline{A})=P(B)\cdot P(\overline{A})$，整理得 $P(B)=P(A)$；

又由于 $P(AB)=P(A)\cdot P(B)=\frac{1}{4}$，从而可知 $P(A)=\frac{1}{2}$.

9. C

【解析】根据条件概率公式来计算，$P(AB)=P(A)P(B\mid A)=\frac{1}{2}\times\frac{1}{3}=\frac{1}{6}$.

10. E

【解析】根据概率的减法公式，可知 $P(A-B)=P(A)-P(AB)$，解得 $P(AB)=0.3$；由条件概率公式，可得 $P(B\mid A)=\frac{P(AB)}{P(A)}=\frac{0.3}{0.8}=\frac{3}{8}$.

11. A

【解析】由事件的独立性，可知 $P(A\mid B)=P(A)=0.2$，从而 $P(\overline{A})=1-P(A)=0.8$.

12. B

【解析】由减法公式及事件的独立性，可得

$$P(A-B)=P(A)-P(AB)=P(A)-P(A)P(B)=0.3-0.3\times0.4=0.18.$$

13. C

【解析】显然，4 次射击为 4 重伯努利试验，令 $A=\{$有且仅有 3 次命中$\}$，故

$$P(A)=C_4^3(0.6)^3(1-0.6)^{4-3}=0.3456.$$

14. D

【解析】根据离散型随机变量分布律的正则性，可知 $\sum_{k=1}^{\infty}p_k=1$，即$\frac{1}{a}+\frac{2}{a}+\frac{3}{a}=1$，解得$a=6$.

15. D

【解析】已知 $AB=\varnothing$，则 $P(AB)=0$，由减法公式可得，$P(A-B)=P(A)-P(AB)=P(A)$，故D项正确；

A项：若 $AB=\varnothing$，$A\cup B\neq\Omega$，如图2所示，则A项不正确；

B项：若 $AB=\varnothing$，$A\cup B=\Omega$，如图3所示，则B项不正确；

C项：$P(AB)=P(A)\cdot P(B)$ 表示事件 A 和 B 独立，当 $P(A)>0$，$P(B)>0$ 时，A，B 互斥则不独立，C项不正确；

E项：$P(AB)=0$，则 $P(A+B)=P(A)+P(B)-P(AB)=P(A)+P(B)$，则E项不正确.

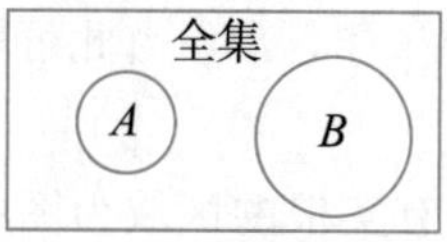

图2

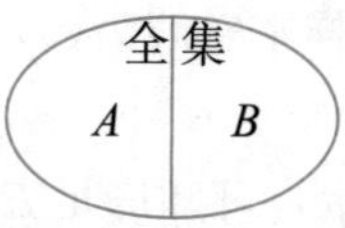

图3

16. C

【解析】由分布函数的定义 $F(x)=P\{X\leqslant x\}$，可知

$$P\{X=2\}=F(2)-F(2-0)=1-\mathrm{e}^{-2}-\frac{1}{3}=\frac{2}{3}-\mathrm{e}^{-2}.$$

17. A

【解析】根据题意有 $P\{-2<X<1\}=P\{X=-1\}+P\{X=0\}=0.2+0.4=0.6$.

18. A

【解析】由题意知，X 的可能取值为2，3，4. 当 $X=k(k=2,3,4)$ 时，另两个球中的一个在小于 k 的 $k-1$ 个球中选取，一个在大于 k 的 $5-k$ 个球中选取，所以 $P\{X=k\}=\frac{\mathrm{C}_{k-1}^{1}\mathrm{C}_{5-k}^{1}}{\mathrm{C}_{5}^{3}}$，

即 X 的分布律为

X	2	3	4
P	0.3	0.4	0.3

.

19. D

【解析】已知分布函数求概率，$P\left\{\frac{1}{5}<X<\frac{1}{3}\right\}=F\left(\frac{1}{3}-0\right)-F\left(\frac{1}{5}\right)$，因为 $F(x)$ 在 $x=\frac{1}{3}$ 处连续，故 $F\left(\frac{1}{3}-0\right)=F\left(\frac{1}{3}\right)$，因此 $P\left\{\frac{1}{5}<X<\frac{1}{3}\right\}=F\left(\frac{1}{3}\right)-F\left(\frac{1}{5}\right)=\frac{1}{9}-\frac{1}{25}=\frac{16}{225}$.

20. B

【解析】利用分布函数求概率，可得

$$P\left\{|x|<\frac{\pi}{6}\right\}=P\left\{-\frac{\pi}{6}<x<\frac{\pi}{6}\right\}=F\left(\frac{\pi}{6}-0\right)-F\left(-\frac{\pi}{6}\right),$$

因为 $F(x)$ 在 $x=\frac{\pi}{6}$ 处连续，故 $F\left(\frac{\pi}{6}-0\right)=F\left(\frac{\pi}{6}\right)=\frac{1}{2}$，而 $F\left(-\frac{\pi}{6}\right)=0$，则 $P\left\{|x|<\frac{\pi}{6}\right\}=\frac{1}{2}$.

21. C

【解析】根据随机变量函数的期望的计算公式，可得

$$E(X^2)=0.2\times1^2+0.3\times2^2+0.5\times3^2=5.9.$$

22. D

【解析】分布函数具有以下性质：$F(x)$单调不减，$F(-\infty)=0$，$F(+\infty)=1$，且满足右连续性.

A项：$F(+\infty)\neq 1$，故不正确；

B项：$\lim\limits_{x\to 1^+}F(x)=1\neq F(1)$，不满足右连续性，故不正确；

C项：当$0\leqslant x<1$时，函数单调递减，不满足分布函数单调不减这条性质，故不正确；

E项：$\lim\limits_{x\to \frac{\pi}{2}^+}F(x)=1\neq F\left(\frac{\pi}{2}\right)$，不满足右连续性，故不正确；

容易验证D项的函数满足$F(+\infty)=1$，$F(-\infty)=0$，$F(x)$右连续且单调不减，故选D项.

23. B

【解析】由分布函数的性质，可知$F(+\infty)=1$，$F(1+0)=F(1)$，故$\lim\limits_{x\to+\infty}\left(a-\frac{b}{x}\right)=a=1$，

$F(1+0)=\lim\limits_{x\to 1^+}\left(a-\frac{b}{x}\right)=a-b=F(1)=0$，故$a=1$，$b=1$，因此

$$F(x)=\begin{cases}0, & x\leqslant 1,\\ 1-\frac{1}{x}, & x>1,\end{cases}$$

因为$F(x)$为连续函数，于是

$$P\{|X-1|<2\}=P\{-1<X<3\}=F(3)-F(-1)=\frac{2}{3}.$$

24. B

【解析】由题可知，$\{X=6\}$表示甲前五次掷骰子都不是1点，第六次掷出了1点. 易知，每次掷出1点的概率为$\frac{1}{6}$，根据独立重复试验可知，$P\{X=6\}=\left(1-\frac{1}{6}\right)^5\times\frac{1}{6}=\frac{5^5}{6^6}$.

25. A

【解析】密度函数由分布函数求导可得，因此$f(x)=F'(x)=\begin{cases}2x, & 0\leqslant x<1,\\ 0, & 其他.\end{cases}$

26. E

【解析】X服从参数为3的泊松分布，则$E(X)=3$，$D(X)=3$，$E(Z)=2E(X)-1=5$，$D(Z)=4D(X)=12$.

27. E

【解析】由$p=P\left\{X>\frac{\pi}{6}\right\}=\int_{\frac{\pi}{6}}^{\frac{\pi}{4}}2\sin 2x\,dx=\frac{1}{2}$，由题意可知$Y\sim B\left(4,\frac{1}{2}\right)$，$E(Y)=2$，$D(Y)=1$，

$$E(Y^2)=D(Y)+[E(Y)]^2=1+2^2=5.$$

28. A

【解析】方法一：根据正态分布的标准化可知$\frac{X-1}{\sigma}\sim N(0,1)$，则

$$P\left\{\frac{-2}{\sigma}<\frac{X-1}{\sigma}<\frac{2}{\sigma}\right\}=2\Phi\left(\frac{2}{\sigma}\right)-1=0.6,$$

于是$\Phi\left(\frac{2}{\sigma}\right)=0.8$，则$P\{X>3\}=1-P\{X\leqslant 3\}=1-P\left\{\frac{X-1}{\sigma}\leqslant\frac{2}{\sigma}\right\}=1-\Phi\left(\frac{2}{\sigma}\right)=1-0.8=0.2.$

方法二：由正态分布的对称性，可知曲线关于 $x=1$ 对称，则

$$P\{X>3\}=P\{X<-1\}=\frac{1-P\{-1<X<3\}}{2}=0.2.$$

29. D

【解析】由概率密度 $f(x)$ 的正则性可知 $\int_{-\infty}^{+\infty} f(x)\mathrm{d}x=\int_{0}^{+\infty}\frac{A}{1+x^2}\mathrm{d}x=A\cdot\frac{\pi}{2}=1$，解得 $A=\frac{2}{\pi}$，故 X 在(0，1) 区间的概率 $P=\int_{0}^{1} f(x)\mathrm{d}x=\frac{2}{\pi}\int_{0}^{1}\frac{1}{1+x^2}\mathrm{d}x=\frac{2}{\pi}\arctan x\Big|_{0}^{1}=\frac{1}{2}$.

30. D

【解析】由题可知，此人共投篮 5 次，故前 4 次必有一次投中且第 5 次必投中，因此投掷 5 次结束的概率为 $C_4^1 p(1-p)^3 p=4p^2(1-p)^3$.

31. A

【解析】由题可知，$X\sim B(16, 0.5)$，则 $D(X)=np(1-p)=16\times0.5\times0.5=4$；$Y\sim P(9)$，则 $D(Y)=\lambda=9$. 故有 $D(X-2Y+1)=D(X)+4D(Y)=4+4\times9=40$.

32. C

【解析】由随机变量期望的定义直接计算，可得

$$E(X)=\sum x_i P\{X=x_i\}=-3\times\frac{1}{3}+0\times\frac{1}{6}+5\times\frac{1}{5}+10\times\frac{3}{10}=3.$$

33. C

【解析】由连续型随机变量求期望的公式，可得

$$E(X)=\int_{-\infty}^{+\infty} xf(x)\mathrm{d}x=\int_{0}^{4} x\cdot\frac{1}{4}\mathrm{d}x=2,$$

$$E(X^2)=\int_{-\infty}^{+\infty} x^2 f(x)\mathrm{d}x=\int_{0}^{4} x^2\cdot\frac{1}{4}\mathrm{d}x=\frac{16}{3},$$

再依据方差的计算公式，可得

$$D(X)=E(X^2)-[E(X)]^2=\frac{4}{3}.$$

34. B

【解析】根据均匀分布的概率计算公式，可有 $P\{1<X<5\}=P\{2<X<5\}=\frac{5-2}{6-2}=\frac{3}{4}$.

35. D

【解析】由期望的定义，可知

$$E(X^4)=\int_{0}^{+\infty} x^4 \mathrm{e}^{-x}\mathrm{d}x=\Gamma(5)=4!,\ E(X^2)=\int_{0}^{+\infty} x^2 \mathrm{e}^{-x}\mathrm{d}x=\Gamma(3)=2!,$$

根据方差的计算公式，可得 $D(X^2)=E(X^4)-[E(X^2)]^2=20$.

4

附录 综合测试卷

综合测试卷 Ⅰ

数学基础：第 1～35 小题，每小题 2 分，共 70 分．下列每题给出的五个选项中，只有一个选项是最符合试题要求的．

1．设 $f(x)$在 x_0 的某邻域内有定义，且$\lim\limits_{h\to0}\dfrac{f(x_0)-f(x_0-3h)}{h}=1$，则 $f'(x_0)=$(　　)．

A．$\dfrac{1}{3}$　　B．$-\dfrac{1}{3}$　　C．1　　D．3　　E．-3

2．设 $f(x)=\dfrac{x^2-2x}{|x|(x^2-4)}$，则 $x=0$ 为其(　　)．

A．连续点　　B．可去间断点　　C．跳跃间断点

D．第二类间断点　　E．可导点

3．极限$\lim\limits_{x\to0}\dfrac{e^x-e^{\tan x}}{x^3}=$(　　)．

A．$\dfrac{1}{6}$　　B．$\dfrac{1}{3}$　　C．$\dfrac{1}{2}$　　D．$-\dfrac{1}{3}$　　E．$-\dfrac{1}{6}$

4．设 $F(x)$是 $f(x)$的一个原函数，则$\int e^{-2x}f(e^{-2x})\,dx=$(　　)．

A．$-F(e^{-2x})+C$　　B．$-2F(e^{-2x})+C$　　C．$\dfrac{1}{2}F(e^{-2x})+C$

D．$2F(e^{-2x})+C$　　E．$-\dfrac{1}{2}F(e^{-2x})+C$

5．设 $z=z(x，y)$是由方程$\dfrac{1}{x}-\dfrac{1}{y}=\dfrac{1}{z}$确定的，则 $x^2z'_x+y^2z'_y=$(　　)．

A．0　　B．x^2+y^2　　C．$-\dfrac{1}{x^2}+\dfrac{1}{y^2}$　　D．$\dfrac{1}{x^2}-\dfrac{1}{y^2}$　　E．1

6．设 $f(x)=\begin{cases}\dfrac{1}{1+x}，& x\geqslant0，\\ \dfrac{1}{1+e^x}，& x<0，\end{cases}$ 则定积分$\int_0^2 f(x-1)\,dx=$(　　)．

A．0　　B．1　　C．$1-\ln(e+1)$

D．$\ln(e+1)$　　E．$\ln\dfrac{2}{e+1}$

7．设 $f(x)$在点 $x=1$ 处取得极值，且点(2，4)是曲线 $y=f(x)$的拐点，若 $f'(x)=3x^2+ax+b$，则 $f(x)=$(　　)．

A．x^3-3x^2+6x-4　　B．x^3-6x^2+9x+2

C．$x^3+6x^2-3x-22$　　D．$x^3-9x^2+6x+20$

E．x^3-4x^2+3x+6

8. 二元函数 $f(x, y)=e^{2x}(x+y^2+2y)$ 的极值情况为(　　).

A. 无极值　B. 有极值大值 $\frac{e}{2}$　C. 有极小值 $-\frac{e}{2}$

D. 有极大值 e　E. 有极小值 $-e$

9. 设 $f(x)$ 连续，且 $\int_0^{2x^3+1} f(t)\mathrm{d}t=3x$，则 $f(3)=$(　　).

A. $\frac{1}{4}$　B. $\frac{1}{6}$　C. $\frac{1}{9}$　D. $\frac{1}{8}$　E. $\frac{1}{2}$

10. 曲线 $y=\frac{x^2+2}{(x-2)^3}$ 的渐近线有(　　)条.

A. 0　B. 1　C. 2　D. 3　E. 4

11. 不定积分 $\int \frac{1}{1+\sqrt{2x-1}}\mathrm{d}x=$(　　).

A. $\ln(1+\sqrt{2x-1})+C$　B. $\frac{1}{2}\ln(1+\sqrt{2x-1})+C$

C. $\sqrt{2x-1}+\frac{1}{2}\ln(1+\sqrt{2x-1})+C$　D. $\sqrt{2x-1}-\ln(1+\sqrt{2x-1})+C$

E. $\sqrt{2x-1}+\ln(1+\sqrt{2x-1})+C$

12. 已知方程 $e^y-xy^2-\sin x=1$，则 $\left.\frac{\mathrm{d}y}{\mathrm{d}x}\right|_{x=0}=$(　　).

A. 1　B. 2　C. 3　D. 4　E. 0

13. 设 $z=\sin xy+\ln(x^2-2xy+y^2)$，则 $\mathrm{d}z|_{(2,0)}=$(　　).

A. $\mathrm{d}x+\mathrm{d}y$　B. $\mathrm{d}x+2\mathrm{d}y$　C. $2\mathrm{d}x+\mathrm{d}y$　D. $2\mathrm{d}x-\mathrm{d}y$　E. $-\mathrm{d}x+\mathrm{d}y$

14. 不定积分 $\int \tan^3 x\sec^3 x\mathrm{d}x=$(　　).

A. $\frac{1}{4}\sec^4 x+\frac{1}{2}\sec^2 x+C$　B. $\frac{1}{4}\tan^4 x-\frac{1}{3}\tan^3 x+C$

C. $\frac{1}{4}\tan^4 x-\frac{1}{2}\tan^2 x+C$　D. $\frac{1}{5}\sec^5 x-\frac{1}{3}\sec^3 x+C$

E. $\frac{1}{5}\tan^5 x+\frac{1}{3}\sec^3 x+C$

15. 设 $f(x)=\int_0^x te^{-t^2}\mathrm{d}t$，则 $f(x)$ 有(　　).

A. 极小值 -1　B. 极小值 0　C. 极大值 1　D. 极大值 2　E. 极大值 3

16. 当 $x\to 0^+$ 时，$\int_0^{1-\cos x}\sqrt{\sin^3 t}\,\mathrm{d}t$ 与 $x^n\sin x$ 是同阶无穷小，则 $n=$(　　).

A. 1　B. 2　C. 3　D. 4　E. 5

17. 若函数 $f(x)$ 在 $[a, b]$ 上可导，且 $f(a)=0$，$f'(x)\leqslant 0$，则 $F(x)=\int_a^x f(t)\mathrm{d}t$ 在 (a, b) 内是(　　).

A. 单调增加且大于零　B. 单调增加且小于零

C. 单调递减且大于零　D. 单调递减且小于零

E. 不是单调函数

18. 设函数 $f(x)=\begin{cases} x\cos\dfrac{1}{x}, & x>0, \\ x^2, & x\leqslant 0, \end{cases}$ 则 $f(x)$ 在 $x=0$ 处(　　).

A. 极限不存在　　B. 极限存在但不连续　　C. 连续但不可导

D. 可导　　E. 左导数不存在，右导数存在

19. $\int_{-1}^{1}\dfrac{x^2+x^5\sin x^2}{1+x^2}\mathrm{d}x=$(　　).

A. $2-\dfrac{\pi}{2}$　　B. $\dfrac{1}{2}-2\pi$　　C. 0　　D. 1　　E. $\dfrac{\pi}{2}$

20. 设二元函数 $z=\mathrm{e}^{xy}+xy$，则 $\left.\dfrac{\partial z}{\partial x}\right|_{(1,2)}=$(　　).

A. e^2+1　　B. $2\mathrm{e}^2+2$　　C. $\mathrm{e}+1$　　D. $2\mathrm{e}+1$　　E. $\mathrm{e}+2$

21. 二元函数 $f(x,\ y)=x^2(2+y^2)+y\ln y$ 的极小值为(　　).

A. $f(1,\ 1)=3$　　B. $f(-1,\ 1)=3$　　C. $f\left(0,\ \dfrac{1}{\mathrm{e}}\right)=-\dfrac{1}{\mathrm{e}}$

D. $f(0,\ \mathrm{e})=\mathrm{e}$　　E. 不存在

22. 矩阵的乘积 $(1,\ 2,\ 3)\begin{pmatrix}3\\2\\1\end{pmatrix}=$(　　).

A. $\begin{pmatrix}3&6&9\\2&4&6\\1&2&3\end{pmatrix}$　　B. $\begin{pmatrix}3&2&1\\6&4&2\\9&6&3\end{pmatrix}$　　C. $\begin{pmatrix}9&6&3\\6&4&2\\3&2&1\end{pmatrix}$

D. 14　　E. 10

23. 已知向量组(Ⅰ)：$\begin{pmatrix}-1\\3\\1\end{pmatrix}$，$\begin{pmatrix}2\\1\\0\end{pmatrix}$，$\begin{pmatrix}1\\4\\1\end{pmatrix}$和向量组(Ⅱ)：$\begin{pmatrix}2\\3\\0\end{pmatrix}$，$\begin{pmatrix}-1\\4\\0\end{pmatrix}$，$\begin{pmatrix}0\\0\\2\end{pmatrix}$，则它们的线性相关性是(　　).

A. 向量组(Ⅰ)线性相关，向量组(Ⅱ)线性相关

B. 向量组(Ⅰ)线性无关，向量组(Ⅱ)线性相关

C. 向量组(Ⅰ)线性相关，向量组(Ⅱ)线性无关

D. 向量组(Ⅰ)线性无关，向量组(Ⅱ)线性无关

E. 向量组(Ⅰ)与(Ⅱ)的相关性均无法判断

24. 若向量组 $\begin{pmatrix}a\\3\\1\end{pmatrix}$，$\begin{pmatrix}2\\b\\3\end{pmatrix}$，$\begin{pmatrix}1\\2\\1\end{pmatrix}$，$\begin{pmatrix}2\\3\\1\end{pmatrix}$ 的秩为 2，则(　　).

A. $a=-2$，$b=5$　　B. $a=-2$，$b=-5$　　C. $a=2$，$b=5$

D. $a=2$，$b=-5$　　E. $a=2$，$b\in\mathbf{R}$

25. 已知两个 n 阶行列式 $|2\boldsymbol{E}|$ 和 $|\boldsymbol{E}+\boldsymbol{A}^{\mathrm{T}}|$，则下列选项中正确的是（　　）.

A. $|2\boldsymbol{E}|=2|\boldsymbol{E}|$，$|\boldsymbol{E}+\boldsymbol{A}^{\mathrm{T}}|=|\boldsymbol{E}+\boldsymbol{A}|$

B. $|2\boldsymbol{E}|=2|\boldsymbol{E}|$，$|\boldsymbol{E}+\boldsymbol{A}^{\mathrm{T}}|=|\boldsymbol{A}^{\mathrm{T}}+\boldsymbol{E}^{\mathrm{T}}|$

C. $|2\boldsymbol{E}|=2^n$，$|\boldsymbol{E}+\boldsymbol{A}^{\mathrm{T}}|=|\boldsymbol{E}+\boldsymbol{A}|$

D. $|2\boldsymbol{E}|=2$，$|\boldsymbol{E}+\boldsymbol{A}^{\mathrm{T}}|=|\boldsymbol{A}^{\mathrm{T}}|$

E. $|2\boldsymbol{E}|=\left|\frac{1}{2}\boldsymbol{E}\right|$，$|\boldsymbol{E}+\boldsymbol{A}^{\mathrm{T}}|=|\boldsymbol{E}+\boldsymbol{A}|$

26. 行列式 $\begin{vmatrix} 1 & -1 & 1 & x-1 \\ 1 & -1 & x+1 & -1 \\ 1 & x-1 & 1 & -1 \\ x+1 & -1 & 1 & -1 \end{vmatrix}=$（　　）.

A. $-x^4$　　B. x^4　　C. $-x^4+1$　　D. x^4+1　　E. x^3+1

27. 线性方程组 $\begin{cases} x_1+x_2+4x_3=4, \\ x_1-x_2+2x_3=-4, \\ -x_1+4x_2+x_3=16 \end{cases}$ 的通解为（　　）.

A. $\begin{pmatrix} 3 \\ 1 \\ -1 \end{pmatrix}+k\begin{pmatrix} 3 \\ 5 \\ -1 \end{pmatrix}(k\in\mathbf{R})$

B. $\begin{pmatrix} 3 \\ 5 \\ -1 \end{pmatrix}+k\begin{pmatrix} 3 \\ 1 \\ -1 \end{pmatrix}(k\in\mathbf{R})$

C. $k_1\begin{pmatrix} 3 \\ 1 \\ -1 \end{pmatrix}+k_2\begin{pmatrix} 3 \\ 5 \\ -1 \end{pmatrix}(k_1, k_2\in\mathbf{R})$

D. $\begin{pmatrix} 3+3k \\ 1+5k \\ -1+k \end{pmatrix}(k\in\mathbf{R})$

E. $\begin{pmatrix} 3-3k \\ 5+k \\ -1-k \end{pmatrix}(k\in\mathbf{R})$

28. 设矩阵 $\boldsymbol{A}=\begin{pmatrix} 1 & 0 & 0 \\ 2 & 2 & 0 \\ 3 & 4 & 5 \end{pmatrix}$，$\boldsymbol{A}^*$ 是矩阵 $\boldsymbol{A}$ 的伴随矩阵，则 $(\boldsymbol{A}^*)^{-1}$ 的第二行元素是（　　）.

A. $(5\quad 5\quad 0)$　　B. $\left(\frac{1}{10}\quad 0\quad 0\right)$　　C. $\left(\frac{1}{5}\quad \frac{1}{5}\quad 0\right)$

D. $(3\quad 5\quad 2)$　　E. $(1\quad 0\quad 0)$

29. 设 A，B 为两个随机事件，且 $P(A)=\frac{2}{3}$，$P(B|A)=\frac{1}{2}$，$P(B)=\frac{1}{3}$，则 $P(A|B)=$（　　）.

A. $\frac{1}{3}$　　B. $\frac{1}{2}$　　C. $\frac{3}{4}$　　D. $\frac{1}{6}$　　E. 1

30. 设某人向同一目标独立重复射击，每次射击命中目标的概率为 p，则此人第 6 次射击恰好是第 3 次命中目标的概率为(　　).

A. $C_5^2(1-p)^2p^3$　　B. $C_5^3(1-p)^3p^2$　　C. $C_5^3(1-p)^3p^3$

D. $C_5^3(1-p)^2p^3$　　E. $C_5^2(1-p)^3p^2$

31. 设随机变量 X 的分布函数 $F(x)=\begin{cases}0, & x<0,\\ \dfrac{1}{2}, & 0\leqslant x<1,\\ e^{\frac{1}{x}}, & x\geqslant 1,\end{cases}$则 $P\{X=1\}=$(　　).

A. 0　　B. $\dfrac{1}{2}$　　C. $\dfrac{1}{2}-e$　　D. $e-\dfrac{1}{2}$　　E. 1

32. 甲、乙两人独立地对同一密码进行破译，且二人破译成功的概率分别为 0.6 和 0.5. 现已知密码被破译，则它是甲破译成功的概率为(　　).

A. 0.6　　B. 0.65　　C. 0.75　　D. 0.7　　E. 0.8

33. 设随机变量 X 的分布函数为 $F(x)=\begin{cases}\dfrac{Ax}{1+x}, & x>0,\\ 0, & x\leqslant 0,\end{cases}$则 $P\{1\leqslant X\leqslant 2\}=$(　　).

A. $\dfrac{1}{3}$　　B. $\dfrac{1}{4}$　　C. $\dfrac{1}{5}$　　D. $\dfrac{1}{6}$　　E. $\dfrac{1}{2}$

34. 已知连续型随机变量 X 的密度函数为 $f(x)=\dfrac{1}{\sqrt{8\pi}}e^{\frac{-x^2+2x-1}{8}}$ $(-\infty<x<+\infty)$，则 $E(4X+1)$ 和 $E(X^2)$ 分别是(　　).

A. 1，1　　B. −1，1　　C. 5，1　　D. 5，5　　E. 5，3

35. 设随机变量 X 服从参数为 $\lambda=0.1$ 的指数分布，记 $a=P\{X>4\}$，$b=P\{X>11|X>7\}$，$c=P\{X>17|X>13\}$，则(　　).

A. $a>b>c$　　B. $a=c>b$　　C. $c>a=b$　　D. $a=b=c$　　E. $b>a=c$

答案速查

1～5　ACDEA	6～10　DBCEC	11～15　DAADB
16～20　DDCAB	21～25　CECCC	26～30　BBCEC
31～35　DCDDD		

答案详解

1. A

【解析】方法一：由导数的定义可得

$$\lim_{h\to0}\frac{f(x_0)-f(x_0-3h)}{h}=3\lim_{h\to0}\frac{f(x_0-3h)-f(x_0)}{-3h}=3f'(x_0)=1,$$

解得 $f'(x_0)=\frac{1}{3}$.

方法二：应用技巧：导数定义式中分子上两点之差除以分母，所得值就是 $f'(x_0)$的倍数，即 $\lim_{h\to0}\frac{f(x_0)-f(x_0-3h)}{h}=\frac{x_0-(x_0-3h)}{h}f'(x_0)=3f'(x_0)=1$，解得 $f'(x_0)=\frac{1}{3}$.

2. C

【解析】显然在点 $x=0$ 处函数 $f(x)$没有定义，故 $x=0$ 一定为间断点. 分别求 $f(x)$在点 $x=0$ 处的左、右极限，可得

$$\lim_{x\to0^+}\frac{x^2-2x}{|x|(x^2-4)}=\lim_{x\to0^+}\frac{x^2-2x}{x(x^2-4)}=\lim_{x\to0^+}\frac{x-2}{x^2-4}=\lim_{x\to0^+}\frac{1}{x+2}=\frac{1}{2};$$

$$\lim_{x\to0^-}\frac{x^2-2x}{|x|(x^2-4)}=\lim_{x\to0^-}\frac{x^2-2x}{-x(x^2-4)}=-\lim_{x\to0^-}\frac{x-2}{x^2-4}=-\lim_{x\to0^-}\frac{1}{x+2}=-\frac{1}{2}.$$

显然 $\lim_{x\to0^+}\frac{x^2-2x}{|x|(x^2-4)}\neq\lim_{x\to0^-}\frac{x^2-2x}{|x|(x^2-4)}$，可知 $x=0$ 为 $f(x)$的跳跃间断点.

3. D

【解析】应用等价无穷小替换定理和洛必达法则，可得

$$\lim_{x\to0}\frac{e^x-e^{\tan x}}{x^3}=\lim_{x\to0}\frac{e^{\tan x}(e^{x-\tan x}-1)}{x^3}=\lim_{x\to0}e^{\tan x}\cdot\lim_{x\to0}\frac{x-\tan x}{x^3}$$

$$=1\cdot\lim_{x\to0}\frac{1-\sec^2x}{3x^2}=-\lim_{x\to0}\frac{\tan^2x}{3x^2}=-\lim_{x\to0}\frac{x^2}{3x^2}=-\frac{1}{3}.$$

4. E

【解析】使用不定积分的换元积分法，可得

$$\int e^{-2x}f(e^{-2x})\,dx=-\frac{1}{2}\int e^{-2x}f(e^{-2x})\,d(-2x)=-\frac{1}{2}\int e^uf(e^u)\,du$$

$$=-\frac{1}{2}\int f(e^u)\,de^u=-\frac{1}{2}F(e^u)+C=-\frac{1}{2}F(e^{-2x})+C.$$

5. A

【解析】设 $F(x,y,z)=\frac{1}{x}-\frac{1}{y}-\frac{1}{z}$，分别对 x，y，z 求偏导，可得 $F'_x=-\frac{1}{x^2}$，$F'_y=\frac{1}{y^2}$，$F'_z=\frac{1}{z^2}$. 由隐函数求导公式，可知 $z'_x=-\frac{F'_x}{F'_z}=\frac{z^2}{x^2}$，$z'_y=-\frac{F'_y}{F'_z}=-\frac{z^2}{y^2}$，则 $x^2z'_x+y^2z'_y=0$.

6. D

【解析】使用换元积分法，令 $x-1=t$，利用定积分的积分区间可加性，得

$$\int_0^2 f(x-1)\mathrm{d}x=\int_{-1}^1 f(t)\mathrm{d}t=\int_{-1}^0 f(t)\mathrm{d}t+\int_0^1 f(t)\mathrm{d}t=\int_{-1}^0\frac{\mathrm{d}t}{1+\mathrm{e}^t}+\int_0^1\frac{\mathrm{d}t}{1+t}$$

$$=\int_{-1}^0\left(1-\frac{\mathrm{e}^t}{1+\mathrm{e}^t}\right)\mathrm{d}t+\int_0^1\frac{\mathrm{d}t}{1+t}=[t-\ln(1+\mathrm{e}^t)]\Big|_{-1}^0+\ln(1+t)\Big|_0^1=\ln(\mathrm{e}+1).$$

7. B

【解析】$f(x)$在点 $x=1$ 处取得极值，则 $f'(1)=0$，即 $3+a+b=0$；

因为点(2，4)是曲线 $y=f(x)$的拐点，则 $f''(2)=0$，$f''(x)=6x+a$，即 $12+a=0$.

联立以上两个方程，解得 $a=-12$，$b=9$.

所以 $f'(x)=3x^2-12x+9$，求原函数可得 $f(x)=x^3-6x^2+9x+C$，又因为 $f(x)$过点(2，4)，代入可得 $C=2$，故 $f(x)=x^3-6x^2+9x+2$.

8. C

【解析】由$\begin{cases}f'_x(x,y)=2\mathrm{e}^{2x}(x+y^2+2y)+\mathrm{e}^{2x}=0,\\ f'_y(x,y)=\mathrm{e}^{2x}(2y+2)=0,\end{cases}$解得驻点为$\left(\frac{1}{2},-1\right)$，又因为

$$A=f''_{xx}\left(\frac{1}{2},-1\right)=[2\mathrm{e}^{2x}(2x+2y^2+4y+1)+2\mathrm{e}^{2x}]\Big|_{(\frac{1}{2},-1)}=2\mathrm{e},$$

$$B=f''_{xy}\left(\frac{1}{2},-1\right)=2\mathrm{e}^{2x}(2y+2)\Big|_{(\frac{1}{2},-1)}=0,$$

$$C=f''_{yy}\left(\frac{1}{2},-1\right)=2\mathrm{e}^{2x}\Big|_{(\frac{1}{2},-1)}=2\mathrm{e},$$

故 $AC-B^2=4\mathrm{e}^2>0$，$A=2\mathrm{e}>0$，所以 $f\left(\frac{1}{2},-1\right)=-\frac{\mathrm{e}}{2}$为极小值.

9. E

【解析】两边同时求导，得 $f(2x^3+1)\cdot 6x^2=3$. 取 $x=1$，得 $f(3)\cdot 6=3$，$f(3)=\frac{1}{2}$.

10. C

【解析】由渐近线的定义，因为$\lim\limits_{x\to\infty}\frac{x^2+2}{(x-2)^3}=0$，故水平渐近线为 $y=0$；因为$\lim\limits_{x\to 2}\frac{x^2+2}{(x-2)^3}=\infty$，故垂直渐近线为 $x=2$；当 x 趋近于∞时，有水平渐近线就无斜渐近线.

因此，曲线 $y=\frac{x^2+2}{(x-2)^3}$共有 2 条渐近线.

11. D

【解析】采用换元法，令 $\sqrt{2x-1}=t$，则 $x=\frac{t^2+1}{2}$，$\mathrm{d}x=t\mathrm{d}t$，因此

$$\int \frac{1}{1+\sqrt{2x-1}}\mathrm{d}x = \int \frac{t}{t+1}\mathrm{d}t = \int \left(1-\frac{1}{t+1}\right)\mathrm{d}t = t-\ln(1+t)+C$$
$$=\sqrt{2x-1}-\ln(1+\sqrt{2x-1})+C.$$

12. A

【解析】当 $x=0$ 时，代入方程得 $y=0$. 方程两边分别对 x 求导，得 $\mathrm{e}^y \cdot y'-y^2-2xyy'-\cos x=0$，代入 $x=0$，$y=0$，得 $\left.\frac{\mathrm{d}y}{\mathrm{d}x}\right|_{x=0}=y'(0)=1$.

13. A

【解析】函数分别对 x，y 求偏导，可得

$$\frac{\partial z}{\partial x}=y\cos xy+\frac{2x-2y}{x^2-2xy+y^2},\quad \frac{\partial z}{\partial y}=x\cos xy+\frac{2y-2x}{x^2-2xy+y^2},$$

由全微分公式，得 $\mathrm{d}z\big|_{(2,0)}=\left.\frac{\partial z}{\partial x}\right|_{(2,0)}\mathrm{d}x+\left.\frac{\partial z}{\partial y}\right|_{(2,0)}\mathrm{d}y=\mathrm{d}x+\mathrm{d}y$.

14. D

【解析】对被积表达式进行变形，用换元积分法，可得

$$\int \tan^3 x\sec^3 x\,\mathrm{d}x = \int \tan^2 x(\tan x\sec x)\sec^2 x\,\mathrm{d}x = \int (\sec^2 x-1)\sec^2 x\,\mathrm{d}\sec x$$
$$\xlongequal{t=\sec x}\int (t^4-t^2)\,\mathrm{d}t=\frac{1}{5}t^5-\frac{1}{3}t^3+C$$
$$=\frac{1}{5}\sec^5 x-\frac{1}{3}\sec^3 x+C.$$

15. B

【解析】根据选项可知，要求函数的极值，故考虑对 $f(x)$求导，可得 $f'(x)=x\mathrm{e}^{-x^2}$，令 $f'(x)=0$，解得 $x=0$，故由极值点的定义，可知 $x=0$ 为极值点.

又由 $f''(x)=\mathrm{e}^{-x^2}-2x^2\mathrm{e}^{-x^2}$ 知 $f''(0)>0$，故根据极值存在的第二充分条件得 $f(0)=0$ 为函数的极小值.

16. D

【解析】根据等价无穷小替换定理，可得

$$\lim_{x\to 0}\frac{\int_0^{1-\cos x}\sqrt{\sin^3 t}\,\mathrm{d}t}{x^n\sin x}=\lim_{x\to 0}\frac{\int_0^{1-\cos x}\sqrt{\sin^3 t}\,\mathrm{d}t}{x^{n+1}}=\lim_{x\to 0}\frac{\sqrt{\sin^3(1-\cos x)}\cdot\sin x}{(n+1)x^n}$$
$$=\lim_{x\to 0}\frac{\left(\frac{1}{2}x^2\right)^{\frac{3}{2}}\cdot x}{(n+1)x^n}=\frac{\left(\frac{1}{2}\right)^{\frac{3}{2}}}{(n+1)}\lim_{x\to 0}x^{4-n}.$$

因为 $\int_0^{1-\cos x}\sqrt{\sin^3 t}\,\mathrm{d}t$ 与 $x^n\sin x$ 是同阶无穷小，故 $4-n=0$，得 $n=4$.

17. D

【解析】由 $f'(x)\leqslant 0$，得 $f(x)$在$[a,b]$上单调递减，故有 $f(x)\leqslant f(a)=0$.

因为 $F(x)=\int_a^x f(t)\,\mathrm{d}t$，$F'(x)=f(x)\leqslant 0$，所以 $F(x)$在$[a,b]$上单调递减.

故在区间(a,b)内，$F(x)<F(a)=0$.

18. C

【解析】证明连续性：因为$\lim\limits_{x\to 0^-}f(x)=\lim\limits_{x\to 0^-}x^2=0=f(0)$，$\lim\limits_{x\to 0^+}f(x)=\lim\limits_{x\to 0^+}x\cos\dfrac{1}{x}=0=f(0)$，所以 $f(x)$在 $x=0$ 处连续；

证明可导性：因为 $f'_-(0)=\lim\limits_{x\to 0^-}\dfrac{f(x)-f(0)}{x-0}=\lim\limits_{x\to 0^-}\dfrac{x^2-0}{x-0}=0$，故左导数存在，又因为 $f'_+(0)=\lim\limits_{x\to 0^+}\dfrac{f(x)-f(0)}{x-0}=\lim\limits_{x\to 0^+}\dfrac{x\cos\dfrac{1}{x}-0}{x-0}=\lim\limits_{x\to 0^+}\cos\dfrac{1}{x}$，该极限不存在，故 $f(x)$在 $x=0$ 处不可导.

综上所述，$f(x)$在 $x=0$ 处连续但不可导.

19. A

【解析】利用四则运算法则，将被积函数拆成 2 项，再分别根据奇偶函数在对称区间上的积分公式，可得

$$\int_{-1}^{1}\frac{x^2+x^5\sin x^2}{1+x^2}\mathrm{d}x=\int_{-1}^{1}\frac{x^2}{1+x^2}\mathrm{d}x+\int_{-1}^{1}\frac{x^5\sin x^2}{1+x^2}\mathrm{d}x=2\int_{0}^{1}\frac{1+x^2-1}{1+x^2}\mathrm{d}x$$

$$=2\int_{0}^{1}\left(1-\frac{1}{1+x^2}\right)\mathrm{d}x=2(x-\arctan x)\Big|_{0}^{1}=2-\frac{\pi}{2}.$$

20. B

【解析】因为 $z=\mathrm{e}^{xy}+xy$，所以$\left.\dfrac{\partial z}{\partial x}\right|_{(1,2)}=(y\mathrm{e}^{xy}+y)\big|_{(1,2)}=2\mathrm{e}^2+2$.

21. C

【解析】由$\begin{cases}f'_x(x,\ y)=2x(2+y^2)=0,\\ f'_y(x,\ y)=2x^2y+\ln y+1=0,\end{cases}$解得驻点为$\left(0,\ \dfrac{1}{\mathrm{e}}\right)$. 求二阶偏导，可得

$$f''_{xx}(x,\ y)=2(2+y^2),\ f''_{xy}(x,\ y)=4xy,\ f''_{yy}(x,\ y)=2x^2+\frac{1}{y},$$

则 $A=f''_{xx}\big|_{\left(0,\frac{1}{\mathrm{e}}\right)}=2\left(2+\dfrac{1}{\mathrm{e}^2}\right)>0$，$B=f''_{xy}\big|_{\left(0,\frac{1}{\mathrm{e}}\right)}=0$，$C=f''_{yy}\big|_{\left(0,\frac{1}{\mathrm{e}}\right)}=\mathrm{e}$，于是 $AC-B^2>0$，故存在极小值，为 $f\left(0,\ \dfrac{1}{\mathrm{e}}\right)=-\dfrac{1}{\mathrm{e}}$.

22. E

【解析】根据矩阵乘法运算，可知$(1,\ 2,\ 3)\begin{pmatrix}3\\2\\1\end{pmatrix}=1\times 3+2\times 2+3\times 1=10$.

【注意】行矩阵乘以列矩阵必为一个数，而列矩阵乘以行矩阵，则为矩阵.

23. C

【解析】分别对向量组(Ⅰ)构成的矩阵 $\boldsymbol{A}$ 和向量组(Ⅱ)构成的矩阵 $\boldsymbol{B}$ 进行初等行变换，通过判断矩阵的秩，确定向量组的线性相关性.

对矩阵 $\boldsymbol{A}$ 进行初等行变换，可得

$$\boldsymbol{A}=\begin{pmatrix}-1&2&1\\3&1&4\\1&0&1\end{pmatrix}\to\begin{pmatrix}-1&2&1\\0&7&7\\0&2&2\end{pmatrix}\to\begin{pmatrix}-1&2&1\\0&7&7\\0&0&0\end{pmatrix},$$

可得 $r(\boldsymbol{A})=2<3$，故向量组(Ⅰ)线性相关.

同理，对矩阵 $\boldsymbol{B}$ 进行初等行变换，可得

$$\boldsymbol{B}=\begin{pmatrix}2&-1&0\\3&4&0\\0&0&2\end{pmatrix}\rightarrow\begin{pmatrix}2&-1&0\\0&\frac{11}{2}&0\\0&0&2\end{pmatrix},$$

可得 $r(\boldsymbol{B})=3$，故向量组(Ⅱ)线性无关.

24. C

【解析】向量组的秩为2，则由向量组构成的矩阵 $\begin{pmatrix}a&2&1&2\\3&b&2&3\\1&3&1&1\end{pmatrix}$ 的所有三阶行列式均为0，则有 $\begin{vmatrix}2&1&2\\b&2&3\\3&1&1\end{vmatrix}=0$，$\begin{vmatrix}a&1&2\\3&2&3\\1&1&1\end{vmatrix}=0$，解得 $a=2$，$b=5$.

【注意】本题也可用初等变换求解.

25. C

【解析】根据方阵行列式的性质，可知 $|2\boldsymbol{E}|=2^n$，$|\boldsymbol{E}+\boldsymbol{A}^{\mathrm{T}}|=|\boldsymbol{E}^{\mathrm{T}}+\boldsymbol{A}^{\mathrm{T}}|=|(\boldsymbol{E}+\boldsymbol{A})^{\mathrm{T}}|=|\boldsymbol{E}+\boldsymbol{A}|$. 故本题选C项.

26. B

【解析】利用行列式的性质，可得

$$\begin{vmatrix}1&-1&1&x-1\\1&-1&x+1&-1\\1&x-1&1&-1\\x+1&-1&1&-1\end{vmatrix}=x\begin{vmatrix}1&0&0&x\\1&0&x&0\\1&x&0&0\\1&0&0&0\end{vmatrix}=x\cdot(-1)^{4+1}\begin{vmatrix}0&0&x\\0&x&0\\x&0&0\end{vmatrix}=-x\cdot(-x^3)=x^4.$$

27. B

【解析】对增广矩阵进行初等行变换，可得 $\begin{pmatrix}1&1&4&4\\1&-1&2&-4\\-1&4&1&16\end{pmatrix}\rightarrow\begin{pmatrix}1&0&3&0\\0&1&1&4\\0&0&0&0\end{pmatrix}$，所以非齐次线性方程组的同解方程组为 $\begin{cases}x_1=-3x_3,\\x_2=-x_3+4,\end{cases}$ 自由未知量为 x_3. 令 $x_3=-1$，则齐次线性方程组的基础解系为 $\begin{pmatrix}3\\1\\-1\end{pmatrix}$，非齐次线性方程组的特解为 $\begin{pmatrix}3\\5\\-1\end{pmatrix}$.

故非齐次线性方程组的通解为 $\begin{pmatrix}3\\5\\-1\end{pmatrix}+k\begin{pmatrix}3\\1\\-1\end{pmatrix}(k\in\mathbf{R})$.

28. C

【解析】由题可知$|\boldsymbol{A}|=\begin{vmatrix}1&0&0\\2&2&0\\3&4&5\end{vmatrix}=10\neq0$，则$\boldsymbol{A}$可逆，由公式$\boldsymbol{A}\boldsymbol{A}^*=|\boldsymbol{A}|\boldsymbol{E}$，进行变形可得

$(\boldsymbol{A}^*)^{-1}=(|\boldsymbol{A}|\boldsymbol{A}^{-1})^{-1}=\dfrac{1}{|\boldsymbol{A}|}\boldsymbol{A}=\begin{pmatrix}\frac{1}{10}&0&0\\\frac{1}{5}&\frac{1}{5}&0\\\frac{3}{10}&\frac{2}{5}&\frac{1}{2}\end{pmatrix}$. 故第二行元素为$\left(\frac{1}{5}\quad\frac{1}{5}\quad0\right)$.

29. E

【解析】由$P(B|A)=\dfrac{P(AB)}{P(A)}=\dfrac{1}{2}$，解得$P(AB)=\dfrac{1}{3}$，则$P(AB)=P(B)$，故$B\subset A$，$P(A|B)=1$.

30. C

【解析】此概率为伯努利概型，记A为“第6次射击恰好是第3次命中目标”.

由题意可知，前5次有3次未命中、2次命中，且第6次命中，因此$P(A)=C_5^3(1-p)^3p^3$.

31. D

【解析】利用分布函数的性质，求函数在某点的概率，可得

$$P\{X=1\}=F(1)-F(1-0)=\mathrm{e}-\frac{1}{2}.$$

32. C

【解析】设事件$A=\{$甲破译成功$\}$，$B=\{$乙破译成功$\}$，可得$P(A)=0.6$，$P(B)=0.5$.

A与B相互独立，$P(AB)=P(A)\cdot P(B)=0.6\times0.5=0.3$，故密码被破译的概率为

$$P(A\cup B)=P(A)+P(B)-P(AB)=0.6+0.5-0.3=0.8.$$

此时根据条件概率，可得密码是甲破译成功的概率为

$$P(A\mid A\cup B)=\frac{P(A(A\cup B))}{P(A\cup B)}=\frac{P(A)}{P(A\cup B)}=0.75.$$

33. D

【解析】由分布函数的性质，可知$F(+\infty)=\lim\limits_{x\to+\infty}\dfrac{Ax}{x+1}=A=1$，又因为$F(x)$在$(0,+\infty)$上连续，所以$F(1-0)=F(1)$，故$P\{1\leqslant X\leqslant2\}=F(2)-F(1-0)=\dfrac{2}{1+2}-\dfrac{1}{1+1}=\dfrac{1}{6}$.

34. D

【解析】$f(x)=\dfrac{1}{\sqrt{8\pi}}\mathrm{e}^{\frac{-x^2+2x-1}{8}}=\dfrac{1}{\sqrt{2\pi}\times2}\mathrm{e}^{\frac{-(x-1)^2}{2\times2^2}}$，显然$X\sim N(1,2^2)$，故有$E(X)=1$，$D(X)=4$，因此$E(4X+1)=4E(X)+1=5$，$E(X^2)=D(X)+[E(X)]^2=5$.

35. D

【解析】根据指数分布的无记忆性，即对于任意的s，$t>0$，有$P\{X>s+t|X>s\}=P\{X>t\}$，可得$a=b=c$.

综合测试卷 II

数学基础：第 1～35 小题，每小题 2 分，共 70 分．下列每题给出的五个选项中，只有一个选项是最符合试题要求的．

1. 设 $y=\dfrac{\sqrt[3]{x}-1}{x-1}$，则 $x=1$ 是函数 y 的(　　)．

A. 连续点　　B. 可去间断点　　C. 跳跃间断点
D. 第二类间断点　　E. 可导点

2. 若函数 $f(x)=\begin{cases}x^2, & x\leqslant 1,\\ ax+b, & x>1\end{cases}$ 在 $x=1$ 处可导，则 a，b 的值为(　　)．

A. $a=b=-1$　　B. $a=2$，$b=-1$　　C. $a=1$，$b=-1$
D. $a=b=1$　　E. $a=1$，$b=0$

3. 极限 $\lim\limits_{x\to 0}(1+3x+x^2)^{\frac{1}{x}}=$(　　)．

A. e　　B. e^2　　C. e^3　　D. e^4　　E. 1

4. 已知 xe^x 为 $f(x)$ 的一个原函数，则 $\int_0^1 xf'(x)\mathrm{d}x=$(　　)．

A. e^{-1}　　B. e　　C. e^2　　D. $-e$　　E. 1

5. 设 $f(x)$ 连续，且 $f(1)=2$，则 $\lim\limits_{x\to 0}f\left[\dfrac{\ln(1+x)}{x}\right]=$(　　)．

A. 0　　B. 1　　C. 2　　D. 3　　E. 4

6. 曲线 $y=e^{-x^2}$ 的拐点有(　　)个．

A. 0　　B. 1　　C. 2　　D. 3　　E. 4

7. 设 $\lim\limits_{x\to 1}\dfrac{ax+b}{x-1}=2$，则 a，b 的值分别为(　　)．

A. -2，2　　B. 2，1　　C. 1，2　　D. 1，-2　　E. 2，-2

8. 设 $f(x, y)=y\ln x+x^2\arcsin\dfrac{2+y}{1+xy}$，则 $f'_x(2, -2)=$(　　)．

A. -1　　B. 1　　C. 0　　D. -2　　E. 2

9. 曲线 $y=-x^3+x^2$ 的单调减区间为(　　)．

A. $\left(0, \dfrac{2}{3}\right)$　　B. $\left(\dfrac{2}{3}, +\infty\right)$

C. $(-\infty, 0)$，$\left(\dfrac{2}{3}, +\infty\right)$　　D. $(-\infty, 0)\cup\left(\dfrac{2}{3}, +\infty\right)$

E. $(-\infty, 0)$

10. 已知 $\int f(x)\mathrm{d}x=x\sin x^2+C$，则 $\int xf(x^2)\mathrm{d}x=$(　　)．

A. $x\cos x^2+C$　　B. $x\sin x^2+C$　　C. $\dfrac{1}{2}x^2\sin x^4+C$

D. $\dfrac{1}{2}x^2\cos x^4+C$　　E. $2x\sin x^2+C$

11. 设函数 $f(x, y, z)=e^{x}yz^{2}$，其中 $z=z(x, y)$ 是由三元方程 $x+y+z+xyz=0$ 确定的函数，则 $f'_{x}(0, 1, -1)=$(　　).

A. 0　　B. 1　　C. -1　　D. 2　　E. -2

12. 二元函数 $f(x, y)=e^{-x}(x-y^{3}+3y)$ 的极值情况为(　　).

A. 无极值　　B. 有极大值 e　　C. 有极小值 e

D. $(3, -1)$ 为极小值点　　E. $(-1, 1)$ 为极小值点

13. 设 $f(x)$ 在 $[0, l^{2}]$ 上连续，则函数 $F(x)=\int_{0}^{x} tf(t^{2})\mathrm{d}t$ 在 $(-l, l)$ 上是(　　).

A. 奇函数　　B. 偶函数　　C. 单调增加函数

D. 非奇非偶函数　　E. 奇偶性不确定

14. 设 $f(x)$ 在 $[a, b]$ 上可导，且 $f'(x)>0$，若 $\varphi(x)=\int_{0}^{x} f(t)\mathrm{d}t$，则下列说法正确的是(　　).

A. $\varphi(x)$ 在 $[a, b]$ 上单调递减　　B. $\varphi(x)$ 在 $[a, b]$ 上单调递增

C. $\varphi(x)$ 在 $[a, b]$ 上为凹函数　　D. $\varphi(x)$ 在 $[a, b]$ 上为凸函数

E. $\varphi(x)$ 在 $[a, b]$ 上不是单调函数

15. 不定积分 $\int \frac{e^{\sqrt{x}}\sin\sqrt{x}}{2\sqrt{x}}\mathrm{d}x=$(　　).

A. $e^{\sqrt{x}}(\sin\sqrt{x}-\cos\sqrt{x})+C$　　B. $e^{\sqrt{x}}(\sin\sqrt{x}+\cos\sqrt{x})+C$

C. $\frac{1}{3}e^{\sqrt{x}}(\sin\sqrt{x}-\cos\sqrt{x})+C$　　D. $\frac{1}{4}e^{\sqrt{x}}(\sin\sqrt{x}+\cos\sqrt{x})+C$

E. $\frac{1}{2}e^{\sqrt{x}}(\sin\sqrt{x}-\cos\sqrt{x})+C$

16. 已知 $f(x)=\int_{1}^{x^{2}} \frac{\sin t}{t}\mathrm{d}t$，则 $\int_{0}^{1} xf(x)\mathrm{d}x=$(　　).

A. $\frac{1}{2}(\cos 1-1)$　　B. $2(1-\cos 1)$　　C. $\cos 1-2$

D. $1-\frac{1}{2}\cos 1$　　E. $\frac{1}{2}(1-\cos 1)$

17. 设 $z=\frac{x}{y}+y\ln(xy)$，则 $\mathrm{d}z=$(　　).

A. $\left(\frac{1}{y}-\frac{y}{x}\right)\mathrm{d}x+\left[-\frac{x}{y^{2}}+\ln(xy)\right]\mathrm{d}y$　　B. $\left[\frac{1}{y}+\ln(xy)+1\right]\mathrm{d}x-\frac{x}{y^{2}}\mathrm{d}y$

C. $\left(\frac{1}{y}-\frac{y}{x}\right)\mathrm{d}x+\left[-\frac{x}{y^{2}}+\ln(xy)+1\right]\mathrm{d}y$　　D. $\left(\frac{1}{y}+\frac{y}{x}\right)\mathrm{d}x+\left[-\frac{x}{y^{2}}+\ln(xy)+1\right]\mathrm{d}y$

E. $\left(\frac{1}{y}+\frac{y}{x}\right)\mathrm{d}x+\left[-\frac{x}{y^{2}}+\ln(xy)\right]\mathrm{d}y$

18. 设方程 $\ln\frac{z}{y}=x$ 确定函数 $z=z(x, y)$，则 $\frac{\partial z}{\partial x}=$(　　).

A. ye^{x}　　B. 1　　C. e^{x}　　D. y　　E. x

19. 设函数 $z=\ln(\sqrt{x}+\sqrt{y})$，则 $x\frac{\partial z}{\partial x}+y\frac{\partial z}{\partial y}=$（　　）.

A. 1　　B. $\frac{1}{2}$　　C. $\frac{1}{3}$　　D. $-\frac{1}{2}$　　E. $-\frac{1}{3}$

20. 区间[0，4]上函数 $f(x)=\frac{1}{3}x^3-3x^2+9x$ 在点 $x=$（　　）处的函数值最大.

A. 0　　B. 1　　C. 2　　D. 3　　E. 4

21. 已知曲线 $y=f(x)$ 在点 $(x, f(x))$ 处的切线斜率为 $\frac{1}{x}(x>0)$，且过点 $(e^2, 3)$，则该曲线方程为（　　）.

A. $y=\ln x$　　B. $y=\ln x+1$　　C. $y=-\frac{1}{x^2}+1$

D. $y=\ln x+3$　　E. $y=\frac{1}{x}+1$

22. 已知行列式 $\begin{vmatrix} 5 & 1 & 4 & 4 \\ 2 & 2 & 2 & 2 \\ 0 & -7 & 0 & 0 \\ 5 & 3 & -12 & 134 \end{vmatrix}$，则 $M_{11}+M_{12}+M_{13}=$（　　）.

A. 238　　B. -238　　C. 18　　D. -18　　E. 328

23. 设 n 维行向量 $\boldsymbol{\alpha}=\left(\frac{1}{2}, 0, \cdots, 0, \frac{1}{2}\right)$，矩阵 $\boldsymbol{A}=\boldsymbol{E}-\boldsymbol{\alpha}^{\mathrm{T}}\boldsymbol{\alpha}$，$\boldsymbol{B}=\boldsymbol{E}+\boldsymbol{\alpha}^{\mathrm{T}}\boldsymbol{\alpha}$，则 $\boldsymbol{AB}=$（　　）.

A. $\boldsymbol{O}$　　B. $-\boldsymbol{E}$　　C. $\boldsymbol{E}$　　D. $\boldsymbol{E}-\frac{1}{2}\boldsymbol{\alpha}^{\mathrm{T}}\boldsymbol{\alpha}$　　E. $\boldsymbol{E}-\boldsymbol{\alpha}^{\mathrm{T}}\boldsymbol{\alpha}$

24. 已知矩阵 $\boldsymbol{A}=\begin{pmatrix} 0 & 0 & 0 & 1 \\ 0 & 0 & 1 & 0 \\ 0 & 1 & 0 & 0 \\ 1 & 0 & 0 & 0 \end{pmatrix}$，则逆矩阵 $\boldsymbol{A}^{-1}=$（　　）.

A. $\begin{pmatrix} 0 & 0 & 0 & 1 \\ 0 & 0 & 1 & 0 \\ 0 & 1 & 0 & 0 \\ 1 & 0 & 0 & 0 \end{pmatrix}$　　B. $\begin{pmatrix} 0 & 0 & 0 & -1 \\ 0 & 0 & -1 & 0 \\ 0 & -1 & 0 & 0 \\ -1 & 0 & 0 & 0 \end{pmatrix}$　　C. $\begin{pmatrix} 1 & 0 & 0 & 0 \\ 0 & 1 & 0 & 0 \\ 0 & 0 & 1 & 0 \\ 0 & 0 & 0 & 1 \end{pmatrix}$

D. $\begin{pmatrix} -1 & 0 & 0 & 0 \\ 0 & -1 & 0 & 0 \\ 0 & 0 & -1 & 0 \\ 0 & 0 & 0 & -1 \end{pmatrix}$　　E. $\begin{pmatrix} 1 & 0 & 0 & 1 \\ 0 & 1 & 1 & 0 \\ 0 & 1 & 1 & 0 \\ 1 & 0 & 0 & 1 \end{pmatrix}$

25. 已知 $\boldsymbol{A}$ 是 $m\times n$ 阶矩阵，$\boldsymbol{B}$ 是 $n\times m$ 阶矩阵，则（　　）.

A. 当 $m>n$ 时，行列式 $|\boldsymbol{AB}|\neq 0$　　B. 当 $m>n$ 时，行列式 $|\boldsymbol{AB}|=0$

C. 当 $m<n$ 时，行列式 $|\boldsymbol{AB}|\neq 0$　　D. 当 $m<n$ 时，行列式 $|\boldsymbol{AB}|=0$

E. 当 $m=n$ 时，行列式 $|\boldsymbol{AB}|\neq 0$

26. 设 $\boldsymbol{A}=\begin{pmatrix}1 & 2 & -1 & 1\\ 3 & 2 & \lambda & -1\\ 5 & 6 & 3 & \mu\end{pmatrix}$，若 $r(\boldsymbol{A})=2$，则 λ，μ 的值分别为(　　).

A. $\lambda=5$，$\mu=1$　　B. $\lambda=3$，$\mu=1$　　C. $\lambda=2$，$\mu=1$

D. $\lambda=5$，$\mu=2$　　E. $\lambda=5$，$\mu=3$

27. 设矩阵 $\boldsymbol{A}=\begin{pmatrix}0 & 1 & 0\\ 0 & 0 & 1\\ 0 & 0 & 0\end{pmatrix}$，则下列说法正确的是(　　).

A. 矩阵 $\boldsymbol{A}$ 是可逆矩阵　　B. 矩阵 $\boldsymbol{A}^2$ 是可逆矩阵

C. 矩阵 $\boldsymbol{A}+\boldsymbol{E}$ 是可逆矩阵　　D. 矩阵 $\boldsymbol{A}^2+\boldsymbol{E}$ 是不可逆矩阵

E. 矩阵 $\boldsymbol{A}-\boldsymbol{E}$ 是不可逆矩阵

28. 设 $\boldsymbol{A}$ 为 n 阶方阵，且 $r(\boldsymbol{A})=n-1$，如果 $\boldsymbol{A}$ 的每行元素和均为零，则线性方程组 $\boldsymbol{Ax}=\boldsymbol{0}$ 的通解为(　　).

A. $k(1,\ 1,\ \cdots,\ 2)^{\mathrm{T}}(k\in\mathbf{R})$　　B. $k(1,\ 1,\ \cdots,\ 1)^{\mathrm{T}}(k\in\mathbf{R})$

C. $k(1,\ -1,\ \cdots,\ -1)^{\mathrm{T}}(k\in\mathbf{R})$　　D. $k(1,\ 2,\ \cdots,\ n)^{\mathrm{T}}(k\in\mathbf{R})$

E. $k(0,\ 0,\ \cdots,\ 1)^{\mathrm{T}}(k\in\mathbf{R})$

29. 设箱子中有 5 个红球和 6 个白球，从袋中任取 2 个球，至少有 1 个是红球的概率为(　　).

A. $\frac{3}{11}$　　B. $\frac{8}{11}$　　C. $\frac{1}{2}$　　D. $\frac{5}{11}$　　E. $\frac{6}{11}$

30. 设随机变量 X 的概率分布为

X	-1	0	1	2
P	$\frac{1}{6}$	$\frac{1}{6}$	$\frac{1}{6}$	$\frac{1}{2}$

则 $E(X)=$(　　).

A. $\frac{3}{4}$　　B. $\frac{1}{2}$　　C. 1　　D. $\frac{1}{6}$　　E. $\frac{5}{6}$

31. 在区间(0，1)中随机地取两个数，则这两数之差的绝对值小于 $\frac{1}{3}$ 的概率为(　　).

A. $\frac{4}{9}$　　B. $\frac{5}{7}$　　C. $\frac{1}{3}$　　D. $\frac{2}{3}$　　E. $\frac{5}{9}$

32. 已知随机变量 X 的分布函数

$$F(x)=\begin{cases}0, & x\leqslant 0,\\ \dfrac{x}{5}, & 0<x\leqslant 5,\\ 1, & x>5,\end{cases}$$

则 $E(X)$，$D(X)$ 分别为(　　).

A. 1，5　　B. 1，1　　C. $\frac{5}{2}$，$\frac{25}{12}$　　D. $\frac{5}{2}$，$\frac{25}{2}$　　E. 5，25

33. 设 $0<P(A)<1$，$0<P(B)<1$，$P(A \mid \overline{B})+P(\overline{A} \mid B)=1$，则(　　).

A. A 与 B 互不相容　　B. A 与 B 互逆

C. A 与 B 相互独立　　D. A 与 B 不独立

E. A 与 B 对立

34. 设 $X\sim N(\mu, \sigma^2)$，已知 $P\{X\leqslant 2\}=P\{X\geqslant 6\}$，则概率 $P\{X\leqslant 4\}=$(　　).

A. $\frac{1}{2}$　　B. $\frac{1}{3}$　　C. $\frac{1}{4}$　　D. $\frac{2}{3}$　　E. $\frac{3}{4}$

35. 设随机变量 $X\sim N(\mu, 2^2)$，$Y\sim N(\mu, 3^2)$，记 $p_1=P\{X\leqslant \mu-2\}$，$p_2=P\{Y\geqslant \mu+3\}$，则(　　).

A. 对于任意实数 μ，有 $p_1=p_2$　　B. 对于任意实数 μ，有 $p_1<p_2$

C. 对于任意实数 μ，有 $p_1>p_2$　　D. 对 μ 的个别值，有 $p_1=p_2$

E. 以上选项都不正确

答案速查

1～5　BBCBC　　6～10　CEACC　　11～15　BBBCE
16～20　ADABE　　21～25　BADAB　　26～30　ACBBC
31～35　ECCAA

答案详解

1. B

【解析】显然，在 $x=1$ 处函数没有定义，故 $x=1$ 一定是函数的间断点．

因为$\lim\limits_{x\to1}\dfrac{\sqrt[3]{x}-1}{x-1}=\lim\limits_{x\to1}\dfrac{\frac{1}{3}x^{-\frac{2}{3}}}{1}=\dfrac{1}{3}$，故函数在 $x=1$ 处极限存在，由间断点的定义及分类，可知 $x=1$为可去间断点.

2. B

【解析】因为 $f(x)$在 $x=1$ 处可导，所以 $f(x)$在 $x=1$ 处连续，故有$\lim\limits_{x\to1^-}f(x)=\lim\limits_{x\to1^+}f(x)=f(1)$，解得 $a+b=1$. 由导数的定义，可得

$$f'_-(1)=\lim_{x\to1^-}\frac{f(x)-f(1)}{x-1}=\lim_{x\to1^-}\frac{x^2-1}{x-1}=\lim_{x\to1^-}(x+1)=2,$$

$$f'_+(1)=\lim_{x\to1^+}\frac{f(x)-f(1)}{x-1}=\lim_{x\to1^+}\frac{ax+b-1}{x-1}=\lim_{x\to1^+}\frac{a}{1}=a.$$

因为 $f(x)$在 $x=1$ 处可导，故 $f'_+(1)=f'_-(1)$，即 $a=2$，代入 $a+b=1$，解得 $b=-1$.

3. C

【解析】观察可知，所求极限为“1^∞”型，故应用第二重要极限，可得

$$\lim_{x\to0}(1+3x+x^2)^{\frac{1}{x}}=\lim_{x\to0}(1+3x+x^2)^{\frac{1}{3x+x^2}\cdot\frac{3x+x^2}{x}}=\lim_{x\to0}\left[(1+3x+x^2)^{\frac{1}{3x+x^2}}\right]^{\lim\limits_{x\to0}\frac{3x+x^2}{x}}=e^3.$$

4. B

【解析】根据题干条件，可知 $f(x)=(xe^x)'=e^x+xe^x$. 应用定积分的分部积分公式，可得

$$\int_0^1 xf'(x)\mathrm{d}x=\int_0^1 x\mathrm{d}f(x)=xf(x)\Big|_0^1-\int_0^1 f(x)\mathrm{d}x=x(e^x+xe^x)\Big|_0^1-xe^x\Big|_0^1=e.$$

5. C

【解析】因为 $f(x)$连续，所以$\lim\limits_{x\to0}f\left[\dfrac{\ln(1+x)}{x}\right]=f\left[\lim\limits_{x\to0}\dfrac{\ln(1+x)}{x}\right]=f(1)=2.$

6. C

【解析】出现拐点，故考虑求 y''，有

$$y'=-2xe^{-x^2},\ y''=-2e^{-x^2}+(-2x)^2e^{-x^2}=(4x^2-2)e^{-x^2}.$$

令 $y''=0$，解得 $x_1=-\frac{\sqrt{2}}{2}$，$x_2=\frac{\sqrt{2}}{2}$.

在 $\left(-\infty, -\frac{\sqrt{2}}{2}\right)$ 内，$y''>0$，在 $\left(-\frac{\sqrt{2}}{2}, \frac{\sqrt{2}}{2}\right)$ 内，$y''<0$，在 $\left(\frac{\sqrt{2}}{2}, +\infty\right)$ 内，$y''>0$，由拐点的定义，可以得出曲线的拐点有两个，分别为 $\left[-\frac{\sqrt{2}}{2}, \frac{1}{\sqrt{e}}\right]$ 和 $\left[\frac{\sqrt{2}}{2}, \frac{1}{\sqrt{e}}\right]$.

7. E

【解析】因为 $\lim\limits_{x\to1}\frac{ax+b}{x-1}=2$，分母 $\lim\limits_{x\to1}(x-1)=0$，分式极限存在，故分子 $\lim\limits_{x\to1}(ax+b)=0$，解得 $b=-a$，代入原式可得 $\lim\limits_{x\to1}\frac{ax-a}{x-1}=a=2$，则 $a=2$，$b=-2$.

8. A

【解析】令 $y=-2$，可得 $f(x, -2)=-2\ln x$，$f'_x(x, -2)=-\frac{2}{x}$，所以 $f'_x(2, -2)=-1$.

9. C

【解析】已知 $y=-x^3+x^2$，可得 $y'=-3x^2+2x$，令 $y'=0$，得 $x=0$ 或 $x=\frac{2}{3}$，列表如下.

x	$(-\infty, 0)$	0	$\left(0, \frac{2}{3}\right)$	$\frac{2}{3}$	$\left(\frac{2}{3}, +\infty\right)$
y'	$-$	0	$+$	0	$-$
y	单调递减	极小值	单调递增	极大值	单调递减

综上所述，函数的单调递减区间为 $(-\infty, 0)$，$\left(\frac{2}{3}, +\infty\right)$.

10. C

【解析】利用不定积分的第一换元法，可得

$$\int xf(x^2)\mathrm{d}x=\frac{1}{2}\int f(x^2)\mathrm{d}x^2 \xlongequal{u=x^2} \frac{1}{2}\int f(u)\mathrm{d}u=\frac{1}{2}u\sin u^2+C=\frac{1}{2}x^2\sin x^4+C.$$

11. B

【解析】方程 $x+y+z+xyz=0$ 两边同时对 x 求导，可得 $1+\frac{\partial z}{\partial x}+yz+xy\frac{\partial z}{\partial x}=0$，解得 $\frac{\partial z}{\partial x}=-\frac{1+yz}{1+xy}$；函数 $f(x, y, z)=e^x yz^2$ 对 x 求偏导，可得

$$f'_x(x, y, z)=e^x yz^2+2e^x yz\frac{\partial z}{\partial x}=e^x yz^2-2e^x yz\frac{1+yz}{1+xy},$$

所以，$f'_x(0, 1, -1)=e^0\times1\times(-1)^2-2e^0\times1\times(-1)\times\frac{1-1}{1}=1$.

12. B

【解析】求二元函数的极值，则考虑求二元函数对 x，y 的一阶偏导和二阶偏导.

令 $\begin{cases} f'_x(x, y)=e^{-x}(1-x+y^3-3y)=0, \\ f'_y(x, y)=-3e^{-x}(y^2-1)=0, \end{cases}$ 解得函数的驻点为 $(-1, 1)$，$(3, -1)$. 又因为

$f''_{xx}(x, y)=e^{-x}(-2+x-y^3+3y)$，$f''_{xy}(x, y)=3e^{-x}(y^2-1)$，$f''_{yy}(x, y)=-6ye^{-x}$.

在点$(-1, 1)$处，$A=f''_{xx}\Big|_{(-1,1)}=-e$，$B=f''_{xy}\Big|_{(-1,1)}=0$，$C=f''_{yy}\Big|_{(-1,1)}=-6e$，于是$A<0$，$AC-B^2>0$，故二元函数在点$(-1, 1)$处存在极大值，为$f(-1, 1)=e$.

在点$(3, -1)$处，$A=f''_{xx}\Big|_{(3,-1)}=-e^{-3}$，$B=f''_{xy}\Big|_{(3,-1)}=0$，$C=f''_{yy}\Big|_{(3,-1)}=6e^{-3}$，于是$A<0$，$AC-B^2<0$，故二元函数在点$(3, -1)$处不存在极值.

13. B

【解析】$F(-x)=\int_0^{-x}tf(t^2)\mathrm{d}t\xlongequal{t=-u}-\int_0^{x}-uf(u^2)\mathrm{d}u=\int_0^{x}uf(u^2)\mathrm{d}u=F(x)$，故函数$F(x)$在该区间为偶函数.

14. C

【解析】对$\varphi(x)$求导，有$\varphi'(x)=\left(\int_0^x f(t)\mathrm{d}t\right)'=f(x)$，$\varphi''(x)=f'(x)>0$，由凹凸函数的定义，可知$\varphi(x)$为凹函数.

15. E

【解析】采用换元积分法，令$\sqrt{x}=t$，则$x=t^2$，$\mathrm{d}x=2t\mathrm{d}t$，利用分部积分公式，可得

$$\begin{aligned}原式&=\int e^t\sin t\mathrm{d}t=\int\sin t\mathrm{d}e^t=e^t\sin t-\int e^t\cos t\mathrm{d}t\\&=e^t\sin t-\int\cos t\mathrm{d}e^t=e^t\sin t-e^t\cos t+\int e^t\mathrm{d}\cos t\\&=e^t\sin t-e^t\cos t-\int e^t\sin t\mathrm{d}t,\end{aligned}$$

上式左右两端均出现了$\int e^t\sin t\mathrm{d}t$，可以设$I=\int e^t\sin t\mathrm{d}t$，则$I=e^t\sin t-e^t\cos t-I$，解得

$$原式=I=\frac{1}{2}e^t(\sin t-\cos t)+C=\frac{1}{2}e^{\sqrt{x}}(\sin\sqrt{x}-\cos\sqrt{x})+C.$$

16. A

【解析】变限积分函数一般需要求导，故$f'(x)=\frac{\sin x^2}{x^2}\cdot 2x=\frac{2\sin x^2}{x}$，对所求积分应用分部积分公式，可得

$$\begin{aligned}\int_0^1 xf(x)\mathrm{d}x&=\frac{1}{2}\left[x^2f(x)\Big|_0^1-\int_0^1 x^2f'(x)\mathrm{d}x\right]\\&=-\int_0^1 x\sin x^2\mathrm{d}x=\frac{1}{2}\cos x^2\Big|_0^1=\frac{1}{2}(\cos 1-1).\end{aligned}$$

17. D

【解析】$\frac{\partial z}{\partial x}=\frac{1}{y}+y\cdot\frac{1}{xy}\cdot y=\frac{1}{y}+\frac{y}{x}$，$\frac{\partial z}{\partial y}=-\frac{x}{y^2}+\ln(xy)+y\cdot\frac{1}{xy}\cdot x=-\frac{x}{y^2}+\ln(xy)+1$，所以

$$\mathrm{d}z=\frac{\partial z}{\partial x}\mathrm{d}x+\frac{\partial z}{\partial y}\mathrm{d}y=\left(\frac{1}{y}+\frac{y}{x}\right)\mathrm{d}x+\left[-\frac{x}{y^2}+\ln(xy)+1\right]\mathrm{d}y.$$

18. A

【解析】由 $\ln\dfrac{z}{y}=x$，可得 $z=y\mathrm{e}^x$，所以$\dfrac{\partial z}{\partial x}=y\mathrm{e}^x$.

19. B

【解析】因为$\dfrac{\partial z}{\partial x}=\dfrac{\frac{1}{2\sqrt{x}}}{\sqrt{x}+\sqrt{y}}$，$\dfrac{\partial z}{\partial y}=\dfrac{\frac{1}{2\sqrt{y}}}{\sqrt{x}+\sqrt{y}}$，所以

$$x\frac{\partial z}{\partial x}+y\frac{\partial z}{\partial y}=\frac{\frac{\sqrt{x}}{2}}{\sqrt{x}+\sqrt{y}}+\frac{\frac{\sqrt{y}}{2}}{\sqrt{x}+\sqrt{y}}=\frac{1}{2}.$$

20. E

【解析】在区间 $[0,4]$ 上，$f'(x)=x^2-6x+9=(x-3)^2\geqslant 0$，所以 $f(x)$ 在区间 $[0,4]$ 上是单调递增的，所以函数在区间右端点 $x=4$ 处取得最大值.

21. B

【解析】根据导数的几何意义，可知 $f'(x)=\dfrac{1}{x}$，则 $y=f(x)=\int\dfrac{1}{x}\mathrm{d}x=\ln x+C(x>0)$，曲线过 $(\mathrm{e}^2,3)$，代入上式，解得 $C=1$，即 $f(x)=\ln x+1$.

22. A

【解析】由题 $M_{11}+M_{12}+M_{13}+0\cdot M_{14}=A_{11}-A_{12}+A_{13}-0\cdot A_{14}$，此式相当于将原行列式的第一行依次换成 1，−1，1，0 后的行列式，即

$$\begin{vmatrix}1&-1&1&0\\2&2&2&2\\0&-7&0&0\\5&3&-12&134\end{vmatrix}=(-1)^{3+2}\times(-7)\begin{vmatrix}1&1&0\\2&2&2\\5&-12&134\end{vmatrix}=7\begin{vmatrix}1&1&0\\0&0&2\\0&-17&134\end{vmatrix}=238.$$

23. D

【解析】由题干易得 $\boldsymbol{\alpha}\boldsymbol{\alpha}^{\mathrm{T}}=\dfrac{1}{2}$，故根据矩阵乘法，可得

$$\boldsymbol{AB}=(\boldsymbol{E}-\boldsymbol{\alpha}^{\mathrm{T}}\boldsymbol{\alpha})(\boldsymbol{E}+\boldsymbol{\alpha}^{\mathrm{T}}\boldsymbol{\alpha})=\boldsymbol{E}-\boldsymbol{\alpha}^{\mathrm{T}}\boldsymbol{\alpha}\boldsymbol{\alpha}^{\mathrm{T}}\boldsymbol{\alpha}=\boldsymbol{E}-\frac{1}{2}\boldsymbol{\alpha}^{\mathrm{T}}\boldsymbol{\alpha}.$$

24. A

【解析】方法一：由逆矩阵的定义 $\boldsymbol{AA}^{-1}=\boldsymbol{E}$，将题干中的矩阵 $\boldsymbol{A}$ 与各选项相乘，结果为 $\boldsymbol{E}$ 的，则为所求逆矩阵，经验证，A 项为所求逆矩阵.

方法二：利用初等变换求逆矩阵，可得

$$(\boldsymbol{A}\mid\boldsymbol{E})=\left(\begin{array}{cccc:cccc}0&0&0&1&1&0&0&0\\0&0&1&0&0&1&0&0\\0&1&0&0&0&0&1&0\\1&0&0&0&0&0&0&1\end{array}\right)\to\left(\begin{array}{cccc:cccc}1&0&0&0&0&0&0&1\\0&1&0&0&0&0&1&0\\0&0&1&0&0&1&0&0\\0&0&0&1&1&0&0&0\end{array}\right),$$

故 $\boldsymbol{A}^{-1}=\begin{pmatrix}0&0&0&1\\0&0&1&0\\0&1&0&0\\1&0&0&0\end{pmatrix}$.

25. B

【解析】由 $\boldsymbol{Bx}=\boldsymbol{0}\Rightarrow\boldsymbol{ABx}=\boldsymbol{0}$，可知方程组 $\boldsymbol{Bx}=\boldsymbol{0}$ 的解都是方程组 $\boldsymbol{ABx}=\boldsymbol{0}$ 的解，而 $\boldsymbol{Bx}=\boldsymbol{0}$ 是 n 个方程 m 个未知量的齐次线性方程组，当 $m>n$ 时，$r(\boldsymbol{B})$ 一定小于未知量的个数，此时 $\boldsymbol{Bx}=\boldsymbol{0}$ 必有非零解，从而方程组 $\boldsymbol{ABx}=\boldsymbol{0}$ 必有非零解，因此 $|\boldsymbol{AB}|=0$，B 项正确.

当 $m\leqslant n$ 时，$r(\boldsymbol{B})\leqslant m$，当 $r(\boldsymbol{B})<m$ 时，$\boldsymbol{Bx}=\boldsymbol{0}$ 必有非零解，即 $\boldsymbol{ABx}=\boldsymbol{0}$ 必有非零解，因此 $|\boldsymbol{AB}|=0$；当 $r(\boldsymbol{B})=m$ 时，$\boldsymbol{Bx}=\boldsymbol{0}$ 只有零解，此时 $\boldsymbol{ABx}=\boldsymbol{0}$ 可能有非零解，综合来说，不能确定 $|\boldsymbol{AB}|$ 是否等于 0，故 C、D、E 项错误.

26. A

【解析】利用初等变换将矩阵 $\boldsymbol{A}$ 化为行阶梯形，有

$$\boldsymbol{A}\rightarrow\begin{pmatrix}1&2&-1&1\\0&-4&\lambda+3&-4\\0&-4&8&\mu-5\end{pmatrix}\rightarrow\begin{pmatrix}1&2&-1&1\\0&-4&\lambda+3&-4\\0&0&5-\lambda&\mu-1\end{pmatrix},$$

因为 $r(\boldsymbol{A})=2$，故 $5-\lambda=\mu-1=0$，即 $\lambda=5$，$\mu=1$.

27. C

【解析】由题易知 $|\boldsymbol{A}|=0$，$|\boldsymbol{A}^2|=0$，故 $\boldsymbol{A}$ 与 $\boldsymbol{A}^2$ 均不可逆.

经计算，$|\boldsymbol{A}+\boldsymbol{E}|\neq0$，$|\boldsymbol{A}^2+\boldsymbol{E}|\neq0$，$|\boldsymbol{A}-\boldsymbol{E}|\neq0$，故 $\boldsymbol{A}+\boldsymbol{E}$ 与 $\boldsymbol{A}^2+\boldsymbol{E}$ 及 $\boldsymbol{A}-\boldsymbol{E}$ 均是可逆矩阵.

28. B

【解析】由 $r(\boldsymbol{A})=n-1$，知方程组有非零解，且其基础解系中只含有一个解.

根据题意可知，$\boldsymbol{A}$ 的每行元素和均为零，则有 $\boldsymbol{A}\begin{pmatrix}1\\1\\\vdots\\1\end{pmatrix}=\boldsymbol{0}$，可知 $(1,\ 1,\ \cdots,\ 1)^{\mathrm{T}}$ 是方程组 $\boldsymbol{Ax}=\boldsymbol{0}$ 的一个非零解. 因此，$\boldsymbol{Ax}=\boldsymbol{0}$ 的通解为 $k\,(1,\ 1,\ \cdots,\ 1)^{\mathrm{T}}(k\in\mathbf{R})$.

29. B

【解析】本题为古典概型. 由题意可知，“任取 2 个球，至少有 1 个是红球”的对立事件为“一个红球也没有”. 易知任取两个球，没有红球的概率为 $P=\frac{C_6^2}{C_{11}^2}=\frac{3}{11}$，所以至少有一个红球的概率为 $1-P=\frac{8}{11}$.

30. C

【解析】由离散型随机变量期望的计算公式，可得

$$E(X)=-1\times\frac{1}{6}+0\times\frac{1}{6}+1\times\frac{1}{6}+2\times\frac{1}{2}=1.$$

31. E

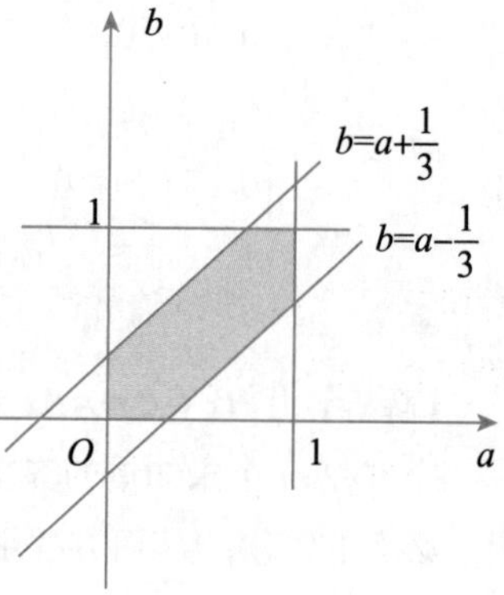

图 1

【解析】不妨设取出的两个数中第一个数为 a，第二个数为 b. 由题可知 (a,b) 的样本空间为 $(0,1)\times(0,1)$，显然此概率模型为几何概型. 整个样本空间为图 1 中的正方形区域，面积为 1，$|a-b|<\frac{1}{3}$ 在样本空间中为图中阴影部分，易知空白部分面积为 $\frac{4}{9}$，从而 $P\left\{|a-b|<\frac{1}{3}\right\}=1-\frac{4}{9}=\frac{5}{9}$.

32. C

【解析】根据分布函数，求得随机变量的密度函数，可得

$$f(x)=F'(x)=\begin{cases}0, & \text{其他},\\ \frac{1}{5}, & 0<x\leqslant 5,\end{cases}$$

显然 $X\sim U(0,5)$，所以 $E(X)=\frac{5}{2}$，$D(X)=\frac{25}{12}$.

33. C

【解析】由 $P(A\mid\overline{B})+P(\overline{A}\mid B)=1$，可得

$$\frac{P(A\overline{B})}{P(\overline{B})}+\frac{P(\overline{A}B)}{P(B)}=1\Rightarrow\frac{P(A)-P(AB)}{1-P(B)}+\frac{P(B)-P(AB)}{P(B)}=1,$$

整理，得 $P(AB)=P(A)P(B)$，故 A 与 B 相互独立.

【注意】本题也可结合事件独立的实际意义解答. 由 $P(A\mid\overline{B})+P(\overline{A}\mid B)=1$ 知，A 与 B 的发生与否互不影响，故 A 与 B 相互独立.

34. A

【解析】$P\{X\leqslant 2\}=P\{X\geqslant 6\}$，利用正态分布密度函数图像关于 μ 对称的性质，知 $\mu=4$，故 $P\{X\leqslant 4\}=\frac{1}{2}$.

35. A

【解析】由于 $\frac{X-\mu}{2}\sim N(0,1)$，$\frac{Y-\mu}{3}\sim N(0,1)$，则

$$p_1=P\left\{\frac{X-\mu}{2}\leqslant -1\right\}=P\left\{\frac{X-\mu}{2}\geqslant 1\right\}=1-\Phi(1),\quad p_2=P\left\{\frac{Y-\mu}{3}\geqslant 1\right\}=1-\Phi(1),$$

故 $p_1=p_2$，且与 μ 的取值无关.

综合测试卷 Ⅲ

数学基础：第 1～35 小题，每小题 2 分，共 70 分．下列每题给出的五个选项中，只有一个选项是最符合试题要求的．

1．求极限$\lim\limits_{x\to 0}\dfrac{x-\arctan x}{\ln(1+x^3)}=$(　　)．

A．$\dfrac{1}{3}$　　B．$-\dfrac{1}{3}$　　C．1　　D．3　　E．-3

2．设 $f(x)$在 $x=0$ 的某邻域内连续，且$\lim\limits_{x\to 0}\dfrac{f(x)}{\sin 2x}=1$，则 $f'(0)=$(　　)．

A．0　　B．1　　C．2　　D．$\dfrac{1}{2}$　　E．不存在

3．已知 $f(x)=ax^3+bx^2+cx$ 在(1，2)处有水平切线，原点为拐点，则 $f(x)=$(　　)．

A．$-x^3+2x^2+x$　　B．x^3-2x^2+3x　　C．x^3+3x^2-2x

D．x^3+x　　E．$-x^3+3x$

4．设函数 $f(x)=\begin{cases}\dfrac{1}{x}\displaystyle\int_x^0\dfrac{\sin 2t}{t}\mathrm{d}t, & x\neq 0,\\ a, & x=0\end{cases}$ 在 $x=0$ 处连续，则 $a=$(　　)．

A．-2　　B．-1　　C．0　　D．1　　E．2

5．函数 $f(x)=2x^3-9x^2+12x+1$ 在区间[0，2]上的最大值与最小值分别是(　　)．

A．6，1　　B．6，2　　C．2，0　　D．2，1　　E．6，0

6．下列函数在 $x\to 0$ 时与 x^2 为同阶无穷小的是(　　)．

A．2^x　　B．2^x-1　　C．$x-\sin x$

D．$1-\cos x$　　E．$\displaystyle\int_x^0(\sin 2t)^2\mathrm{d}t$

7．已知 $f(x)=\mathrm{e}^{x^2}$，则$\displaystyle\int_0^1 f'(x)f''(x)\mathrm{d}x=$(　　)．

A．$-\mathrm{e}^2$　　B．$-2\mathrm{e}^2$　　C．e^2　　D．$2\mathrm{e}^2$　　E．1

8．设函数 $f(x)=\lim\limits_{n\to\infty}\dfrac{\mathrm{d}}{\mathrm{d}x}\left(\displaystyle\int_{-1}^x\dfrac{1+t}{1+t^{4n}}\mathrm{d}t\right)$，则 $f(x)$的间断点为(　　)．

A．$x=1$　　B．$x=-1$　　C．$x=0$　　D．$x=2$　　E．$x=-2$

9．$\displaystyle\int_1^4\dfrac{1+\ln x}{\sqrt{x}}\mathrm{d}x=$(　　)．

A．$2\ln 2-4$　　B．$2\ln 2+2$　　C．$4\ln 2-8$　　D．$4\ln 2+2$　　E．$8\ln 2-2$

10．设 $z=f(2x-y)+g(x,xy)$，其中函数 $f(w)$具有二阶导数，$g(u,v)$具有二阶连续偏导数，则$\dfrac{\partial z}{\partial x}=$(　　)．

A．$f'+g'_u+yg'_v$　　B．$2f'+g'_u+xg'_v$

C. $-f'+g'_u+yg'_v$

D. $-f'+yg'_u+g'_v$

E. $2f'+g'_u+yg'_v$

11. 设 $f(x)$ 在 $\mathbf{R}$ 上连续，且在 $x\neq0$ 时可导，函数 $F(x)=x\int_0^x f(t)\mathrm{d}t$，则（　　）.

A. $F'(0)$ 不存在

B. $F'(x)$ 不存在

C. $F'(x)$ 连续

D. $F'(0)$ 存在，但 $F''(0)$ 不存在

E. $F''(0)=f(0)$

12. 设 $z=\arctan\dfrac{x+y}{1-xy}$，则 $\dfrac{\partial^2 z}{\partial x\,\partial y}=$（　　）.

A. 0

B. $\dfrac{1}{1+x^2}$

C. $\dfrac{1}{1+y^2}$

D. $\dfrac{-2x}{(1+x^2)^2}$

E. $\dfrac{-2y}{(1+x^2)^2}$

13. 设 $y=y(x)$ 由方程 $\sqrt{x}+\sqrt{y}=4$ 确定，则 $\mathrm{d}y|_{x=1}=$（　　）.

A. $3\mathrm{d}x$

B. $-3\mathrm{d}x$

C. $\mathrm{d}x$

D. $5\mathrm{d}x$

E. $2\ln 2\mathrm{d}x$

14. 设 $z=z(x,y)$ 是由 $F(x+3z,2y-z)=0$ 确定的函数，则 $\dfrac{\partial z}{\partial x}=$（　　）.

A. $-\dfrac{F'_1}{3F'_1+F'_2}$

B. $-\dfrac{2F'_2}{3F'_1+F'_2}$

C. $-\dfrac{2F'_2}{3F'_1-F'_2}$

D. $-\dfrac{F'_1}{3F'_1-F'_2}$

E. $\dfrac{F'_1}{3F'_1-F'_2}$

15. 设 $f(x)$ 为可导函数且满足 $\lim\limits_{x\to0}\dfrac{f(1)-f(1-x)}{2x}=-1$，则曲线 $y=f(x)$ 在点 $(1,f(1))$ 处的切线斜率为（　　）.

A. 2

B. -1

C. $\dfrac{1}{2}$

D. -2

E. 1

16. 若 $f(x)=\begin{cases}x^2+3, & x<1,\\ ax+b, & x\geqslant1\end{cases}$ 在点 $x=1$ 处可导，则（　　）.

A. $a=2,b=2$

B. $a=-2,b=2$

C. $a=2,b=-2$

D. $a=-2,b=-2$

E. $a=1,b=2$

17. 设函数 $f(x)$ 在 $x=0$ 的某邻域内可导，且 $f'(0)=0$，$\lim\limits_{x\to0}\dfrac{f'(x)}{\sin x}=\dfrac{1}{2}$，则（　　）.

A. $f(0)$ 是 $f(x)$ 的一个极大值

B. $f(0)$ 是 $f(x)$ 的一个极小值

C. $f'(0)$ 是 $f'(x)$ 的一个极大值

D. $f'(0)$ 是 $f'(x)$ 的一个极小值

E. 无法判断 $f(0)$ 是否为 $f(x)$ 的极值

18. 设 $\int xf(x)\mathrm{d}x=\arccos x+C$，则 $\int\dfrac{1}{f(x)}\mathrm{d}x=$（　　）.

A. $2(1-x^2)^{\frac{3}{2}}+C$

B. $-2(1-x^2)^{\frac{3}{2}}+C$

C. $\dfrac{1}{2}(1+x^2)^3+C$

D. $\dfrac{1}{3}(1-x^2)^{\frac{3}{2}}+C$

E. $-\dfrac{1}{3}(1-x^2)^{\frac{3}{2}}+C$

19. 已知 $\int_0^x f(t)\mathrm{d}t=\frac{x^4}{2}$，则 $\int_0^4 \frac{1}{\sqrt{x}}f(\sqrt{x})\mathrm{d}x=$(　　).

A. 16　　B. 8　　C. 4　　D. 2　　E. 1

20. 将 $\int_0^1 \mathrm{e}^x\mathrm{d}x$ 与 $\int_0^1 \mathrm{e}^{x^2}\mathrm{d}x$ 进行比较，有关系式(　　).

A. $\int_0^1 \mathrm{e}^x\mathrm{d}x\leqslant\int_0^1 \mathrm{e}^{x^2}\mathrm{d}x$　　B. $\int_0^1 \mathrm{e}^x\mathrm{d}x\geqslant\int_0^1 \mathrm{e}^{x^2}\mathrm{d}x$　　C. $\int_0^1 \mathrm{e}^x\mathrm{d}x=\int_0^1 \mathrm{e}^{x^2}\mathrm{d}x$

D. $\left(\int_0^1 \mathrm{e}^x\mathrm{d}x\right)^2\leqslant\int_0^1 \mathrm{e}^{x^2}\mathrm{d}x$　　E. 不能确定

21. 设 $f'_x(x_0, y_0)=2$，则 $\lim\limits_{\Delta x\to 0}\frac{f(x_0-\Delta x, y_0)-f(x_0, y_0)}{\Delta x}=$(　　).

A. 0　　B. -1　　C. -2　　D. 1　　E. 2

22. 已知行列式 $\begin{vmatrix} a_{11} & a_{12} & a_{13} \\ a_{21} & a_{22} & a_{23} \\ a_{31} & a_{32} & a_{33} \end{vmatrix}=1$，则 $\begin{vmatrix} a_{11} & a_{12} & a_{13}-2a_{12} \\ a_{21} & a_{22} & a_{23}-2a_{22} \\ a_{31} & a_{32} & a_{33}-2a_{32} \end{vmatrix}=$(　　).

A. -3　　B. -2　　C. -1　　D. 1　　E. 3

23. 设 n 阶矩阵 $\boldsymbol{A}$ 和 $\boldsymbol{B}$，则下列各式正确的是(　　).

A. $(\boldsymbol{AB})^{\mathrm{T}}=(\boldsymbol{BA})^{\mathrm{T}}$　　B. $(\boldsymbol{AB})^m=(\boldsymbol{BA})^m$

C. $|(\boldsymbol{AB})^{\mathrm{T}}|\neq|(\boldsymbol{BA})^{\mathrm{T}}|$　　D. $|(\boldsymbol{AB})^m|\neq|(\boldsymbol{BA})^m|$

E. $|\boldsymbol{A}+\boldsymbol{B}|\neq|\boldsymbol{A}|+|\boldsymbol{B}|$

24. 设矩阵 $\boldsymbol{A}$，$\boldsymbol{B}$ 满足 $\boldsymbol{A}^*\boldsymbol{BA}=2\boldsymbol{BA}-8\boldsymbol{E}$，其中 $\boldsymbol{A}=\begin{pmatrix} 1 & 0 & 0 \\ 0 & -2 & 0 \\ 0 & 0 & 1 \end{pmatrix}$，$\boldsymbol{E}$ 为单位矩阵，$\boldsymbol{A}^*$ 为 $\boldsymbol{A}$ 的伴随矩阵，则 $\boldsymbol{B}=$(　　).

A. $\begin{pmatrix} -2 & 0 & 0 \\ 0 & 4 & 0 \\ 0 & 0 & -2 \end{pmatrix}$　　B. $\begin{pmatrix} 1 & 0 & 0 \\ 0 & -2 & 0 \\ 0 & 0 & 1 \end{pmatrix}$　　C. $\begin{pmatrix} 2 & 0 & 0 \\ 0 & -4 & 0 \\ 0 & 0 & 2 \end{pmatrix}$

D. $\begin{pmatrix} -2 & 0 & 0 \\ 0 & -4 & 0 \\ 0 & 0 & -2 \end{pmatrix}$　　E. $\begin{pmatrix} -1 & 0 & 0 \\ 0 & 2 & 0 \\ 0 & 0 & 1 \end{pmatrix}$

25. 设 $\boldsymbol{A}$ 是 n 阶矩阵，满足 $\boldsymbol{AA}^{\mathrm{T}}=\boldsymbol{E}$，$|\boldsymbol{A}|<0$，则 $|\boldsymbol{A}+\boldsymbol{E}|=$(　　).

A. 1　　B. -1　　C. 0　　D. 2　　E. -2

26. 已知线性方程组 $\begin{cases} x_1+x_2+x_3=0, \\ ax_1+bx_2+cx_3=0, \\ a^2x_1+b^2x_2+c^2x_3=0, \end{cases}$ 若方程组仅有零解，则 a，b，c 应满足(　　).

A. 互不相等　　B. $a=b\neq c$　　C. $a\neq b=c$　　D. $a=b=c$　　E. $a=c\neq b$

27. 设向量组 $\boldsymbol{\alpha}_1$，$\boldsymbol{\alpha}_2$，$\boldsymbol{\alpha}_3$ 线性无关，则下列向量组线性相关的是(　　).

A. $\boldsymbol{\alpha}_1-\boldsymbol{\alpha}_2$，$\boldsymbol{\alpha}_2-\boldsymbol{\alpha}_3$，$\boldsymbol{\alpha}_3-\boldsymbol{\alpha}_1$　　B. $\boldsymbol{\alpha}_1+\boldsymbol{\alpha}_2$，$\boldsymbol{\alpha}_2+\boldsymbol{\alpha}_3$，$\boldsymbol{\alpha}_3+\boldsymbol{\alpha}_1$

C. $\boldsymbol{\alpha}_1-\boldsymbol{\alpha}_2$，$\boldsymbol{\alpha}_2+\boldsymbol{\alpha}_3$，$\boldsymbol{\alpha}_3-\boldsymbol{\alpha}_1$　　D. $\boldsymbol{\alpha}_1-2\boldsymbol{\alpha}_2$，$\boldsymbol{\alpha}_2-2\boldsymbol{\alpha}_3$，$\boldsymbol{\alpha}_3-2\boldsymbol{\alpha}_1$

E. $\boldsymbol{\alpha}_1+2\boldsymbol{\alpha}_2$，$\boldsymbol{\alpha}_2+2\boldsymbol{\alpha}_3$，$\boldsymbol{\alpha}_3+2\boldsymbol{\alpha}_1$

28. 设 $\boldsymbol{\alpha}_1$，$\boldsymbol{\alpha}_2$，$\boldsymbol{\alpha}_3$ 是四元非齐次线性方程组 $\boldsymbol{Ax}=\boldsymbol{b}$ 的三个解向量，且 $r(\boldsymbol{A})=3$，$\boldsymbol{\alpha}_1=(2,2,3,5)^{\mathrm{T}}$，$\boldsymbol{\alpha}_2+\boldsymbol{\alpha}_3=(0,1,2,3)^{\mathrm{T}}$，则线性方程组 $\boldsymbol{Ax}=\boldsymbol{b}$ 的通解可表示为(　　)，k 表示任意常数.

A. $\begin{pmatrix}2\\2\\3\\5\end{pmatrix}+k\begin{pmatrix}1\\1\\1\\1\end{pmatrix}$　　B. $\begin{pmatrix}2\\2\\3\\5\end{pmatrix}+k\begin{pmatrix}0\\1\\2\\3\end{pmatrix}$　　C. $\begin{pmatrix}2\\2\\3\\5\end{pmatrix}+k\begin{pmatrix}4\\3\\4\\7\end{pmatrix}$

D. $\begin{pmatrix}2\\2\\3\\5\end{pmatrix}+k\begin{pmatrix}3\\4\\5\\6\end{pmatrix}$　　E. $\begin{pmatrix}2\\2\\3\\5\end{pmatrix}+k\begin{pmatrix}1\\3\\5\\7\end{pmatrix}$

29. 射手的命中率为 $p(0<p<1)$，该射手连续射击 n 次才第 k 次($k\leqslant n$)命中的概率为(　　).

A. $p^k(1-p)^{n-k}$　　B. $C_n^k p^k(1-p)^{n-k}$　　C. $p^{k-1}(1-p)^{n-k}$

D. $C_{n-1}^{k-1}p^{k-1}(1-p)^{n-k}$　　E. $C_{n-1}^{k-1}p^k(1-p)^{n-k}$

30. 设 A 和 B 是任意两个事件，则 $AB+A\overline{B}+\overline{A}B+\overline{A}\,\overline{B}-\overline{AB}=$(　　).

A. $A+B$　　B. AB　　C. $A\overline{B}$　　D. $\overline{A}B$　　E. $\overline{AB}$

31. 设 A，B 是两个随机事件，且 $P(A)=\frac{1}{4}$，$P(B\mid A)=\frac{1}{3}$，$P(A\mid B)=\frac{1}{2}$，则 $P(\overline{A}\,\overline{B})=$(　　).

A. $\frac{2}{5}$　　B. $\frac{1}{3}$　　C. $\frac{2}{7}$　　D. $\frac{2}{3}$　　E. $\frac{1}{2}$

32. 假设随机变量 X 服从参数为 λ 的指数分布，且 X 落入区间(1，2)内的概率达到最大，则 $\lambda=$(　　).

A. $2\ln 2$　　B. $3\ln 2$　　C. $\ln 2$　　D. $\frac{1}{2}\ln 2$　　E. $\frac{1}{3}\ln 2$

33. 设离散型随机变量 X 服从二项分布 $X\sim B(2,p)$，若概率 $P\{X\geqslant 1\}=\frac{5}{9}$，则 $p=$(　　).

A. $\frac{1}{2}$　　B. $\frac{1}{3}$　　C. $\frac{1}{4}$　　D. $\frac{2}{3}$　　E. $\frac{3}{4}$

34. 设随机变量 X 的密度函数为 $f(x)=\begin{cases}\frac{1}{2}x, & 0\leqslant x\leqslant 2,\\ 0, & \text{其他},\end{cases}$ 则 $E(2X-1)=$(　　).

A. 2　　B. 1　　C. 3　　D. $\frac{5}{3}$　　E. 0

35. 设随机变量 X 服从参数为 2 的指数分布，则 $Y=1-\mathrm{e}^{-2X}$ 在区间(0，1)上(　　).

A. $Y\sim U(0,1)$　　B. $Y\sim N(0,1)$　　C. $Y\sim E(2)$

D. $Y\sim U(0,2)$　　E. $Y\sim E(1)$

答案速查

1～5 ACEAA　　6～10 DDAEE　　11～15 CABDD

16～20 ABDAB　　21～25 CDECC　　26～30 AACEB

31～35 DCBDA

答案详解

1. A

【解析】应用等价无穷小及洛必达法则，可得

$$\lim_{x\to 0}\frac{x-\arctan x}{\ln(1+x^3)}=\lim_{x\to 0}\frac{x-\arctan x}{x^3}=\lim_{x\to 0}\frac{1-\frac{1}{1+x^2}}{3x^2}=\lim_{x\to 0}\frac{1}{3(1+x^2)}=\frac{1}{3}.$$

2. C

【解析】因为分母 $\lim_{x\to 0}\sin 2x=0$，分式的极限存在，分子 $f(x)$ 在 $x=0$ 的某领域内连续，故 $\lim_{x\to 0}f(x)=f(0)=0$，可使用洛必达法则，得

$$\lim_{x\to 0}\frac{f(x)}{\sin 2x}=\lim_{x\to 0}\frac{f'(x)}{2\cos 2x}=\frac{f'(0)}{2}=1,$$

所以 $f'(0)=2$.

3. E

【解析】对函数 $f(x)$ 求一阶导数和二阶导数，有 $f'(x)=3ax^2+2bx+c$，$f''(x)=6ax+2b$. 由题干可知函数 $f(x)$ 在(1，2)处有水平切线，故 $f'(1)=0$；原点为 $f(x)$ 的拐点，故 $f''(0)=0$；函数过(1，2)点，故 $f(1)=2$.

联立 $\begin{cases}f(1)=2,\\ f'(1)=0,\\ f''(0)=0,\end{cases}$ 即 $\begin{cases}a+b+c=2,\\ 3a+2b+c=0,\\ 2b=0,\end{cases}$ 解得 $\begin{cases}a=-1,\\ b=0,\\ c=3,\end{cases}$ 所以 $f(x)=-x^3+3x$.

4. A

【解析】因为 $f(x)$ 在 $x=0$ 处连续，故 $\lim_{x\to 0}f(x)=f(0)$.

$$\lim_{x\to 0}f(x)=\lim_{x\to 0}\frac{\int_x^0\frac{\sin 2t}{t}\mathrm{d}t}{x}=\lim_{x\to 0}\frac{-\frac{\sin 2x}{x}}{1}=-2\lim_{x\to 0}\frac{\sin 2x}{2x}=-2,$$

所以 $f(0)=a=-2$.

5. A

【解析】$f'(x)=6x^2-18x+12=6(x-1)(x-2)$，令 $f'(x)=0$，得驻点 $x_1=1$，$x_2=2$.

比较函数在区间[0，2]上的端点处和驻点处的函数值，即 $f(0)=1$，$f(1)=6$，$f(2)=5$，可得 $f(x)$ 在区间[0，2]上的最大值与最小值分别为 6 和 1.

6. D

【解析】A项：$\lim\limits_{x\to0}2^x=1\neq0$，所以 $x\to0$ 时，2^x 不是无穷小；

B项：$\lim\limits_{x\to0}(2^x-1)=0$，由洛必达法则，得$\lim\limits_{x\to0}\dfrac{2^x-1}{x^2}=\lim\limits_{x\to0}\dfrac{2^x\ln 2}{2x}=\infty$，所以二者不是同阶无穷小；

C项：$\lim\limits_{x\to0}(x-\sin x)=0$，由洛必达法则，得$\lim\limits_{x\to0}\dfrac{x-\sin x}{x^2}=\lim\limits_{x\to0}\dfrac{1-\cos x}{2x}=\lim\limits_{x\to0}\dfrac{1}{4}x=0$，所以二者不是同阶无穷小；

D项：$\lim\limits_{x\to0}(1-\cos x)=0$，$\lim\limits_{x\to0}\dfrac{1-\cos x}{x^2}=\lim\limits_{x\to0}\dfrac{\frac{1}{2}x^2}{x^2}=\dfrac{1}{2}$，所以二者是同阶无穷小；

E项：$\lim\limits_{x\to0}\int_x^0(\sin 2t)^2\mathrm{d}t=0$，$\lim\limits_{x\to0}\dfrac{\int_x^0(\sin 2t)^2\mathrm{d}t}{x^2}=\lim\limits_{x\to0}\dfrac{-(\sin 2x)^2}{2x}=0$，所以二者不是同阶无穷小.

7. D

【解析】因为 $f(x)=\mathrm{e}^{x^2}$，所以 $f'(x)=2x\mathrm{e}^{x^2}$，于是

$$\int_0^1 f'(x)f''(x)\mathrm{d}x=\int_0^1 f'(x)\mathrm{d}f'(x)=\frac{1}{2}[f'(x)]^2\Big|_0^1=\frac{[f'(1)]^2-[f'(0)]^2}{2}=2\mathrm{e}^2.$$

8. A

【解析】由积分变限函数的求导公式，可得$\dfrac{\mathrm{d}}{\mathrm{d}x}\left(\int_{-1}^x\dfrac{1+t}{1+t^{4n}}\mathrm{d}t\right)=\dfrac{1+x}{1+x^{4n}}$. 因此

$$f(x)=\lim_{n\to\infty}\frac{1+x}{1+x^{4n}}=\begin{cases}0, & x<-1,\\ 0, & x=-1,\\ 1+x, & -1<x<1,\\ 1, & x=1,\\ 0, & x>1.\end{cases}$$

$\lim\limits_{x\to-1}f(x)=f(-1)=0$，故 $f(x)$在 $x=-1$ 处连续；$\lim\limits_{x\to1^+}f(x)=0$，$\lim\limits_{x\to1^-}f(x)=2$，$f(1)=1$，显然 $x=1$ 为 $f(x)$的间断点.

9. E

【解析】采用换元法，令$\sqrt{x}=t$，则 $x=t^2$，$\mathrm{d}x=2t\mathrm{d}t$. 且当 $x=1$ 时，$t=1$；当 $x=4$ 时，$t=2$. 因此有

$$\begin{aligned}\int_1^4\frac{1+\ln x}{\sqrt{x}}\mathrm{d}x&=\int_1^2\frac{1+\ln t^2}{t}\cdot 2t\mathrm{d}t=2\int_1^2(1+2\ln t)\mathrm{d}t=2\int_1^2\mathrm{d}t+4\int_1^2\ln t\mathrm{d}t\\&=2+4t\ln t\Big|_1^2-4\int_1^2 t\cdot(\ln t)'\mathrm{d}t=2+8\ln 2-4=8\ln 2-2.\end{aligned}$$

10. E

【解析】由题意，令 $w=2x-y$，$u=x$，$v=xy$，则$\dfrac{\partial z}{\partial x}=2f'+g_u'+yg_v'$.

11. C

【解析】由变上限积分求导公式，可知$\left(\int_0^x f(t)\mathrm{d}t\right)'=f(x)$，$F'(x)=\int_0^x f(t)\mathrm{d}t+xf(x)$，且

$F'(0)=\lim\limits_{x\to 0}\dfrac{F(x)-F(0)}{x}=\lim\limits_{x\to 0}\dfrac{x\int_0^x f(t)\mathrm{d}t}{x}=\lim\limits_{x\to 0}\int_0^x f(t)\mathrm{d}t=0$，显然 $F(x)$可导且 $F'(0)=0$.

$F''(x)=2f(x)+xf'(x)$，显然 $F(x)$在 $x\neq 0$ 时二阶可导，且

$$F''(0)=\lim_{x\to 0}\frac{F'(x)-F'(0)}{x}=\lim_{x\to 0}\frac{\int_0^x f(t)\mathrm{d}t+xf(x)-0}{x}=\lim_{x\to 0}\left[\frac{\int_0^x f(t)\mathrm{d}t}{x}+f(x)\right]$$

$$=\lim_{x\to 0}\frac{\int_0^x f(t)\mathrm{d}t}{x}+\lim_{x\to 0}f(x)=2f(0).$$

由上可得，$F'(x)$在 $\mathbf{R}$ 上可导，所以 $F'(x)$连续.

12. A

【解析】$\dfrac{\partial z}{\partial x}=\dfrac{1}{1+\left(\dfrac{x+y}{1-xy}\right)^2}\cdot\dfrac{(1-xy)-(x+y)(-y)}{(1-xy)^2}=\dfrac{1+y^2}{(1+x^2)(1+y^2)}=\dfrac{1}{1+x^2}$，$\dfrac{\partial^2 z}{\partial x\,\partial y}=0$.

13. B

【解析】当 $x=1$ 时，$y=9$. 方程两边同时对 x 求导，得$\dfrac{1}{2\sqrt{x}}+\dfrac{1}{2\sqrt{y}}y'=0$，整理得 $y'=-\sqrt{\dfrac{y}{x}}$，

所以$y'|_{x=1}=-3$，因此 $\mathrm{d}y|_{x=1}=-3\mathrm{d}x$.

14. D

【解析】令 $F(u, v)=0$，$u=x+3z$，$v=2y-z$，则

$$\frac{\partial z}{\partial x}=-\frac{F'_x}{F'_z}=-\frac{F'_1u'_x+F'_2v'_x}{F'_1u'_z+F'_2v'_z}=-\frac{F'_1}{3F'_1-F'_2}.$$

15. D

【解析】由导数的定义，可知

$$\lim_{x\to 0}\frac{f(1)-f(1-x)}{2x}=\frac{1}{2}\lim_{x\to 0}\frac{f(1)-f(1-x)}{x}=\frac{1}{2}f'(1)=-1,$$

所以曲线在$(1, f(1))$处的切线斜率 $k=f'(1)=-2$.

16. A

【解析】$f(x)$在点 $x=1$ 处可导，则在该点处也连续.

连续性：$\lim\limits_{x\to 1^-}f(x)=\lim\limits_{x\to 1^-}(x^2+3)=4$，$\lim\limits_{x\to 1^+}f(x)=\lim\limits_{x\to 1^+}(ax+b)=a+b$，所以 $a+b=4$.

可导性：$f'_-(1)=\lim\limits_{x\to 1^-}\dfrac{f(x)-f(1)}{x-1}=\lim\limits_{x\to 1^-}\dfrac{x^2+3-(a+b)}{x-1}=2$；

$f'_+(1)=\lim\limits_{x\to 1^+}\dfrac{f(x)-f(1)}{x-1}=\lim\limits_{x\to 1^+}\dfrac{ax+b-(a+b)}{x-1}=a$.

因为 $f'_-(1)=f'_+(1)$，则 $a=2$，所以 $b=2$.

17. B

【解析】$\lim\limits_{x\to0}\frac{f'(x)}{\sin x}=\lim\limits_{x\to0}\frac{f'(x)-f'(0)}{x-0}\cdot\frac{x}{\sin x}=\lim\limits_{x\to0}\frac{f'(x)-f'(0)}{x-0}\cdot\lim\limits_{x\to0}\frac{x}{\sin x}=f''(0)=\frac{1}{2}>0$，且 $f'(0)=0$，由极值存在的第二充分条件，可得 $f(0)$ 是 $f(x)$ 的一个极小值.

18. D

【解析】对等式左右两边分别求导，可得 $xf(x)=-\frac{1}{\sqrt{1-x^2}}$，故 $\frac{1}{f(x)}=-x\sqrt{1-x^2}$，所以

$$\int\frac{1}{f(x)}\mathrm{d}x=-\int x\sqrt{1-x^2}\,\mathrm{d}x=\frac{1}{3}(1-x^2)^{\frac{3}{2}}+C.$$

19. A

【解析】$\int_0^x f(t)\mathrm{d}t=\frac{x^4}{2}$，两边对 x 求导，得 $f(x)=2x^3$. 故

$$\int_0^4\frac{1}{\sqrt{x}}f(\sqrt{x})\mathrm{d}x=\int_0^4\frac{1}{\sqrt{x}}\cdot2x^{\frac{3}{2}}\mathrm{d}x=\int_0^4 2x\mathrm{d}x=x^2\Big|_0^4=16.$$

20. B

【解析】当 $x\in[0,1]$时，$x\geqslant x^2$，则 $\mathrm{e}^x\geqslant\mathrm{e}^{x^2}$，由定积分的保号性，得 $\int_0^1\mathrm{e}^x\mathrm{d}x\geqslant\int_0^1\mathrm{e}^{x^2}\mathrm{d}x$.

21. C

【解析】由二元函数偏导数的定义，可得

$$\lim_{\Delta x\to0}\frac{f(x_0-\Delta x,y_0)-f(x_0,y_0)}{\Delta x}=-\lim_{\Delta x\to0}\frac{f(x_0-\Delta x,y_0)-f(x_0,y_0)}{-\Delta x}=-f'_x(x_0,y_0)=-2.$$

22. D

【解析】利用行列式的性质，将所求行列式拆分成两个行列式后，分别计算，可得

$$\begin{vmatrix}a_{11}&a_{12}&a_{13}-2a_{12}\\a_{21}&a_{22}&a_{23}-2a_{22}\\a_{31}&a_{32}&a_{33}-2a_{32}\end{vmatrix}=\begin{vmatrix}a_{11}&a_{12}&a_{13}\\a_{21}&a_{22}&a_{23}\\a_{31}&a_{32}&a_{33}\end{vmatrix}-2\begin{vmatrix}a_{11}&a_{12}&a_{12}\\a_{21}&a_{22}&a_{22}\\a_{31}&a_{32}&a_{32}\end{vmatrix}=1.$$

23. E

【解析】$(\boldsymbol{AB})^{\mathrm{T}}=\boldsymbol{B}^{\mathrm{T}}\boldsymbol{A}^{\mathrm{T}}$，而$(\boldsymbol{BA})^{\mathrm{T}}=\boldsymbol{A}^{\mathrm{T}}\boldsymbol{B}^{\mathrm{T}}$，因为矩阵的乘积不满足交换律，故 $\boldsymbol{B}^{\mathrm{T}}\boldsymbol{A}^{\mathrm{T}}\neq\boldsymbol{A}^{\mathrm{T}}\boldsymbol{B}^{\mathrm{T}}$，即$(\boldsymbol{AB})^{\mathrm{T}}\neq(\boldsymbol{BA})^{\mathrm{T}}$，故 A 项不正确；

同理，由于矩阵乘积不满足交换律，可得$(\boldsymbol{AB})^m\neq(\boldsymbol{BA})^m$，故 B 项不正确；

$|(\boldsymbol{AB})^m|=|(\boldsymbol{BA})^m|=|\boldsymbol{A}|^m|\boldsymbol{B}|^m$，$|(\boldsymbol{AB})^{\mathrm{T}}|=|(\boldsymbol{BA})^{\mathrm{T}}|=|\boldsymbol{A}||\boldsymbol{B}|$，故 C、D 项不正确；

一般情况下，$|\boldsymbol{A}+\boldsymbol{B}|\neq|\boldsymbol{A}|+|\boldsymbol{B}|$，故本题选 E 项.

24. C

【解析】由题易知$|\boldsymbol{A}|=\begin{vmatrix}1&0&0\\0&-2&0\\0&0&1\end{vmatrix}=-2$，故矩阵 $\boldsymbol{A}$ 可逆. 方程两边左乘 $\boldsymbol{A}$，右乘 $\boldsymbol{A}^{-1}$，得 $\boldsymbol{AA}^*\boldsymbol{B}=2\boldsymbol{AB}-8\boldsymbol{E}$，利用公式 $\boldsymbol{AA}^*=|\boldsymbol{A}|\boldsymbol{E}$ 化简可得 $(|\boldsymbol{A}|\boldsymbol{E}-2\boldsymbol{A})\boldsymbol{B}=-8\boldsymbol{E}$.

将$|\boldsymbol{A}|=-2$ 代入上式，整理得$\frac{1}{4}(\boldsymbol{E}+\boldsymbol{A})\boldsymbol{B}=\boldsymbol{E}$，由可逆的定义，知

$$\boldsymbol{B}=4(\boldsymbol{E}+\boldsymbol{A})^{-1}=4\begin{pmatrix}2&0&0\\0&-1&0\\0&0&2\end{pmatrix}^{-1}=4\begin{pmatrix}\frac{1}{2}&0&0\\0&-1&0\\0&0&\frac{1}{2}\end{pmatrix}=\begin{pmatrix}2&0&0\\0&-4&0\\0&0&2\end{pmatrix}.$$

25. C

【解析】由 $\boldsymbol{AA}^{\mathrm{T}}=\boldsymbol{E}$，$|\boldsymbol{A}|<0$，知 $|\boldsymbol{AA}^{\mathrm{T}}|=1$，$|\boldsymbol{A}|=-1$，则

$$|\boldsymbol{A}+\boldsymbol{E}|=|\boldsymbol{A}+\boldsymbol{AA}^{\mathrm{T}}|=|\boldsymbol{A}(\boldsymbol{E}+\boldsymbol{A}^{\mathrm{T}})|=|\boldsymbol{A}|\,|(\boldsymbol{E}+\boldsymbol{A})^{\mathrm{T}}|=|\boldsymbol{A}|\,|\boldsymbol{E}+\boldsymbol{A}|=-|\boldsymbol{E}+\boldsymbol{A}|,$$

故 $|\boldsymbol{A}+\boldsymbol{E}|=0$.

26. A

【解析】计算线性方程组的系数矩阵的行列式，得

$$|\boldsymbol{A}|=\begin{vmatrix}1&1&1\\a&b&c\\a^2&b^2&c^2\end{vmatrix}=(b-a)(c-a)(c-b),$$

若方程组仅有零解，则 $|\boldsymbol{A}|\neq0$，即 a，b，c 互不相等.

27. A

【解析】方法一：由题观察易知，$(\boldsymbol{\alpha}_1-\boldsymbol{\alpha}_2)+(\boldsymbol{\alpha}_2-\boldsymbol{\alpha}_3)+(\boldsymbol{\alpha}_3-\boldsymbol{\alpha}_1)=\boldsymbol{0}$，由向量组的线性相关性定义，可知 $\boldsymbol{\alpha}_1-\boldsymbol{\alpha}_2$，$\boldsymbol{\alpha}_2-\boldsymbol{\alpha}_3$，$\boldsymbol{\alpha}_3-\boldsymbol{\alpha}_1$ 线性相关.

方法二：将选项中的向量组表示成 $(\boldsymbol{\alpha}_1,\boldsymbol{\alpha}_2,\boldsymbol{\alpha}_3)$ 与矩阵的乘积，通过判断矩阵的行列式确定向量组的线性相关性.

A 项：$(\boldsymbol{\alpha}_1-\boldsymbol{\alpha}_2,\boldsymbol{\alpha}_2-\boldsymbol{\alpha}_3,\boldsymbol{\alpha}_3-\boldsymbol{\alpha}_1)=(\boldsymbol{\alpha}_1,\boldsymbol{\alpha}_2,\boldsymbol{\alpha}_3)\begin{pmatrix}1&0&-1\\-1&1&0\\0&-1&1\end{pmatrix}$，由于 $\begin{vmatrix}1&0&-1\\-1&1&0\\0&-1&1\end{vmatrix}=0$，

且 $\boldsymbol{\alpha}_1$，$\boldsymbol{\alpha}_2$，$\boldsymbol{\alpha}_3$ 线性无关，因此向量组 $\boldsymbol{\alpha}_1-\boldsymbol{\alpha}_2$，$\boldsymbol{\alpha}_2-\boldsymbol{\alpha}_3$，$\boldsymbol{\alpha}_3-\boldsymbol{\alpha}_1$ 线性相关；

同理，经计算可知，B、C、D、E 项表示成 $(\boldsymbol{\alpha}_1,\boldsymbol{\alpha}_2,\boldsymbol{\alpha}_3)$ 与矩阵的乘积后，矩阵的行列式都不为 0，故线性无关.

28. C

【解析】由 $r(\boldsymbol{A})=3$ 知方程组 $\boldsymbol{Ax}=\boldsymbol{0}$ 的基础解系中只有一个向量，且可取为 $2\boldsymbol{\alpha}_1-(\boldsymbol{\alpha}_2+\boldsymbol{\alpha}_3)=\begin{pmatrix}4\\3\\4\\7\end{pmatrix}$，方程组 $\boldsymbol{Ax}=\boldsymbol{b}$ 的一个特解可取 $\boldsymbol{\alpha}_1=\begin{pmatrix}2\\2\\3\\5\end{pmatrix}$，由非齐次线性方程组通解的结构，可知 $\boldsymbol{Ax}=\boldsymbol{b}$ 的通解可表示为 $\begin{pmatrix}2\\2\\3\\5\end{pmatrix}+k\begin{pmatrix}4\\3\\4\\7\end{pmatrix}$.

29. E

【解析】射手连续射击 n 次才第 k 次命中，说明第 n 次射击时命中且是第 k 次命中，即前 $n-1$

次射击命中了 $k-1$ 次，根据二项分布公式可得所求概率为 $C_{n-1}^{k-1}p^k(1-p)^{n-k}$.

30. B

【解析】结合事件的运算律，可得

$$AB+A\overline{B}+\overline{A}B+\overline{A}\,\overline{B}-\overline{AB}=A(B+\overline{B})+\overline{A}(B+\overline{B})-\overline{AB}$$
$$=A+\overline{A}-\overline{AB}=\Omega-\overline{AB}=AB.$$

31. D

【解析】根据题意，$P(B\mid A)=\dfrac{P(AB)}{P(A)}=\dfrac{1}{3}$，$P(A\mid B)=\dfrac{P(AB)}{P(B)}=\dfrac{1}{2}$，可知 $P(AB)=\dfrac{1}{12}$，$P(B)=\dfrac{1}{6}$，结合逆事件概率及德摩根律，可得

$$P(\overline{A}\,\overline{B})=P(\overline{A\cup B})=1-P(A\cup B)=1-[P(A)+P(B)-P(AB)]=\frac{2}{3}.$$

32. C

【解析】X 落入区间(1，2)内的概率为 $P\{1<x<2\}=\int_1^2\lambda e^{-\lambda x}dx=e^{-\lambda}-e^{-2\lambda}=f(\lambda)$.

令 $f'(\lambda)=2e^{-2\lambda}-e^{-\lambda}=0$ 得 $\lambda=\ln 2$，且由函数的单调性知，当 $0<\lambda<\ln 2$ 时，$f'(\lambda)>0$，$f(\lambda)$为单调增函数；当 $\lambda>\ln 2$ 时，$f'(\lambda)>0$，$f(\lambda)$为单调减函数. 因此当 $\lambda=\ln 2$ 时，$f(\lambda)$取最大值，即 X 落入(1，2)的概率达到最大.

33. B

【解析】$P\{X\geqslant 1\}=1-P\{X=0\}=1-C_2^0p^0(1-p)^2=\dfrac{5}{9}$，即$(1-p)^2=\dfrac{4}{9}$，解得 $p=\dfrac{1}{3}$.

34. D

【解析】由随机变量函数期望的计算公式，可知

$$E(2X-1)=\int_0^2(2x-1)f(x)dx=\int_0^2(2x-1)\cdot\frac{1}{2}x\,dx=\frac{5}{3}.$$

35. A

【解析】由题可知 X 的分布函数 $F(x)=\begin{cases}1-e^{-2x}, & x\geqslant 0,\\ 0, & x<0.\end{cases}$ $y=1-e^{-2x}$ 为单调增函数，其反函数为 $x=-\dfrac{\ln(1-y)}{2}$，设 $G(y)$是 Y 的分布函数，则

$$G(y)=P\{Y\leqslant y\}=P\{1-e^{-2X}\leqslant y\}$$
$$=\begin{cases}0, & y\leqslant 0,\\ P\left\{X\leqslant -\dfrac{1}{2}\ln(1-y)\right\}, & 0<y<1,\\ 1, & y\geqslant 1\end{cases}=\begin{cases}0, & y\leqslant 0,\\ y, & 0<y<1,\\ 1, & y\geqslant 1,\end{cases}$$

$G'(y)=\begin{cases}1, & 0<y<1,\\ 0, & 其他.\end{cases}$ 故 $Y=1-e^{-2X}$ 在(0，1)上服从均匀分布.